普通高等院校机械类"十三五"精品系列教材

# 机 械 制 图

（第 3 版）

主　编　汪　勇　张玲玲

副主编　王和顺　王银芝　綦新华

西南交通大学出版社

·成　都·

## 内容简介

本教材主要内容包括制图基础知识、画法几何、机械图样的表达方法、标准件与常用件、零件图、装配图、焊接装配图等。书中的内容及教学方法较为新颖，重点内容提供了基于 AR/VR 的数字资源，在以往教学模式及内容的基础上进行了创新。本教材可供高等院校机械类、近机类各专业本、专科生的教学使用，也可供成人教育、高职高专、技校培训选用。

---

图书在版编目（CIP）数据

机械制图 / 汪勇，张玲玲主编. —3 版. —成都：
西南交通大学出版社，2019.8（2025.7 重印）
ISBN 978-7-5643-7054-1

Ⅰ. ①机… Ⅱ. ①汪… ②张… Ⅲ. ①机械制图–高等学校–教材　Ⅳ. ①TH126

中国版本图书馆 CIP 数据核字（2019）第 175059 号

---

### 机械制图
（第 3 版）

主　编 / 汪　勇　张玲玲　　　　责任编辑 / 李芳芳
　　　　　　　　　　　　　　　　特邀编辑 / 李　娟
　　　　　　　　　　　　　　　　封面设计 / 何东琳设计工作室

西南交通大学出版社出版发行
（四川省成都市金牛区二环路北一段 111 号西南交通大学创新大厦 21 楼　610031）
发行部电话：028-87600564　　028-87600533
网址：http://www.xnjdcbs.com
印刷：四川森林印务有限责任公司

成品尺寸　185 mm×260 mm
印张　24　　字数　590 千
版次　2019 年 8 月第 3 版　　印次　2025 年 7 月第 14 次
书号　ISBN 978-7-5643-7054-1
定价　59.00 元

课件咨询电话：028-87600533
图书如有印装质量问题　本社负责退换
版权所有　盗版必究　举报电话：028-87600562

## 普通高等院校机械类"十三五"精品系列教材编审委员会名单

(按姓氏音序排列)

主　任　吴鹿鸣

副主任　蔡　勇　　蔡长韬　　蔡慧林　　董万福　　冯　鉴
　　　　侯勇俊　　黄文权　　李　军　　李泽蓉　　孙　未
　　　　吴　斌　　周光万　　朱建公

委　员　陈永强　　党玉春　　邓茂云　　董仲良　　范志勇
　　　　龚迪琛　　何　俊　　蒋　刚　　李宏穆　　李玉萍
　　　　廖映华　　刘念聪　　刘转华　　陆兆峰　　罗　红
　　　　綦新华　　乔水明　　秦小屿　　邱亚玲　　宋　琳
　　　　孙付春　　汪　勇　　王海军　　王和顺　　王顺花
　　　　王彦平　　王银芝　　王　忠　　谢　敏　　徐立新
　　　　应　琴　　喻洪平　　张　静　　张良栋　　张玲玲
　　　　赵登峰　　郑悦明　　钟　良　　朱　江

# 总　序

装备制造业是国民经济重要的支柱产业，随着国民经济的迅速发展，我国正由制造大国向制造强国转变。为了适应现代先进制造技术和现代设计理论和方法的发展，需要培养高素质复合型人才。近年来，各高校对机械类专业进行了卓有成效的教育教学改革，和过去相比，在教学理念、专业建设、课程设置、教学内容、教学手段和教学方法上，都发生了重大变化。

为了反映目前的教育教学改革成果，切实为高校的教育教学服务，西南交通大学出版社联合众多西部高校，共同编写系列适用教材，推出了这套"普通高等院校机械类'十二五'精品系列教材"。

本系列教材体现"夯实基础，拓宽前沿"的主导思想。要求重视基础知识，保持知识体系的必要完整性，同时，适度拓宽前沿，将反映行业进步的新理论、新技术融入其中。在编写上，体现三个鲜明特色：首先，要回归工程，从工程实际出发，培养学生的工程能力和创新能力；其次，具有实用性，所选取的内容在实际工作中学有所用；再次，教材要贴近学生，面向学生，在形式上有利于进行自主探究式学习。本系列教材，重视实践和实验在教学中的积极作用。

本系列教材特色鲜明，主要针对应用型本科教学编写，同时也适用于其他类型的高校选用。希望本套教材所体现的思想和具有的特色能够得到广大教师和学生的认同。同时，也希望广大读者在使用中提出宝贵意见，对不足之处，不吝赐教，以便让本套教材不断完善。

最后，衷心感谢西南地区机械设计教学研究会、四川省机械工程学会机械设计（传动）分会对本套教材编写提供的大力支持与帮助！感谢本套教材所有的编写者、主编、主审所付出的辛勤劳动！

首届国家级教学名师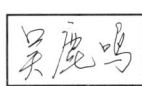
西南交通大学教授

2010 年 5 月

# 第 3 版前言

本教材是在第 3 版的基础上，根据教育部高等学校工程图学教学指导委员会制定的"高等学校工程图学课程教学基本要求"的精神，按照最新的《技术制图》与《机械制图》国家标准相关规定，在多年致力于"机械制图"教学改革的基础上编写而成的。书中汲取了近几年来多所高校工科"机械制图"教学中教研教改的经验，结合学生学习"机械制图"课程的认知特点，通过培养学生徒手绘图、仪器绘图、计算机绘图三个环节来安排教学内容。教材注重学生空间想象能力、空间分析与解决、表达空间几何问题的能力与作图步骤的有机结合，从而培养学生阅读和绘制工程图样的基本能力。其主要内容包括：制图的基本知识、画法几何、机械图样的表示方法、标准件与常用件、零件图、装配图等。本教材适合高等院校机械类、近机类各专业本、专科生的教学使用，并有汪勇、王和顺主编的配套《机械制图习题集》由西南交通大学出版社出版，在使用中可供选用。

与第 2 版相比，本书主要有以下几方面的特点：

1. 在内容和结构体系上进行了一定的调整，以传统的投影制图知识为背景，以培养学生能力（空间想象能力、表达能力、图形思维能力、创新思维能力）为主线，结合现代设计手段与方法和画图与读图的实际需要，以实用、够用、会用为目的组织教学内容，精简画法几何中部分内容，加强了徒手绘图、形体构思（组合体构型）的相关知识学习。每章后面增加了小结与习题，便于学生了解每章的侧重点。

2. 书中难点内容提供了基于 AR/VR 的数字资源，其目的是为了强化投影与空间的对应的真实感，把作图过程与空间想象有机结合，既便于学生理解，又方便学生课前预习和课后自主学习。

3. 对计算机绘图内容的处理，随着现代设计理论的发展和设计手段的多样化，考虑到学生不同时期、不同阶段、不同专业学习计算机辅助设计绘图的不同要求，也为了让学生更全面系统地掌握和理解，针对计算机辅助设计绘图应用软件学习的系统性和实用性，单独把计算机绘图（AutoCAD 软件的使用）编写成配套教材：《AutoCAD 2012 工程绘图教程》（汪勇、张全、陈坤主编）、《AutoCAD 2012 工程绘图上机指导》（徐红、汪勇、黎玉彪主编），为集中或单独开设该课程提供便利。

4. 采用最新国家标准，并修订第 2 版中错误。

本教材由西华大学汪勇、西南交通大学峨眉校区张玲玲主编，西华大学王和顺、王银芝、西南交通大学峨眉校区綦新华为副主编，全书由汪勇统稿。参加编写的有西华大学王银芝（第 1 章、第 10 章）、西南交通大学峨眉校区张玲玲（第 2 章、第 8 章）、西华大学王和顺、陈坤（第 3 章）、西南交通大学峨眉校区綦新华（第 4 章）、西南交通大学峨眉校区漆俐（第 5 章）、西华大学徐红（第 6 章）、西华大学张全（第 7 章）、西华大学汪勇（第 9 章、附录）。

在编写过程中，参阅了许多兄弟院校的同类教材，在此表示感谢。

由于编者水平有限，选编的内容、习题难免存在不足之处，恳请广大读者批评指正。

作　者

2019 年 3 月

# 第 2 版前言

本教材是在第 1 版的基础上，根据教育部高等学校工程图学教学指导委员会 2005 年制定的"高等学校工程图学课程教学基本要求"的精神，按照最新的《技术制图》与《机械制图》国家标准相关规定，在多年致力于"机械制图"教学改革的基础上编写而成的。书中汲取了近几年来多所高校工科"机械制图"教学中教研教改的经验，结合学生学习"机械制图"课程的认知特点，通过培养学生徒手绘图、仪器绘图、计算机绘图三个环节来安排教学内容。教材注重学生空间想象能力、空间分析与解决、表达空间几何问题的能力与作图步骤的有机结合，从而培养学生阅读和绘制工程图样的基本能力。其主要内容包括：制图的基本知识、画法几何、机械图样的表达方法、标准件与常用件、零件图、装配图等。本教材适合高等院校机械类、近机类各专业本、专科生的教学使用，并有汪勇、王和顺主编的配套《机械制图习题集》由西南交通大学出版社出版，在使用中可供选用。

与第 1 版相比，本书主要有以下几方面的特点：

1. 在内容和结构体系上进行了一定的调整，以传统的投影制图知识为背景，以培养学生能力（空间想象能力、表达能力、读画图能力、创新思维能力）为主线，结合现代设计手段与方法和画图与读图的实际需要，以实用、够用、会用为目的组织教学内容，精简画法几何中部分内容，加强了徒手绘图、形体构思（组合体构型）的相关知识学习。每章后面增加了小结与习题，便于学生了解每章的侧重点。

2. 采用大量的立体轴测插图，其目的是为了加强投影与空间的对应，同时对学生学习中难度较大的作图，本书采用分解作图步骤，既便于学生理解，又方便学生自学。

3. 对计算机绘图内容的处理，随着现代设计理论的发展和设计手段的多样化，考虑到学生不同时期、不同阶段、不同专业学习计算机辅助设计绘图的不同要求，也为了让学生更全面系统地掌握和理解，针对计算机辅助设计绘图应用软件学习的系统性和实用性，单独把计算机绘图（AutoCAD 软件的使用）编写成配套教材：《AutoCAD 2012 工程绘图教程》、《AutoCAD 2012 工程绘图上机指导》，为集中或单独开设该课程提供便利。

4. 采用最新国家标准，增加了焊接装配图内容，并修订第 1 版中错误。

本教材由西华大学汪勇、西南交通大学峨眉校区张玲玲主编，西华大学王和顺、王银芝、西南交通大学峨眉校区莫新华为副主编，全书由汪勇统稿。参加编写的有西华大学王银芝（第 1 章、第 10 章）、西南交通大学峨眉校区张玲玲（第 2 章、第 8 章）、西华大学王和顺、陈坤（第 3 章）、西南交通大学峨眉校区莫新华（第 4 章）、西南交通大学峨眉校区漆俐（第 5 章）、西华大学徐红（第 6 章）、西华大学张全（第 7 章）、西华大学汪勇（第 9 章、附录）。

在编写过程中，参阅了许多兄弟院校的同类教材，在此表示感谢。

由于编者水平有限，选编的内容、习题难免存在不足之处，恳请广大读者批评指正。

作　者
2013 年 6 月

# 第 1 版前言

本教材是编者根据教育部高等学校工程图学教学指导委员会 2005 年制订的"高等学校工程图学课程教学基本要求"的精神，按照最新的《技术制图》与《机械制图》国家标准相关规定，在多年致力于"机械制图"教学改革的基础上编写而成的。书中汲取了近几年来多所高校工科"机械制图"教学中教研教改的经验，结合学生学习"机械制图"课程的认知特点，通过培养学生徒手绘图、仪器绘图、计算机绘图三个环节来安排教学内容。教材注重学生空间想象能力、空间分析与解决、表达空间几何问题的能力与作图步骤的有机结合，从而培养学生阅读和绘制工程图样的基本能力。其主要内容包括：制图的基本知识、画法几何、机械图样的表达方法、标准件与常用件、零件图、装配图等。本教材适合高等院校机械类、近机类各专业本、专科生的教学使用，并有汪勇、王和顺主编配套《工程制图习题集》由西南交通大学出版社出版，在使用中可供选用。

本书主要有以下几方面的特点：

1. 在内容和结构体系上进行了一定的调整，以传统的投影制图知识为背景，以培养学生能力（空间想象能力、表达能力、读画图能力、创新思维能力）为主线，结合现代设计手段与方法和画图与读图的实际需要，以实用、够用、会用为目的组织教学内容，精简画法几何中部分内容，加强了徒手绘图、形体构思（组合体构型）的相关知识学习。每章后面增加了小结与习题，便于学生了解每章的侧重点。

2. 采用大量的立体轴测插图，其目的是为了加强投影与空间的对应，同时对学生学习中难度较大的作图，本书采用分解作图步骤，既便于学生理解，又方便学生自学。

3. 对计算机绘图内容的处理，随着现代设计理论的发展和设计手段的多样化，考虑到学生不同时期、不同阶段、不同专业学习计算机辅助设计绘图的不同要求，也为了让学生更全面系统地掌握和理解，针对计算机辅助设计绘图应用软件学习的系统性和实用性，单独把计算机绘图（AutoCAD 软件的使用）编写成配套教材：《AutoCAD 2006 工程绘图教程》、《AutoCAD 2006 工程绘图上机指导》，为集中或单独开设该课程提供便利。

4. 全书采用了最新颁布的《技术制图》与《机械制图》国家标准，考虑到一些新标准的衔接与推广问题，尤其是表面粗糙度，本书采用在正文中讲 GB/T 131—1993 标准，在附录中讲 GB/T 131—2006 标准的方式，以解决学生学习中的实际问题。

本教材由西华大学汪勇、西南交通大学峨眉校区张玲玲主编，全书由汪勇统稿。参加编写的有西华大学王银芝（第 1 章）、西南交通大学峨眉校区张玲玲（第 2 章、第 8 章）、西华大学王和顺、陈坤（第 3 章）、西南交通大学峨眉校区綦新华（第 4 章）、西南交通大学峨眉校区漆俐（第 5 章）、西华大学徐红（第 6 章）、西华大学张全（第 7 章）、西华大学汪勇（第 9 章、附录）。全书由西南交通大学梁萍主审。

在编写过程中，参阅了许多兄弟院校的同类教材，在此表示感谢。

由于编者水平有限，选编的内容、习题难免存在不足之处，恳请广大读者批评指正。

作　者
2011 年 6 月

# 目 录

绪 论 ................................................................................................ 1

## 第1章 制图的基本知识与技能 ........................................................ 3
1.1 制图的基本规定 ........................................................................ 3
1.2 常用绘图工具的使用方法 ........................................................ 16
1.3 常用几何作图方法 .................................................................... 20
1.4 平面图形的分析与绘图 ............................................................ 26
1.5 徒手绘图 .................................................................................... 30
小 结 ................................................................................................ 32
习 题 ................................................................................................ 32

## 第2章 点、直线、平面的投影 ........................................................ 33
2.1 投影法的基本知识 .................................................................... 33
2.2 点的投影 .................................................................................... 37
2.3 直线的投影 ................................................................................ 41
2.4 平面的投影 ................................................................................ 51
2.5 直线与平面、平面与平面的相对位置 .................................... 56
2.6 换面法 ........................................................................................ 61
2.7 旋转法 ........................................................................................ 67
小 结 ................................................................................................ 71
习 题 ................................................................................................ 72

## 第3章 立体的视图 ............................................................................ 73
3.1 基本体的视图 ............................................................................ 73
3.2 平面与立体相交 ........................................................................ 85
3.3 立体与立体相交 ........................................................................ 98
3.4 组合体视图的绘制与阅读 ........................................................ 118
小 结 ................................................................................................ 137
习 题 ................................................................................................ 137

## 第4章 轴测图与透视图 .................................................................... 138
4.1 轴测图的基本知识 .................................................................... 138
4.2 正等轴测图画法 ........................................................................ 140
4.3 斜二轴测图 ................................................................................ 146
4.4 轴测草图的画法 ........................................................................ 148
4.5 轴测剖视图 ................................................................................ 153

4.6 透视图 ·················································· 154
小 结 ·················································· 158
习 题 ·················································· 158

## 第 5 章 表示机件的图样画法 ·················· 159
5.1 视 图 ·················································· 159
5.2 剖视图 ·················································· 162
5.3 断面图 ·················································· 173
5.4 简化画法与其他规定画法 ··················· 175
5.5 表示机件的图样画法的应用举例 ········ 180
5.6 第三角投影 ········································· 181
小 结 ·················································· 183
习 题 ·················································· 183

## 第 6 章 尺寸标注基础 ······························ 184
6.1 尺寸标注的基本规定 ··························· 184
6.2 组合体的尺寸标注 ······························· 185
6.3 尺寸的清晰布置 ·································· 193
6.4 轴测图尺寸标注 ·································· 195
小 结 ·················································· 197
习 题 ·················································· 197

## 第 7 章 标准件和常用件 ·························· 198
7.1 螺纹及螺纹紧固件 ······························· 198
7.2 齿 轮 ·················································· 212
7.3 键、花键及销 ····································· 219
7.4 弹 簧 ·················································· 224
7.5 滚动轴承 ············································ 227
小 结 ·················································· 229
习 题 ·················································· 229

## 第 8 章 零件图 ·········································· 230
8.1 零件图的基本知识 ······························· 230
8.2 零件的基本知识 ·································· 232
8.3 零件的视图选择 ·································· 233
8.4 零件的尺寸标注 ·································· 246
8.5 零件的技术要求与在图样上的标注 ····· 257
8.6 读零件图的步骤与方法 ······················· 278
8.7 零件测绘 ············································ 282
小 结 ·················································· 285
习 题 ·················································· 286

## 第9章 装配图 ······ 287

9.1 装配图的基本知识 ······ 288
9.2 常见装配工艺结构 ······ 294
9.3 装配图的视图选择 ······ 298
9.4 装配图的尺寸标注和技术要求注写 ······ 301
9.5 装配图的零件、组（部）件序号的编排和明细栏 ······ 302
9.6 画装配图的步骤与方法 ······ 304
9.7 读装配图和由装配图拆画零件图 ······ 306
小　结 ······ 315
习　题 ······ 315

## 第10章 焊接装配图 ······ 316

10.1 焊接基本知识 ······ 316
10.2 焊缝符号 ······ 317
10.3 焊缝标注的有关规定 ······ 321
10.4 阅读焊接装配图 ······ 324
小　结 ······ 326
习　题 ······ 327

## 附　录 ······ 328

附录1　常用螺纹 ······ 328
附录2　常用螺纹紧固件 ······ 331
附录3　常用键与销 ······ 339
附录4　常用滚动轴承 ······ 346
附录5　极限与配合 ······ 352
附录6　常用材料 ······ 364

## 参考文献 ······ 367

# 绪 论

## 一、本课程的性质、任务和主要内容

工程技术人员要表达其设计思想仅仅用语言是不够的，必须使用工程图样。以图形为主的工程图样是工程设计、制造与施工、维护过程中用来构思、表达与传递设计思想的主要载体与工具，所以"工程图样是工程界的共同语言"，是工程技术部门必不可少的技术文件。

将工程上的物体按照一定的投影方法（一般为正投影法）、技术规定等表达在图纸上的图形和技术要求称为工程图样。机械制图是工程图样中的一部分，机械制图是专门研究机器及其零、部件的绘图与读图方法，是一门技术基础课。其主要任务是：

（1）学习投影法（主要是正投影法）的基本理论及应用，为绘制和应用各种工程图样打下良好的理论基础。

（2）培养和发展空间与形象思维、图形思维能力，分析能力和表达能力，形体构思能力。

（3）培养绘制和阅读工程图样（一般机械零件图、装配图）的基本能力与标准化意识。

（4）熟练使用仪器、徒手、计算机绘制各种工程图样的技能与方法。

（5）初步建立一般机械零、部件的结构与制造的知识、技术要求等，培养学生基本工程素质。

（6）在教学过程中要培养学生耐心细致的工作作风，严肃认真的工作态度；有意识地培养学生的自学能力和审美能力。

本课程学习的知识、培养的能力和工作态度与作风对每一个工程技术人员来讲都是非常重要的，是一个工程技术人员最基本的素质体现，当然本课程的学习与培养是初步和基础的，需在后续课程的学习与应用中进一步得到提高与加强。

本书主要内容包括以下几个方面：

（1）研究在二维平面上表示三维空间几何元素和形体的各种方法论即图示法，了解在二维平面上图解三维空间几何问题的图解法。

（2）学习正确的制图方法和国家标准中有关制图的基本规定。

（3）研究一般机器设备的零件图和部件图的绘制与阅读理论、方法。

（4）学习掌握使用仪器、徒手、计算机绘制各种工程图样的技能与方法。

以上四个方面的内容在本教材中以分散、独立、集中等多种形式体现在各部分教学内容中，编写思路上采用由简到繁、由易到难、由浅到深、循序渐进的方法，让学生逐步掌握。本教材适用学时 48~120（参考学时）。

## 二、本课程学习方法与要求

该课程是工程类学生接触的第一门工程课程，最终目标是培养学生的读图画图、空间想象及构思能力，由于工程问题复杂且枯燥，激发学生学习的主动性与自觉性、提高学习兴趣是关键。因此，要学好本门课程，必须正确地处理以下3个问题：

该课程关键问题之一是空间的转换，即从二维平面（投影）到三维空间（立体或机器）的相互转换，在学习过程中应该把空间想象和空间思维与投影分析和作图过程紧密结合，不断地问自己"空间是什么？投影是什么？什么作图方法能保证所作的空间几何元素和形体的形状、空间位置确定？这样作图表达的空间是什么？"即首先根据投影图分析空间状态，找出空间解决问题的方法与步骤，再找出投影作图的方法与步骤。没有空间就没有作图，没有正确的作图方法、不理解各种作图方法的空间含义，就不能正确地在平面上图示空间几何元素与形体。

该课程关键问题之二是在绘图实践过程中必须遵守国家标准规范，如图线、字体、比例、尺寸标注、图样画法等国家标准都有明确的规定与要求，因此要加强标准化意识和对国家标准的学习，同时用到一些手工绘图工具和设计绘图软件，在学习的过程中，掌握正确的使用方法和技能。所以要严肃认真地做好每次的作业，循序渐进地在实践中逐步掌握与提高。

对初学者来说，该课程关键问题之三是建立初步的工程意识，即对零部件结构、机械制造的一些基础知识的认识与了解，在学习过程中除学习好相关课程外，要坚持理论联系实际的作风，不断与工程实践相结合，在实践中得到认识与提高。

# 第 1 章

# 制图的基本知识与技能

本章主要介绍《技术制图》和《机械制图》国家标准中有关图纸幅面及格式、比例、字体、图线、尺寸标注等的基本规定，它是工程技术人员必须遵循的标准。同时介绍常用绘图工具的使用方法、常用几何作图方法及平面图形作图方法与步骤，以及徒手绘图的基本方法与技巧。

## 1.1 制图的基本规定

图样是设计和制造产品过程中最基本的技术文件，是工程界交流技术思想的语言。国家标准《技术制图》《机械制图》是我国颁布的一系列关于绘制、识读图样的重要技术标准，对图纸幅面和格式、比例、字体、图线、尺寸注法和图样画法等都做了统一规定。

机械制图国标中的每个标准均有专用代号。例如 GB/T 14689—2008，这里"GB"是国家标准代号，是"国标"汉语拼音的缩写；"T"表示推荐性标准；14689 为该标准的编号；一字线后面的 2008 表示该标准是 2008 年颁布实施的，如果不写年代，表示是最新颁布实施的国家标准。

### 1.1.1 图纸幅面和标题栏

#### 1. 图纸幅面

图纸幅面指图纸的宽度与长度组成的图面的大小；绘制技术图样时所采用的图纸幅面应符合国家标准 GB/T 14689—2008 规定的图纸幅面。绘制技术图样时，应优先采用表 1.1 中规

表 1.1 图纸基本幅面尺寸（第一选择） 单位：mm

| 幅面代号 | A0 | A1 | A2 | A3 | A4 |
|---|---|---|---|---|---|
| 尺寸（$B\times L$） | 841×1 189 | 594×841 | 420×594 | 297×420 | 210×297 |
| $e$ | 20 | | | 10 | |
| $c$ | 10 | | | 5 | |
| $a$ | 25 | | | | |

定的图纸基本幅面。必要时也允许选用表 1.2 和表 1.3 所规定的加长幅面。如图 1.1 所示，这些幅面的尺寸是由基本幅面的短边呈整数倍增加后得出的。图 1.1 中粗实线所示为基本幅面（第一选择）；细实线所示为表 1.2 所规定的加长幅面（第二选择）；细虚线所示为表 1.3 所规定的加长幅面（第三选择）。

表 1.2  图纸加长幅面尺寸（第二选择）                     单位：mm

| 幅面代号 | A3×3 | A3×4 | A4×3 | A4×4 | A4×5 |
|---|---|---|---|---|---|
| 尺寸（$B \times L$） | 420×891 | 420×1 189 | 297×630 | 297×841 | 297×1 051 |

表 1.3  图纸加长幅面尺寸（第三选择）                     单位：mm

| 幅面代号 | 尺寸（$B \times L$） | 幅面代号 | 尺寸（$B \times L$） |
|---|---|---|---|
| A0×2 | 1 189×1 682 | A3×5 | 420×1 486 |
| A0×3 | 1 189×2 523 | A3×6 | 420×1 783 |
| A1×3 | 841×1 783 | A3×7 | 420×2 080 |
| A1×4 | 841×2 378 | A4×6 | 297×1 261 |
| A2×3 | 594×1 261 | A4×7 | 297×1 471 |
| A2×4 | 594×1 682 | A4×8 | 297×1 682 |
| A2×5 | 594×2 102 | A4×9 | 297×1 892 |

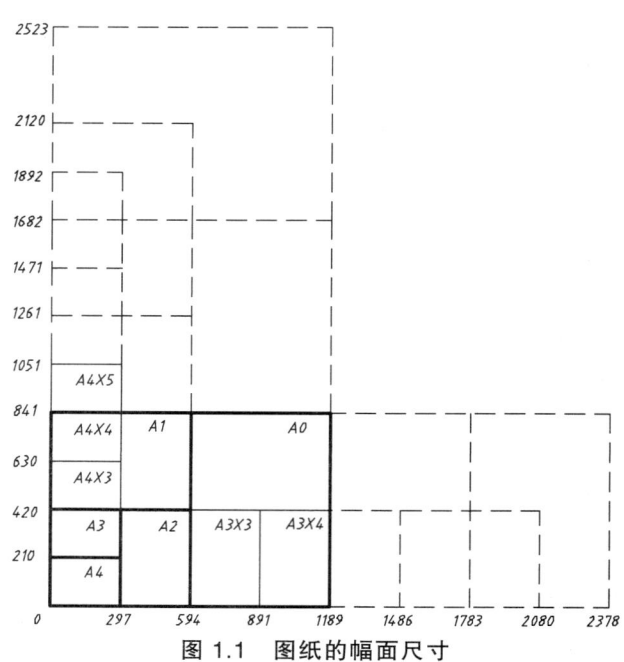

图 1.1  图纸的幅面尺寸

## 2. 图框格式

图框是指图纸上限定绘图区域的线框。在图纸上必须用粗实线画出图框，其格式分为不留装订边和留有装订边两种，但同一产品的图样只能采用同一种格式。

不留装订边的图纸，其图框格式如图 1.2 所示，尺寸按表 1.1 中的规定。

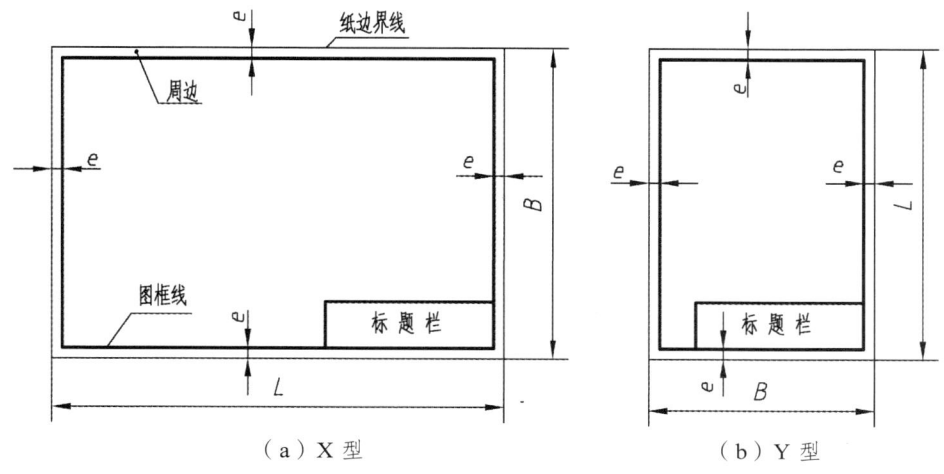

图 1.2 无装订边图纸的图框格式

留有装订边的图纸，其图框格式如图 1.3 所示，尺寸按表 1.1 中的规定。

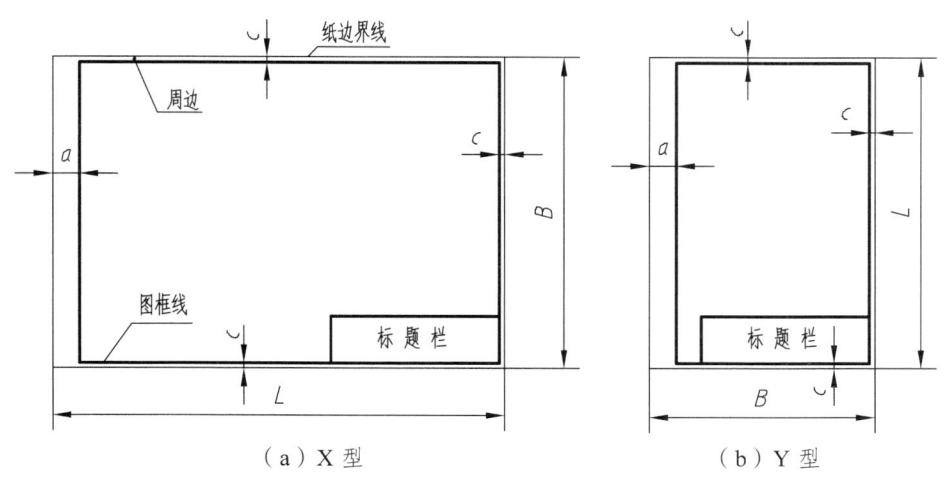

图 1.3 有装订边图纸的图框格式

加长幅面的图框尺寸，按所选用的基本幅面大一号的图框尺寸确定。例如，A2×3 的图框尺寸，按 A1 的图框尺寸确定，即 $e$ 为 20（或 $c$ 为 10），而 A3×4 的图框尺寸，按 A2 的图框尺寸确定，即 $e$ 为 10（或 $c$ 为 10）。

为了使图样复制和缩微摄影时定位方便，对表 1.1 和表 1.2 所列的各号图纸，均应在图纸各边长的中点处分别画出对中符号。对中符号用粗实线绘制，线宽不小于 0.5 mm，长度从纸边界开始至伸入图框内约 5 mm，如图 1.4（a）所示。当对中符号处在标题栏范围内时，则伸入标题栏部分省略不画，如图 1.4（b）所示。

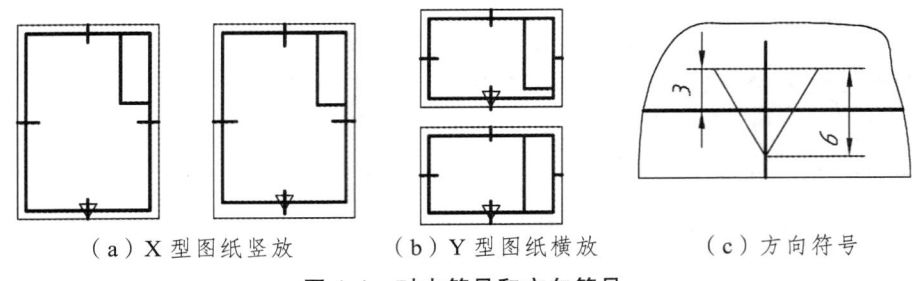

(a) X 型图纸竖放　　　　(b) Y 型图纸横放　　　　(c) 方向符号

图 1.4　对中符号和方向符号

### 3. 标题栏

国家标准 GB/T 10609.1—2008 对标题栏的填写内容、尺寸与格式都做了明确规定，如图 1.5 所示。每张图纸都必须有标题栏，用来说明图样的名称、图号、零件材料、设计单位及有关人员的签名等内容。标题栏应位于图纸的右下角。

为简便起见，在制图作业练习中可对标题栏进行简化，具体格式由学校自定，如图 1.6 所示的格式可供参考。

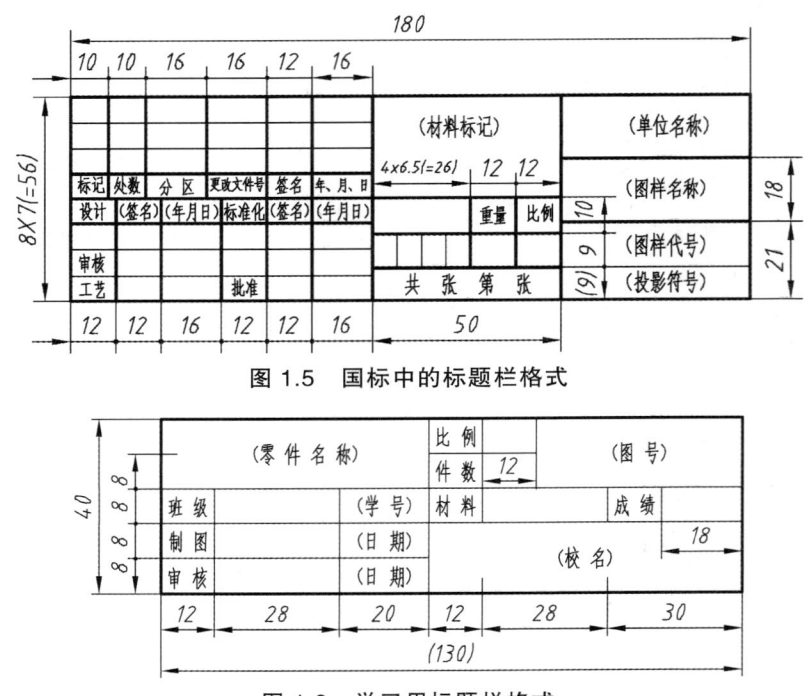

图 1.5　国标中的标题栏格式

图 1.6　学习用标题栏格式

标题栏的长边置于水平方向并与图纸的长边平行时，则构成 X 型图纸，如图 1.2（a）、图 1.3（a）所示。若标题栏的长边与图纸的长边垂直时，则构成 Y 型图纸，如图 1.2（b）、图 1.3（b）所示。上述两种情况下，看图方向与看标题栏方向一致。

有时，为了利用预先印制的图纸，允许将 X 型图纸的短边置于水平位置使用或将 Y 型图纸的长边置于水平位置使用，如图 1.4（a）、（b）所示，此时应在图纸的下边对中符号处画出一个方向符号（用细实线绘制的等边三角形），如图 1.4（c）所示，表明看图方向。

## 1.1.2 比例（GB/T 14690—1993）

图中图形与其实物相应要素的线性尺寸之比，称为比例。

比例分为三种：比值为1的比例称为原值比例，即1∶1；比值大于1的比例称为放大比例，如2∶1等；比值小于1的比例称为缩小比例，如1∶2等。

每张图纸都要注出所画图形采用的比例。绘图时应优先由表1.4规定的系列中选取适当的比例，必要时也允许选取表1.5中的比例。尽量采用1∶1的比例。

表 1.4　绘图比例（一）

| 种　类 | 比　例 |
| --- | --- |
| 原值比例 | 1∶1 |
| 放大比例 | 5∶1，2∶1，$5\times10^n$∶1，$2\times10^n$∶1，$1\times10^n$∶1 |
| 缩小比例 | 1∶2，1∶5，1∶10，1∶$2\times10^n$，1∶$5\times10^n$，1∶$1\times10^n$ |

注：$n$为正整数。

表 1.5　绘图比例（二）

| 种　类 | 比　例 |
| --- | --- |
| 放大比例 | 4∶1，2.5∶1，$4\times10^n$∶1，$2.5\times10^n$∶1 |
| 缩小比例 | 1∶1.5，1∶2.5，1∶3，1∶4，1∶6，1∶$1.5\times10^n$，1∶$2.5\times10^n$，1∶$3\times10^n$，1∶$4\times10^n$，1∶$6\times10^n$ |

注：$n$为正整数。

比例符号应以"∶"表示，如1∶1、1∶2等。比例一般应标注在标题栏中的比例栏内，必要时可在视图名称下方或右侧标注。

## 1.1.3 字体（GB/T 14691—1993）

字体指的是图样中文字、字母和数字的书写形式。

在图样上除了表示机件形状的图形外，还要用文字和数字来说明机件的大小、填写标题栏、技术要求等。

GB/T 14691—1993规定了图样上和技术文件中所用汉字、数字、字母的字体和规格，并且要求书写必须做到：字体工整、笔画清楚、间隔均匀、排列整齐。

字体高度（$h$）的公称尺寸系列为：1.8 mm，2.5 mm，3.5 mm，5 mm，7 mm，10 mm，14 mm，20 mm。如需更大字体，字高应按照$\sqrt{2}$的比率递增。字体高度代表字体的号数，如3.5号字，表示字高为3.5 mm。

### 1. 汉　字

汉字应写成长仿宋体，并采用国家正式公布推行的简化字。汉字的高度$h$不应小于3.5 mm，其字宽约为字高的$h/\sqrt{2}$。

长仿宋体汉字示例如图1.7所示。

字体工整 笔画清楚 间隔均匀 排列整齐

（a）10号字

横平竖直注意起落结构均匀填满方格

（b）7号字

技术制图机械电子汽车航空船舶土木建筑矿山井坑港口纺织服装

（c）5号字

螺纹齿轮端子接线飞行指导驾驶舱位挖填施工引水通风闸阀坝棉麻化纤

（d）3.5号字

**图1.7　长仿宋体汉字示例**

汉字的基本笔画为点、横、竖、撇、捺、挑、折、勾8种，长仿宋体汉字的书写要领是横平竖直，注意起落，结构匀称，填满方格。

### 2. 数字和字母

字母和数字分A型和B型。A型字体的笔画宽度（$d$）为字高的1/14，B型字体的笔画宽度（$d$）为字高的1/10。在同一图样上，只允许选用一种型式的字体。

字母和数字可以写成斜体和直体，常用斜体。斜体字字头向右倾斜，与水平基准线成75°角。

拉丁字母和罗马数字示例如图1.8所示。

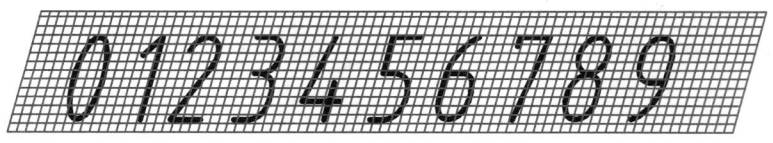

（a）A型斜体阿拉伯数字示例

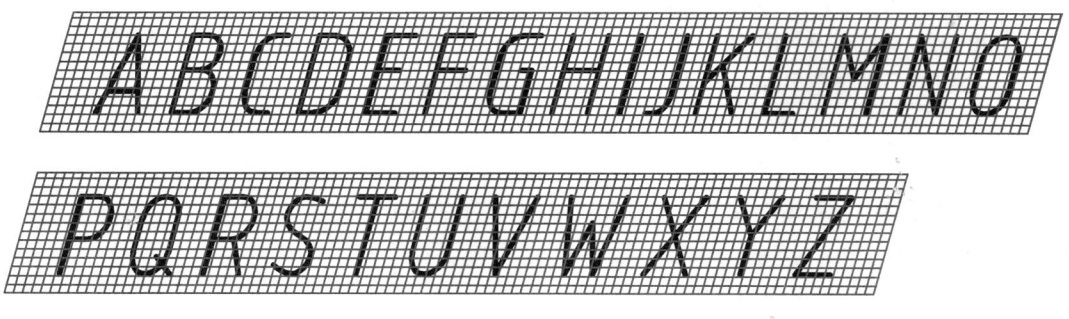

（b）A型斜体大写拉丁字母示例

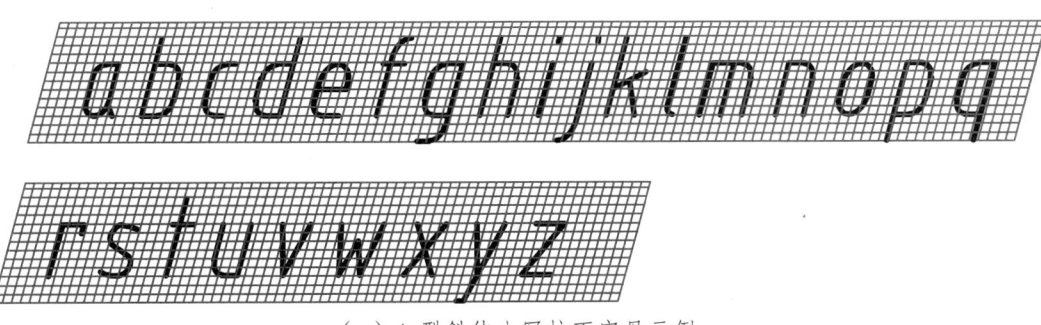

(c) A型斜体小写拉丁字母示例

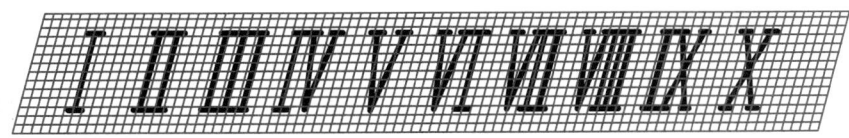

(d) A型斜体罗马数字示例

图 1.8　数字、字母示例

## 1.1.4　图线（GB/T 17450—1998 和 GB/T 4457.4—2002）

**1. 图线的型式及应用**

为了使图样统一、清晰及阅读方便，在绘制图样时，应根据表达的需要，采用 GB/T 17450—1998 规定的线型（见表 1.6）。各种图线的应用示例如图 1.9 所示。

国标规定，在机械图样中采用粗、细两种线宽。粗线的宽度 $d$ 应按图形的大小和复杂程度在 0.5~2 mm 选择，优先采用 $d$ = 0.5 mm 或 $d$ = 0.7 mm。细线的宽度为 $d/2$。

图线宽度的推荐系列为：0.18 mm，0.25 mm，0.35 mm，0.5 mm，0.7 mm，1 mm，1.4 mm，2 mm。

表 1.6　常用工程图线的名称、线型、线宽和主要用途

| 线型名称 | 线　型 | 线宽 | 主要用途 |
|---|---|---|---|
| 细实线 | ——————— | 0.5$d$ | 过渡线、尺寸线、尺寸界线、指引线和基准线、剖面线、重合断面的轮廓线等 |
| 波浪线 | ～～～～～ | 0.5$d$ | 断裂处分界线，视图与剖视图的分界线。在一张图样上，一般采用一种线型 |
| 双折线 | ─/\─/\─ | 0.5$d$ | |
| 粗实线 | ━━━━━━ | $d$ | 可见轮廓线、可见棱边线、相贯线等 |
| 细虚线 | - - - - - - | 0.5$d$ | 不可见轮廓线、不可见棱边线等 |
| 细点画线 | —·—·—·— | 0.5$d$ | 轴线、对称中心线、分度圆（线）、孔系分布的中心线等 |
| 粗点画线 | ━·━·━·━ | $d$ | 限定范围表示线 |
| 细双点画线 | —··—··— | 0.5$d$ | 相邻辅助零件的轮廓线、可动零件的极限位置的轮廓线、轨迹线等 |

手工绘图时线素的长度应符合标准规定。所谓线素指不连续线的独立部分,如点(图线长度小于或等于图线宽度 $d$ 的一半称为点)、长度不同的画和间隔。即:细点画线、粗点画线、细双点画线的"点"长度≤$0.5d$;细虚线、细点画线、粗点画线、细双点画线的"短间隔"长度为 $3d$;细虚线的"画"长度为 $12d$;细点画线、粗点画线、细双点画线的"长画"长度为 $24d$。

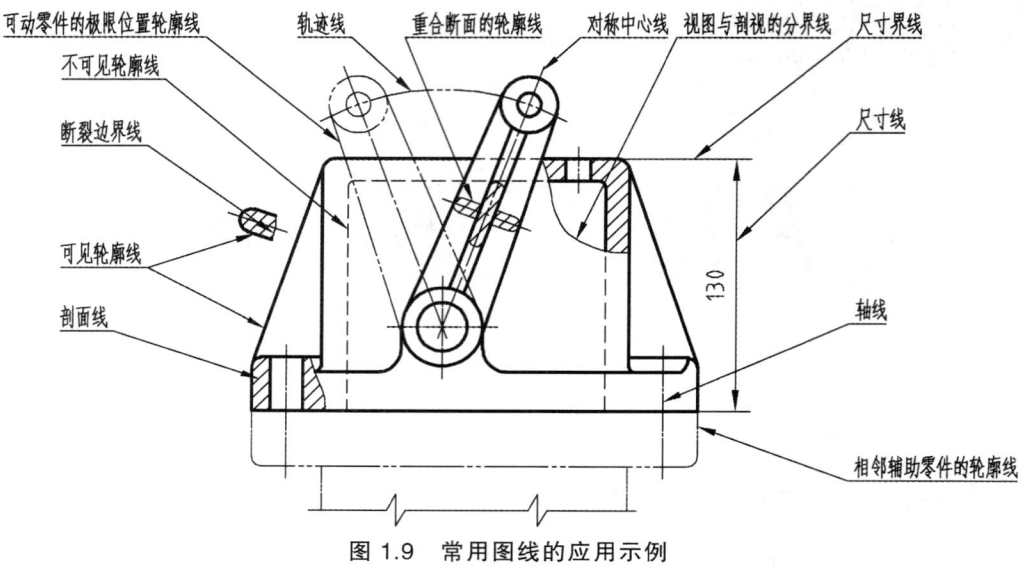

图 1.9 常用图线的应用示例

### 2. 图线画法

图线画法的注意事项:

① 在同一图样中同类图线的宽度应基本一致。细虚线、细点画线及双点画线的线段长度和间隔应各自大致相等(见表 1.6)。

② 两条平行线之间的距离应不小于粗实线的两倍宽度,其最小间隙不得小于 0.7 mm。

③ 绘制圆的对称中心线时,圆心应为长画的交点。点画线和双点画线的首末两端应是线段而不是短画。

④ 在较小的图形绘制点画线或双点画线有困难时,可用细实线代替。

⑤ 图线之间相交、相切都应以线段相交或相切。如细虚线与其他线相交时,应画成线段相交;点画线应交于长画(见图 1.10)。

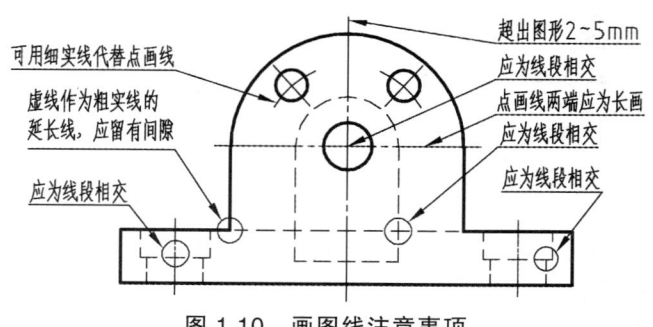

图 1.10 画图线注意事项

⑥ 当细虚线作为粗实线的延长线时,二者之间应留有空隙(见图1.10)。当细虚线圆弧与细虚线直线相切时,细虚线圆弧的短画应画到切点,而细虚线直线需留有间隙。

⑦ 图形的对称线、中心线、轴线、双折线等两端一般应超出图形轮廓线 2~5 mm(见图1.10)。

## 1.1.5 尺寸注法(GB/T 4458.4—2003 和 GB/T 16675.2—2012)

在图样上,图形只表示物体的形状,而机件的大小及各部分相互位置关系,需要用标注的尺寸来确定。国家标准《机械制图 尺寸注法》(GB/T 4458.4—2003)和《技术制图 简化表示法 第2部分 尺寸注法》(GB/T 16675.2—2012)规定了在图样中尺寸的注法。

**1. 基本规则**

(1)机件的真实大小应以图样上所标注的尺寸数值为依据,与图形的大小及绘图的准确度无关。

(2)图样中(包括技术要求和其他说明)的尺寸,以 mm 为单位时,不需标注单位符号(或名称),如采用其他单位,则应注明相应的单位符号。

(3)图样中所标注的尺寸为该图样所示机件的最终完工尺寸,否则应另加说明。

(4)机件的每一尺寸,一般只标注一次,并应标注在反映结构特征最清晰的图形上。

**2. 尺寸组成**

一个完整的尺寸由尺寸界线、尺寸线(两端有表示尺寸线终端的箭头或斜线)和尺寸数字组成,称尺寸三要素,如图1.11所示。

(1)尺寸界线。

尺寸界线用来表示所注尺寸的范围。尺寸界线用细实线绘制,由图形的轮廓线、轴线或对称中心线处引出,也可利用轮廓线、轴线或对称中心线作尺寸界线,如图1.11所示。

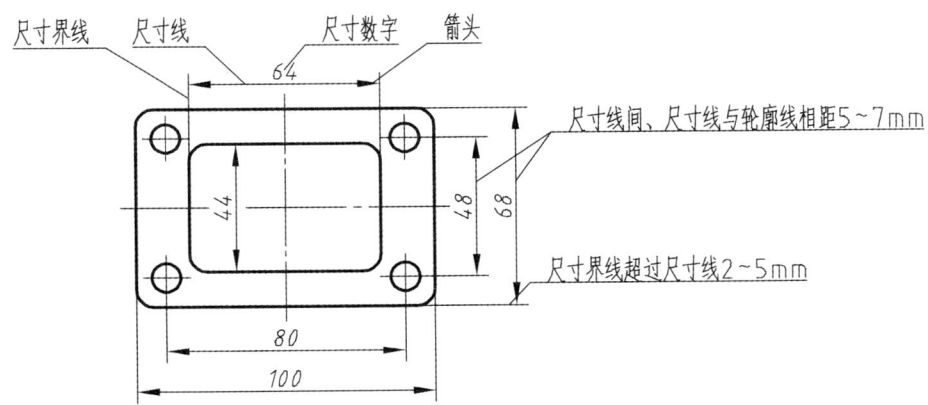

图1.11 尺寸组成及其标注示例

尺寸界线一般应与尺寸线垂直并略超过尺寸线(通常以 2~5 mm 为宜),当尺寸界线过于贴近轮廓线时允许倾斜,但两尺寸界线仍应相互平行(见图1.12)。

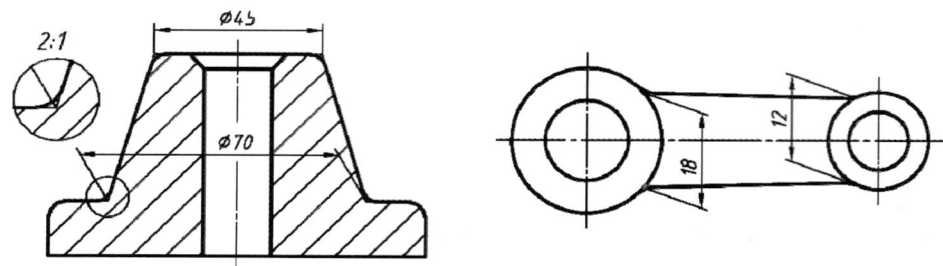

图 1.12 倾斜引出的尺寸界线

（2）尺寸线。

尺寸线表示尺寸度量的方向。尺寸线用细实线在两尺寸界线之间绘制，不能用其他图线代替，一般也不得与其他图线重合或画在其延长线上。

标注线性尺寸时，尺寸线应与所标注的线段平行，且尺寸线与轮廓线及两平行尺寸线间的距离为 5～7 mm（见图 1.11）。当有几条互相平行的尺寸线时，大尺寸要注在小尺寸外面，以免尺寸线与尺寸界线相交。

在圆或圆弧上标注直径或半径尺寸时，尺寸线一般应通过圆心或延长线通过圆心。

尺寸线的终端——表示尺寸的起止，其结构有箭头和斜线两种形式。

① 箭头：箭头的形式如图 1.13（a）所示，适用于各种类型的图样。

② 斜线：斜线用细实线绘制，其方向和画法如图 1.13（b）所示，当尺寸线的终端采用斜线形式时，尺寸线与尺寸界线应相互垂直。

机械图样中一般采用箭头作为尺寸线的终端。当尺寸线与尺寸界线相互垂直时，同一张图样中只能采用一种尺寸线终端形式。

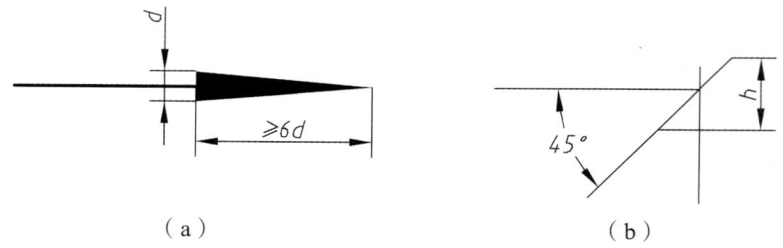

图 1.13 箭头和斜线的画法

（3）尺寸数字。

线性尺寸的数字（采用字号 3.5 的长方宋体）一般应注写在尺寸线的上方，也允许注写在尺寸线的中断处。线性尺寸数字的方向，一般应按表 1.7 第一项中所示的方向注写。

标注尺寸时，尺寸数字不可被任何图线所通过，否则必须将该图线断开；标注参考尺寸时，应将尺寸数字加上圆括弧，如图 1.14 所示。

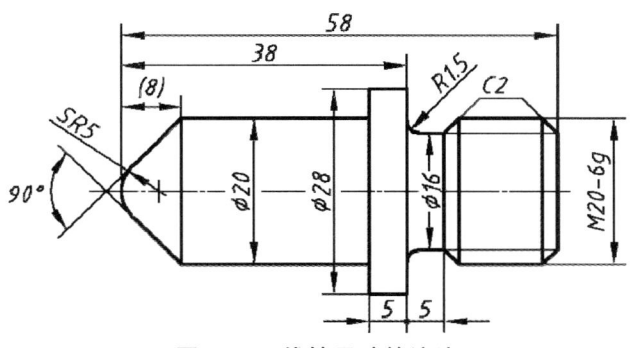

图 1.14 线性尺寸的注法

### 3. 常见尺寸的标注方法

表 1.7 中列出了 GB/T 4458.4—2003 和 GB/T 16675.2—2012 所规定的一些尺寸注法。

表 1.7 常见尺寸的标注示例

| 标注内容 | 示例 | 说明 |
|---|---|---|
| 线性尺寸的数字方向 | | 线性尺寸数字应按图（a）所示的方向注写，并尽可能避免在图示 30°范围内标注尺寸，无法避免时，可按图（b）的形式标注 |
| 角度 | | （1）尺寸的数字一律水平书写，一般注写在尺寸线的中断处，必要时允许写在外面，或引出标注；（2）尺寸界线必须沿径向引出；尺寸线画成圆弧，圆心是该角的顶点 |
| 圆和圆弧 | | 圆的直径尺寸和圆弧的半径尺寸一般应按左图示例标注。直径或半径尺寸数字前应分别注写符号"$\phi$"或"$R$" |

续表 1.7

| 标注内容 | 示 例 | 说 明 |
|---|---|---|
| 大圆弧 | (a) (b) | 在图纸范围内无法标出圆心位置时,可按图(a)标注。不需标出圆心位置时,可按图(b)形式标注 |
| 小尺寸 | | (1)当没有足够位置画箭头或写数字时,可有一个布置在外面;<br>(2)位置更小时,箭头和数字可以都布置在外面;<br>(3)狭小部位标注尺寸时,可用圆点代替箭头 |
| 球面 | | 标注球面尺寸时,应在 φ 或 R 前加注"S";不致引起误解时,则可省略 |
| 弦长和弧长 | | 标注弧长时,应在尺寸数字前加符号"⌒";弧长和弦长的尺寸界线应平行于该弦的垂直平分线 |
| 对称机件 | (a) (b) | 对称机件的图形画出一半时,尺寸线应略超过对称中心线[见图(a)];如画出多于一半时,尺寸线应略超过断裂线[见图(b)]。以上两种情况都只在尺寸线的一端画出箭头 |

续表 1.7

| 标注内容 | 示例 | 说明 |
|---|---|---|
| 板状零件 | 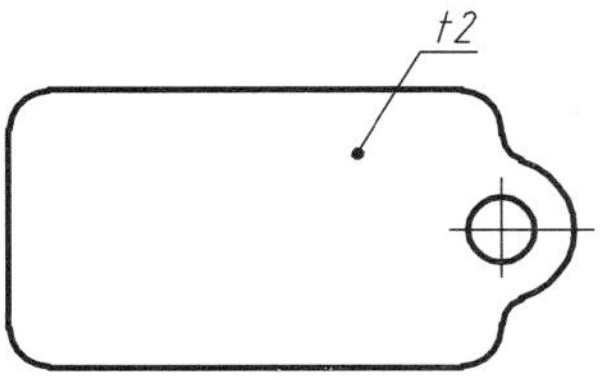 | 标注板状零件的尺寸时,可在尺寸数字前加注符号"t"表示均匀厚度板,而不必另画视图表示厚度 |
| 尺寸相同的孔、槽等要素 | 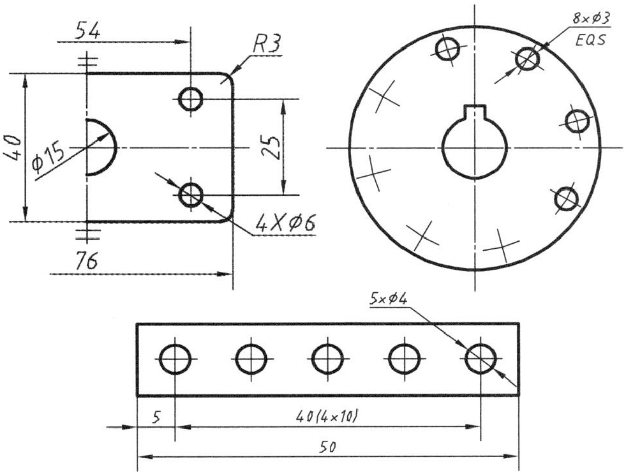 | 相同直径的圆孔只要在一个圆孔上标注直径尺寸,并在其前加注"个数×"<br><br>"EQS"是成组要素(如孔)均匀分布的缩写词,当成组要素的定位和分布情况在图形中已明确时,可不标注其角度并省略缩写词 |
| 正方形结构 | 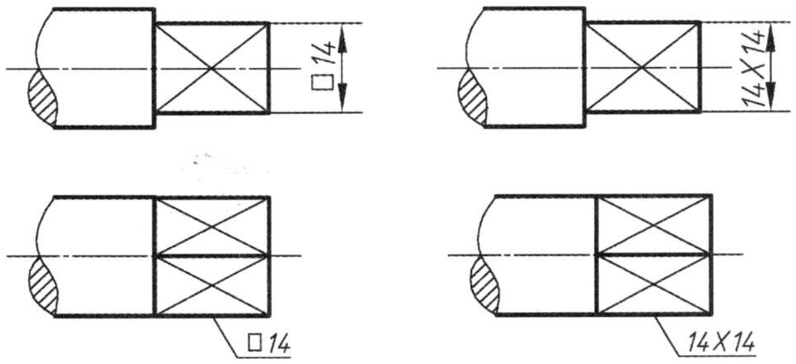 | 标注断面为正方形结构的尺寸时,可在正方形边长尺寸数字前加注符号"□"或用"A×A"(A为正方形边长)注出<br><br>当图形不能充分表达平面时,可用从对角画出两条细实线表示 |
| 简化注法 | 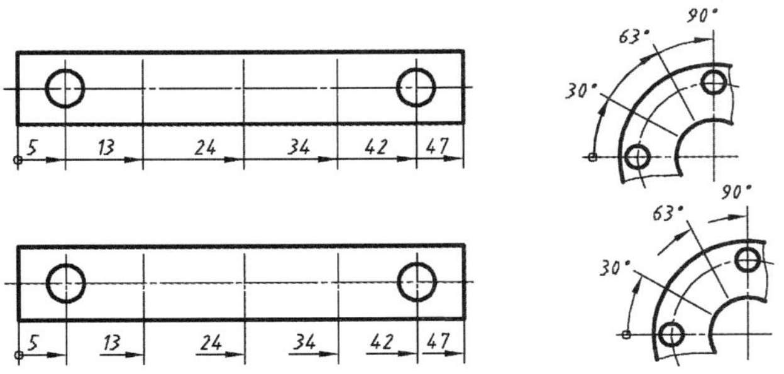 | 从同一基准出发的尺寸可按左图简化后的形式标注 |

续表 1.7

| 标注内容 | 示例 | 说　明 |
|---|---|---|
| 简化注法 | 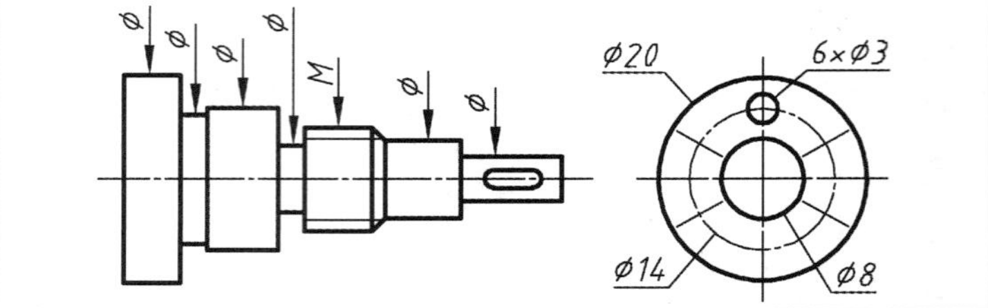 （图示） | 标注尺寸时可采用带箭头的指引线；标注尺寸时也可采用不带箭头的指引线 |
| | 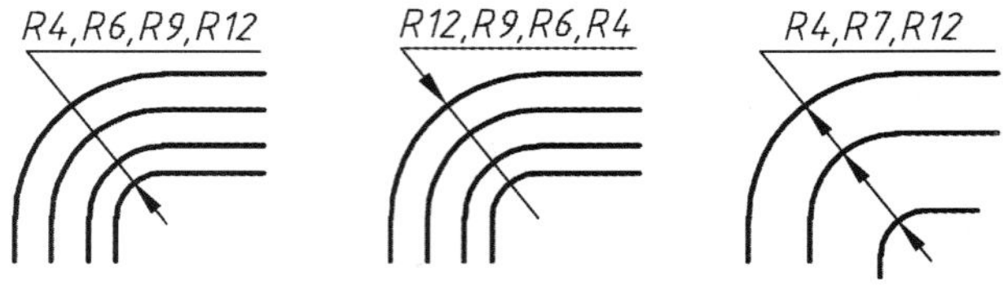 （图示） | 一组同心圆弧或圆心位于一条直线上的多个不同心圆弧的尺寸可用共用的尺寸线箭头依次表示 |
| | 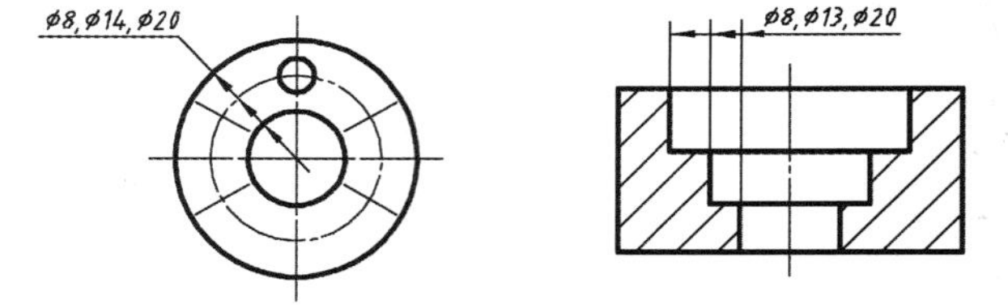 （图示） | 一组同心圆或尺寸较多的台阶孔的尺寸也可用共用的尺寸线和箭头依次表示 |
| | 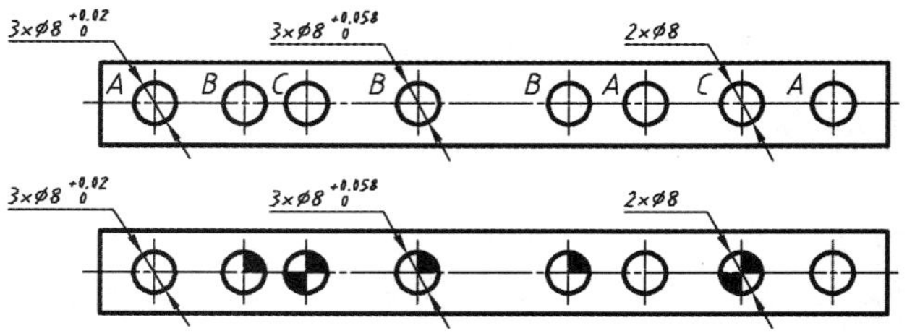 （图示） | 在同一图形中如有几种尺寸数值相近而又重复的要素（如孔等）时，可采用标记（如涂色等）或用标注字母的方法来区别 |
| |  （图示） | 在不致引起误解时零件图中的45°倒角可以省略不画，其尺寸也可简化标注 |

## 1.2　常用绘图工具的使用方法

正确熟练地使用绘图工具和采用正确的绘图方法是保证图面质量和提高绘图速度的重要因素。本节主要介绍几种常用绘图工具及其使用方法。

### 1.2.1　绘图工具

**1. 图　板**

图板是用来铺放和固定图纸的，四周镶有硬木边（见图1.15）。图板的工作表面必须平坦、光洁。图板的左边作为工作边用必须光滑、平直。为了保护图板，应避免受热受潮变形，避免在上面写字画画、刻线等。图板的规格尺寸有 0 号（900 mm × 1 200 mm）、1 号（600 mm × 900 mm）、2 号（450 mm × 600 mm）等几种，根据需要选用。

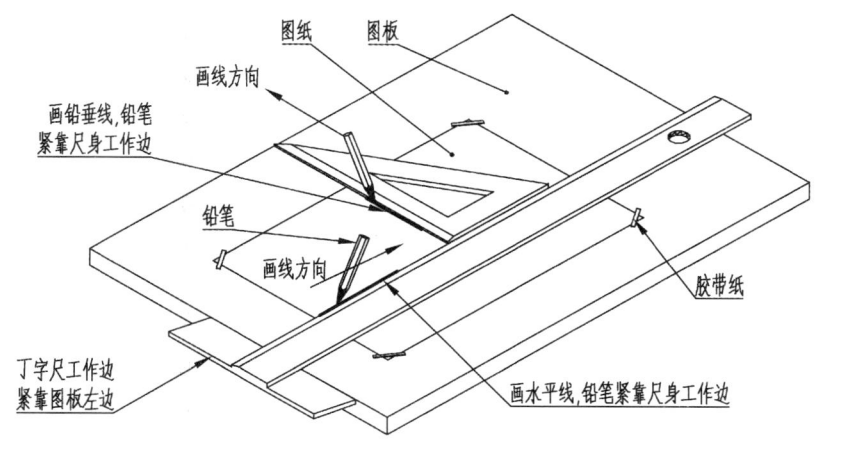

图 1.15　图板和丁字尺

### 2. 丁字尺

由尺头和尺身两部分垂直相交构成丁字形，主要用来绘制水平线。尺头的内边缘为丁字尺导边，尺身的上边缘为工作边，都要求平直光滑。

使用丁字尺画水平线时，可用左手握住尺头推动丁字尺沿左面的导边上下滑动；待移到要画水平线的位置后，用左手使尺头导边靠紧图板导边，随即将左手移到画线部位将尺身压住。然后用右手执笔沿尺身工作边自左向右画线，笔尖应紧靠尺身，笔杆略向右倾斜。将丁字尺沿图板导边上下移动，可画出一系列互相平行的水平线，如图 1.16 所示。

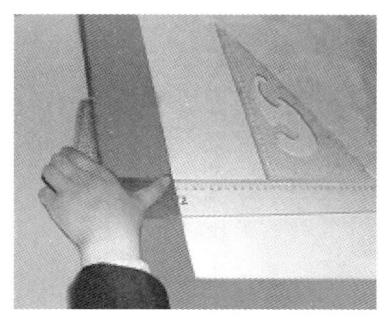 

图 1.16　丁字尺的用法

### 3. 三角板

一副三角板包括 45°×45°和 30°×60°各一块。三角板与丁字尺配合使用，可画出一系列不同位置的铅垂线，还可画出与水平线成 30°、45°、60°以及 15°倍数角的各种倾斜线，如图 1.17 所示。

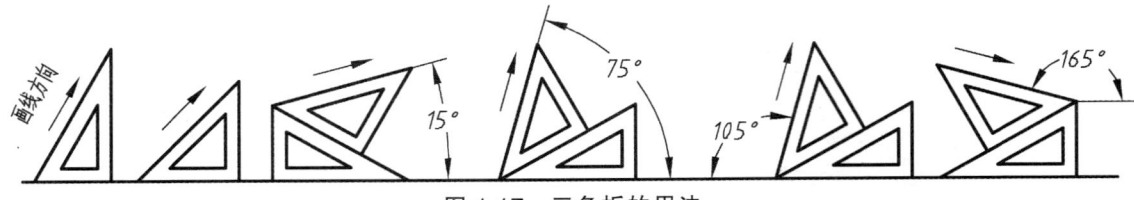

图 1.17　三角板的用法

### 4. 曲线板

曲线板是用来描绘曲率半径不同的非圆曲线的工具，如图 1.18（a）所示。非圆曲线亦可用可塑性材料或柔性金属芯条制成的柔性曲线尺来绘制。使用曲线板画曲线时，必须分几次完成。为保证曲线条准确、光滑，相邻曲线段之间应重合一段曲线（一般两个点）作为过渡，即通常说的"找四点画三点"，"找五点画四点"。画曲线的步骤如图 1.18（b）所示。

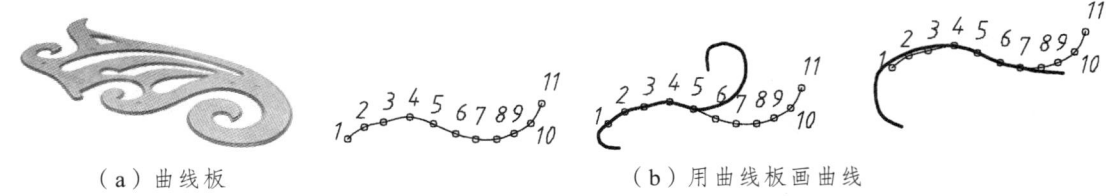

（a）曲线板　　　　　　　　　　　　　　（b）用曲线板画曲线

图 1.18　曲线板的用法

作图时应先按相应的作图方法作出所画曲线上一定数量的点；用铅笔徒手把各点依次连成曲线，判断曲线趋势；在曲线板上找出与曲线相吻合的曲线段（一般应找四个点以上），并画出该线段；按同样的方法画出下一段，直到画完曲线。

## 1.2.2　绘图仪器

常用的绘图仪器有圆规、分规、直线笔和鸭嘴笔等。

### 1. 圆　规

圆规主要用来绘制圆和圆弧。圆规的一条腿上装有带台阶的小钢针，用来定圆心。另一条腿是活动的，装上铅芯插脚，用来画圆和圆弧；装上延伸杆可画直径较大的圆；装上钢针可以代替分规；装上鸭嘴插脚可画墨线圆，如图 1.19 所示。

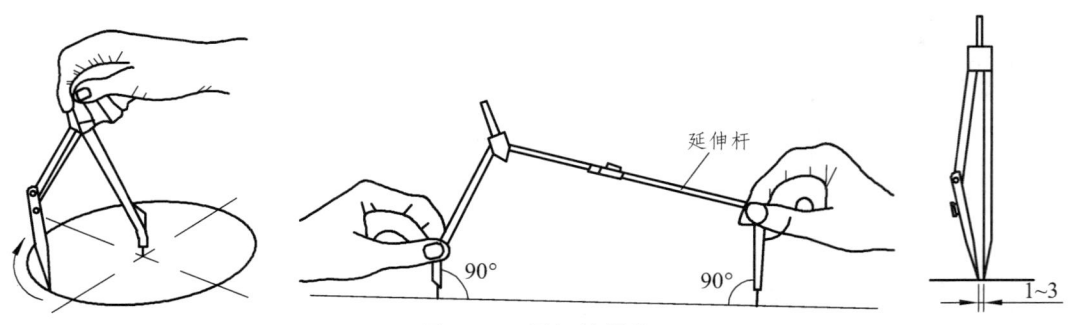

图 1.19　圆规的用法

## 2. 分　规

分规主要用来量取线段和等分线段或圆弧。分规的两脚均装有钢针，当两脚合拢时，两针尖应合成一点，如图 1.20 所示。

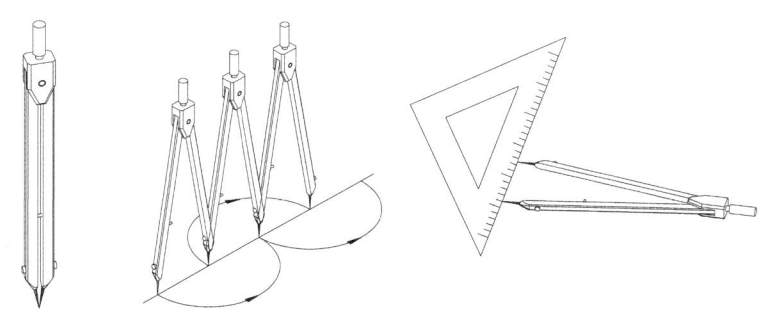

图 1.20　分规的用法

## 3. 鸭嘴笔

鸭嘴笔也称墨线笔（或直线笔），是上墨或描图时用来画墨线的，笔头如鸭嘴。

画线时，鸭嘴笔应位于紧贴尺边的垂直平面内，使两钢片的尖端同时接触纸面，并使笔杆略向前进方向倾斜 5°~20°，用力不宜过大，画线速度要均匀。

鸭嘴笔在使用完毕后，应及时放松螺母，并将笔内墨水用软布拭净。

## 4. 绘图墨水笔

绘图墨水笔（又称针管笔）是专门用于绘制墨线线条图的工具，其笔端通常是不同粗细的针管，针管管径的大小决定所绘线条的宽窄。绘图墨水笔可画出精确的且具有相同宽度的线条。

大多数情况下，已用绘图墨水笔代替鸭嘴笔，但由于图线有时不很光洁，对于直径很小的圆或圆弧上墨时，仍然使用鸭嘴笔。

### 1.2.3　绘图用品

## 1. 绘图纸

绘图纸要求纸面洁白、质地坚实，橡皮擦拭不易起毛，画墨线时不洇透。绘图时应鉴别正反面，使用经橡皮擦拭不易起毛的正面。

绘图纸应布置在图板的左下方，并应在图纸左、下边缘留出足够放置丁字尺的宽度，如图 1.15 所示。图纸用胶带固定，不可使用图钉固定，以免损坏图板。

## 2. 绘图铅笔

绘图铅笔的铅芯有软硬之分，B 表示软度，B 前的数值越大表示铅芯越软；H 表示铅芯的硬度，H 前的数值越大表示铅芯越硬。制图时一般用 H 或 2H 的铅笔画底稿，用 HB 的铅笔写字，用 HB 或 B 的铅笔加深图线。写字或画细线时，铅芯削成圆锥状；加深粗线时，常将铅芯削成四棱柱状。圆规的铅芯常削成斜口圆柱状或斜口四棱柱状，如图 1.21 所示。

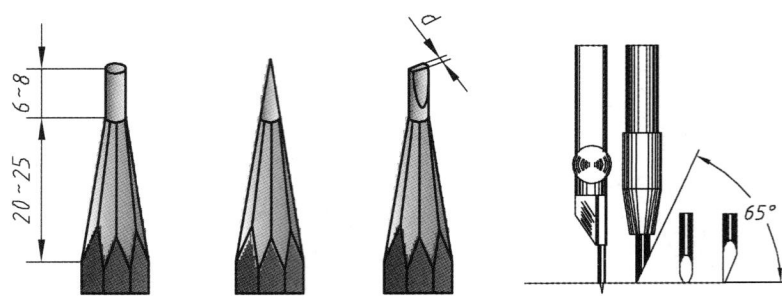

图 1.21　铅笔的削法

### 3. 绘图机

绘图机是一种综合的绘图设备，绘图机上装有一对可按需要移动和转动的相互垂直的直尺，用它们来完成丁字尺、三角板、量角器等工具的工作，使用方便，绘图效率高。

笔式绘图机是跟踪式数控绘图机的一种，有滚筒式（鼓式）和平台式两类。前者绘图速度较快，但精度较低。后者具有桌状绘图台，小型的则是板式绘图台。平台式绘图机具有大幅面、速度快、精度高和使用多种绘图介质的优点，适用于制图精度要求较高的图形绘制，亦可作为解析测图仪的绘图桌。

## 1.3　常用几何作图方法

机械图样中的图形基本都是由直线、圆弧和一些曲线所组成，因此，熟练地掌握这些几何图形的正确画法，是提高绘图速度和保证作图准确性的重要因素。

### 1.3.1　等分圆周和作正多边形

作正多边形通常都是用等分圆周的方法绘制。其过程如下：确定多边形的中心，以中心到多边形的角点的距离为半径绘圆，然后等分圆周，连接各等分点即可完成多边形的绘制。

#### 1. 作正三角形、正六边形

已知圆的直径，三、六等分圆周及作圆内接正六边形的作图方法，如图 1.22 所示。

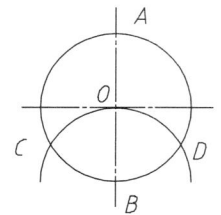 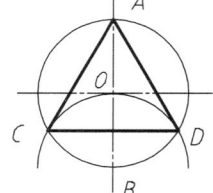 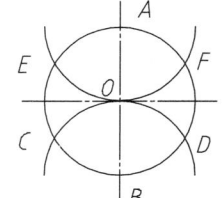 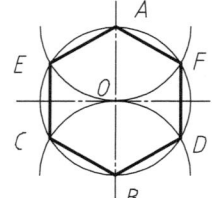

（a）三等分圆周　　（b）作圆内接正三角形　　（c）六等分圆周　　（d）作圆内接正六边形

图 1.22　三等分圆周和作圆的内接正三、六边形

以 60°三角板配合丁字尺可直接作圆内接正三角形、正六边形。

## 2. 作正五边形

圆的五等分及作圆内接正五边形的方法步骤如下（见图1.23）：

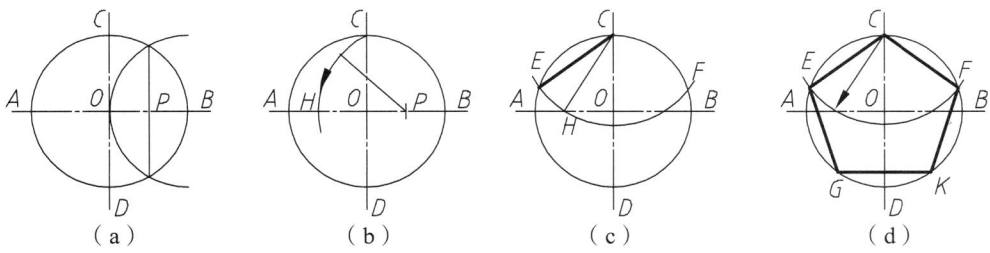

图1.23 五等分圆周及作圆内接正五边形

（1）作 OB 的垂直平分线交 OB 于点 P，如图1.23（a）所示。
（2）以 P 为圆心，PC 长为半径画弧交直径 AB 于 H 点，如图1.23（b）所示。
（3）CH 即为五边形的边长，等分圆周得五等分点 C、E、G、K、F，如图1.23（c）所示。
（4）连接圆周各等分点，即成正五边形，如图1.23（d）所示。

## 3. 作正 n 边形

n 等分圆周及作圆内接正 n 边形的画法如图1.24所示（以 n=7 为例）。

（1）将外接圆的垂直直径 AN 七等分，并标出顺序号1，2，3，4，5，6，如图1.24（a）所示。
（2）以 N 为圆心，AN 为半径作圆，与外接圆的水平中心线交于 P 和 Q，如图1.24（b）所示。
（3）由 P 和 Q 作直线与 AN 上每相隔一分点（如奇数点1，3，5）相连并延长与外接圆交于 B、C、D、E、F、G 各点，然后顺序连接各顶点，即得正七边形 BCDENFG，如图1.24（c）所示。

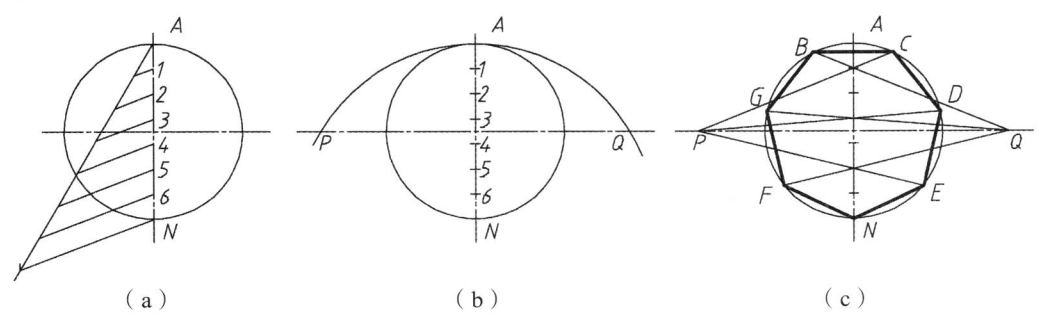

图1.24 七等分圆周及作正七边形

### 1.3.2 斜度和锥度

#### 1. 斜 度

斜度是指一直线（平面）相对于另一条直线（或平面）的倾斜程度，其大小可用两直线（或平面）的夹角的正切值来表示，通常写成 1∶n 的形式，如图1.25（a）所示，即

$$斜度 = \tan\alpha = \frac{H}{L} = 1:n$$

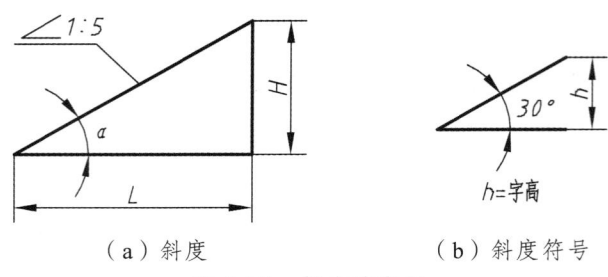

(a)斜度　　　　　　　(b)斜度符号

图 1.25　斜度的定义

如图 1.26（b）所示为斜度 1∶6 的作图方法，其步骤如下：
（1）自 $A$ 点在水平线上任取六等分，得到 $B$ 点。
（2）自 $A$ 点在 $AB$ 的垂线上取一个相同的等分得到 $C$ 点。
（3）连接 $B$、$C$ 两点即得 1∶6 的斜度。
（4）过 $K$ 点作 $BC$ 的平行线，即得到 1∶6 的斜度线。

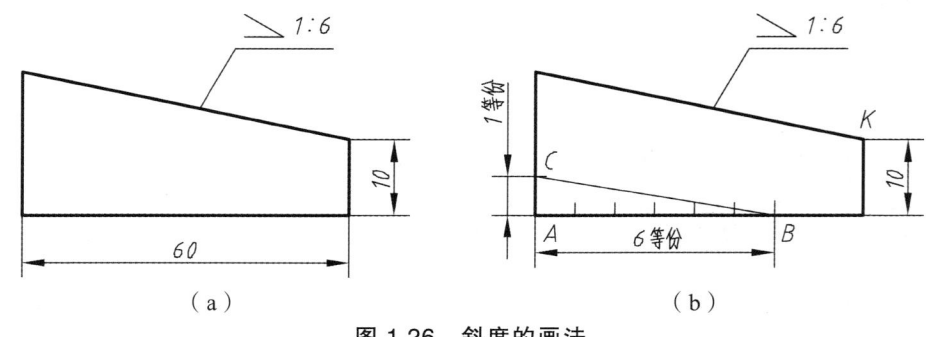

(a)　　　　　　　　　　　　(b)

图 1.26　斜度的画法

标注斜度时，在比值前应加斜度符号"∠"，画法如图 1.26（b）所示，其方向应与斜度的方向一致。

## 2. 锥　度

锥度指正圆锥体底圆直径与锥高之比。如果是圆锥台，则为上下底圆直径之差与锥台高度之比，如图 1.27（a）所示，即

$$锥度 = \frac{D}{L} = \frac{D-d}{l} = 2\tan(\alpha/2) = 1 : n$$

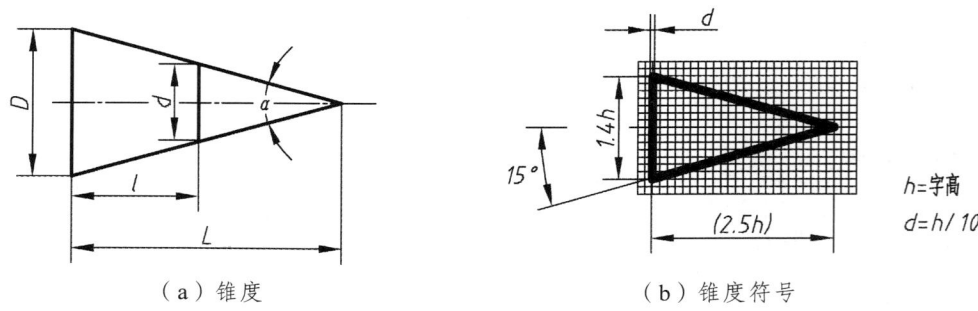

(a)锥度　　　　　　　　　　(b)锥度符号

图 1.27　锥度及其符号

在图样上标注锥度时，习惯以 1∶n 的形式，并在前面加上锥度符号"◁"表示，其画法如图 1.27（b）所示。该符号应配置在基准线上，表示圆锥的图形符号和锥度应靠近圆锥轮廓标注，基准线应与圆锥的轴线平行，符号的方向应与锥度的方向相一致，如图 1.28 所示。

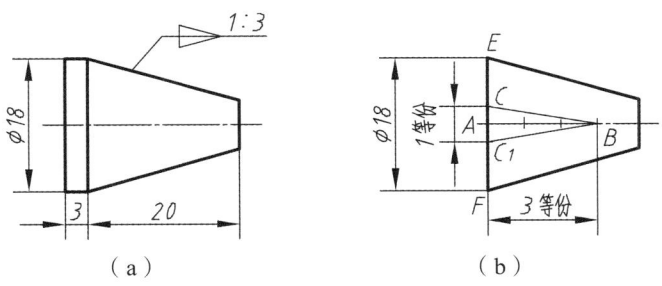

图 1.28 锥度的画法

绘制如图 1.28（a）所示的图形，关键问题是 1∶3 锥度的作图方法，步骤如下：

（1）由 A 点沿轴线向右取三等分得 B 点。
（2）由 A 沿垂线向上和向下分别取 1/2 个等份，得点 $C$、$C_1$。
（3）连接 $BC$、$BC_1$，即得 1∶3 的锥度。
（4）过点 E、F 作 $BC$、$BC_1$ 的平行线，即得所求圆锥台的锥度线。

## 1.3.3 圆弧连接

绘制图形时，经常需要用一圆弧光滑地连接相邻两已知直线或圆弧。这种用一圆弧光滑地连接相邻两线段的作图方法叫作圆弧连接。其连接形式如图 1.29 所示。

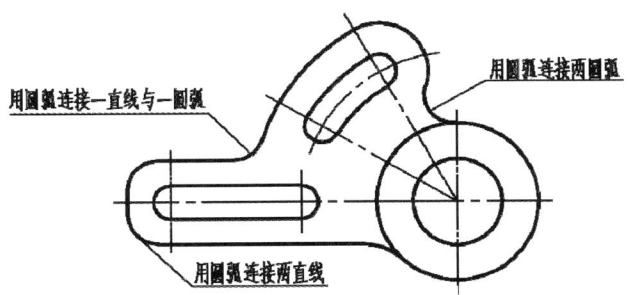

图 1.29 挂轮架平面图形

圆弧连接的实质就是使连接圆弧与相邻线段相切，因此其主要问题就是求连接圆弧的圆心位置及切点。作图方法与步骤可归纳如下：① 求连接圆弧的圆心；② 找出连接点即切点的位置；③ 在两连接点之间作出连接圆弧。

圆弧连接的基本形式通常有三种，即两直线之间的圆弧连接、直线与圆弧间的圆弧连接、两圆弧间的圆弧连接。其作图步骤如表 1.8 所示。

## 表 1.8 常见圆弧连接形式及作图步骤

| 连接形式 | | 已知条件和作图要求 | 作图方法 | |
|---|---|---|---|---|
| | | | 求连接弧圆心和切点 | 作连接弧 |
| 用圆弧连接两已知直线 | | 已知：直线 $AB$，$CD$ 和连接弧半径 $R$<br>求作：作连接弧连接两已知直线 | 求圆心：作与已知两边分别相距为 $R$ 的平行线，交点 $O$ 即为连接弧圆心<br>求切点：过 $O$ 点分别向已知两直线作垂线，垂足 $T_1$，$T_2$ 即为切点 | 画连接弧：以 $O$ 为圆心，$R$ 为半径在两切点 $T_1$，$T_2$ 之间画连接圆弧，即为所求 |
| 用圆弧连接两已知圆弧 | 外切连接 | 已知：两圆弧的圆心 $O_1$，$O_2$，半径 $R_1$，$R_2$ 和连接弧半径 $R$<br>求作：作连接弧与两已知圆弧外连接 | 求圆心：分别以 $O_1$，$O_2$ 为圆心，$R+R_1$，$R+R_2$ 为半径画弧，交点为连接弧圆心 $O$<br>求切点：分别连 $OO_1$，$OO_2$，与两已知弧交点即为切点 $A$，$B$ | 画连接弧：以 $O$ 为圆心，$R$ 为半径画弧，即得所求 |
| | 内切连接 | 已知：两圆弧的圆心 $O_1$，$O_2$，半径 $R_1$，$R_2$ 和连接弧半径 $R$<br>求作：作连接弧与两已知圆弧内连接 | 求圆心：分别以 $O_1$，$O_2$ 为圆心，$R-R_1$，$R-R_2$ 为半径画弧，交点为连接弧圆心 $O$<br>求切点：分别连 $OO_1$，$OO_2$，与两已知弧交点即为切点 $A$，$B$ | 画连接弧：以 $O$ 为圆心，$R$ 为半径画弧，即得所求 |

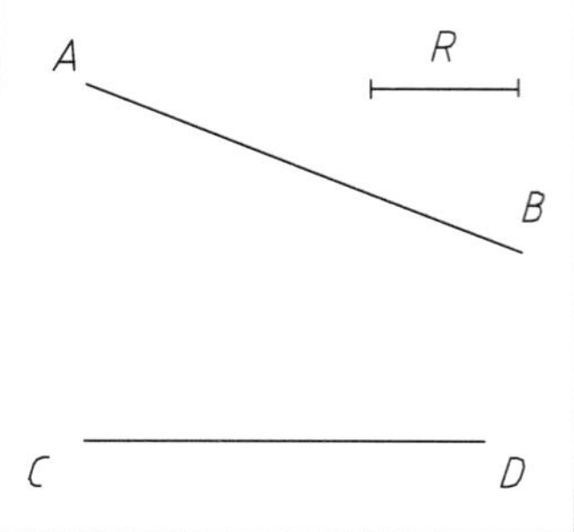

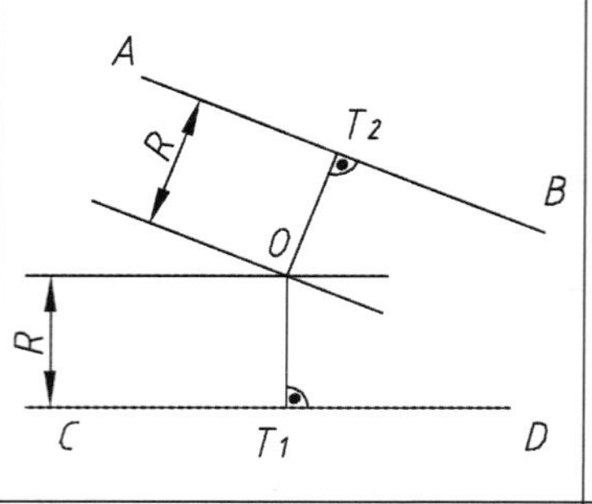

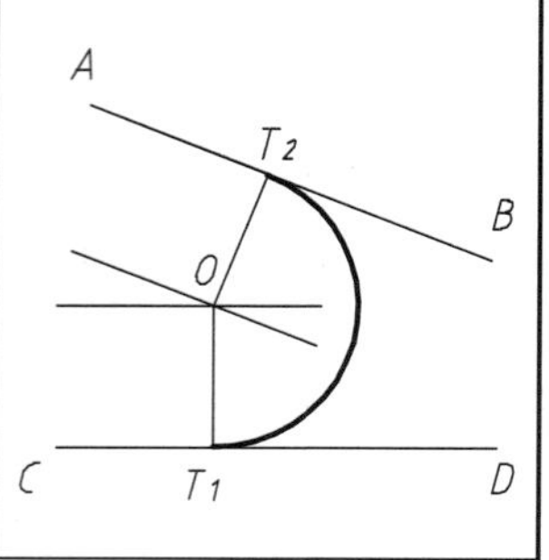

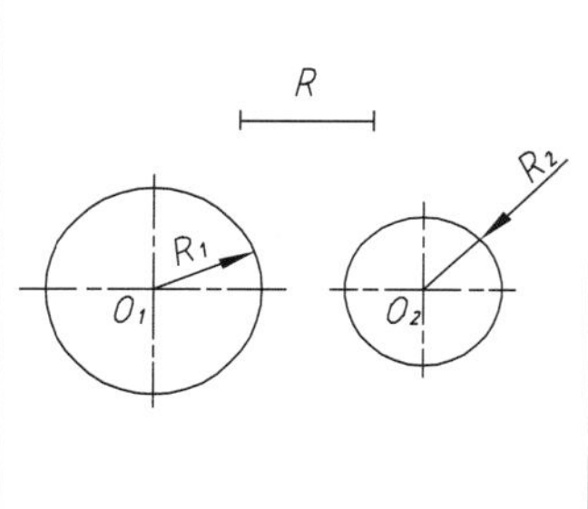

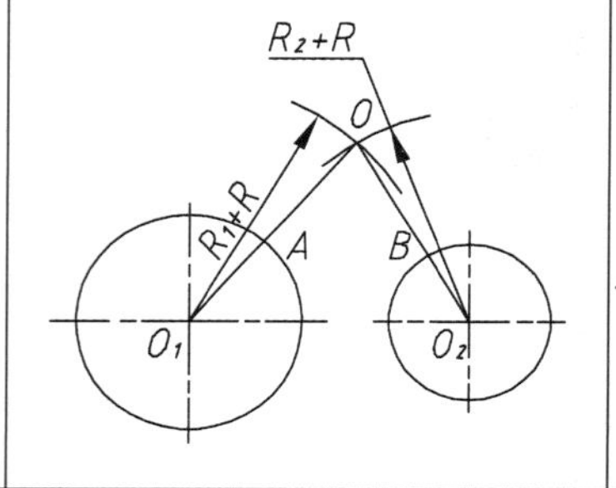

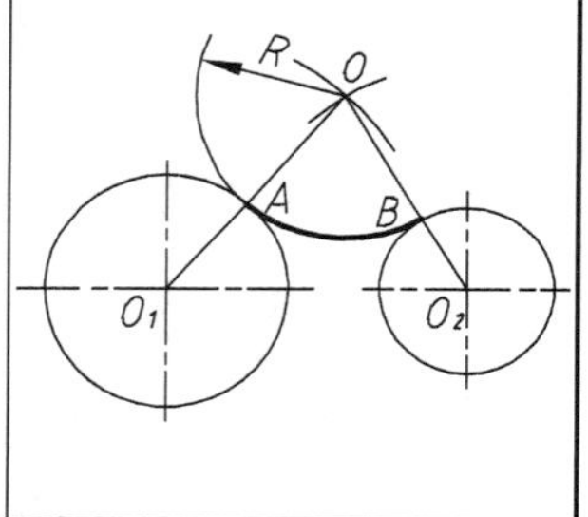

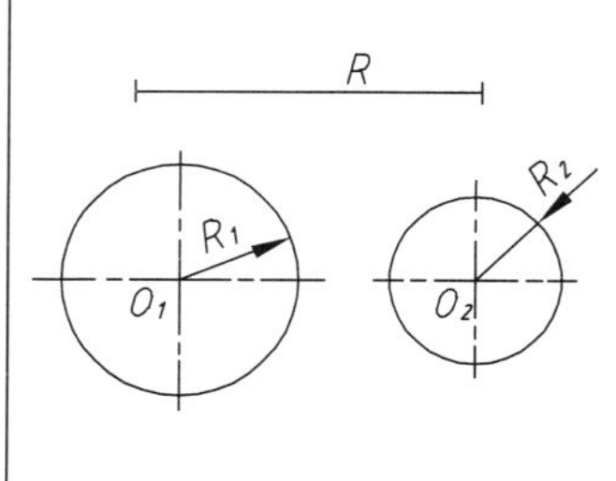

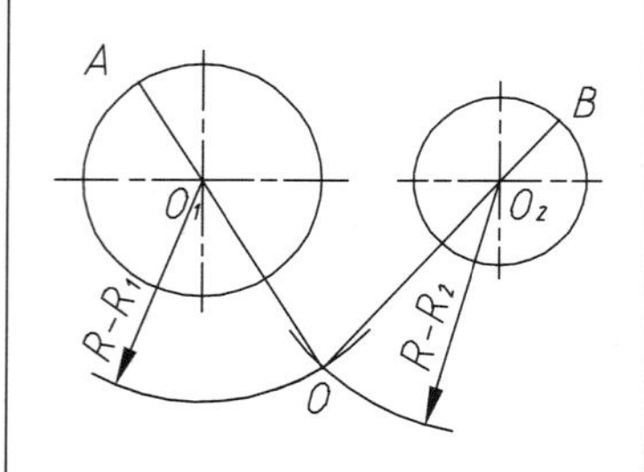

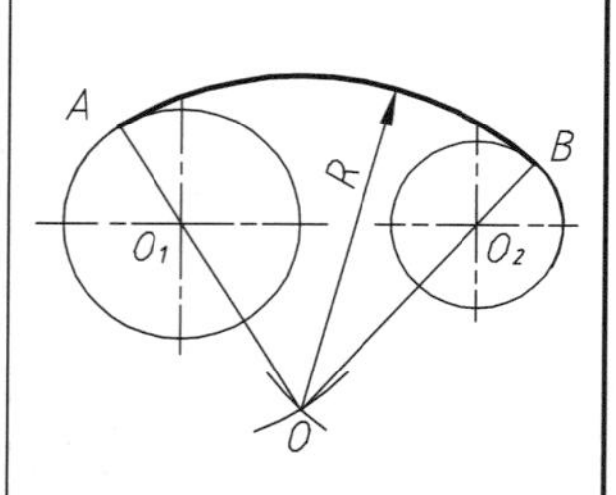

续表 1.8

| 连接形式 | | 已知条件和作图要求 | 作图方法 | |
|---|---|---|---|---|
| | | | 求连接弧圆心和切点 | 作连接弧 |
| 用圆弧连接两已知圆弧 | 内、外切混合连接 | 已知：两圆弧的圆心 $O_1$，$O_2$，半径 $R_1$，$R_2$ 和连接弧半径 $R$<br>求作：作连接弧与 $O_1$ 圆弧外切连接并与 $O_2$ 圆弧内切连接 | 求圆心：分别以 $O_1$，$O_2$ 为圆心，$R+R_1$，$R-R_2$ 为半径画弧，交点为连接弧圆心 $O$<br>求切点：分别连 $OO_1$，$OO_2$，与两已知弧交点即为切点 $A$，$B$ | 画连接弧：以 $O$ 为圆心，$R$ 为半径画弧，即得所求 |
| 用圆弧连接一直线和一圆弧 | | 已知：直线 $L$，圆弧的圆心 $O_1$，半径 $R_1$，连接弧半径 $R$<br>求作：作连接弧连接直线并与已知圆弧外切连接 | 求圆心：作与已知直线相距为 $R$ 的平行线，以 $O_1$ 为圆心、$R+R_1$ 为半径画弧，所得交点即为连接弧圆心 $O$<br>求切点：过 $O$ 点作直线 $L$ 的垂线，垂足为 $A$，连接 $OO_1$ 交已知圆弧于 $B$，$A$，$B$ 即为切点 | 画连接弧：以 $O$ 为圆心，$R$ 为半径画弧，即得所求 |

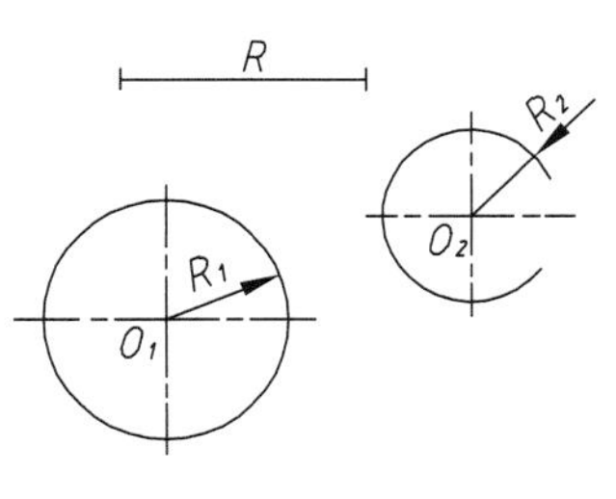

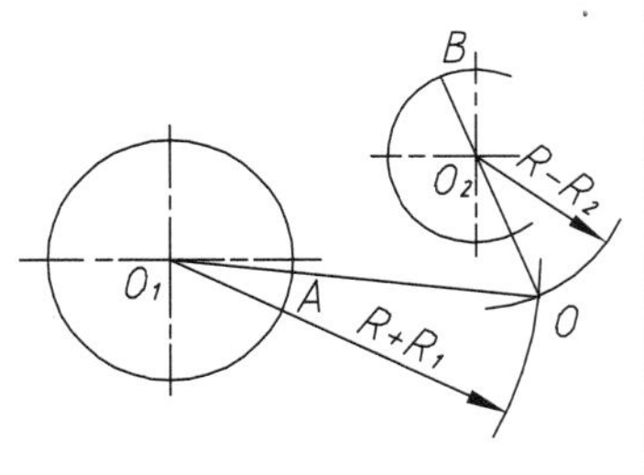

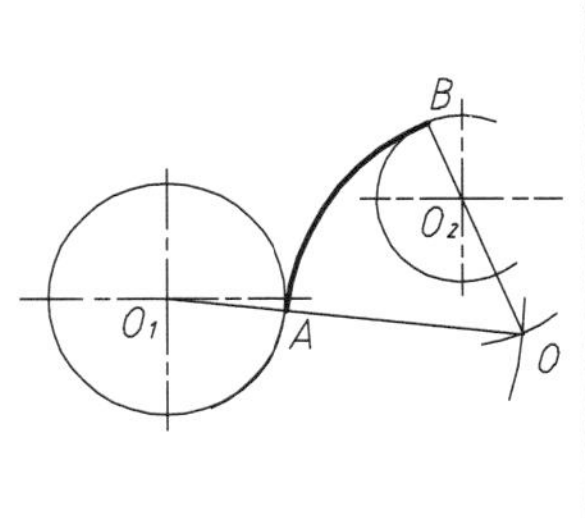

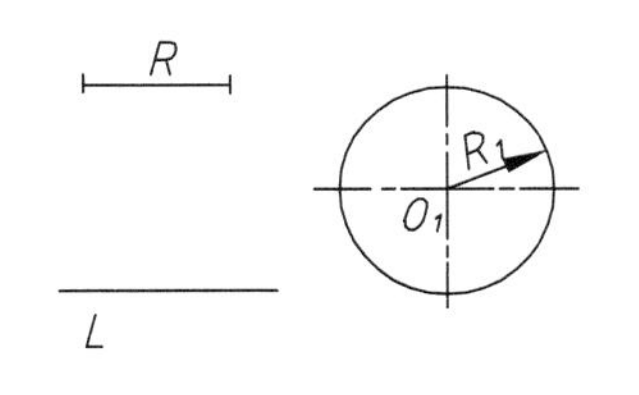

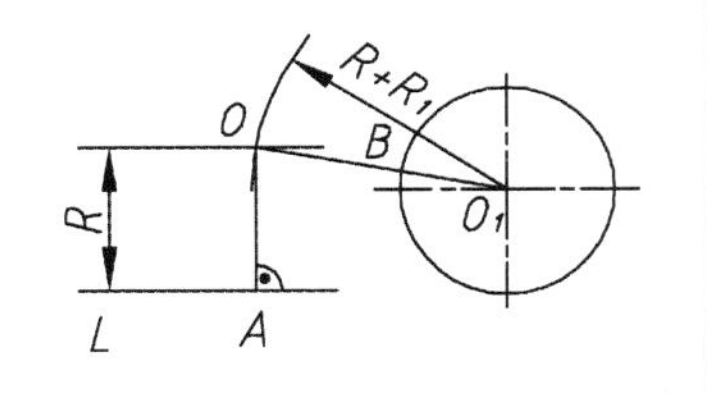

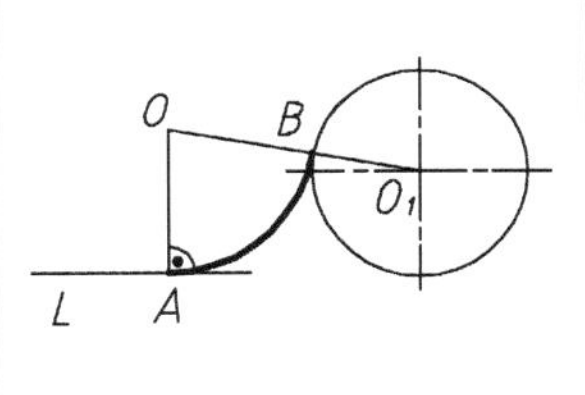

## 1.3.4 非圆曲线

椭圆是最常见的非圆曲线，有两条相互垂直且对称的轴，即椭圆的长轴和短轴。若已知椭圆的长轴和短轴，则可采用下面两种画法绘制椭圆。

理论画法（同心圆法）：先求出曲线上一定数量的点，再用曲线板光滑地连接起来。

近似画法（四心近似法）：求出画椭圆的四个圆心和半径，用四段圆弧近似地代替椭圆。

**1. 同心圆法**

已知椭圆长轴 $AB$ 和短轴 $CD$，用同心圆法求椭圆的作图步骤如下：

（1）以长轴 $AB$ 和短轴 $CD$ 为直径画两同心圆，然后过圆心作一系列中心角相同的直径与两圆分别相交，如图 1.30（a）所示。

（2）自大圆交点作铅垂线，小圆交点作水平线，得到的交点就是椭圆上的点。

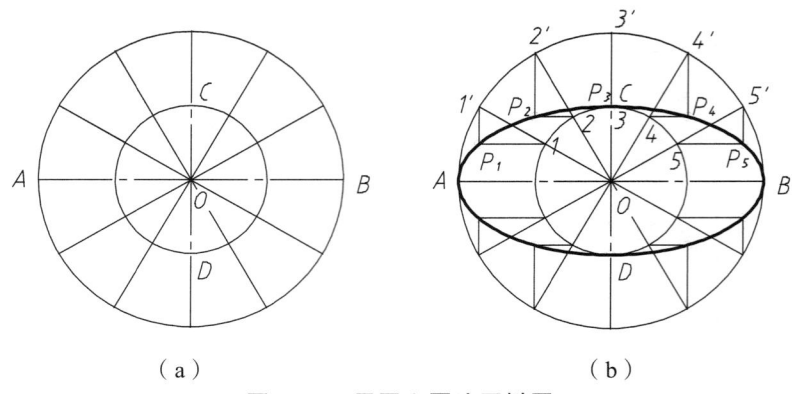

图 1.30 用同心圆法画椭圆

（3）用曲线板光滑地连接各点，即得所求椭圆，如图 1.30（b）所示。

## 2．四心近似法

已知椭圆长轴 $AB$ 和短轴 $CD$，用四心近似法画椭圆的作图步骤如下：

（1）画出相互垂直且平分的长轴 $AB$ 和短轴 $CD$。

（2）连接 $AC$，以 $O$ 为圆心，$OA$ 为半径作弧与 $OC$ 的延长线交于 $E$ 点；以 $C$ 为圆心，$CE$ 为半径作弧交 $AC$ 于点 $F$，如图 1.31（a）所示。

（3）作 $AF$ 的中垂线，与长、短轴分别交于 $O_1$，$O_2$ 两点，再作其对称点 $O_3$，$O_4$，如图 1.31（b）所示。

（4）分别以 $O_1$，$O_2$，$O_3$，$O_4$ 各点为圆心，$O_1A$，$O_2C$，$O_3B$，$O_4D$ 为半径，分别画弧，即得近似的椭圆，如图 1.31（c）所示。

注意：取线段要准确，四段圆弧两两相接于 1，2，3，4 点，必须注意连接处的光滑过渡。

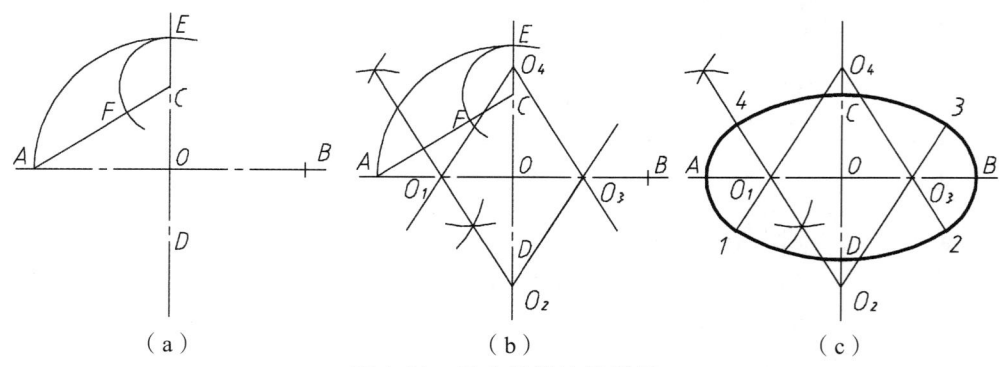

图 1.31 四心近似法画椭圆

## 1.4 平面图形的分析与绘图

平面图形是由各种线段（直线或圆弧）连接而成的，这些线段之间的相对位置和连接关系靠给定的尺寸来确定。画图时，只有通过分析尺寸和线段间的关系，才能明确该平面图形应从何处着手以及按什么顺序作图。

## 1.4.1 平面图形的分析

### 1. 平面图形的尺寸分析

根据所起作用的不同，平面图形中的尺寸，分为定形尺寸和定位尺寸两类。而在标注和分析尺寸时，首先必须确定尺寸基准。以图 1.32 所示手柄平面轮廓图为例。

（1）尺寸基准。

所谓尺寸基准就是标注尺寸的起点。平面图形的尺寸有水平和垂直两个方向，因而就有水平和垂直两个方向的尺寸基准。图形中有很多尺寸都是以尺寸基准为出发点标注的。一般平面图形常用的基准有以下几种：

① 对称中心线，图 1.32 所示的手柄是以水平对称轴线作为垂直方向的尺寸基准。

② 主要的垂直或水平轮廓线，图 1.32 所示的手柄就是以左端垂线段作为水平方向的尺寸基准。

③ 较大的圆的中心线、较长的直线等。

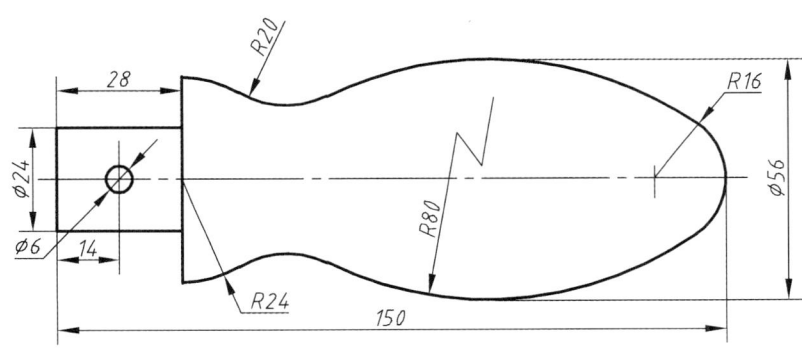

图 1.32　手柄平面轮廓图

（2）定形尺寸。

定形尺寸是用来确定平面图形中各部分几何形状大小的尺寸。如直线段的长度、倾斜线的角度、圆或圆弧的直径和半径等。在图 1.32 中，$\phi24$ 和 28 确定矩形（圆柱的投影）的大小；$\phi6$ 确定小圆的大小；$R20$ 和 $R24$ 确定圆弧半径的大小，这些尺寸都是定形尺寸。

（3）定位尺寸。

定位尺寸是用来确定图形中各组成部分与基准之间相对位置的尺寸。在图 1.32 中，尺寸 14 确定了 $\phi6$ 小圆的位置；$\phi56$ 以水平对称轴线为基准确定 $R80$ 圆弧的位置，这些尺寸都是定位尺寸。

分析尺寸时，常会见到同一尺寸既有定形尺寸的作用又有定位尺寸的作用，如图 1.32 中，尺寸 28 既是确定 $\phi24$ 长度的定形尺寸，也是间接确定 $R24$ 圆弧的水平方向定位尺寸。

### 2. 平面图形的线段分析

平面图形中的线段（或圆弧）按照所给的尺寸齐全与否可以分为三类。

（1）已知线段。

具有完整的定形尺寸和定位尺寸，能够直接画出的线段称为已知线段。如图 1.32 中 $R24$ 是已知线段，圆心定位尺寸为 28，0（以水平方向和铅垂方向两条尺寸基准线为坐标轴）。

（2）中间线段。

具有定形尺寸和不完整的定位尺寸，需借助与其一端相切的一个已知线段，才能画出的线段，称为中间线段。如图 1.32 中 $R80$ 是中间线段，圆心铅垂方向的定位尺寸 52（80 − 28 = 52）是已知的，而圆心的另一个定位尺寸则需借助与其相切的已知圆弧 $R16$ 才能定出。

（3）连接线段。

只有定形尺寸而无定位尺寸，需借助与其两端相切的线段，才能画出的线段，称为连接线段。如图 1.32 中，$R20$ 是连接弧，圆心的两个定位尺寸都没有注出，需借助与其两端相切的线段（$R24$ 圆弧和 $R80$ 圆弧），求出圆心后才能画出。

### 1.4.2 平面图形的尺寸注法

标注平面图形尺寸的基本要求是正确、完整、清晰。

（1）正确：指标注尺寸要按国家标准的规定标注，尺寸数值不能写错和出现矛盾。

（2）完整：指尺寸要注写齐全，既不遗漏尺寸，也没有重复尺寸。

（3）清晰：指尺寸的位置要安排在图形的明显处，标注清晰、布局整齐。

标注平面图形尺寸的方法和步骤如下：

（1）分析图形。首先要按照前述内容进行平面图形的分析，确定已知线段、中间线段、连接线段。

（2）确定尺寸基准。确定水平和垂直方向的尺寸基准。

（3）标注尺寸。分别标注已知线段的定形尺寸和定位尺寸、中间线段的一个定位尺寸和定形尺寸、连接线段的定形尺寸。

例如，标注如图 1.33（a）所示平面图形的尺寸，其步骤如下：

（1）分析图形。通过分析确定已知线段为 $\phi 8$ 的三个小圆、大圆 $\phi 16$、$R8$ 两段圆弧，中间线段为 $R26$ 两段圆弧、连接线段为 $R22$ 圆弧、$R18$ 两段圆弧。

（2）确定尺寸基准。整个图形左右是对称的，所以选择对称中心线为水平方向尺寸基准；垂直方向选大圆 $\phi 16$ 的中心线为尺寸基准。

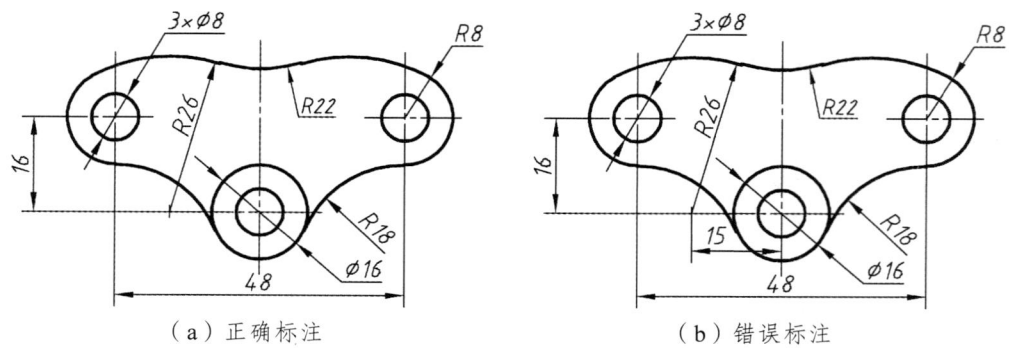

（a）正确标注　　　　　　　　　　（b）错误标注

图 1.33　平面图形的尺寸标注

（3）标注尺寸。如图 1.33（a）所示。

标出已知线段定形尺寸 $3 \times \phi 8$、$\phi 16$、$R8$（标注一处），$\phi 16$、一个 $\phi 8$ 的圆心在尺寸基准上，不需标注定位尺寸，而 $R8$ 两段圆弧与两个 $\phi 8$ 应标出定位尺寸 16，48；注意对称图形选对称线作尺寸基准,但标注尺寸时应从一个被标注要素到另一个被标注要素。

标出中间线段定形尺寸 $R26$(标注一处),垂直方向定位在尺寸基准上不标注,水平方向位置由与 $R8$ 相切确定不标注水平方向定位尺寸,图 1.33(b)标注的错误是标出中间段线 $R26$ 水平方向定位尺寸 15,不能保证与已知线段 $R8$ 相切。

标注连接线段定形尺寸 $R22$、$R18$,不需标注定位尺寸。

### 1.4.3 绘图的方法和步骤

#### 1. 平面图形的绘图步骤

先进行尺寸分析和线段分析,然后画图,以图 1.32 所示手柄平面轮廓图为例,其作图步骤如下:

(1)画出基准线,以确定图形及各部分位置,如图 1.34(a)所示。
(2)根据给出的定形、定位尺寸,画出已知线段,如图 1.34(b)所示。
(3)画出中间线段,如图 1.34(c)所示。
(4)画出连接线段,如图 1.34(d)所示。
(5)整理描图、标注尺寸,如图 1.32 所示。

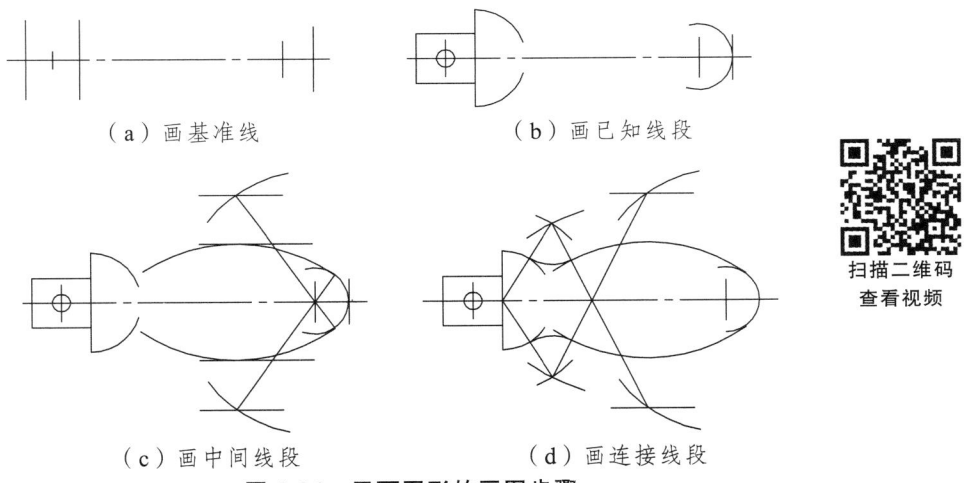

(a)画基准线　　　　　(b)画已知线段

(c)画中间线段　　　　(d)画连接线段

**图 1.34　平面图形的画图步骤**

扫描二维码
查看视频

#### 2. 尺规绘图的方法步骤

(1)绘图前的准备工作。

① 准备工具:

准备好画图用的仪器和工具;用软布把图板、丁字尺、三角板擦干净;按照线型要求削好铅笔。

② 固定图纸:

先分析图形的尺寸和线段,按图样的大小选择比例和图纸幅面,然后将图纸固定。

(2)底稿的画法和步骤:

① 安排图面,根据图形大小及标注尺寸的需要,在图框中的适当位置安排好各个图形,

画出主要基准线、轴线、中心线和主要轮廓线，按先画已知线段，再画中间线段和连接线段的顺序依次进行绘制工作，直至完成图形。

② 画尺寸界线和尺寸线。

③ 仔细检查底稿，改正图上的错误，轻轻擦去多余的线条。

（3）描深底稿的方法和步骤：

底稿描深应做到：线型正确、粗细分明、连接光滑、图面整洁。一般步骤为：

① 描深图形：

先曲后直，保证连接光滑；

先细后粗，保证图面清洁，提高效率；

先水平（从上到下），后垂、斜（从左到右先垂后斜）；

先小（圆弧半径）后大，保证图形准确。

② 画箭头，标注尺寸和填写标题栏；

③ 修饰校对，完成全图。

## 1.5 徒手绘图

### 1.5.1 草图及其用途

不用绘图工具和仪器，以目测比例，按一定的画法及要求，徒手绘制的图样称为草图。草图常用于下述场合：

（1）在初步设计阶段，常用草图表达设计方案。

（2）在机器修配或仿制时，需要在现场测绘，徒手绘出草图，再根据草图绘制正式工作图。

（3）在参观访问或技术交流时，草图是一个很好的表达工具。

因此，工程技术人员应具备徒手绘图的能力。

徒手绘图应基本上做到：图形正确，线型分明，比例匀称，字体工整，图面整洁。

### 1.5.2 草图的绘制方法

#### 1. 直线的画法

画直线时，可先标出直线的两端点，然后执笔悬空沿直线方向比划一下，掌握好方向和走势后再落笔画线。画较短的线段时，小手指及手腕不宜紧贴纸面；画较长线段时，眼睛看着线段终点，轻轻移动手腕沿要画的方向画直线，如图 1.35 所示。

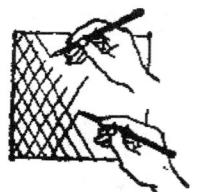

图 1.35 直线的画法

## 2. 常用角度的画法

画 45°, 30°, 60°等常用角度, 可根据两直角边的比例关系, 在两直角边上定出两点, 然后连接而成。

## 3. 圆和圆角的画法

画圆时, 应过圆心先画两条垂直的中心线, 再根据半径大小用目测在中心线上定出 4 点, 然后过这 4 点画圆。画较大圆时, 可过圆心加两条 45°的斜线, 在斜线上再定 4 点, 然后过这 8 点画圆, 如图 1.36 所示。

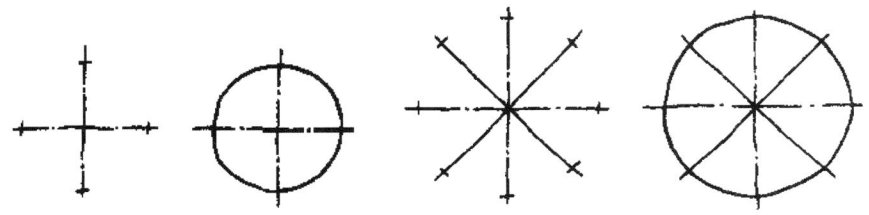

**图 1.36　圆的画法**

画圆角的方法如图 1.37 所示。其画法步骤是: 首先根据圆角半径的大小, 在分角线上定出圆心位置; 然后过圆心分别向两边引垂线定出圆弧的起点与终点, 同时在分角线上也定一个圆弧上的点, 最后过这三点作圆弧。

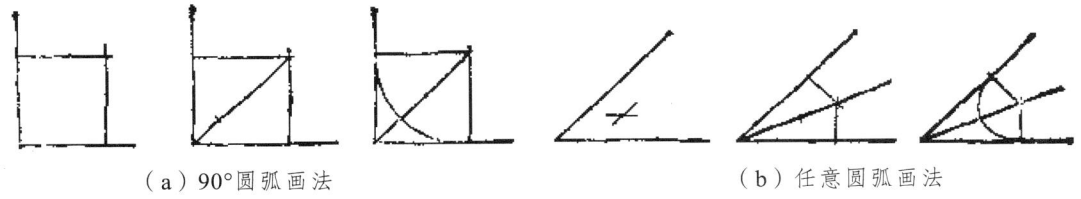

（a）90°圆弧画法　　　　　　　　（b）任意圆弧画法

**图 1.37　圆角的画法**

## 4. 椭圆的画法

椭圆的画法如图 1.38 所示。其画法步骤是: 先画椭圆长、短轴, 定出长、短轴顶点; 然后过四个顶点画出矩形; 最后徒手作椭圆与此矩形相切。

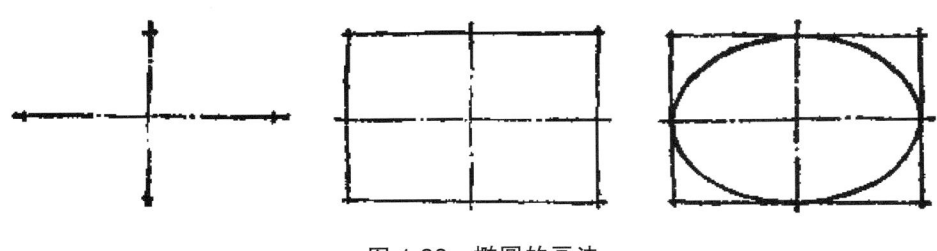

**图 1.38　椭圆的画法**

## 小　结

本章的重点内容是国家标准机械制图的有关规定和平面图形的分析。

（1）国家标准的意义。国家标准对图纸幅面的大小及图框格式、比例、字体、图线及尺寸标注的规定。这些规定较多，但都是十分必要和重要的。掌握这些基本规定的办法有三个：一是经常阅读、巩固、加强记忆；二是在使用中严格遵守，凡不熟悉的一定先查阅标准再做，不要想当然；三是模仿国家标准中的图例和其他规范的图例进行绘图和标注尺寸。

（2）可以通过图纸基本幅面之间的规律来记忆五种基本幅面的大小。其中，0 号图纸的面积 $S = 1 \text{ m}^2$，长 $L$ 是宽 $B$ 的 $\sqrt{2}$ 倍。A0 图纸长边对折即为 A1 图纸，依此类推。

（3）比例是图中图形与其实物相应要素的线性尺寸之比，图形中标注的尺寸与绘图所采用的比例和绘图准确度无关，是机件的真实大小。

（4）字体书写必须做到：字体工整，笔画清楚，间隔均匀，排列整齐，平时多加练习。

（5）绘制和标注有圆弧连接的平面图形时，要区分已知线段、中间线段和连接线段，按已知线段有定形尺寸、两个定位尺寸；中间线段有定形尺寸、一个定位尺寸；连接线段有定形尺寸，没有定位尺寸。

（6）绘图时，养成正确使用绘图仪器与工具的好习惯。

## 习　题

1.1　图纸幅面的代号有哪几种？其尺寸分别如何规定？

1.2　图样中字体的字号代表什么？长仿宋体字的高与宽有何关系？

1.3　以 2∶1 的比例和 1∶2 的比例画某一机件的平面图形，画出的平面图形哪一个大？为什么？

1.4　图线有哪几种？线的宽度各为多少？

1.5　在画图线接头处的时候，应注意哪些事项？

1.6　机件的真实大小与图形的大小及绘图的准确度是否有关？

1.7　图样上的尺寸单位是什么？解释尺寸如 $R10$、$\phi 15$ 和 $SR8$ 的意义。

1.8　圆弧和圆弧连接时，连接点应在什么地方？

1.9　圆弧连接中，如何求连接弧的圆心及连接弧与已知弧的切点？

1.10　平面图形的尺寸和线段分别分为哪几类？

1.11　为什么要对平面图形的尺寸和线段进行分析？

# 第 2 章

# 点、直线、平面的投影

本章主要学习投影法的基本知识和空间基本几何元素（点、直线、平面）的投影。从几何学角度来看，任何一个基本形体都是由点、线、面构成的，因此，学好这部分内容，可为学习后续章节基本形体的投影打下良好的基础。

## 2.1 投影法的基本知识

日常生活中，自然界的一种光照在物体上在地面产生影子，通过对该现象的科学抽象而形成投影法。即投射线通过物体，向选定的面投射，并在该面上得到图形的方法称为投影法，工程上应用投影法获得工程图样。投影法由投射中心、投射线和投影面三要素所决定。根据投射线是否平行，投影法可分为中心投影法和平行投影法。有关投影法术语与内容可查阅《技术产品文件 词汇 投影法术语》（GB/T 16948—1997）和《技术制图 投影法》（GB/T 14692—2008）。

### 2.1.1 中心投影法

如图 2.1 所示，投射线自投射中心 S 出发，将空间△ABC 投射到投影面 H 上，所得△abc 即为△ABC 的投影。这种投射线自投射中心出发的投影法称为中心投影法，所得投影称为中心投影，投射中心与物体距离与投影的大小有关系，所以投影的度量性差。

中心投影法主要用于绘制产品或建筑物富有真实感的立体图，也称透视图。

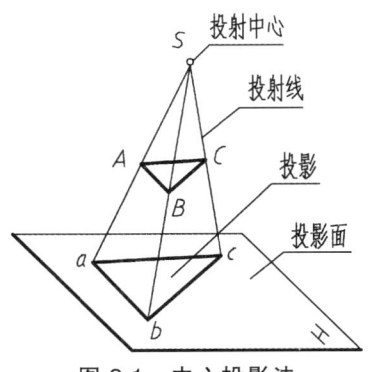

图 2.1 中心投影法

### 2.1.2 平行投影法

若将投射中心 S 移到离投影面无穷远处，则所有的投射线都相互平行，这种投射线相互平行的投影方法，称为平行投影法，所得投影称为平行投影。平行投影法中以投射线是否垂直于投影面分为正投影法和斜投影法。若投射线垂直于投影面，称为正投影法，所得投影称为正投影，如图 2.2（a）所示；若投射线倾斜于投影面，称为斜投影法，所得投影称为斜投影，如图 2.2（b）所示。

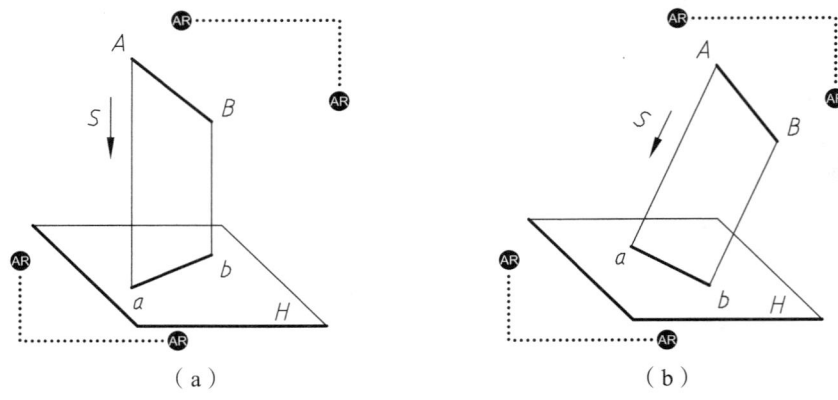

图 2.2 平行投影法

正投影法主要用于绘制工程图样;斜投影法主要用于绘制有立体感的图形,如斜轴测图。平行投影具有以下特性:

### 1. 平行投影的不变性

(1)点的投影仍然是点。

(2)直线的投影一般仍是直线,点分线段之比,投影后保持不变,即 $MK:KN = mk:kn$,如图 2.3(a)所示。

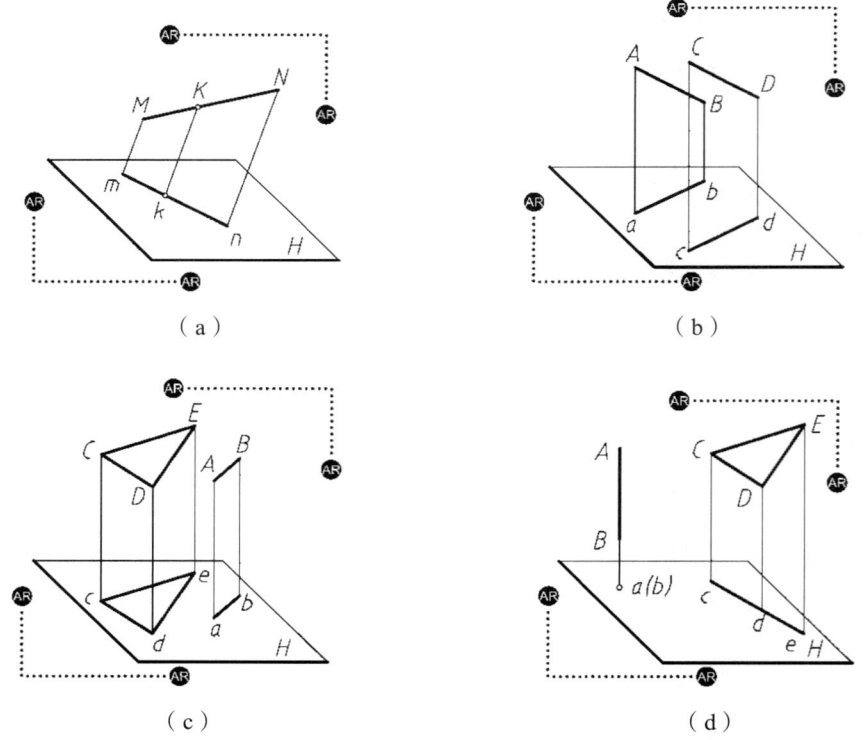

图 2.3 平行投影特性

## 2. 平行性

两线段空间平行，它们的投影也平行，空间两线段长度之比等于其投影长度之比，即 AB//CD，则 ab//cd，AB：CD = ab：cd，如图 2.3（b）所示。

## 3. 实形性

平行于投影面的线段或平面图形，其投影反映实长或实形，如图 2.3（c）所示。

## 4. 积聚性

当直线、平面平行于投射方向时，其投影具有积聚性，如图 2.3（d）所示。

## 5. 类似性

当平面与投射面倾斜但不平行于投射方向时，其投影具有类似性，例如平行四边形的投影仍为平行四边形。

### 2.1.3 工程常见的几种投影图

#### 1. 正投影图

正投影图是用两个或两个以上互相垂直的投影面来表达物体。在每个投影面上分别用正投影法得到物体的投影，如图 2.4（a）所示，然后再将投影面按一定规律展开到一个平面上，如图 2.4（b）所示，这种多面正投影图可以确切地表达物体的形状和大小，且作图简便，度量性好，所以在工程中应用广泛。本书以后各章节中如无特殊说明，均系正投影图，"投影"二字均系"正投影"。

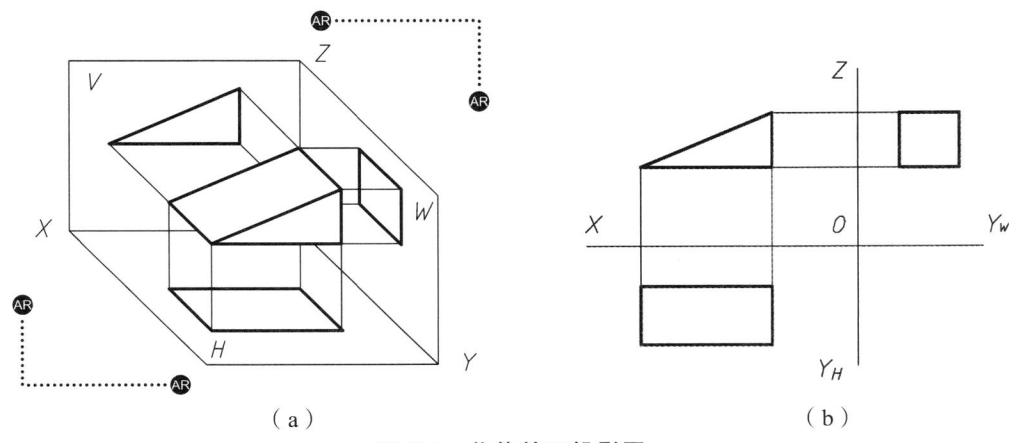

图 2.4 物体的正投影图

#### 2. 轴测图

轴测图是用平行投影法，将物体及其直角坐标系 O-XYZ 沿不平行于任一坐标平面的方向，投射到单一投影面上，所得到的图形称为轴测图（见图 2.5）。轴测图的特点是立体感强，但作图较复杂，因此常作为工程上的辅助图样。

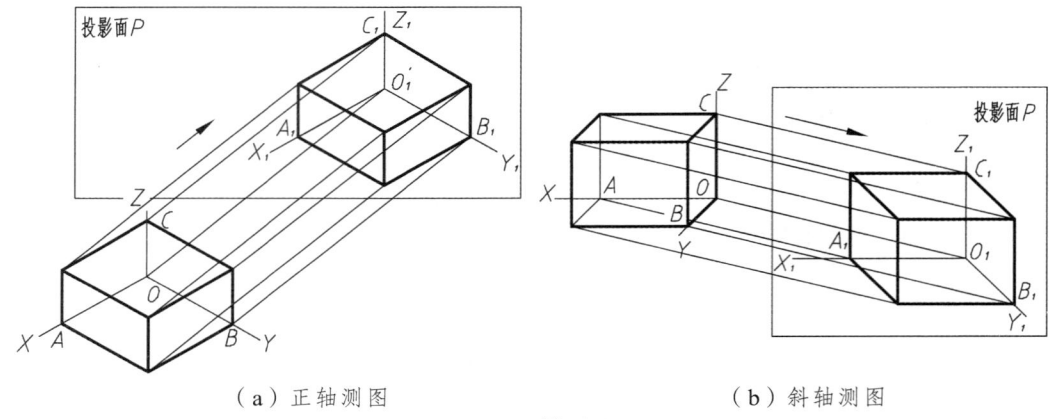

(a)正轴测图　　　　　　　　　　(b)斜轴测图

图 2.5　轴测图

### 3. 透视图

透视图是用中心投影法画出的单面投影图,透视投影符合人的视觉规律,看起来自然逼真,但它不能将真实形状和度量关系表示出来,且作图复杂,因此该图主要在建筑、工业设计等工程中作为效果图来使用(见图 2.6)。

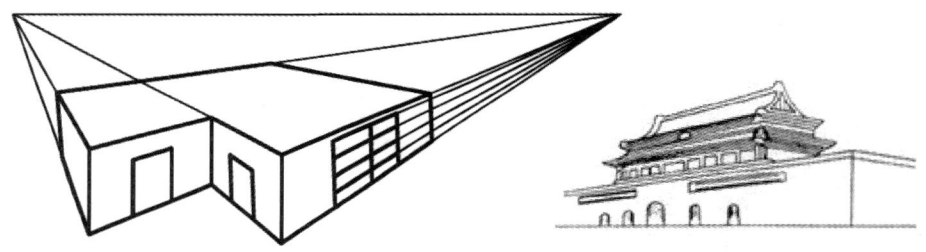

图 2.6　透视图

### 4. 标高投影

标高投影是用正投影法画出的单面投影图,它是把不同高度的点或平面曲线向投影面投影,然后在点或曲线的投影上标出高度坐标。标高投影被广泛用于地形图中(见图 2.7)。

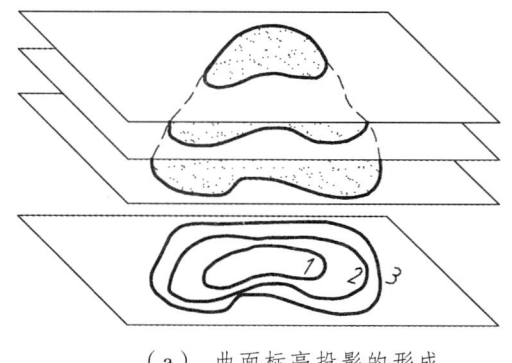 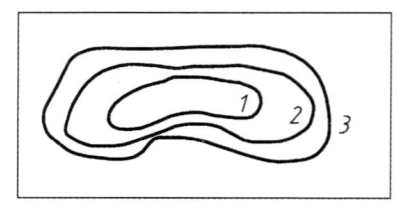

(a)曲面标高投影的形成　　　　　　(b)曲面的标高投影图

图 2.7　曲面的标高投影

## 2.2 点的投影

任何物体都可以看作是由基本几何元素点、线、面构成的。要表达各种产品的结构，必须首先掌握基本几何元素的投影特性。根据点的一个投影不能确定点的空间位置可知，要唯一确定几何元素的空间位置及形状和大小，乃至确定物体的形状和大小，必须采用多面正投影的方法。

### 2.2.1 点的三面投影

为了表达的需要，利用三个互相垂直的投影面，建立一个三投影面体系。三个投影面分别称为正立投影面 $V$、水平投影面 $H$、侧立投影面 $W$。它们将空间分为 I~Ⅷ 个部分，每个部分为一个分角，其顺序如图 2.8（a）所示。我国国家标准中规定采用在第一分角画图，称为第一角画法。因此本教材重点讨论第一角画法。三投影面体系的立体图在后文中出现时，都画成如图 2.8（b）所示的形式。

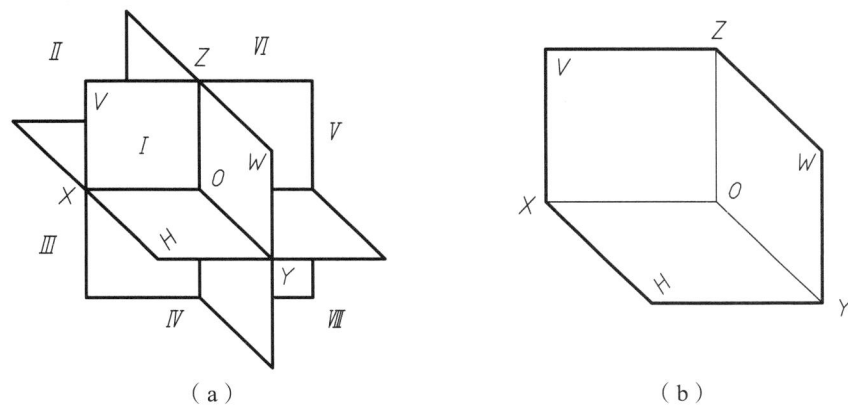

**图 2.8 三投影面体系**

三个投影面两两垂直相交，得三个交线即为投影轴 $OX$，$OY$，$OZ$，其交点 $O$ 为原点。画投影图时需要将三个投影面展开到同一个平面上，展开的方法是 $V$ 面不动，$H$ 面和 $W$ 面分别绕 $OX$ 轴或 $OZ$ 轴向下或向右旋转 90°与 $V$ 面重合。展开后，画图时去掉投影面边框。

设空间有一点 $A$，过 $A$ 点分别向 $H$，$V$，$W$ 面作垂线得到三个垂足，便是点 $A$ 在三投影面上的投影（见图 2.9）。

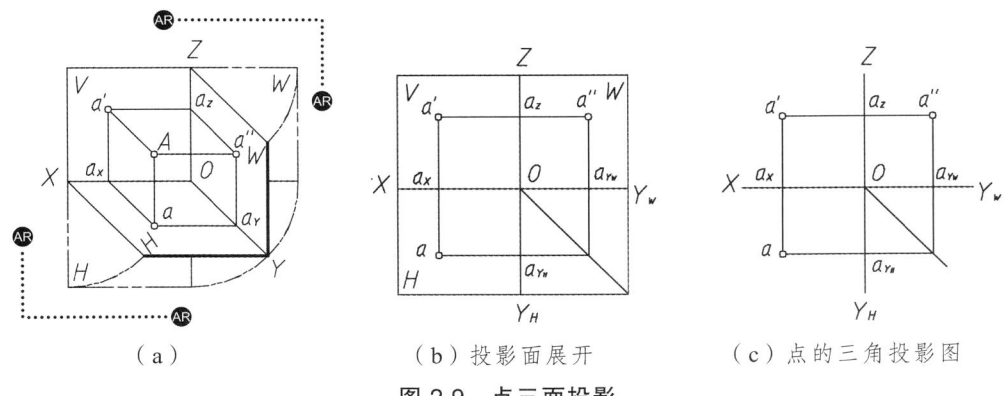

（a）　　　　　　　　（b）投影面展开　　　　　　　（c）点的三角投影图

**图 2.9 点三面投影**

规定空间点用大写字母表示，如 $A$，$B$，$C$ 等；水平投影用相应的小写字母表示，如 $a$，$b$，$c$ 等；正面投影用相应的小写字母加撇表示，如 $a'$，$b'$，$c'$；侧面投影用相应的小写字母加两撇表示，如 $a''$，$b''$，$c''$。如图 2.9 所示，三投影面体系展开后，点的三个投影在同一平面内，得到了点的三面投影图。应注意的是投影面展开后，同一条 $OY$ 轴旋转后出现在两个位置。由于投影面相互垂直，所以三条投射线也相互垂直，8 个顶点 $A$，$a$，$a_Y$，$a'$，$a''$，$a_X$，$O$，$a_Z$ 构成正六面体，根据正六面体的性质可以得出点三面投影的投影规律如下：

（1）点的正面投影和水平投影的连线垂直于 $OX$ 轴，即 $aa' \perp OX$；点的正面投影和侧面投影的连线垂直于 $OZ$ 轴，即 $a'a'' \perp OZ$；同时 $aa_{Y_H} \perp OY_H$，$a''a_{Y_W} \perp OY_W$。

（2）点的投影到投影轴的距离，反映空间点到相应投影面的距离，即 $a'a_Z = Aa'' = aa_{Y_H} = X$ 坐标；$aa_X = Aa' = a''a_Z = Y$ 坐标；$a'a_X = Aa = a''a_{Y_W} = Z$ 坐标。

（3）点的水平投影到 $OX$ 轴的距离等于点的侧面投影到 $OZ$ 轴的距离。

为了表示点的水平投影到 $OX$ 轴的距离等于侧面投影到 $OZ$ 轴的距离，即 $aa_X = a''a_Z$，点的水平投影和侧面投影的连线相交于自点 $O$ 所作的 45°角平分线，采用如图 2.9（b）所示的方法进行作图。

### 2.2.2 根据点的两面投影求第三投影

由于两面投影就可以确定空间点位置，依据点的投影规律即可根据点的两个投影求第三投影。

【例 2.1】 已知点 $A$ 正面投影 $a'$ 和侧面投影 $a''$，求作点 $A$ 水平投影 $a$（见图 2.10）。

【解】 由于 $a$ 与 $a'$ 连线垂直于 $OX$ 轴，所以 $a$ 一定在过 $a'$ 垂直于 $OX$ 轴的直线上，又由于 $a$ 到 $OX$ 轴的距离等于 $a''$ 到 $OZ$ 轴的距离，因此截取 $aa_X = a''a_Z$，便求得了点 $a$。

为了作图简便，如图 2.10（b）所示，自 $O$ 点作 45°辅助线，以表明 $aa_X = a''a_Z$ 的关系。或画圆弧，如图 2.10（c）所示；用分规直接量取，如图 2.10（d）所示。

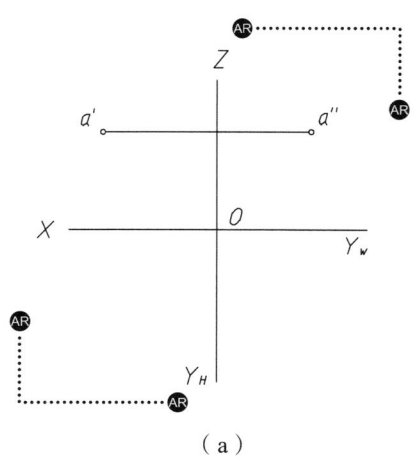

（a）

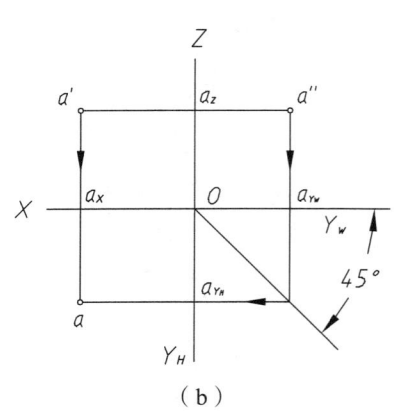

（b）

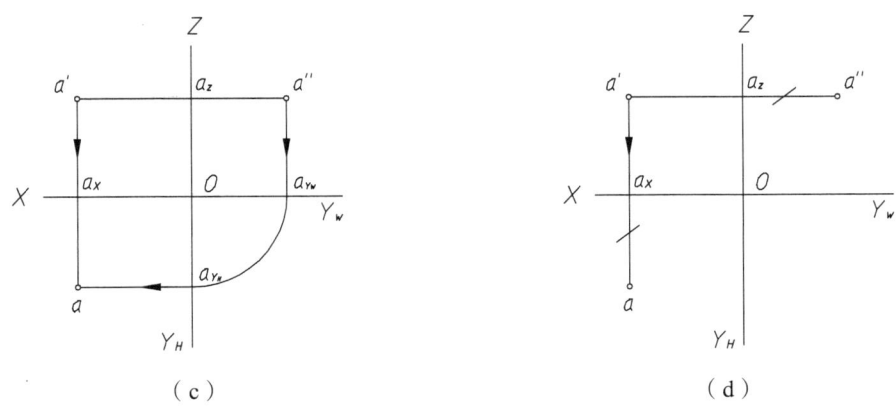

(c)　　　　　　　　　　　　(d)

图 2.10　已知点的两投影求第三投影

### 2.2.3　点的坐标与投影的关系

三投影面体系可以看成是一个空间直角坐标系,因此可用直角坐标来确定点的空间位置。投影面 $H$,$V$,$W$ 作为坐标面,三条投影轴 $OX$,$OY$,$OZ$ 作为坐标轴,三轴的交点 $O$ 作为坐标原点。

由图 2.11 可以看出,点 $A$ 的直角坐标 $x$,$y$,$z$ 与其三个投影的关系:

点 $A$ 到 $W$ 面的距离 $= Oa_X = a'a_Z = aa_Y = x$ 坐标,$x$ 坐标向左为正;

点 $A$ 到 $V$ 面的距离 $= Oa_Y = aa_X = a''a_Z = y$ 坐标,$y$ 坐标向前为正;

点 $A$ 到 $H$ 面的距离 $= Oa_Z = a'a_X = a''a_{Y_W} = z$ 坐标,$z$ 坐标向上为正。

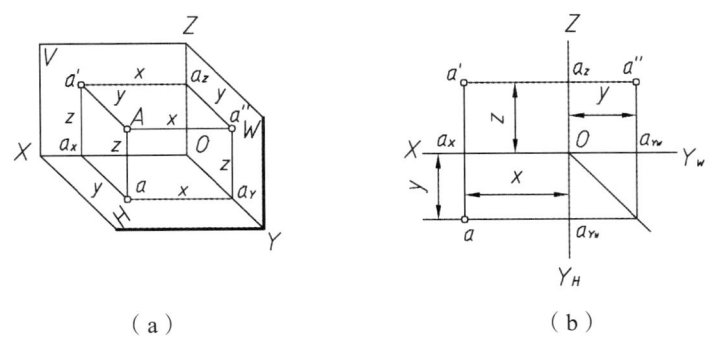

(a)　　　　　　　　　　　　(b)

图 2.11　点的三面投影与直角坐标

用坐标来表示空间点位置比较简单,可以写成 $A(x_A, y_A, z_A)$ 的形式。

由图 2.11(b)可知,坐标 $x$ 和 $z$ 决定点的正面投影 $a'$,坐标 $x$ 和 $y$ 决定点的水平投影 $a$,坐标 $y$ 和 $z$ 决定点的侧面投影 $a''$,若用坐标表示,则为 $a(x, y, 0)$,$a'(x, 0, z)$,$a''(0, y, z)$。

从上述可知,已知一个点的三个坐标,就可以作出该点的三面投影。

【例 2.2】 已知点的坐标值为 $A(15,5,10)$，求作点 $A$ 的三面投影图（见图 2.12）。

【解】 作图步骤：

（1）量取坐标值；

（2）按点的投影规律作投影。

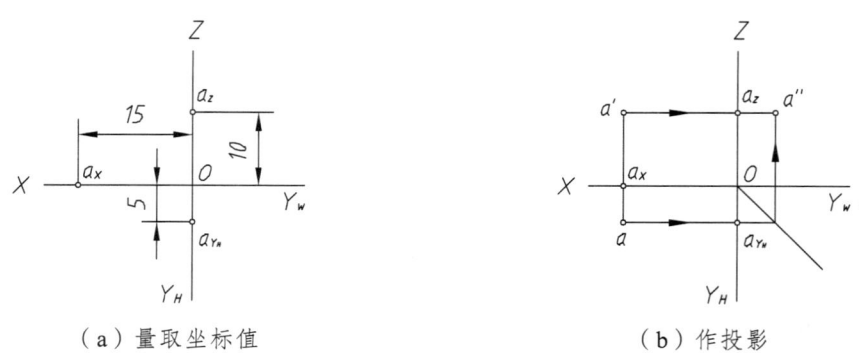

（a）量取坐标值　　　　　（b）作投影

图 2.12　例 2.2 图

【例 2.3】 已知各点的两面投影图（见图 2.13），求作其第三投影，并判断点对投影面的相对位置。

【解】（1）根据点的投影规律可作出各点的第三投影。

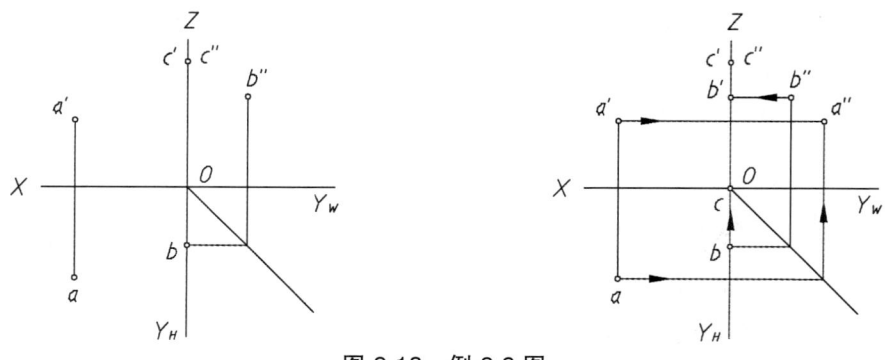

图 2.13　例 2.3 图

（2）根据点的坐标判断点对投影面的相对位置。点 $A$ 的三个坐标值均不等于零，故点 $A$ 为一般位置的点；点 $B$ 的 $X$ 坐标为零，故点 $B$ 为 $W$ 面内的点；点 $C$ 的 $X$，$Y$ 坐标为零，故点 $C$ 在 $OZ$ 轴上。

## 2.2.4　两点之间的相对位置关系

根据两点的各个同面投影之间的坐标关系，可以判断空间两点的相对位置。根据 $x$ 坐标值的大小可以判断两点的左右位置；根据 $z$ 坐标值的大小可以判断两点的上下位置；根据 $y$ 坐标值的大小可以判断两点的前后位置。如图 2.14 所示，点 $B$ 的 $x$ 和 $z$ 坐标均小于点 $A$ 的相应坐标，而点 $B$ 的 $y$ 坐标大于点 $A$ 的 $y$ 坐标，因而，点 $B$ 在点 $A$ 的右方、下方、前方。

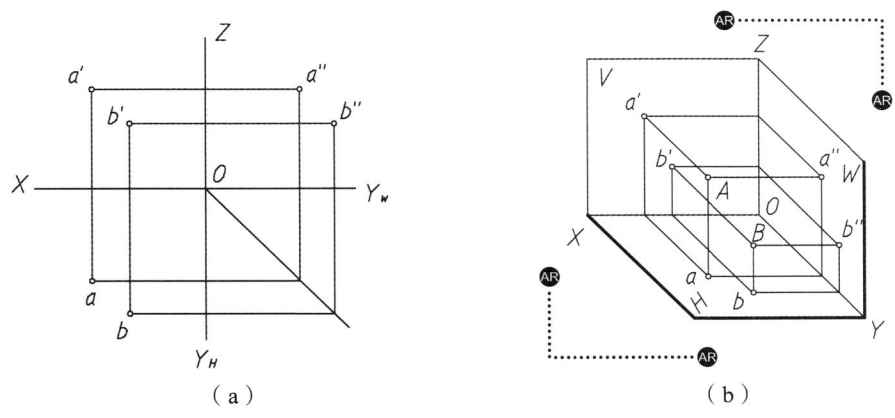

图 2.14 两点的相对位置

若点 A 在点 B 正上方或正下方时，两点的 H 面投影重合（见图 2.15），点 A 和点 B 称为对 H 面投影的重影点，在表示点的水平投影时不可见的投影加括号。同理，若一点在另一点的正前方或正后方时，则两点是对 V 面投影的重影点；若一点在另一点的正左方或正右方时，则两点是对 W 面投影的重影点。

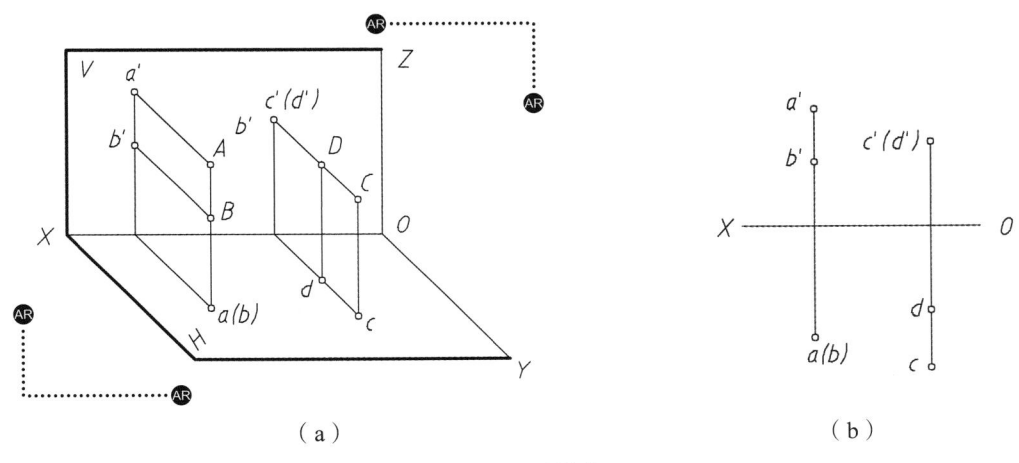

图 2.15 重影点

## 2.3 直线的投影

### 2.3.1 直线的投影特性

一般情况下，直线的投影仍是直线，如图 2.16（a）、(c) 中的直线 AB 和 MN。在特殊情况下，若直线垂直于投影面，直线的投影可积聚为一点，如图 2.16（b）中的直线 CD，称直线的投影有积聚性。若直线平行于投影面，直线的投影反映实长，如图 2.16（a）中的直线 AB。

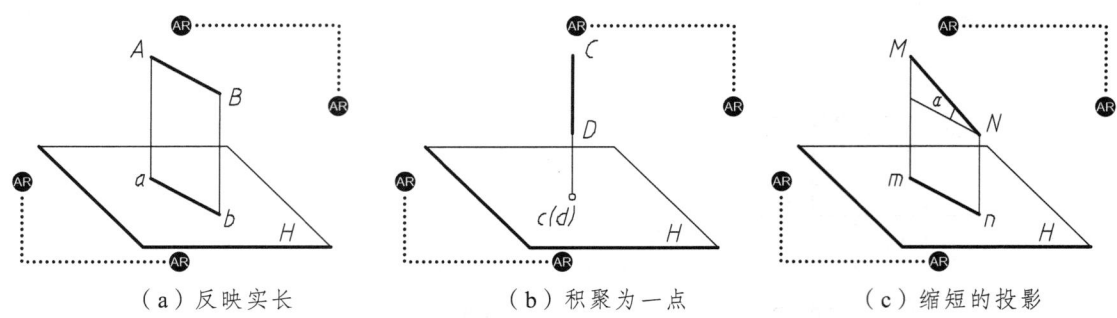

(a) 反映实长　　　　　　(b) 积聚为一点　　　　　　(c) 缩短的投影

图 2.16　直线对一个投影面的投影

## 2.3.2　直线在三面投影体系的投影特性

根据初等几何知识可知两点确定一条直线，所以求作直线的三投影时，可分别作出直线上两点的三面投影，然后将同一投影面上的投影[称为同面（或同名）投影]用直线相连，即为该直线的三面投影。如图 2.17（a）、（b）所示，分别作出直线上两点 A、B 的三面投影，将其同面投影相连，即得到直线 AB 的三面投影图。

在三投影面体系中，直线对投影面的相对位置可以分为三种：平行于一个投影面、垂直于一个投影面线、与三个投影面倾斜。前两种称为投影面特殊位置直线，分别称为投影平行线、投影垂直线，后一种称为一般位置直线。

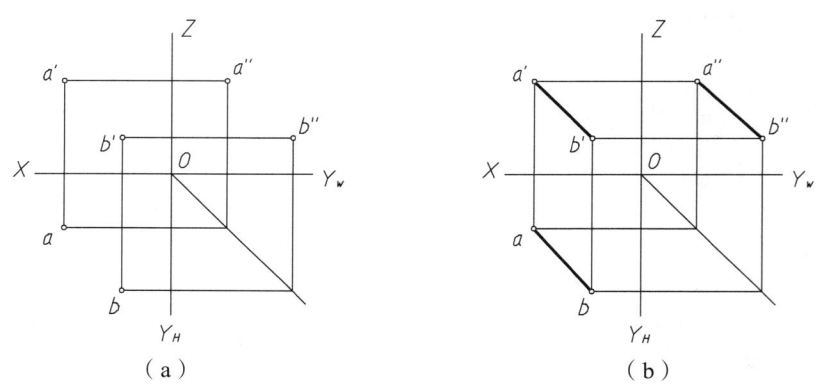

（a）　　　　　　　　　　　　（b）

图 2.17　三面投影体系中直线的投影

### 1. 一般位置直线

一般位置直线与三个投影面都倾斜，因此在三个投影面上的投影都不反映实长，投影长度小于直线的长度；直线与各投影面的夹角分别用 $\alpha$, $\beta$, $\gamma$ 表示，投影与投影轴之间的夹角也不反映直线与投影面之间的倾角，如图 2.18 所示。

### 2. 投影面平行线

与一个投影面平行，同时与另外两个投影面倾斜的直线称为投影面平行线。与 H 面平行的直线称为水平线，与 V 面平行的直线称为正平线，与 W 面平行的直线称为侧平线。它们的投影图及投影特性如表 2.1 所示。

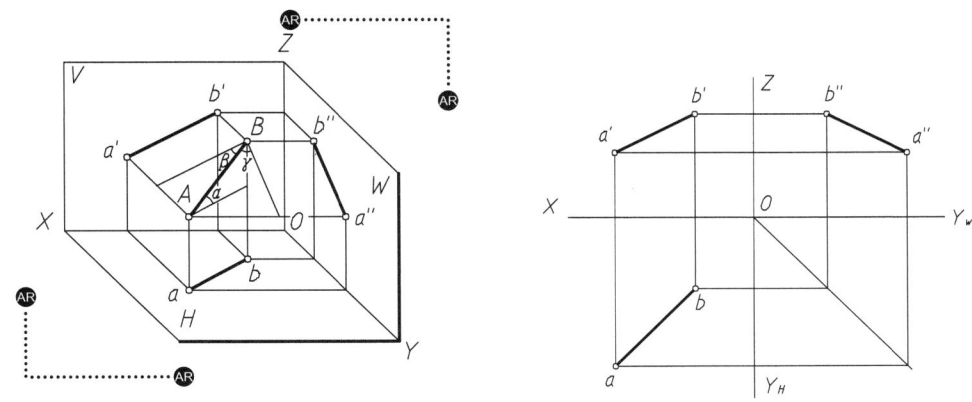

图 2.18 一般位置直线

表 2.1 投影面平行线的投影

| 名称 | 立体图 | 投影图 | 投影特性 |
|---|---|---|---|
| 正平线 | 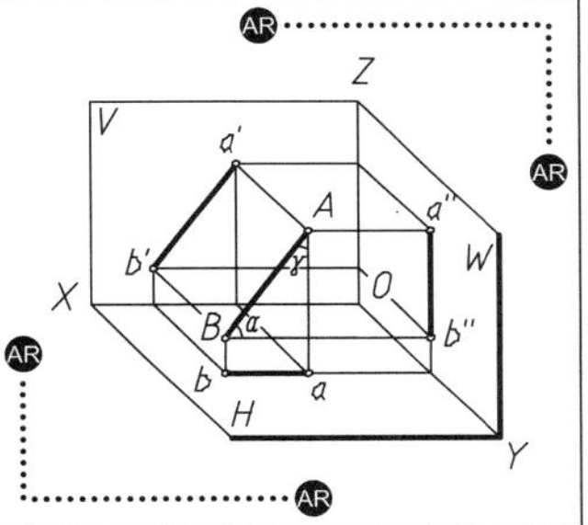 | 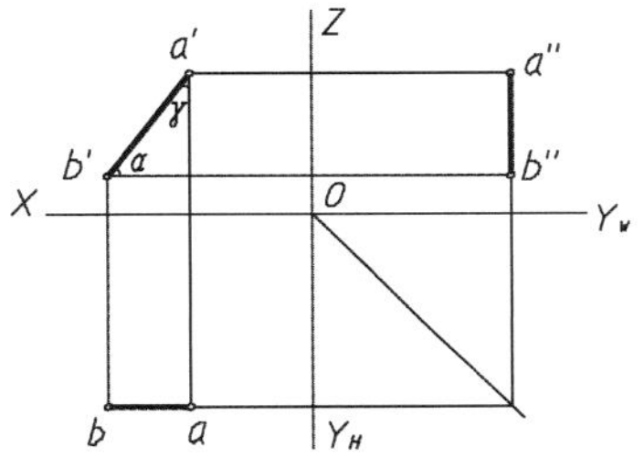 | （1）$a'b'$ 反映实长和真实倾角 $\alpha$, $\gamma$；<br>（2）$ab \mathbin{/\mkern-2mu/} OX$, $a''b'' \mathbin{/\mkern-2mu/} OZ$，长度缩短 |
| 水平线 | 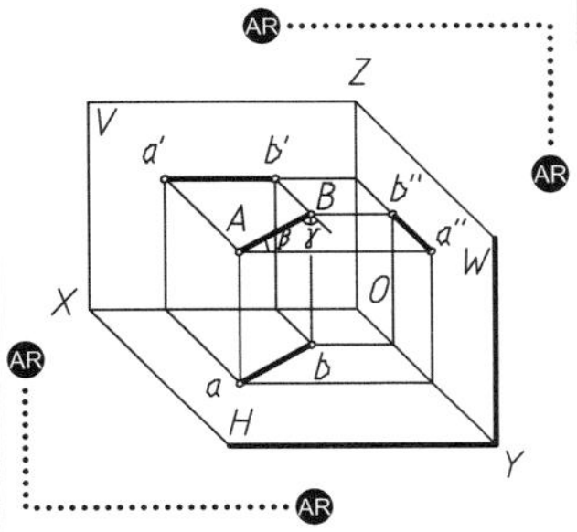 | 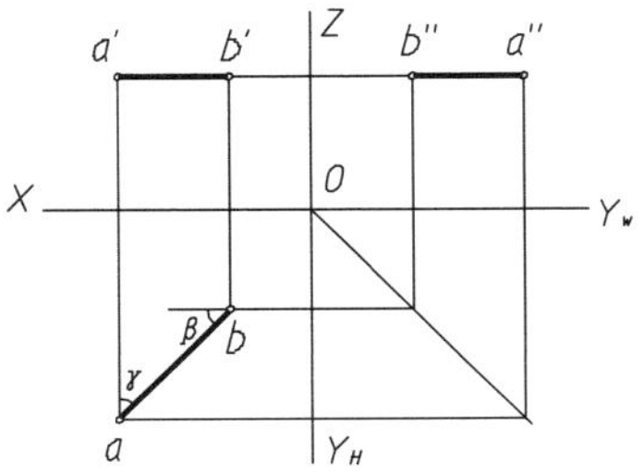 | （1）$ab$ 反映实长和真实倾角 $\beta$, $\gamma$；<br>（2）$a'b' \mathbin{/\mkern-2mu/} OX$, $a''b'' \mathbin{/\mkern-2mu/} OY_W$，长度缩短 |
| 侧平线 | 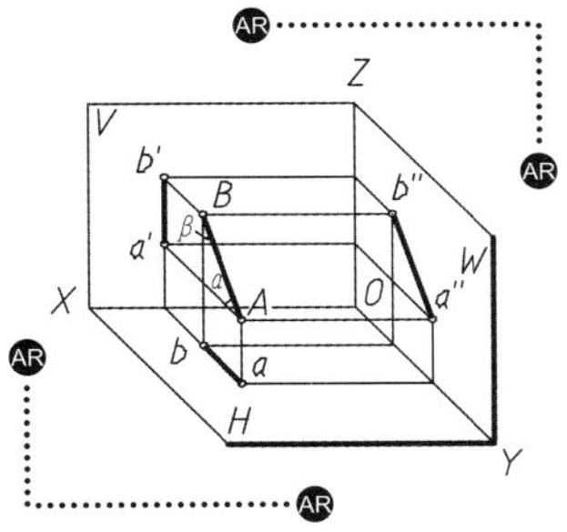 | 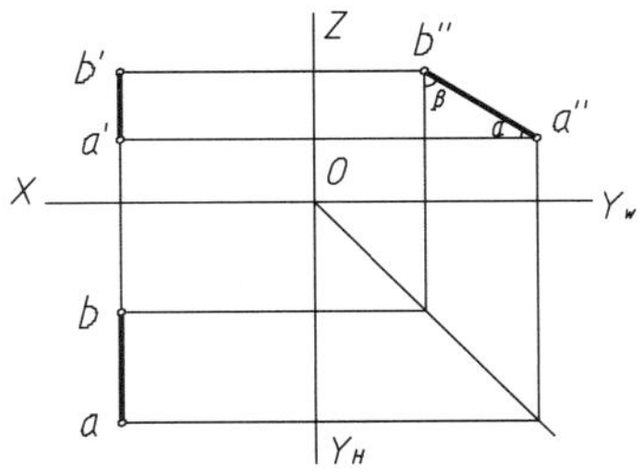 | （1）$a''b''$ 反映实长和真实倾角 $\alpha$, $\beta$；<br>（2）$a'b' \mathbin{/\mkern-2mu/} OZ$, $ab \mathbin{/\mkern-2mu/} OY_H$，长度缩短 |
| 投影面平行线的投影特性：<br>（1）直线在与其平行的投影面上的投影，反映该线段的实长及该直线与其他两个投影面的倾角；<br>（2）直线在其他两个投影面的投影分别平行于相应的投影轴，且投影长度缩短 ||||

## 3. 投影面垂直线

与投影面垂直的直线称为投影面垂直线,它与一个投影面垂直,必与另外两个投影面平行。与 $H$ 面垂直的直线称为铅垂线,与 $V$ 面垂直的直线称为正垂线,与 $W$ 面垂直的直线称为侧垂线。它们的投影图及投影特性如表 2.2 所示。

表 2.2 投影面垂直线的投影

| 名称 | 立体图 | 投影图 | 投影特性 |
| --- | --- | --- | --- |
| 正垂线 | 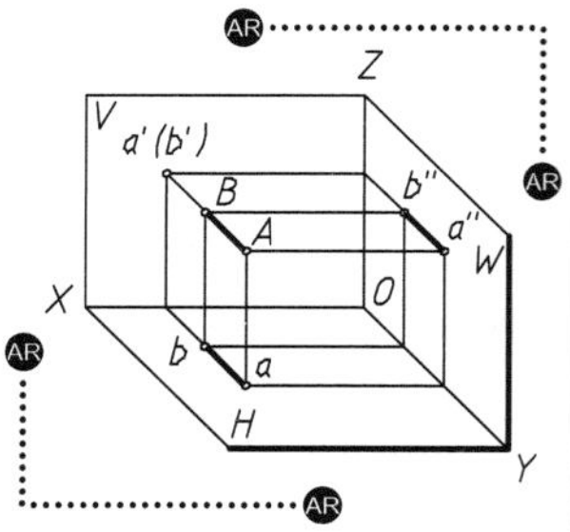 | 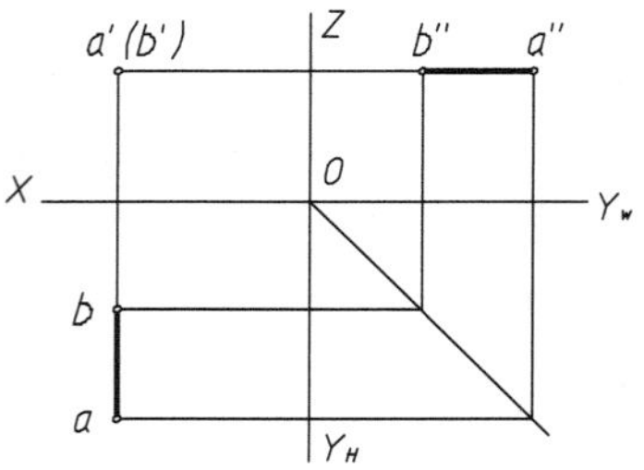 | (1) $a'b'$ 积聚成一点;<br>(2) $ab \perp OX$,$a''b'' \perp OZ$,且反映实长,即 $ab = a''b'' = AB$ |
| 铅垂线 | 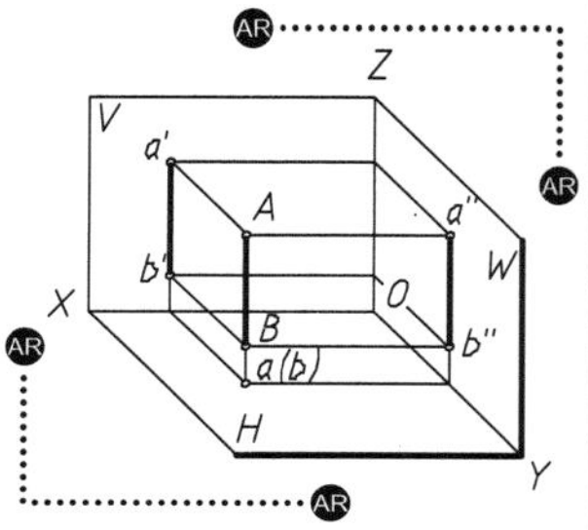 | 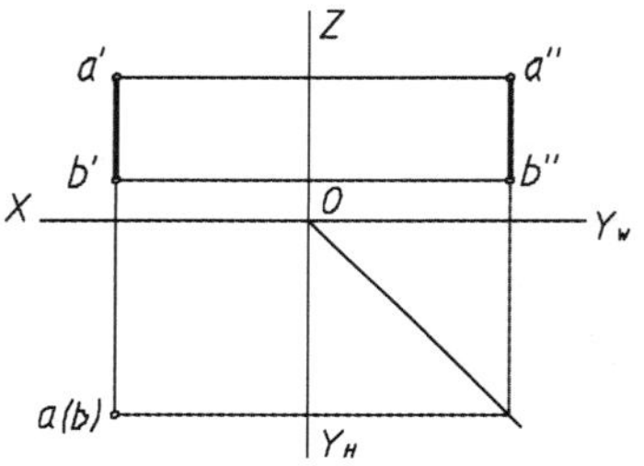 | (1) $ab$ 积聚成一点;<br>(2) $a'b' \perp OX$,$a''b'' \perp OY_W$,且反映实长,即 $a'b' = a''b'' = AB$ |
| 侧垂线 | 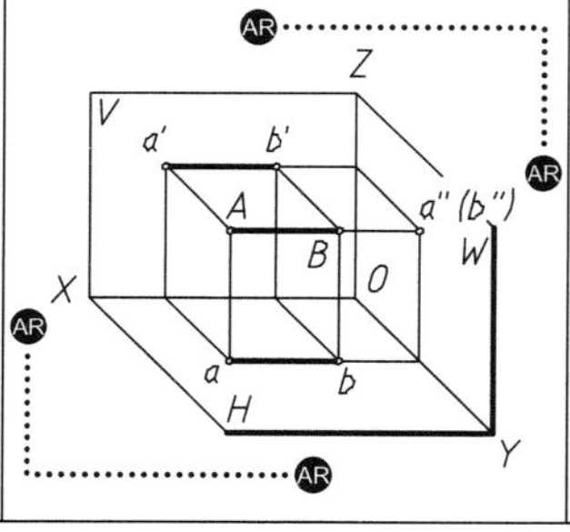 | 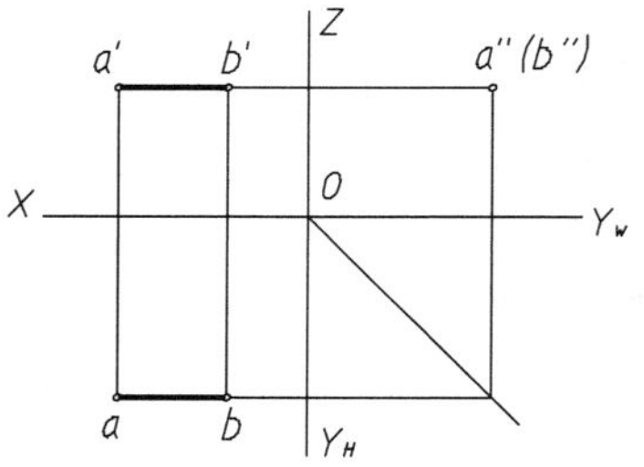 | (1) $a''b''$ 积聚成一点;<br>(2) $a'b' \perp OZ$,$ab \perp OY_H$,且反映实长,即 $ab = a'b' = AB$ |

投影面垂直线的投影特性:
(1) 直线在与其垂直的投影面上的投影积聚成一点;
(2) 直线在其他两个投影面的投影分别垂直于相应的投影轴,且反映该线段的实长

## 4. 求一般位置直线的实长及其对投影面的夹角

一般位置直线的各投影均不反映线段的真实长度,其与投影轴的夹角也不反映线段与投影面的真实倾角。但是,如果有了线段的两个投影,这个线段的长度及空间位置就完全确定了,因此就可以根据这两个投影,通过图解法(直角三角形法),求出线段的实长及其对投影面的倾角。

图 2.19（a）所示为一般位置线段 AB 的立体图。在垂直于 H 面的 ABba 内，过点 A 作 $AB_0//ab$，则三角形 $ABB_0$ 为直角三角形。在此三角形中，直角边 $AB_0 = ab$，即等于线段 AB 的水平投影；而另一直角边 $BB_0 = Z_B - Z_A$，即等于线段 AB 两端点的 Z 坐标差；斜边 AB 则为线段 AB 的实长，$\angle BAB_0 = \alpha$，即等于该线段对 H 面的夹角，那么$\angle ABB_0$ 角的意义是什么？

可见，如能作出 $\triangle ABB_0$，就能线段求出 AB 的实长及 $\alpha$ 角。

从线段 AB 的投影图，如图 2.19（b）所示，直角三角形的两个直角边为已知，则该直角三角形的实形即可做出。

具体作图方式有两种：

（1）在水平投影上作图，过 a 或 b 作 ab 的垂线，如图 2.19（b）所示（过 b）$bB_0$，使 $bB_0 = Z_B - Z_A$，连接 $aB_0$，即为直线 AB 的实长，$\angle B_0ab$ 即为 $\alpha$ 角。

（2）在正面投影上作图，过 a′作 X 轴的平行线与 bb′交于 $B_0$（$b′B_0 = Z_B - Z_A$），量取 $B_0A_0 = ab$，连接 $b′A_0$ 即为线段 AB 的实长，$\angle B_0A_0b′$ 即为 $\alpha$ 角。

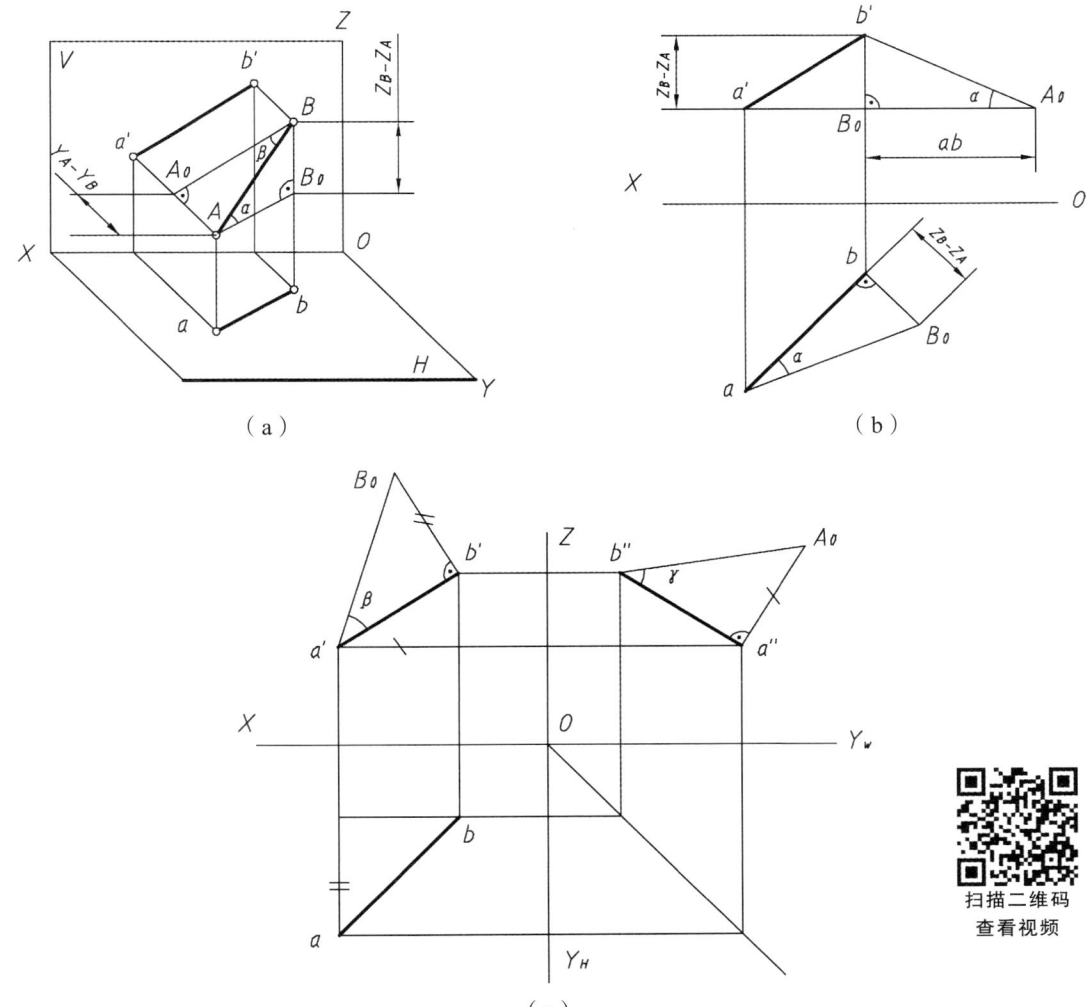

图 2.19 直角三角形法求倾角

按上述类似的分析方法，可利用线段的正面投影 $a'b'$ 及 $A$，$B$ 两点的 $y$ 坐标差，作出直角三角形 $a'b'B_0$，则斜边 $a'B_0$ 就是 $AB$ 的实长，$\angle B_0a'b'$ 就是对 $V$ 面的倾角 $\beta$，如图 2.19（c）所示。

利用侧面投影 $a''b''$ 及 $A$，$B$ 两点的 $x$ 坐标差作出直角三角形，可求出对 $W$ 面的倾角 $\gamma$，如图 2.19（c）所示。

【例 2.4】 已知线段 $AB$ 的水平投影 $ab$，及端点 $A$ 的正面投影 $a'$，并知其与 $H$ 面的倾角 $\alpha$ 为 $30°$，试求线段 $AB$ 的正面投影（见图 2.20）。

【解】 分析：根据线段 $AB$ 的水平投影 $ab$ 和 $\alpha$ 角，以及端点 A 的两面投影，可判断出 AB 空间位置是确定的。用直角三角形法可求出两点 $A$，$B$ 的 $Z$ 坐标差，并依据点的投影规律求出 $b'$，即可得到线段 $AB$ 的正面投影 $a'b'$。

作图步骤如图 2.20（b）所示：

（1）作直角三角形 $abB_0$，并使 $\angle baB_0 = \alpha = 30°$，则 $bB_0$ 即为两端点 $A$，$B$ 的 $Z$ 坐标差。

（2）自 $a'$ 作直线平行于 $OX$ 轴，自 $b$ 作直线垂直于 $OX$ 轴，这两直线交于 $b'_0$ 点，然后在直线 $bb_0$ 上，由 $b'_0$ 向上或向下量取一线段等于 $bB_0$ 的长度，得到点 $b'$ 或 $b'_1$，则 $a'b'$ 或 $a'b'_1$ 均为所求线段 $AB$ 的正面投影，即本题有两解。

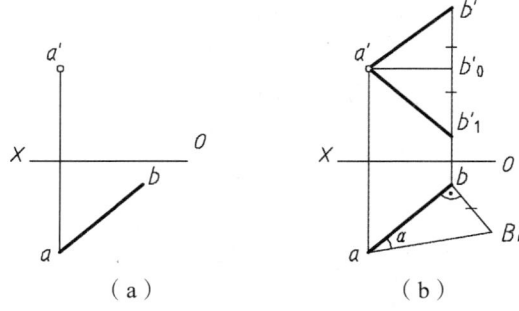

图 2.20 求线段正面投影

### 2.3.3 直线上的点

根据平行投影特性可知，直线上点的投影，必然落在直线的同名投影上，同时点分割线段之比，在投影后保持不变，即点分线段之比等于点投影分线段投影之比。

在三面投影体系中，若点在直线上，则点的投影必在直线的同面投影上，即具有从属性。同时点将线段的同面投影分割成与空间直线相同的比例，即具有定比性。

如图 2.21 所示，$C$ 点投影在直线 $AB$ 的投影上，并且满足以下关系：

$$AC : CB = ac : cb = a'c' : c'b'$$

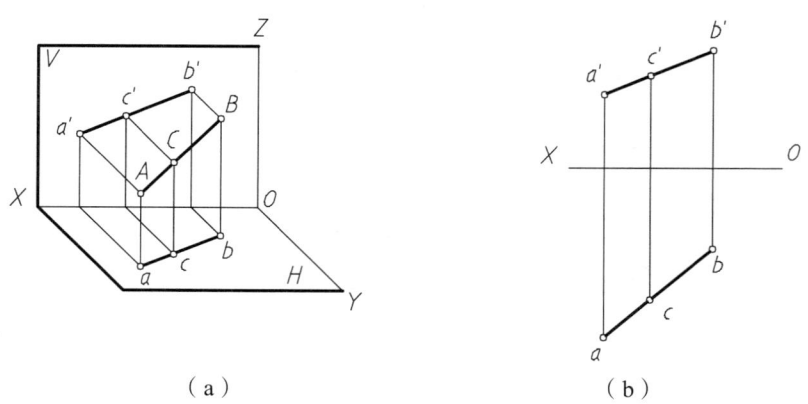

图 2.21 直线上的点

上述投影特性反之亦然。即如果点的三面投影均在直线的同面投影上，则该点在直线上。若点的投影有一个不在直线的同名投影上，则该点必不在此直线上。

【例 2.5】 判断点 $C$, $D$ 是否在线段 $AB$ 上（见图 2.22）。

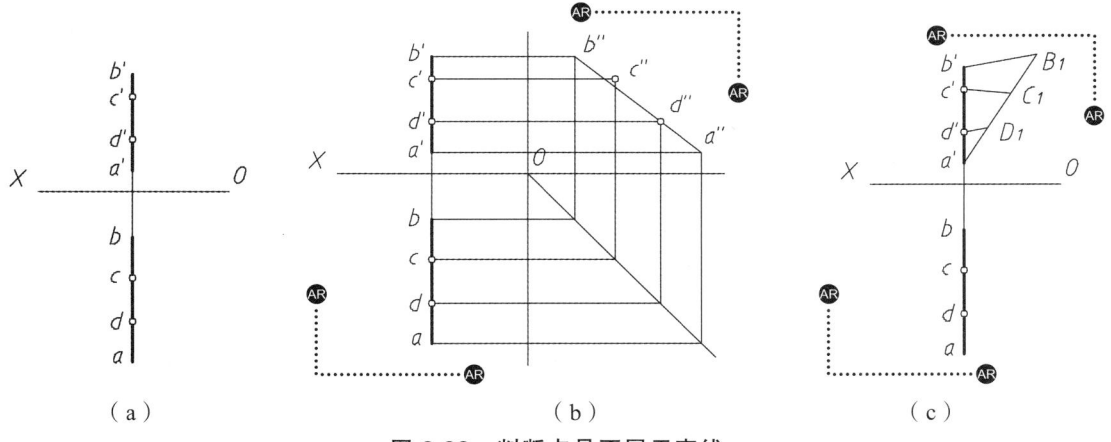

图 2.22 判断点是否属于直线

【解】 分析：在一般情况下，根据两面投影即可判断点是否属于直线（见图 2.21），但当直线为投影面平行线，已知的两个投影为该直线所不平行的投影面的投影时，则不能直接判断，此种情况可按以下方法判断。

方法一：作出侧面投影，则清楚地看出点 $c''$ 不属于 $a''b''$，则点 $C$ 不属于直线 $AB$；$d''$ 属于 $a''b''$，则点 $D$ 属于直线 $AB$，如图 2.22（b）所示。

方法二：用点分线段成定比的方法来判断。如图 2.22（c）所示，自 $a'$ 引任意方向线段截取 $a'B_1 = ab$，连 $b'B_1$，在 $a'B_1$ 上量取 $a'C_1 = ac$，$a'D_1 = ad$，连接 $c'C_1$ 和 $d'D_1$，由于 $c'C_1$ 不平行于 $b'B_1$，则点 $C$ 不属于直线 $AB$，$d'D_1$ 平行于 $b'B_1$，则点 $D$ 属于直线 $AB$。

### 2.3.4 两直线的相对位置关系

空间两直线的相对位置关系有三种情况：平行、相交和交叉。所谓交叉直线，是指既不平行也不相交的两条直线，也称为异面直线。下面分别讨论它们的投影特性和作图方法。

**1. 两直线平行**

根据平行投影性质，以及点线关系的投影特征，可以导出两平行直线的投影特性。即空间两直线平行，其同面投影必平行，并且线段长度之比等于投影长度之比，反之亦然，如图 2.23 所示。

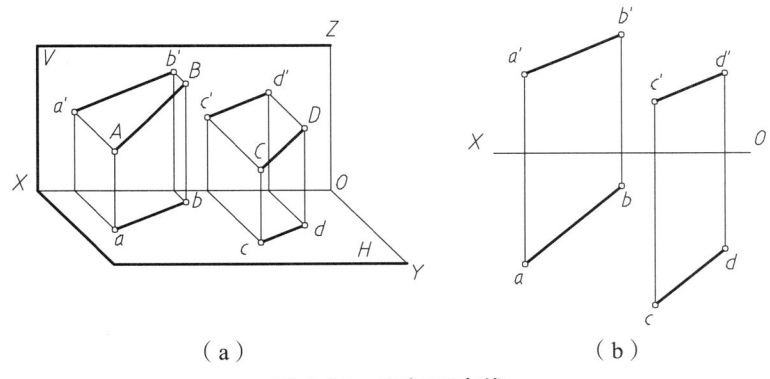

图 2.23 平行两直线

【例 2.6】 判断直线 AB 与 CD 是否平行（见图 2.24）。

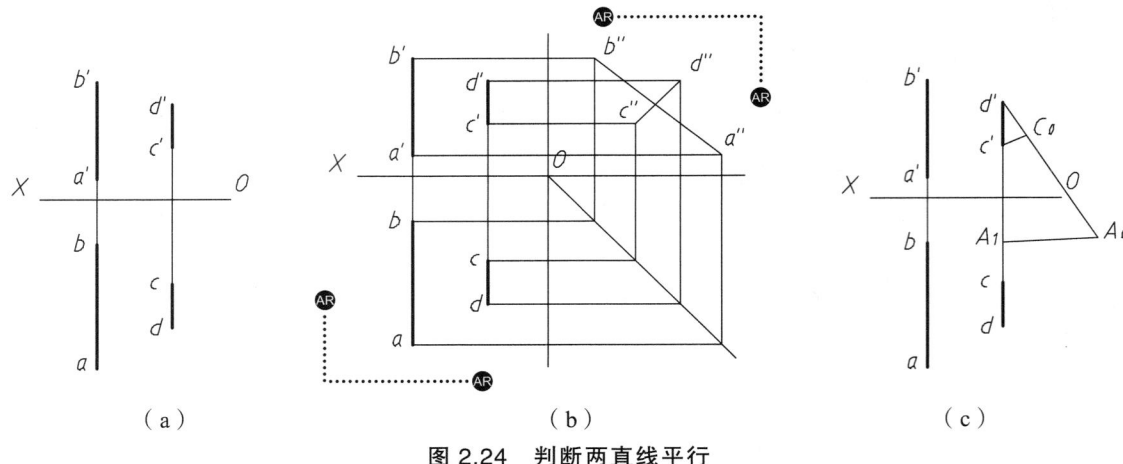

图 2.24 判断两直线平行

【解】 分析：一般情况下，根据两个投影即可判断两直线是否平行（见图 2.23）。但当直线同时平行某一投影面，又未画出该投影面上的投影时，如图 2.24（a）所示，则可用如下方法判断。

方法一：作出侧面投影。由于 $a''b''$ 不平行于 $c''d''$，则两直线空间不平行，如图 2.24（b）所示。

方法二：用比例法来判断，如图 2.24（c）所示。自 $d'$ 引任意方向线段截取 $d'C_0 = dc$，$C_0A_0 = ab$，在 $d'c'$ 延长线上截取 $c'A_1 = a'b'$，连接 $A_1A_0$ 和 $c'C_0$，从图中可见 $c'C_0$ 不平行于 $A_1A_0$，则表示 $a'b' : c'd' \neq ab : cd$，故两直线在空间不平行。

## 2. 两直线相交

根据平行投影性质，以及点线关系的投影特征，可以导出两相交直线的投影特性。

空间两相交直线，其同面投影必然相交，并且交点符合空间一点的投影规律，如图 2.25 所示。

反之亦然，即若空间两直线同名投影均相交，且交点的投影符合空间一点的投影规律，则空间两直线相交。

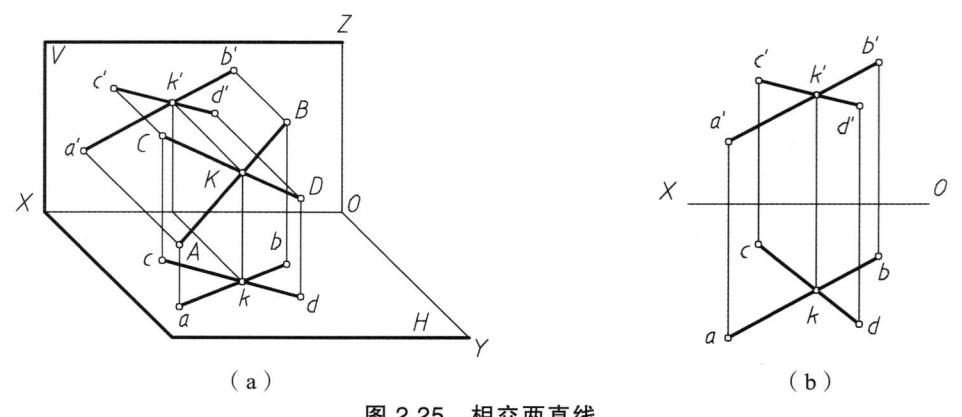

图 2.25 相交两直线

【例 2.7】 判断直线 AB 与 CD 是否相交（见图 2.26）。

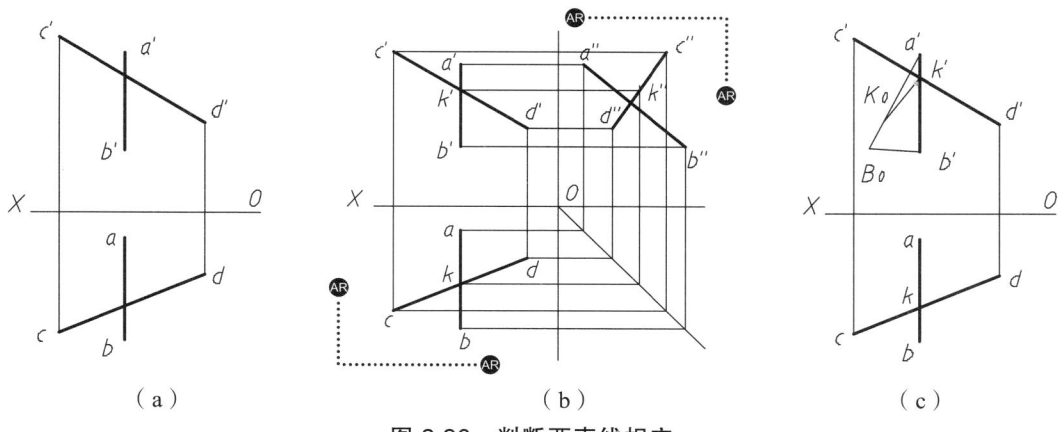

图 2.26 判断两直线相交

【解】 分析：一般情况下，根据两个投影即可判断两直线是否相交（见图 2.25）。但当直线平行某一投影面，又未画出该投影面上的投影时，如图 2.26（a）所示，则可用如下方法判断。

方法一：作出侧面投影。虽然侧面投影相交但交点不符合点的投影规律，故空间直线 AB 与 CD 不相交，如图 2.26（b）所示。

方法二：用点分线段成定比的方法来判断，如图 2.26（c）所示。假若 AB 与 CD 相交，交点 K 既属于直线 AB，也属于直线 CD。自 $a'$ 引任意方向线段截取 $a'B_0 = ab$，$a'K_0 = ak$，连接 $B_0b'$ 和 $K_0k'$，由于 $B_0b'$ 不平行于 $K_0k'$，即 $a'k':k'b' \neq ak:kb$，故两直线 AB 与 CD 在空间不相交。

### 3. 两直线交叉

由于交叉两直线在空间既不平行，也不相交，所以它们的同面投影可能相交，也可能不相交；即使相交，同面投影的交点也不符合空间一点的投影规律，如图 2.27 所示。事实上，此时同面投影的交点在空间分别位于两直线上，是一对重影点，可从另一投影中用"前遮后、上遮下、左遮右"的原则来判断它们的可见性。如图 2.27 所示，对于水平投影 ab 和 cd 的交点，其实分别是空间直线 AB 上的 3 点和 CD 线上的 4 点。要判断水平投影的可见性，则需利用正面投影分别找到对应的投影点 3′和 4′点，可以看出 3′点在 4′点之上，因此，水平投影中 3 点挡住 4 点，标记为 3（4）。正面重影点Ⅰ、Ⅱ，读者自行分析。

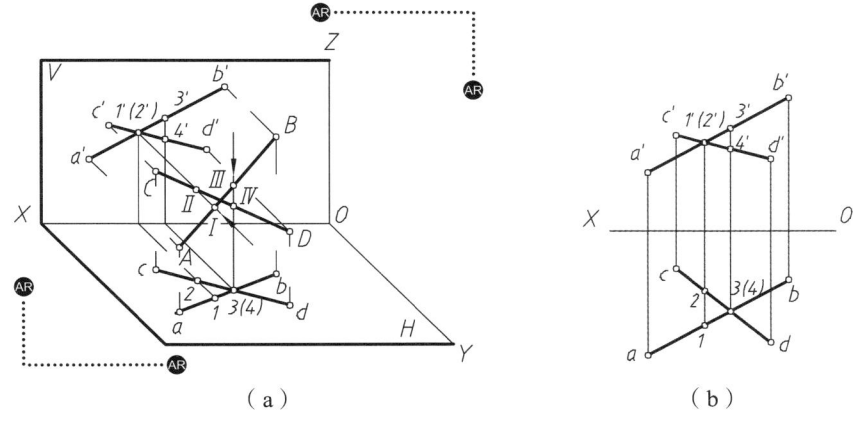

图 2.27 两交叉直线

## 2.3.5 直角定理

直角投影特性：两直线垂直（相交垂直或交叉垂直），一般情况下不反映直角，但在特定的条件下反映直角。

如图 2.28 所示，长方体其底面 abcd 与 H 面重合，棱线 AB 平行于 H 面，由于 AB 垂直于平面 BbcC，则 AB 垂直于该平面内的一切直线（如 BC，$BC_1$，$B_1C_2$，…），由图中可以看出，棱线 AB 在 H 面的投影为 ab，平面 BbcC 内所有直线在 H 面的投影均为 bc，ab 与 bc 为长方体底面的两个邻边，必为直角，因此可得出如下直角投影特性：

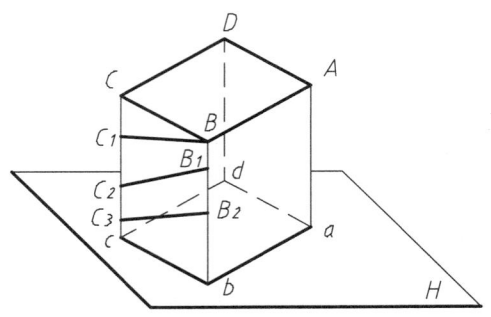

图 2.28 直角的投影特性

两直线垂直（相交垂直或交叉垂直），其中一条直线平行于某一投影面时，则两条直线在该投影面中的投影仍互相垂直，即反映直角。反之，若两直线（相交或交叉）在同一投影面中的投影互相垂直（即反映直角），且其中一条直线平行于该投影面，则两直线空间必互相垂直。

利用以上特性可解决一些垂直问题。

【例 2.8】 已知直线 AB 为正平线，且直线 BC 垂直 AB，试作出直线 BC 的两投影，如图 2.29（a）所示。

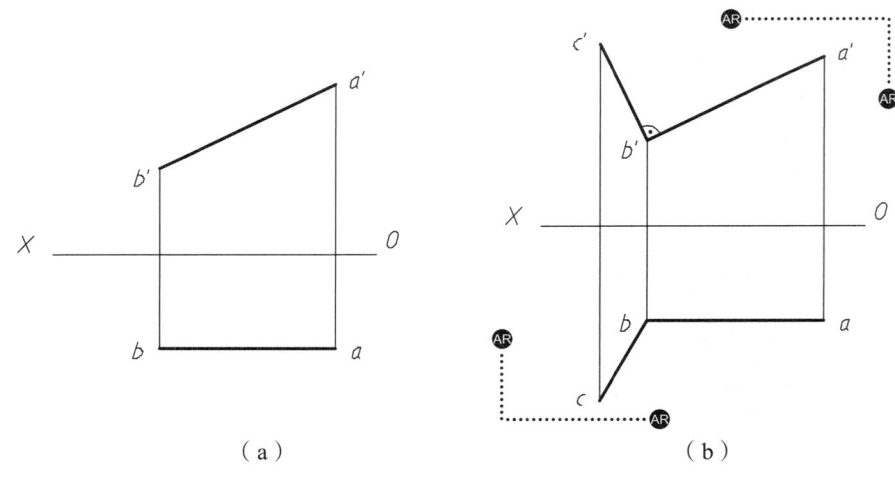

（a） （b）

图 2.29 例 2.8 图

【解】 分析：由于 BC 垂直 AB，AB 平行 V 面，故 AB 与 BC 两直线正面投影反映直角。作图步骤如图 2.29（b）所示：

（1）利用直角定理作垂直，在正面投影中作 $b'c' \perp a'b'$（$b'c'$长度可任意确定）；

（2）根据直线的投影特性作 c，作 c'c 垂直于 OX 轴，c 点的 y 坐标可任意确定；

（3）连接 bc，则直线 BC（bc，b'c'）为所求。

## 2.4 平面的投影

### 2.4.1 平面的表示法

#### 1. 用几何元素表示

由初等几何可知，不属于同一直线的三点确定一平面。因此，可由下列任意一组几何元素的投影表示平面，如图 2.30 所示：图（a）表示不在同一直线上的三个点；图（b）表示一直线与不属于直线的一点；图（c）表示相交两直线；图（d）表示平行两直线；图（e）表示任意平面图形。

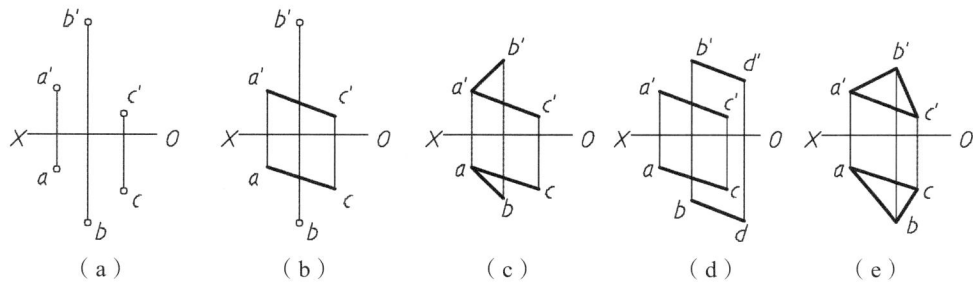

图 2.30 平面的表示方法

#### 2. 用迹线表示

理论上看，所讨论的平面是无限大的，平面与投影面的交线，称为平面的迹线，用迹线也可以表示平面，如图 2.31 所示。用迹线表示的平面，也称为迹线平面。平面与 H 面、V 面和 W 面的交线，分别称为水平迹线、正面迹线和侧面迹线。迹线的符号用平面名称的大写字母加投影面名称作为注脚来表示，如图 2.31（a）、（b）所示的 $P_H$，$P_V$，$P_W$。显然，迹线是投影面上的直线，它在该投影面上的投影位于原处，在另外两个投影面上的投影，分别重合在相应的投影轴上。图 2.31（c）所示即为用迹线表示的水平面。

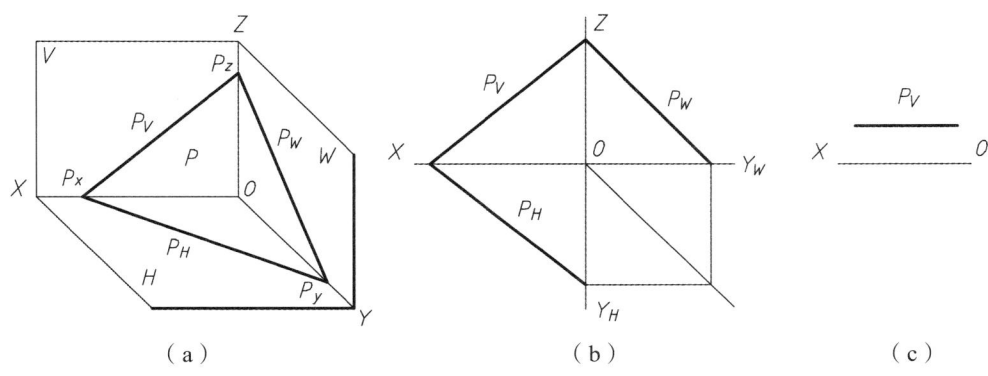

图 2.31 用迹线表示平面

## 2.4.2 平面在三面投影体系的投影特性

在三投影面体系中,平面和投影面的相对位置关系与直线和投影面的相对位置关系相同,可以分为三种:平行于一个投影面、垂直于一个投影面、与三个投影面倾斜。前两种为投影面特殊位置平面,分别称为投影面平行面、投影面垂直面,后一种称为一般位置平面。

平面分别与 $H$, $V$, $W$ 面形成的两面角,分别是平面对相应投影面 $H$, $V$, $W$ 的倾角。同样,规定倾角分别用 $\alpha$, $\beta$, $\gamma$ 表示。当平面平行于投影面时,倾角为 $0°$;垂直于投影面时,倾角为 $90°$。

### 1. 一般位置平面

一般位置平面与三个投影面都倾斜,因此在三个投影面上的投影都不反映实形,而是小于原形的类似形(类似形的特征为边数不变,边的平行关系不变),如图 2.32 所示。

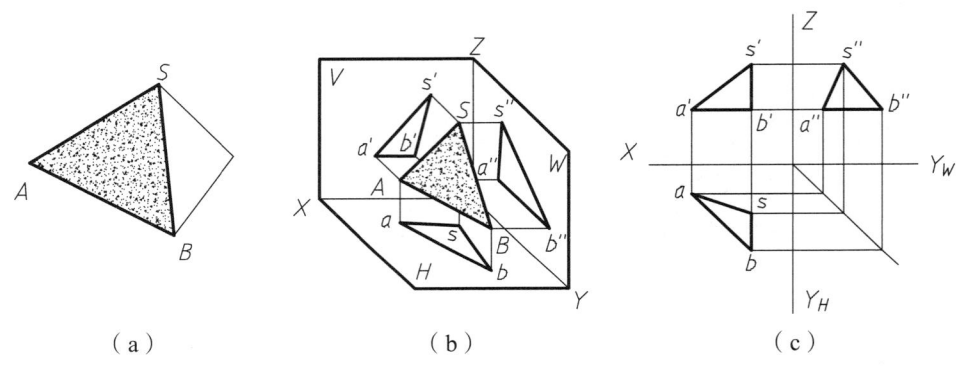

图 2.32 一般位置平面

### 2. 投影面平行面

投影面平行面是平行于一个投影面,并必与另外两个投影面垂直的平面。与 $H$ 面平行的平面称为水平面,与 $V$ 面平行的平面称为正平面,与 $W$ 面平行的平面称为侧平面。它们的投影图及投影特性如表 2.3 所示。

表 2.3 投影面平行面的投影

| 名称 | 立体图 | 投影图 | 投影特性 |
|---|---|---|---|
| 正平面 | | | (1) 正面投影反映实形;<br>(2) 水平投影 $//OX$,侧面投影 $//OZ$,并分别积聚成一直线 |

续表 2.3

| 名称 | 立 体 图 | 投 影 图 | 投 影 特 性 |
|---|---|---|---|
| 水平面 | 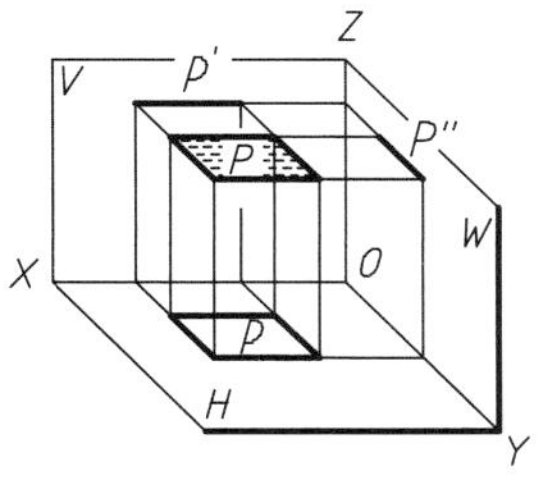 | 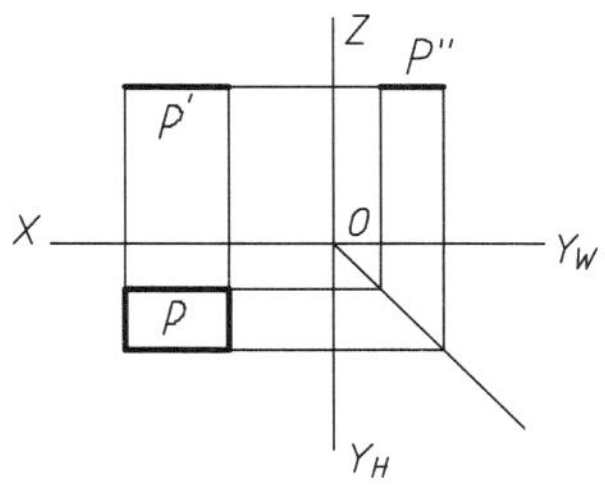 | （1）水平投影反映实形；<br>（2）正面投影 // $OX$，侧面投影 // $OY_W$，并分别积聚成一直线 |
| 侧平面 | 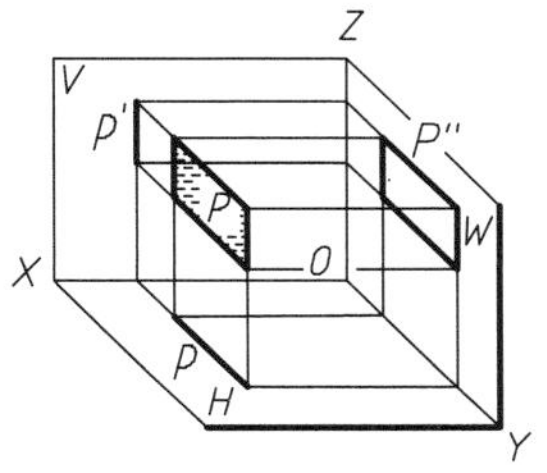 | 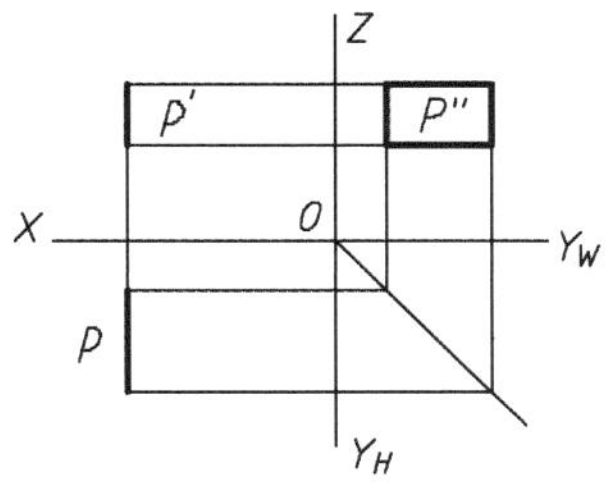 | （1）侧面投影反映实形；<br>（2）正面投影 // $OZ$，水平投影 // $OY_H$，并分别积聚成一直线 |
| 投影面平行面的投影特性：<br>（1）平面在与其平行的投影面上的投影反映平面实形；<br>（2）平面在其他两个投影面的投影都积聚成平行于相应投影轴的直线 ||||

### 3. 投影面垂直面

投影面垂直面是垂直于一个投影面，并与另外两个投影面倾斜的平面。与 $H$ 面垂直的平面称为铅垂面，与 $V$ 面垂直的平面称为正垂面，与 $W$ 面垂直的平面称为侧垂面。它们的投影图及投影特性如表 2.4 所示。

**表 2.4 投影面垂直面的投影**

| 名称 | 立 体 图 | 投 影 图 | 投 影 特 性 |
|---|---|---|---|
| 铅垂面 | 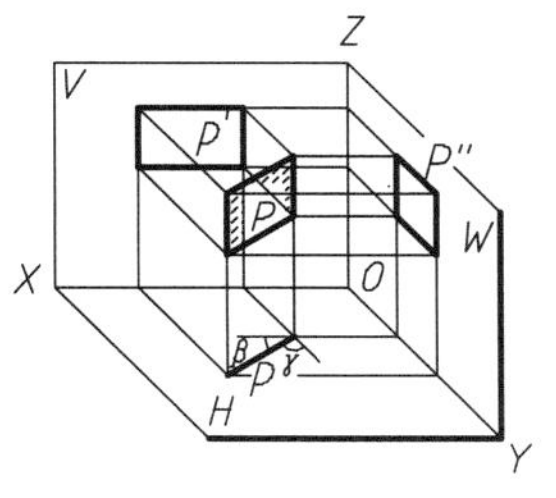 | 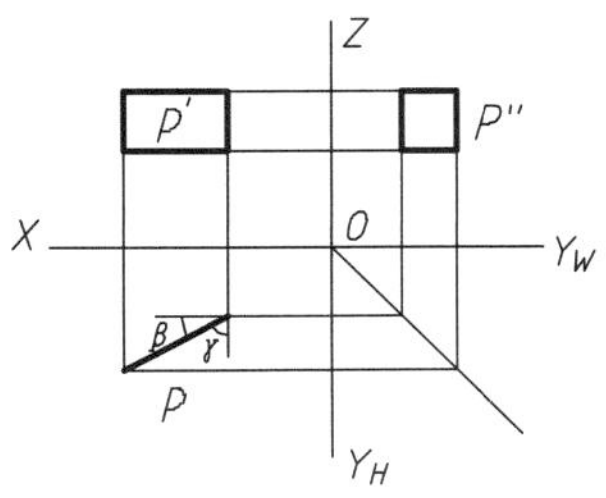 | （1）水平投影积聚成一直线，并反映真实倾角 $\beta$，$\gamma$；<br>（2）正面投影和侧面投影仍为平面图形，但面积缩小 |

续表 2.4

| 名称 | 立 体 图 | 投 影 图 | 投 影 特 性 |
|---|---|---|---|
| 正垂面 | | | （1）正面投影积聚成一直线，并反映真实倾角 $\alpha$，$\gamma$；<br>（2）水平投影和侧面投影仍为平面图形，但面积缩小 |
| 侧垂面 | | | （1）侧面投影积聚成一直线，并反映真实倾角 $\alpha$，$\beta$；<br>（2）正面投影和水平投影仍为平面图形，但面积缩小 |
| 投影面垂直面的投影特性：<br>（1）平面在与其垂直的投影面上的投影积聚成一直线，并反映该平面对其他两个投影面的倾角；<br>（2）平面在其他两个投影面的投影都是面积小于原平面图形的类似形 ||||

### 2.4.3 平面内的点和直线

点和直线在平面上的几何条件是：

（1）若点在平面上，则该点必定在这个平面的一条直线上。

（2）若直线在平面上，则该直线必定通过这个平面上的两个点；或者通过这个平面上的一个点，且平行于这个平面上的另一条直线。

如图 2.33 所示，点 D 和直线 DE 位于相交两直线 AB，BC 所确定的平面 ABC 上。图 2.33（a）表示点 D 在平面 ABC 的直线 AB 上；图 2.33（b）表示直线 DE 通过平面 ABC 上的两个点 D 和 E；图 2.33（c）表示直线 DE 通过平面 ABC 上的点 D，并且平行于平面 ABC 的直线 BC。

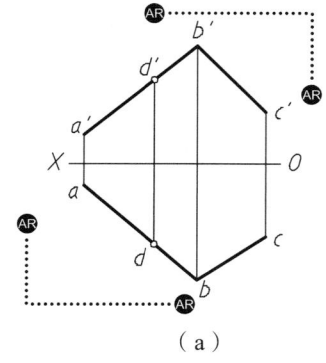 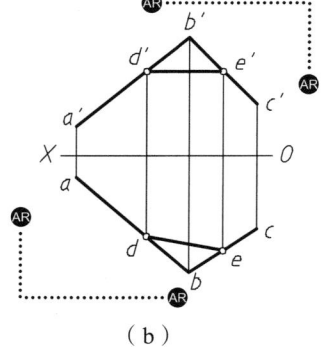 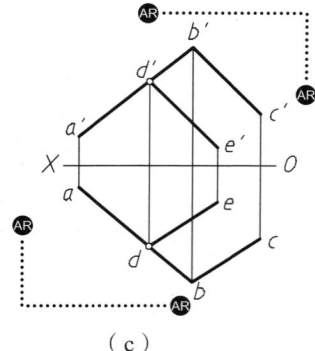

（a） （b） （c）

图 2.33 平面上的点和直线

如上所述，点位于平面内的直线上，则点的投影必然处于该直线的同面投影上。如图 2.34（a）所示，已知 K 点在平面三角形 ABC 上及 K 点的正面投影，则可利用点、线、面从属关系几何条件求出该点水平投影。连接 b'k' 并延长与 a'c' 交于 d'，作出直线 AC 上点 D 的水平投影 d，按投影关系在 bd 上求得点 K 的水平投影 k，如图 2.34（b）所示。

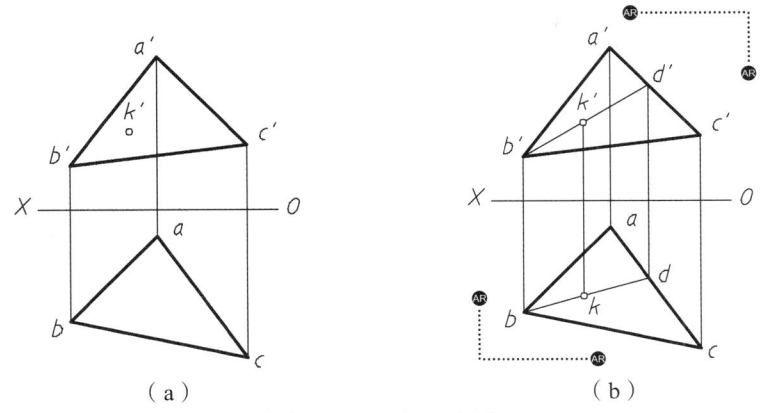

图 2.34　平面上的点

【例 2.9】　如图 2.35（a）所示，判断点 K 是否属于 △ABC 所确定的平面。

【解】

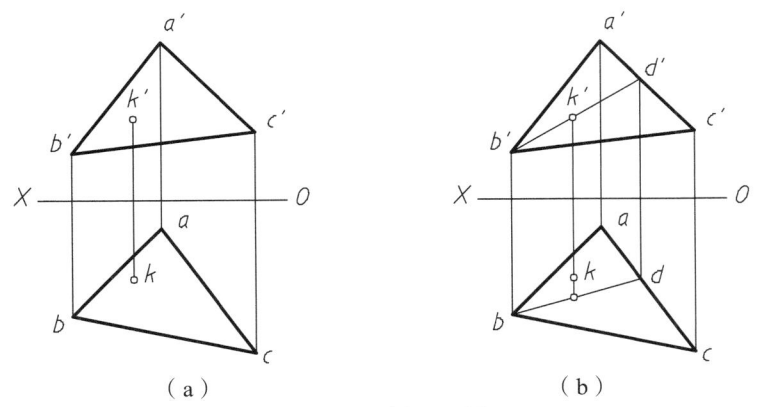

图 2.35　例 2.9 图

根据点在平面内的条件，假如点在平面内，则必属于平面内的一条直线上。判断方法是：过点 K 的一个投影在 △ABC 作一直线 BK 交 AC 于 D，再判断点 K 是否在直线 BD 上。

作图过程如图 2.35（b）所示：连 b'、k' 并延长交 a'c' 于 d'，过 d' 作投影连线得 d，即求得 BD 的水平投影 bd。而点 K 的水平投影 k 不在 bd 上，故 K 点不属于平面 △ABC。

【例 2.10】　已知四边形平面 ABCD 的 V 面投影及 AB，BC 的 H 面投影，完成四边形平面的 H 面投影，如图 2.36 所示。

【分析】　平面 ABCD 的空间位置由两条相交直线 AB，CD 确定，完成四边形平面的 H 面投影的作图过程即为：求平面 ABCD 上 D 点的投影，作图方法面上找点。

【解 1】过 D 点作直线 DE，使 DE∥BC，交 AB 于 E；故作 d'e'∥b'c'，并与 a'b' 交于 e'，在 ab 上求出 e，过 e 作 bc 的平行线，作出 d；连 ad，cd 即为所求。

【解 2】 将 A，B，C 三点连成三角形，点 D 在平面 ABC 上，故可做直线 BD；连 b'd' 并与 a'c' 交于 e'，在 ac 上作出 e，连 be 并延长作出 d；连 ad，cd 即为所求。

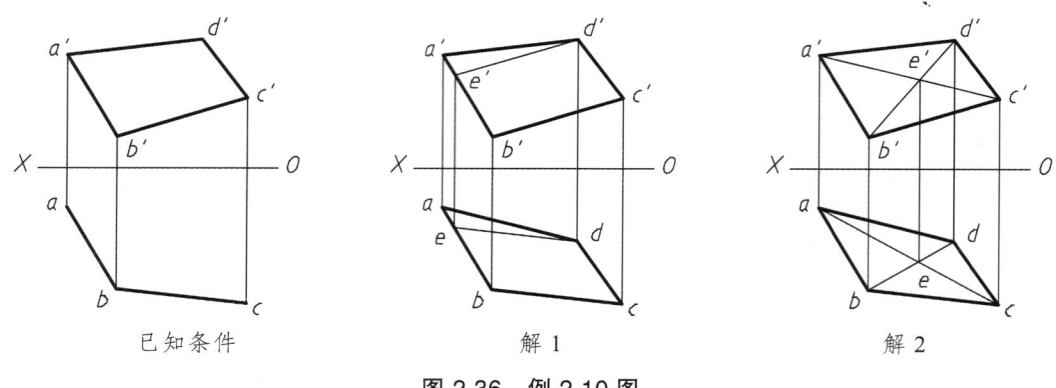

图 2.36 例 2.10 图

【例 2.11】 已知 △ABC 平面内点 K 的 H，V 面投影 k，k'，求作 △ABC 的 H 面投影，如图 2.37 所示。

【分析】 △ABC 的空间位置由直线 AB 与 K 点确定，△ABC 的 H 面投影的作图过程即为：求 △ABC 上 C 点的投影，作图方法面上找点。

【解 1】 过 k' 作直线 BD 的 V 面投影 b'd'，求出其 H 面的投影 bd，在 ad 上求得水平投影 c。

【解 2】 过 k' 作直线 m'n'，使 m'n' ∥ a'b'，求出 H 面投影 mn，则 mn ∥ ab，并在 am 上求得水平投影 c。

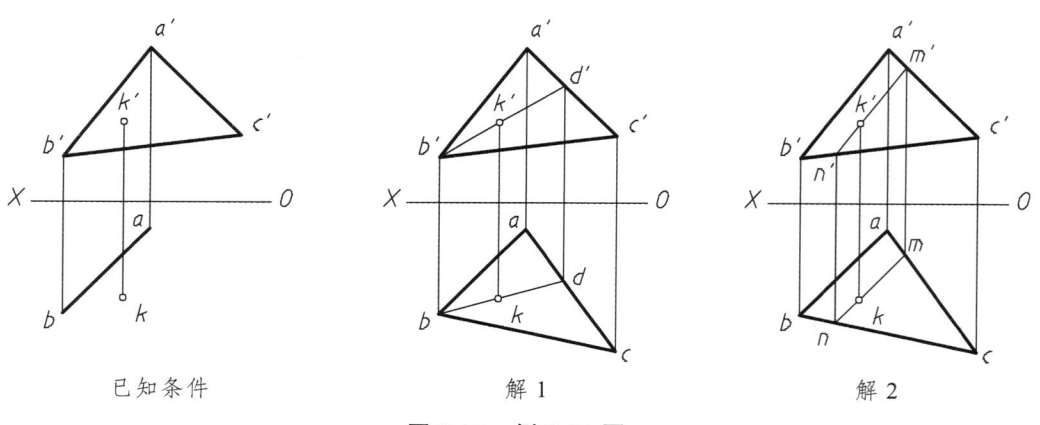

图 2.37 例 2.11 图

## 2.5 直线与平面、平面与平面的相对位置

直线与平面及两平面间的相对位置有平行、相交和垂直。垂直是相交的特殊情况。相对位置的图示法与图解法在工程实际中被广泛应用，本节就特殊位置情况分别讨论它们的投影特性及作图方法，一般位置情况可应用换面法或旋转法分析作图。

## 2.5.1 直线与平面平行及两平面平行

**1. 直线与平面平行**

从初等几何定理可知:

(1) 若一直线平行于属于平面的一条直线,则直线与该平面平行。

如图 2.38(a)所示,直线 $AB/\!/CD$,$CD$ 是属于平面 $P$ 内的一条直线,则直线 $AB$ 平行平面 $P$。

如图 2.38(b)所示是直线平行平面的投影图。平面 $P$ 由 $\triangle EFG$ 表示,$CD$ 属于 $\triangle EFG$,由于 $ab/\!/cd$,$a'b'/\!/c'd'$,则 $AB/\!/CD$,那么直线 $AB$ 平行 $\triangle EFG$。

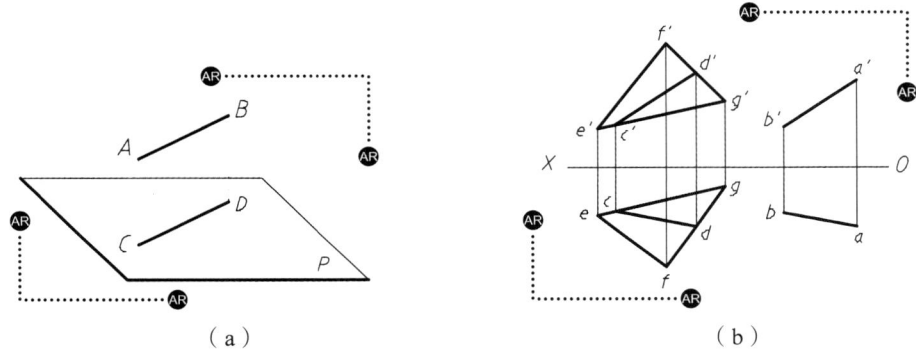

图 2.38 直线与平面平行

(2) 若直线平行于一平面,则通过属于该平面的任一点必能在该平面内作一直线与已知直线平行。

如图 2.39 所示,因为直线 $MN$ 平行于平面 $Q$,那么过平面 $Q$ 内任一点 $E$ 或 $K$ 都能作属于平面 $Q$ 的直线 $EF$ 或 $KL$ 平行于直线 $MN$。

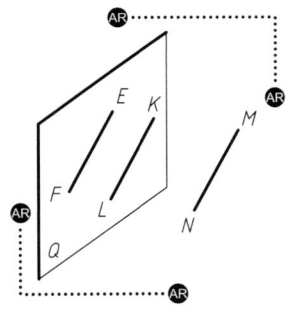

图 2.39 在平面内作与平面平行直线的平行线

运用以上定理,可以解决下列问题:

(1) 判断直线与平面是否平行。
(2) 过定点作直线平行已知平面。
(3) 过定点作平面平行已知直线。

【例 2.12】 判断已知直线 $MN$ 是否平行 $\triangle ABC$ 所确定的平面(见图 2.40)。

【解】 分析：若直线 MN 平行△ABC，则必能作出一条属于△ABC 平面且平行于 MN 的直线。因此，在△ABC 内任作一直线 BD，使 b'd'∥m'n'，然后求出 BD 的水平投影 bd，由于 bd 不平行 mn，则直线 BD 不平行直线 MN，所以直线 MN 不平行△ABC 平面。

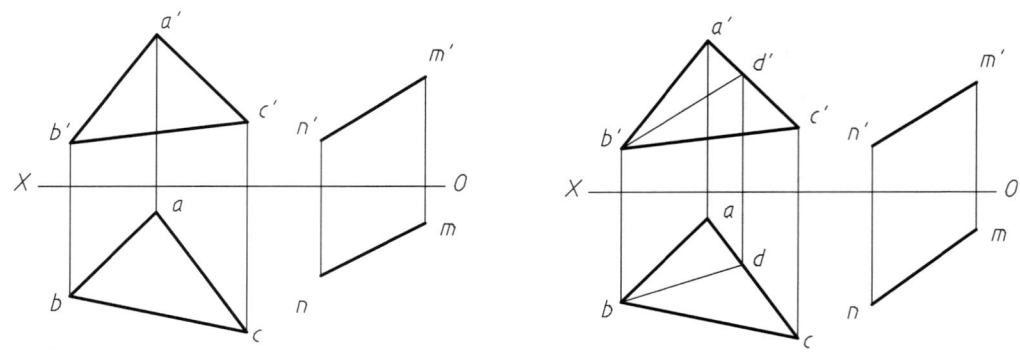

图 2.40　例 2.12 图

【例 2.13】 过已知点 K 作一正平线平行已知平面△ABC（见图 2.41）。

【解】 分析：过点 K 可作无数条直线平行已知平面，但其中只有一条正平线，它必然平行于属于平面内的正平线。

作图步骤：
（1）在△ABC 内先任做一条正平线如 CD（cd，c'd'）；
（2）过点 K 作直线 EF∥CD（ef∥cd，e'f'∥c'd'），则直线 EF 为所求。

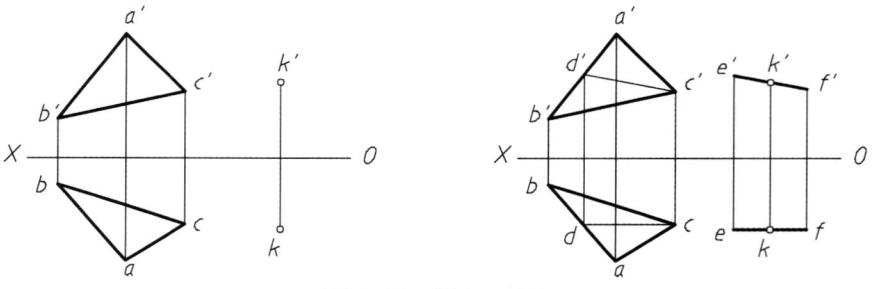

图 2.41　例 2.13 图

【例 2.14】 过定点 A 作平面平行已知直线 EF（见图 2.42）。

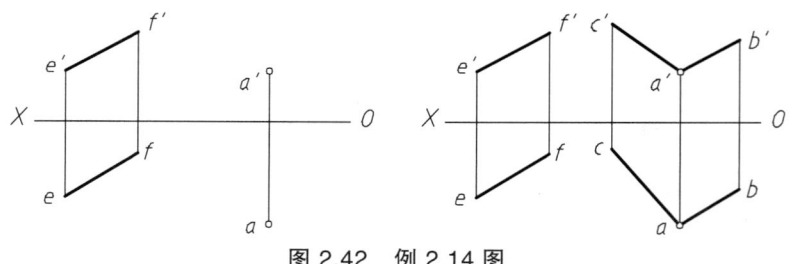

图 2.42　例 2.14 图

【解】 分析：过点 A 可作一条直线平行已知直线 EF，则包含该直线的任一平面均平行已知直线，本题有无穷多解。

作图步骤：

（1）过点 A 作直线 AB∥EF（ab∥ef，a'b'∥e'f'）；

（2）再任作一直线 AC（ac，a'c'），则由相交两直线 AB 和 AC 所确定的平面必平行直线 EF。

### 2．两平面平行

从初等几何可知：若属于一平面的两相交直线对应平行于属于另一平面的两相交直线，则此两平面互相平行。

如图 2.43（a）所示，属于平面 P 的相交两直线 AB 和 EF 对应平行于属于平面 Q 的相交两直线 CD 和 GH，则平面 P 平行于平面 Q。如图 2.43（b）所示为平面 P 平行平面 Q 的投影图。

运用此定理，可以解决下列问题：

（1）判断两平面是否平行。

（2）过定点作平面平行已知平面。

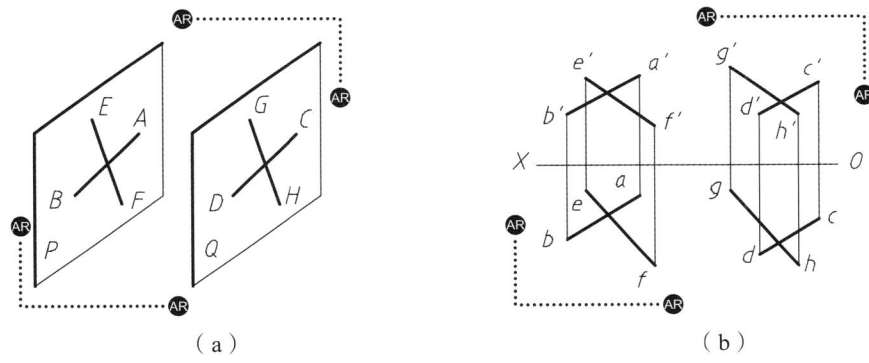

图 2.43 两平面平行

【例 2.15】 试判断已知平面 △ABC 和平面 △DEF 是否平行（见图 2.44）。

【解】 分析：先作属于 △ABC 的两条相交直线，再看在 △DEF 内能否作出两条相交直线与它们对应平行。

为作图简便，在 △ABC 内作水平线 CM 和正平线 AN，在 △DEF 内作水平线 DK 和正平线 EL。由于 CM∥DK（cm∥dk，c'm'∥d'k'），AN∥EL（an∥el，a'n'∥e'l'），所以两平面平行。

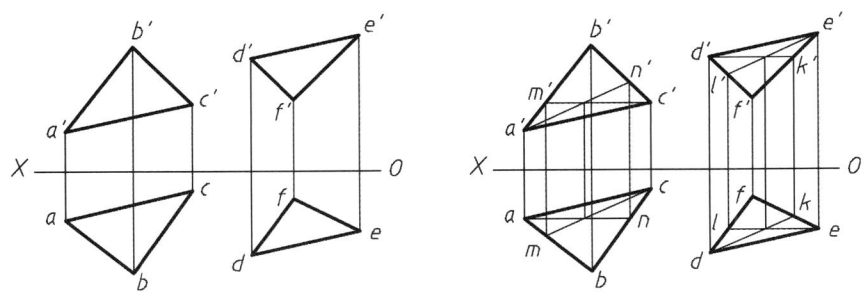

图 2.44 例 2.15 图

【例 2.16】 过点 K 作一平面平行于由平行两直线 AB 和 CD 确定的平面，如图 2.45（a）所示。

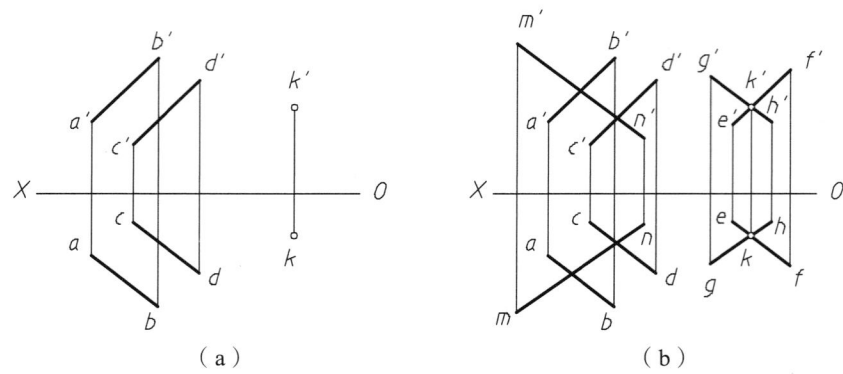

图 2.45 例 2.16 图

【解】 分析：过点 K 作两条相交直线对应平行于已知平面内两条相交直线即可。

由于已知平面由平行两直线确定，因此，先作一直线 MN 与 AB，CD 相交，然后过点 K 作直线 EF 和 GH，使 EF∥AB（ef∥ab，e'f'∥a'b'），GH∥MN（gh∥mn，g'h'∥m'n'），则由两相交直线 EF 与 GH 确定的平面即为所求，如图 2.45（b）所示。

### 2.5.2 直线与平面相交及两平面相交

直线与平面及两平面如果不平行，则一定相交。直线与平面相交，交点只有一个，它既属于直线，也属于平面，因此交点是直线与平面的共有点。图 2.46（b）中点 K 为直线 MN 与平面 P 的共有点。同理，两平面相交的交线是两面共有线，属于相交的两个平面。

求交点、交线的方法归纳起来有两种：① 利用投影的积聚性求交点或交线；② 利用辅助平面法求交点或交线。因篇幅有限，本节只讲述利用投影的积聚性求交点。

当直线或平面与投影面垂直时，它们在该投影面的投影具有积聚性。当直线与平面相交或两平面相交时，如果其中之一与投影面垂直时，则可利用积聚性在所垂直的投影中直接求出交点或交线的一个投影，然后再利用直线上取点或平面内取点、线的作图方法求出其他投影。

#### 1. 一般位置直线与投影面垂直面相交

【例 2.17】 求直线 MN 与 △ABC 平面的交点，如图 2.46（a）所示。

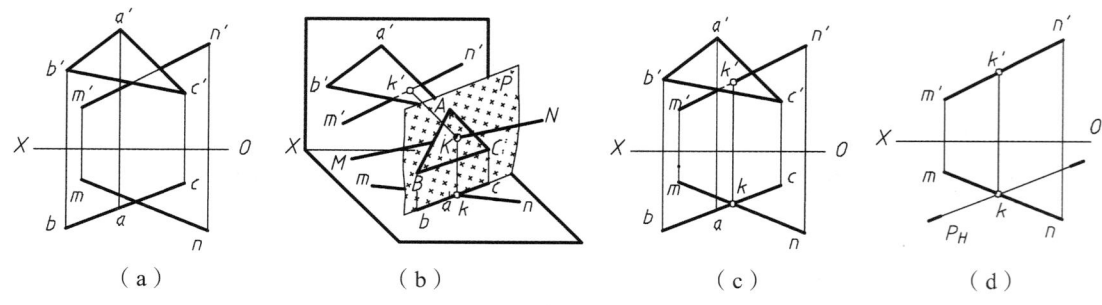

图 2.46 例 2.17 图

【解】 分析：如图 2.46（b）所示，由于△ABC 平面为铅垂面，其水平投影积聚为一直线，因此，水平投影中 abc 与 mn 的交点 k 必为直线与平面的交点 K 的水平投影，然后再利用直线上取点的方法求出正面投影。

作图步骤，如图 2.46（c）所示：
（1）求出交点 K 的水平投影 k（即 abc 与 mn 的交点）；
（2）由 k 作直线垂直 OX 轴与 m'n'交于 k'，则点 K（k，k'）即为所求直线 MN 与△ABC 平面的交点；
（3）利用积聚性判别可见性。

交点是可见与不可见的分界点，利用有积聚性的投影可判断无积聚性投影图上的可见性。如图 2.46（c）所示，从有积聚性的水平投影中可看出 KN 在△ABC 平面的前面，故 KN 的正面投影 k'n'可见，将可见部分画成实线，不可见部分画成细虚线。

水平投影由于平面积聚为一直线，与直线 mn 不重叠，故直线两部分均可见，不需判别。

图 2.46（d）为当铅垂面用迹线 $P_H$ 表示时，求直线 MN 与其交点的作图过程。

### 2. 投影面垂直线与一般位置面相交

【例 2.18】 求直线 EF 与△ABC 平面的交点，如图 2.47（a）所示。

【解】 分析：直线 EF 为铅垂线，水平投影积聚为一点，交点 K 为直线 EF 与△ABC 平面的共有点，因此，它的水平投影 k 必重合于点 e(f)，然后再利用平面内取点、线的方法求出正面投影。

作图步骤如图 2.47（b）所示：
（1）由于交点 K 的水平投影为已知，故过水平投影 k 作平面内的辅助线 AD 的水平投影 ad。
（2）求出直线 AD 的正面投影 a'd'，a'd'与 e"f 交点为 k'，即为交点的正面影。
（3）利用积聚性判别可见性，判别方法与例 2.16 基本相同，结果如图 2.47（b）所示。

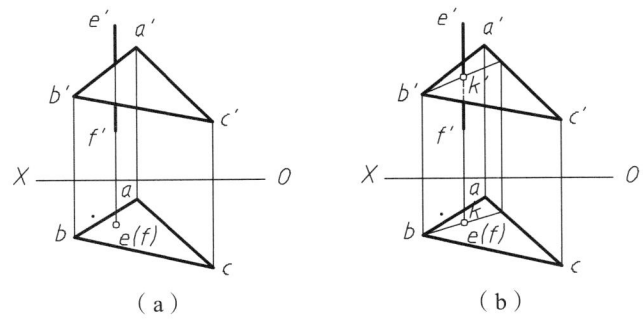

图 2.47 例 2.18 图

## 2.6 换面法

当直线或平面相对于投影面处于特殊位置（平行或垂直）时，它们的投影反映线段的实长、平面的实形及其与投影面的倾角，当它们处于垂直位置时，其中有一投影具有积聚性，当直线或平面和投影面处于一般位置时，则它们的投影就不具备上述特性。投影变换就是将直线或平面从一般位置变换为和投影面平行或垂直的位置，以简便地解决它们的定位和度量问题。

由此想到，若能将相对投影面处于倾斜位置的几何元素改变为特殊位置，那么解题就方便得多。投影变换的方法就是研究如何改变空间几何元素相对投影面的相对位置，以达到简化解决空间定位和度量问题的目的。为此，通常采用两种基本方法：变换投影面法（以下简称换面法）和旋转法。本教材中根据需要重点介绍换面法，在 2.7 节简单介绍旋转法。

### 2.6.1 换面法的基本概念

换面法就是保持空间几何元素不动，用一个新的投影面替换原两面投影面体系的中一个投影面，而形成一个新的两面投影面体系，以达到解题的目的。

如图 2.48 所示，空间△ABC 在 V/H 体系中为铅垂面，用投影面 $V_1$ 代替原投影面 V，使△ABC 平行于 $V_1$ 面，则 $V_1$ 面和 H 面构成的两面投影体系 $V_1/H$，空间△ABC 在 $V_1/H$ 体系中成为投影面的平行面，在 $V_1$ 面上的投影反映实形。一般来讲，$V_1/H$ 体系称新投影面体系，把 $V_1$ 称新投影面，其上的投影称新投影，把 H 称不变投影面，其上的投影称不变投影；V/H 体系称旧投影面体系，把 V 称旧投影面，其上的投影称旧投影，把 X 投影轴称旧轴，把 $X_1$ 投影轴称新轴。

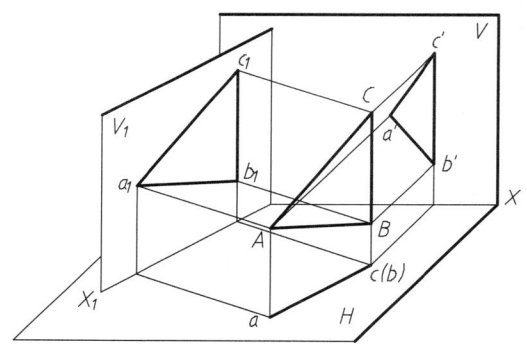

**图 2.48 换面法的基本概念**

新投影面是不能任意选择的，新投影面的选择必须符合两个条件：
（1）新投影面必须垂直于一个不变投影面。
（2）新投影面必须和空间几何元素处于最有利于解题的位置。

很明显，新投影面必须与不变投影面垂直，构成正交两面投影体系，才能运用正投影原理作出新投影。

### 2.6.2 点的投影变换规律

**1. 点的一次变换**

如图 2.49 所示，点 A 在 V/H 体系中的投影分别为 a，a′。选 H 面作为不变投影，取一平面 $V_1$（$V_1 \perp H$）来代替 V 面，构成新投影体系 $V_1/H$。由于空间点 A 位置不动，按正投影原理可得出点的投影变换规律如下：

（1）点的新投影和不变投影的连线，必垂直于新轴。
（2）点的新投影到新轴的距离等于点的旧投影到旧轴的距离。

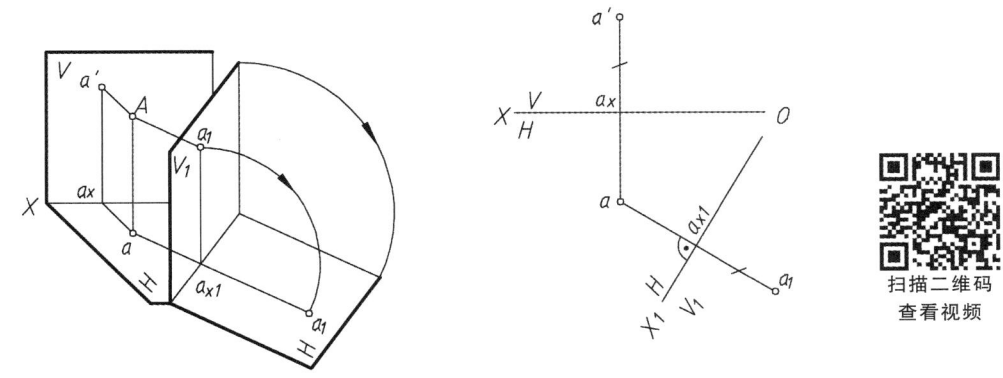

图 2.49　点的一次变换

**2. 点的二次变换**

工程中有些实际问题，变换一次投影面还不能解决问题，要变换两次或多次才行。如图 2.50 所示。求点的新投影的方法、作图原理和变换一次投影面相同。

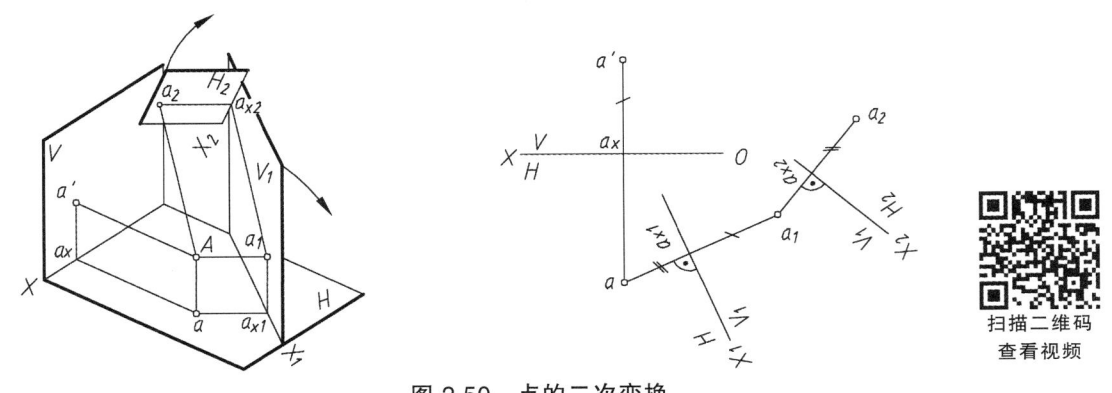

图 2.50　点的二次变换

值得注意的是，更换投影面时，每次新投影的选择都必须符合本节开头所述新投影面选择的两个条件，而且不能同时变换两个投影面，只能交替进行，每次变换时新、旧投影面的概念也随之改变。如图 2.50 所示，先变换一个投影面 $V$ 面，用 $V_1$ 面代替 $V$ 面，构成新投影面体系 $V_1/H$，$X_1$ 为新轴，$a'$ 为旧投影，$a_1$ 为新投影。再变一次投影面时须变换 $H$ 面，用 $H_2$ 面代替 $H$ 面，又构成新投影面体系 $V_1/H_2$，这时 $X_2$ 为新轴，$a$ 为旧投影，$a_1$ 为不变投影，$a_2$ 为新投影。依次类推可根据解题需要变换多次。

## 2.6.3　四个基本问题

以上讨论了换面法的基本原理和点的投影变换规律。在解决实际问题时会遇到各种情况，从作图过程可以归纳为四个基本问题。

## 1. 把一般位置直线变换为投影面平行线

如图 2.51（a）所示，线段 AB 为一般位置直线，在 H 面和 V 面中的投影均不反映实长。为此可设一个新投影面 $V_1$，使 $V_1$ 与线段 AB 平行且垂直于 H 面，AB 在新的投影面体系 $V_1/H$ 中变为 $V_1$ 面的平行线，它在 $V_1$ 面上的新投影 $a_1b_1$ 反映实长，同时新投影 $a_1b_1$ 与新轴 $X_1$ 的夹角反映出线段 AB 与水平面 H 的倾角 α。

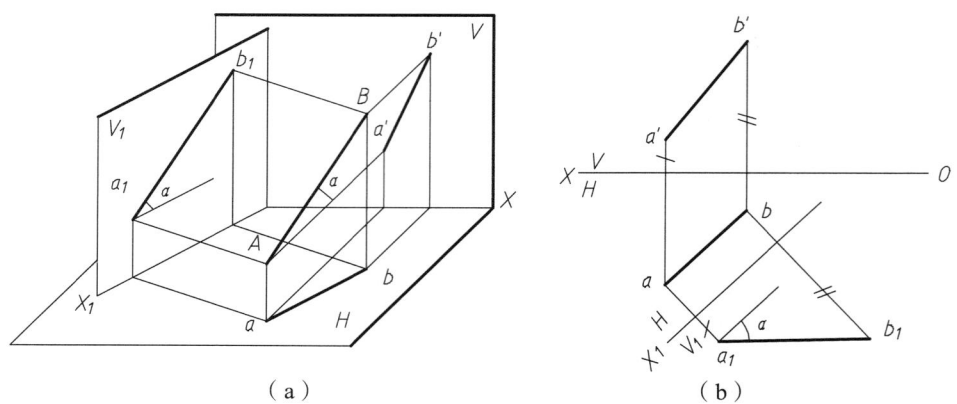

图 2.51  一般位置直线变换为投影面平行线

图 2.51（b）表示线段 AB 变换为新投影面平行线图作法。首先画出新轴 $X_1$，$X_1$ 必须平行于 ab 但与 ab 间距离可以任取，然后按点的投影变换规律作出线段 AB 两端点 A 和 B 的新投影 $a_1$ 和 $b_1$，连接 $a_1b_1$ 即为线段 AB 的新投影，同时反映线段 AB 与水平的倾角 α。

如果仅为求线段的实长，当已知水平投影和正面投影时变换 H 面或 V 面均可。

## 2. 将一般位置直线变换为投影面垂直线

一般位置直线变换为投影面垂直线，变一次投影面显然是行不通的。若选择的投影面垂直一般位置直线，则所选的新投影面倾斜于不变投影面，即它与原投影面体系中任何一个投影面均不垂直，故不能构成新的直角投影体系。而如使投影面平行线变换为投影面垂直线，则变换一次投影面即可。如图 2.52（a）所示，经两次变换即可。先将一般位置直线变换为投影面平行线，再将投影面平行线变换为投影面垂直线。图 2.52（b）所示为作图过程。

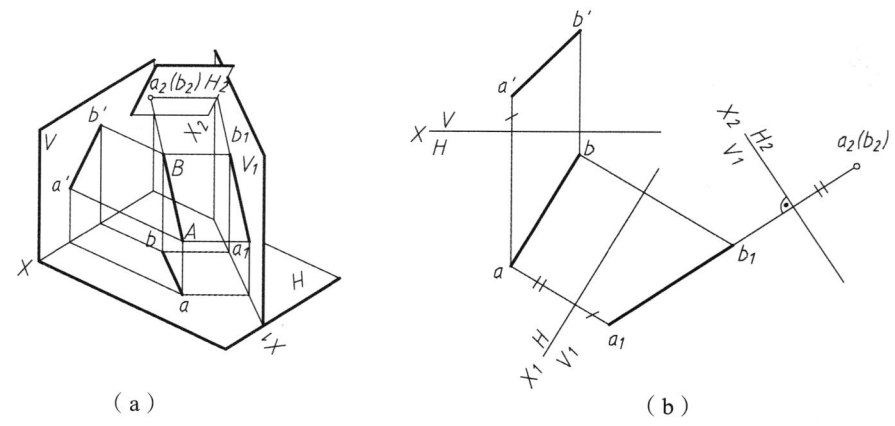

图 2.52  一般位置直线变换为投影面垂直线

### 3. 将一般位置平面变换为投影面垂直面

如图 2.53（a）所示，要使一般位置平面△ABC 变换为投影面垂直面，只要把属于该平面的任意一条直线变换为投影面垂直线即可。前面讨论过只有投影面平行线才能经过变换一次成为投影面垂直线，而一般位置直线则需变换两次投影面。因此在平面中任取一条投影面平行线为辅助线，取与它垂直的平面为新投影面，则△ABC 就与新投影面垂直。

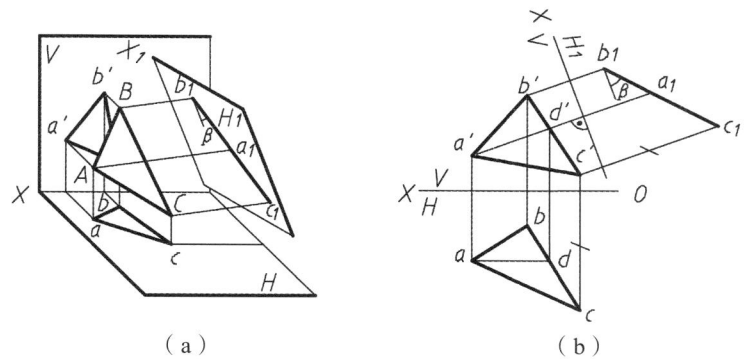

**图 2.53 一般位置平面变换为投影面垂直面**

图 2.53（b）表示△ABC 变换成投影面垂直面的作图过程。在△ABC 中取一条正平线 AD 为辅助线，用新投影面 $H_1$ 面代替 H 面，使新轴 $X_1 \perp a'd'$，则△ABC 在 $V/H_1$ 新投影体系中就成为投影面垂直面，按点的投影变换规律，求出△ABC 三顶点 A，B，C 的新投影 $a_1$，$b_1$，$c_1$，此三点必在同一直线上，同时 $a_1b_1c_1$ 直线与新轴 $X_1$ 的夹角即为△ABC 平面与 V 面的夹角 $\beta$。

### 4. 将一般位置平面变换为投影面平行面

一般位置平面变换为投影面平行面，只变换一次投影面显然也是不行的。因为新投影面若平行于一般位置平面，则与原投影体系中任何一个投影面都不垂直，不能构成直角两面体系。所以应先将一般位置平面变换为投影面垂直面，再把投影面垂直面变换为投影面平行面。

如图 2.54 所示为将一般位置面△ABC 变换为投影面平行面的作图过程。第一次变换 H 面，取正平行线 AD 为辅助线，把△ABC 变换为投影面垂直面，作法与图 2.53 相同；第二次变换 V 面，取新轴 $X_2 // b_1a_1c_1$，求出 $V_2$ 面上△ABC 三顶点 A、B、C 的新投影 $a_2$、$b_2$、$c_2$，则 $\triangle a_2b_2c_2$ 反映△ABC 的实形。

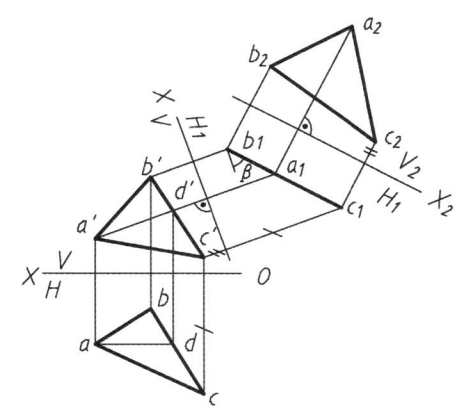

**图 2.54 一般位置平面变换为投影面平行面**

## 2.6.4 应用举例

【**例 2.19**】 过点 S 作直线 ST 与直线 AB 正交（见图 2.55）。

【解】 分析：两直线均为一般位置直线时，在投影图中不反映直角关系。根据直角投影特性可知，相互垂直的两条直线，如果其中一条直线为投影面平行线时，此两条直线在该投影面的投影反映直角。因此只要将直线 AB 变为投影面平行线后即可直接作图，而将一般位置直线变换为投影面平行线时，只需变换一次投影面。

作图步骤：

（1）变换 H 面或 V 面将直线 AB 变为新投影面的平行线。如图 2.55 所示选 $V_1$ 面代替 V 面，使 $X_1$ 轴平行 ab，则直线 AB 变为 $V_1/H$ 体系中的平行线。

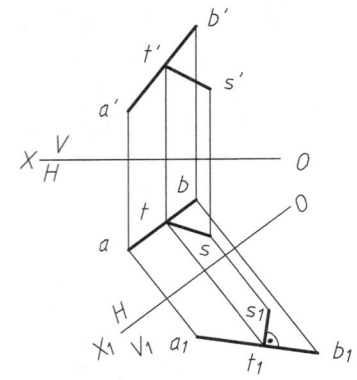

图 2.55 过点 S 作直线 ST 与直线 AB 正交

（2）作出直线 AB 和点 s 在 $V_1$ 面上的投影 $a_1b_1$ 和 $s_1$。

（3）由 $s_1$ 作直线 $s_1t_1 \perp a_1b_1$ 于点 $t_1$。$s_1t_1$ 即为直线 ST 在 $V_1$ 面中的投影。

（4）由 $t_1$ 返回作图求出 V/H 体系中的投影 t，t'，连接 st，$s_1t_1$、st 即为所求直线 ST，返回旧投影面。

【例 2.20】 求交叉两直线间的距离，并定出公垂线的位置（见图 2.56）。

【解】 分析：距离为交叉两直线的公垂线，由图 2.56（a）可知，交叉两直线之一为投影面垂直线时，它的垂线必为该投影面的平行线，此垂线同时又垂直另一直线时，则在该投影面中的投影反映直角，并在该投影面上的投影反映距离的实长。由于 AB、CD 两条直线为一般位置直线，可用换面法解题。将一般位置直线变换为投影面垂直线需两次变换。

作图步骤：

（1）将直线 AB 通过变换两次投影面为投影面垂直线。如图 2.56（b）所示，先变换 V 面再变换 H 面，在 $V_1/H_2$ 投影体系中 AB 投影积聚为一点 $a_2b_2$，公垂线 KG 与 AB 的交点 K 在 $H_2$ 面上的投影 $k_2$ 也在 $a_2b_2$ 点处。直线 CD 一同变换，在 $H_2$ 面上的投影为 $c_2d_2$。

（2）过 $k_2$（$a_2b_2$）向 $c_2d_2$ 作垂线与 $c_2d_2$ 交于 $g_2$，$k_2g_2$ 即为所求距离实长。

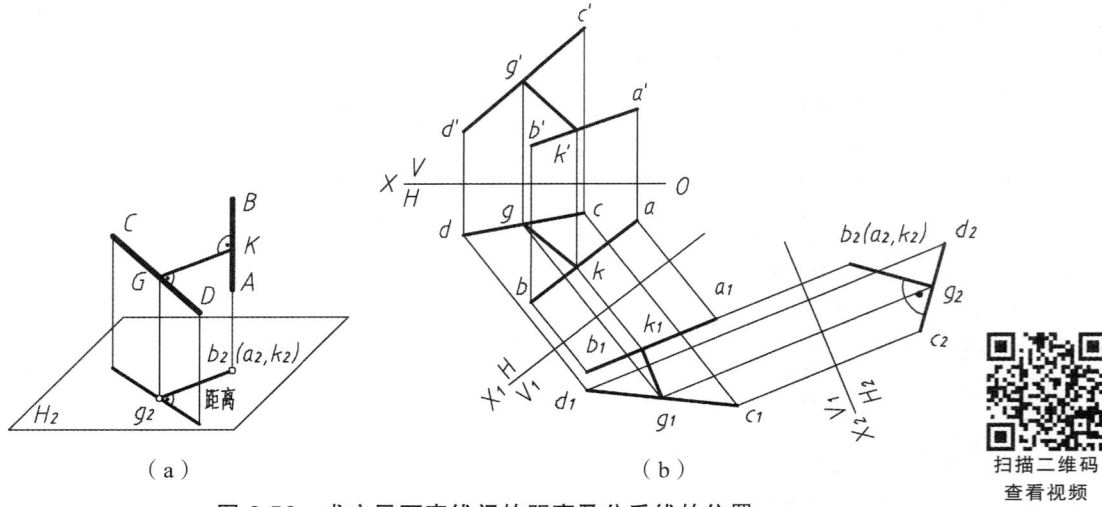

图 2.56 求交叉两直线间的距离及公垂线的位置

（3）由 $g_2$ 返回求出 $V/H$ 体系中的 $g$，$g'$。
（4）由于公垂线 $KG$ 在 $V_1H_2$ 体系中为投影面的平行线，因此在 $V_1$ 面上的投影则平行 $X_2$ 轴，过 $g_1$ 作 $g_1k_1 \parallel X_2$ 轴交 $a_1b_1$ 于点 $k_1$。由 $k_1$ 返回求出 $V/H$ 体系中的投影 $k$，$k'$。连接 $kg$，$k'g'$ 即为所求公垂线 $KG$。

## 2.7 旋转法

### 2.7.1 旋转法的基本概念

旋转法是投影面保持不动，使空间几何元素绕某一轴旋转到有利于解题的位置，用以解决空间的度量问题和定位问题。

旋转法根据所设旋转轴的位置不同，可分为两种：一种是绕投影面垂直线为轴旋转，称为绕垂直轴旋转；另一种是绕投影面平行线为轴旋转，称为绕平行轴旋转。在此只介绍绕垂直轴旋转。

### 2.7.2 点旋转时的投影变换规律

由图 2.57 可以看出，当空间一点 $A$ 绕正垂线 $OO$ 轴旋转时，$A$ 点在空间的运动轨迹是圆。此圆形成了一个与 $OO$ 轴垂直且平行于 $V$ 面的平面，因此 $A$ 点旋转轨迹在 $V$ 面上的投影是一个圆（以 $o'$ 为中心，$o'a'$ 为半径），而在 $H$ 面上的投影则为平行于 $X$ 轴的直线。

图 2.57 右图给出 $A$ 点及正垂线 $OO$ 的两个投影，求作 $A$ 点绕此正垂线向逆时针方向（正对 $V$ 面看）旋转后的新投影。

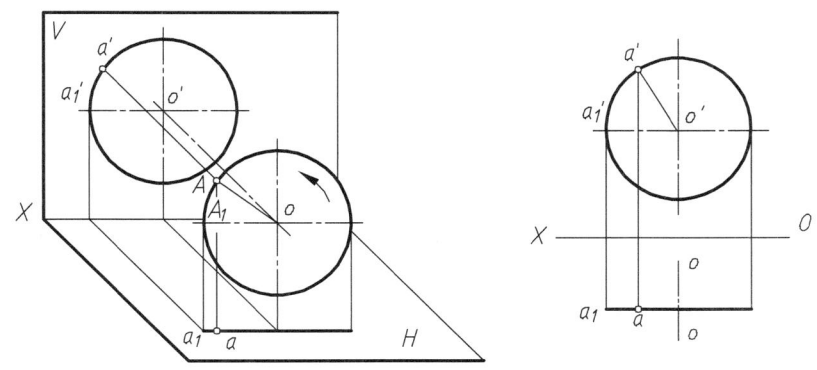

**图 2.57　点绕正垂轴旋转**

综合以上观点可知点的旋转规律：当点绕垂直轴旋转时，点在与旋转轴垂直的那个投影面上的投影作圆周运动，而另一投影则沿与旋转轴垂直的直线移动。

### 2.7.3 直线的旋转

直线的旋转，仅需使属于该直线的任意两点遵循绕同一轴、沿相同方向、转同一角度的规则作旋转，然后把旋转后的两个点连接起来。

图 2.58 所示为一般位置直线 AB 绕铅垂线 OO 轴旋转一个 θ 角时的作图过程。由于直线是由两点决定的，而两点间又有一定的距离，所以在旋转时必须使两点绕同一轴、向同一方向旋转同一角度，否则两点间的距离就要发生变化而使直线变形。

直线旋转的基本性质如下：

（1）直线绕垂直轴旋转时，直线在旋转轴所垂直的投影面上的投影长度不变。

（2）直线对旋转轴所垂直的那个投影面的倾角不变。

（3）直线在旋转轴所平行的投影面上的投影长度及对该投影面的倾角都改变。

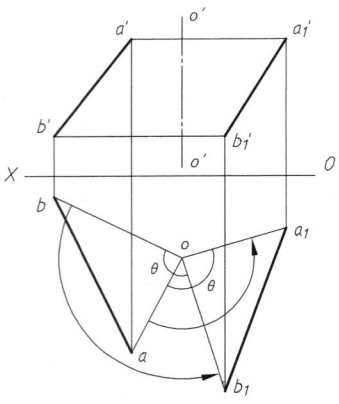

图 2.58 直线的旋转

### 1. 把一般位置直线旋转为投影面平行线

直线绕垂直轴旋转一次，就能改变直线对一个投影面的倾角，因此，用绕垂直轴旋转的方法，求一般位置直线的实长及对投影面的倾角时，只要旋转一次即可实现。

【例 2.21】 已知一般位置直线 AB 的两投影，试求直线 AB 的实长和 α 角，如图 2.59 所示。

【解】 分析：欲求一般位置直线 AB 的实长和 α 角，需把直线 AB 绕铅垂轴旋转成正平线。为了作图简便，使该轴过直线的一个端点，如 A 点，那么只旋转 B 点即可。

作图步骤：

（1）以 a 点为圆心把 ab 转到与 X 轴平行的 $ab_1$ 位置。

（2）根据旋转法的作图规律，在正面投影上过 b' 作 X 轴的平行线，再按点的投影规律，由 $b_1$ 点求出 $b'_1$。

则 $AB_1$ 即为正平线，$a'b'_1$ 即反映实长，$a'b'_1$ 与 X 轴夹角即为 α 角。

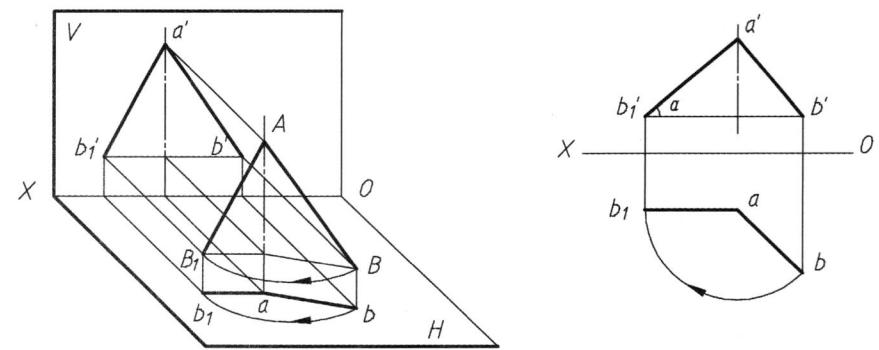

图 2.59 把一般位置直线旋转为投影面平行线

### 2. 把投影面平行线旋转为投影面垂直线

某投影面的平行线绕该投影面的垂直轴旋转时，始终保持与该投影面平行，而能改变对另一投影面的倾角。所以投影面平行线可经一次旋转为投影面垂直线。

【例 2.22】 试将正平线 AB 旋转成铅垂线，如图 2.60 所示。

【解】 分析：正平线和铅垂线都平行于 V 面，因此在旋转过程中，直线对 V 面的倾角应保持不变，只改变它对 H 面的倾角，所以应取正垂线为旋转轴。

作图步骤：

（1）以 $a'$ 点为圆心把 $a'b'$ 转到与 X 轴垂直的 $a'b_1'$ 位置。

（2）根据旋转法的作图规律，在正面投影上过 $b_1'$ 作 X 轴的垂线，再按点的投影规律，由 $b_1'$ 点求出 $b_1$。则 $AB_1$ 即为铅垂线。

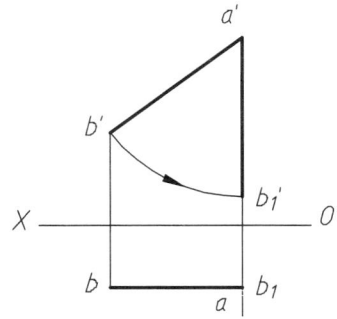

图 2.60 把投影面平行线旋转为投影面垂直线

### 2.7.4 平面的旋转

平面的旋转是通过旋转该平面所含不共直线的三个点来实现的，旋转时，必须遵循同轴、同方向、同角度的规则。

如图 2.61 所示为平面 ABC 绕铅垂轴旋转一定角度的情况。

平面的旋转性质如下：

（1）平面绕垂直轴旋转时，平面在旋转轴所垂直的投影面上的投影，其形状和大小都不变。

（2）平面对旋转轴所垂直的那个投影面的倾角不变。

（3）平面的另一个投影，其形状和大小发生改变，并且该平面对旋转轴所不垂直的那个投影面的倾角也改变。

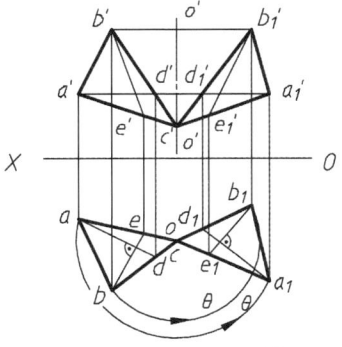

图 2.61 平面的旋转

**1. 把一般位置平面旋转为投影面垂直面**

只要将平面内的一条投影面平行线旋转成垂直于某投影面，则平面就垂直于该投影面。

【例 2.23】 试求一般位置平面 ABC 对 V 面的倾角 $\beta$，如图 2.62 所示。

【解】 分析：欲求一般位置平面 ABC 对 V 面的倾角 $\beta$，须将平面 ABC 旋转成为铅垂面。只要将平面内的一条正平线 CD 绕正垂轴（含 C 点）旋转成为铅垂线即可。

作图步骤：

（1）作出平面内正平线 CD 的对应投影 cd 及 $c'd'$。

（2）以 $c'$ 点为圆心把 $c'd'$ 转到与 X 轴垂直的 $c'd_1'$ 位置。

（3）根据旋转法的作图规律，在正面投影上再作出 $a_1'$ 和 $b_1'$，再按点的投影规律，求出 $a_1b_1c$。$a_1b_1c$ 与 OX 轴夹角即为平面 ABC 对 V 面的倾角 $\beta$。

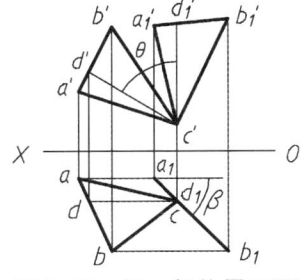

图 2.62 把一般位置平面旋转为投影面垂直面

**2. 把一般位置平面旋转为投影面平行面**

把一般位置平面旋转为投影面平行面，要经两次旋转，首先把它旋转为投影面垂直面，再旋转成为投影面平行面。

【例 2.24】 试求一般位置平面 ABC 的实形，如图 2.63 所示。

【解】 分析：欲求一般位置平面△ABC的实形，可以先按图2.62将ABC平面旋转成铅垂面，旋转轴为正垂线，再用铅垂线的旋转轴把△ABC旋转成为正平面。

作图步骤：

（1）以$b_1$点为圆心把$a_1$，$c$转到与$X$轴平行的$a_2$，$c_2$位置。

（2）根据旋转法的作图规律，在正投影上再作出$a_2$，$c_2$所对应的正平投影$a_2'$和$c_2'$。则正面投影$a_2'b_2'c_2'$即为一般位置平面△ABC的实形。

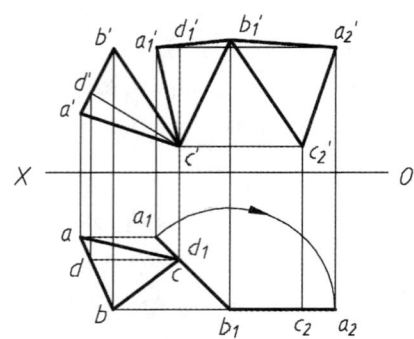

图2.63 把一般位置平面旋转为投影面平行面

### 2.7.5 应用举例

【例2.25】 求两平行直线$AB$和$CD$间的距离（见图2.64）。

【解】 分析：如图2.64（a）所示，当两平行直线旋转为某投影面垂直线时，它们在该投影面上的投影各积聚为一点$a_2b_2$和$c_2d_2$，两点$a_2b_2$与$c_2d_2$之间距离即为两平行直线间的距离。当直线$AB$与直线$CD$为投影面倾斜线时，需旋转两次才成为投影面垂直线。

作图步骤：

（1）将直线$AB$和直线$CD$绕铅垂轴旋转为正平线（旋转轴的位置？利用相等关系，可以不指明旋转轴），如图2.64（b）所示。为使水平投影中$ab$与$cd$大小与相对位置不变，可先作辅助线$ce$（$ce \perp ab$），然后使$a_1b_1 /\!/ OX$，$a_1b_1 = ab$，在$a_1b_1$中截取$a_1e_1 = ae$得点$e_1$，再作$c_1e_1 \perp a_1b_1$，$c_1e_1 = ce$，$c_1d_1 /\!/ a_1b_1$，$c_1d_1 = cd$。正面投影由$a'$，$b'$，$c'$，$d'$分别作平行$OX$轴的直线，用点的投影规律由水平投影求得正面投影$a_1'$，$b_1'$，$c_1'$，$d_1'$。

（2）将两直线再绕正垂轴旋转为铅垂线。为使$a_1'b_1'$与$c_1'd_1'$的大小与相对位置保持不变，取辅助线$c_1'f_1'$（$c_1'f_1' \perp a_1'b_1'$），然后使$a_2'b_2' \perp OX$，$a_2'b_2' = a_1'b_1'$，截取$a_2'f_2' = a_1'f_1'$，作$c_2'f_2' \perp a_2'b_2'$，$c_2'f_2' = c_1'f_1'$，再作$c_2'd_2' /\!/ a_2'b_2'$，$c_2'd_2' = c_1'd_1'$，则水平投影积聚为点$a_2b_2$和点$c_2d_2$。

（3）点$a_2b_2$和点$c_2d_2$间的距离即为两平行直线$AB$与$CD$间的距离。

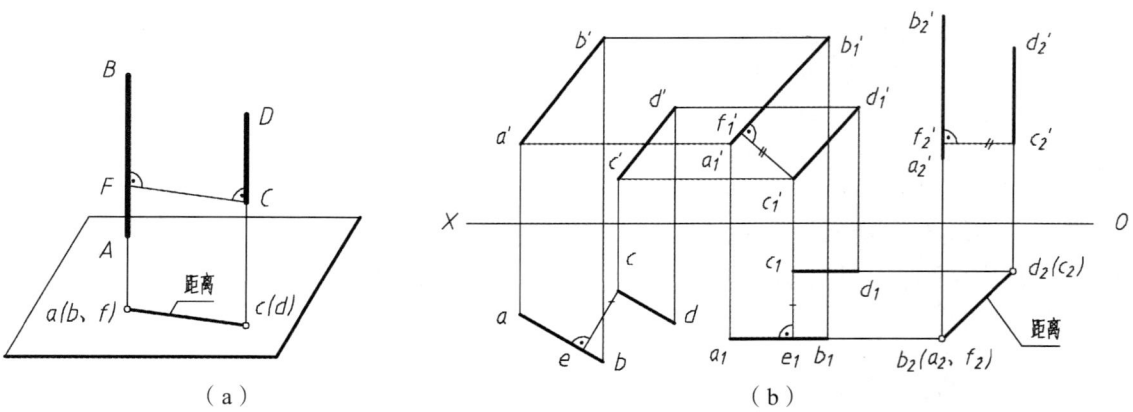

图2.64 求两平行直线间的距离

【例2.26】 将点$M$绕$O_1O_1$轴旋转到已知平面$ABC$上（见图2.65）。

【解】 分析：如图2.65（a）所示，点$M$绕$O_1O_1$轴旋转时的轨迹为平行于水平面的圆周。此圆周所确定的平面与已知平面 ABC 必交于与点 M 距 H 面等高的水平线 EF 上，因此欲求旋转后的点 M，必先作出水平线 EF。

作图步骤如图 2.65（b）所示。

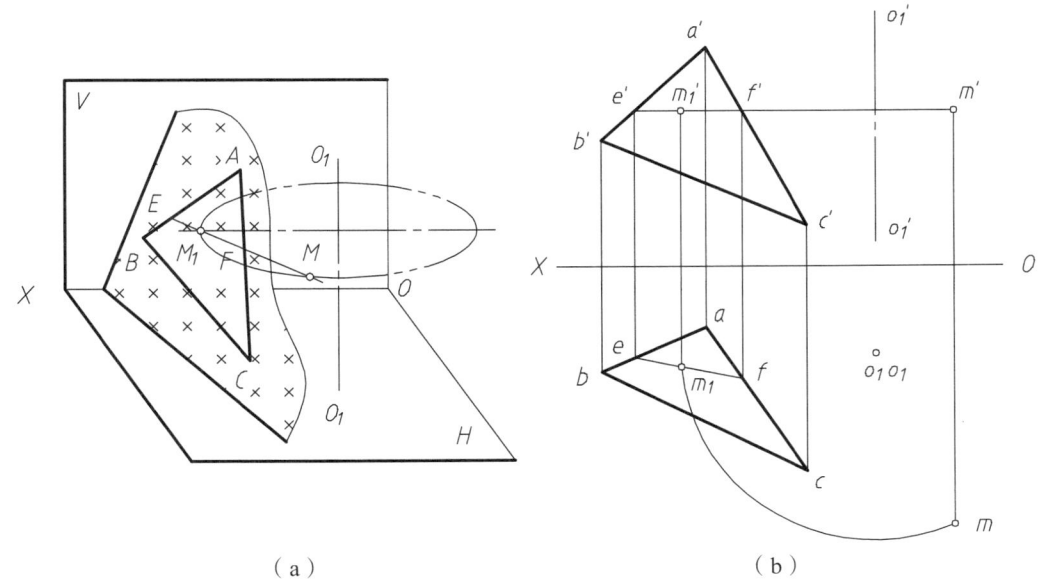

图 2.65  将点 M 旋转到平面 ABC 上

（1）求作点 M 旋转平面（水平面）与平面 ABC 的交线 EF。为此由 $m'$ 作直线平行 OX 轴与 △ABC 交于 $e'f'$，按平面内取线的方法求得水平投影 $ef$。

（2）将点 M 旋转到平面上。由于 $O_1O_1$ 为铅垂轴，在水平投影中以 $o_1o_1$ 为圆心，$o_1m$ 为半径画弧交 $ef$ 于 $m_1$，按点的投影规律求出正面投影 $m_1'$。由于 EF 属于平面 ABC，则点 $M_1$ 必属于平面 ABC。

## 小  结

本章介绍了投影法的基本知识，点、线、面的投影以及投影变换的两种方法。本章要重点掌握内容如下：

（1）点、直线平面是构成形体的基本几何元素，研究它们的投影是为正确表达形体和解决空间几何问题奠定理论基础和提供有力的分析手段。

（2）点与直线的投影特性，尤其是特殊位置直线的投影特性，用直角三角形法解决空间几何问题。

（3）点与直线及两直线相对位置的判断方法及投影特性。

（4）平面的投影特性，尤其是特殊位置平面的投影特性。

（5）在平面上确定直线和点的方法。

（6）换面法和旋转法要掌握解决四种基本问题的方法。

注意：各种位置直线的投影特性和各种位置平面的投影特性这两部分内容，在思维上要能够实现从空间到平面和平面到空间的快速转换，这直接影响着后续知识的学习。

## 习 题

2.1　什么是投影法？
2.2　投影法的要素是什么？
2.3　点的投影规律是什么？
2.4　一般位置直线与特殊位置直线是如何划分的？如何求直线实长和与投影面的夹角？
2.5　如何根据直线的投影特点判断空间直线相对于投影面的位置？
2.6　一般位置平面与特殊位置平面是如何划分的？
2.7　如何根据平面的投影特点判断空间平面相对于投影面的位置？
2.8　如何在已知平面内取属于该平面的直线和点？
2.9　怎样判断点或直线是否在平面内？
2.10　什么是换面法？在换面法中，新投影面的选取条件有哪些？
2.11　什么是旋转法？
2.12　在换面法中，点的变换规律是什么？
2.13　在旋转法中，点的变换规律是什么？
2.14　把一般位置直线变换成投影面平行线需要变换几次投影面？
2.15　把一般位置直线变换成投影面垂直线需要变换几次投影面？
2.16　把一般位置平面变换成投影面平行面需要变换几次投影面？
2.17　把一般位置平面变换成投影面垂直面需要变换几次投影面？
2.18　如何用投影变换方法求直线实长、平面的实形？

# 第 3 章

# 立体的视图

在生产实践中,通常会接触到各种形状的机件,这些机件的形状虽然复杂多样,但都可简化为一些简单的立体经过叠加、切割或相交等形式组合而成。一般把这些形状简单且规则的立体称为基本几何体,简称为基本体。若干基本体(简单立体)经过叠加或切割而形成的复杂立体,称为组合体。机械上很多复杂零件都可以抽象成组合体。

根据立体外表面的几何性质,立体又分为平面立体和曲面立体。外表面都是平面的立体,称为平面立体,如棱柱、棱锥等;外表面是曲面或曲面和平面的立体,称为曲面立体。若曲面立体的外表面是回转面,称为回转体,如圆柱、圆锥、球、环等。本章研究立体的三面投影及其表面上取点、平面与立体相交、两立体相交等问题,以及组合体的绘制与阅读。

## 3.1 基本体的视图

### 3.1.1 平面立体

平面立体主要有棱柱和棱锥两种,棱台是由棱锥截切得到的。其基本形体如图 3.1 所示。平面立体上相邻两面的交线称为棱线。平面立体的构成可用构成该平面立体的平面、直线和点来进行描述:围成平面立体的表面都是平面多边形,而每一个平面多边形总是由一定数量的直线段所围成,每一根直线段又由其两个端点所确定。

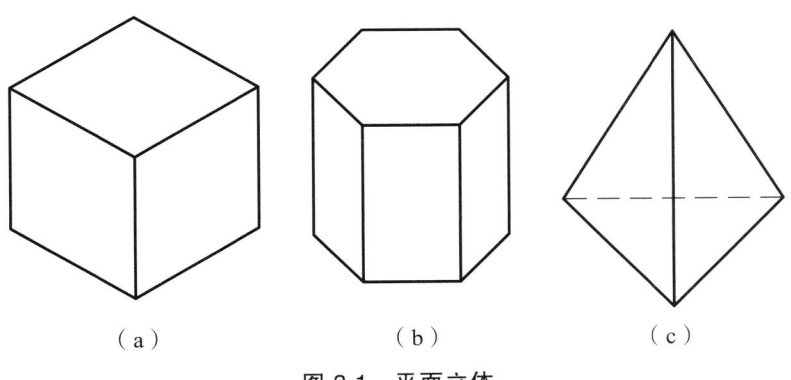

图 3.1 平面立体

画平面立体的投影就是把围成该平面立体的各个棱面、棱线和顶点画出来,并判别它们的可见性。当轮廓线的投影为可见时,画粗实线;不可见时,画细虚线;当粗实线与细虚线或点画线重合时,画粗实线;当细虚线与点画线重合时,画细虚线。

### 1. 棱 柱

棱柱分为直棱柱(侧棱线与底面垂直)和斜棱柱(侧棱线和底面倾斜)。棱柱上、下底面是两个形状相同且互相平行的多边形,各个侧面都是矩形或平行四边形,上、下底面是正多边形的直棱柱,称为正棱柱。下面以正六棱柱为例,来分析棱柱的投影绘制和表面取点的方法。

(1)棱柱的投影。

① 组成:

如图 3.2(a)所示为一正六棱柱,它由相互平行的上、下底面及六个侧棱面组成。六根侧棱线互相平行。

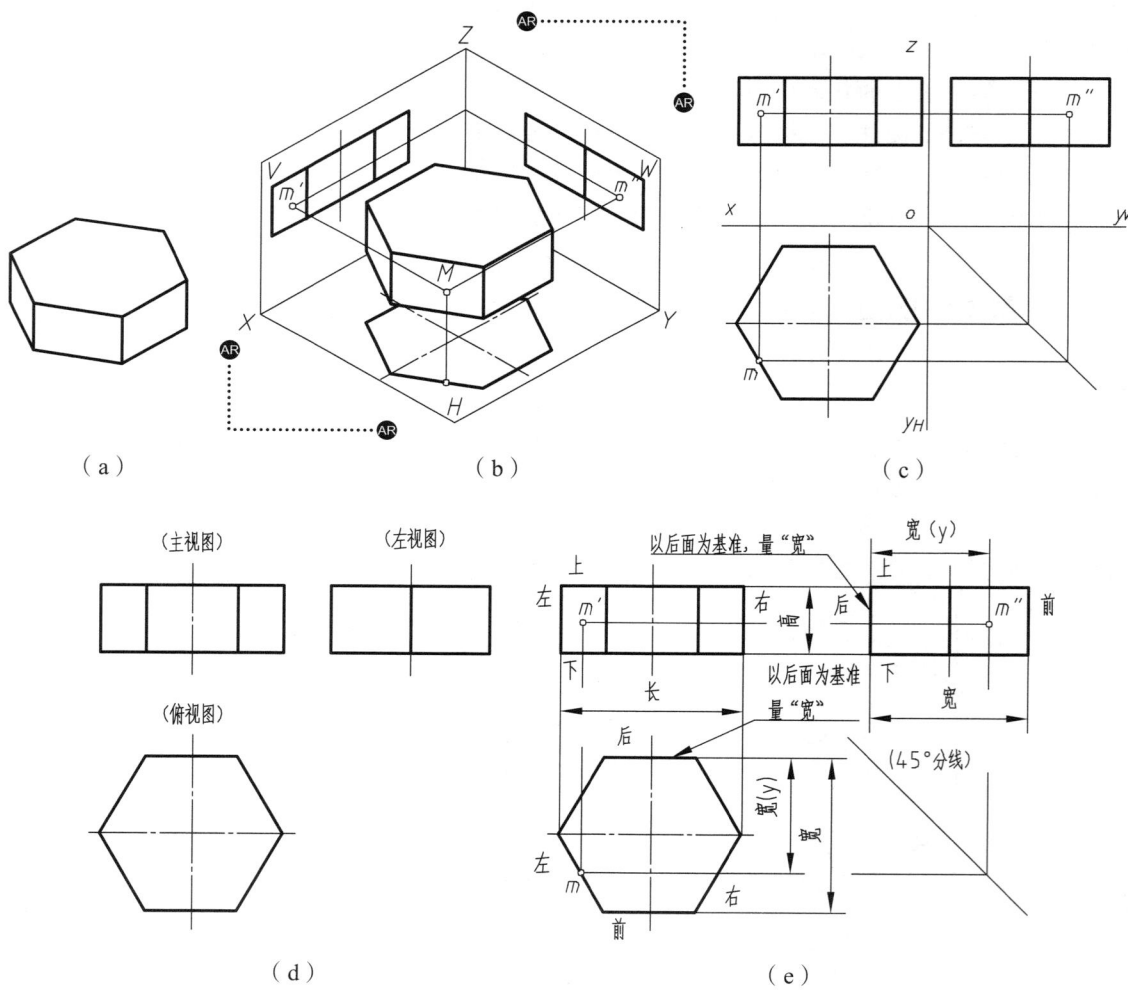

图 3.2 正六棱柱的投影及其表面取点

② 摆放位置：

根据尽量使形体的表面平行或垂直于投影面的原则，结合正六棱柱自然摆放位置，确定该正六棱柱的摆放位置为：底面水平放置，并使两个侧棱面平行于 $V$ 面。

③ 投影分析：

因为上、下两底面是水平面，前后两个侧棱面是正平面，其余四个侧棱面是铅垂面，所以正六棱柱的水平投影刚好是个正六边形，它是上、下底面的投影，反映了上、下底面的实形，正六边形的六个边即为六个侧棱面的积聚投影，正六边形的六个顶点分别是六条侧棱线的水平积聚投影。六棱柱的前后侧棱面是正平面，它的正面投影反映实形，其余四个侧棱面是铅垂面，因而正面和侧面投影是其类似形。合在一起，其正面投影是三个并排的矩形线框。中间的矩形线框为前后侧棱面反映实形的重合投影，左、右两侧的矩形线框为其余四个侧棱面的重合投影。侧面投影是两个并排的矩形线框，是四个铅垂侧棱面的重合投影。

④ 作图步骤：

第一，布置图面，画中心线、对称线等基准线；画水平投影，即反映上、下底面实形的正六边形；

第二，根据正六棱柱的高，由水平投影按投影关系画正面投影；

第三，根据正面投影和水平投影，按投影关系画侧面投影；

第四，检查并描深图线，完成作图。

注意：可见棱线画粗实线，不可见棱线画细虚线。当它们重影时，画可见棱线。

如图 3.2（b）、（c）所示是正六棱柱的三面投影图。

（2）棱柱的三视图。

① 三视图：

根据有关标准和规定（参阅第五章），用正投影法所绘制出物体的图形称为视图。

由前向后投射所得的视图称为主视图，即物体的正面投影；由上向下投射所得的视图称为俯视图，即物体的水平投影；由左向右投射所得的视图称为左视图，即物体的侧面投影。这三个视图通常称为"三视图"。

如图 3.2（d）所示为一正六棱柱的三视图。由图 3.2（b）可以看出，物体离投影面的远近不影响物体视图的大小，因此，投影轴在画视图时可以去掉以保持图形的清晰，以后画物体三视图时都不画投影轴。

② 三视图方位关系：

三视图的方位关系如图 3.2（e）所示，每个视图表示空间两个方位，主视图表示上下、左右，俯视图表示前后、左右，左视图表示上下、前后。特别注意俯视图与左视图的前后方位关系，即靠近主视图为后面，远离主视图为前面。

③ 三视图的度量关系：

如图 3.2（e）所示，根据三视图的形成，可以知道由于不画投影轴，投影关系的表述就换成三句话九个字："长对正、高平齐、宽相等"，根据有关标准规定，按照图 3.2（d）放置三视图不做任何标注。在上述关系中俯视图与左视图的"宽相等"对于初学者来说是个难点，需要在俯视图与左视图任意找一个基准直接量取；或作一个 45°分线，作辅助线来完成宽相等，请参照图 3.2（e）理解。

（3）棱柱表面取点。

棱柱表面上取点，就是已知立体表面上点的一个投影，求另外两个投影。其作图原理和方法与平面上取点相同。首先要根据已知投影分析判断点在哪个棱面上，再根据其棱面所处的空间位置利用投影的积聚性及其他作图方法作图，求其他两个投影。要特别注意水平投影与侧面投影之间必须符合宽相等和前后对应的关系。点的投影可见性依据点所在表面投影的可见性来判断：点所在表面可见，点的投影也可见；点所在表面不可见，点的投影也不可见。如点所在的表面投影具有积聚性，则点的投影视为可见。

【例3.1】 已知棱柱表面上 $M$ 点的正面投影 $m'$，求其水平投影 $m$ 和侧面投影 $m''$。

【解】 由于 $m'$ 可见，所以 $M$ 点在立体的左前侧棱面上，该侧棱面为铅垂面，其水平投影具有积聚性，$M$ 点的水平投影 $m$ 必在其水平投影上。所以，由 $m'$ 按投影规律可得 $m$，再由 $m'$ 和 $m$ 可求得 $m''$，结果如图 3.2（c）、（e）所示。

作图步骤：

① 过 $m'$ 据长对正在左前侧棱面的水平投影上作 $m$。

② 过 $m'$，$m$ 作 $m''$。

③ 判别可见性，$m$，$m''$ 均可见。

### 2. 棱　锥

棱锥的底面为多边形，各侧棱面为若干具有公共顶点（锥顶）的三角形。当棱锥的底面是正多边形，各侧面是全等的等腰三角形时，称为正棱锥。下面以正三棱锥为例来进行分析。

（1）棱锥的三视图。

① 组成：

如图 3.3（a）所示为一正三棱锥，它由底面 $ABC$ 和三个侧棱面 $SAB$，$SBC$，$SAC$ 组成，三根棱线（$SA$，$SB$，$SC$）相交于锥顶 $S$。

② 摆放位置：

根据尽量使形体的基准表面平行或垂直于投影面的原则，结合正三棱锥自然摆放位置，确定该正三棱锥的摆放位置为：底面水平放置，一个侧棱面垂直于 $W$ 面，并将该侧棱面置于后方。

③ 投影分析：

因为底面 $ABC$ 是水平面，所以它的水平投影 $abc$ 是一个正三角形（反映实形），其正面投影和侧面投影积聚成水平直线段；侧棱面 $SAC$ 为侧垂面，侧面投影积聚成直线段，其正面投影和水平投影为类似形，另两侧棱面（$SAB$，$SBC$）为一般位置平面，三面投影均为类似形，其侧面投影 $s''a''b''$ 和 $s''b''c''$ 重合。

④ 作图步骤：

第一，布置图面，画中心线、对称线等基准线；

第二，画底面 $ABC$ 的俯视图；

第三，画底面 $ABC$ 的主视图和左视图；

第四，画锥顶 $S$ 的三面投影；

第五，将锥顶 $S$ 与点 $A$，$B$，$C$ 的同面投影相连；

第六，检查、描深图线，完成三视图作图。结果如图 3.3（b）所示。

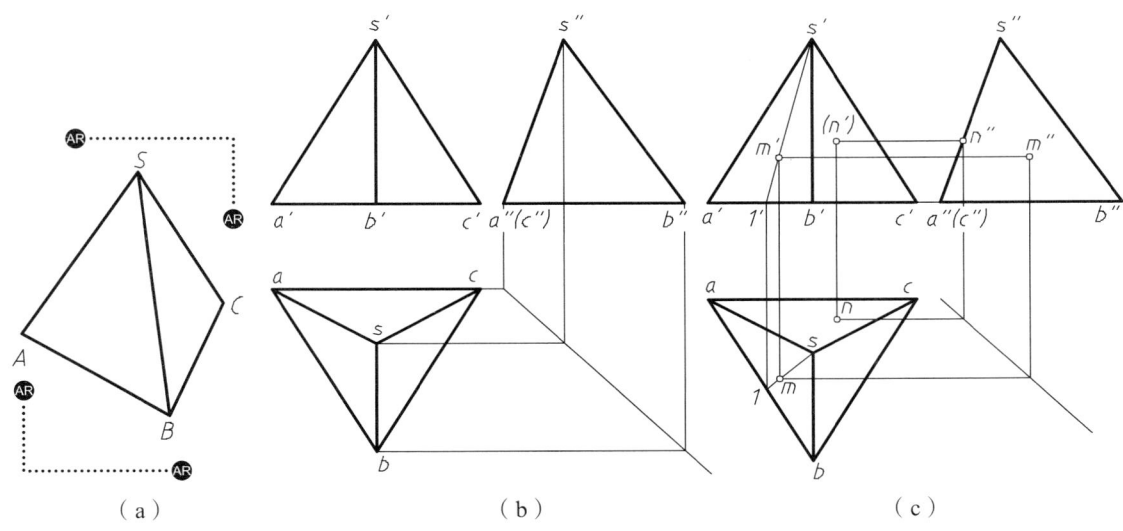

图 3.3　正三棱锥的三视图及其表面取点

（2）棱锥表面取点。

由于正三棱锥外表面既有一般位置平面，又有特殊位置平面，为简化作图，可分别使用不同的方法完成所求点的三面投影。位于特殊位置平面上的点，可直接利用积聚性作图，一般位置平面上点的投影，可在面上作辅助线，然后利用点、线从属关系求出其余两面投影。

【例 3.2】　已知 M、N 点的投影 m′，n，求其另两面投影，如图 3.3（c）所示。

【解】　求解顺序：先作 N 点，然后作 M 点。

N 点：由 n 的位置，N 点在后侧棱面 SAC 上，该侧棱面为侧垂面，所以 n″必位于该侧棱面的积聚性投影 s″a″c″上，再由 n，n″可得 n′。

作图步骤：

① 由 n 根据宽相等作 n″。

② 过 n 作竖直投影连线，过 n″作水平投影连线，交点即为 n′。

M 点：由于 m′可见，所以 M 点在左前侧棱面 SAB 上，该侧棱面处于一般位置，因此可过 S 及 M 点作一辅助直线 S1，并作出 S1 的各投影。因 M 点在直线 S1 上，M 点的投影必在 S1 的同面投影上，由 m′可求得 m 和 m″。

作图步骤：

① 连接 s′m′并延长与 a′b′交于 1′，s′1′即为辅助直线的正面投影。

② 作 s1 和 s″1″。

③ 过 m′作水平和竖直投影连线，水平投影连线与 s1 的交点即为 m，过 m、m′的作 m″。

结果如图 3.3（c）所示。

## 3.1.2 曲面立体

曲面立体的外表面由曲面或曲面和平面组成，曲面中最常见的为回转面。一动线绕一条定直线回转一周，该动线在空间所划过的轨迹即形成一个回转面。这条定直线称为回转面的轴线，动线称为回转面的母线，母线在回转面上的每一位置称为素线，母线上任一点的运动轨迹皆为垂直于轴线的圆，称其为纬圆。外表面构成曲面为回转面的立体称为回转体。因回转体是曲面立体中最简单和常用的结构，故以回转体为对象进行分析。

工程上最常见的回转体有圆柱、圆锥、圆球、圆环等。回转体的投影画法可简化为将两种类型的线条按正投影法表示出来，而构成视图的轮廓线。这两种线条分别是：外形轮廓线和转向素线。外形轮廓线是立体相邻外表面相交时形成的交线，其在立体外表面的位置和形状是固定的；转向素线是立体按一定的方向投射时，沿该投射方向来观察回转面时可见与不可见的分界线，转向素线是跟投射方向相对应的，即不同的投射方向就有不同的转向素线。下面主要介绍常见回转体的视图画法、投影分析及其表面上取点的方法。

**1. 圆 柱**

（1）圆柱的三视图。

① 组成：

如图3.4（a）所示，圆柱由一个圆柱面和两个相互平行且垂直于圆柱面轴线的平面围成。圆柱面是由两根平行直线、一根（母线）围绕另一根（轴线）回转一周而形成的。此处圆柱面是以直线 $AB$ 为母线，直线 $OO_1$ 为轴线。

② 摆放位置：

如图3.4（b）所示为一圆柱体的投影摆放位置，其轴线垂直于水平投影面，因而两底面互相平行且平行于水平面，圆柱面垂直于水平面。

③ 投影分析，如图3.4（b）所示：

$H$ 面投影：为一圆形。它既是两底面的重合投影（实形），其圆周又是圆柱面的积聚投影。

$V$ 面投影：为一矩形。该矩形的上下两条边为圆柱体上下两底面的积聚投影，而左右两条边线则是圆柱面的左右两条转向素线 $AB$，$CD$ 的投影。该矩形线框表示圆柱体前半圆柱面与后半圆柱面的重合投影。

$W$ 面投影：为一矩形。该矩形的上下两条边为圆柱体上下两底面的积聚投影，而左右两条边线则是圆柱面的前后两条转向素线 $EF$，$GH$ 的投影。该矩形线框表示圆柱体左半圆柱面与右半圆柱面的重合投影。

④ 作图步骤：

（a）画圆柱体各投影的轴线、中心线。

（b）画俯视图。

（c）由"长对正"和高度作主视图。

（d）由"高平齐、宽相等"作左视图。

（e）检查、描深图线，完成三视图作图。结果如图3.4（c）所示。

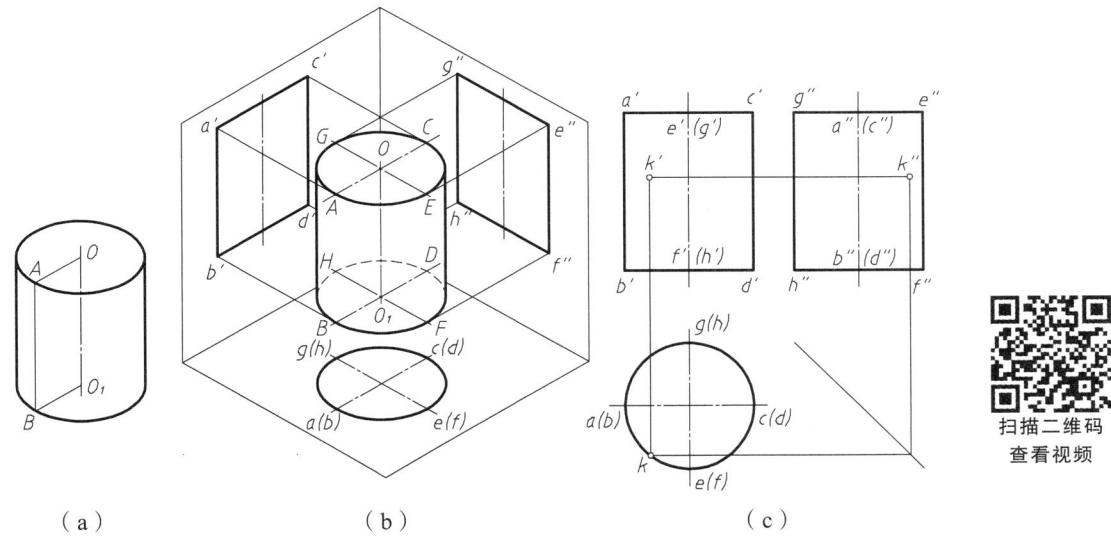

(a)                            (b)                        (c)

图 3.4   圆柱的三视图及其表面取点

注意：圆柱面上的 AB，CD 两条转向素线的侧面投影与轴线的侧面投影重合，它们在侧面投影中不能画出（因为在侧面投影中它们并不是可见性的分界线）；EF 和 GH 两条转向素线的正面投影与轴线的正面投影重合，同样它们在正面投影中也不能画出。

（2）柱面取点。

由于圆柱面垂直于投影面，所以圆柱面在所垂直的投影面上的投影具有积聚性，凡是在圆柱面上的点和线在该投影面上的投影一定与圆柱面的投影（圆）重合，因此，圆柱面上取点可以利用积聚性来进行求解。

【例 3.3】 已知圆柱表面上点 K 的正面投影 k'，求 K 点的其余两投影，如图 3.4（c）所示。

【解】 由于圆柱的轴线垂直于水平面，所以圆柱面的水平投影有积聚性。已知圆柱面上 K 点的正面投影 k'，其水平投影 k 必定在圆柱面的水平投影（圆）上，由 k' 位置可知，K 点位于前半个圆柱面上，由此可求得 K 点的水平投影 k，根据高平齐和宽相等可求得 K 点的侧面投影 k″。

作图步骤：
① 过 k' 作竖直投影连线与柱面水平投影的前半圆弧相交，交点即为 k。
② 过 k' 作水平投影连线，由 k 根据宽相等作 k″。

结果如图 3.4（c）所示。

### 2．圆　　锥

（1）圆锥的三视图。

① 组成：

圆锥由一个圆锥面和一个底面所围成。圆锥面可以看成是一直线 SA 为母线，绕与其相交的轴线 $OO_1$ 旋转一周而成，圆锥面上所有素线均相交于锥顶 S，如图 3.5（a）所示。

② 摆放位置：

圆锥轴线垂直于 H 面，底面为水平面，如图 3.5（b）所示。

③ 投影分析：

如图 3.5（b）、（c）所示是圆锥的三面投影，其正面投影和侧面投影分别为等腰三角形，水平投影为圆。从图 3.5（b）可知：在正面投影和侧面投影中，等腰三角形的底边是圆锥底面的投影，两腰是转向素线的投影。该转向素线的正面投影 $s'a'$ 和 $s'b'$ 是最左和最右两条素线 SA 和 SB（前半圆锥面可见和后半个圆锥面不可见的分界线）的正面投影，其侧面投影与点画线重合；该转向素线的侧面投影 $s''c''$ 和 $s''d''$ 是最前和最后两条素线 SC 和 SD（左半圆锥面可见和右半圆锥面不可见的分界线）的侧面投影，其正面投影与点画线重合。

④ 作图步骤：

（a）作圆锥三面投影的回转轴线、中心线。

（b）作底面的三面投影，先作水平投影，再作正面投影和侧面投影。

（c）作锥顶 S 的三面正投影。

（d）作转向素线的投影。

（e）检查、描深图线，完成三视图作图。

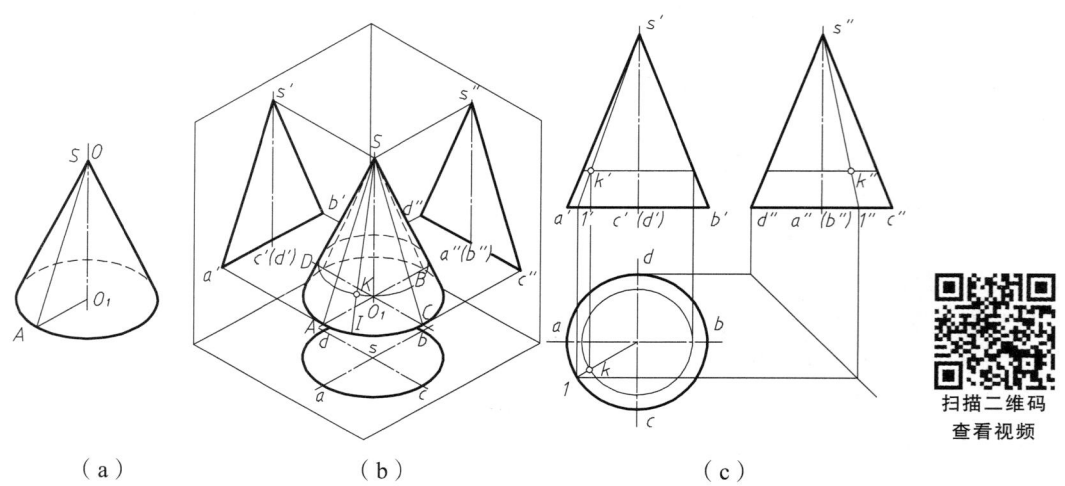

图 3.5　圆锥的三视图及其表面取点

（2）锥面取点。

由于圆锥面的三个投影都没有积聚性，因此，无法利用积聚性求锥面上的点。根据圆锥的两个特点：其一是所有素线均相交于锥顶 S；其二是锥面为一回转表面，可分别得到两种取点的方法：辅助素线法（简称素线法）和辅助圆法（又称纬圆法）。

辅助素线法和辅助圆法的基本作图思想完全相同，也就是平面内取点的基本作图思路，即：要在锥面上取点，则先经过该点在锥面上取一辅助线，作出该辅助线的投影，然后在该辅助线的投影上求出要取的点的投影。两种方法的差别表现在辅助线的形状和方位不同，辅助素线法的辅助线为经过锥顶和求解点的直线，而辅助圆法的辅助线为经过求解点且垂直于回转轴线的圆，有时形象地称为纬圆法。需要注意的是，辅助线选取时应遵循两个规则：其一是所选取的辅助线必须属于圆锥外表面；其二是所选取的辅助线的投影，应为直线或圆等使用尺、规可直接精确绘制的形状。因为辅助圆法是基于回转面的共同特征而得到的作图方法，因此该方法适用于所用回转表面的取点。

**【例 3.4】** 已知圆锥面上点 $K$ 的正面投影 $k'$，求其他两投影，如图 3.5（c）所示。

**【解】** 解法一：辅助素线法。参阅图 3.5（b）中的立体图，连接 $S$ 和 $K$，并延长 $SK$，交底圆于 1，因为 $k'$ 可见，所以素线 $S1$ 位于前半圆锥面上，由 $s'1'$ 求出 $S1$ 的水平投影后，再按照点与直线的从属关系求其水平投影 $k$，然后根据投影规律求出侧面投影 $k''$，如图 3.5（c）所示。

作图步骤：

① 连接 $s'k'$ 并延长交锥底于 $1'$。
② 作 $s1$ 和 $s''1''$。
③ 由 $k'$ 在 $s1$ 取得 $k$，在 $s''1''$ 取 $k''$（或求得 $k$ 后，由 $k$、$k'$ 作 $k''$）。
④ 判别可见性，$k$、$k''$ 均可见。

解法二：辅助圆（纬圆）法。同样如图 3.5（b）所示的立体图，根据回转面的性质，圆锥直母线上任一点在回转运动中的轨迹总是圆，此圆所在平面垂直于轴线（即与底圆平行）。因此，通过点 $K$ 可在圆锥面上作垂直于轴线的辅助圆。其作图步骤如图 3.5（c）所示：过 $k'$ 作水平线，它平行于底圆的正面投影，水平投影反映圆，其直径为圆锥轮廓范围内的长度，且 $k$ 必在此圆周上。再由 $k'$，$k$ 求出 $k''$。

作图步骤：

① 过 $k'$ 作垂直于轴线的直线段，跟 $s'a'$ 和 $s'b'$ 相交。
② 在水平投影中，以中心线交点为圆心，该直线段长度为直径，作辅助圆的水平投影。
③ 由 $k'$ 据长对正在辅助圆的水平投影上作 $k$。
④ 由 $k'$，$k$ 作 $k''$。
⑤ 判别可见性，$k$、$k''$ 均可见。

注意：辅助素线法只适用于母线为直线的曲面，而辅助圆法则适用于所有的回转曲面。

### 3. 球

（1）球的三视图。

① 组成：

球由一个球面围成。球面可以看成是以圆为母线，绕经过其圆心的任一直线为轴线旋转一周而成，如图 3.6（a）所示。

② 摆放位置：

球面为一个光滑的回转面，该面的特征是表面上任一点到球心的距离都相等，因此其外表面形状从空间和投影来看均不存在方向性，故球的摆放位置为其自然放置的任一位置。

③ 投影分析：

如图 3.6（b）、（c）所示是球的三面投影图，均为直径相等的圆，圆的直径都等于球的直径。从图 3.6（b）可以看出：这三个圆是从三个方向观察球时所得的形状，即三个方向球的转向素线的投影，它们都是平行于相应投影面并属于球面的最大的圆。例如：平行于正面的最大的圆 $A$，其正面投影 $a'$ 确定了球的正面投影范围，其水平投影 $a$ 与侧面投影 $a''$ 与中心线重合，圆 $A$ 是前、后两半球可见性的分界线。对 $V$ 面来讲，前半球可见，后半球不可见。同理，圆 $B$，$C$ 分别为球面上平行于 $H$，$W$ 面的最大的圆。圆 $B$ 为上半球可见、下半球不可见的分界线圆；圆 $C$ 为左半球可见、右半球不可见的分界线圆。

需要注意的是,虽然球的三个投影皆为等直径的圆,但三个圆是不同部位的球面转向素线的投影。

④ 作图步骤:

(a)作三面投影的回转轴线、中心线。

(b)作三个转向素线圆的投影。

(c)检查、描深图线,完成三视图作图,如图3.6(c)所示。

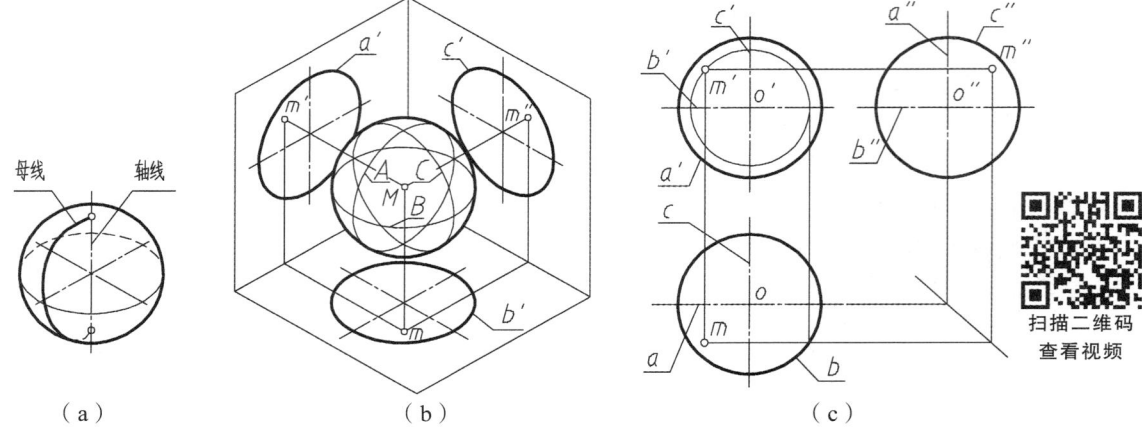

图3.6 球的三视图及其表面取点

(2)球面取点。

基本的作图方法为辅助圆法(纬圆法)。经过球面任一点,理论上可在球面上取得无穷多个大小不同的辅助圆,此处的关键在于控制所取的辅助圆的三面投影必须为圆或直线,由此则只有三个辅助圆满足要求,分别为经过求解点且属于球面的水平圆、正平圆和侧平圆。

【例3.5】 如图3.6(b)、(c)所示,已知球面上$M$点的水平投影$m$,求$m'$和$m''$。

【解】 球的三个投影均无积聚性,在球面上取点只能用辅助圆法作图,在此过$M$点作一平行于正面的辅助圆。

作图步骤:

① 过$m$点作一水平直线段,跟水平圆周相交(该线段为辅助圆的水平投影)。

② 以该直线段长度为直径作辅助圆的正面投影。

③ 由于$m$可见,所以点$M$在上半球面上,由$m$在辅助圆的上部作$m'$。

④ 由$m$和$m'$作$m''$。

⑤ 判别可见性,$m'$、$m''$均可见。

结果如图3.6(c)所示。当然,过$M$点也可作平行于水平面的水平圆或平行于侧面的侧平圆作为辅助圆来进行求解,其具体作图步骤跟作正平圆一致。

**4. 环**

(1)环的三视图。

① 组成:

环由一个环面围成。环面的形成如图3.7所示,以圆$A$为母线,绕与该圆在同一平面内但不通过圆心的轴线 $OO_1$ 回转一周所形成的面称为环面。其中圆 $A$ 的外半圆回转形成外环面，内半圆回转形成内环面。

② 摆放：

轴线 $OO_1$ 垂直于水平面放置。

③ 投影分析：

如图 3.7（b）、（c）所示为轴线垂直于水平面的圆环的三面投影。从图中可看出，在正面投影中，左、右两个圆是最左、最右两个转向素线圆的投影，上、下两条公切线是最高、最低两个纬圆的投影，它们都是外环与内环的转向素线圆的正面投影。环的侧面投影与正面投影相似。在水平投影上，大圆为外环面的上、下半环转向素线圆的水平投影，小圆为内环面的上、下半环转向素线圆的水平投影，点画线圆为母线圆心轨迹的水平投影。

④ 作图步骤：

（a）作轴线、对称中心线。

（b）作内、外转向素线圆和母线圆心轨迹的水平投影。

（c）作最左、最右两个转向素线圆和最高、最低两个纬圆的正面投影。

（d）作最前、最后两个转向素线圆和最高、最低两个纬圆的侧面投影。

（e）检查、描深图线，完成三视图作图，如图 3.7（c）所示。

扫描二维码
查看视频

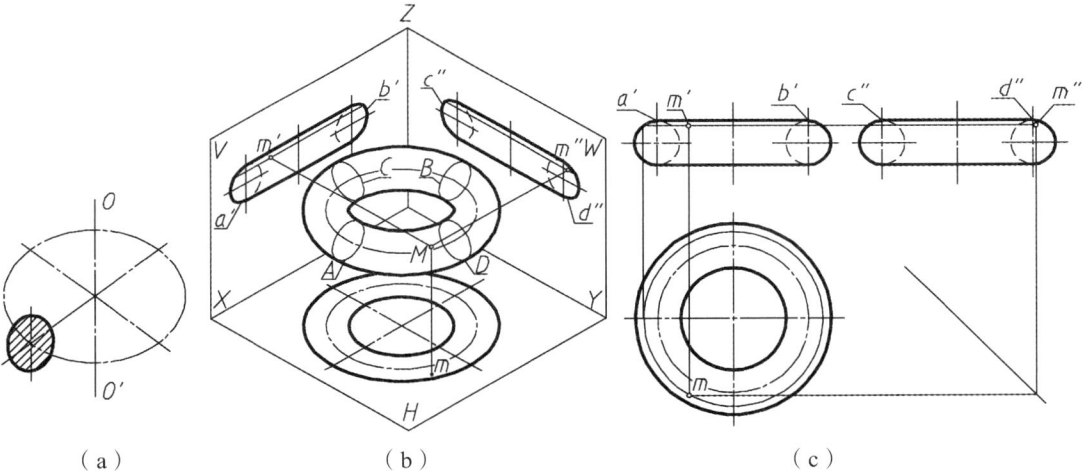

图 3.7 环的三视图及其表面取点

（2）环面取点。

基本的作图方法为辅助圆法。经过环面任一点理论上可在该环面上取得两个辅助圆，其一为由求解点与环的轴线所确定平面与环面相交所形成的圆，其二为经过求解点且垂直于环轴线的平面与环面相交所形成的圆，前者只有当求解点处于最左、最右、最前、最后四个转向素线圆上时，其投影才为圆和直线，而后者对求解点处于环面任一位置皆适用。

【例 3.6】 如图 3.7 所示，已知环面上 $M$ 点的正面投影 $m'$，求出 $m$ 和 $m''$。

【解】 由 $m'$ 可见，$M$ 点在外环面上，可过 $M$ 点作平行于水平面的辅助圆。

作图步骤：

① 过 $m'$ 点作水平直线段，跟最左、最右转向素线圆投影相交，为辅助圆的正面投影。

② 以该直线段长度（外环面投影上）为直径，作辅助圆的水平投影。

③ 由 $m'$ 在辅助圆的水平投影上取得 $m$。

④ 由 $m$ 和 $m'$ 求得 $m''$。

⑤ 判别可见性，$m$，$m''$ 均可见。

结果如图 3.7（c）所示。

#### 5. 轴线倾斜回转体的画法

轴线为投影面平行线的曲面体的画法，其关键是作出垂直于轴线的圆，该圆为投影面垂直面，其投影为直线与椭圆，在确定椭圆的长短轴后，可以用近似画法画椭圆。图 3.8（a）所示为铅垂圆的投影。

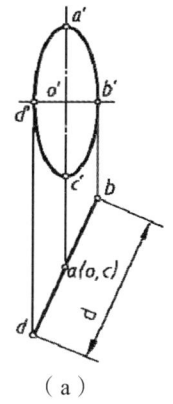
（a）

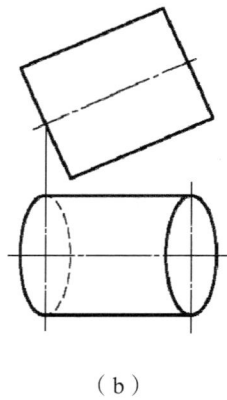
（b）

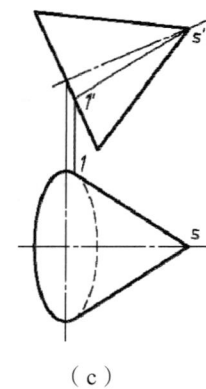
（c）

图 3.8 轴线倾斜回转体

如图 3.8（b）、（c）所示，轴线为投影面平行线的回转体的作图方法，先作主视图，再画俯视图。画俯视图时，先画端面的圆的投影——椭圆，再作切线，判断可见性。圆柱作两椭圆的公切线；而圆锥过锥顶作椭圆的切线，注意俯视图上的轮廓线在主视图中的位置。

如图 3.9（a）所示，轴线为投影面平行线的回转体表面上取点作图方法为：过已知点作素线的两个投影 $cb$，$c'b'$，按投影关系求点的另一个投影。亦可以用如图 3.9（b）所示的换面法作点的投影（$y = y_1$）。

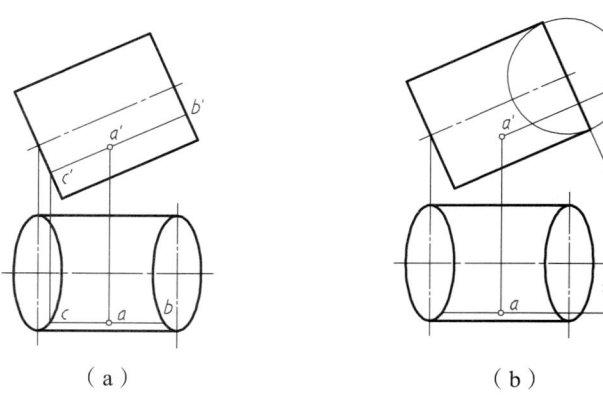

图 3.9 轴线为投影面平行线的回转体表面上取点

### 6. 不完整回转体

如图 3.10 所示，给出不完整回转体两视图，读者自行阅读，读懂它们的形状，并分析这些立体各个表面的投影，即可见性、轮廓线、转向素线的投影。

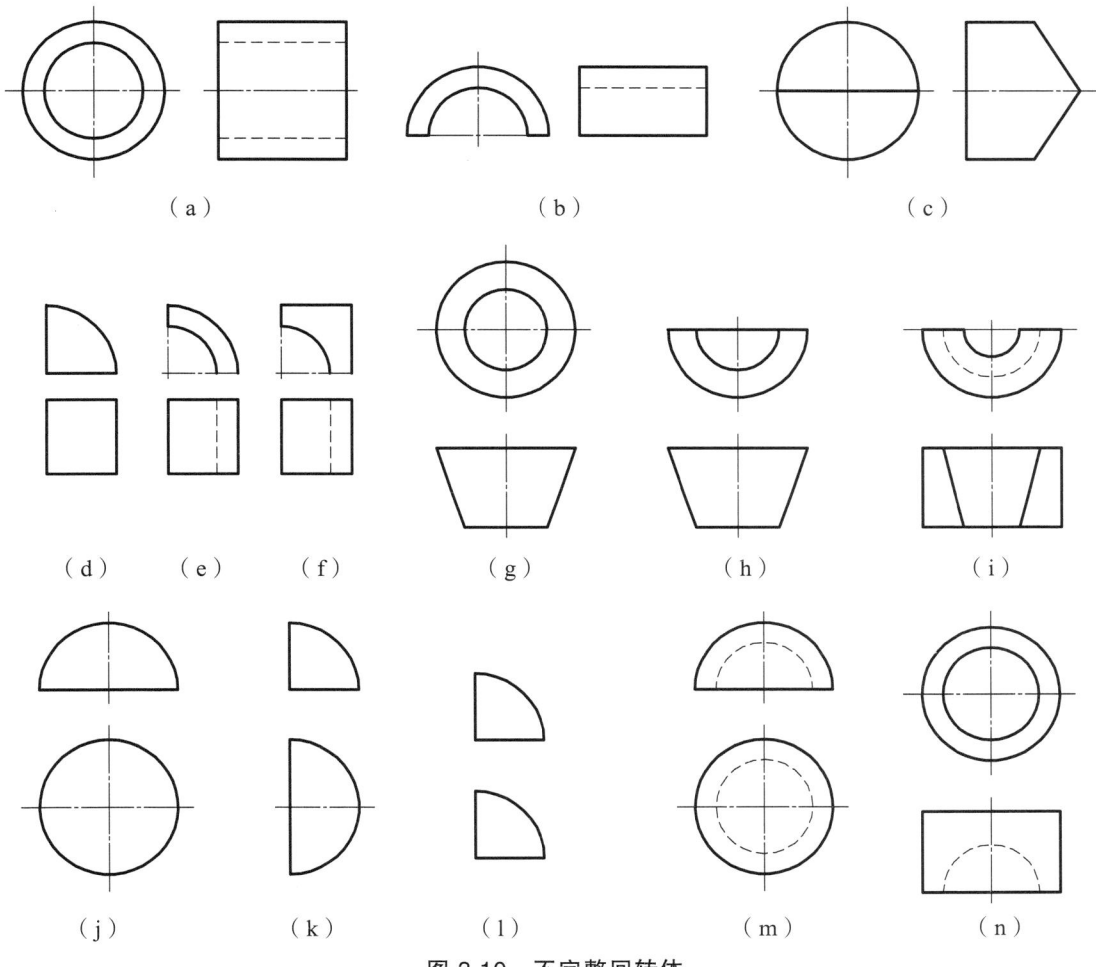

图 3.10 不完整回转体

如图 3.10 所示，图（a）是轴线正垂空心圆柱筒；图（b）是轴线正垂半个空心圆柱筒；图（c）是轴线正垂圆柱，头部被平面切割；图（d）是轴线正垂 1/4 个圆柱；图（e）是轴线正垂 1/4 个空心圆柱；图（f）是四棱柱被穿 1/4 个圆柱孔；图（g）是轴线正垂圆锥台；图（h）是轴线正垂半个圆锥台；图（i）是轴线正垂的半个圆柱穿圆锥孔；图（j）是半个圆球；图（k）是 1/4 个圆球；图（l）是 1/8 个圆球；图（m）是半个球壳，即半个圆球再穿圆球槽；图（n）是圆柱穿圆球槽。

## 3.2 平面与立体相交

在工程上经常遇到一些平面与立体相交，或立体被平面截去一部分的情况。立体被平面所截称为截交。截交时，与立体相交的平面称为截平面，该立体称为截切体，截平面与立体表面的交线称为截交线，截交线所围成的平面称为截断面，如图 3.11 所示。

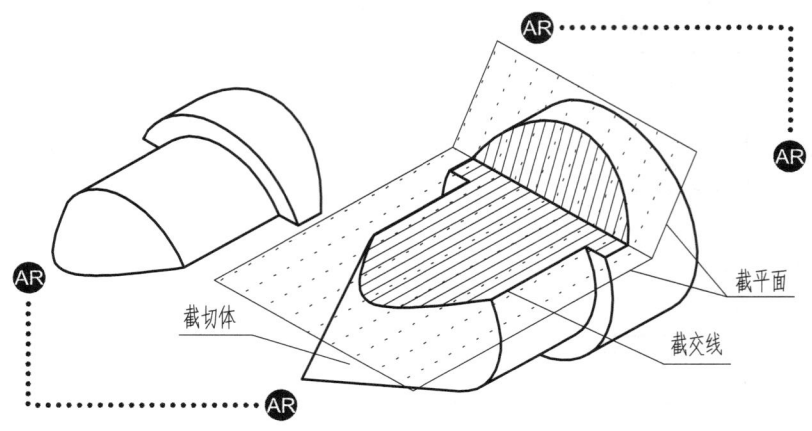

图 3.11　平面与立体相交

（1）截交线的性质，如图 3.12 所示。

① 共有性：截交线是平面截切立体表面而形成的，所以截交线是立体表面与截平面的共有线，截交线上的点也是它们的共有点。

② 封闭性：由于立体表面具有一定的范围，所以截交线必定是封闭的平面曲线或折线。

（2）截交线的形状，如图 3.12 所示。

截交线的形状与被截切立体的形状及截平面与立体的相对位置有关。

根据上述截交线的性质，求截交线的方法可归结为求截平面与立体表面一系列共有点的问题，具体方法也就是表面取点。

需要特别注意的是：画被截切立体的三视图时，不但要画出被截切立体表面上截交线的投影，还要画出立体轮廓线或转向素线的投影，只不过此处的重点是截交线的绘制。

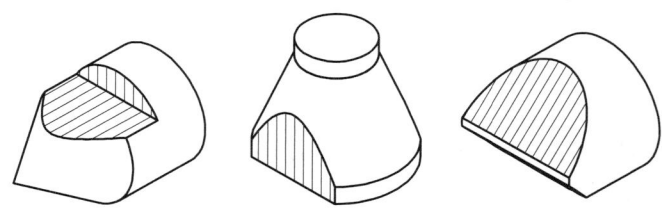

图 3.12　立体表面的截交线

## 3.2.1　平面与平面立体相交

平面与平面立体相交，截交线为一封闭的平面多边形，多边形的各边是截平面与立体各相关表面的交线，多边形的各顶点一般是立体表面的棱线或底边与截平面的交点。因此，求平面立体截交线的问题，可以归结为求两平面的交线（常称棱面法）或求直线与平面的交点问题（常称棱线法）。

【例 3.7】 求图 3.13 中三棱锥 S-ABC 被正垂面 P 截切后的投影。

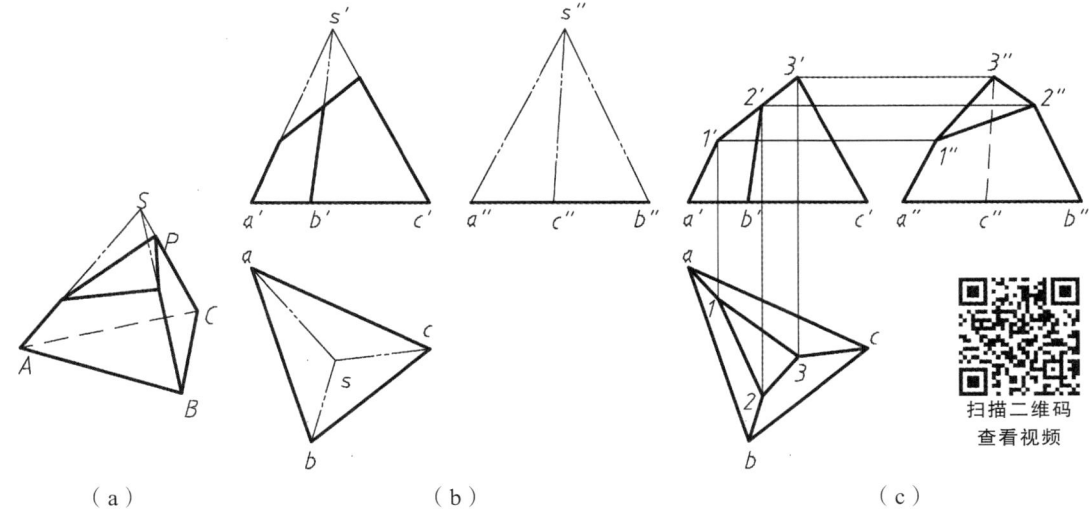

图 3.13　平面与棱锥相交

【解】 由图 3.13 可知，平面 P 与三棱锥的三个棱面相交，交线为三角形，三角形的顶点是三棱锥三条棱线 SA，SB，SC 与平面 P 的交点。采用棱线法作图

作图步骤：

① 由截平面 P 为正垂面，其正面投影积聚成直线，可直接作出各棱线与平面 P 交点的正面投影 1′，2′，3′。

② 根据 1′，2′，3′，在各棱线的水平投影上求出截交线各顶点的水平投影 1，2，3。

③ 根据 1′，2′，3′，在各棱线的侧面投影上求出截交线各顶点的侧面投影 1″，2″，3″。

④ 依次连接各顶点的同面投影，即得截交线的水平投影 △123 和侧面投影 △1″2″3″。

⑤ 整理轮廓线，并判断可见性。

结果如图 3.13（c）所示。

### 3.2.2　平面与回转体相交

平面截切回转体，截交线一般是由曲线或曲线与直线组成的封闭的平面图形，它的形状取决于回转体的种类和截平面与立体的相对位置。当其投影为非圆曲线时，可以利用表面取点的方法求出截交线上一系列点的投影，再连成光滑的曲线，从而获得截交线的近似投影。主要作图步骤如下：

① 分析交线的空间形状及投影形状。
② 确定特殊位置点，并按顺序作它们的投影。
③ 补充适当的一般位置点。
④ 判别可见性，顺序光滑连接各点。
⑤ 检查、加深图线。

在此，特别需要注意的是特殊位置点的确定，因为它们决定了截交线的基本形状是否正确。特殊位置点往往有以下几类：

① 确定截交线基本形状的点。如椭圆长、短轴的端点，双曲线、抛物线的顶点。
② 转向素线上的点（截交线的极限位置点）。
③ 截交线的起、止点。

**1. 平面与圆柱相交**

平面与圆柱相交时，根据截平面与圆柱轴线的相对位置不同，其截交线有三种情况：两条平行线、圆、椭圆（见表 3.1）。

表 3.1 平面与圆柱相交

| 截平面 | 平行于轴线 | 垂直于轴线 | 斜交于轴线 |
| --- | --- | --- | --- |
| 立体图 | 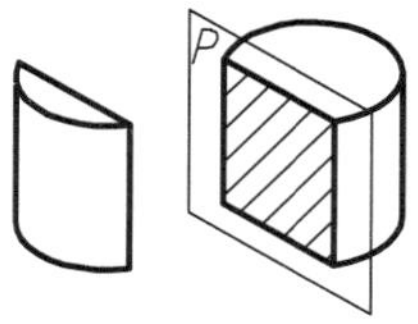 | 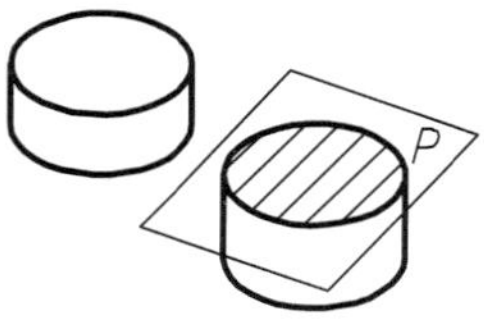 | 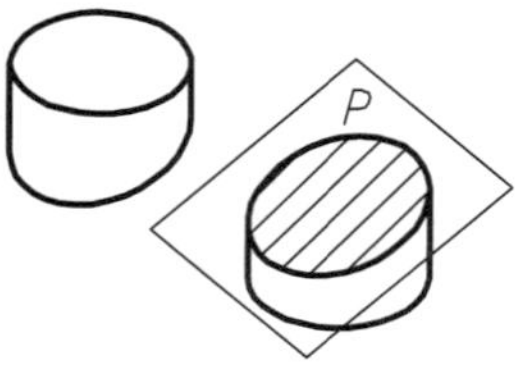 |
| 投影图 | 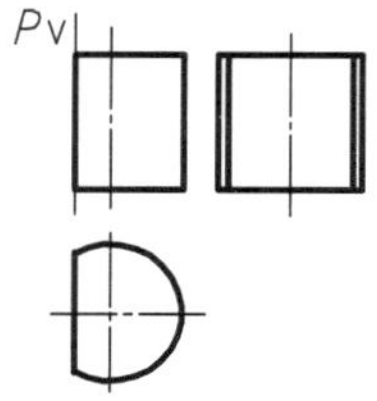 | 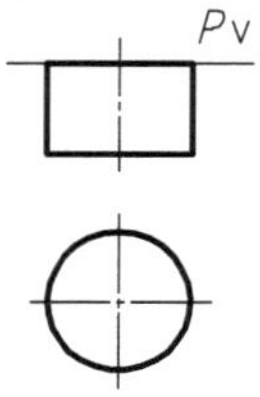 | 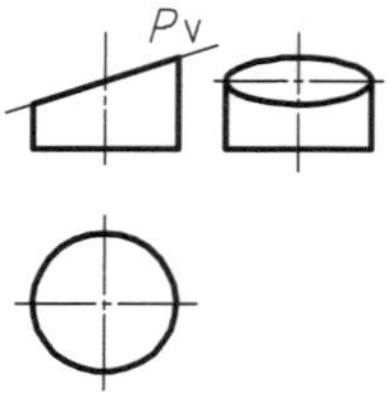 |
| 截交线 | 平行两直线 | 圆 | 椭 圆 |

（1）截平面（表 3.1 中为侧平面）平行于圆柱轴线，截平面与圆柱面的交线为平行于圆柱轴线的两条平行线，与圆柱的截交线为矩形。由于截平面为侧平面，所以截交线的侧面投影反映实形。水平投影和正面投影分别为点和直线段。

（2）截平面（表 3.1 中为水平面）垂直于圆柱轴线，截平面与圆柱面的交线为圆，其水平投影与圆柱面的水平投影重合，正面投影和侧面投影分别为直线段。

（3）截平面（表 3.1 中为正垂面）倾斜于圆柱轴线，截平面与圆柱面的交线为椭圆，其正面投影为直线段，水平投影与圆柱面的水平投影重合，侧面投影一般仍为椭圆。

下面举例说明圆柱的截交线投影的作图方法。

【例 3.8】 已知斜截圆柱的正面投影和水平投影，求其侧面投影，如图 3.14（a）所示。

【解】 由于正垂截面倾斜于圆柱的轴线，截交线的空间形状是一个椭圆，圆柱的轴线为铅垂线，截交线的正面投影积聚为一直线，水平投影与柱面的投影圆重合，侧面投影一般为椭圆，但不反映实形，如图 3.14（b）所示。

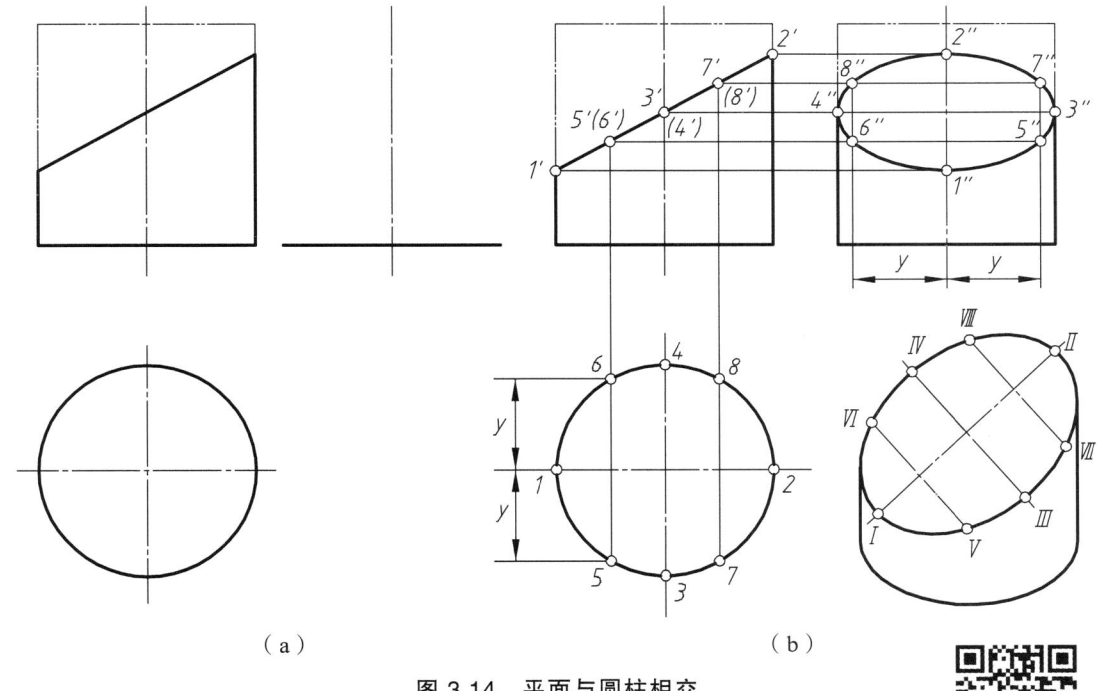

图 3.14　平面与圆柱相交

作图步骤：

（1）画出完整圆柱的侧面投影。

（2）求截交线上特殊点的侧面投影：

（a）先求转向素线上的点Ⅰ，Ⅱ，Ⅲ，Ⅳ。

（b）再求椭圆长、短轴端点。对于椭圆应求出其长、短轴的四个端点的投影，本例中椭圆长轴端点为Ⅰ，Ⅱ，短轴端点为Ⅲ，Ⅳ。这四个点恰好也是转向素线上的点，其侧面投影 1″，2″，3″，4″已经求出。

（3）求截交线上一般位置点的侧面投影。

为了使截交线作图准确、便于连接，还应求出适当数量的一般位置点的投影。分别在椭圆长、短轴端点之间对称位置添加Ⅴ，Ⅵ，Ⅶ，Ⅷ点，并按圆柱面找点的方法作它们的三面投影。

（4）判断可见性，光滑连线。

在图 3.14 中，由于圆柱左上部被截去，所以截交线上所有点的侧面投影均可见，连线时用粗实线；按照水平投影 1-5-3-7-2-8-4-6-1 的顺序，将相应各点的侧面投影按 1″-5″-3″-7″-2″-8″-4″-6″-1″的顺序光滑连接，得到所求截交线的侧面投影。

（5）检查、加深图线，完成全图，如图 3.14（b）所示。

当截平面与圆柱轴线斜交的夹角发生变化时，其侧面投影上椭圆的形状也随之变化；当夹角为 45°时，截交线的侧面投影为圆，如图 3.15 所示。

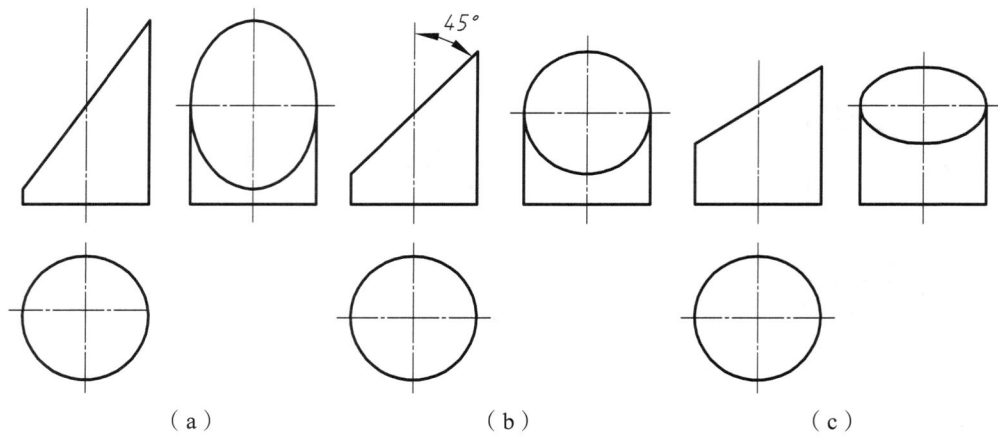

图 3.15 截平面倾斜角度对截交线投影的影响

【例 3.9】 如图 3.16（a）所示，在圆柱上铣出一个方形槽，已知它的正面及水平投影，求其侧面投影。

【解】 方形槽是由三个截平面截切形成的，两个左右对称且平行于圆柱轴线的侧平面，它们与圆柱面的截交线均为平行于圆柱轴线的两条直线，与上顶面的截交线为两条正垂线；另一个截平面是垂直于圆柱轴线的水平面，它与圆柱面产生的截交线是两段圆弧。同时，三个截平面之间产生了两条交线，是正垂线。

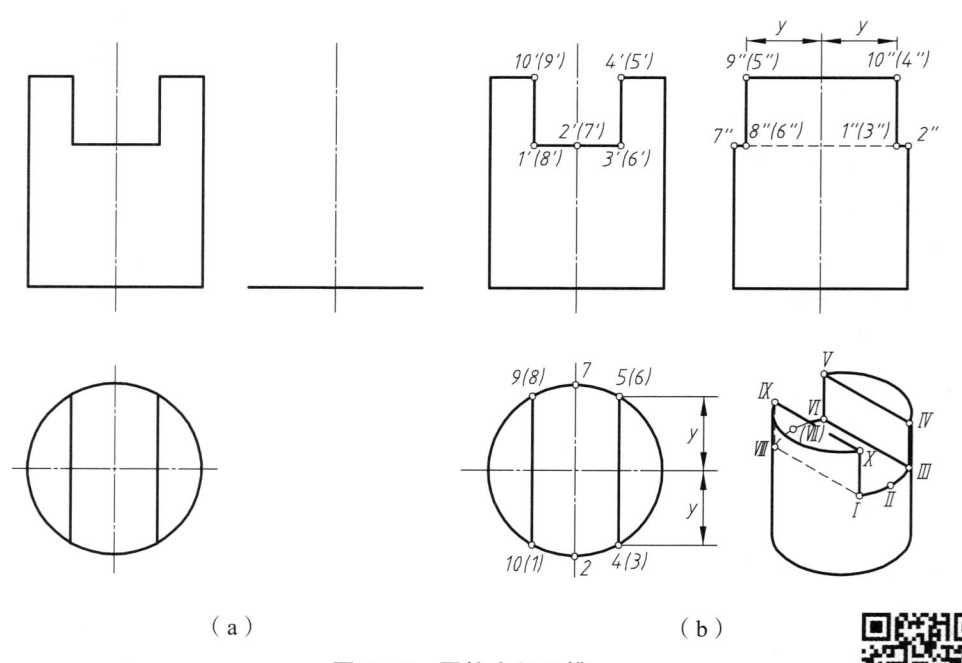

图 3.16 圆柱中间开槽

扫描二维码
查看视频

作图步骤：
（1）画出完整圆柱的侧面投影。
（2）求截交线的侧面投影。

① 求出侧平面与圆柱面产生截交线的投影,即立体图上的直线段ⅢⅣ,ⅤⅥ投影。在已知的正面投影上取点的投影3',4',5',6',利用表面取点法,由3',4',5',6'得到3,4,5,6,再由宽相等根据水平投影求得3″,4″,5″,6″。

② 求出水平截面与圆柱面产生的截交线的投影,即图中两段圆弧。圆弧上点Ⅲ的侧面投影已经求出,点Ⅱ的侧面投影可由正面投影2'和水平投影2直接求出。同理,作Ⅶ的投影。

③ 求出侧平截面与水平截面产生的交线的投影,即图中的直线段ⅢⅥ。交线上的点Ⅲ,Ⅵ也是水平截交线圆弧上的点,因此,它们的侧面投影3″,6″已经求出。

④ 按照截交线水平投影的顺序,依次连接所得各点的侧面投影。

(3) 判别可见性,光滑连线。

三个截平面与圆柱面产生交线的侧面投影均可见,应画成粗实线;截平面之间的交线其侧面投影不可见,应画成细虚线;圆柱面侧面投影的轮廓线画到2″,7″为止,其余部分擦去。

(4) 检查、加深图线,完成全图,如图3.16(b)所示。

圆柱切口、开槽、穿孔是机械零件中常见的结构,应熟练掌握其投影的画法。

图3.17所示是空心圆柱(圆筒)被平面截切后的投影,其外圆柱面截交线的画法与例3.9相同。内圆柱表面会产生另一组截交线,画法与外圆柱面截交线画法类似,但要注意它们的可见性,截平面之间的交线被圆柱孔分成两段,所以4″,5″之间不应连线。

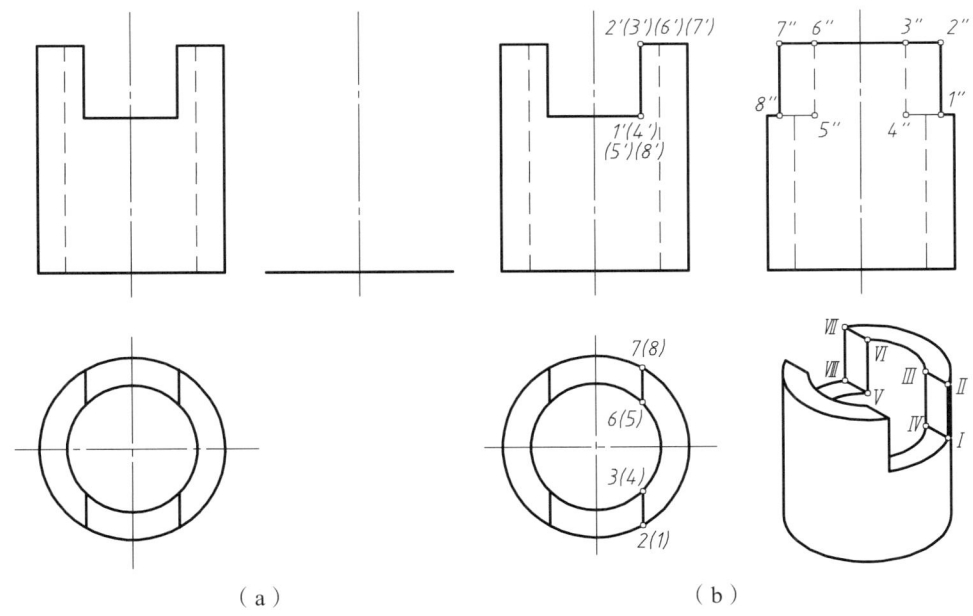

图 3.17 圆筒中间开槽

## 2. 平面与圆锥相交

平面截切圆锥,当截平面与圆锥轴线的相对位置不同时,圆锥表面上便产生不同的截交线,如表3.2所示,其基本形式有5种。其中 $\alpha$ 角为圆锥锥顶半角,$\theta$ 角为截平面与圆锥轴线的夹角。

表 3.2 平面与圆锥相交

| 截平面的位置 | 过锥顶 | 不过锥顶 | | | |
| --- | --- | --- | --- | --- | --- |
| | | 垂直于轴线 | 不垂直于轴线 | | |
| | | | $\theta > \alpha$ | $\theta = \alpha$ | $\theta < \alpha$ ($\theta = 0$) |
| 立体图 | | | | | |
| 截交线 | 过锥顶的两条相交直线 | 圆 | 椭圆 | 抛物线 | 双曲线 |
| 投影图 | | | | | |

① 当截平面通过圆锥顶点时，截交线是过锥顶的两条相交直线，加上截平面与圆锥底面的交线，构成一个三角形。

② 当截平面垂直于圆锥轴线时，截交线是圆。

③ 当 $\theta > \alpha$ 时，截交线为椭圆。

④ 当 $\theta = \alpha$ 时，截交线为抛物线。

⑤ 当 $\theta < \alpha$（$\theta = 0$）时，截交线为双曲线。

【例 3.10】 求图 3.18 中正垂面截切圆锥的投影。

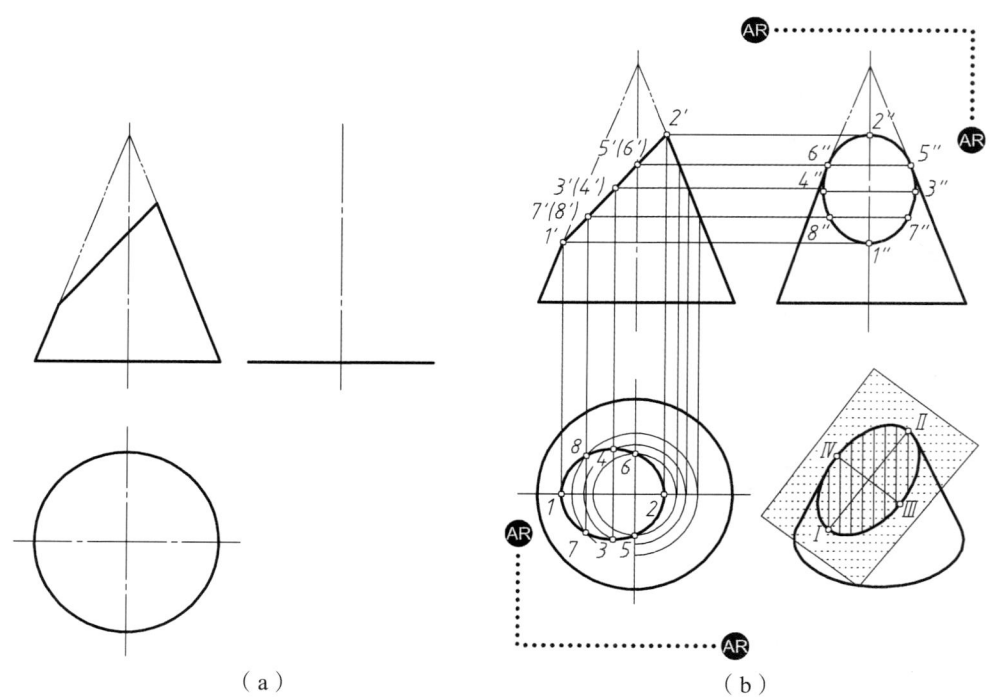

(a) (b)

图 3.18 平面与圆锥相交（一）

【解】 由于正垂面倾斜于圆锥轴线,且$\theta>\alpha$,所以截交线在空间是椭圆,其长轴为ⅠⅡ,短轴为ⅢⅣ。因截交线属于截平面,而截平面的正面投影有积聚性,所以截交线的正面投影为斜线段,它反映椭圆长轴的实长。又因为截交线也属于圆锥面,所以可以利用圆锥表面取点的方法(一般点及特殊点),求出椭圆上一系列点的水平和侧面投影,再将同面投影顺序光滑连接,即得截交线水平和侧面投影。

作图步骤:

(1)作圆锥的侧面投影图。

(2)求截交线上特殊点的侧面投影:

① 求截交线(椭圆)长、短轴的端点。1′,2′是长轴端点的正面投影,1,2 和 1″,2″分别是其水平投影和侧面投影。1′2′的中点 3′(4′)是短轴端点的正面投影。本例中用辅助圆法求得椭圆短轴端点的水平投影 3,4 和侧面投影 3″,4″。

② 求转向素线上的点。截交线在圆锥正面投影转向素线上的点 1′,2′的对应水平投影 1,2 及侧面投影 1″,2″可以利用点、线从属关系直接求得。圆锥侧面投影转向素线上点 5″,6″可以根据 5′,6′直接求得,然后再求出水平投影 5,6。

(3)求截交线上一般位置点的投影。利用辅助素线法或辅助圆法,求适当数量的一般位置点的投影,如图 3.18 中点Ⅶ,Ⅷ的投影是用辅助圆法求得的。

(4)判别可见性,光滑连线。截交线的水平及侧面投影均可见。将求得的点的水平投影按 1-7-3-5-2-6-4-8-1 的顺序光滑连接,并在侧面投影上将各点的侧面投影以同样顺序连接,即得所求截交线的水平投影和侧面投影。

(5)整理转向素线投影。圆锥侧面投射转向素线自Ⅴ,Ⅵ两点以上部分被截平面截去,所以圆锥侧面投影轮廓线的 5″,6″以上部分不应画出。

结果如图 3.18(b)所示。

【例 3.11】 已知带切口圆锥的正面投影,如图 3.19(a)所示,求其水平和侧面投影。

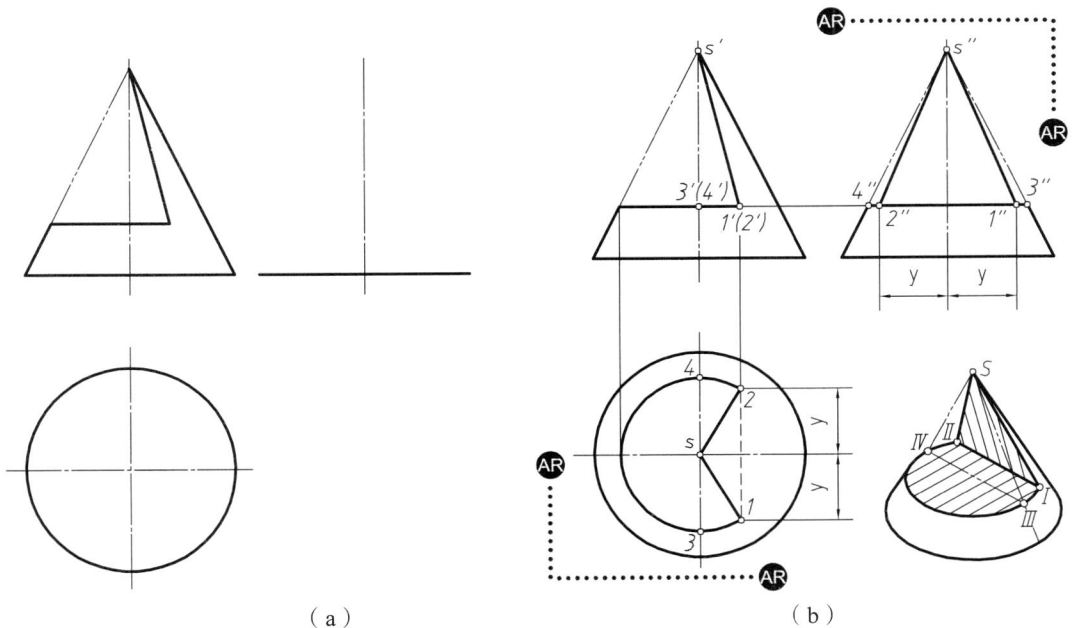

(a) (b)

图 3.19 平面与圆锥相交(二)

【解】 图 3.19（a）中的切口是由两个平面截切圆锥形成的：一个是通过锥顶的正垂面，它与圆锥面产生的截交线为过锥顶的两相交直线；另一个是垂直于圆锥轴线的水平面，它与圆锥面产生的截交线为圆弧。

作图步骤：
（1）作圆锥的水平投影和侧面投影。
（2）作截交线的水平投影和侧面投影。
（3）整理转向素线的投影，判别可见性。

在两个投影中，只有水平投影的直线 12 不可见，其余图线均可见。在水平投影及侧面投影中，画双点画线部分的圆锥转向素线不存在。

（4）检查、加深图线，完成全图。

结果如图 3.19（b）所示。

### 3. 平面与球相交

平面截切球时，不论截平面的位置如何，截交线的形状均为圆，该圆的直径大小与截平面到球心的距离有关，但由于截平面相对于投影面的位置不同，截交线投影的形状也不同，如表 3.3 所示。

表 3.3  平面与球相交

| 截平面位置 | 平行于投影图 | | 垂直于投影图 |
| --- | --- | --- | --- |
| | 水平面 | 正平面 | 正垂面 |
| 立体图 | 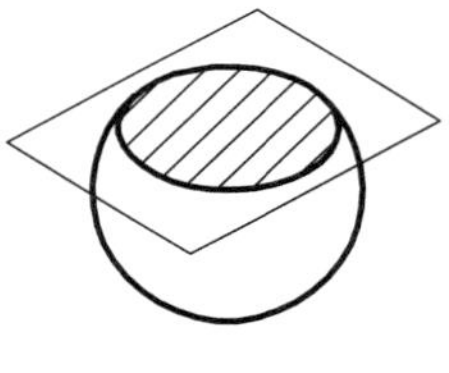 | 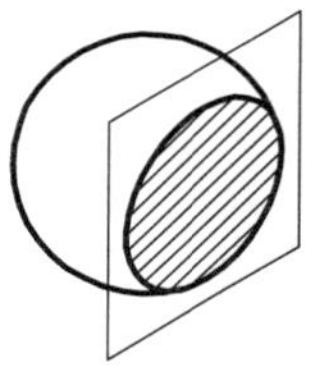 | 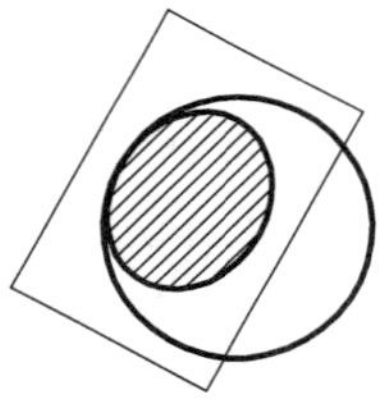 |
| 投影图 | 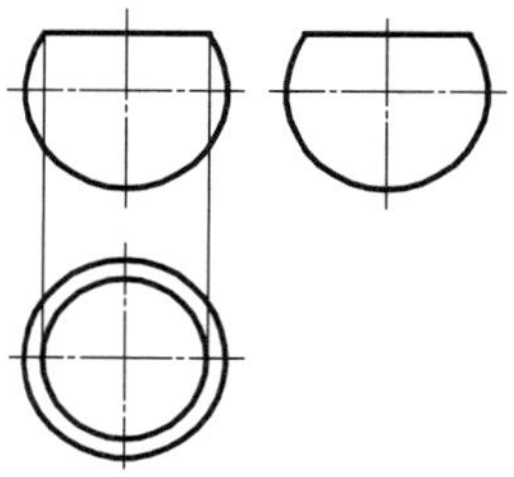 | 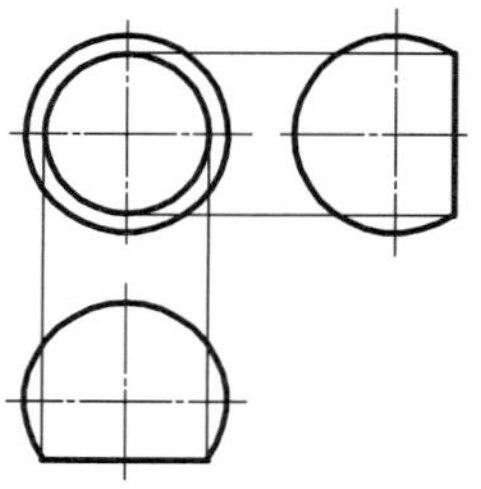 | 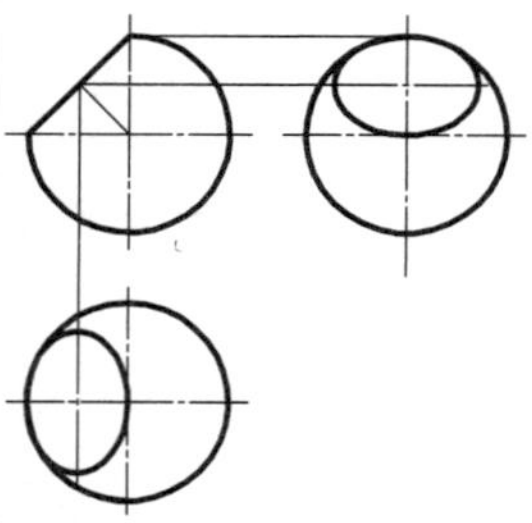 |

下面举例介绍平面截切球的作图步骤。

【例 3.12】 求图 3.20（a）所示的球切槽的侧面投影和水平投影。

【解】 槽是由两个侧平面和一个水平面截切球形成的，左右对称。两个侧平截面与球面的截交线均为一段圆弧，与水平截面的交线为正垂线，其侧面投影反映实形。水平截面与球面的截交线是两段圆弧，其水平投影反映实形圆弧，如图 3.20（b）所示。

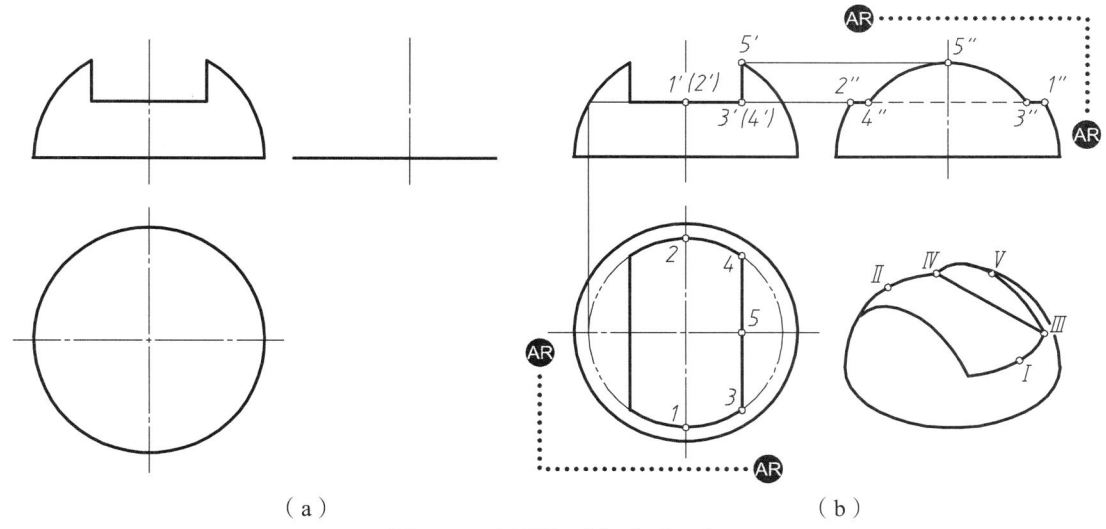

图 3.20 平面与球相交（一）

作图步骤：

（1）画出半球的水平投影和侧面投影。

（2）分别画出各截平面的水平投影和侧面投影（画截平面的投影，就是画出截平面与立体表面的截交线及截平面之间交线的投影）。

（3）整理转向素线的水平投影和侧面投影，判别可见性，擦去不要的图线。

侧面投影上，直线3″4″不可见，应画成细虚线。球的侧面投影轮廓大圆只画到1″，2″为止。

（4）检查、加深图线，完成全图。

【例 3.13】 如图 3.21（a）所示，求正垂平面截切球的水平及侧面投影。

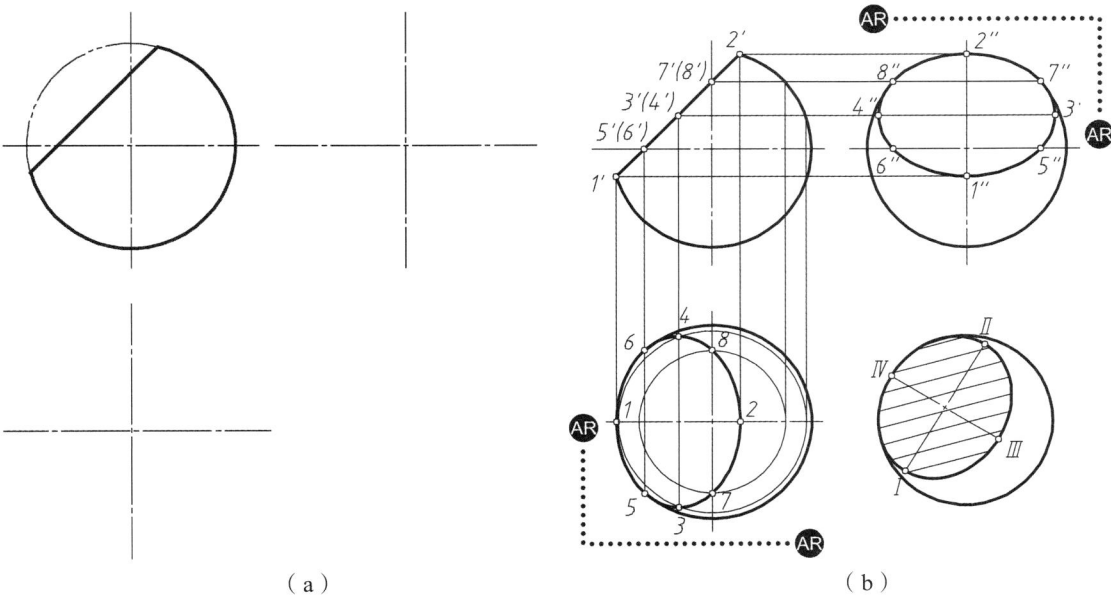

图 3.21 平面与球相交（二）

【解】 分析：截交线的空间形状为圆，它的正面投影为直线段，其长度为截交线圆的直径；截交线圆的水平投影和侧面投影分别为椭圆，如图3.21（b）所示。

作图步骤如下：

（1）作球的水平投影和侧面投影。

（2）求截交线的水平投影和侧面投影。

① 求特殊点的投影。

截交线的正面投影上的点 1′，2′和5′，6′及7′，8′分别是球的正面、水平及侧面转向素线上的点，它们对应的水平和侧面投影可直接求出。截交线的水平及侧面投影都是椭圆，它们的短轴分别为 12 和 1″2″。在正面投影上可以求出直线段 1′2′的中点 3′（4′），利用辅助圆法求出其水平投影和侧面投影，即可得椭圆长轴两个端点的投影。

② 求一般点的投影。

在 1′2′上再取适当数量的一般点，然后利用辅助圆法求出这些点的水平及侧面投影，因特殊点的数量较多，图中未再表示一般位置点，读者可自己作图。

③ 判别可见性，光滑连线。

将所得各点按投影顺序光滑连线，即得所求截交线的投影。截交线的水平及侧面投影均可见。

（3）整理转向素线的投影。

水平投影上，球的转向素线的投影画到 5，6 为止。侧面投影上，球的转向素线的投影上边画到 7″，8″为止。

（4）检查、加深图线，完成全图。结果如图3.21（b）所示。

#### 4．平面与一般回转体相交

在此，将圆柱面、圆锥面、球面、环面之外的所有回转面统称为一般回转面，由一般回转面和一定数量的平面组成的立体称为一般回转体。

【例3.14】 求图3.22所示的回转体被正平面截切后的投影。

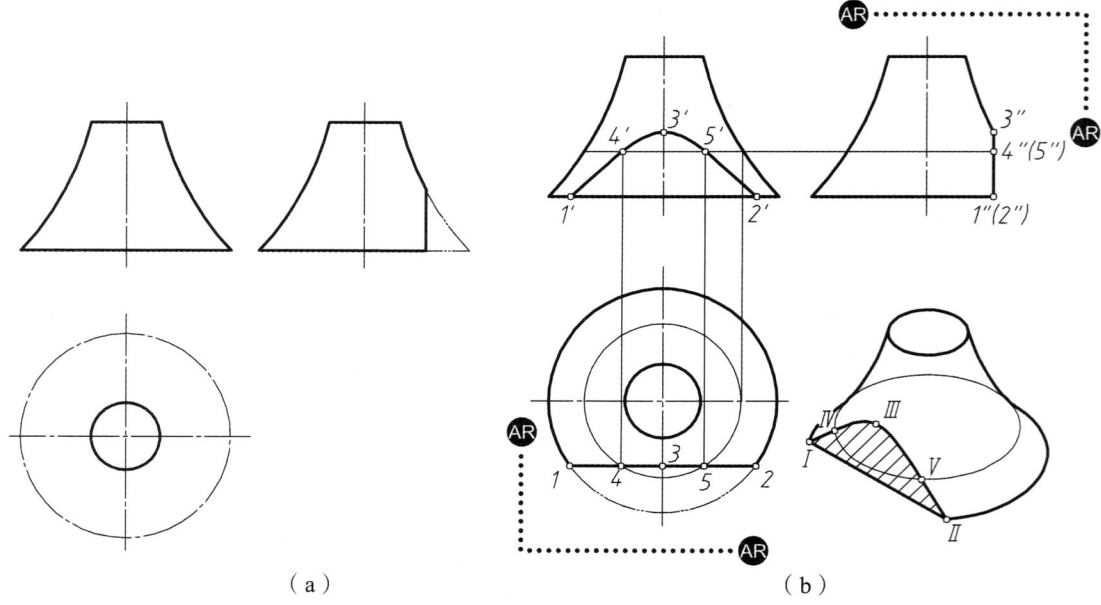

图 3.22 平面与一般回转体相交

【解】 由于截平面的水平投影和侧面投影有积聚性，所以截交线的水平投影和侧面投影为直线段。Ⅰ，Ⅱ两点是截交线上的最低点，它们在回转面底圆上，Ⅲ点为侧面投影转向素线上的点，也是截交线上的最高点。然后再求出若干一般位置点，并光滑连线，即完成截交线的正面投影作图。

作图步骤：

（1）求截交线的投影：

① 求截交线上特殊点的投影；

② 求一般位置点，一般点Ⅳ，Ⅴ，通过辅助圆法来进行作图；读者可在作Ⅵ，Ⅶ点。

③ 判别可见性、光滑连线。截交线的正面投影可见，将所得各点按投影顺序光滑连线。

（2）整理投影轮廓线。补画底面大圆的投影。

### 5. 平面与组合回转体相交

【例 3.15】 求图 3.23 所示的回转体被正平面截切后的投影。

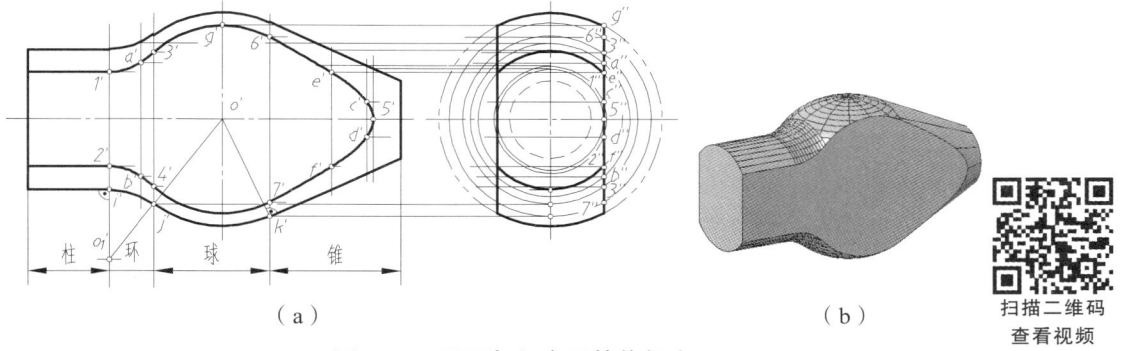

图 3.23 平面与组合回转体相交

【解】 由图 3.23 可知，该形体为多个回转面形成的组合回转面，其作图方法为分清每个回转面的形状与范围，逐个绘制其交线。

分析：如图 3.23 所示，该回转体由四部分组成，被前后对称的正平面切到的从左到右有柱、环、球、锥四部分，其中，以 $i'$ 左边部分为圆柱，$i'j'$ 之间的部分为以 $o_1'$ 为圆心，以 $o_1'j'$ 为半径的圆弧绕轴线旋转一周而形成的环面，环面与柱面的分界圆的正面投影是直线，它通过 $i'$ 点作柱面的正面投影的轮廓线垂线得到；$j'k'$ 之间的部分为球面，环面与球面的分界圆的正面投影是直线，左边它通过过 $o_1'o'$ 连心线与球面的正面投影的轮廓线的交点 $j'$ 作轴线垂线得到；同样右边它通过过 $k'$ 点作锥面的正面投影的轮廓线垂线得到；由于截平面的侧面投影有积聚性，所以截交线的侧面投影为直线段，正面投影由于前后对称，所以截交线的正面投影前后重影。

作图步骤：

（1）求圆柱截交线的投影：

① 求圆柱与圆环面的分界圆上的Ⅰ，Ⅱ点的投影，其作图方法为：先作分界圆的侧面投影为圆柱的积聚投影，该圆与截平面的侧面投影交点 $1''$，$2''$，按投影关系作出正面投影 $1'$，$2'$。

② 截平面与圆柱表面交线为直线，过 1′，2′点作图。

（2）求圆环截交线的投影：

① 求圆环面与球的分界圆上的Ⅲ，Ⅳ点的投影，其作图方法为：先作分界圆的侧面投影圆，该圆与截平面侧面投影的交点 3″，4″，按投影关系作出正面投影 3′，4′。

② 截平面与圆环表面交线为一般曲线，用圆环表面取点的方法（即辅助圆法来进行作图），先作 A，B 点侧面投影 a″，b″，再作正面投影 a′，b′。

（3）求圆球截交线的投影：

圆球截交线为圆，其正面投影为圆，其半径为 o′g′。

（4）求圆锥截交线的投影：

① 求球面与锥面的分界圆上的Ⅵ，Ⅶ点的投影，其作图方法为：先作分界圆的侧面投影圆，该圆与截平面侧面投影的交点 6″，7″，按投影关系作出正面投影 6′，7′。

② 截平面与圆环表面交线为双曲线，其顶点 V 的正面与侧面投影 5′，5″，用锥表面取点的方法（即辅助圆法来进行作图）；再用辅助圆法作一般位置点 C，D，E，F 点侧面投影 c″，d″，e″，f″，再作正面投影 c′，d′，e′，f′。

（5）判别可见性、光滑连线；整理投影轮廓线。注意，交线与交线分界处不应连线。

## 3.3 立体与立体相交

工程上的零件常常可以抽象为若干基本立体相交而形成。两个基本立体相交称为相贯，其表面交线称为相贯线，是相交两面的分界线。两个及两个以上立体相贯而形成的立体称为相贯体。我们常看到的相贯线包括 3 种情况：两立体外表面相交形成的相贯线；在某立体上穿孔而形成的孔口交线；两立体内孔壁相交而形成的孔壁交线。如图 3.24（a）、(b)、(c) 所示交线为外表面交线；如图 3.24（d）所示上方的交线为孔口交线与内孔壁交线。根据相贯立体类型的不同可将相贯形式分为如图 3.24（a）所示的两平面体相贯、如图 3.24（b）所示的平面体与曲面体相贯、如图 3.24（c）、(d) 所示的两曲面体相贯。根据相交位置和程度的不同又可分为全贯和互贯，两立体部分相交称为互贯，如图 3.24（a）所示；一个立体全部穿入另一立体称为全贯，如图 3.24（b）、(c) 所示。画相贯立体的关键是分析相交形体表面所产生的交线，本节讨论相贯线画法。

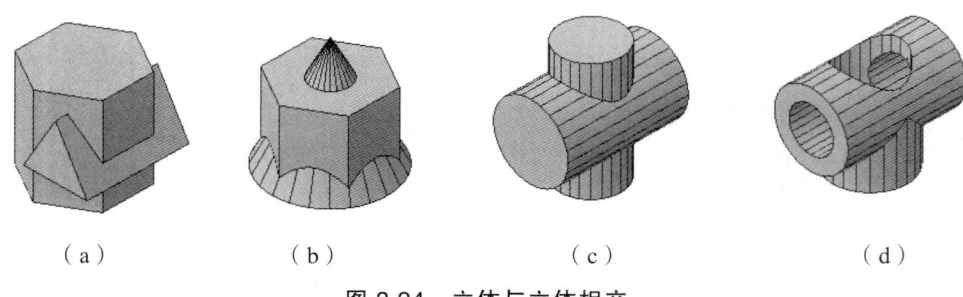

图 3.24 立体与立体相交

## 3.3.1 相贯线的性质和求法

**1. 相贯线的主要性质**

相贯线是两相贯立体表面共有点的连线，相贯线上的点是两相贯立体表面上的共有点。一般情况下，两平面体的相贯线是闭合的空间折线段；两曲面体的相贯线是闭合的空间曲线；在特殊情况下，也可能不闭合，或者是平面直线段或平面曲线。如图 3.25 所示，两个三棱柱全贯，图（a）中小三棱柱穿通大三棱柱，与大三棱柱前后表面上的交线围成两个封闭线框，前方的线框是大三棱柱的一个棱面与小三棱柱的三个侧棱面的交线，是一个平面封闭线框；后方的线框是大三棱柱的两个棱面与小三棱柱的三个侧棱面的交线，为一个空间折线框。图（b）中因为小三棱柱的下方棱面与大三棱柱的底面共面，因此交线不是封闭线框。

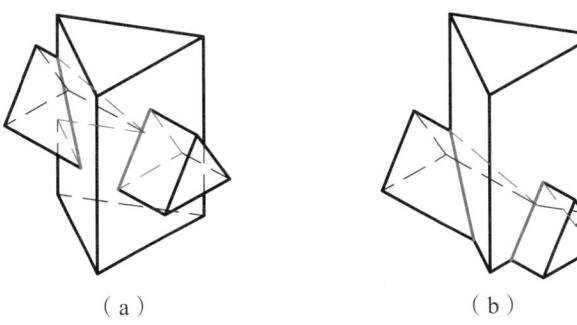

（a） （b）

图 3.25　相贯线示例

**2. 相贯线的求法**

求两相贯体的相贯线，是指完成相贯线的三面投影图。无论何种形式的相贯体，其相贯线的求作都可分为空间分析和投影作图两大步骤。

空间分析：分析相贯两立体的基本形状；相贯形式是全贯还是互贯；哪些表面存在交线（内、外表面都应考虑齐全），分析相贯线的空间形状以及相贯体相对于投影面的位置。

投影作图：相贯线作图实质是找出相贯两立体表面上若干共有点的投影，一般是先找出一些关键点的投影。针对不同的立体、相对于投影面位置的不同，找点的方法也不尽相同，对于有积聚性的表面上的点可以直接利用积聚性找点；没有积聚性的，平面体常采用棱线法找点；曲面体则常采用素线法、纬圆法、辅助平面法等。作出各点的投影后，再顺序将各点连线，作出交线的投影，并判明其可见性，在某个投影图中，如果交线位于两个立体均可见的表面上，则交线可见；否则不可见。

下面的章节中将分类对相贯线的求法进行具体的讲解。

## 3.3.2 平面体与平面体相交

两平面立体相贯，其相贯线在一般情况下是封闭的空间折线；在特殊情况下，也可能不闭合，或者是平面多边形，如图 3.26 所示。一般情况下，当两立体全贯时，如果小立体贯穿于大立体的两端，呈十字形相贯，则相贯线是两个封闭的空间折线框；如果呈 T 字形相贯则相贯线只是一个封闭线框；两立体互贯时，相贯线是一个封闭空间折线框。线框的各个顶点是一个平面体的棱线与另一平面体棱线或棱面的交点，线框的各条直线段是两平面体上棱面与棱面的交线。

求两平面体相贯线的投影，只需依次求出每个立体的棱线与另一立体棱面的交点的投影，然后按照正确的顺序将各点连线，并判断其可见性。最后完善两立体原有轮廓线的投影，被遮挡的轮廓线改画细虚线，贯穿到立体内部的轮廓线不再存在，需擦除。

【例 3.16】 如图 3.26（a）所示，已知六棱柱与三棱柱相贯，补全正面投影。

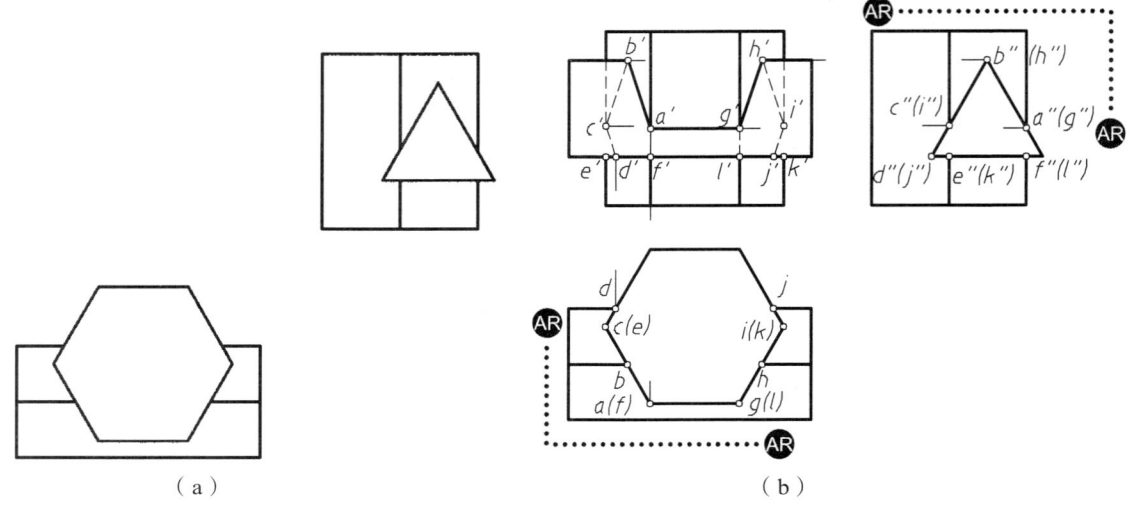

图 3.26 例 3.16 图

【解】 由图 3.26（a）的已知条件可以看出三棱柱的三条侧棱线中只有两条与六棱柱的棱面相交，属于互贯情况。三棱柱的两条棱线与六棱柱的棱面产生 4 个交点；六棱柱有 4 条棱线与三棱柱的棱面产生 8 个交点，因此相贯线是一个由 12 个顶点构成的封闭空间折线框，折线框的各边即是三棱柱三个棱面与六棱柱五个棱面相交的交线。由此想象出相贯线的大致情况如图 3.24（a）的立体图所示。

再由图 3.26（a）的已知条件可看出，水平投影中，六棱柱的侧棱面投影积聚成线，所以相贯线的投影也重合在该积聚投影上与三棱柱棱面相交的部分；在侧面投影中，三棱柱的侧棱面投影积聚成线，因此相贯线也重合在该积聚投影上与六棱柱棱面相交的部分。于是问题可归结为已知相贯线的水平投影和侧面投影求作其正面投影。

作图步骤：

（1）因为相贯线左右对称，先在侧面投影上标出相贯线左边部分的 6 个顶点 $a'' \sim f''$。根据投影关系找出水平投影对应的 6 个顶点的投影 $a \sim f$，再对应找出正面投影中 6 个顶点的位置 $a' \sim f'$，然后对称地作出右边 6 个顶点的正面投影（$g' \sim l'$）。

（2）对照俯、左视图中各点的连线顺序将主视图的各点依次连线，并且判明交线投影的可见性，$a'b'$、$a'g'$、$g'h'$ 位于两个立体均可见的前方棱面上，因此可见，用粗实线表示；$d'e'$、$e'f'$、$f'l'$、$l'j'$、$j'k'$ 与三棱柱的水平棱面的积聚投影重合；$b'c'$、$h'i'$ 位于六棱柱可见棱面上，但是位于三棱柱不可见的棱面上，因此不可见；$c'd'$、$i'j'$ 位于两立体不可见表面上，因此不可见，不可见的交线画成细虚线。

（3）补全两个立体各棱线的投影，其中，三棱柱的最高棱线，从 $B$ 点到 $H$ 点之间的部分因为贯穿于六棱柱体内，不再存在轮廓线，不能连线；同理，六棱柱与三棱柱相贯的四条棱线中 $c'e'$，$a'f'$，$g'l'$ 和 $i'k'$ 均不能连线。六棱柱最左、最右两条棱线被三棱柱遮挡的部分画成细虚线；六棱柱后方的两条棱线因前面的棱线 $a'f'$、$g'l'$ 断开而没被重影遮挡的部分也要画出细虚线。最终作图结果如图 3.26（b）所示。

【例 3.17】 如图 3.27（a）所示，已知三棱柱与三棱锥相贯，补全其俯视图和左视图。

【解】 由图 3.27（a）的已知条件可知，三棱柱与三棱锥全贯，在三棱锥的前后表面上相贯线组成两个封闭线框。在相贯体前方，三棱柱的左、右侧棱面与三棱锥的左、右棱面产生两条交线，三棱柱的上侧棱面与三棱锥的两个棱面产生两条交线，因此前方的相贯线线框是由四条边、四个顶点组成的空间封闭折线框，四个顶点分别是三棱柱的棱线与三棱锥棱面的交点以及三棱锥的前棱线与三棱柱上棱面和下棱面的交点。在相贯体后方，三棱柱的三个棱面与三棱锥的一个棱面相交，因此后方的相贯线线框是一个封闭的平面三角形，三个顶点即三棱柱棱线与三棱锥后棱面的交点。

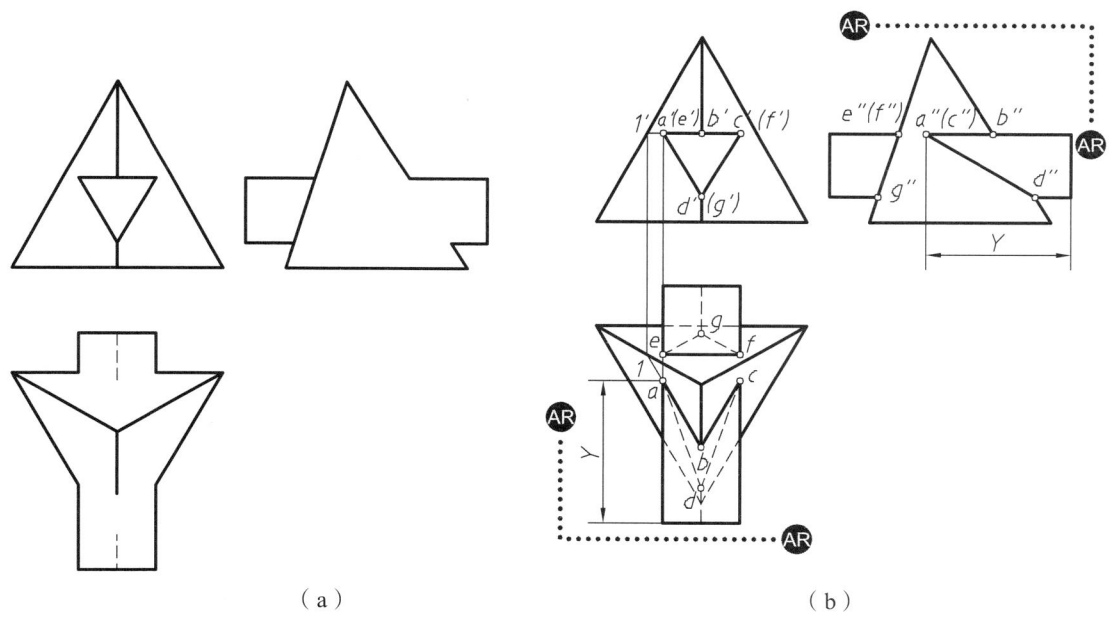

图 3.27　例 3.17 图

由图 3.27（a）的正面投影可知，三棱柱的三个侧棱面在正面投影积聚成三角形，相贯线的正面投影也重合其上。因为相贯线的顶点又是三棱锥表面上的点。因此问题可转换为已知三棱锥表面上的点的正面投影求其水平投影和侧面投影，即可运用前面章节所学的立体表面找点的方法进行作图。

作图步骤：

（1）在正面投影中标注出相贯线前方线框的 4 个顶点 $a'$，$b'$，$c'$，$d'$，如图 3.27（b）所示，$a'$，$c'$ 是三棱锥棱面上的点，它们左右对称，先过 $a'$ 作一平行于底边的辅助线，交左侧棱

于一点 $1'$，然后长对正作出该辅助线的水平投影，再根据点在线上的投影规律，作出 $A$ 点的水平投影 $a$，同理作出 $c$ 点，然后根据宽相等确定侧面投影 $a''$、$c''$ 与 $a''$ 重影。$B$、$D$ 两点的侧面投影 $b''$、$d''$ 可直接标出，然后根据宽相等确定其水平投影 $b$、$d$。

（2）作相贯体后方的相贯线，三棱锥的后棱面侧垂，其侧面投影积聚成线，因此相贯线的投影也重合其上，在正面投影、侧面投影可直接标出 3 个顶点的投影 $e'$、$g'$、$f'$ 和 $e''$、$f''$、$g''$，根据宽相等，作出水平投影 $e$、$f$、$g$。

（3）在水平投影中依次连接 $abcda$ 和 $efge$，其中 $ab$、$bc$、$ef$ 位于两个立体均可见的表面上，投影可见，$ad$、$dc$、$eg$、$gf$ 位于三棱柱下方不可见表面上，因此不可见。在侧面投影中连接 $a''b''$、$a''d''$，右边交线与左边的重影。

（4）检查并补全相贯体原有轮廓线。水平投影中，三棱锥底面被遮挡的轮廓线改画成细虚线；三棱锥前棱线上 $bd$ 段因贯入三棱柱内不再存在轮廓，不能连线，$d$ 点以下部分被遮挡改画成细虚线。三棱柱的三条棱线上贯入三棱锥体内的部分也不能连线，即 $ae$、$cf$、$gd$ 不能连线，将三条棱线分别补全至 $a$、$c$、$e$、$f$、$g$、$d$ 点，结果如图 3.27（b）所示。

### 3.3.3 平面体与回转体相交

平面体与回转体相贯时，一般情况下相贯线是由若干段平面曲线（或直线）所组成的封闭线框，每一段平面曲线是平面体的某一棱面与回转体表面的截交线。封闭线框的每一转折点是平面体的棱线与回转体表面的交点。求作此类相贯线的步骤如下：

（1）形体分析，分析交线的空间形状及相对于投影面的位置。

（2）求各转折点的投影。

（3）求各段平面曲线。先求出特殊点（曲线上的最高、最低、最左、最右、最前、最后点等）以确定曲线范围，再补充若干中间点以确定更准确的形状，并方便连线。

（4）连线并判明可见性。

（5）完善立体原有轮廓线的投影作图。

【**例 3.18**】 如图 3.28（a）所示，已知圆锥与四棱柱相贯，作出左视图并补全主视图。

【**解**】 由图 3.28（a）可以看出，四棱柱的四个棱面与圆锥面相交于四条双曲线，四条棱线与圆锥面的交点是四条相贯线的转折点，相贯线前后对称、左右对称。四棱柱的四个棱面分别是两个正平面和两个侧平面，所以相贯线的水平投影为矩形，矩形的顶点即相贯线上转折点的水平投影；相贯线的正面投影，前后两条反映实形，左右两条积聚成直线；相贯线的侧面投影，左右两条反映实形，前后两条积聚成直线。

作图步骤：

（1）求作转折点、最高点、最低点等特殊点的投影，如图 3.28（b）所示，因为形体前后对称，正面投影中仅能看到前面两个转折点，后面的与前面的重影，在此仅标注出前面两个转折点的水平投影 $a$、$c$。$A$、$C$ 两点是圆锥与四棱柱的共有点，过 $a$、$c$ 两点作圆锥的一纬圆，它是过交线上的点能作出的最大纬圆，因此 $A$、$C$ 点也是交线上的最低点。利用纬圆法求出正面投影 $a'$、$c'$，再根据高平齐作出侧面投影 $a''$、$c''$。侧面投影能看到左侧的两个转折点 $a''$、$e''$，同理，作出 $E$ 点的三面投影，它也是交线上的最低点。由侧面投影可确定相贯线前方一段曲线的最高点 $B$；由正面投影可确定相贯线左侧一段曲线的最高点 $D$，对应找出其三面投影。

（2）用纬圆法（或者素线法）求出一些中间点，如图3.28（c）所示。
（3）依次将所求各点连接成光滑曲线，最终结果如图3.28（d）所示。

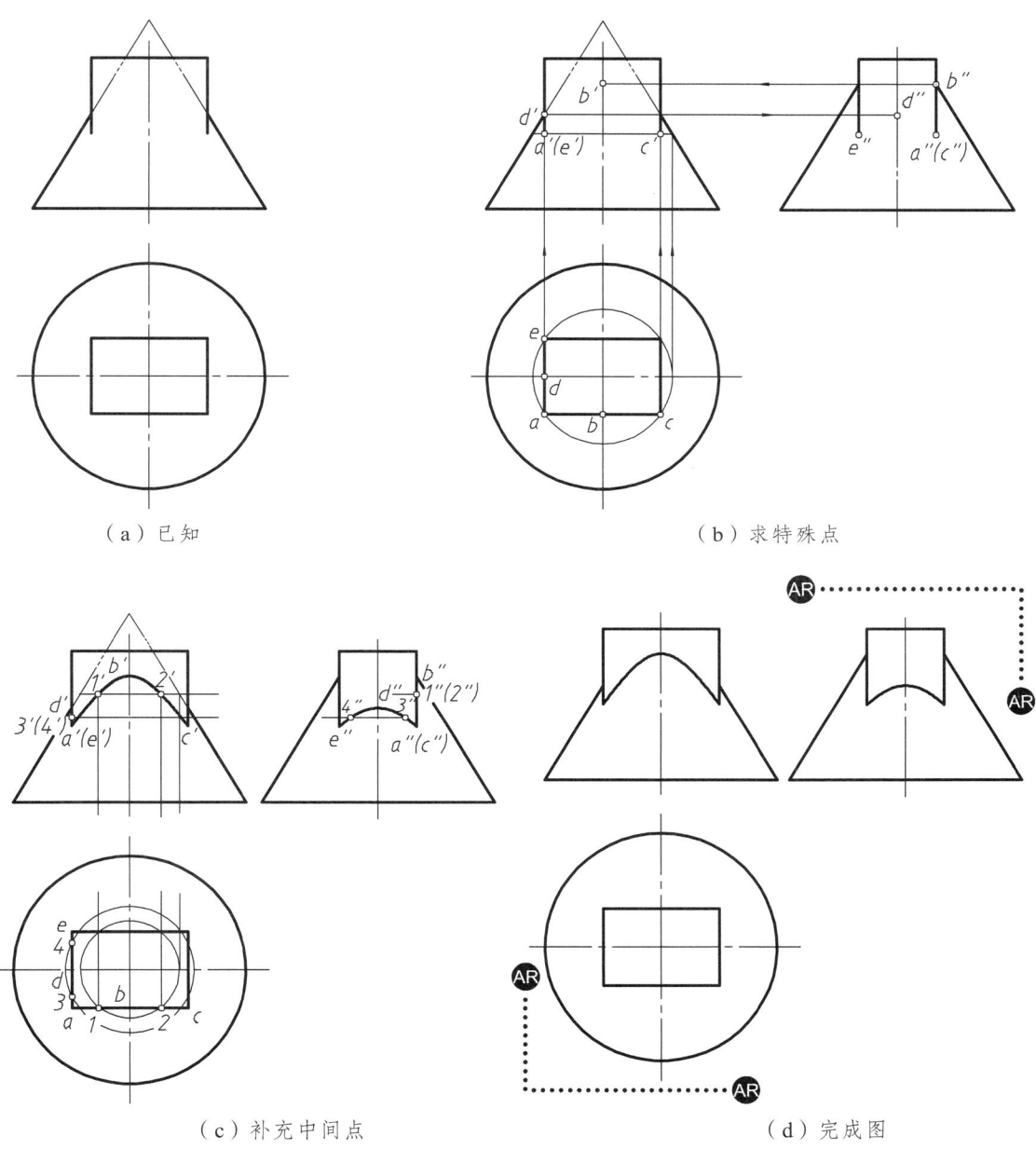

图 3.28　例 3.18 图

## 3.3.4　两回转体相交

在机械零件上，常常见到两回转体相贯的情况，两回转体相贯，相贯线一般为光滑封闭的空间曲线，它是两回转体表面的共有线，相贯线上的点是两回转体表面上的共有点。求作两回转体相贯线的步骤如下：

（1）形体分析和投影分析。

（2）作出一些特殊点以确定相贯线的形状和范围，如回转体投影的转向素线（又称转向轮廓线）上的点；对称的相贯线在其对称面上的点；最高、最低、最前、最后、最左、最右点等。

（3）补充中间点以便更准确而光滑地作出相贯的投影。

（4）连线并判断可见性，同时位于两立体可见表面上的一段交线才可见，否则不可见。

（5）检查并补全立体的轮廓线，注意被遮挡的轮廓部分要用细虚线表示；一立体原有的轮廓线贯穿于其他立体内后，穿入体内的部分将不再存在轮廓线。

求作回转体相贯线投影的实质就是求出两立体表面共有点的投影，其作图方法一般有：

① 利用投影的积聚性；

② 辅助平面法；

③ 辅助球面法。

**1. 利用积聚性**

当一个轴线垂直于某一投影面的圆柱与其他回转体相贯时，相贯线在该投影面上的投影就重合在圆柱面的积聚投影上。这样，求相贯线的投影问题就可以看成是已知一回转体表面上的线的一个投影而求作其他投影的问题。利用前面所学的回转体表面找点的方法（如利用积聚性、素线法、纬圆法）在相贯线的已知投影上取一些点，求出这些点的另外两个投影，然后将同面投影点按顺序连线即可求出相贯线的各投影。

当两个圆柱垂直相交，并且两圆柱轴线分别垂直于两个投影面时，则相贯线在两个投影面上的投影均积聚在相对应的圆柱面的积聚投影上，这样，求相贯线的问题就可转换成已知一回转体表面上的线的两个投影而求作第三投影的问题，直接利用积聚性取点连线即可作出相贯线的投影。

习惯上，将两圆柱轴线垂直相交的情况称作圆柱正交；而轴线交叉垂直的情况称为偏交；轴线不垂直相交的情况称为斜交。

**【例 3.19】** 如图 3.29（a）所示，已知两相交圆柱的三面投影，求作其相贯线的投影。

**【解】** 从例题的已知条件可知：小圆柱与大圆柱全贯，呈 T 字形相交，相贯线是一条封闭的空间曲线框；两圆柱正交，相贯线前后对称、左右对称，因此其正面投影前后重合成一段曲线，侧面投影左右重合成一段曲线。相交两圆柱中小圆柱轴线铅垂，其水平投影积聚为圆（简称积聚圆），根据相贯线的共有性，相贯线的水平投影即重合在该圆上；同理，大圆柱在侧面投影积聚为圆，相贯线的侧面投影也就重合在该圆上，但仅重合在小圆柱与大圆柱相贯处的一段圆弧上，因此只需要求作其正面投影。

作图步骤：

（1）作特殊点：先在水平投影中确定出相贯线的最左、最前、最右、最后四个点，如图 3.29（b）中 $a$，$b$，$c$，$d$ 所示，$A$，$C$ 两点是大圆柱最高素线与小圆柱最左、最右素线的交点，所以是相贯线的最左、最右点，同时又是最高点；$B$，$D$ 两点是小圆柱最前、最后素线与大圆柱面的交点，也是相贯线的最低点。侧面投影中 $a''$，$b''$，$c''$，$d''$ 也能直接确定。最后由四点已知的两面投影，求出其正面投影 $a'$，$b'$，$c'$，$d'$。

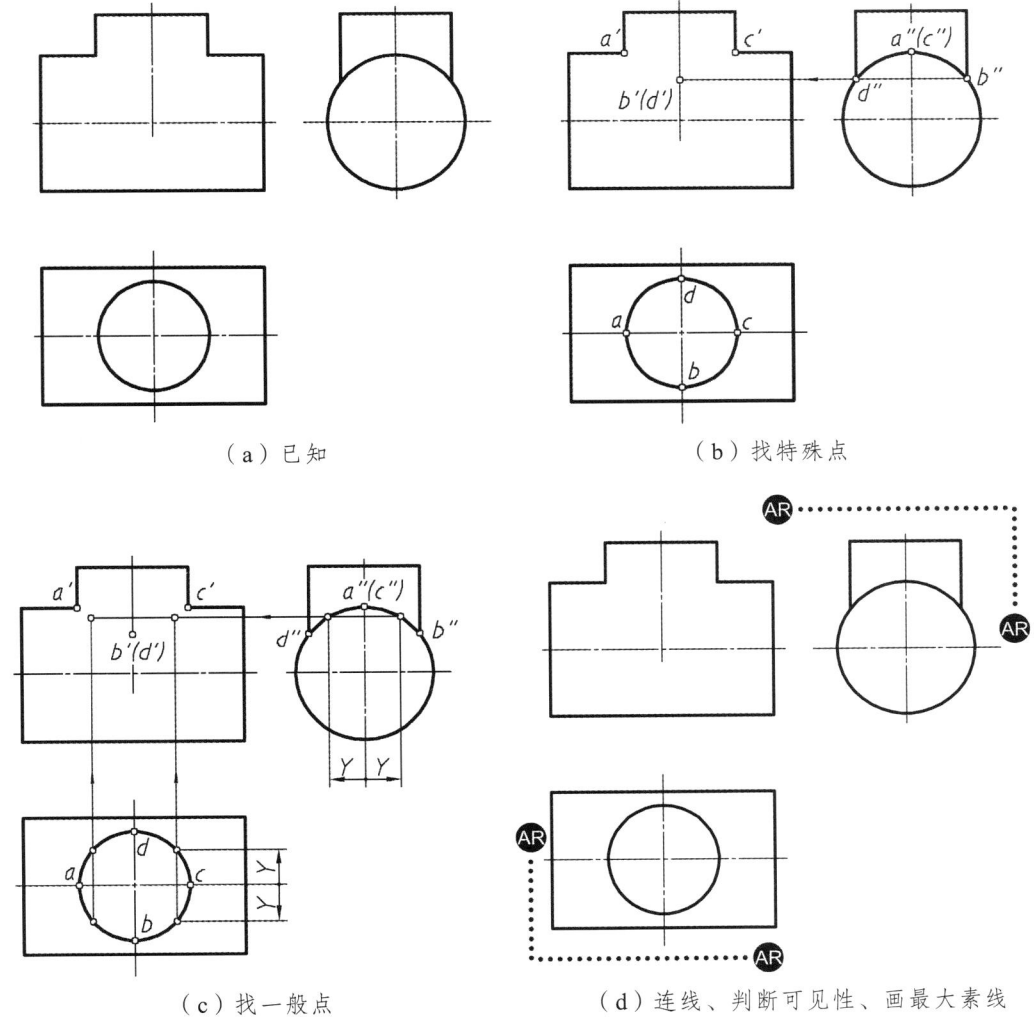

图 3.29　两圆柱正交相贯线的画法

（2）作一般点：在相贯线的水平投影中定出前后、左右对称的 4 个点（也可根据实际需要多确定几个点），根据宽相等的原则，对应作出侧面投影，然后根据长对正、高平齐的原则作出正面投影，如图 3.29（c）所示。

（3）连线，判别可见性：因为相贯线前后对称，前半段 a'b'c' 位于两个圆柱均可见的表面上，所以可见，用粗实线表示；而后半段 a'b'c' 不可见，但是因为对称关系与前半段重合，不用画出。

（4）两相贯体原有轮廓线的处理：大圆柱原有的最高素线（转向素线）上 a'c' 一段因为贯穿入小圆柱而不再是表面轮廓，不能画线，最终结果如图 3.29（d）所示。

注：两圆柱正交的情况在零件上是比较常见的，如果对相贯线的精确度要求不高时，可用圆弧来代替，以便简化作图。作图方法如下：以大圆柱的半径 $R$ 为半径，以两圆柱的最大轮廓线交点 $O_1$ 为圆心，作圆弧交小圆柱的轴线于 $O_2$ 点（两个交点中取远离大圆柱轴线的一

个),再以 $O_2$ 为圆心、$R$ 为半径在最大轮廓线的范围内作圆弧即可,如图 3.30 所示。

当两圆柱正交,且轴线均平行于某一投影面时,交线在该投影面上的投影由小圆柱面向大圆柱面弯曲,如图 3.31(a)、(d)所示。随着小圆柱直径增大,两圆柱直径差越来越小,交线的弯曲程度则越大,如图 3.31(b)所示。当两个圆柱直径相等时,交线是两个垂直于该投影面的椭圆,在该投影面上的投影积聚为两条直线段,直线段的端点分别落在两圆柱转向素线的交点上,并且通过两圆柱轴线交点的投影,如图 3.31(c)所示。

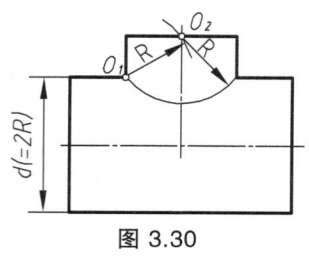

图 3.30

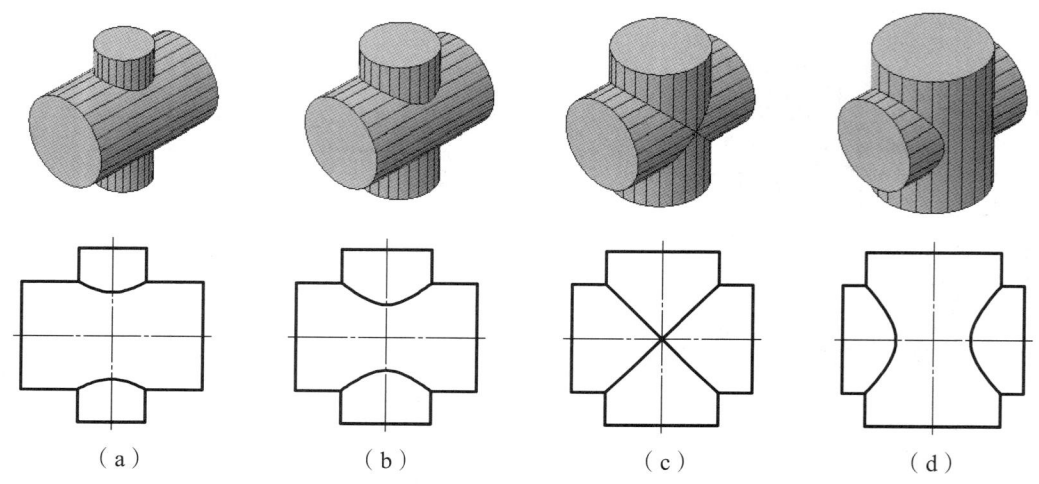

图 3.31 两圆柱正交相贯线变换趋势

【例 3.20】 如图 3.32(a)所示,已知两圆柱筒相贯,补全其主视图。

【解】 由图 3.32(a)已知条件可知:两圆柱筒正交,一圆柱筒轴线侧垂,另一圆柱筒轴线铅垂,其相贯线由三部分组成——两圆柱筒外表面的交线、两圆柱筒内壁的孔壁交线(两圆柱筒内表面交线)、轴线侧垂的圆柱筒下方穿孔而形成的孔口交线(一圆柱筒外表面与另一圆柱筒内表面相交的交线)。由水平投影可看出两圆柱筒外圆柱面等径;其外表面交线的正面投影为两条过外表面转向素线交点和轴线交点(即前后两条转向素线的交点投影)的直线,可直接作出。孔壁交线是轴线侧垂的小圆柱孔穿过轴线铅垂的大圆柱孔壁而形成,两圆柱孔也是呈正交十字相交方式,相贯线是两条对称的封闭空间曲线,与图 3.31(d)的情况相似,可以利用积聚性求解。孔口交线是轴线铅垂的大圆柱孔穿过轴线侧垂的圆柱的外圆柱面而形成的一条空间封闭曲线,但因为前后对称,所以在正面投影成前后重影的一段弧线。

作图步骤:

(1)作两圆柱筒外表面交线。直接将轮廓线交点与轴线交点连接即可,如图 3.32(b)所示。

(2)作孔口交线。交线的水平投影为积聚圆圆周;侧面投影为积聚圆的一段圆弧。先作特殊点:在水平投影中确定出相贯线中的最左、最前、最右、最后四个特殊点 $a$、$b$、$c$、$d$,

然后在侧面投影中对应找出 $a''$，$b''$，$c''$，$d''$；$A$，$C$ 两点是小圆柱面最左、最右素线与大圆柱面最低素线的交点，因此，它们也是相贯线上的最低点；$B$，$D$ 两点是小圆柱面最前、最后素线与大圆柱面的交点，同时也是相贯线上的最高点。根据已知的两面投影，再求出 4 点的正面投影 $a'$，$b'$，$c'$，$d'$。为了更准确地画出相贯线，再补充一些中间点。依次将点连接，完成孔口交线的投影，结果如图 3.32（b）所示。

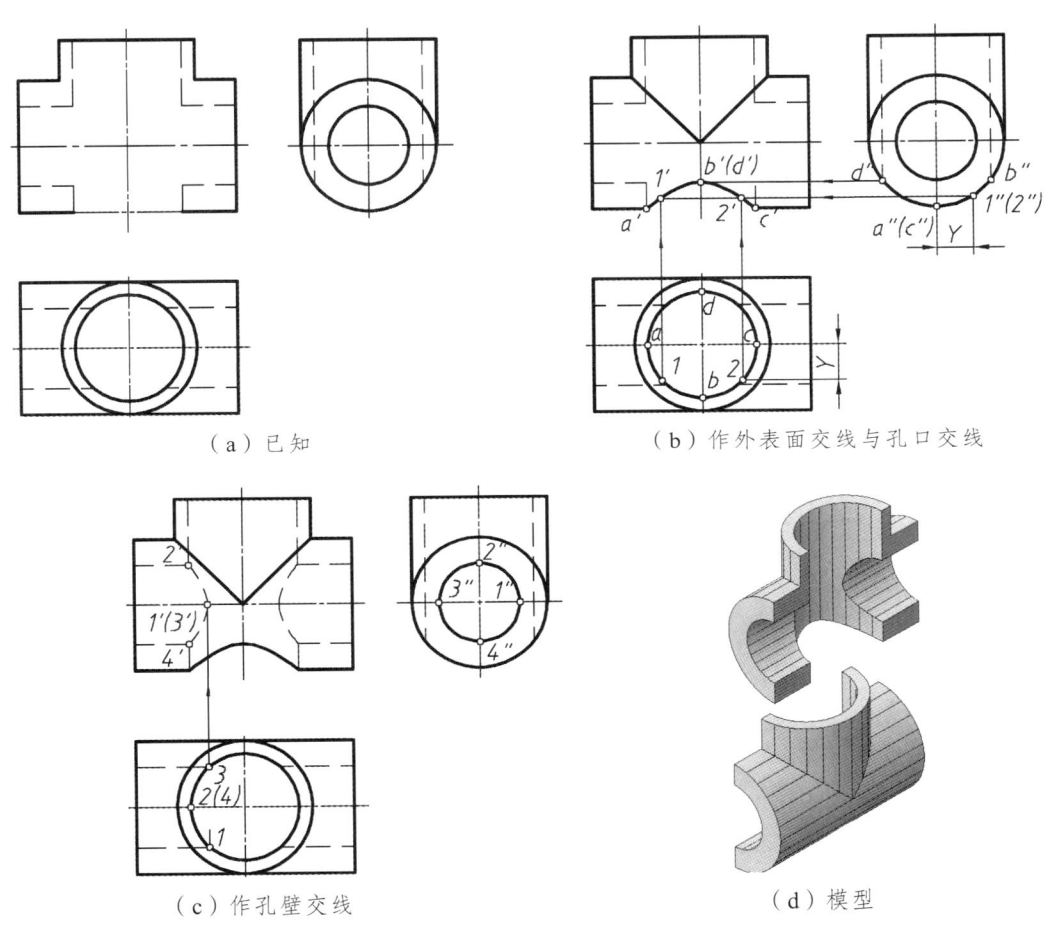

图 3.32　例 3.20 图

（3）作孔壁交线。因为左右的交线是对称的，在此仅展示左边一条交线的作法，交线的侧面投影为积聚圆圆周；水平投影为积聚圆上一段圆弧。先在侧面投影中确定出最前、最高、最后、最低四个特殊点 $1''$，$2''$，$3''$，$4''$，然后确定其在水平投影 1，2，3，4，最后作出正面投影 $1'$，$2'$，$3'$，$4'$。此处省略了中间点的补充。内孔壁上的交线正面投影不可见，因此用细虚线连接。

（4）检查轮廓线。因为穿孔，轴线侧垂的圆柱的最低素线中间被截去，所以 $a'c'$ 不连线；轴线铅垂的圆柱孔的最左、最右素线中间部分也因为穿孔而被截去，$2'4'$ 不连线，结果如图 3.32（c）所示。

**【例 3.21】** 如图 3.33（a）所示，已知俯视图和左视图，补全主视图。

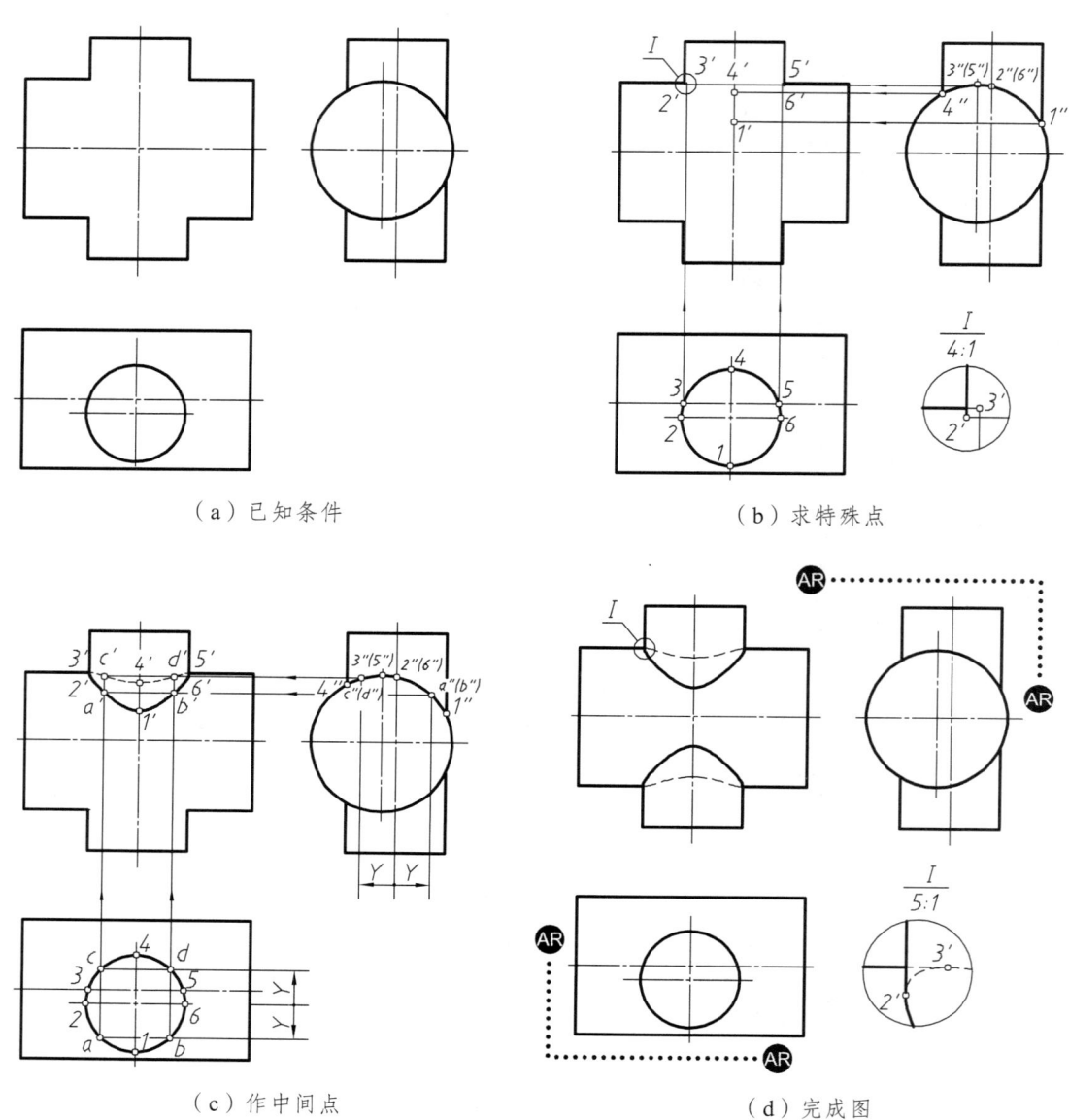

图 3.33　两圆柱偏交相贯线画法

**【解】**　由图 3.33（a）的已知条件可知大圆柱与小圆柱的轴线垂直交叉，我们把这种情况称为两圆柱偏交。小圆柱贯穿于大圆柱，属十字形全贯形式，因此交线为上、下两个封闭的空间曲线框。大圆柱轴线侧垂，小圆柱轴线铅垂，所以交线的水平投影和侧面投影可以利用积聚性在图上直接找出，如图 3.33（b）所示，交线的水平投影重合在小圆柱的水平投影圆周上；交线的侧面投影重合在大圆柱的投影上，为上、下两段圆弧（图中仅标出上段圆弧）。形体前后不对称，因此交线的正面投影也是上、下两个封闭的曲线框，在此仅说明上方交线的作图步骤，下方的对称作出。

作图步骤：

（1）作特殊点。如图 3.33（b）所示，在水平投影中确定出六个特殊点，1，2，4，6 四个点分别位于小圆柱的最前、最左、最后、最右四条素线上，是交线上的最前、最左、最后、最右点；3，5 两点位于大圆柱的最高素线上，是交线上的最高点。对应作出其侧面投影 1″～6″，由侧面投影可知 1 点也是交线上的最低点。根据长对正、高平齐作出正面投影 1′～6′，注意 2，3 点的位置。

（2）作中间点。如图 3.33（c）所示，在交线的水平投影（积聚圆）上取前后对称的 4 个点，根据宽相等在大圆柱的积聚投影圆上作出其侧面投影；再根据长对正、高平齐作出其正面投影。

（3）连线、判断可见性。弧 2′1′6′位于两个圆柱均可见的前表面上，因此可见，用粗实线连接；弧 2′3 和弧 5′6′位于大圆柱的前表面，但是在小圆柱的后表面上，不可见，用细虚线连接；弧 3′4′5′位于两个圆柱均不可见的后表面上，因此不可见，用细虚线连接。

（4）检查轮廓线。大圆柱最高素线贯入小圆柱体内的部分不再存在轮廓，即 3′5′不连线，此外 3′左边及 5′右边一小段被小圆柱遮挡的部分最高素线，画成细虚线。最低素线同理。小圆柱的最左、最右素线贯入大圆柱体内的部分也不再存在轮廓，2′，6′以下至下方对称位置点之间不连线，最终结果如图 3.33（d）所示。

#### 2．辅助平面法

用一假想的辅助平面截切相贯的两回转体，分别得到两回转体表面的截交线，两组截交线的交点即是两回转体表面和一辅助平面的三面共有点，也即两回转体相贯线上的点。这种求相贯线的方法称为辅助平面法。辅助平面的选择原则是使辅助平面与两回转体表面的截交线的投影简单易画，如直线或圆，且一般选择投影面平行面。如图 3.34 所示，当两个相交的回转体能被一系列平行的平面截出两个相交的简单截交线时，可采用该方法求作其相贯线。

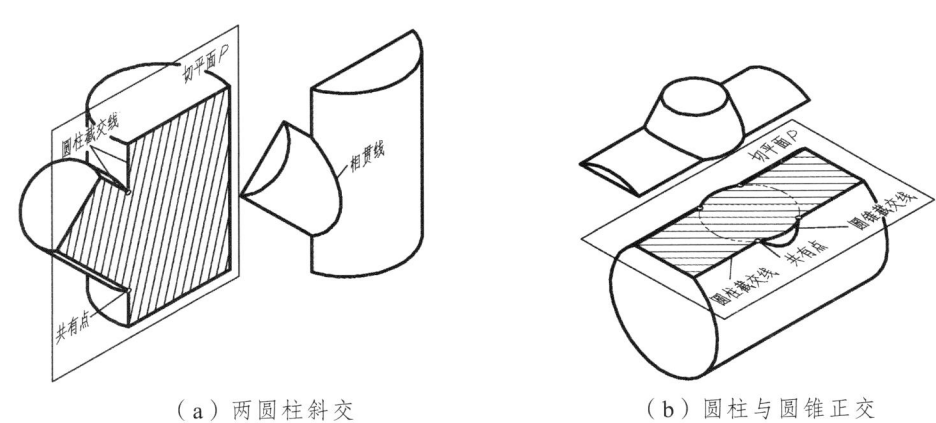

（a）两圆柱斜交　　　　　　　（b）圆柱与圆锥正交

**图 3.34　辅助平面求交线**

如图 3.34（a）所示，辅助平面 P 与两个圆柱的轴线均平行，截两圆柱得四条素线，两两相交，交点即是两圆柱相贯线上的点；用同样的方式再作若干与 P 面平行的辅助平面，获得相贯线上更多的点，然后依次连线即可作出相贯线。如图 3.34（b）所示，辅助平面 P 截圆柱得两条素线；截圆锥得一纬圆；纬圆与素线相交的四点即相贯线上的点，用同样的方式可找到相贯线上若干点，然后依次连线即可。

**【例 3.22】** 如图 3.35（a）所示，求两斜交圆柱的相贯线。

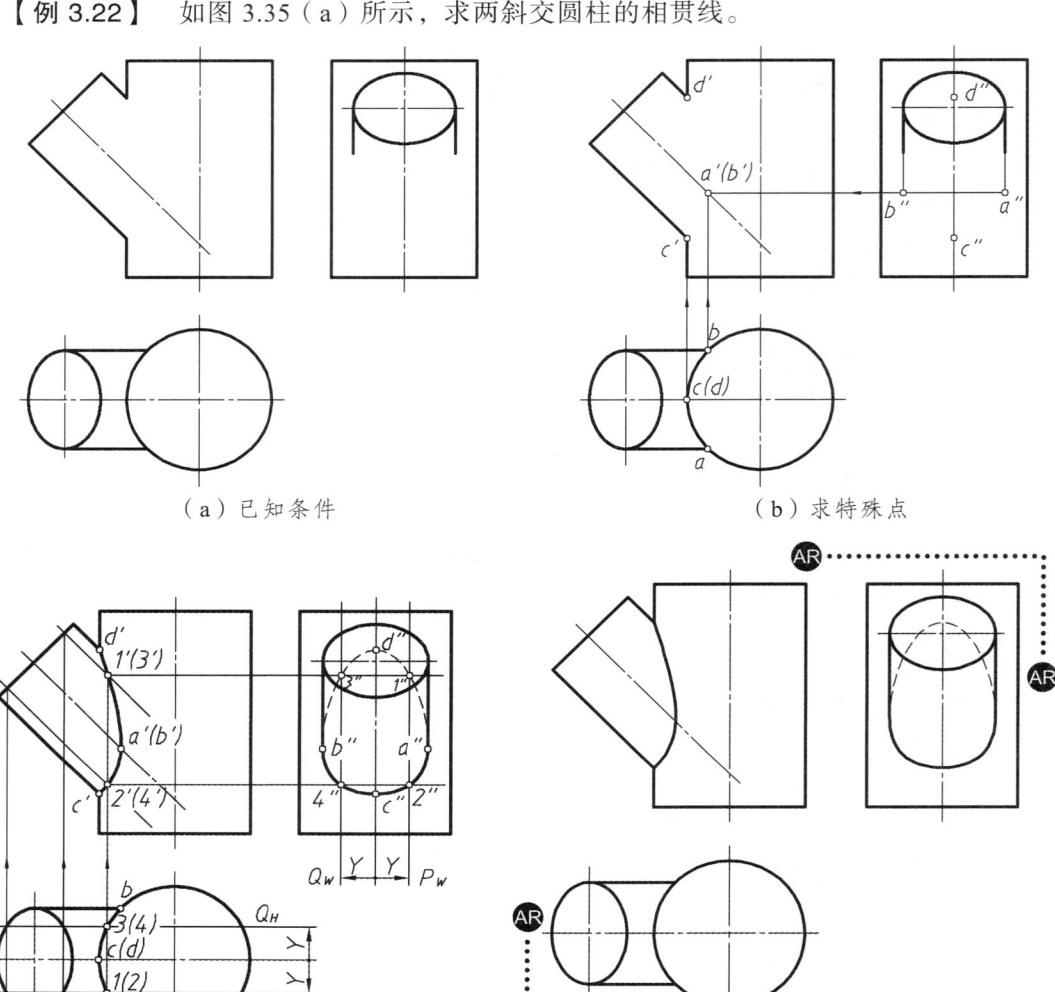

（a）已知条件　　（b）求特殊点

（c）求中间点　　（d）完成图

图 3.35　两圆柱斜交相贯线画法

**【解】** 由图 3.35（a）可知，一小圆柱倾斜贯入另一大圆柱，两圆柱轴线相交，相贯线为一封闭的空间曲线框，但因其前后对称，所以正面投影重合为一段曲线。大圆柱面轴线铅垂，其水平投影积聚为圆，相贯线的水平投影也是重合其上的一段圆弧。小圆柱轴线正平，其底圆在正面投影中积聚为线，其他两投影为椭圆，小圆柱面的三面投影都没有积聚，相贯线不能利用积聚性直接求解。两圆柱的轴线均与正投影面平行，如果用一正平面来切割两圆柱，能得到两个相交的矩形截交线，因此考虑用辅助平面法来求解两圆柱的相贯线。

作图步骤：

（1）求特殊点。如图 3.35（b）所示，在水平投影中，小圆柱的最前、最后素线与大圆柱面相交确定了相贯线的最前点 $a$ 和最后点 $b$，它们同时也是最右点；小圆柱的最高、最低素线与大圆柱的最左素线相交确定了相贯线的最高点 $c$ 和最低点 $d$，它们同时也是最左点。根据长对正确定四个特殊点的正面投影 $a'$、$b'$、$c'$、$d'$，再根据高平齐确定它们的侧面投影 $a''$、$b''$、$c''$、$d''$。

（2）求中间点。用辅助平面法，在水平投影中作一辅助正平面 $P$ 的迹线 $P_H$，求出其与两圆柱面的截交线的正面投影，其中大圆柱只需作出左边一段交线，如图 3.35（c）所示，小圆柱上截交线与大圆柱上截交线的交点 $1'$，$2'$ 即是所求相贯线上的点。同理，作一辅助正平面 $Q$，得到 $3'$，$4'$。根据高平齐、宽相等求出 $1''$，$2''$，$3''$，$4''$。

（3）连线，判断可见性。正面投影依次用粗实线连接 $d'1'a'2'c'$，侧面投影中，曲线 $a''2''c''4''b''$ 位于两个圆柱均可见的表面上，因此可见，用粗实线连接；曲线 $a''1''d''3''b''$ 位于小圆柱不可见表面上，因此用细虚线连接。结果如图 3.35（d）所示。

【例 3.23】 如图 3.36（a）所示，求圆台与圆柱的相贯线。

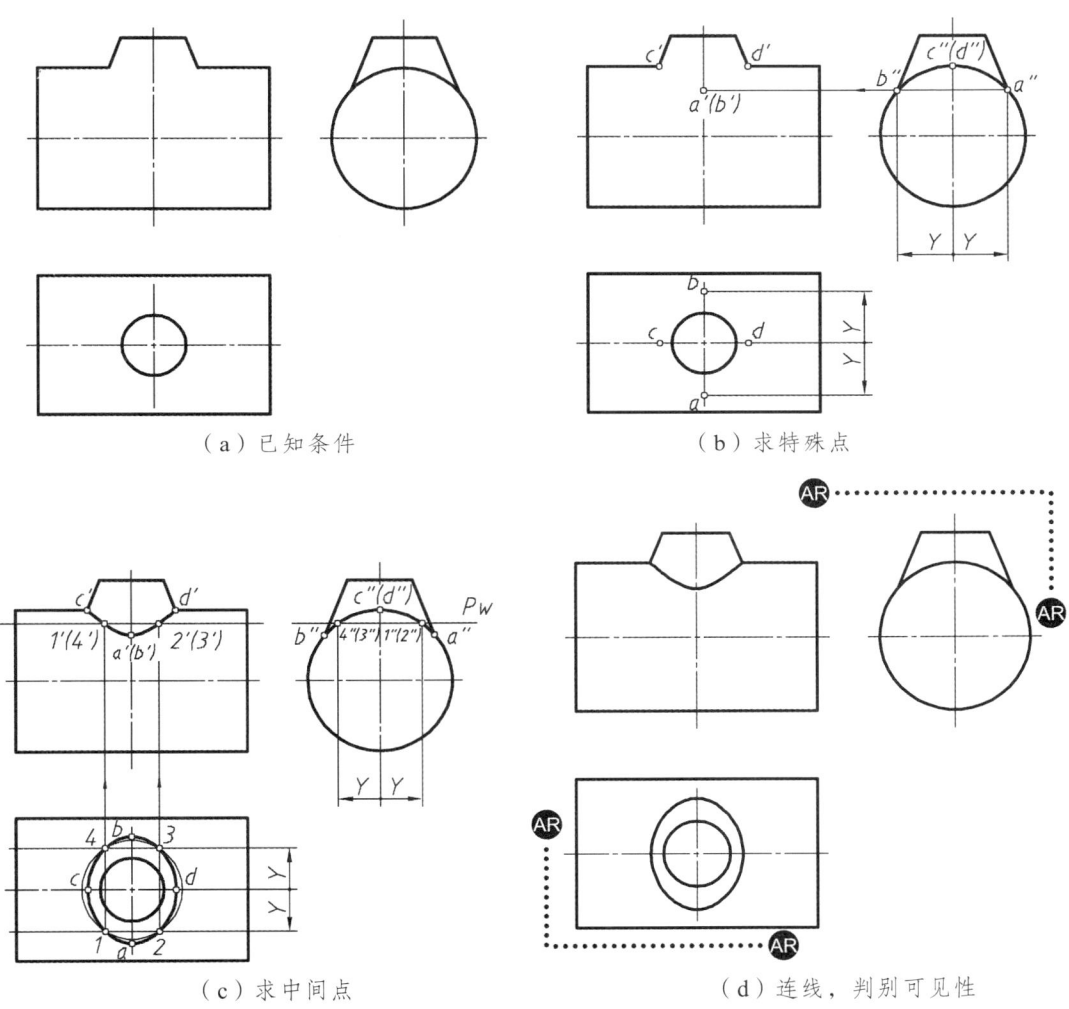

图 3.36 圆柱与圆锥正交相贯线画法

【解】 由图 3.36（a）可知，一轴线铅垂的圆锥贯入一轴线侧垂的圆柱，相贯线为一封闭的空间曲线框。相贯体前后对称，所以交线的正面投影为一段曲线；又因为圆柱的侧面投影积聚为圆，因此相贯线的侧面投影是重合在该圆上的一段圆弧。因为圆锥轴线铅垂，而圆柱轴线侧垂，相贯情况如图 3.34（b）所示，可考虑用辅助平面法求作相贯线的投影。

作图步骤：

（1）求特殊点。如图3.36（b）所示，圆锥的最前、最后素线交圆柱面于 $A$，$B$ 两点，它们分别是相贯线上的最前、最后点，同时也是最低点；圆锥的最左、最右素线交圆柱最高素线于 $C$，$D$ 两点，它们分别是相贯线上的最左、最右点，同时也是最高点。首先确定这四个特殊点的侧面投影 $a''$，$b''$，$c''$，$d''$，然后根据高平齐确定其正面投影 $a'$，$b'$，$c'$，$d'$，最后根据长对正、宽相等确定其水平投影 $a$，$b$，$c$，$d$。

（2）求中间点。如图3.36（c）所示，作一水平辅助面 $P$ 的侧面迹线 $P_W$ 同时与圆柱和圆锥相交，$P$ 面切圆锥面的交线（纬圆）与其切圆柱面的交线（直线）相交于 $1''$，$2''$，$3''$，$4''$，由侧面投影确定纬圆大小，在水平投影中作出纬圆，再根据宽相等确定 $1$，$2$，$3$，$4$，最后根据投影关系作出正面投影 $1'$，$2'$，$3'$，$4'$。

（3）连线、判断可见性。在水平投影中依次连接曲线 $a1c4b3d2$ 各点，它位于两个立体均可见的表面上，可见；在正面投影中依次连接曲线 $c'1'a'2'd'$ 各点，可见，结果如图3.36（d）所示。

### 3. 辅助球面法

若一回转面与一球面同轴相交，其交线一定是圆。如果两回转体轴线相交且平行于投影面，则以两轴线的交点为球心，作与两回转体都相交的辅助球面，球面与两回转体表面的交线为两个圆，两个圆的交点即两回转体表面与辅助球面三个面的共有点，也即两回转体相贯线上的点。这种求相贯线的方法称为辅助球面法，如图3.37所示。

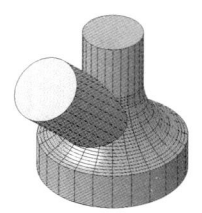
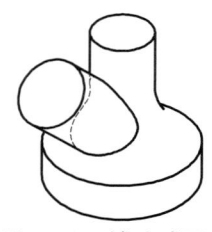
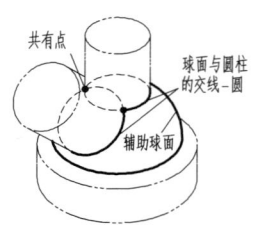

图3.37 辅助球面法

【例3.24】 如图3.38（a）所示，求两回转体的相贯线。

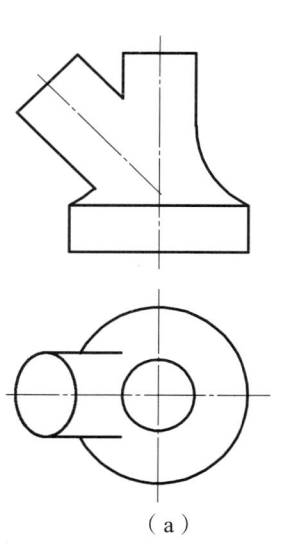
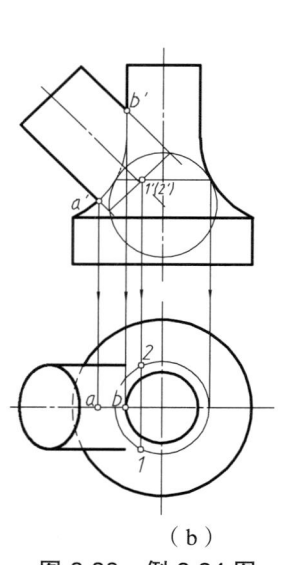
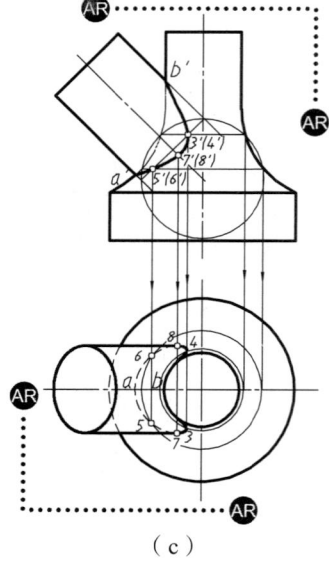

(a)      (b)      (c)

图3.38 例3.24图

【解】 由图3.38（a）可知，一轴线正平的圆柱与一轴线铅垂的回转体相贯，相贯线为一封闭的空间曲线框。相贯体前后对称，所以交线的正面投影积聚为一段曲线。它们的轴线相交，且与正投影面平行，因此可用辅助球面法进行相贯线的求解。

作图步骤：

（1）求作特殊点。确定最左点 A 和最上点 B 的两面投影，如图3.38（b）所示。

（2）作最大、最小辅助球面上的点（以两回转体轴线的交点为球心作辅助球面）。最大辅助球面半径是球心到两回转体轮廓线交点中较远一个点的距离，如图3.38（b）所示的 B 点即是最大辅助球面上的点。由球心向两回转体轮廓线作垂线，其中较长的一条垂线即是最小辅助球面半径（即相交两形体内切球面半径中最大半径），如图3.38（b）所示的 1，2 点即是最小辅助球面上的点。

（3）求作一般点。在最大、最小辅助圆之间任作一辅助球面，如图3.38（c）所示。该辅助球面与轴线铅垂的回转体表面相交，交线为两个水平圆，同时该辅助球面与倾斜圆柱表面相交，交线为一个正垂圆。先在正面投影中作出正垂圆与两个水平圆的交点 3′，4′，5′，6′ 四点，再作出两个水平圆的水平投影，并在其上对应出 3，4，5，6 的投影。

（4）连线、判断可见性。圆柱最前、最后素线与相贯线的交点是相贯线水平投影中可见与不可见部分的分界点，即图3.38（c）中的 7，8 点。连接可见曲线 73b48 和不可见曲线 86a57，在图（c）中省略了Ⅰ，Ⅱ点的标注。

【例3.25】 如图3.39（a）所示，求圆柱与圆锥的相贯线。

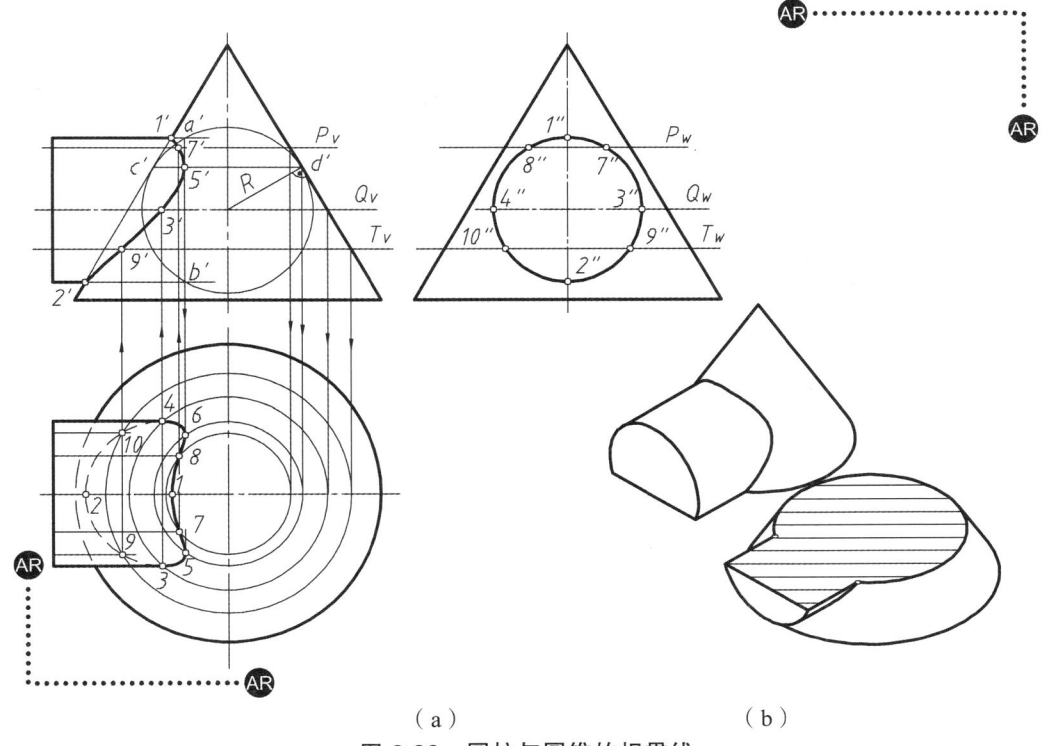

（a） （b）

图3.39 圆柱与圆锥的相贯线

【解】 由图3.39（a）可知，一轴线铅垂的圆锥与一轴线侧垂的圆柱相交，相贯线为一封闭的空间曲线框。相贯体前后对称，所以交线的正面投影为一段曲线；又因为圆柱的侧面投影积聚为圆，因此相贯线的侧面投影是重合在该圆上的一段圆弧，采用辅助平面法求解如图 3.39（b）所示。

作图步骤：

（1）求特殊点。如图 3.39（a）所示，圆柱的最上、最下素线交圆锥面于Ⅰ，Ⅱ两点，它们分别是相贯线上的最上、最下点，首先确定这两个特殊点的侧面投影 1″，2″，然后根据高平齐确定其正面投影 1′，2′（在圆锥的最左素线上），最后根据长对正作出 1，2。

圆柱的最前、最后素线交圆锥面于Ⅲ，Ⅳ两点，它们分别是相贯线上的最前、最后点。采用辅助平面法求此点，先在侧面投影中作出 3″，4″，过 3″4″作水平面 $Q_W$，根据宽相等的投影关系，在水平投影中作出 $Q_W$ 与圆锥的交线圆，进而求得 3，4 点的水平投影，然后求正面投影 3′，4′。

圆锥的最左素线交圆柱最高素线于Ⅱ是最左点，而最右点为Ⅴ，Ⅵ，由辅助球面法作出。以两回转体轴线的交点为球心作一与圆锥面相切的球面（即作出最小辅助球面）分别与圆柱、圆锥交于两个圆。两个交线圆的正面投影为直线段 $a'b'$ 和 $c'd'$，$a'b'$ 和 $c'd'$ 的交点即为最右点Ⅴ，Ⅵ的正面投影，然后再作出水平投影 5，6。

（2）求一般点。作一辅助的水平面 $P_W$ 同时切圆柱和圆锥，如图 3.39（a）所示，$P_W$ 面切圆锥的交线（纬圆）与其切圆柱的交线（直线）相交于Ⅶ，Ⅷ两个点。先作其侧面投影 7″，8″，在俯视图中作出纬圆与直线，其交点为 7，8，最后根据长对正、高平齐作正面投影 7′，8′。同理，作Ⅸ，Ⅹ。

（3）连线、判断可见性。在水平投影中依次连接可见曲线 3571864、不可见曲线 410293 各点，在正面投影中依次连接曲线 1′7′5′3′9′2′ 各点，可见，结果如图 3.39（a）所示。

### 3.3.5 相贯线的特殊情况

一般情况下，两回转体的相贯线是封闭的空间曲线框，但在一些特殊情况下可能是平面曲线或直线。常见的特殊情况如下：

（1）当圆柱与圆柱、圆锥与圆锥或圆柱与圆锥相贯，如果它们的轴线相交且平行于同一投影面，并且它们公切于一圆球，则其相贯线是垂直于该投影面的椭圆，在该投影面的投影为直线，如图 3.40（a）、（d）所示。

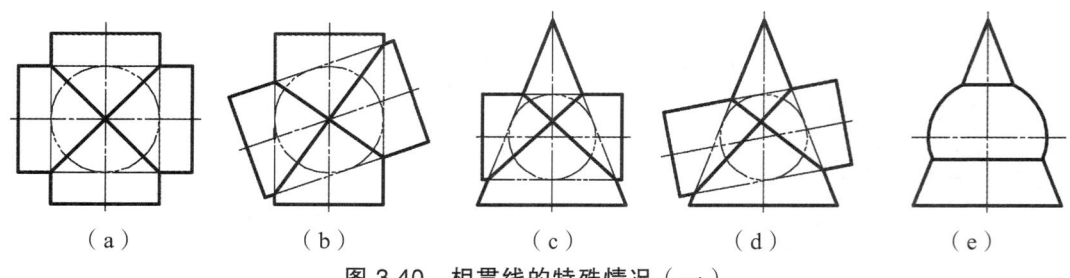

图 3.40　相贯线的特殊情况（一）

（2）两个同轴回转体的相贯线是垂直于轴线的圆。如图 3.40（e）所示，同轴的圆锥与圆球相贯，相贯线为垂直于轴线的圆，在轴线所平行的投影面上投影为直线段。

（3）轴线平行的两圆柱相贯，其两圆柱面上的相贯线是两条平行直线段，如图 3.41（a）所示；共锥顶的两个圆锥相贯，两圆锥面上的相贯线是过锥顶的两条直线，如图 3.41（b）所示。

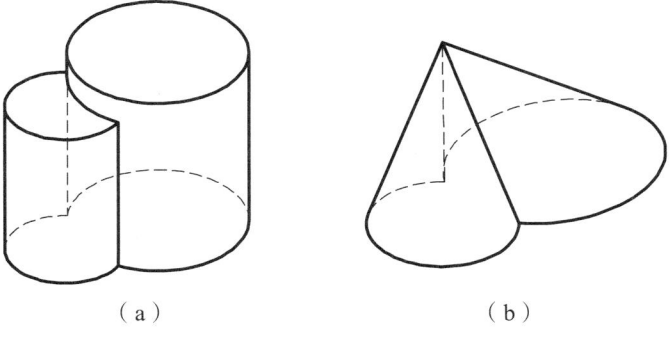

图 3.41　相贯线的特殊情况（二）

### 3.3.6　多立体相交与不完整形体相交

**1. 三立体表面相交**

在工程上常常会遇到三个及三个以上立体相交的复杂情况，其交线也相对复杂。首先需要分析组成模型的基本几何体的形状及其相互位置关系，判断哪些表面之间有交线，并分析交线形状以及相对于投影面的位置。多个立体两两表面相交，每两个相交表面都会产生相贯线，而两段相贯线的交点必定是相贯体上三个表面的共有点，如图 3.42 所示。

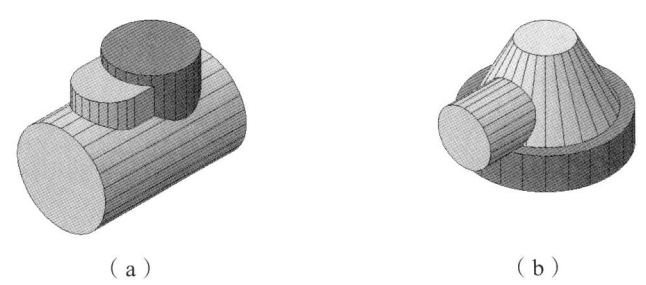

图 3.42　三立体表面相交

【例 3.26】　如图 3.43（a）所示，补画主视图。

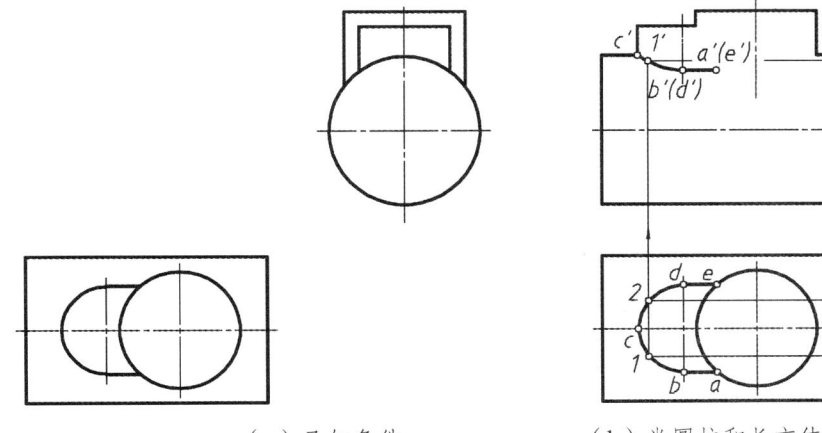

（a）已知条件　　　　（b）半圆柱和长方体与大圆柱相贯线

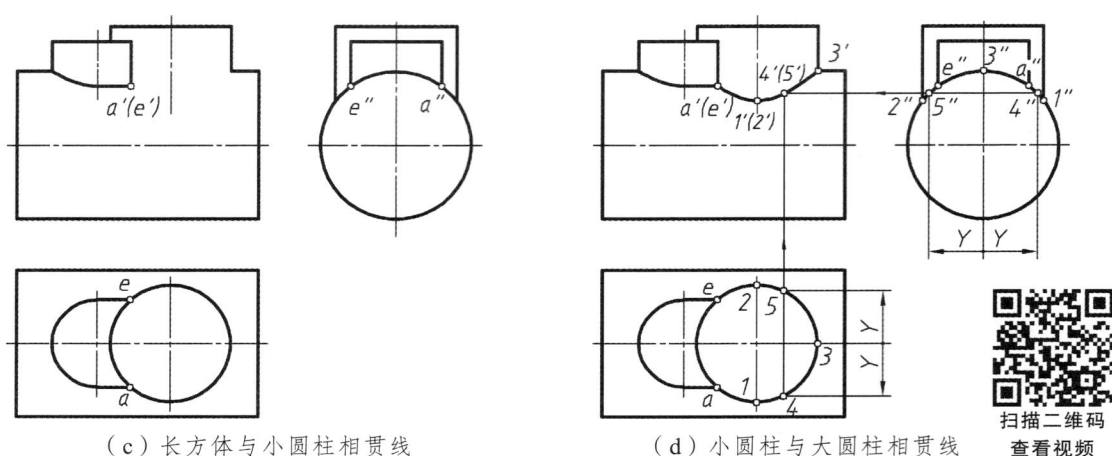

（c）长方体与小圆柱相贯线　　　　（d）小圆柱与大圆柱相贯线

图 3.43　多立体表面相交（一）

【解】　由图 3.43（a）可知，相贯体由四个基本立体相贯而形成，它们分别是轴线侧垂的大圆柱、轴线铅垂的半圆柱和与之相切的长方体、轴线铅垂的小圆柱。

首先作出半圆柱和长方体与大圆柱的相贯线，如图 3.43（b）所示，半圆柱与大圆柱正交，交线是一段空间曲线，长方体前后两个正平的棱面与大圆柱相交，交线是平行于轴线的两条直线段，半圆柱面与长方体侧棱面的水平投影积聚成线，因此交线也重合其上，圆弧 bcd 为半圆柱与大圆柱交线的投影，ab、de 为长方体与大圆柱交线的投影；侧面投影中，交线 $a''b''$、$d''e''$ 积聚成点，空间曲交线的侧面投影重合在大圆柱的积聚投影上，根据水平投影和侧面投影，完成交线的正面投影。

接下来作出长方体与小圆柱的相贯线，长方体的上表面垂直于小圆柱轴线，与小圆柱的交线为水平的圆弧；长方体的前后棱面平行于小圆柱轴线，与小圆柱交线为两平行的直线段。在正面投影中，圆弧交线积聚成直线；而两段直交线重合，如图 3.43（c）所示。

最后作出小圆柱与大圆柱的相贯线，如图 3.43（d）所示，小圆柱与大圆柱正交，可直接利用积聚性求解。

【例 3.27】　如图 3.44（a）所示，补全主视图和俯视图所缺线段。

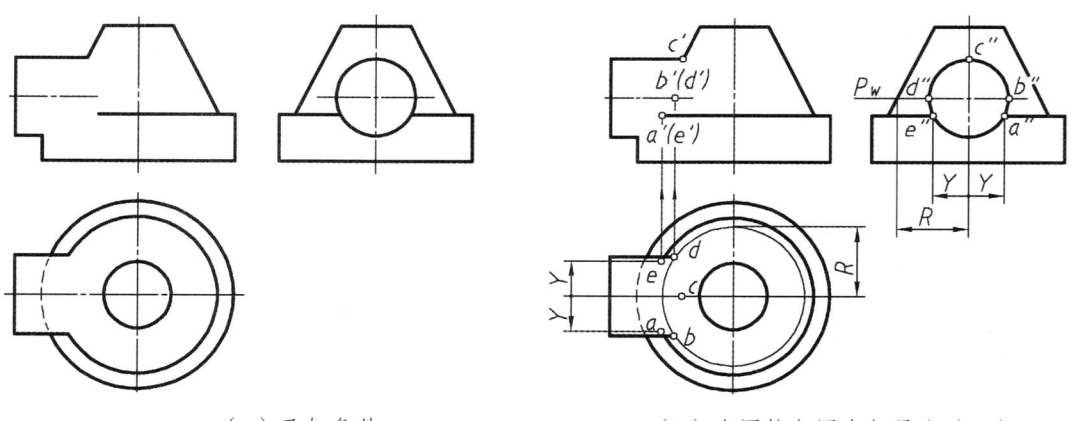

（a）已知条件　　　　（b）小圆柱与圆台相贯线（一）

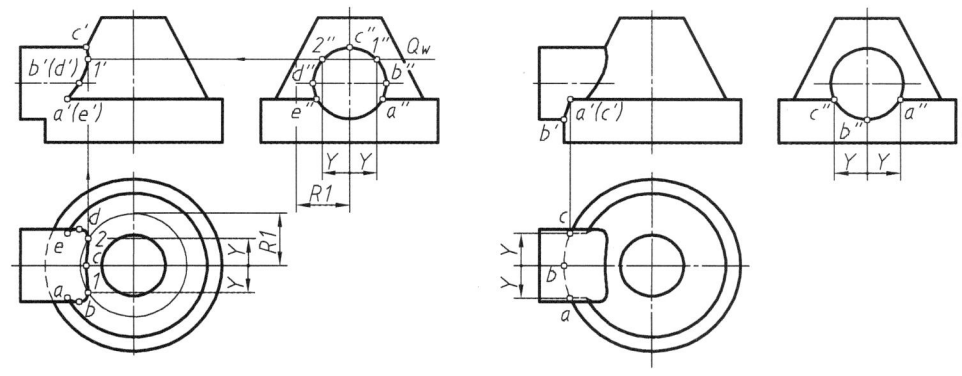

（c）小圆柱与圆台相贯线（二）　　　　　（d）小圆柱与大圆柱相贯线

**图 3.44　多立体面相交（二）**

【解】　由图 3.44（a）可知，相贯体由 3 个基本立体相贯而成，它们分别是：轴线铅垂的大圆柱、圆台和轴线侧垂的小圆柱。

先作小圆柱与圆台的相贯线，它们正交相贯，如图 3.44（b）所示，小圆柱的侧面投影积聚成圆，因此它们的相贯线也重合在该圆上，但是相贯线的正面投影和水平投影没有积聚性，在此可用辅助平面法进行求解，先确定特殊点的投影，如图 3.44（b）所示，再求作中间点，然后依次连线，如图 3.44（c）所示，水平投影中弧 bcd 可见，弧 ab 和弧 de 不可见，相贯线前后对称，其正面投影重合在弧 a′b′c′ 上，弧 a′b′c′ 可见。

接下来作小圆柱与大圆柱的相贯线，它们也是正交相贯，小圆柱部分柱面与大圆柱面相交，交线为空间曲线；另外还与大圆柱的上底圆相交，交线为两段平行的直线。如图 3.44（d）所示，先求空间交线的投影，其侧面投影重合在小圆柱的积聚投影圆上，即曲线 a″b″c″；其水平投影重合在大圆柱的积聚投影圆上，即圆弧 abc，利用积聚性可以直接求解其正面投影。最后作出小圆柱面与大圆柱上底圆的交线，如图 3.44（d）所示。

### 2. 不完整立体表面相交

作此类形体的相贯线先想象完整形体的交线，再用完整形体交线的方法，作出部分即可。

【例 3.28】　如图 3.45（a）所示，已知主视图与俯视图，补画主视图。

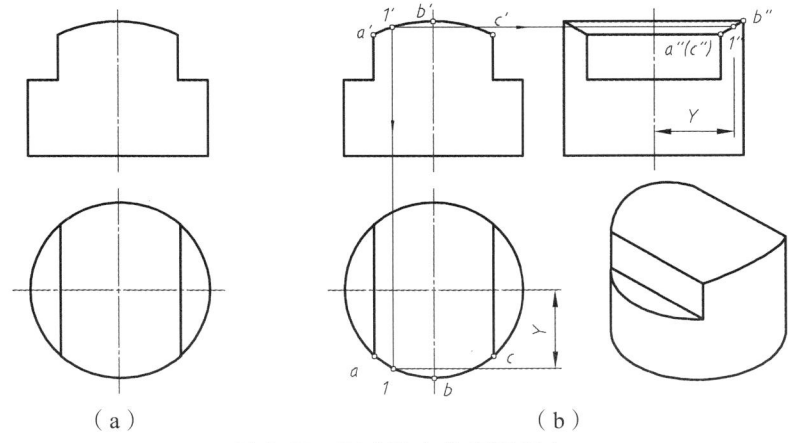

（a）　　　　　　　　　　　（b）

**图 3.45　不完整立体表面相交**

【解】 由图 3.45 可知,该形体为一个轴线铅垂的小圆柱与一轴线正垂的大圆柱垂直相交,再被一水平面和左右对称的侧平面切割,相贯线为前后对称的一段空间曲线框。作图过程为:
(1)作出没有切割的左视图。
(2)作截交线。
(3)作两圆柱相贯线。
具体作图过程自行分析。应注意的是正确判断部分相贯体相贯线的弯曲趋势。

## 3.4 组合体视图的绘制与阅读

若干基本立体(简单立体)经过叠加或切割而形成的复杂立体,称为组合体。机械上很多复杂零件都可以抽象成组合体。为了正确地识读和绘制零件图,首先需要掌握组合体的阅读和绘制方法。

### 3.4.1 组合体的组成分析

#### 1. 组合体的组成方式

组合体按其形成方式可分为切割式组合体、叠加式组合体和综合型组合体。图 3.46(a)所示的立体可以看成是一个长方体经过三个切口的切割而形成,称为切割式组合体;图 3.46(b)所示的立体是由一个长方体、两个三棱柱和一个圆柱筒左右、前后对称、上下不对称叠加而成,称为叠加式组合体;图 3.46(c)所示的顶尖是由一个圆锥体和两个圆柱体同轴叠加之后,再由两个平面切割而形成,称为综合型组合体。

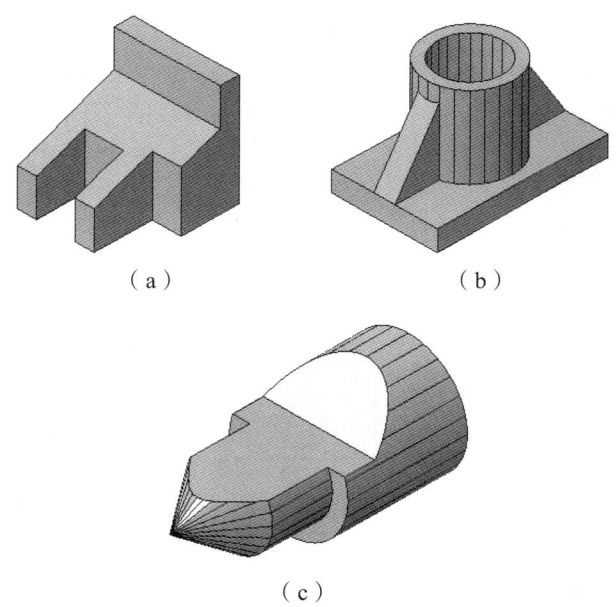

图 3.46 组合体的组成方式

#### 2. 组合体上相邻两表面的过渡关系

在组合体上在组合过程中,相邻两个表面总具有平齐、不平齐、相切或相交 4 种过渡关系。如图 3.47 所示的三个组合体都是由两个长方体和一个圆柱筒叠加而成，但因为表面过渡关系不同，它们表面形成的轮廓线不同，视图也就有所差别。

如图 3.47（a）所示，圆柱筒的前端面与下方支撑板的前端面不平齐，两个端面之间还有一个正垂的圆柱面连接，在主视图中，该圆柱面的投影积聚成线，所以两个端面之间有线隔开；两立体的后端面也同理，不过因为与前方投影重合，不用画出细虚线。支撑板的前端面与底板的前端面平齐，即两个端面共面，组合前存在的两个端面上重合的这部分轮廓线组合后将不再存在。支撑板的左右两端面与圆柱筒外表面相切，在相切处光滑过渡，不存在轮廓线。图 3.48（a）即是该组合体对应的三视图。

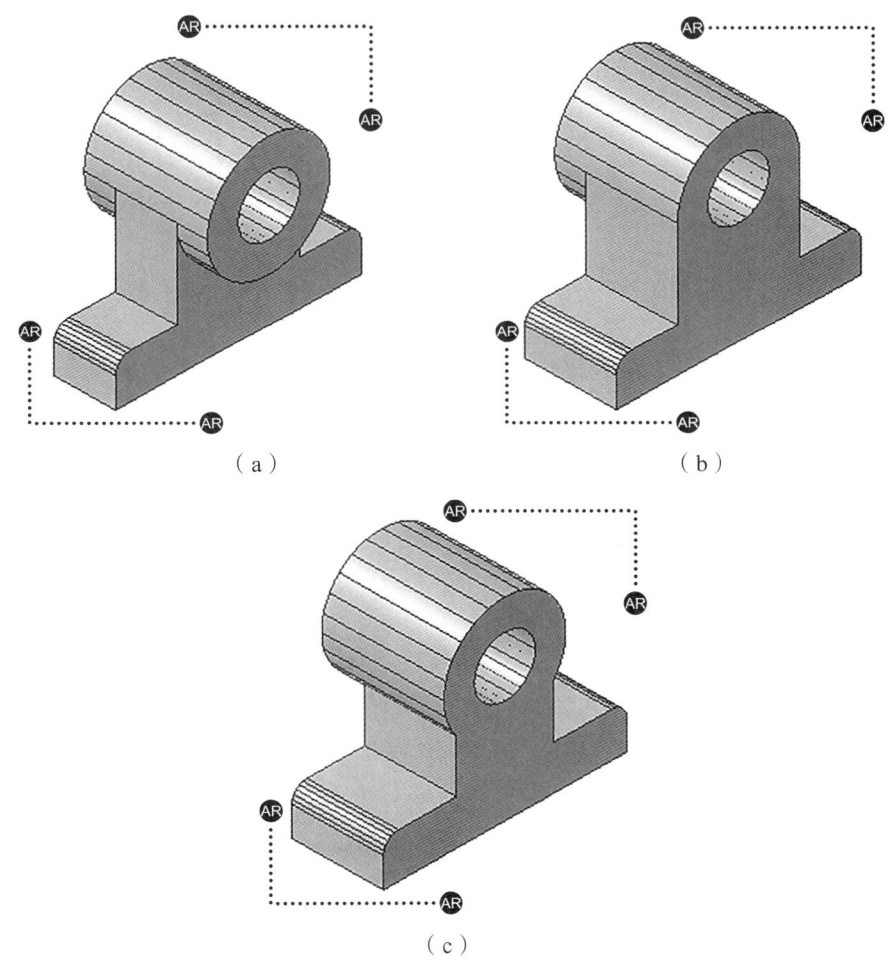

图 3.47 组合体上相邻表面的过渡关系

如图 3.47（b）所示，圆柱筒、支撑板、底板三个基本形体的前端面都平齐，所以表示三个形体前端面的三个封闭线框在组合后成为一个封闭线框，中间没有分隔线；但是圆柱筒的后端面与支撑板的后端面不平齐，两个端面间也有一个正垂的圆柱面连接，所以在主视图中应画出该柱面的积聚投影，因为它被遮挡，所以将其画成细虚线。

如图 3.47（c）所示，支撑板的左右两端面与圆柱筒外表面相交，产生新的表面轮廓线。

注意：该轮廓线并不是圆柱筒的转向素线。支撑板与圆柱筒前端面平齐、后端面不平齐。图 3.48（b）即是该组合体对应的三视图。

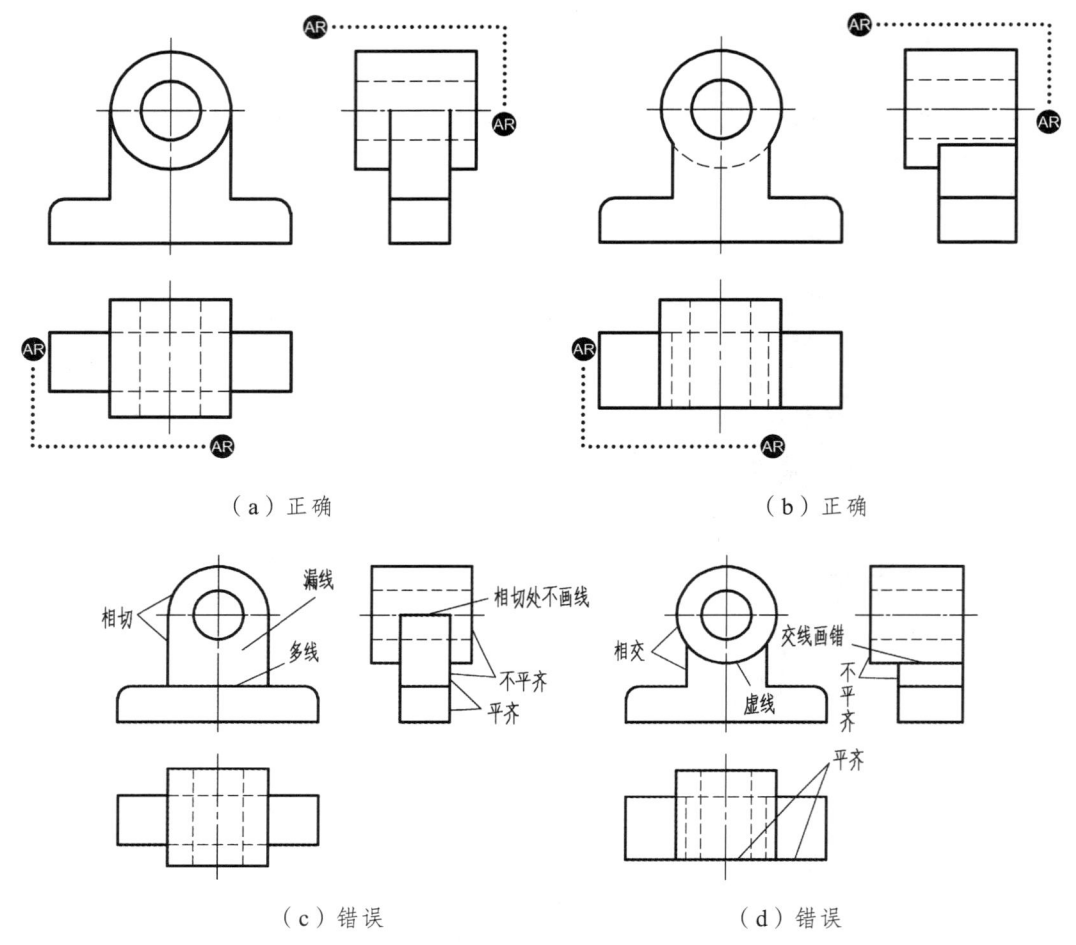

图 3.48 组合体上相邻表面过渡关系的三视图表达

在画图时必须注意组合体表面的这些过渡关系，才不会犯多画线或者是漏画线的错误。
（1）当两个立体的表面不平齐时，连接处有线隔开。
（2）当两立体表面平齐时，连接处无线。
（3）两立体表面相切时，在相切处光滑过渡，不存在轮廓线，应不画线。
（4）两立体表面相交时，在相交处应画出交线。

无论多画线或漏画线都会让三视图对形体的表达产生矛盾。图 3.48（a）、（b）两图是表达正确的三视图；而图 3.48（c）、（d）两图是表达错误的三视图。图 3.48（c）中因为漏线从主视图看圆柱筒前端面与下方支撑板的前端面是共面的，与俯、左视图不共面的表达矛盾。图 3.48（c）、（d）所示都是初学者常犯的错误视图。

### 3.4.2 组合体视图的画法

画组合体的视图采用形体分析法、线面分析法。常用的方法是形体分析法。首先分析组合体是属于叠加式还是切割式,如果是叠加式,则将其分解成几个基本组成部分(基本立体),弄清楚各部分的形状、相对位置和表面过渡关系;如果是切割式,则分析其基本原型是哪种基本立体,经过哪些切口加工而成。然后按对应步骤作图。

**1. 组合体视图的画图步骤**

不管是哪种形式的组合体,它们的基本作图步骤都是一致的。具体步骤如下:

(1)形体分析,分析组合体的形成方式。

(2)主视图选择与视图布置。

在自然放置位置下,将能够较多地反映组合体形状、位置特征的视图方向选作主视图方向,主视图方向选定后,主、俯、左三视图的投影形状也就确定下来了。然后根据各个视图的最大轮廓尺寸(总长、总宽、总高),在图纸上均匀地布置三个视图。

(3)画各视图中的定位基线、中心线、主要分块形体的轴线和中心线等。

(4)画底稿,按照各分块形体的主次和相对位置关系,逐个画出它们的投影。在画图时注意弄清各部分的形状、相对位置关系及表面过渡关系。

注意:三个视图配合起来画;先画主要部分,后画次要部分;先画大形体,后画小形体;先画整体形状,后画细节形状。

(5)检查、加深。检查三视图底稿是否表达正确、完整,注意投影关系是否正确;表面过渡关系是否正确,有没有多线、漏线;被遮挡的轮廓线是否都已画成细虚线。检查无误后,将底稿加深,其中的可见轮廓线加粗,完成最终的三视图。

**2. 叠加式组合体的画图方法**

下面以图 3.49(a)所示轴承座为例,展示画叠加式组合体视图的方法和步骤。

(1)形体分析。

如图 3.49(b)所示,轴承座可分解成底板、圆柱筒、凸台、支撑板、肋板五个部分。底板、圆柱筒、支撑板后表面平齐、左右对称叠加;支撑板的左右侧面与圆柱筒外表面相切;肋板与圆柱筒下方相交,存在交线,圆柱筒与凸台正交,内外表面都存在相贯线。

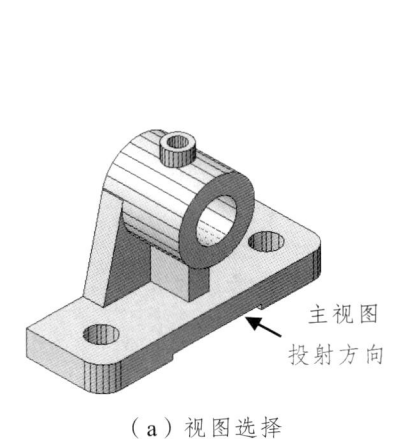

(a)视图选择

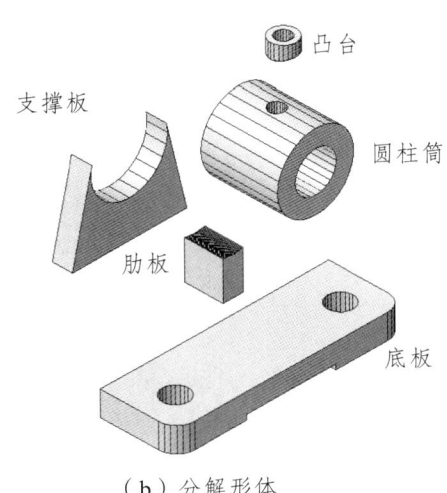

(b)分解形体

图 3.49 轴承座

（2）主视图选择。

选择图中箭头所示方向作主视图方向，能较好地反映轴承座各部分的形状、位置特征。

（3）画三视图，具体步骤如图 3.50 所示。注意图 3.50（d）中，首先在主视图中过圆心作支撑板右侧面的积聚投影的垂线，垂足即是由支撑板右侧面过渡到圆柱面的分界线的积聚投影，这两个面相切，相切处不画线，但是需要通过该分界线位置来确定支撑板左、右侧面在俯、左视图中的投影范围。注意图 3.50（e）肋板的画法。

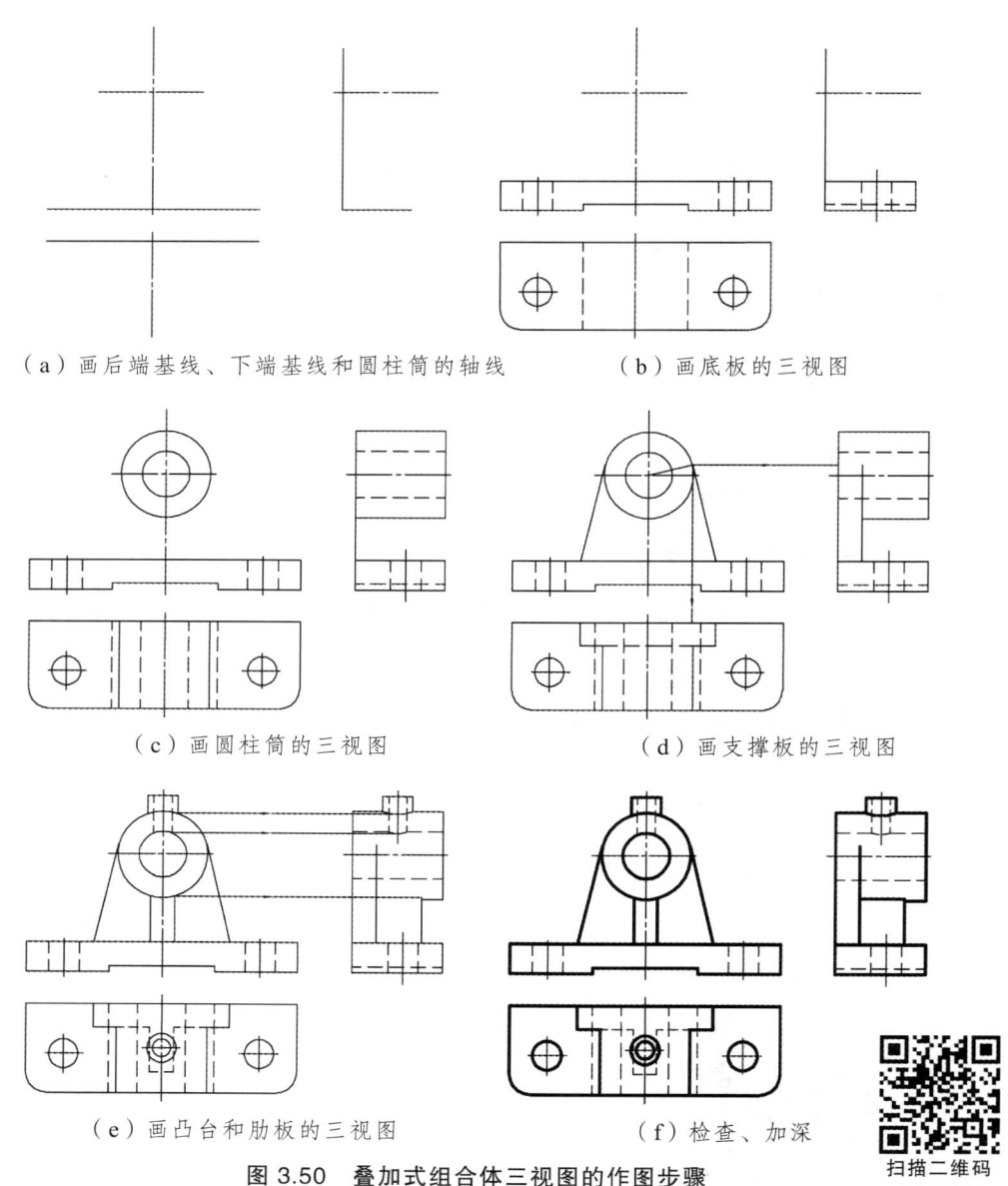

图 3.50　叠加式组合体三视图的作图步骤

### 3. 切割式组合体的画图方法

切割式组合体在画三视图前，也应该先进行形体分析，分析形体的原型是什么基本立体，经过怎样的切割加工而形成。如图 3.51 所示的导块，可以看作一个长方体，经过三个切口切割而形成。

切割式组合体一般会因切割而存在较多的斜面，在画图时，除了进行形体分析外，还需要对一些主要斜面进行线面分析。由平面的投影规律可知，一个平面如果与三个基本投影面都倾斜，则三个投影都表现为一个封闭线框，并且线框形状与该平面实形类似；如果该平面是某投影面垂直面，则在该投影面上积聚成线，另外两个投影表现为与实形类似的线框。在作图时，可利用这个规律对形体上的表面进行分析、检查，以保证作图的正确性，该方法称为线面分析法。

下面以导块为例，展示画切割式组合体视图的方法和步骤。具体步骤如图 3.52 所示。画图时，应注意每个切口都应先画最能反映切口形状的那个视图，再画其他视图。如切口一，应先画主视图；而切口二、三都应先画俯视图。最后通过线面分析法来检查作图是否正确。在图 3.52（e）所示的俯视图中，有一个类似于反写"F"的平面投影，在主视图中只能对应一斜线投影，因此该平面应该是位于组合体左上方的一个正垂面，在侧面投影中也应该存在一个类似的投影线框，与主视图高平齐，与俯视图宽相等，否则三视图一定画错了。

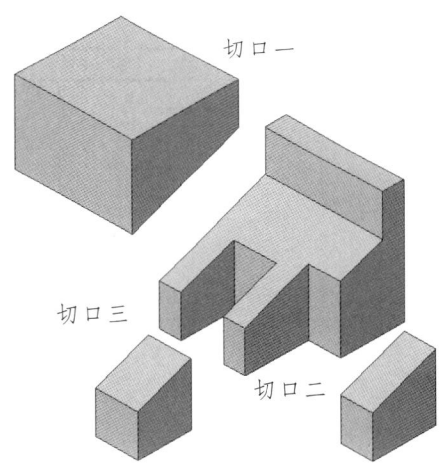

**图 3.51 切割式组合体的形体分析**

（a）画切割前原型长方体的三视图

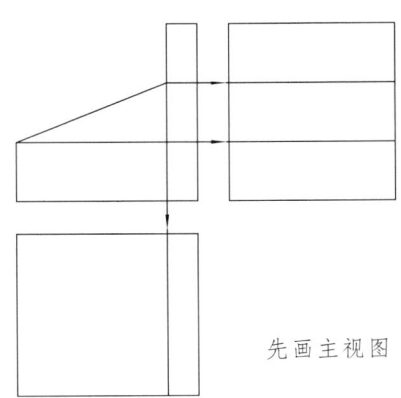

（b）经过切口一后形体的三视图

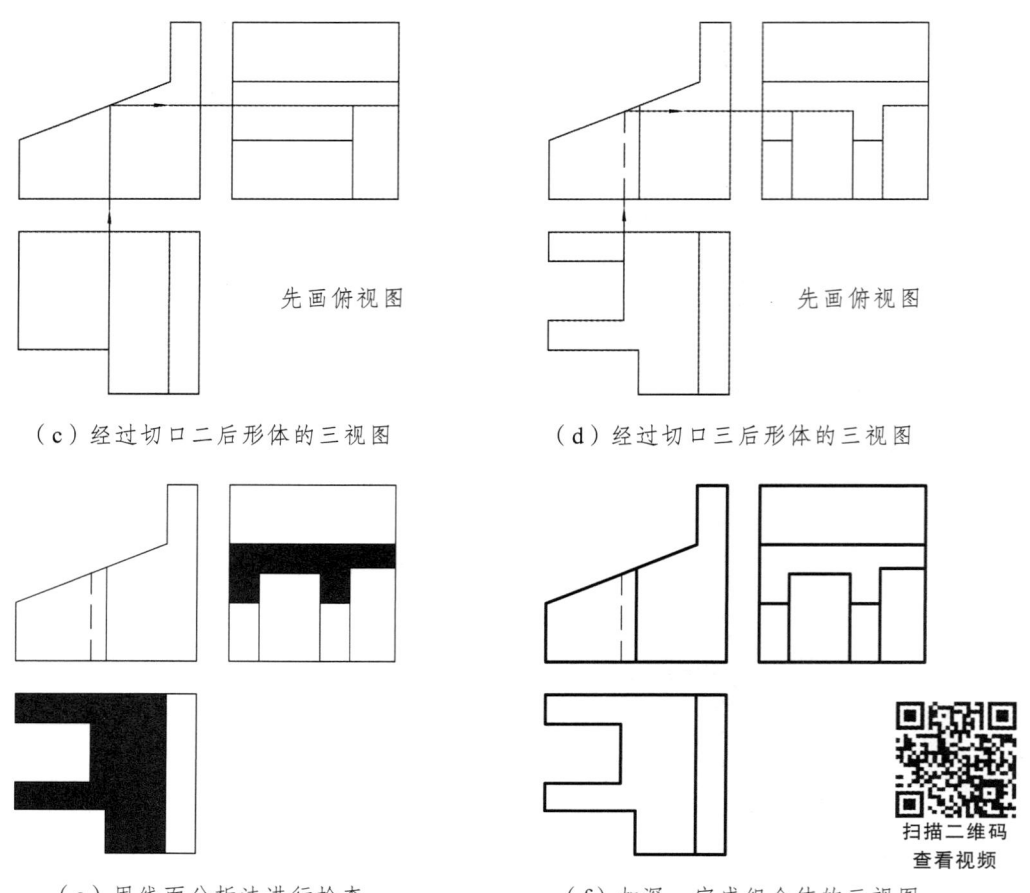

图 3.52 切割式组合体三视图的作图步骤

### 3.4.3 阅读组合体视图的基本方法

在工程上常常需要根据已有的一组视图，想象出物体的形状。根据组合体的三视图想象出其空间形状这一过程称为组合体的读图。要正确、迅速地读懂视图，掌握读图的基本方法和要领是必要的。

**1. 读图要领**

（1）要将多个视图联系起来分析。

一个视图只能反映物体一个方向的形状，不能唯一确定物体的形状，往往需要两个或两个以上的视图才能从多个侧面反映物体的形状，从而唯一确定物体形状。

如图 3.53 所示的五组主、俯视图代表五个不同的形体，但是它们的主视图完全相同。所以我们如果孤立地看一个视图的话，想象出来的形状未必是图形本来所想要表达的，必须把多个视图联系起来分析，才能得到视图所要表达的唯一的空间形状。

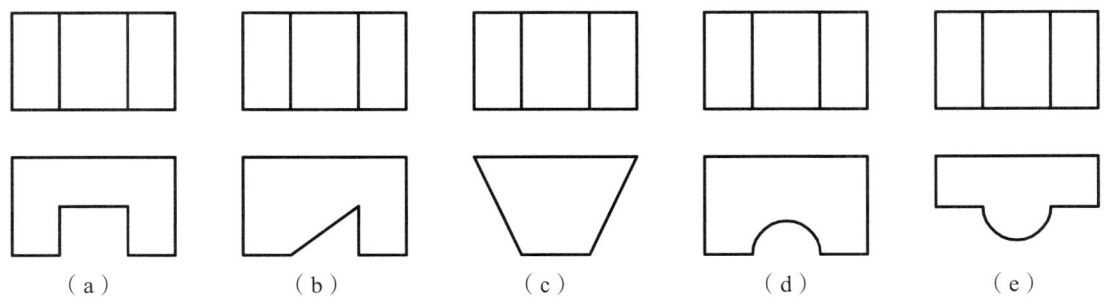

图 3.53 联系的观点看视图

（2）找出特征视图。

特征视图包括形状特征视图和位置特征视图。

在表达物体形状的多个视图中，总有一个最能反映物体形状特征的视图，称之为形状特征视图。如图 3.54 所示，图（a）只用主、俯两个视图就能确定所表达物体的唯一形状，因为俯视图很好地反映了物体的形状特征，而图（b）的主、左两个视图，并不能唯一确定所表达物体的形状，因此，图（a）中的俯视图即是一个形状特征视图。

在多个视图中，最能反映物体各组成部分间位置特征的视图称为位置特征视图。如图 3.54 所示，图（c）的主视图反映形体有个圆柱结构和一个平面体结构，但根据俯视图并不能确定圆柱结构到底是凸台还是穿孔；图（d）的左视图就能很清楚地反映圆柱结构是一个穿孔。同样是两个视图表达一个形体，图（d）比图（c）表达更准确，因为左视图是一个位置特征视图，主视图是一个形状特征视图。

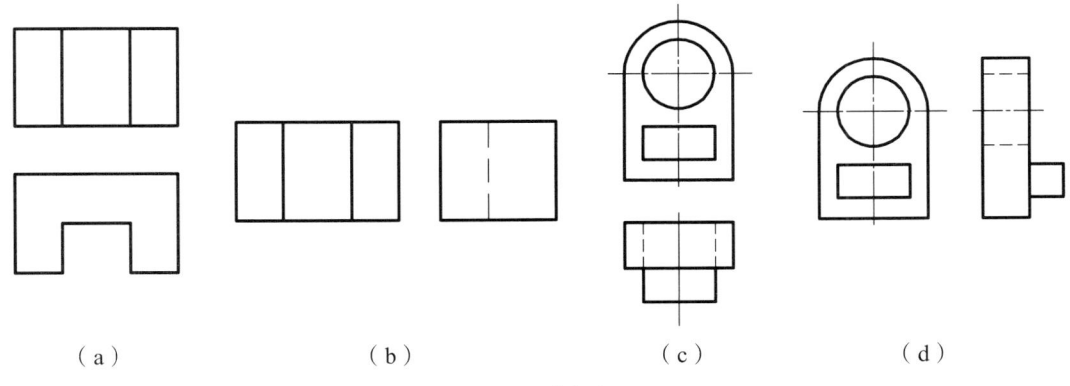

图 3.54 特征视图

当组合体结构比较复杂时，多个组成部分的形状特征和位置特征不一定集中在同一个视图中。如图 3.55（b）所示的组合体，可以分解成四个组成块，在图（a）的主视图中只反映了块Ⅳ的形状特征，俯视图反映了块Ⅰ和块Ⅲ的形状特征，左视图反映了块Ⅱ的形状特征，主视图反映块Ⅰ、Ⅲ、Ⅳ的位置特征。一般来讲主视图是反映形状、位置特征较多的视图。

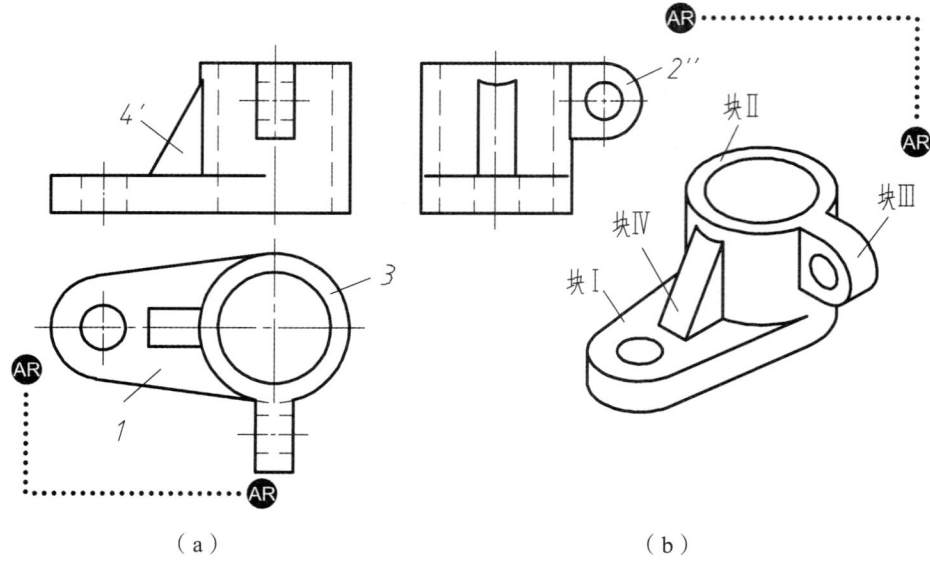

图 3.55 特征视图不集中的情况

（3）理解视图中线段和线框的含义。

从线面观点来看，视图中的线段可能表示形体的轮廓线，也可能是面的积聚投影；视图中的线框可能表示平面的实形或者平面的类似形，或者一个曲面投影，也可能是一个空洞。如图 3.56（b）所示三视图中，1，3，4，6，7 等线框都反映了平面的实形；10，11 线框代表的是空间同一平面在两个不同投影面上的投影，与实形类似；8，9 线框代表的是圆柱筒的外表面和内表面；2 线框代表的是一个空洞。

当视图中有一线框嵌套另一线框，可能表示一个面相对于另一个面是凸出的、凹下的、倾斜的，或者表示一个面上具有穿通的孔。如图 3.56（b）所示 7 线框嵌套在 6 线框内代表一个相对于 6 号面凹下的平面；2 线框嵌套在 1 线框内代表的是从 1 号面上穿孔。

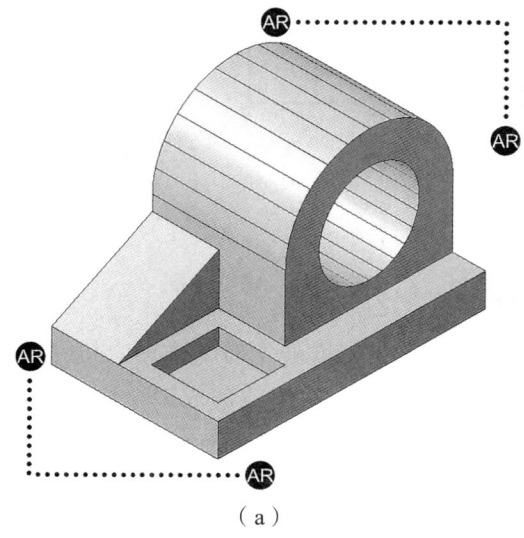

（a）

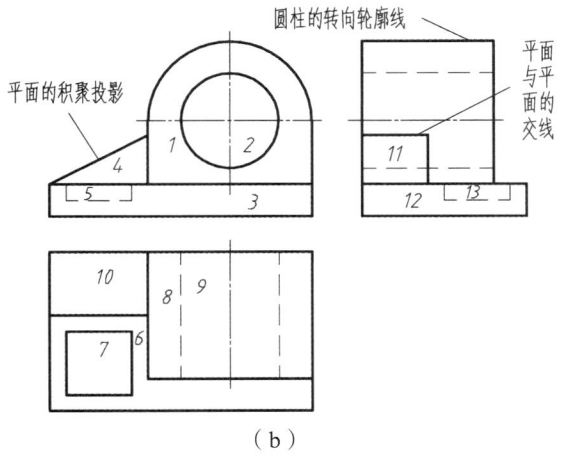

（b）

图 3.56 视图中线段和线框

两个线框相连，可能表示两个面相交，也可能表示两个面之间有一个积聚投影的面连接。如图 3.56（b）所示，1，3 线框相邻，中间的分隔线代表一个面的积聚投影，1 号面和 3 号面之间有一水平面连接；11 线框和 12 线框相邻，中间的分隔线是两个平面的交线，11 号面和 12 号面直接相连。

从体的观点看，视图中的线框可能表示一个基本（简单）体的投影，如图 3.56（b）所示 4、10、11 线框是三棱柱的三视图。看图时，根据具体情况正确理解与区分。

（4）注意视图中反映形体之间连接关系的图线。

如图 3.57 所示，图（a）、（b）两组三视图的俯视图和左视图完全相同，而主视图只有少部分轮廓线投影的虚实不同。图（a）中主视图左右两端的三角形线框是细虚线，说明叠加的形体前端面平齐，中间或后方有结构变化，结合俯视图很容易理解左右前后共叠加了四块三角形肋板在底板上；图（b）中三角形线框为实线框，说明它与前端表面不平齐，结合俯视图很容易理解是左右两个三角形肋板对称叠加在底板的中间。所以当形体之间的表面连接关系发生变化时，其视图中的图线也会相应变化，在读图时注意这些反映形体表面连接关系的图线，有助于正确读图。

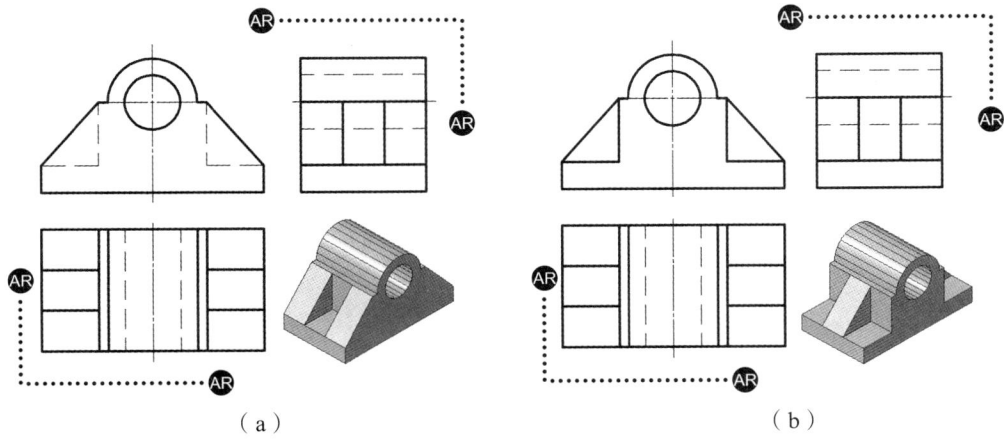

图 3.57 反映连接关系的图线

## 2. 读图的方法和步骤

（1）形体分析法。

读图方法与画图方法一样，首先进行形体分析，在反映形状特征比较明显的视图上按线框进行分块。首先区分视图所表达的组合体是叠加式还是切割式的。如果是叠加式组合体，则通过投影关系找出各线框所表达的组成部分在其他视图中的投影，进而分析各组成部分的基本形状，再根据反映位置特征的视图，分析各基本形体间的相对位置和连接方式，最终想出组合体的整体形状。现以图 3.58（a）所示三视图为例说明叠加式组合体的读图方法和步骤。

① 根据形状特征视图按线框分块。

由于主视图反映了较多的形状特征，所以从主视图入手，按线框将组合体分成 3 部分，其中块 2 和块 3 从主视图可知它们左右两端面平齐，由左视图可知它们后端面平齐，因此可以将它们考虑成一个部分。

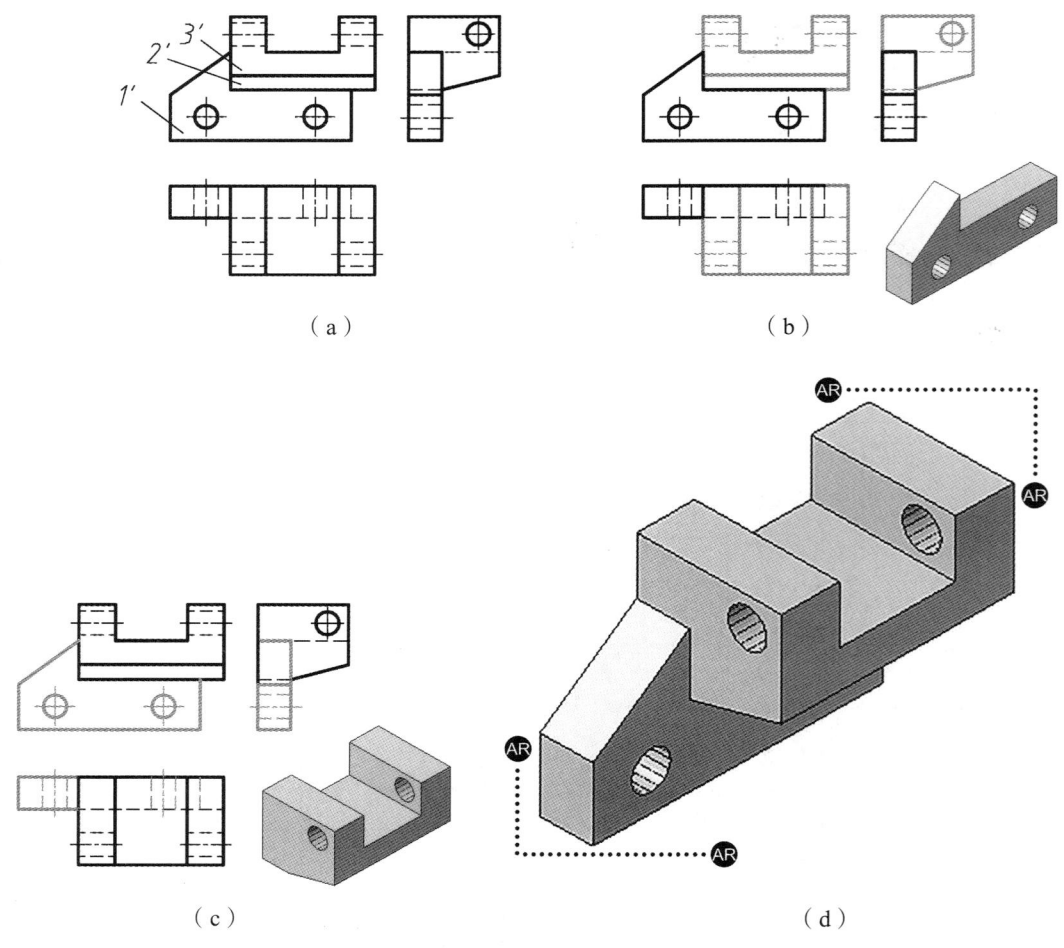

图 3.58 叠加式组合体读图过程

② 分解形体找出其投影，想出各组成部分的形状。

利用"长对正、高平齐、宽相等"的投影关系，找出每一部分的三面投影，想象出它们的形状。如图 3.58（b）所示，结合主视图和左视图不难想出块 1 是一个横放的多边形棱柱，棱柱底面从前向后开了两个通孔。由图 3.58（c）的主、左视图也很容易想出块 2、块 3 合在一起就是一个长方体在上方从前向后开槽、左右穿孔，下方由一侧垂面斜切而形成的形体。

③ 综合起来想整体。

在看懂每部分形体的基础上，根据三个视图所反映的各部分之间的组合方式和相对位置关系，想象出组合体的整体形状。由图 3.58（c）的俯视图可知，两组成部分后表面平齐，由主视图知块 1 非对称叠加在左下方，由此想出整体形状如图 3.58（d）所示。

（2）线面分析法。

形体分析法主要用于叠加式组合体视图的分析，对于切割式组合体，或者带有切割加工的复杂组合体，需要用到线面分析法，在读图过程中，利用线、面的投影特性分析组合体各表面的形状和相对位置，从而想出组合体的整体形状。

下面以图 3.59（a）所示三视图为例来说明切割式组合体的读图方法和步骤。

图 3.59（b）中三个视图的基本轮廓都可看成是长方形，只是缺了一些角，因此该三视图所表达的形体可看成是一个长方体经过切割加工而形成的。由主视图可知，长方体的左右两侧分别被切去一角，形体左右对称，由左视图可知，长方体的前上方被切去一角，由左视图的细虚线框对应主视图中间的矩形框可知，形体从前向后穿通了一方孔。通过以上分析，对形体有一个大致认识。

接下来通过线面分析对形体获得更清晰地了解。图 3.59（c）俯视图中的 $a$ 线框，在主视图中没有类似的长对正的线框，因此该线框所代表的平面在主视图中应积聚成线，即斜线 $a'$，所以形体的左侧面是一个正垂的六边形，根据平面的投影规律，左视图上 $a''$ 应该是与俯视图上 $a$ 类似的六边形。形体右侧面是与左侧面对称的六边形。同理可知形体的上前表面 $B$ 面是一个侧垂面，其正面投影、水平投影均与其实形类似，如图 3.59（d）所示。由左视图可了解在 $B$ 平面的前方下端连接一水平面，该水平面与方孔的下底面平齐，形成一个 T 字形的平面，在俯视图中的投影反映实形，如图 3.59（e）所示。其余的表面都是一些投影面平行面，比较简单，请读者自行分析。

通过前面的形体分析和详细的线面分析，就可以想象出如图 3.59（f）所示的组合体形状了。

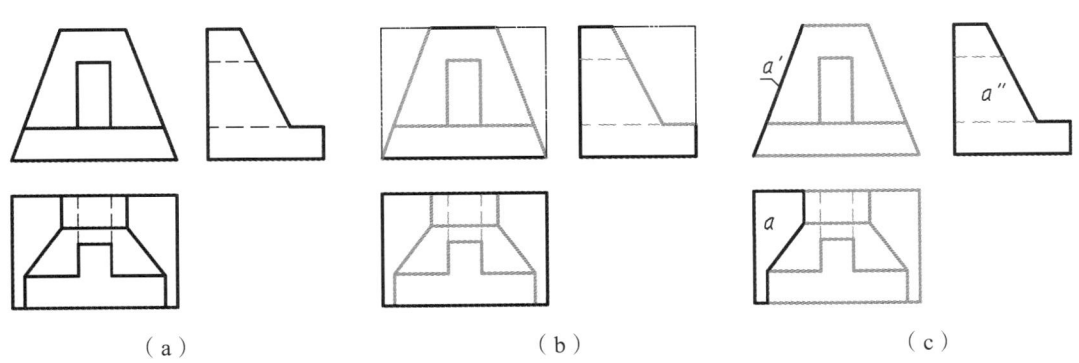

（a） （b） （c）

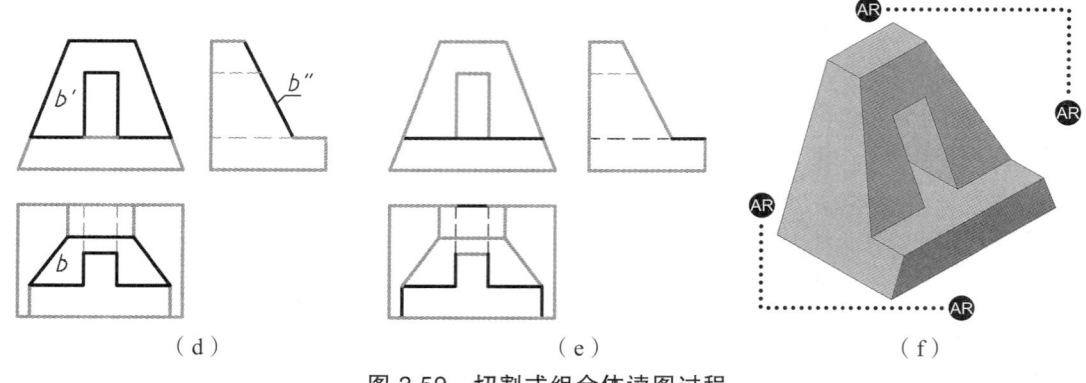

图 3.59 切割式组合体读图过程

对初学者来说，读图（根据视图想形状）比画图（根据形状画视图）更难掌握，我们应该结合形体分析法和线面分析法多做读图练习，提高空间想象能力。

下面给出一些读图、画图相结合的例题。

【例 3.29】 已知组合体的主视图和左视图，如图 3.60（a）所示，求作俯视图。

（1）读懂主、左视图，想象组合体的空间形状。

首先进行形体分析：从主、左视图可看出组合体是由基本原型长方体经过两个切口切割而形成。其中切口 1 是用一个侧垂面截掉长方体前上方棱线，从而在组合体上形成一个侧垂表面。切口 2 的切割方式比较复杂，因此借助线面分析法来帮助识读，如图 3.60（b）所示，形体左右对称，主视图中 5 个线框，根据高平齐的原则，对应其左视图可知，1′，4′号线框在左视图中积聚成斜线 1″，是由切口 1 形成；3′号线框在左视图上积聚成一斜线 3″（不可见），是由切口 2 形成。1，3，4 号平面都是侧垂面（1，4 号原本是一个平面，被切口 2 断开而成两个平面），2′，5′号线框在左视图上积聚成一条竖直线 2″，它们是同一正平面，也因切口 2 被断开而成两个平面。由 3 号面的位置可知切口 2 是从后上方向前下方在组合体的中间位置开了一个倾斜的槽，槽的左右两端如图（c）所示由 6，8 号正垂面和 7，9 号侧平面共同切割成喇叭状。在左视图上可以找出 6，8 号面投影出的类似于实形的六边形线框，以及 7，9 号面投影的反映实形的梯形线框，因为切口在中间，所以在左视图中不可见。通过以上的分析，可想象出组合体的空间形状如图（d）所示，组合体上有 3 个侧垂面（1，3，4）和两个正垂面（6，8）在俯视图中都应该投影出类似于实形的线框。只要把这 5 个线框的水平投影作出，组合体的俯视图就基本完成。

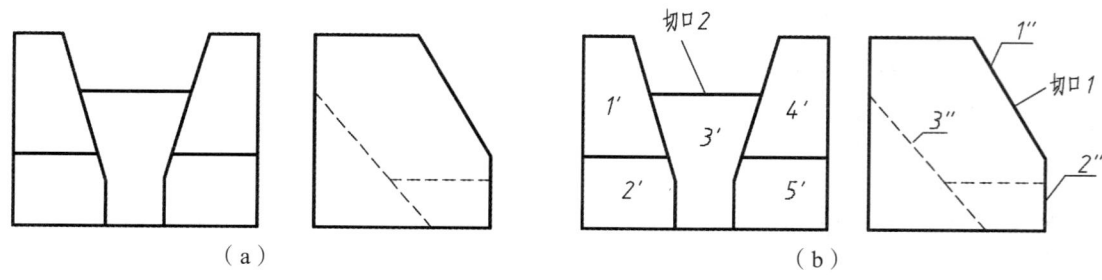

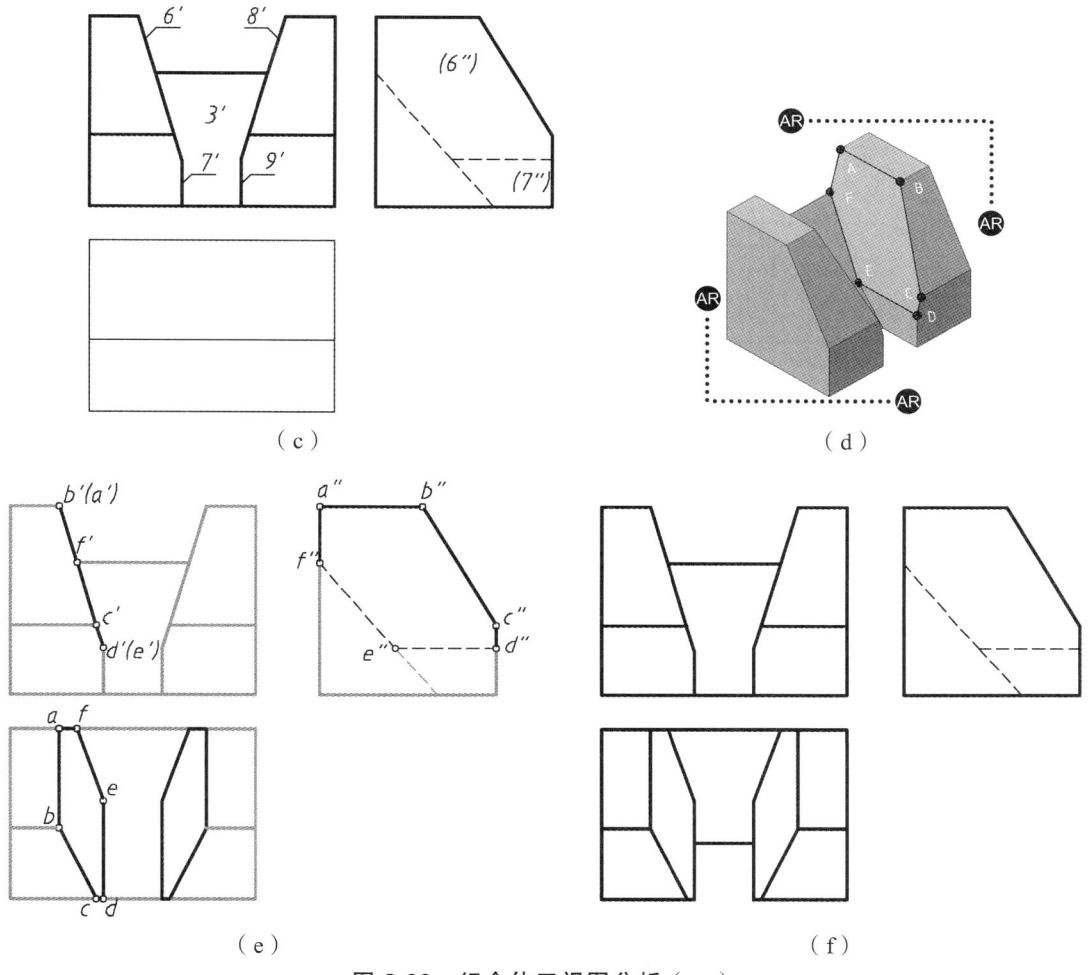

图 3.60 组合体三视图分析（一）

（2）补画俯视图。

① 根据长和宽画出俯视图的基本轮廓——长方形。

② 画出完成切口 1 后的俯视投影，如图 3.60（c）所示。

③ 根据主视图的积聚投影和左视图的类似线框对应找点完成 6 号面的俯视图，如图 3.60（e）所示，8 号面按对称的方式来完成。

④ 完成 3 号面的水平投影，将切口 2 切去的轮廓线擦除。1，4 号面，以及长方体上表面切割后剩余部分（两水平线框）的投影也随之完成，无须再作。最终完成如图（f）所示。

【例 3.30】 已知组合体的主视图和俯视图，如图 3.61（a）所示，求作左视图。

（1）读懂已知视图，想象组合体的空间形状。

该例题主视图的可见轮廓比较简单，而俯视图看起来比较复杂，说明该组合体存在比较多的细节结构，首先忽略这些细节，根据主视图的可见轮廓线框将形体进行分块，可将其划分成两个部分：一部分是底座，由一个长方体与左侧的一轴线铅垂的半圆柱相切组成；另一部分是右上方叠加的形体即带圆柱头长方体，也是由一长方体和一轴线正垂的半圆柱相切组成。

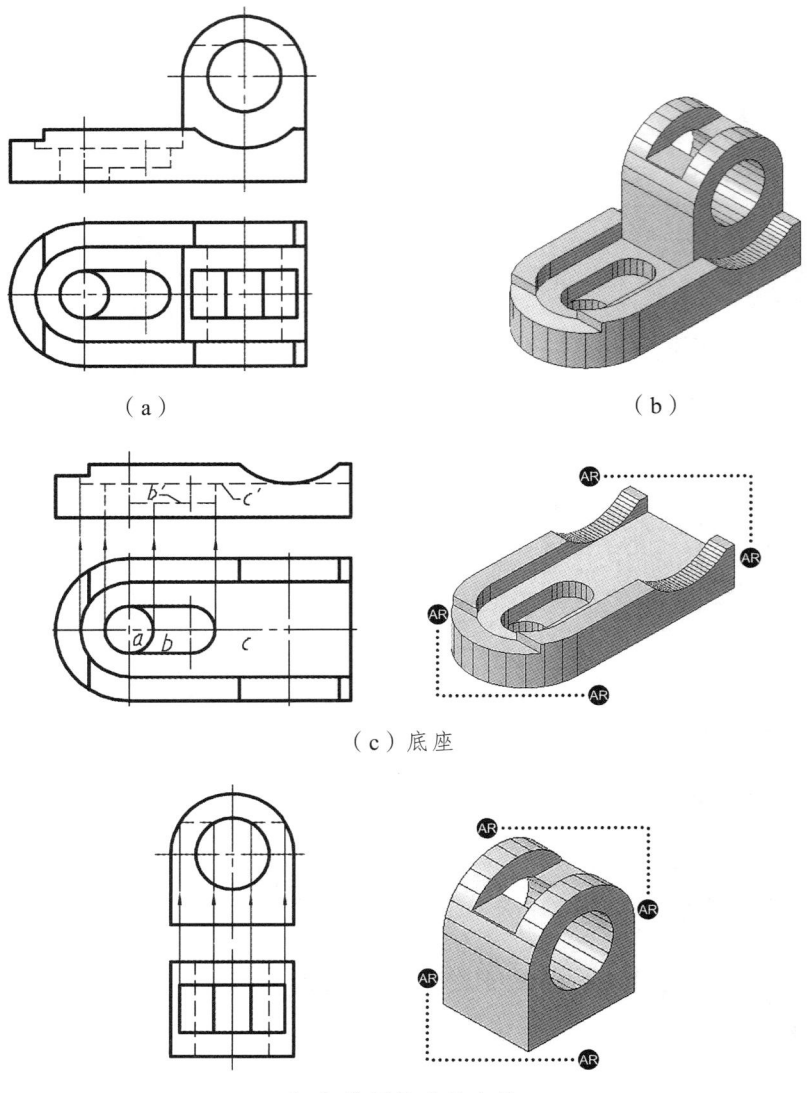

图 3.61 组合体三视图分析（二）

接下来依次分析每个组成部分的加工细节。底座左上方有一切口，由一水平面和一侧平面切在半圆柱上。在分解出的底座的俯视图中可看到 $a$，$b$，$c$ 三个线框，如图 3.61（c）所示，根据长对正，对应主视图可了解 $a$ 线框代表的是一个圆柱孔；$b$ 线框代表一长腰形凹槽，同时也表示圆柱孔和长腰槽连接处的一个水平台阶面的实形投影；$c$ 线框表示一 U 形凹槽，此处我们可以想象槽是向右开通的，叠加部分是右端平齐嵌入该槽，$c$ 线框同时也表示了槽底面的实形投影。在底座的右方前后两壁上还切开一圆柱形槽。由分解出的叠加块带圆柱头长方体的主视图可知，如图 3.61（d）所示，叠加体上有一轴线正垂的圆柱通孔，通过俯、主视图的对应投影可知圆柱上方有一切槽（由一水平面和两正面切割）。

（2）根据前述分析，按想出的空间形状，逐步画出左视图，作图步骤如图 3.62 所示。

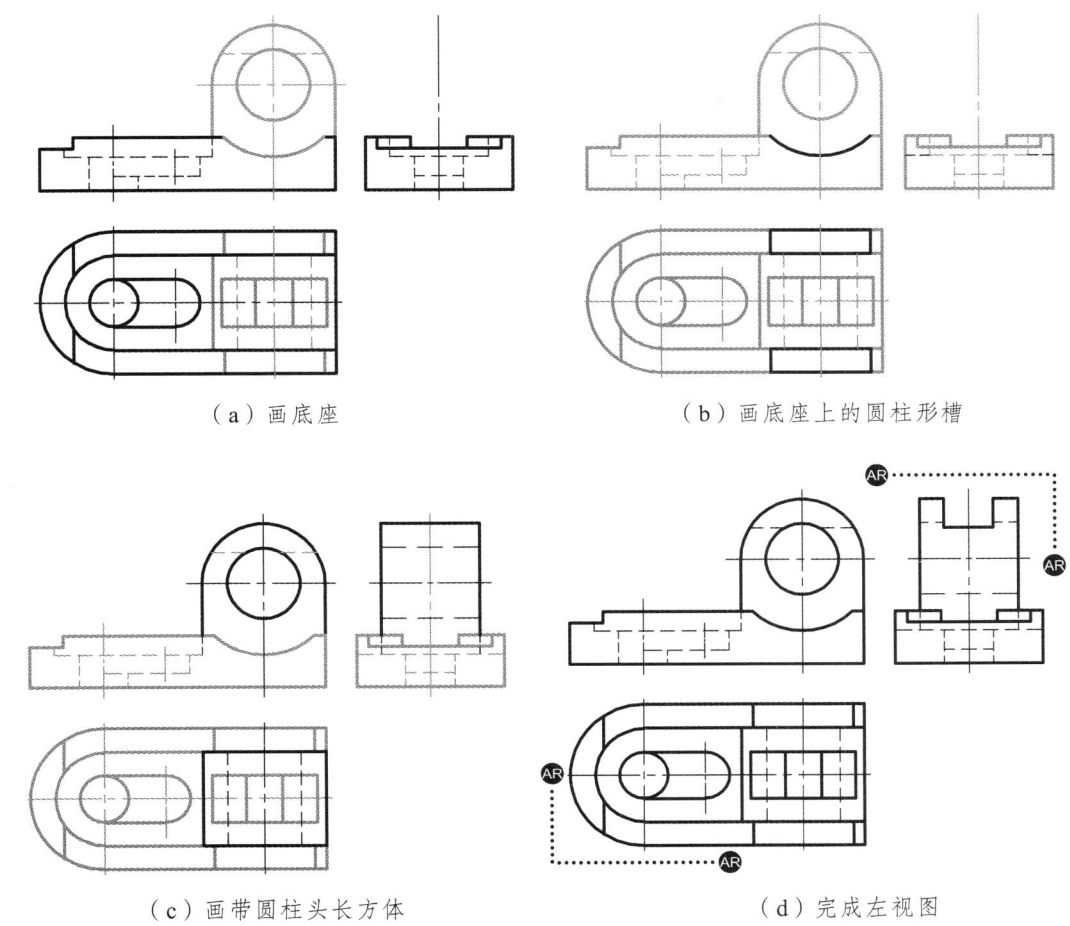

图 3.62　例 3.30 作图步骤

## 3.4.4　组合体的形体构型思维基础

组合体的形体构型思维是零件构型基础，即组合体是零件的几何抽象，通过形体构型思维训练可以启发思维、培养与丰富空间想象能力与表达能力，为零件的构型设计打下基础。本节介绍形体构型思维的一些方法。

### 1. 按给定的视图进行构型设计

根据所给组合体的视图，构思组合体并画出其他视图，这种情况下往往有多种情况，在构型时多想几种以培养构思能力，其基本构成方法是叠加、切割，或叠加、切割综合构型。

（1）按给定一个视图设计。

如果只给定一个视图，物体的形状是不确定的，构思时应根据视图中的线、线型，线框代表的含义，线框与线框所代表的空间位置，进行广泛的构思与联想，以保证构造的形状符合已知视图要求。

【例 3.31】　已知组合体的主视图，如图 3.63（a）所示，进行构型设计，作出俯视图与左视图。

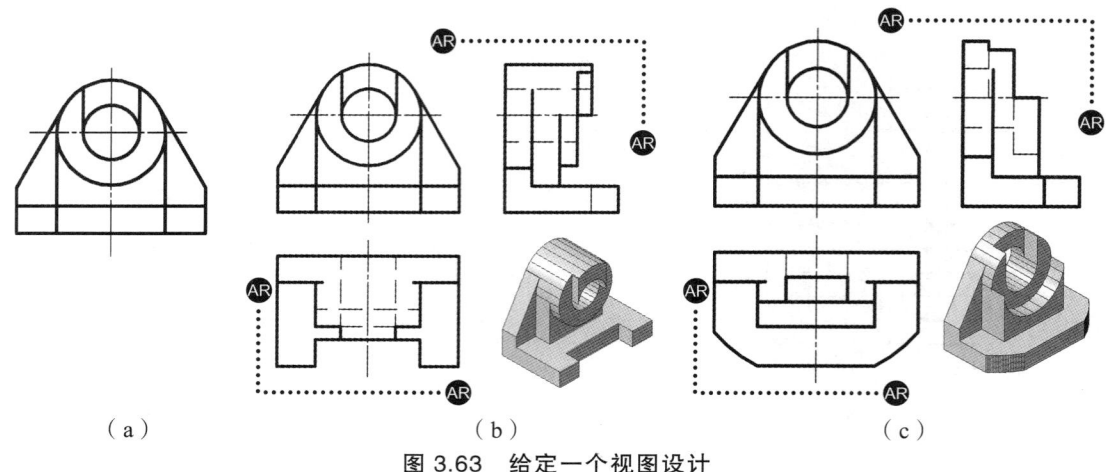

(a)　　　　　　　　　(b)　　　　　　　　　(c)

图 3.63　给定一个视图设计

图 3.63（b）、（c）给出了两个答案，读者自行分析。

（2）按给定两个视图设计。

给定两个视图，如没有给出特征视图物体的形状是不确定的，构思时应根据视图中的线、线型，线框代表的含义，两个视图线框的对应关系及代表的空间位置，进行广泛的构思与联想，以保证构造的形体符合已知视图的要求。

【例 3.32】　已知组合体的主视图与俯视图，如图 3.64（a）所示，进行构型设计，作左视图。

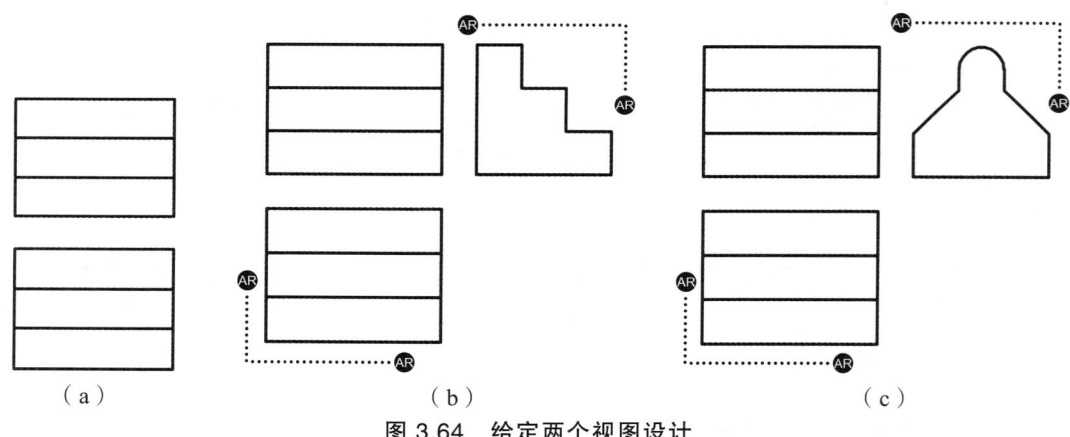

(a)　　　　　　　　　(b)　　　　　　　　　(c)

图 3.64　给定两个视图设计

图 3.64（b）、（c）给出了两个答案，读者自行分析。

（3）按给定三个视图设计。

这类构思时应根据所给视图想清楚形体，再按原形体上凸的部分，新形体应凹，反之亦然。再按原形体上空的部分，新形体上应是实体，等于进行虚实思维，以保证构造的形符合已知视图要求。

【例 3.33】　已知组合体的主、俯视图，如图 3.64（a）所示，进行构型设计，要求新组合体与所给组合体对合起来，刚好构成一个与原组合体等长、宽、高长方体。画出新构思的组合体三视图。

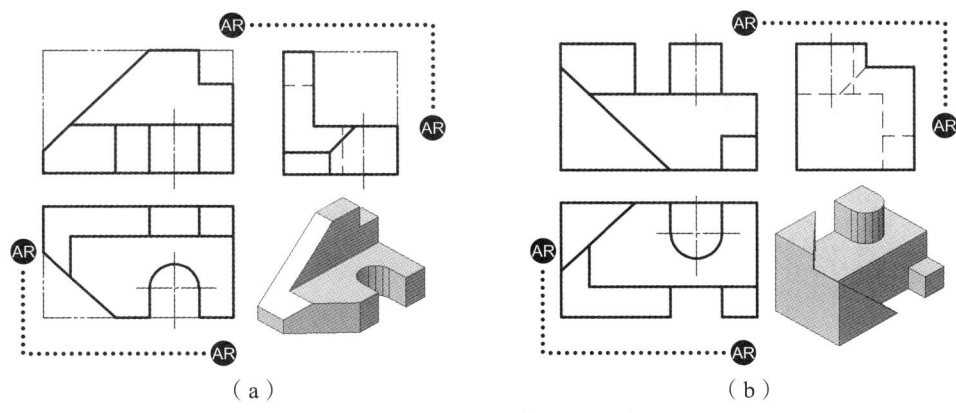

（a） （b）

图 3.65 给定三个视图设计

如图 3.65（b）所示为答案，读者自行分析。

**2. 按给定的基本形体进行构型设计**

根据所给出基本形体以及组合体的组合方式与相对位置，以构造不同的物体，构形的基本方法是叠加。

【例 3.34】 已知三个基本形体，如图 3.66（a）、（b）、（c）所示，进行构型设计画出新构思的组合体三视图。

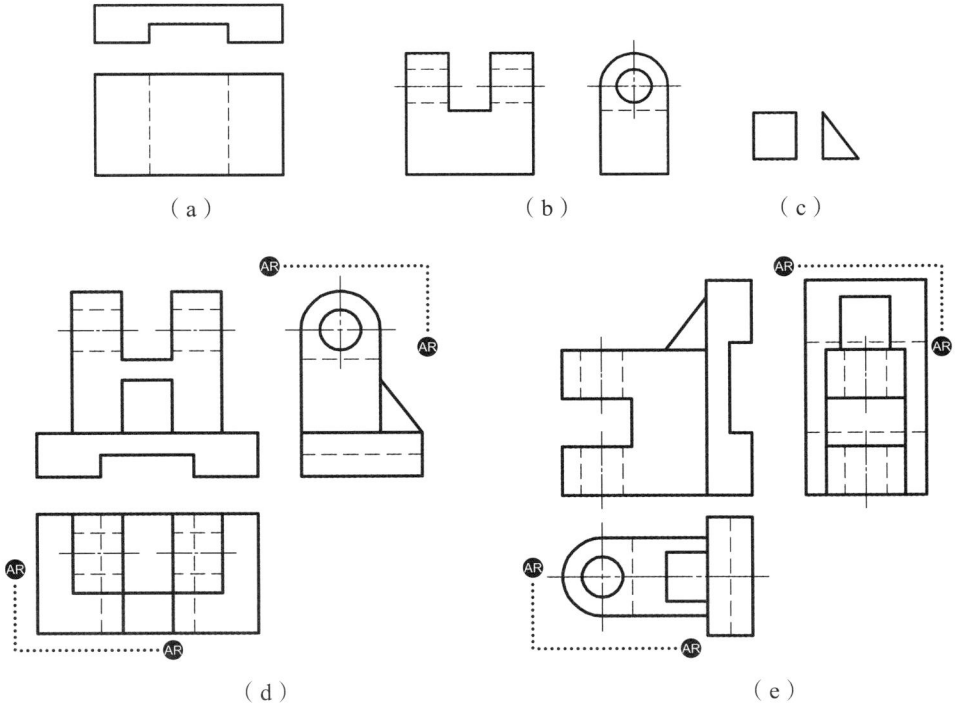

图 3.66 按给定的基本形体进行构型设计

图 3.64（d）、（e）给出了两个答案，读者自行分析。

## 3. 分向穿孔构型设计

这种构型训练是要求构思一组合体能分别穿过沿三个不同方向、不留间隙地通过平板上已知的三个孔。构形的基本方法是切割。先以一个孔为基础，进行广泛的构思与联想，尽量多地构造符合已知孔要求的形体，再切割满足另外两个孔的要求的形体。

【例 3.35】 构造一组合体，沿三个相互垂直的方向分别通过，如图 3.67（a）所示的三个孔，画出组合体三视图。

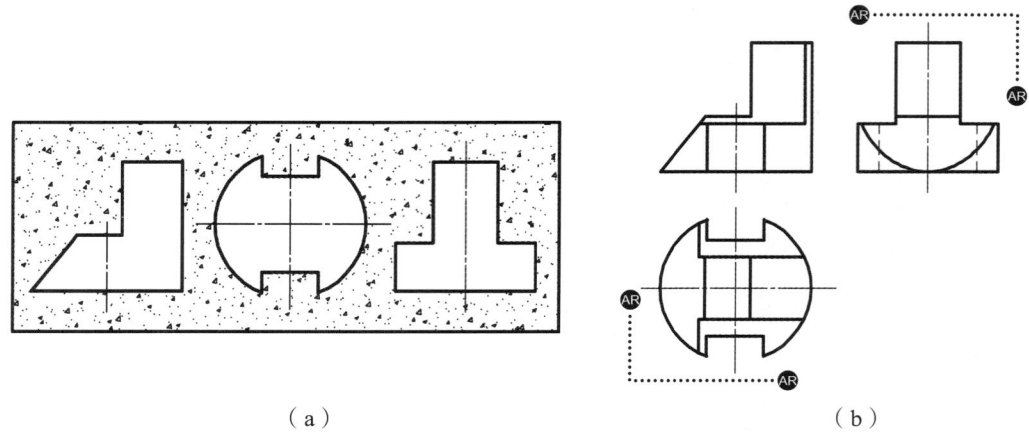

图 3.67 分向穿孔构型

答案如图 3.67（b）所示，读者自行分析。

## 4. 仿形构型设计

这种构型训练是要求参照已知组合体，构型设计一个类似的组合体。要求读懂所给立体，了解其形状特点，构形的基本方法是叠加、切割。

【例 3.36】 仿照如图 3.64（a）所示的组合体，进行构型设计一个类似新组合体。画出新构思的组合体三视图。

图 3.68（b）给出一个参考答案，读者自行分析。

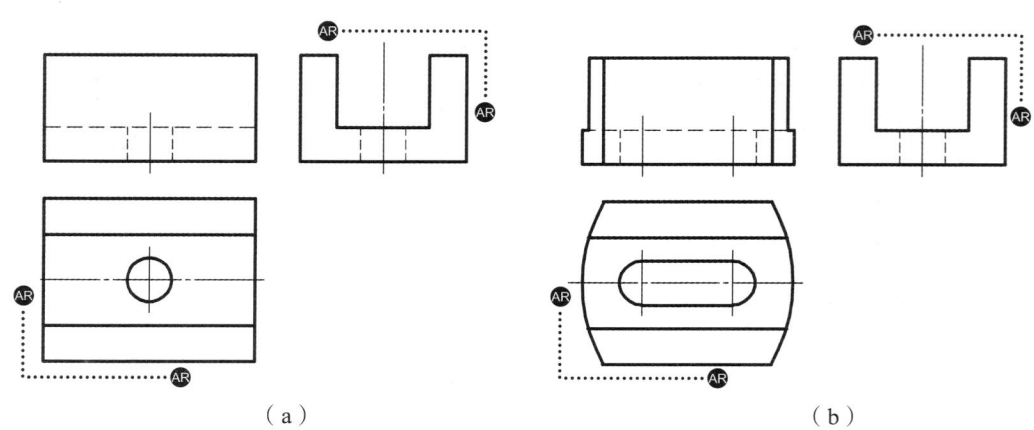

图 3.68 例 3.36 图

## 小 结

本章首先讲述了基本立体的投影及三视图的形成，以及如何利用辅助线（素线、纬圆等）确定立体表面上点的投影。其次讲述了基本立体被平面截切、两立体相贯时在立体表面形成的交线（截交线、相贯线）的投影及作图方法，包括利用棱线法、棱面法、积聚性、辅助平面法、辅助球面法求解交线上各点的投影以及正确判断轮廓的可见性。最后讲述了由多个基本立体叠加或截切而形成的组合体的投影，以及如何利用形体分析法和线面分析法进行组合体的画图和读图，组合体的画图、读图方法是后面学习零件图、装配图的识读和绘制的一个重要基础。通过组合体构型思维学习训练，自觉培养空间想象能力。本章重点掌握以下内容：

（1）掌握三视图的形成、方位关系、度量关系（长对正、高平齐、宽相等）。

（2）掌握基本体的三视图，表面取点的作图方法。

（3）掌握交线（截交线、相贯线）的作图方法。即空间分析（分析交线的空间形状）、投影分析（分析交线在三个视图上的投影形状，有没有投影的特殊性，如何利用投影的特殊性简化作图）、投影作图（作图方法为描点法，先找特殊点，再利用相应的找点作图方法求一般位置点）、连线判断可见性和正确画出轮廓线的投影。

（4）组合体的画图步骤及要领：对组合体进行形体分析（分块）；按照各个分块的主次和相对位置关系，逐个画出它们的投影；依次研究和正确表示各部分形体之间的表面过渡关系；检查、加深。对于又复杂表面切割式组合体，应用线面分析，想象表面形状、控制复杂表面投影形状。注意：三个视图应配合起来画，先画各视图中的基线、中心线、主要形体的轴线和中心线，后画视图；先画主要部分，后画次要部分；先画大形体，后画小形体；先画整体形状，后画细节形状。

组合体的读图要领及步骤：看视图抓特征、分解形体对投影、综合起来想整体。看图及顺序：先看主要部分，后看次要部分；先看容易确定的部分，后看难于确定的部分；先看整体形状，后看细节形状。在读图与画图过程中自觉培养空间想象能力。

## 习 题

3.1 简述平面体、回转体的三视图特点。简述立体表面取点的作图方法。

3.2 平面体、回转体截交线有什么特征？简述截交线的作图方法及作图应注意的问题。

3.3 求两回转体表面相贯线的方法有哪些？分别适合于哪些场合？

3.4 用辅助平面法求曲面立体相贯线时，辅助平面的选择原则是什么？

3.5 两回转体相贯的特殊情况有哪些？

3.6 组合体的组合形式有哪些？

3.7 组合体上相邻表面有哪些连接关系？

3.8 形体分析法和线面分析法的定义是什么？分别适用于什么场合？

3.9 试述组合体的画图步骤。

3.10 组合体的读图方法和要领是什么？

3.11 组合体的构型方法和要领是什么？

# 第4章

# 轴测图与透视图

多面正投影图在工程上应用很广,它的优点是能够准确而完整地表达物体的形状和大小,作图简便,度量性好,如图4.1(a)所示。但它缺乏立体感,直观性差,缺乏读图能力的人看图较困难。因此,工程上常采用轴测投影图作为辅助图样,来帮助理解较复杂的结构,在设计中也可以借助于轴测图更有效地进行空间构思,如图4.1(b)所示。轴测投影图富有立体感,符合人们的视觉习惯,但不能反映物体的真实形状和大小,度量性差且作图过程较烦琐。

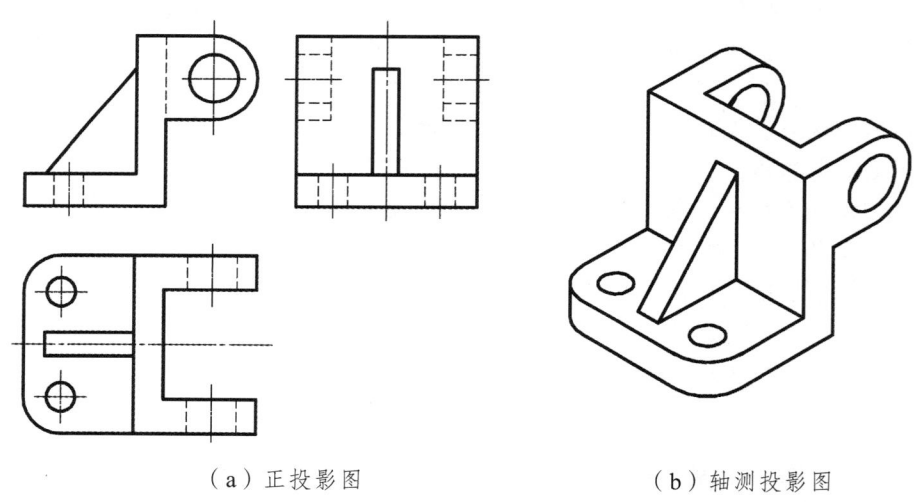

(a)正投影图　　　　　　　　(b)轴测投影图

**图 4.1　投影图与轴测图效果比较**

## 4.1　轴测图的基本知识

### 4.1.1　轴测图的形成

要使物体的投影具有直观性,就要使物体长、宽、高三个方向的形状同时投影到一个投影面上。轴测图就是将物体连同其确定该物体空间位置的直角坐标系,沿不平行于任一坐标面的方向,用平行投影法投射在某一选定的投影面 P 上所得到的图形,简称轴测图,如图4.2所示。有关轴测图术语与内容可查阅《机械制图　轴测图》(GB/T 4458.3—2013)。

轴测图的形成一般有两种方式：一种是改变物体相对于投影面的位置，而投射方向仍垂直于投影面，如此所得轴测图称为正轴测图，如图 4.2（a）所示；另一种是改变投射方向使其倾斜于投影面，而不改变物体对投影面的相对位置，所得投影图为斜轴测图，如图 4.2（b）所示。

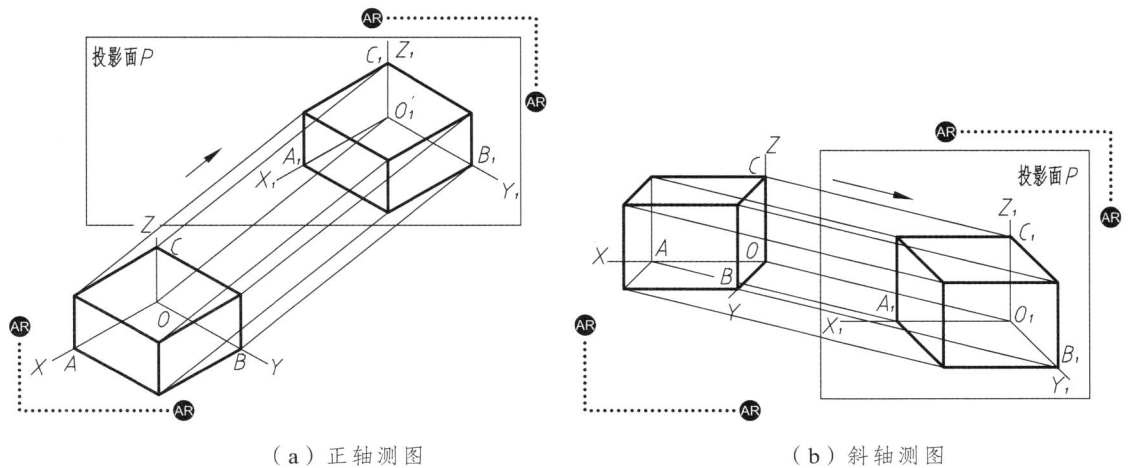

（a）正轴测图　　　　　　　　　　　　（b）斜轴测图

图 4.2　轴测图的概念

图 4.2 中，平面 $P$ 称为轴测投影面；坐标轴 $OX$，$OY$，$OZ$ 在轴测投影面上的投影 $O_1X_1$，$O_1Y_1$，$O_1Z_1$ 称为轴测投影轴，简称轴测轴；每两根轴测轴之间的夹角 $\angle X_1O_1Y_1$，$\angle X_1O_1Z_1$，$\angle Y_1O_1Z_1$ 称为轴间角；空间点 $A$ 在轴测投影面上的投影 $A_1$ 称为轴测投影；直角坐标轴上单位长度的轴测投影长度与对应直角坐标轴上单位长度的比值，称为轴向伸缩系数，$X$，$Y$，$Z$ 方向的轴向伸缩系数分别用 $p$，$q$，$r$ 表示，$p = O_1A_1/OA$；$q = O_1B_1/OB$；$r = O_1C_1/OC$。

### 4.1.2　轴测图的基本性质

由于轴测投影属于平行投影，因此，它具有平行投影的基本特性：

（1）物体上互相平行的线段，其轴测投影仍相互平行，且线段长度之比等于其投影长度之比。

（2）物体上平行于坐标轴的线段，其轴测投影长度与原长度之比等于轴向伸缩系数。

由于平行线的轴测投影仍互相平行，因此，凡是平行于 $OX$，$OY$，$OZ$ 轴的线段，其轴测投影必相应地平行于 $O_1X_1$，$O_1Y_1$，$O_1Z_1$ 轴，且具有和 $OX$，$OY$，$OZ$ 轴相同的轴向伸缩系数。在轴测图中只有沿轴测轴方向才可以测量长度，这就是"轴测"二字的含义。

### 4.1.3　轴测图的分类

由轴测投影的形成可知，轴测投影可分为正轴测图和斜轴测图两种。这两类轴测图，根据轴向伸缩系数的不同，每类轴测图又可分为 3 种。

（1）正（或斜）等轴测投影：轴向伸缩系数 $p = q = r$。

（2）正（或斜）二轴测图：$p = q \neq r$ 或 $p = r \neq q$。

（3）正（或斜）三轴测图：$p \neq q \neq r$。

由于正等轴测图和斜二等轴测图作图相对简单，且立体感强，在工程上被广泛应用，因此本章只介绍这两种轴测图的画法。

## 4.2 正等轴测图画法

### 4.2.1 轴间角和轴向伸缩系数

在正投影情况下，当 $p=q=r$ 时，将形体放置成使它的三条坐标轴与轴测投影面具有相同的夹角（约 $35°16'$）。由几何关系可以证明，其轴间角均为 $120°$，三个轴向伸缩系数均为 $p=q=r=\cos35°16'\approx 0.82$。

在实际画图时，为了作图方便，一般将 $O_1Z_1$ 轴取为铅垂位置，各轴向伸缩系数采用简化系数 $p=q=r=1$。这样，沿各轴向的长度都均被放大 $1/0.82\approx 1.22$ 倍，轴测图也就比实际物体大，但对形状没有影响。图 4.3 给出了轴测轴的画法和各轴向的简化轴向伸缩系数。

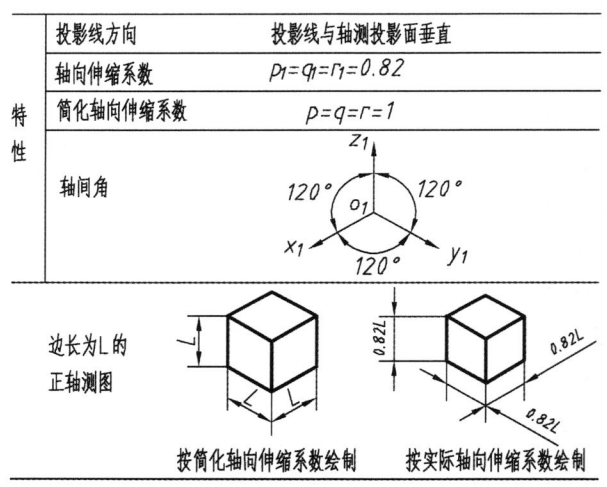

图 4.3 正等轴测图的轴间角和简化轴向伸缩系数

### 4.2.2 平面体的正等轴测图

画平面体轴测图的基本方法是坐标法，即根据物体表面各顶点的坐标值，分别画出其轴测投影并依次连接各顶点的轴测投影，但在实际作图中，应根据物体的形状特征灵活运用，还可采用叠加法及切割法。

**1. 坐标法**

使用坐标法时，先在视图上选定一个合适的直角坐标系 $OXYZ$ 作为度量基准，然后根据物体上每一点的坐标，定出它的轴测投影。

【例 4.1】 画出正六棱柱的正等轴测图。

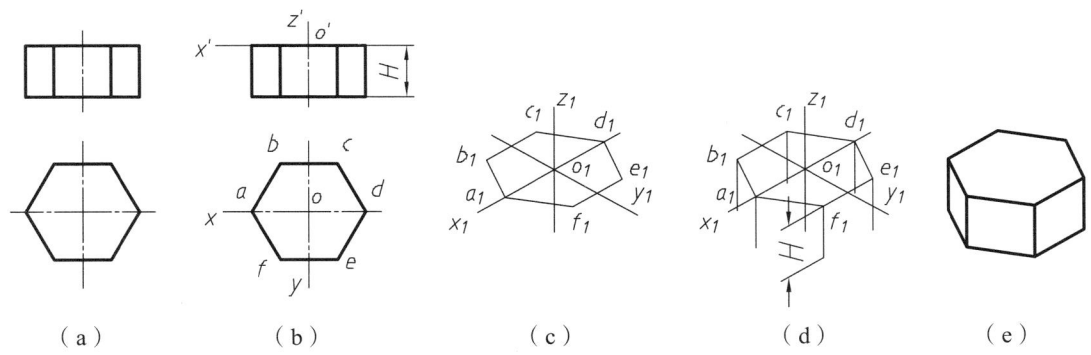

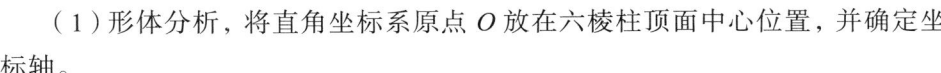

图 4.4　坐标法画正等轴测图

【解】　作图步骤：如图 4.4 所示。

（1）形体分析，将直角坐标系原点 $O$ 放在六棱柱顶面中心位置，并确定坐标轴。

扫描二维码
查看视频

（2）作轴测轴，并在其上采用坐标量取的方法，得到顶面各点的轴测投影；从顶面 $a_1$，$b_1$，$c_1$，$d_1$，$e_1$，$f_1$ 点沿 $Z$ 向向下量取 $H$ 高度，得到底面上的对应点。

（3）分别连接各点，用粗实线画出物体的可见轮廓，擦去不可见部分，得到六棱柱的轴测投影。

在轴测图中，为了使画出的图形明显起见，通常不画出物体的不可见轮廓，上例中坐标系原点放在正六棱柱顶面，有利于沿 $Z$ 轴方向从上向下量取棱柱高度 $H$，避免画出多余的作图线，作图简便。

### 2. 切割法

切割法又称方箱法，适用于绘制由平面体切割而成的形体的轴测图，它是以坐标法为基础，先用坐标法画出完整的长方体，然后按形体构造过程逐块切去多余的部分，最后得到物体的轴测图。

【例 4.2】　画如图 4.5（a）所示立体的正等轴测图。

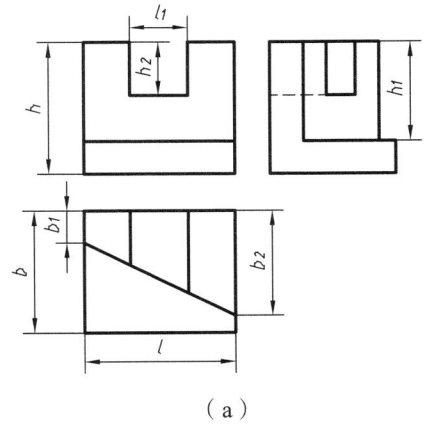
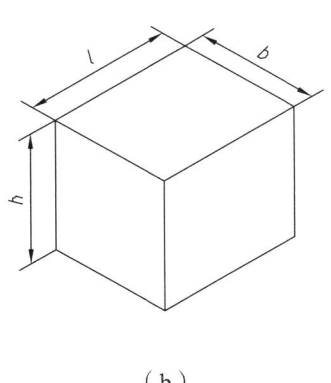

（a）　　　　　　　　　　　　　　（b）

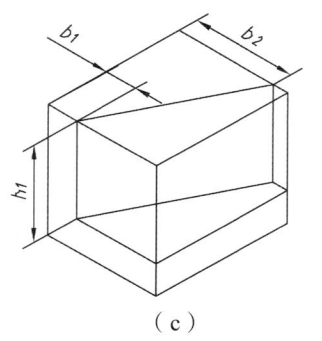 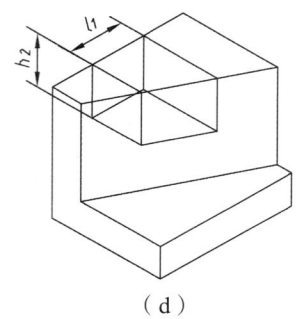 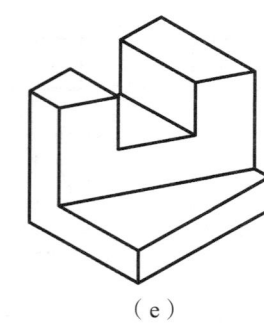

（c）　　　　　　　　　　（d）　　　　　　　　　　（e）

图 4.5　切割法画轴测图

【解】　通过形体分析，该形体为一长方体，前面切去一四棱柱，从前向后穿一通槽，如图 4.5（a）所示，作图步骤：

（1）按例 4.1 的方法，作出未切割的长方体的轴测图，如图 4.5（b）所示，以后各步以此长方体为基准作图。

（2）画切割体，根据投影图中尺寸画出长方体前面切去四棱柱的正等轴测图，如图 4.5（c）所示。

（3）画出从后向前穿一通槽的正等轴测图，如图 4.5（d）所示。

（4）擦去作图线，整理加深，完成全图，如图 4.5（e）所示。

### 3. 叠加法

叠加法是先将物体分成几个简单的组成部分，再将各部分的轴测图按照它们之间的相对位置叠加起来，并画出各表面之间的连接关系，最终得到物体轴测图的方法。

【例 4.3】　画出如图 4.6（a）所示立体的正等轴测图。

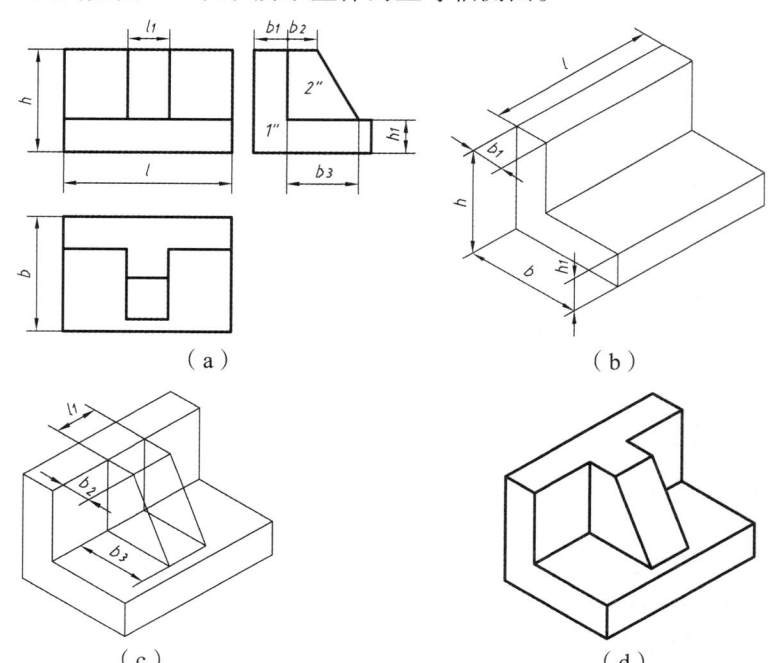

图 4.6　叠加法画正等轴测图

【解】 通过形体分析图示物体可以分解为 "L" 板Ⅰ、四棱柱Ⅱ两个部分,如图 4.6(a)所示。

(1) 按例一的方法,"L" 板Ⅰ的轴测图,如图 4.6(b) 所示。

(2) 四棱柱Ⅱ的轴测图,如图 4.6(c) 所示。

(3) 擦去作图线,描深后即得物体的正等轴测图,如图 4.6(d) 所示。

切割法和叠加法都是根据形体构成特征得来的,在绘制复杂形体对象的轴测图时,常常是综合在一起使用的,即根据物体形状特征,决定物体上某些部分是用叠加法画出,而另一部分则用切割法画出。注意:画形体每一部分时,正确选择开始绘图的轴测面。

## 4.2.3 回转体的正等轴测图

立体上常带有曲面结构,不论是圆柱或是圆锥其底面多为圆周。在绘制曲面立体的正等轴测图时,关键是要掌握圆的正等轴测图的画法问题。

### 1. 平行于坐标面的圆的正等轴测图画法

圆的正等测图是椭圆,三个坐标面或其平行面上的圆的正等轴测图是大小相等、形状相同的椭圆,只是长短轴方向不同,如图 4.7 所示。

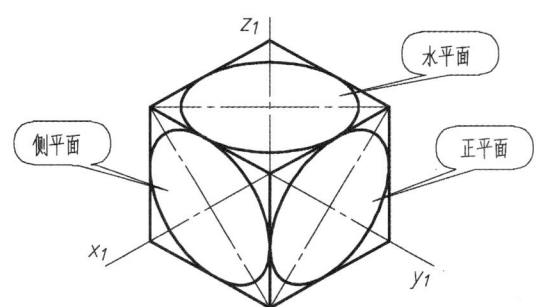

**图 4.7 平行于坐标面圆的正等测投影**

在实际作图时中,一般不要求准确地画出椭圆曲线,经常采用"菱形法"进行近似作图,将椭圆用四段圆弧连接而成。下面以水平面上圆的正等轴测图为例,说明用"菱形法"绘制椭圆的作图方法,如图 4.8 所示。

(1) 通过圆心 $O$ 作坐标轴 $OX$ 和 $OY$,再作圆的外切正方形,切点为 1,2,3,4,如图 4.8(a) 所示。

(2) 作轴测轴 $O_1X_1$,$O_1Y_1$,从点 $O_1$ 沿轴向量得切点 $1_1$,$2_1$,$3_1$,$4_1$,过这四点作轴测轴的平行线,得到菱形,并作菱形的对角线,如图 4.8(b) 所示。

(3) 过 $1_1$,$2_1$,$3_1$,$4_1$ 各点作菱形各边的垂线,在菱形的对角线上得到四个交点($O_2$,$O_3$,$C_1$,$A_1$),这四个点就是代替椭圆弧的四段圆弧的中心,如图 4.8(c) 所示。

(4) 分别以 $O_2$,$O_3$ 为圆心,$O_31_1$,$O_22_1$ 为半径画圆弧 $4_11_1$,$2_13_1$;再以 $C_1$,$A_1$ 为圆心,$C_12_1$,$A_14_1$ 为半径画圆弧 $1_12_1$,$3_14_1$,即得近似椭圆,如图 4.8(d) 所示。

(5) 加深四段圆弧,完成全图,如图 4.8(d) 所示。

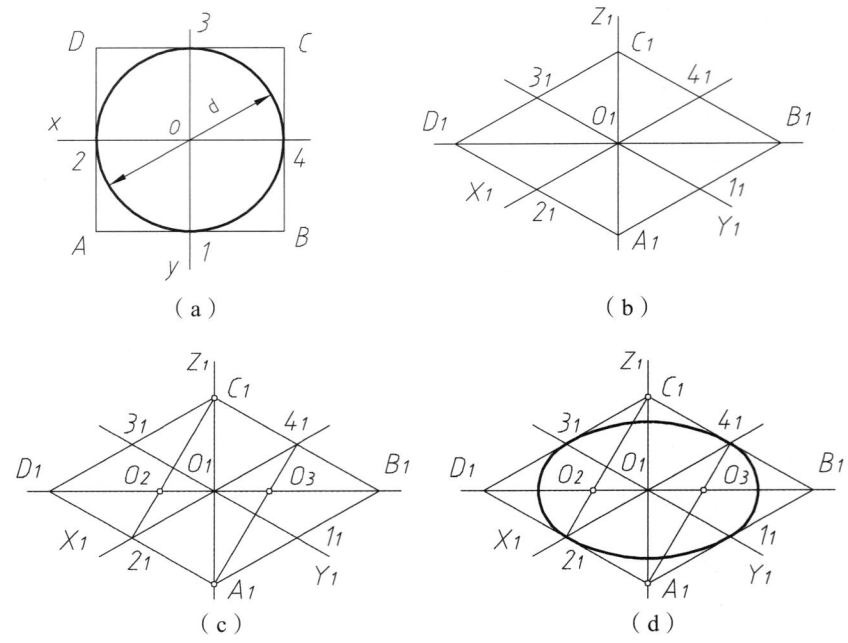

图 4.8 菱形法求近似椭圆

【例 4.4】 画出如图 4.9（a）所示圆柱的正等轴测图。

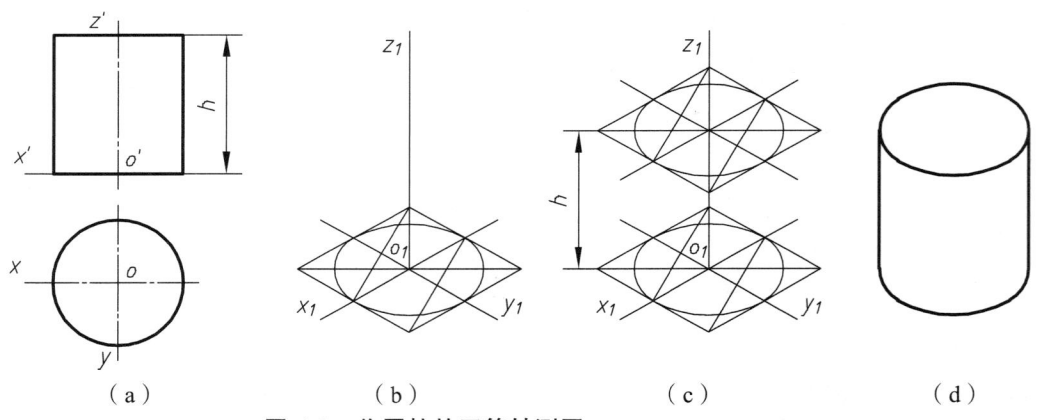

图 4.9 作圆柱的正等轴测图

【解】 作图步骤：
（1）在给出的视图上定出坐标轴、原点的位置，如图 4.9（a）所示。
（2）画轴测轴，用菱形法画顶面和底面上椭圆，如图 4.9（b）、（c）所示。
（3）作两椭圆的公切线；最后擦去多余作图线，描深后即完成全图，如图 4.9（d）所示。

扫描二维码
查看视频

## 2. 圆角的正等轴测图画法

在产品设计上，经常会遇到由四分之一圆柱面形成的圆角轮廓，画图时就需画出由四分之一圆周组成的圆弧，这些圆弧在轴测图上正好近似椭圆的四段圆弧中的一段。因此，这些圆角的画法可由菱形法画椭圆演变而来。

如图 4.10 所示，根据已知圆角半径 $R$，找出切点，过切点作切线的垂线，两垂线的交点即为圆心。以此圆心到切点的距离为半径画圆弧，即得圆角的正等轴测图。顶面画好后，采用移心法将两圆心向下移动 $h$，即得下底面两圆弧的圆心。画弧后描深即完成全图。

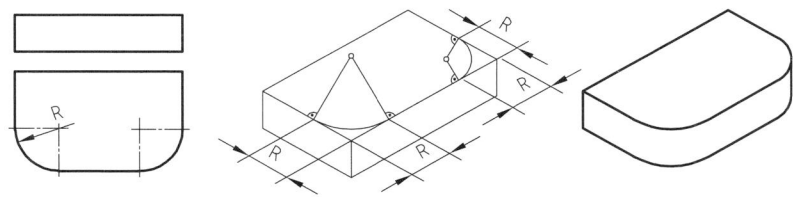

图 4.10　作圆角的正等轴测图

## 4.2.4　组合体正等轴测图

组合体是由若干个基本形体以叠加、切割、相切或相贯等连接形式组合而成。因此在画正等测时，应先进行形体分析，分析组合体的组成部分、连接形式和相对位置，然后逐个画出各组成部分的正等轴测图，最后按照它们的连接形式，完成全图。

【例 4.5】　画出如图 4.11（a）所示组合体的正等轴测图。

【解】　作图过程如图 4.11（b）～（f）所示。

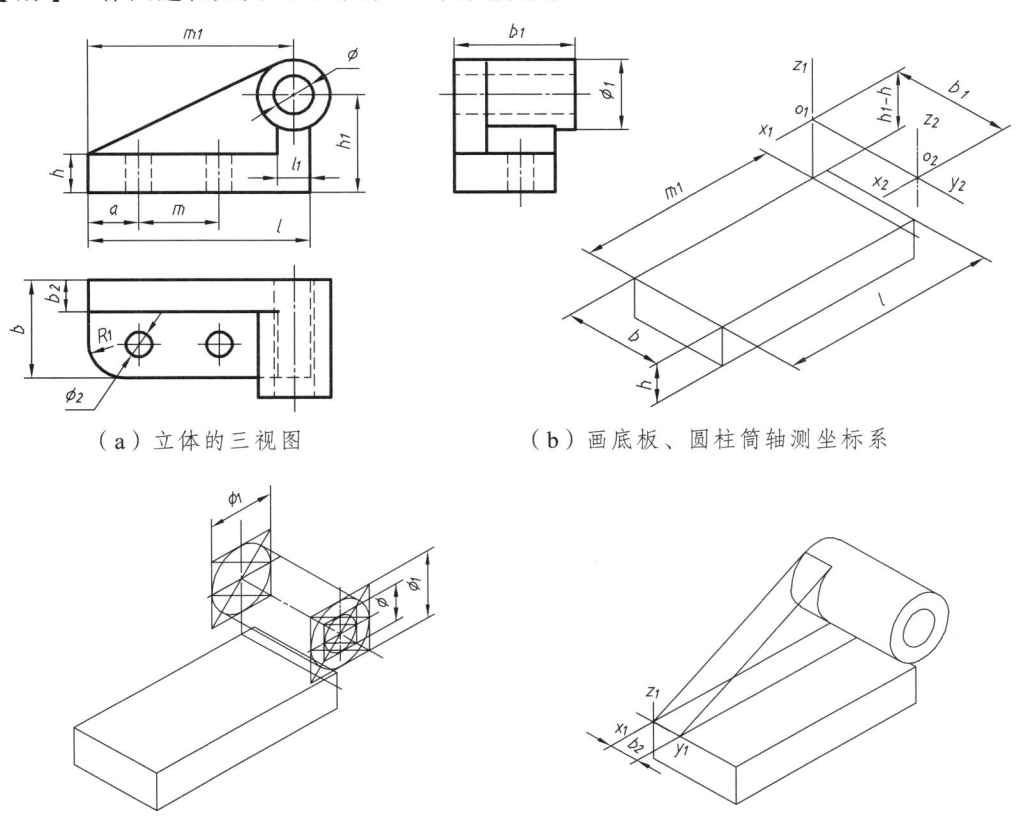

（a）立体的三视图　　　　（b）画底板、圆柱筒轴测坐标系

（c）画圆柱筒　　　　　　（d）画肋板

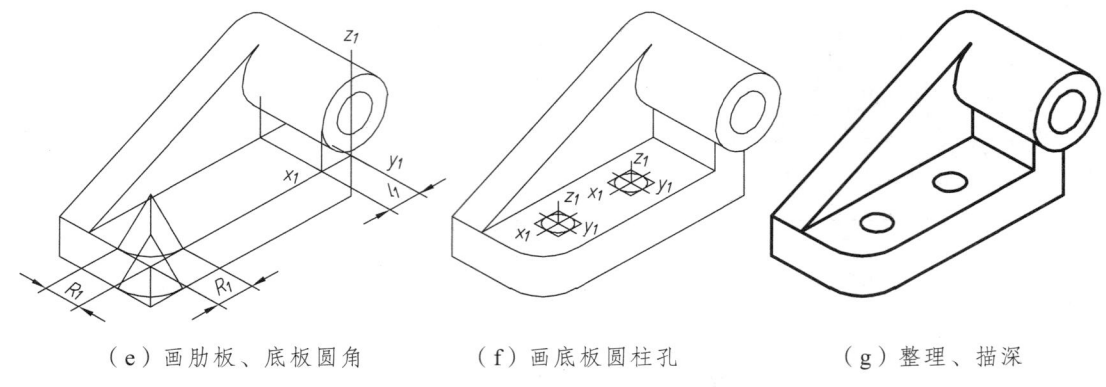

(e) 画肋板、底板圆角　　　(f) 画底板圆柱孔　　　(g) 整理、描深

图 4.11　作组合体的正等轴测图

## 4.3　斜二轴测图

由于空间坐标轴与轴测投影面的相对位置可以变化，投射方向对轴测投影面倾斜角度也可以变化，所以斜轴测投影可以有多种。最常用的斜轴测图是使物体的 $XOZ$ 坐标面平行于轴测投影面，称为正面斜轴测图。通常将斜二轴测图作为一种正面斜轴测图来绘制。

### 4.3.1　轴间角和轴向伸缩系数

将物体连同确定其空间位置的直角坐标系，用斜投影的方法投射到与 $XOZ$ 坐标面平行的轴测投影面上，此时轴测轴 $O_1X_1$ 和 $O_1Z_1$ 仍分别为水平方向和铅垂方向，即轴间角 $\angle X_1O_1Z_1 = 90°$，因此，物体上平行于该坐标面的图形均反映实形，$X$ 轴和 $Z$ 轴上的轴向伸缩系数为 1；与水平线成 45°方向的 $Y$ 轴，其伸缩系数为 0.5，这样所得到的轴测投影图称斜二轴测图，简称斜二测。

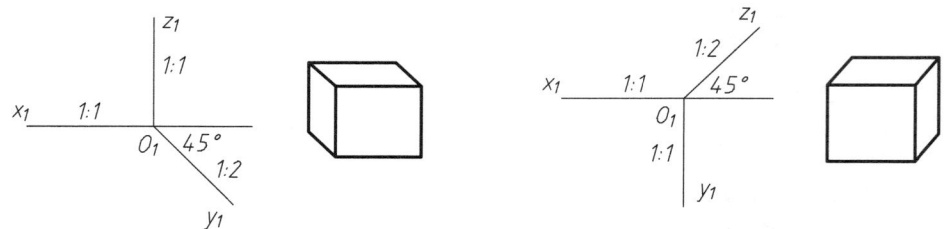

图 4.12　斜二轴测图的轴间角和轴向伸缩系数

图 4.12 中列出了斜二轴测图常用的两种投射方向，并给出了轴测轴的画法和各轴向伸缩系数。

轴向伸缩系数：$p = r = 1$，$q = 0.5$；

轴间角：$\angle X_1O_1Z_1 = 90°$，$\angle X_1O_1Y_1 = \angle Y_1O_1Z_1 = 135°$。

## 4.3.2 平行于坐标面的圆的斜二轴测图

平行于 $X_1O_1Z_1$ 面的圆的斜二测投影还是圆，大小不变。平行于 $X_1O_1Y_1$ 和 $Z_1O_1Y_1$ 面的圆的斜二测投影都是椭圆，且形状相同，如图 4.13（a）所示。根据理论计算，椭圆的长轴与圆所在坐标面上的一根轴测轴成 7°9′20″（可近似为 7°10′）的夹角，长轴长度为 $1.06d$，短轴长度为 $0.33d$，如图 4.13（b）所示。由于此时椭圆作图较繁，所以当物体的某两个方向有圆时，一般不用斜二轴测图，而采用正等轴测图。

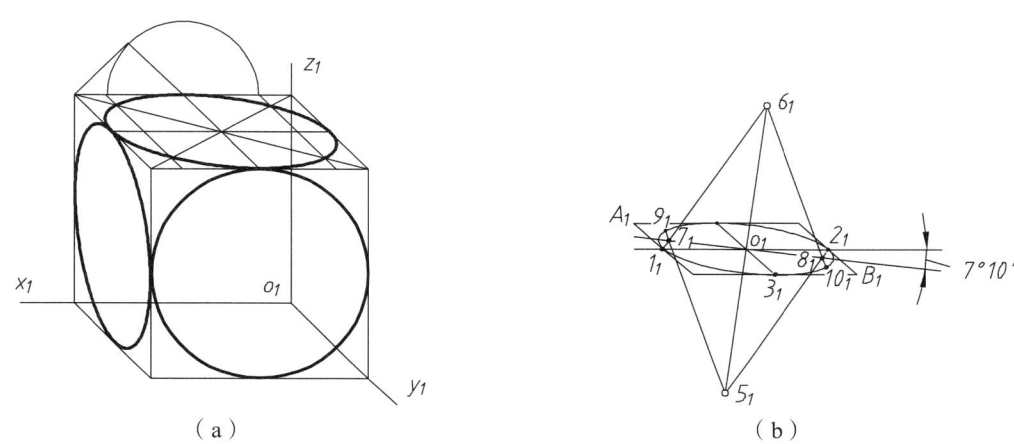

图 4.13 平行于坐标面圆的斜二测投影

## 4.3.3 组合体斜二轴测图的画法

为了作图时方便，一般将物体上圆或圆弧较多的面平行于该坐标面，可直接画出圆或圆弧，因此，当物体仅在某一视图上有圆或圆弧投影的情况下，常采用斜二轴测图来表示。为了把立体效果表现得更为清晰、准确，可选择有利于作图的轴测投射方向。

【例 4.6】 画组合体的斜二测，如图 4.14（a）所示。

【解】 绘制物体斜二测的方法和步骤与绘制物体正等测相同。

具体过程如图 4.14 所示。

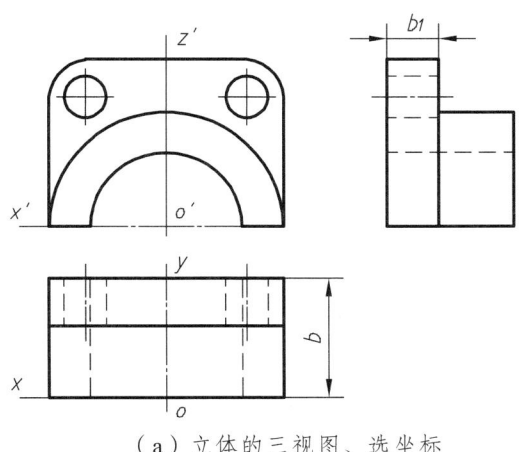
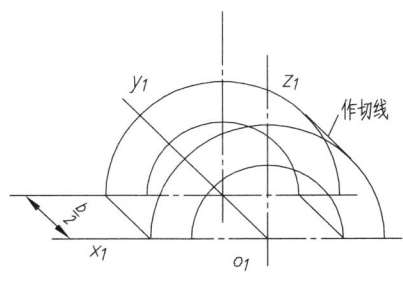

（a）立体的三视图、选坐标　　　　　　　　（b）画半圆柱

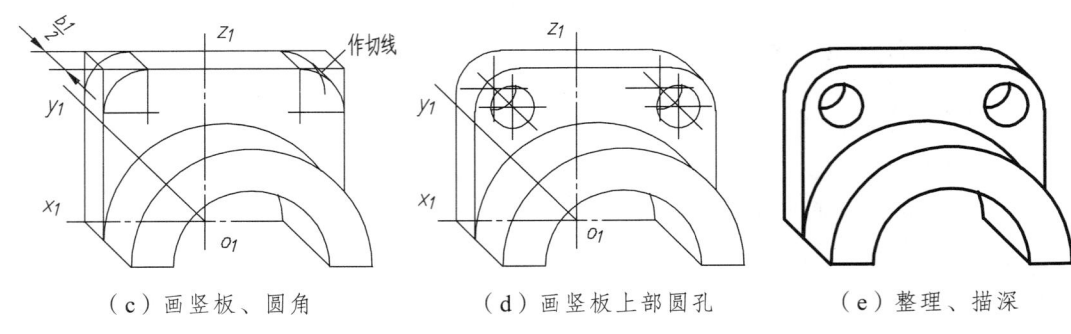

(c) 画竖板、圆角　　　　　(d) 画竖板上部圆孔　　　　　(e) 整理、描深

图 4.14　组合体的斜二轴测图画法

## 4.4　轴测草图的画法

在生产实际中，经常要在不使用仪器的情况下绘制零件的一些结构或整个零件，这种通过目测形体各部分之间的相对比例，徒手画出的图样称为草图。草图是创意构思、技术交流、测绘机器常用的绘图方法。其作图原理和过程与用绘图工具绘制轴测图基本相同。草图虽然是徒手绘制，但绝不是潦草的图，仍然是符合国家标准的图样。

### 4.4.1　画轴测草图的基本技巧

要绘制好草图，必须掌握好直线、圆、椭圆的画法、线段的等分、常见角度的画法、正多边形的画法等。

（1）直线的画法：标记好起始点和终止点，铅笔放在起始点，眼睛看着终止点，眼睛的余光看着铅笔，用较快的速度绘出直线，切不要一小段一小段地画。一般水平线由左向右绘，铅垂线由上向下绘，如图 4.15 所示。

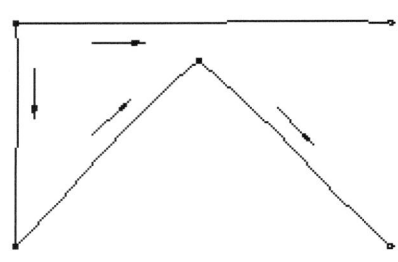

图 4.15　直线的画法

（2）圆的画法：先将两条中心线画好，并在中心线上按半径标记好四个点，接着先画左半（或右半或上半），再画右半（或左半或下半），如图 4.16 所示。画大圆时，可在 45°方向上再画两条中心线并做好标记。画小圆时也可先过标记点画一个正方形，再顺势画圆。注意，画图时不必死盯住所做的标记点，而应顺势而为。

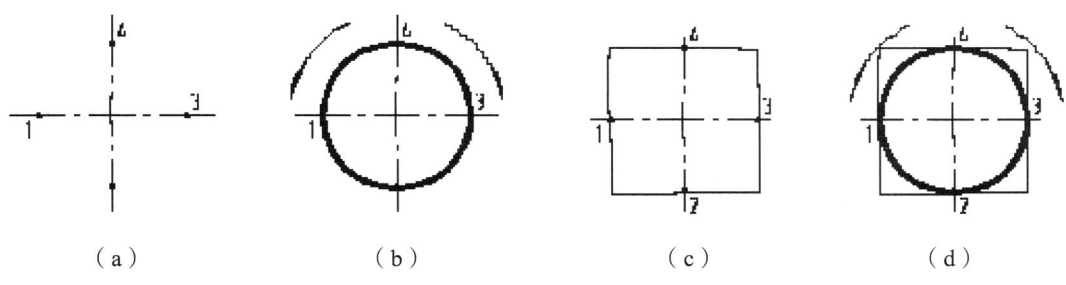

图 4.16　圆的画法

（3）线段的等分：线段的常见等分数有 2，3，4，5，8。

① 八等分线段：

先定等分点 4，接着是等分点 2，6，再就是等分点 1，3，5，7，如图 4.17（a）所示。

② 五等分线段：

先定等分点 2，接着是等分点 1，3，4，如图 4.17（b）所示。

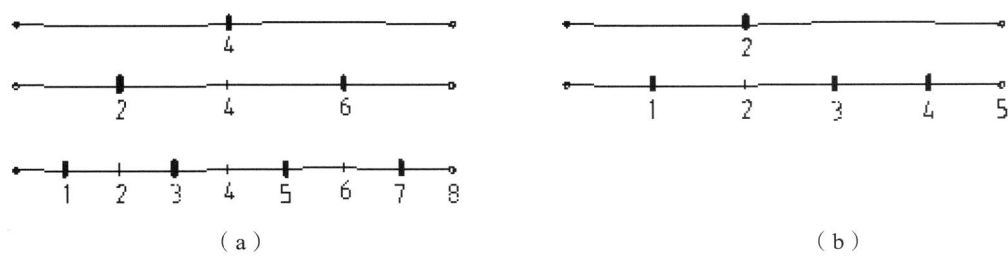

图 4.17　线段的等分

（4）常见角度 30°，45°，60°的画法：角度的大小，可借助于直角三角形来近似得到，如图 4.18（a）、（b）所示；或者借助于半圆来近似得到，如图 4.18（c）所示。

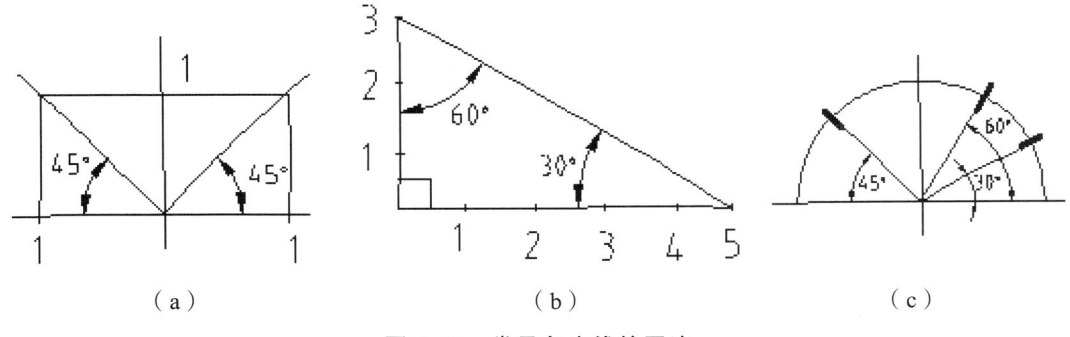

图 4.18　常见角度线的画法

（5）椭圆的画法：画椭圆时，先在中心线上按长短轴标记好四个点，作四边形，并顺势画四段椭圆弧，如图 4.19（a）、（b）所示。画较大的椭圆时，按菱形法画好菱形，并加取四个点，如图 4.19（c）、（d）所示。

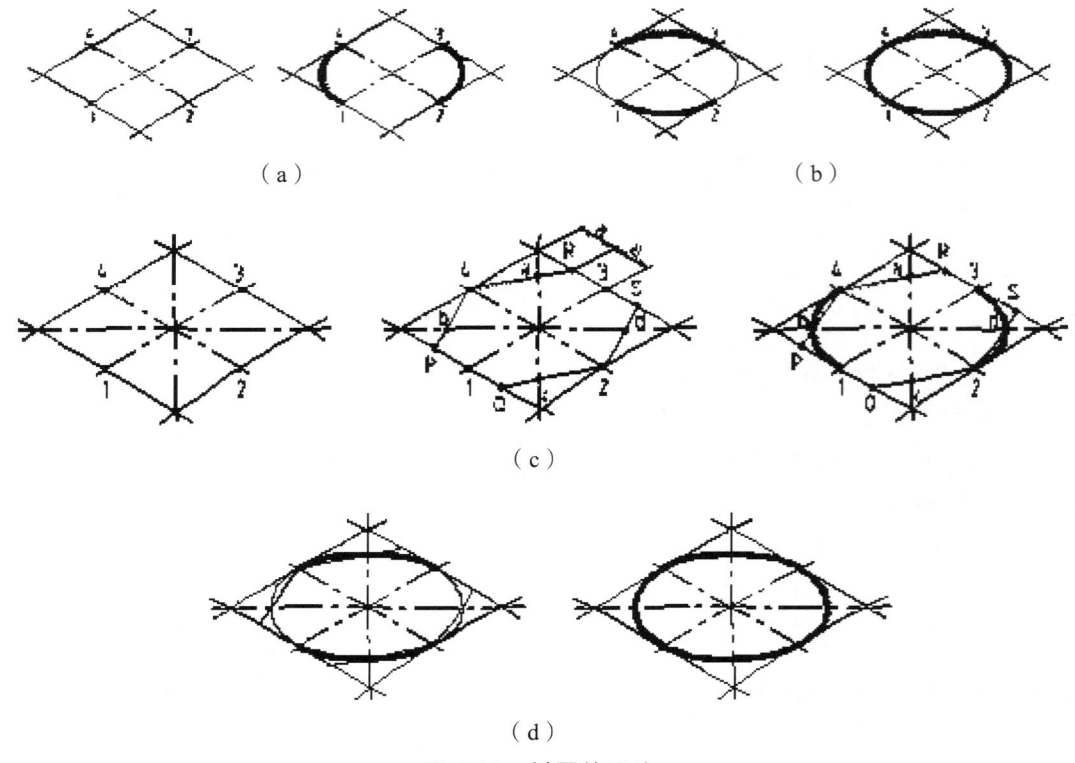

图 4.19 椭圆的画法

（6）正六边形的画法：先画一条水平的中心线，在其中点上画铅垂的中心线，在水平的中心线的半段上六等分，在铅垂的中心线的半段上五等分，如图 4.20（a）所示；过水平中心线上的第三等分点画铅垂线，过铅垂中心线上的第五等分点画水平线，如图 4.20（b）所示；接着利用对称性再画其他线，如图 4.20（c）、（d）、（e）所示；至此，正六边形可确定，如图 4.20（f）、（g）所示。

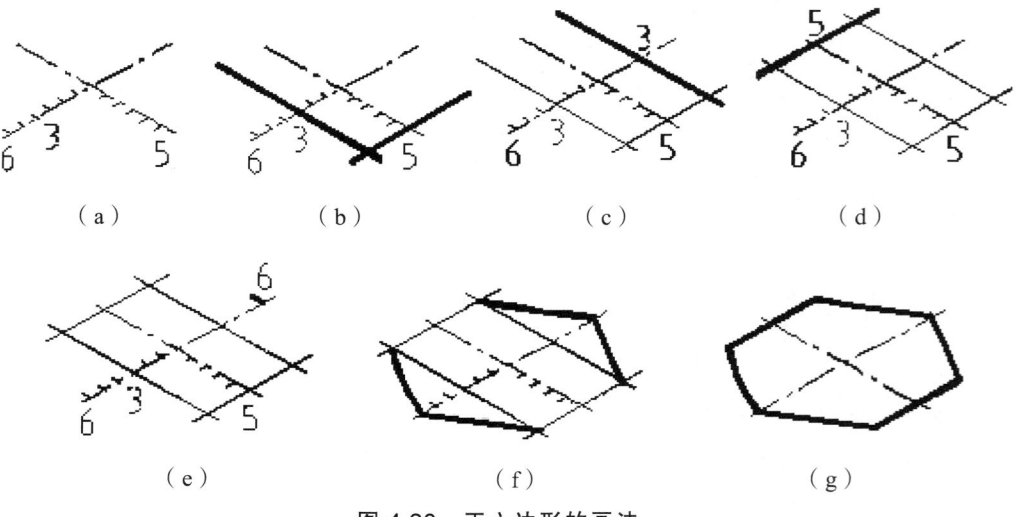

图 4.20 正六边形的画法

【例 4.7】 画六角螺栓（螺纹除外）的正等轴测草图，如图 4.21（a）所示。

【解】 作图步骤如图 4.21 所示。

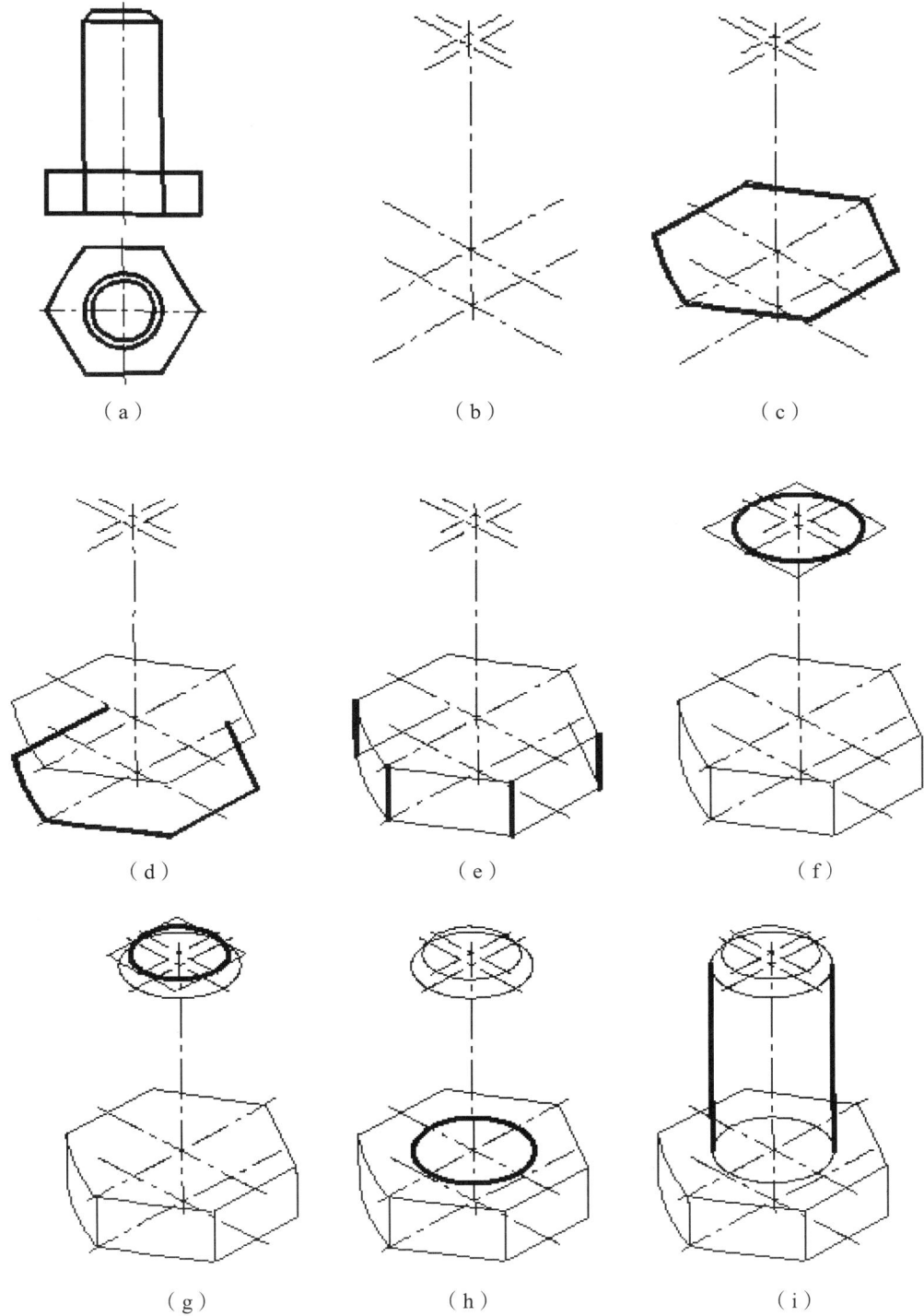

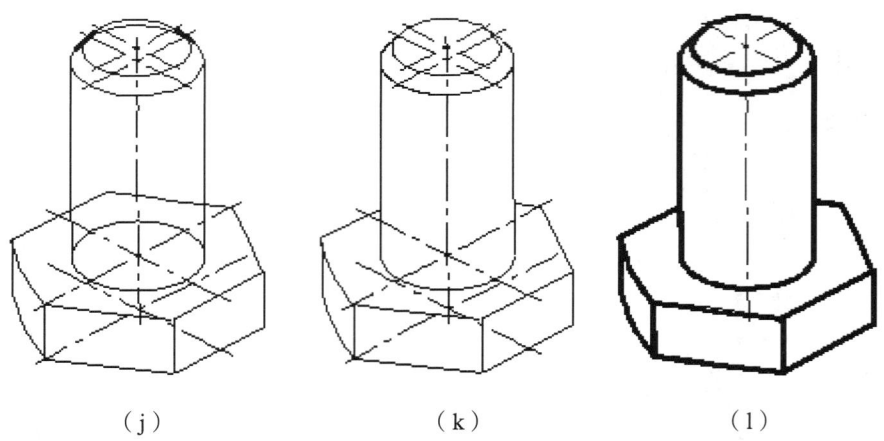

图 4.21 六角螺栓的正等轴测草图画法

## 4.4.2 画轴测草图的一般步骤

【例 4.8】 徒手绘制如图 4.22（a）所示立体的斜二轴测图。

【解】 由三视图可知，该立体由一个水平板和一个带半圆柱的穿孔竖板叠加而成，绘图时先画出水平板，然后再画竖板。

绘图步骤如图 4.22 所示。

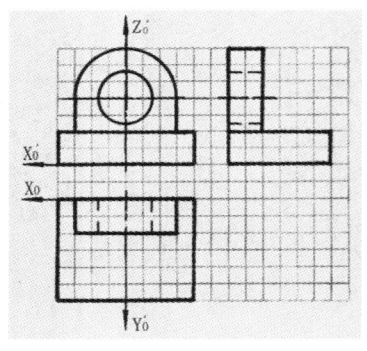

（a）立体的三视图

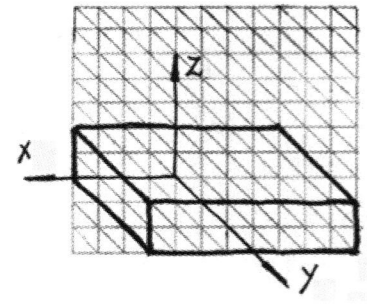

（b）画水平板

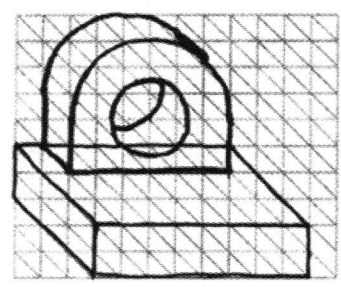

（c）画竖板、挖切圆孔

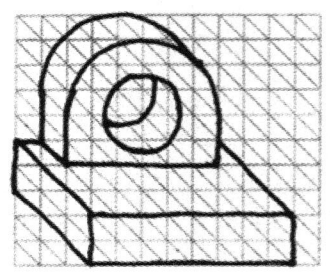

（d）整理完成全图

图 4.22 徒手绘制斜二轴测图

## 4.5 轴测剖视图

在轴测图上，为了表达物体的内部结构，可假想用剖切平面将物体的一部分剖去，这种剖切后的轴测图，称为轴测剖视图。轴测剖视图的画法如下：

**1. 剖切位置的确定**

在轴测图上剖切，为了不影响物体的完整形态，而且尽量使图形清晰、直观，在空间一般用平行于坐标面的两个相互垂直的平面来剖切物体，假想剖切平面将物体切去四分之一，这样就能较完整地显示物体的内、外形状，如图4.23（a）所示。

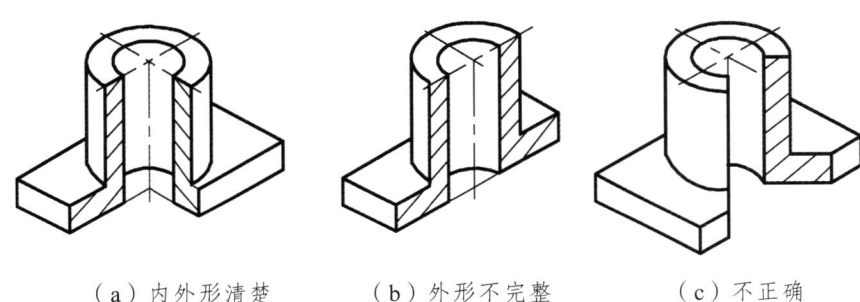

（a）内外形清楚　　（b）外形不完整　　（c）不正确

图4.23　剖切位置的比较

尽量避免用一个剖切面将物体切去一半，这样会影响对物体整体形状的表达，如图4.23（b）所示。也要避免选择不恰当的剖切位置，如图4.23（c）所示。

**2. 剖切画法**

（1）先画外形再剖切，如图4.24（a）所示。

（2）先画断面的形状，后画可见轮廓，如图4.24（b）所示。注意轴测剖视图剖面线的方向随不同的轴测图的轴测轴方向和轴向伸缩系数而有所不同。

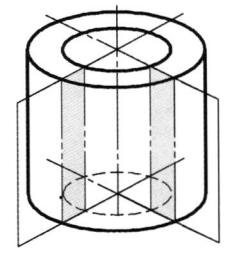 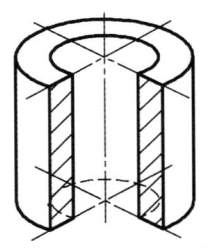 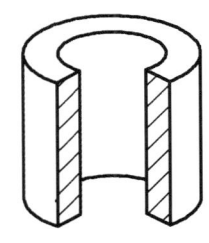

（a）选坐标轴、画外轮廓　　（b）画断面和内部可见形状　　（c）整理

图4.24　轴测图的剖切画法

（3）画剖面线，剖面线的画法如图4.25所示，整理，结果如图4.24（c）所示。

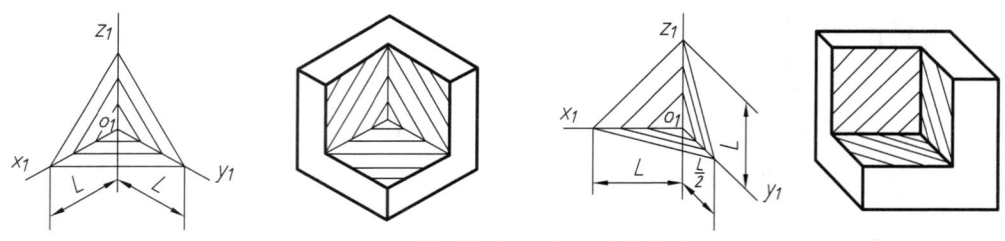

图 4.25 轴测剖视图剖面线的方向

【例 4.9】 根据如图 4.26（a）、4.27（a）所示的立体的视图，画出轴测剖视图。

【解】（1）通过先画外形后作剖视，画轴测图（采用正等轴测图）。

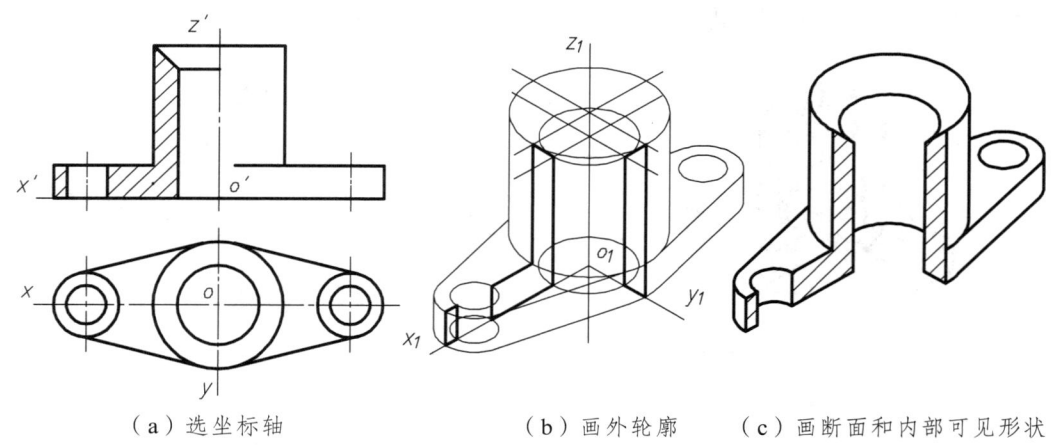

（a）选坐标轴　　　　　　（b）画外轮廓　　　（c）画断面和内部可见形状

图 4.26 轴测剖视图画法 1

（2）通过先画截断面，后画外形，画轴测图（采用斜二轴测图）。

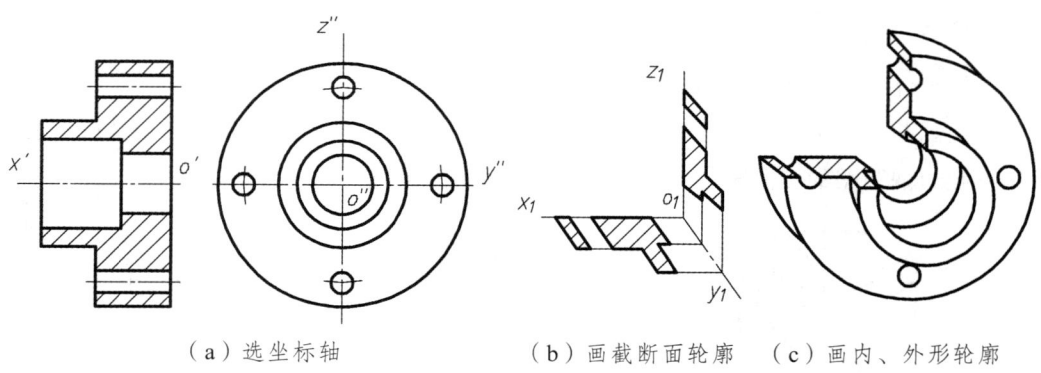

（a）选坐标轴　　　　（b）画截断面轮廓　（c）画内、外形轮廓

图 4.27 轴测剖视图画法 2

## 4.6 透视图

透视投影是用中心投影法将形体投射到投影面上，从而获得的一种较为接近视觉效果的单面投影图，也称透视图。透视图富有立体感，比轴测图更加逼真，透视图常用于工程设计

中表达设计对象的外貌，帮助设计外观构思，也用于动画、视觉仿真以及其他许多具有真实性反映的方面。图4.28（a）所示为建筑物的透视图。

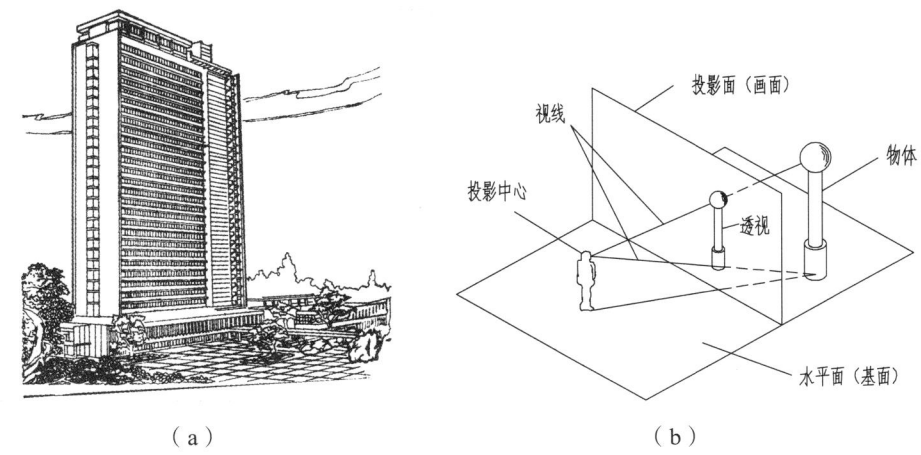

图 4.28 透视图的效果

## 4.6.1 透视投影的基本概念

透视图的形成：当人们站在玻璃窗内用一只眼睛观看室外的建筑物时，无数条视线与玻璃窗相交，把各交点连接起来的图形即为透视图。如图4.28（b）所示为透视图形成过程及术语。

**1. 透视图的特点**

（1）物体上原来等宽的水平线（如建筑物上的墙面、窗户等），在透视图中变得近宽远窄。

（2）物体上原来等高的铅垂线（如建筑物上墙体、柱子等的轮廓线）在透视图中变得近长远短。

（3）多个大小相同的物体，在透视图中变得近大远小。

（4）物体上与画面相交的平行直线，在透视图中不再平行，而是愈远愈靠拢，直至消失于一点，这个点称为灭点（或消失点）。

**2. 透视图的常用术语**

在绘制透视图时，常需要用到一些专门术语和符号，如图4.29所示，弄清楚它们的含义，有助于理解透视图的形成和掌握作图方法。

基面（$G$）——观察者所占立的水平地面，即物体所在的水平面，相当于水平投影面（$H$）。

画面（$P$）——透视图所在的平面，一般与基面垂直，相当于正面投影面（$V$）。

基线（$XX$）——画面与基面的交线，在画面与基面上分别用$XX$及$X_1X_1$表示，相当于$OX$投影轴。

视点（$S$）——相当于观察者眼睛的位置，即投射中心。

站点（$s$）——视点$S$在基面上的正投影，相当于人站立的地点。

心点（$S_0$）——视点$S$在画面上的正投影，即$SS_0$垂直于画面，称为中心视线。

视平面——过视点$S$所作的水平面。

视平线（$HH$）——视平面与画面的交线，当画面为铅垂面时，视平线通过心点 $S_0$。

视高（$Ss$）——视点 $S$ 到基面 $G$ 的距离。当画面为铅垂面时，视高就是视平线与基线间的距离 $Ss$。

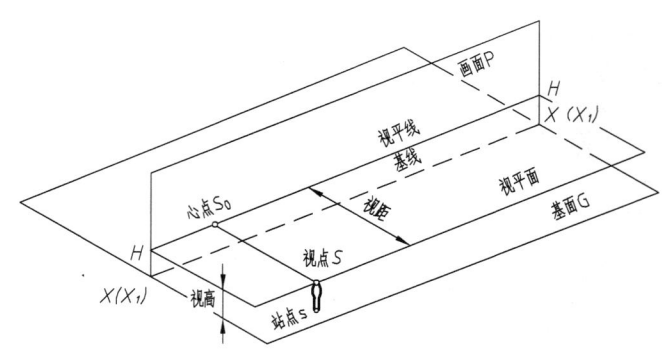

图 4.29　透视图中常用术语

作图时基面与画面的位置如图 4.30 所示。

在绘制透视图时，是将画面 $P$ 和基面 $G$ 沿着基线 $XX$ 分开后画在一张图纸上，如图 4.30（a）所示，至于画面画在基面的上方或下方，都是可以的。

由于画面和基面可无限大，所以在作透视图时，可将画面和基面的边框去掉，如图 4.30（b）所示。

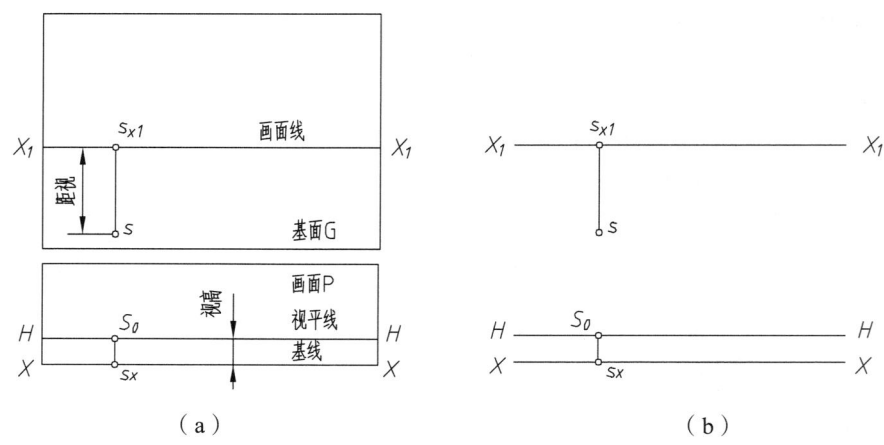

图 4.30　基面与画面的位置

### 4.6.2　物体的透视图

物体透视投影的规律：点的透视仍为一个点，点位于画面上时，其透视为其本身；直线的透视一般仍为直线，直线上一点的透视，必在该直线的透视上；平行于画面的直线组，没有灭点；位于画面上的直线，它的透视与直线本身重合且反映实长；与画面相交的平行直线组必有共同的灭点。水平线的灭点必位于视平线上。

如图 4.31 所示，以长方体为例，物体透视图分三类，即一点透视、两点透视、三点透视。

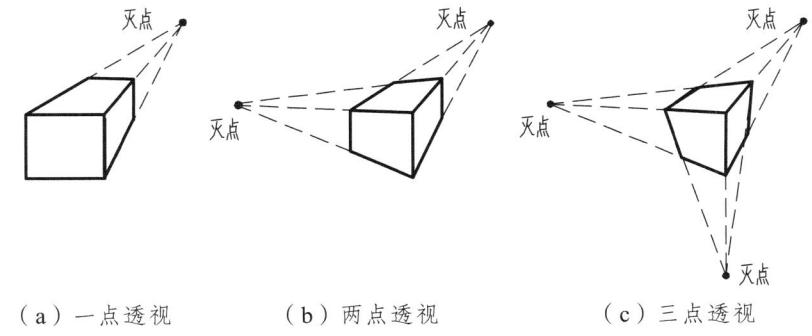

（a）一点透视　　　　　（b）两点透视　　　　　（c）三点透视

图 4.31　透视图的三种类型

## 1. 一点透视（又称正面透视、平行透视）

如果物体的一个主要面平行于画面，则所得的透视称为正面透视（或平行透视）。如图 4.32 所示，建筑物上的主要立面（长度和高度方向）与画面平行，宽度方向的直线垂直于画面。因为正面透视只有一个位于站点 s 处的灭点，所以也叫一点透视。

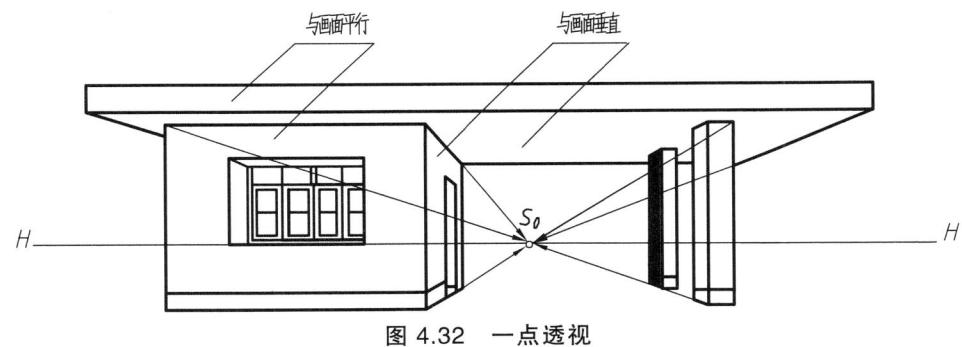

图 4.32　一点透视

## 2. 两点透视（又称成角透视）

如果建筑物上的主要表面与画面不平行，但其上的铅垂线与画面平行，在长、宽方向上有两个灭点，称为成角透视，也叫两点透视，如图 4.33 所示。

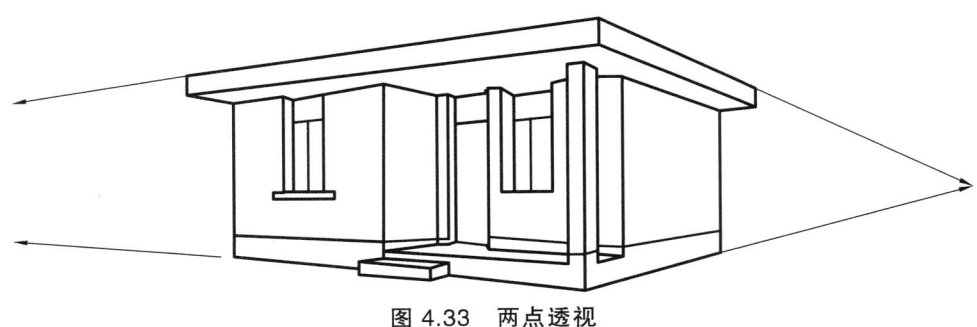

图 4.33　两点透视

## 3. 三点透视（又称斜透视）

若物体上长、宽、高三个方向与画面均不平行时，所作的透视图有三个灭点，称为斜透视，也叫三点透视，如图 4.31（c）所示。

在这三种透视图中，两点透视应用最多，三点透视因作图复杂，很少采用。

## 小　结

常用的轴测图有正等轴测图和斜二轴测图两种，但若形体的棱面及棱线与轴测投影面成 45°方向时，则不宜选用正等轴测图，而应选用正二轴测图。

### 1. 轴测投影的特性

（1）物体上互相平行的线段，在轴测图中仍互相平行。

（2）物体上平行于坐标轴的线段，在轴测图中仍然与相应的轴测轴平行，其变形系数也与相应坐标轴的变形系数相等。

### 2. 轴测图的选用原则

（1）选择的轴测图应能最充分地表现形体的线与面，立体感鲜明、强烈。

（2）选择的轴测图的作图方法应简便。

究竟选用哪种轴测图，应根据各种轴测图的特点及物体的具体形状进行综合分析，然后作出决定。

通过对本章的学习，学生应了解轴测图的形成，轴间角和轴向伸缩系数的概念及轴测图的投影特性。掌握基本立体（特别是回转体）的正等轴测图的画法，灵活运用各种方法来绘制形体的正等轴测图。斜二测投影适合在一个方向上圆结构较多的形体，应掌握形体的斜二测图画法，特别是要注意其余正等轴测图画法之间的区别以及适用场合。

透视图是表达物体外观效果的一种图样，了解透视图的原理与画法，常用的透视图有一点和两点透视图。

## 习　题

4.1　轴测图是怎样形成的？有什么投影特性？试比较多面正投影图与轴测图的异同。

4.2　轴测图的类型有哪些？什么叫轴向伸缩系数？什么叫轴间角？

4.3　哪三种轴测图为工程中常用的轴测图？它们的轴间角与轴向伸缩系数各为多少？

4.4　正轴测图的三个轴向伸缩系数之间有何关系？

4.5　正轴测投影中位于或平行于坐标面的圆投影成的椭圆，其长轴、短轴方向如何确定？

4.6　怎样用四心法画平行于各坐标面的圆的正等轴测图？

4.7　在进行轴测图种类选择时要从哪几个方面考虑？选用原则是什么？应注意哪几个问题？

# 第 5 章

# 表示机件的图样画法

在生产实际中,机件(包括零件、部件和机器)的结构形状多种多样。为了满足各种机件表达的需求,国家标准规定了表达机件图样的各种方法,即视图、剖视图、断面图、简化画法等。在绘制技术图样表达机件时,应首先考虑看图方便,根据机件的结构特点,选用适当的表示方法,在完整、清晰地表示物体形状的前提下,力求制图简便。本章将介绍机件的各种常用表达方法。

## 5.1 视 图

视图主要用来表达机件的外部结构形状,通常分为基本视图、向视图、局部视图和斜视图,可参阅国家标准《技术制图 图样画法 视图》(GB/T 17451—1998)、《机械制图 图样画法 视图》(GB/T 4458.1—2002)。

### 5.1.1 基本视图

对于结构复杂的机件,用三视图有时还不能充分把其形状表达清楚。为此,技术制图与机械制图国家标准规定,在原有三个投影面的基础上再增设三个投影面,这六个投影面统称为基本投影面,并构成一个空心正六面体。将机件置于一个空心正六面体内,如图 5.1 所示,正六面体的六面构成基本投影面,将机件向基本投影面投影所得的视图称为基本视图。

该六个视图分别是由前向后、由上向下、由左向右投影所得的主视图、俯视图和左视图,以及由右向左、由下向上、由后向前投影所得的右视图、仰视图和后视图。各基本投影面的展开方式如图 5.2(a)所示,展开后各视图的标准配置如图 5.2(b)所示。

基本视图具有"长对正、高平齐、宽相等"的投影规律,即主视图、俯视图和仰视图长对正(后视图同样反映零件的长度尺寸,但不与上述三视图对正),主视图、左、右视图和后视图高平齐,左、右视图与俯、仰视图宽相等。另外,主视图与后视图、左视图与右视图、俯视图与仰视图还具有轮廓对称的特点。

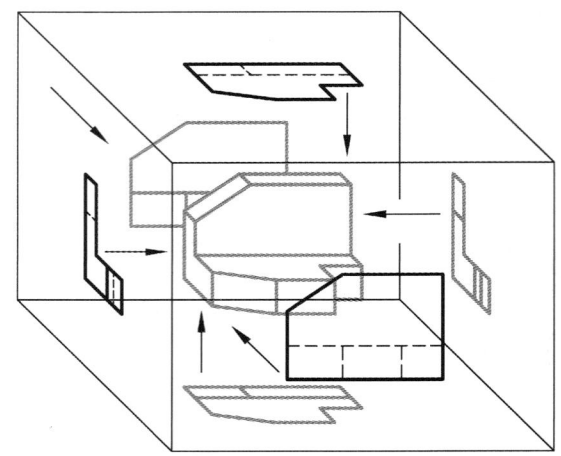

图 5.1 基本视图的形成

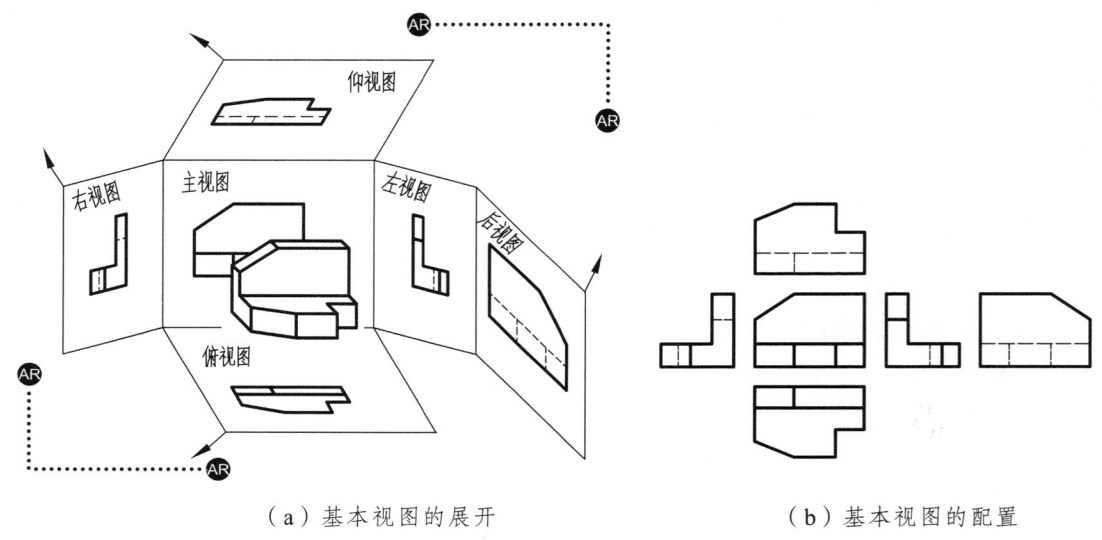

（a）基本视图的展开　　　　　　　　（b）基本视图的配置

图 5.2 基本视图

当基本视图按规定位置配置时，一律不标注视图的名称，如图 5.2（b）所示。

### 5.1.2 向视图

向视图是可自由配置的视图。

有时为了合理利用图幅，各基本视图可不按标准规定的位置关系进行配置，但应在该视图的上方标出字母"×"（大写拉丁字母）以代表视图名称，并在相应视图附近用箭头指明投射方向，并标注相同的字母，如图 5.3 所示。向视图必须要标注视图名称和方向。

实际绘图时，不是任何机件都需要绘制六个基本视图，而是根据机件的结构特点和复杂程度，选用必要的基本视图。

值得注意的是：六个基本视图中，一般优先选用主、俯、左三个视图。任何机件的表达都必须有主视图。

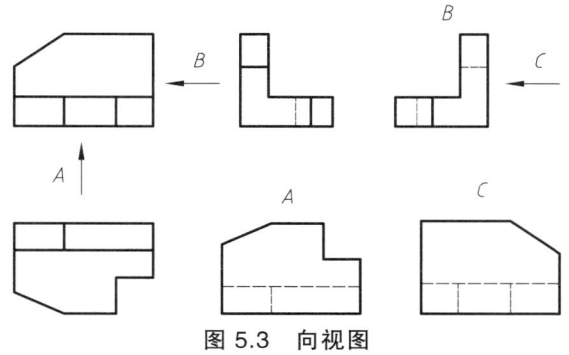

图 5.3 向视图

## 5.1.3 局部视图

将机件的某一部分向基本投影面投影，所得到的视图叫作局部视图。画局部视图的主要目的是表达局部结构，减少重复表达与作图工作量。局部视图是一个不完整的基本视图，利用局部视图可以减少基本视图的数量，补充表达基本视图尚未表达清楚的部分。

如图 5.4 所示机件，当画出其主、俯视图后，仍有两侧的凸台没有表达清楚。因此，需要画出表达该部分的局部左视图和局部右视图。局部视图的断裂边界用波浪线画出，当所表达的局部结构是完整的，且外轮廓又成封闭时，波浪线可以省略，如图 5.4 中的 B 向局部视图。

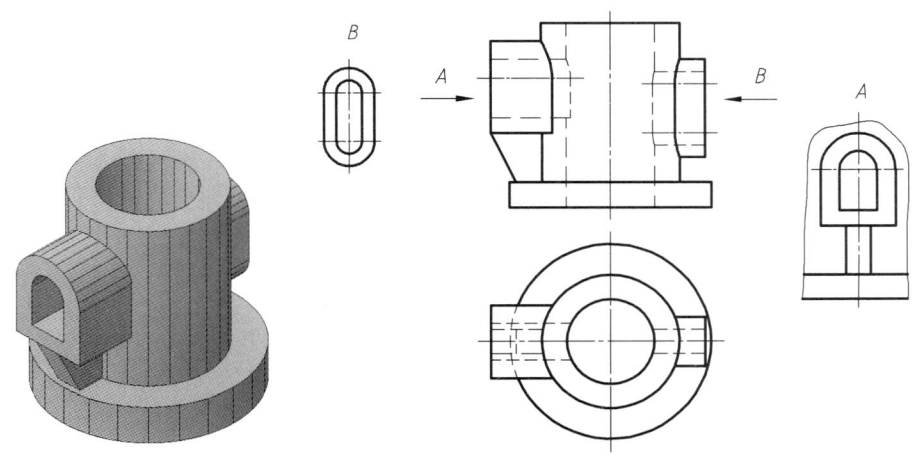

图 5.4 局部视图

画图时，一般应在局部视图上方标注上视图的名称"×"（大写拉丁字母），在相应的视图附近用箭头指明投射方向，并注上同样的字母。当局部视图按投影关系配置，中间又无其他图形隔开时，可省略其标注。

## 5.1.4 斜视图

机件向不平行于任何基本投影面的平面投射所得的视图称为斜视图。斜视图主要用于表达机件上倾斜部分的实形和标注真实尺寸。如图 5.5（a）所示的连接弯板，其倾斜部分在基本视图上不能反映实形,因此,可利用换面法的原理,选用一个新的投影面,使它与机件的倾斜部分平行,然后将倾斜部分向新投影面投影,便可在新投影面上反映实形。

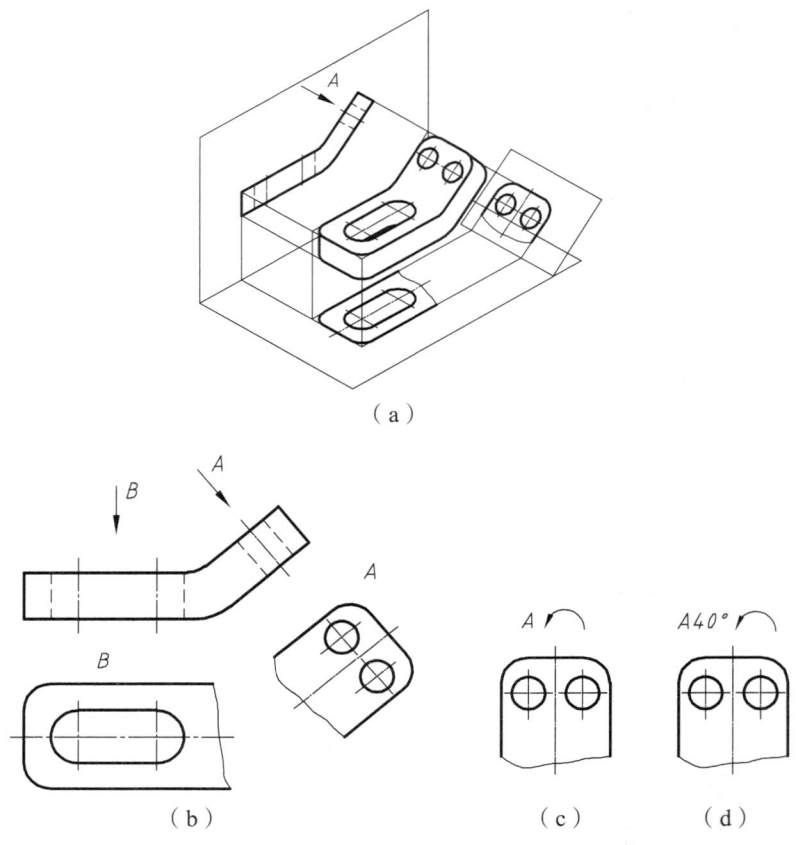

图 5.5 斜视图及其标注

斜视图只用于表达机件倾斜部分的实形,故其余部分不必画出,而用波浪线或双折线断开。画斜视图时,必须在视图上方用大写拉丁字母标注出视图名称,如"$A$",在相应的视图附近用箭头指明投射方向,并注上同样的字母。

斜视图一般按向视图的形式配置并标注,如图 5.5(b)所示。必要时也可配置在其他适当位置,在不引起误解时,允许将视图旋转配置,表示该视图名称的大写拉丁字母应靠近旋转符号(位以带箭头的半圆,半径为所写拉丁字母的字号即字高)的箭头端,如图 5.5(c)所示,也允许将旋转角度标注在字母之后,如图 5.5(d)所示。

## 5.2 剖视图

如图 5.6 所示,在某些机件上,其内部结构(空腔、孔道、沟槽等)常常是机件的主要功能结构,在视图上应明确而清晰地表示出这些结构。为了解决这个问题,提高图形的清晰性,通常采用剖视图画法来表达机件内部不可见的结构。

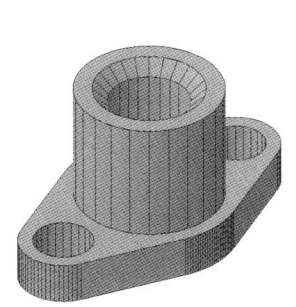 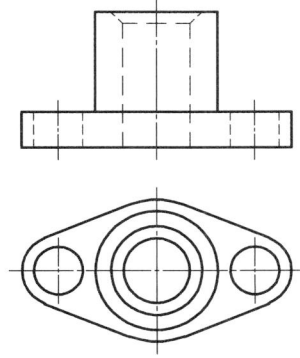

图 5.6 剖视图举例

## 5.2.1 剖视图的概念及其画法

**1. 剖视图的概念**

机件的内部结构形状比较复杂，在视图中就会出现较多的细虚线，不利于读图和标注尺寸。为此，对机件不可见的内部结构形状经常采用剖视图来表达，如图 5.7 所示。

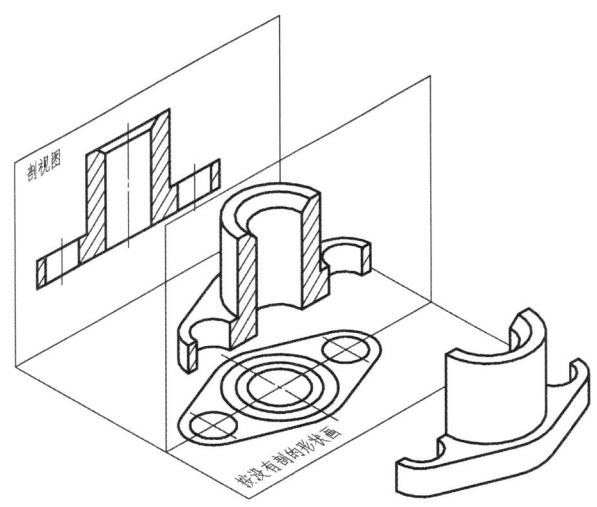

图 5.7 剖视的概念

假想用剖切面剖开物体，将处在观察者和剖切面之间的部分移去，而将其余部分向投影面投射所得到的图形就称为剖视图，剖视图可简称剖视。剖视表达可参阅国家标准《技术制图 图样画法 剖视图和断面图》（GB/T 17452—1998）、《机械制图 图样画法 剖视图和断面图》（GB/T 4458.6—2002）。

剖切被表达物体的假想平面或曲面，称为剖切面。剖面区域是剖切面和物体相交所得的交线围成的图形。规定在被剖切到的实体部分要画上剖面符号。为了区别被剖切到的机件的不同材料，国家标准 GB/T 4457.5—2013 规定了各种材料剖面符号的画法，如表 5.1 所示。当不需在剖面区域中表示材料的类别时，所有材料的剖面符号均可采用与金属材料相同的通用剖面线表示。通用剖面线应画成与水平方向成 45°或 135°的平行细实线。要注意：同一机件的不同剖视图上，剖面线要求间隔相同方向一致，如图 5.8 所示。

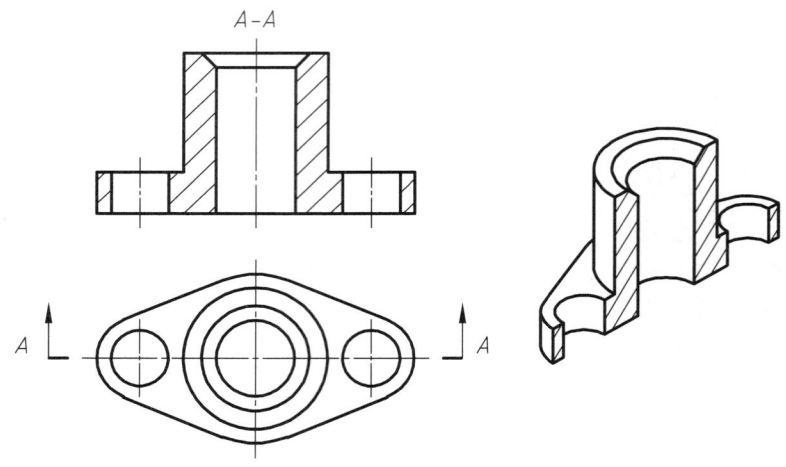

图 5.8 剖视图画法

表 5.1 各种常用材料剖面符号

| 材　料 | 剖面符号 | 材　料 | 剖面符号 |
|---|---|---|---|
| 金属材料（已有规定剖面符号者除外） | | 木质胶合板（不分层数） | |
| 线圈绕组元件 | | 基础周围的泥土 | |
| 转子、电枢、变压器和电抗器等的迭钢片 | | 混凝土 | |
| 非金属材料（已有规定剖面符号者除外） | | 钢筋混凝土 | |
| 型砂、填砂、粉末冶金、砂轮、陶瓷刀片、硬质合金刀等 | | 砖 | |
| 玻璃及供观察用的其他透明材料 | | 格网（筛网、过滤网等） | |
| 木材 | 横剖面 | 液体 | |
| | 纵剖面 | | |

## 2. 剖视图的画法

如图 5.7、5.8 所示,画剖视图时应从以下四个步骤进行。

(1)确定剖切平面的位置。

剖切平面一般与基本投影面平行,剖切位置一般通过对称面或回转轴线。剖切平面的位置通过机件的对称面。

(2)画出剖切面后所有可见部分的投影。

(3)画出剖面符号,标注剖视图名称。

(4)细虚线的省略。

剖切面后方的可见轮廓线都应画出,不能遗漏。在视图中细虚线表示的不可见部分的轮廓线,在不影响对机件形状完整表达的前提下,不再画出。已经表达清楚内部结构,在其他视图投影为虚线,不再画出。

## 3. 剖视图的标注

剖视图标注的目的在于表明剖切面的位置和数量、投影观察方向,以及剖视的名称。剖切线是表示剖切面位置的线,用细点画线表示,如图 5.9(a)所示,也可以省略不画,如图 5.9(b)所示。一般用剖切符号表示剖切面的位置及投射方向,而所谓剖切符号是表示剖切面起、止和转折位置的粗短实线及表示投射方向的带箭头的细实线所组成的符号,注意剖切符号不要与图形的轮廓线相交。在剖视图的上方用大写拉丁字母标出剖视图的名称"× – ×",并在剖切符号旁注上相同的字母,如图 5.8 所示。如在同一张图上同时有几个剖视图,则其名称应按字母顺序排列,不得重复。

图 5.9 剖切线表示方法

剖视图如同时满足以下三个条件,可省略标注,如图 5.10 所示。

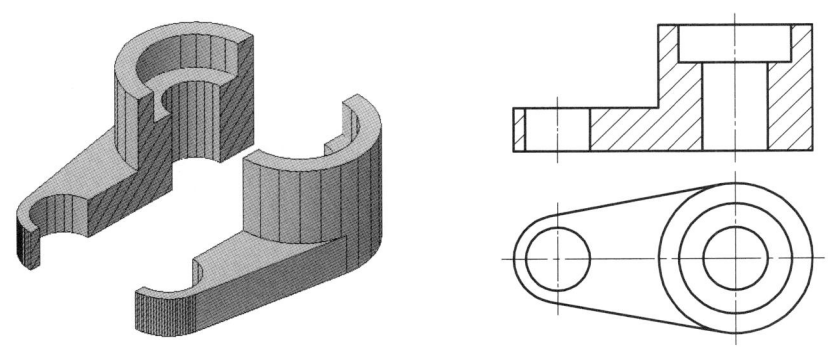

图 5.10 剖视图画法

(1)剖切面是单一的,而且是平行于要采取剖视的基本投影面的平面。

(2)剖视图配置在相应的基本视图位置。

（3）剖切平面与机件的对称面重合。

凡完全满足以下两个条件的剖视，在剖切符号粗短线的两端可以不画箭头：如图5.11（a）所示 A-A 半剖视。

（1）剖切平面是基本投影面的平行面。

（2）剖视图按投影关系配置，而中间又没有其他图形隔开。

综上所述，对剖视图必须明确以下几点：

（1）剖视是一种假想的剖切画法，实际上机件仍是完整的，所以画其他视图时，仍应按完整的机件画出。

（2）剖切的目的主要是在于表现机件的内部形状，存在孔洞结构才进行剖切。

（3）当图形的主要轮廓线与水平线成45°或接近45°时，则该图形的剖面线应画成与水平线成30°或60°的平行线，但倾斜的方向和间距仍与该机件其他图形的剖面线一致。

（4）剖视图的内容有二：一为剖面部分投影；另一为机件剩余部分的投影。

### 5.2.2　剖视图的种类

根据机件被剖切范围不同，可将剖视图分为全剖视图、半剖视图和局部剖视图三种。

**1. 全剖视图**

用剖切面完全地剖开机件后所得到的剖视图，称为全剖视图，如图5.10所示。

全剖视图主要用于表达内形复杂的不对称机件，有时为了便于标注尺寸，对于外形简单且具有对称平面的机件也常采用全剖视图。

**2. 半剖视图**

当机件具有对称平面，向平行于对称平面的投影面上投射时，以对称中心线（细点画线）为界，一半画成视图用以表达外部结构形状，另一半画成剖视图用以表达内部结构形状，这样组合的图形称为半剖视图。如图5.11（a）所示两个视图均采用半剖视图。

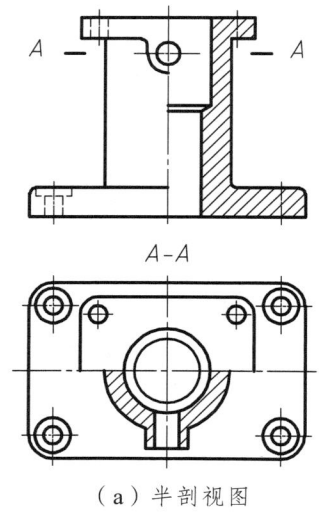

（a）半剖视图

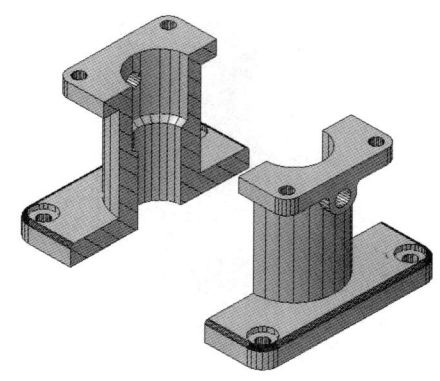

（b）如用全剖将不能表达外部轮廓

图 5.11　半剖视图的画法

画半剖视图时必须注意的问题：

（1）半剖视图中，因机件的内部形状已由半个剖视图表达清楚，所以在不剖的半个视图中，表达内部形状的细虚线，应省去不画；没有表达清楚内部形状可画少量细虚线，如图 5.11 所示。

（2）视图与剖视图的分界线是细点画线，不要画成粗实线。

（3）半剖视图的标注方法与全剖视图的标注方法相同，如图 5.12 所示。因为半剖视图是视图和剖视图的组合视图，机件仍然是被完整剖切的，所以如图 5.12（a）所示的标注是错误的。

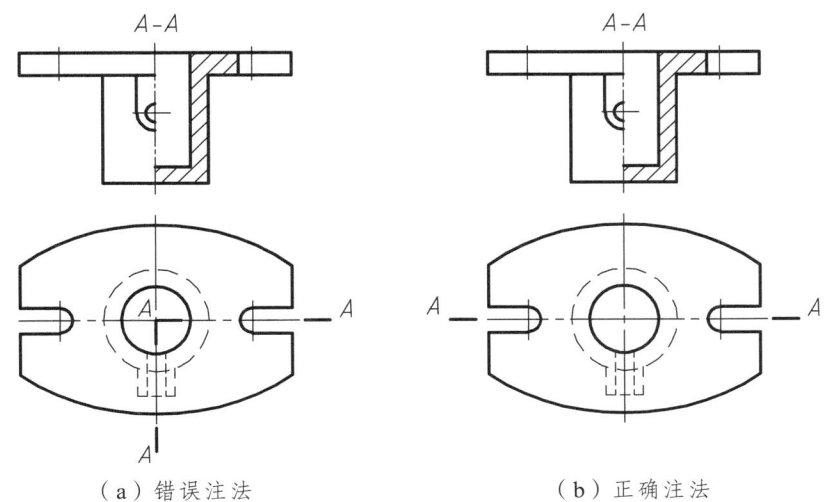

（a）错误注法　　　　　　　　　　（b）正确注法

**图 5.12　半剖视图的画法示例**

### 3. 局部剖视图

当机件尚有部分的内部结构形状未表达清楚，但又没有必要作全剖视或不适合于作半剖视时，可用剖切面局部地剖开机件，所得的剖视图称为局部剖视图，如图 5.13 所示。局部剖切后，机件断裂处的轮廓线用波浪线表示。为了不引起读图时的误解，波浪线不要与图形中的其他图线重合，也不要画在其他图线的延长线上。

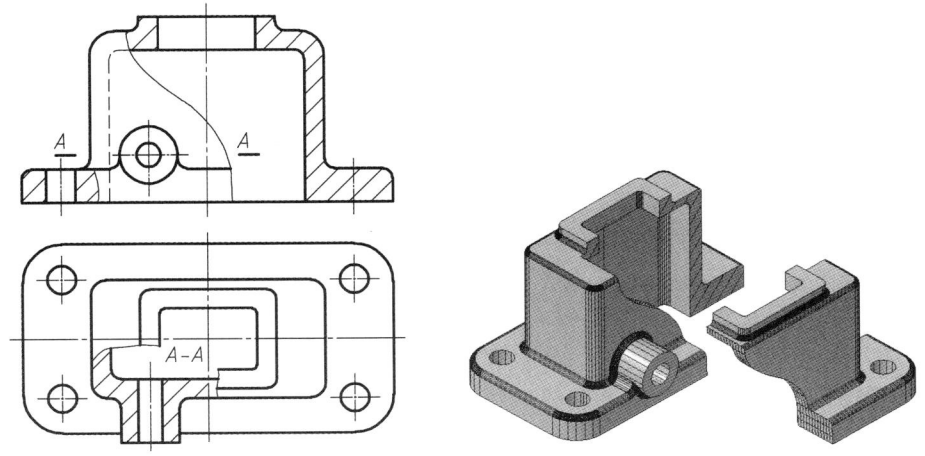

**图 5.13　局部剖视图（一）**

应该指出的是，如图 5.14 所示的机件，虽然具有对称面，但由于机件的对称中心线处有轮廓线；因此，不宜采用半剖视而采用了局部剖视，而且局部剖视范围的大小，视机件的具体结构形状而定，可大可小。

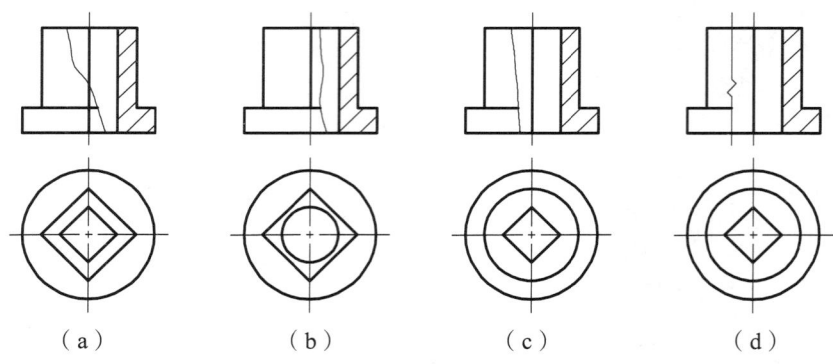

图 5.14 局部剖视图（二）

在画局部剖时需要注意：
（1）局部剖是一种比较灵活的表达方法，无论剖切位置和剖切范围，还是剖视图布局位置都比较自由。但在同一个视图中，局部剖视的数量不宜过多。
（2）表示剖切范围的波浪线，不应和图上其他图线重合，也不能超出视图的轮廓线。遇到孔、槽投影，波浪线也不能穿孔而过（见图 5.15）。

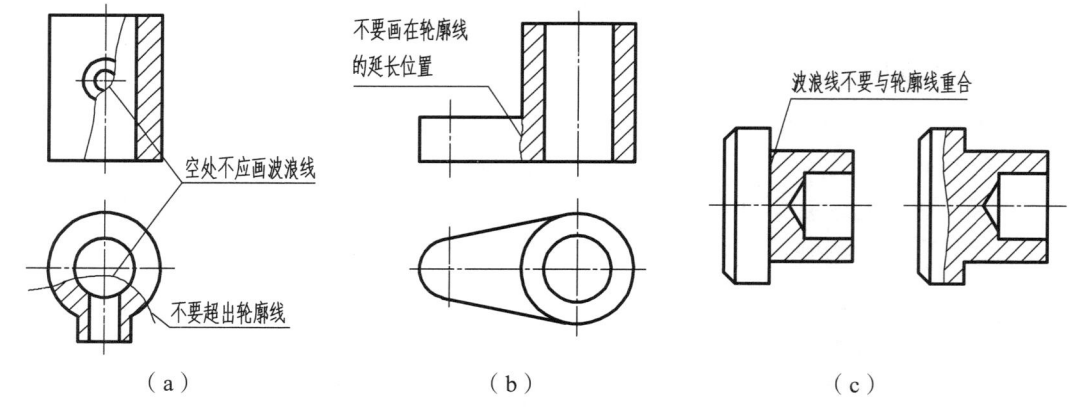

图 5.15 局部剖视图（三）

当被剖结构为回转体时，允许将该结构的中心线作为局部剖视图的分界线。单一剖切平面剖切位置明确时，局部剖视图不必标注，如需标注与全剖视图一样，剖视图名称写在局部剖视附近，如图 5.13 所示的 A-A 局部剖视。

## 5.2.3 剖切面和剖切方法

国家标准规定，剖切面可以是假想平面或曲面，同时可以根据物体的结构特点，选择单一剖切面、几个平行剖切平面、几个相交的剖切面（交线垂直于某一投影面）三种剖切面来剖开机体，采用上述三种剖切方法，都可得到全剖视图、半剖视图和局部剖视图。

### 1. 单一剖切面

（1）单一剖切面用得最多的是投影面的平行面，上述例图中的剖切面均为平行于投影面的单一剖切面。

（2）单一剖切面还可以用垂直于基本投影面的平面，当机件上有倾斜部分的内部结构需要表达时，可像画斜视图一样，选择一个垂直于基本投影面且与所需表达部分平行的投影面，然后再用一个平行于这个投影面的剖切平面剖开机件，向这个投影面投射，即得到剖视图，如图 5.16（b）所示。

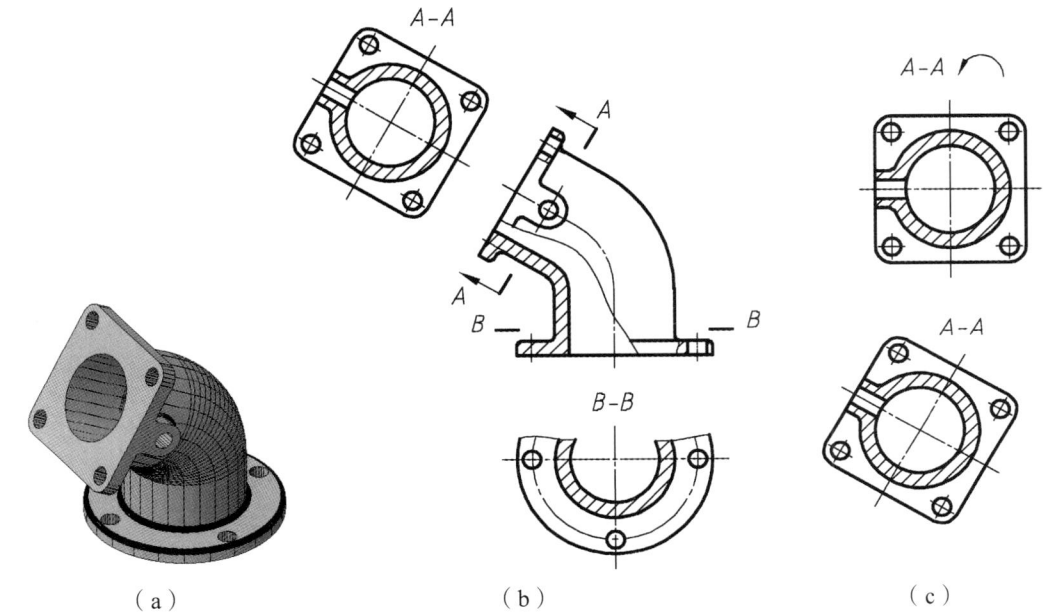

图 5.16 单一剖切面剖切倾斜结构获得的剖视图

这种剖切主要用以表达倾斜部分的结构，机件上与基本投影面平行的部分，在斜剖视图中不反映实形，一般应避免画出，常将它舍去画成局部视图。

画这种倾斜剖视时应注意以下几点：

① 剖视图最好配置在与基本视图的相应部分保持直接投影关系的地方，标出剖切位置和字母，并用箭头表示投射方向，还要在该剖视图上方用相同的字母标明图的名称，如图 5.16 所示。

② 为使视图布局合理，可将倾斜剖视保持原来的倾斜程度，平移到图纸上适当的地方；为了画图方便，在不引起误解的同时，还可把图形旋转到水平位置，此时表示该剖视图名称的大写拉丁字母应靠近旋转符号的箭头端，如图 5.16（c）所示。

③ 当倾斜结构剖视图的剖面线与主要轮廓线平行时，剖面线可改为与水平线成 30°或 60°角，原图形中的剖面线仍与水平线成 45°，但同一机件中剖面线的倾斜方向与间距应相同。

（3）单一剖切面还可以用圆柱面剖切，采用单一圆柱面剖切一般采用展开画法，如图 5.17 所示。

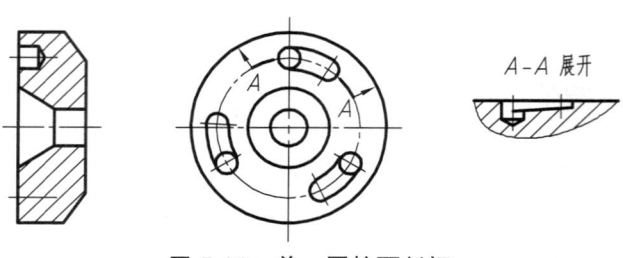

图 5.17 单一圆柱面剖切

### 2. 几个平行的剖切平面

当机件上有较多的内部结构形状,而它们的轴线不在同一平面内时,可用几个互相平行的剖切平面剖切,如图 5.18 所示。

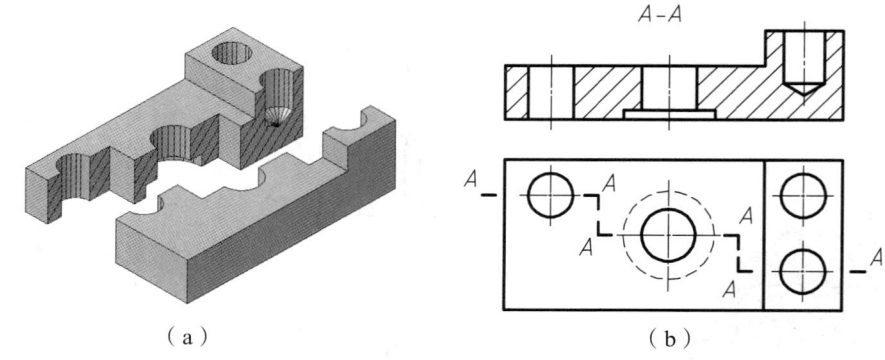

图 5.18 几个互相平行的剖切平面剖切机件获得的剖视图

采用这种剖切方法剖切绘制剖视图时,各剖切平面剖切后所得的剖视图是一个图形,不应在剖视图中画出各剖切平面的界线,如图 5.19(a)所示;在图形内也不应出现不完整的结构要素,如图 5.19(c)所示。只有当两要素具有公共对称中心线或轴线时,可以以中心线或轴线为界,各画一半,如图 5.20(a)所示;当只需要剖切零件的部分结构时,可用细点画线将剖切符号相连,剖切面可以在零件之外,如图 5.20(b)所示。

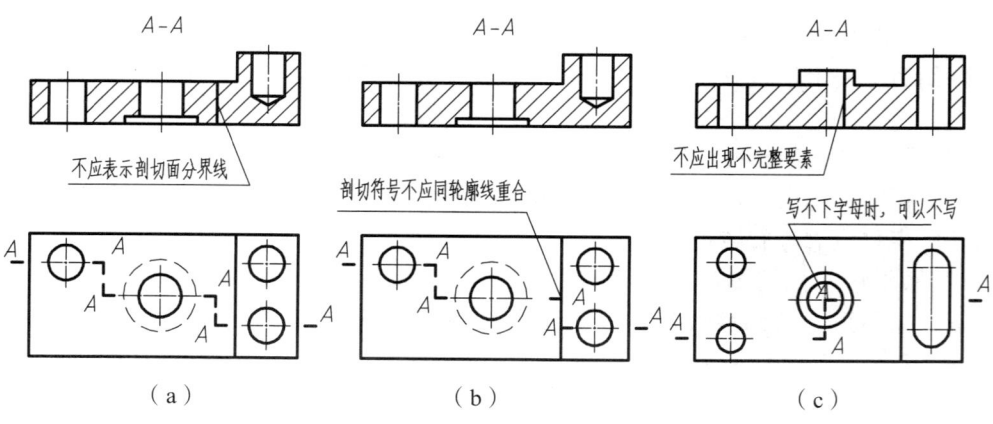

图 5.19 几个互相平行的剖切平面剖切时的错误画法

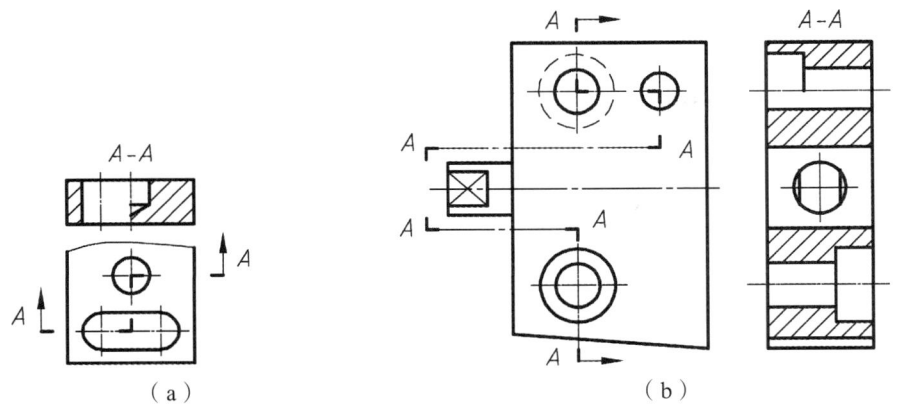

图 5.20　几个平行剖切平面剖切的特殊情况

几个互相平行的剖切平面剖切的标注，剖切平面的起、止及转折处要画上剖切符号，标上同一大写拉丁字母，并在两端起止处画出箭头表示投射方向，有时可以省略，在所画的剖视图的上方中间位置用同一字母写出其名称"×－×"，如图 5.19、5.20 所示。

在标注时要注意，在相互平行的剖切平面的转折处的位置不应与视图中的粗实线（或细虚线）重合或相交，如图 5.19（b）所示。当转折处的地方很小时，可省略字母。

### 3. 几个相交的剖切平面

当机件的内部结构形状用一个剖切面不能表达完全，且这个机件在整体上又具有回转轴时，可用几个相交的剖切平面（交线垂直于某一投影面）剖开机件。

如图 5.21 所示的左视图为几个相交的剖切平面剖切后所画出的全剖视图。

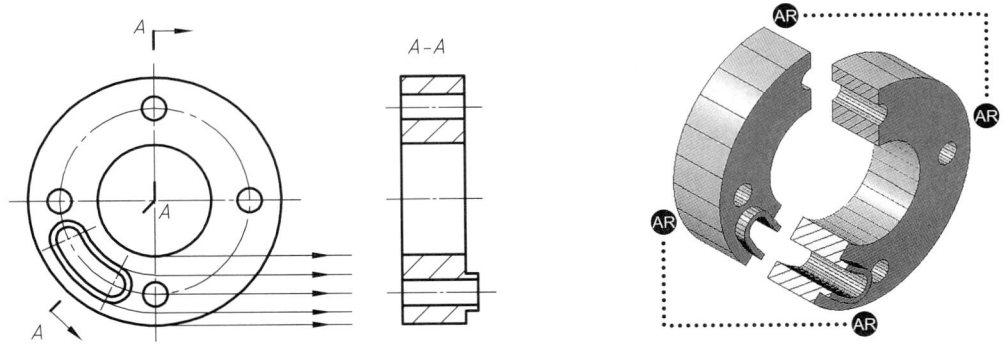

图 5.21　两个相交的剖切平面剖切机件获得的剖视图

采用相交的剖切平面剖切绘制剖视图时，首先把由倾斜平面剖开的结构连同有关部分绕两剖切平面的交线（公共回转轴线）旋转到与选定的基本投影面平行，然后再进行投射，使剖视图既反映实形又便于画图，如图 5.21 所示的全剖视图 A-A。

使用这种剖切方法在标注时要注意，剖切平面的起、止及转折处要画上剖切符号，标上同一大写拉丁字母，并在两端起止处画出箭头表示投射方向，在所画的剖视图的上方中间位置用同一字母写出其名称"×－×",如图5.21所示。另外,在剖切平面后的其他结构一般仍按原来位置投射,如图5.22所示的油孔;剖切后产生不完整要素时,应将此部分按不剖视绘制,如图5.23所示的中间臂。

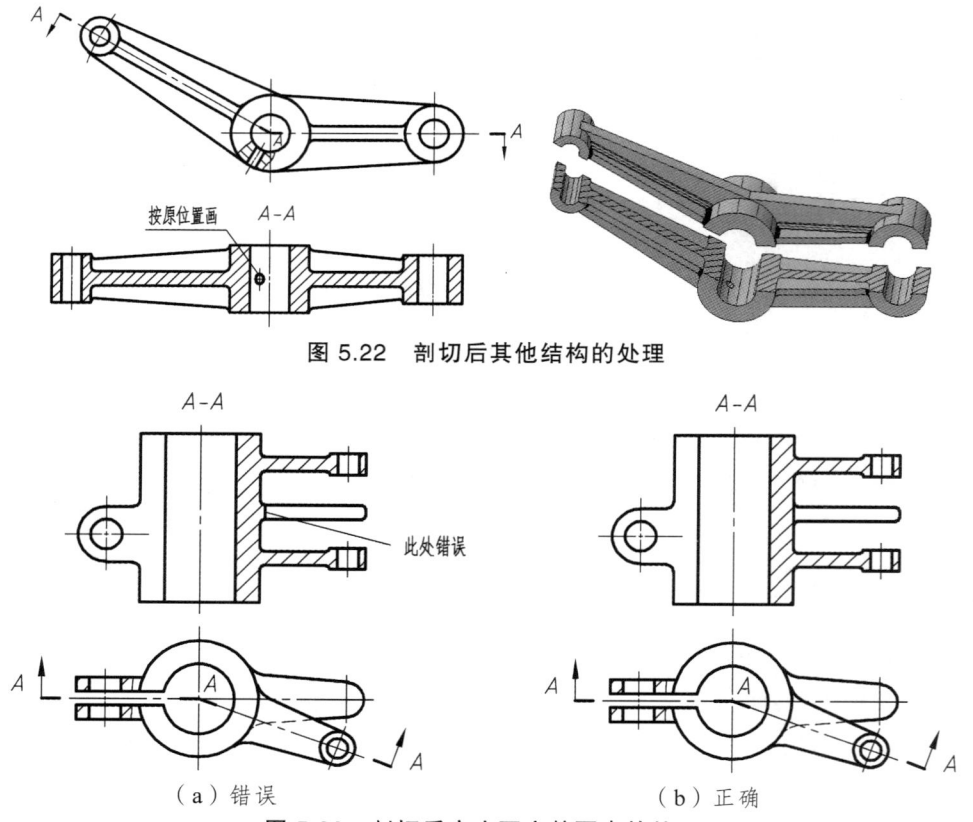

图5.22　剖切后其他结构的处理

（a）错误　　　　　　　　　　　　　（b）正确

图5.23　剖切后产生不完整要素的处理

当机件的内部结构形状较复杂,可用几个相交或平行的剖切平面（组合的剖切平面）剖开机件。画这样的剖视图,先用假象的剖切平面把机件剖开,然后将被剖切平面剖开结构与相关的部分旋转到与选定投影面平行的方向进行投射,或采用展开画法,此时应标注"×－×展开"。如图5.24所示即为几个相交的剖切平面剖切（组合的剖切平面）机件获得的剖视图,图5.25为其展开画法。

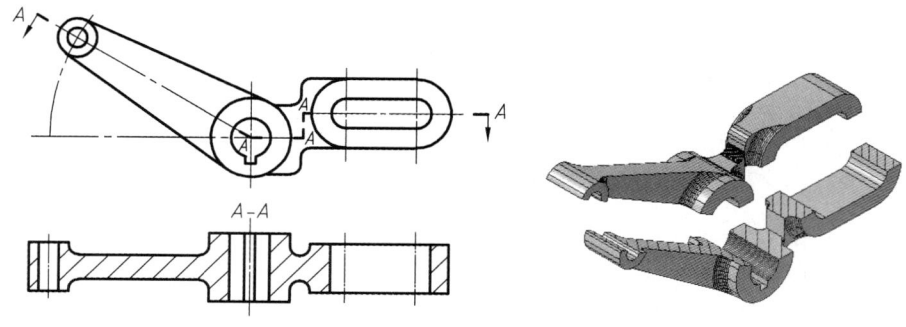

图5.24　几个相交（组合）剖切平面剖切机件获得的剖视图

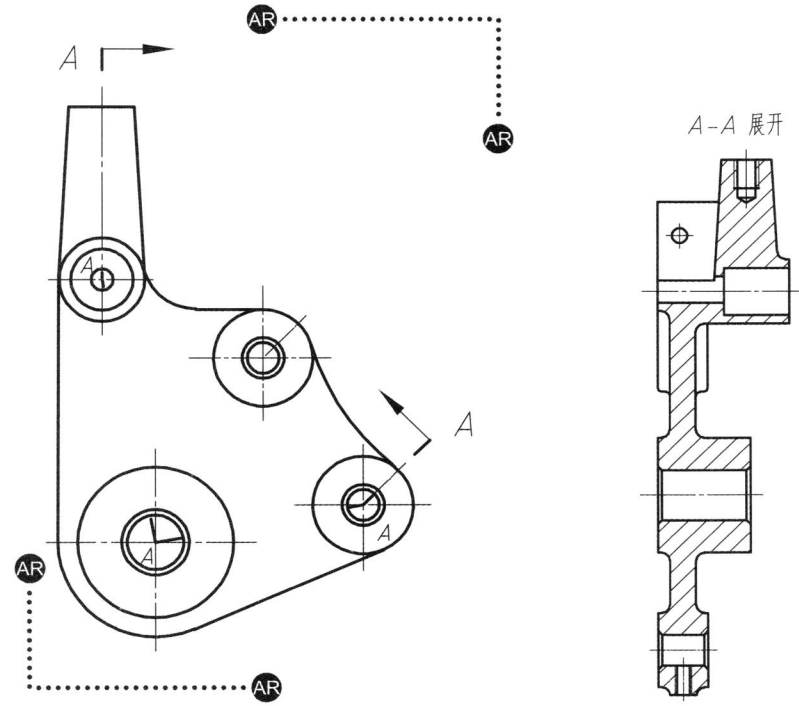

图 5.25 展开绘制的几个相交剖切平面剖切的剖视图

## 5.3 断面图

断面图主要用来表达机件某部分断面的结构形状。

### 5.3.1 断面的概念

假想用剖切平面把机件的某处切断,仅画出断面的图形,此图形称为断面图(简称断面)。如图 5.26 所示,只画了轴的一个主视图,并在侧面画出了断面形状,就把整个轴的结构形状表达清楚了,比用多个视图或剖视图显得更为简便、明了。

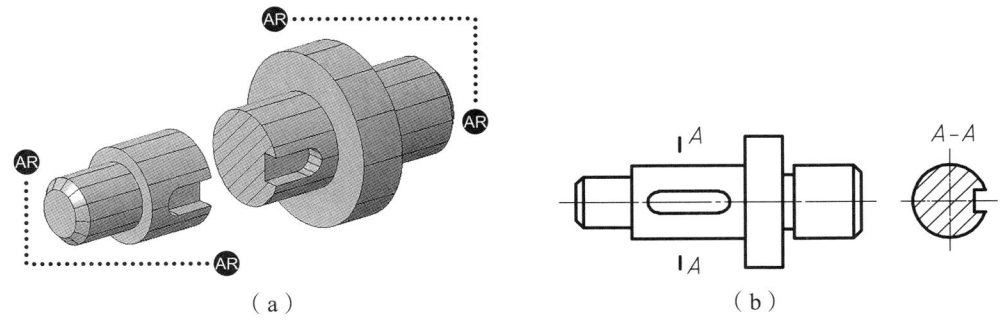

图 5.26 轴的断面图

断面与剖视的区别在于:断面只画出剖切平面和机件相交部分的断面形状,如图 5.27 所示 A-A 图;而剖视则须把断面和断面后可见的轮廓线都画出来,如图 5.27 所示 B-B 图。

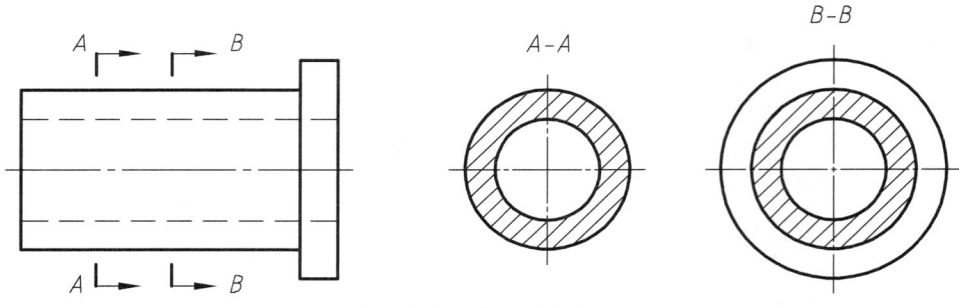

图 5.27 断面和剖视

### 5.3.2 断面图的种类

根据断面图在图纸上配置的位置不同,可分为移出断面和重合断面两种。

**1. 移出断面**

画在视图轮廓线以外的断面图,称为移出断面图。如图 5.28（a）、（b）、（c）、（d）、（e）所示均为移出断面。

移出断面的轮廓线用粗实线表示,图形位置应尽量配置在剖切位置符号或剖切线的延长线上,如图 5.28（a）、（b）所示;可以按基本视图的位置放置,如图 5.28（e）所示;也允许放在图上任意位置,如图 5.28（d）、（c）所示。当断面图形对称时,也可将断面画在视图的中断处（见图 5.31）。

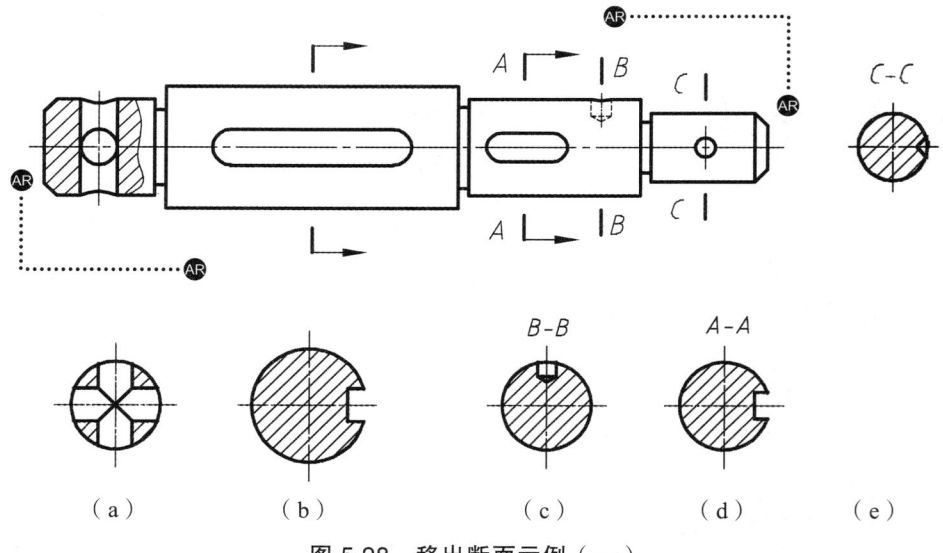

图 5.28 移出断面示例（一）

一般情况下,画断面时只画出剖切的断面形状,但当剖切平面通过机件上回转面形成的孔或凹坑的轴线时,这些结构按剖视画出,如图 5.28（a）、（c）、（e）所示。当剖切平面通过非圆孔会导致出现完全分离的两个断面时,也应按剖视画出,如图 5.29（a）所示。

剖切平面应垂直于被剖切部分的主要轮廓线,同时在画由两个相交平面剖切出的移出断面时,中间部分应以波浪线断开,如图 5.29（b）、（c）所示。

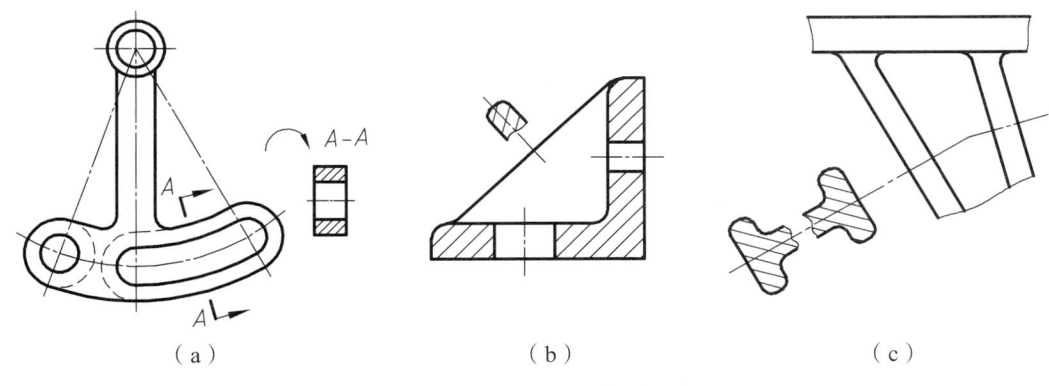

图 5.29　移出断面示例（二）

### 2. 重合断面

画在视图轮廓线内部的断面，称为重合断面，如图 5.30 所示都是重合断面。

重合断面的轮廓线用细实线绘制，剖面线应与断面图形的对称线或主要轮廓线成 45°角。当视图的轮廓线与重合断面的图形线相交或重合时，视图的轮廓线仍要完整地画出，不得中断。

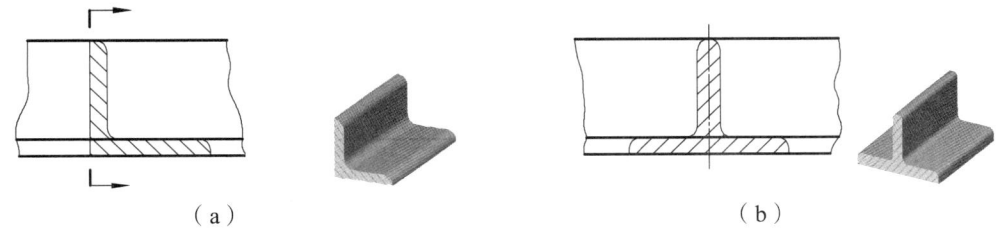

图 5.30　重合断面画法

### 3. 断面的标注

断面的标注与剖视图的标注基本相同。一般要标出移出断面的名称"×-×"（大写拉丁字母），在对应视图上用剖切符号表示剖切位置和投射方向，并标注相同的字母，如图 5.29（a）所示。同样，在一定条件下断面也省略标注。

（1）对称的重合断面和配置在剖切线延长线上的对称移出断面可完全省略标注，分别如图 5.28（a）、（c）和图 5.30（b）所示。

（2）配置在剖切线延长线上的不对称移出断面和配置在剖切线上的不对称重合断面可以省略字母，分别如图 5.28（b）和图 5.30（a）所示。

（3）没有配置在剖切线延长线上的对称移出剖面，可以省略箭头，如图 5.28（c）所示

## 5.4　简化画法与其他规定画法

对机件上的某些结构，国家标准《机械制图　图样画法　视图》（GB/T 4458.1—2002）、《技术制图　简化表示法》（GB/T 16675.1—2012）规定了习惯画法和简化画法，现分别介绍如下。

## 1. 断开画法

对于较长的机件（如轴、连杆、筒、管、型材等），若沿长度方向形状一致或按一定规律变化时，为节省图纸和画图方便，可将其断开后缩短绘制，但要标注机件的实际尺寸。

画图时，折断处一般用波浪线断开，如图 5.31 所示。

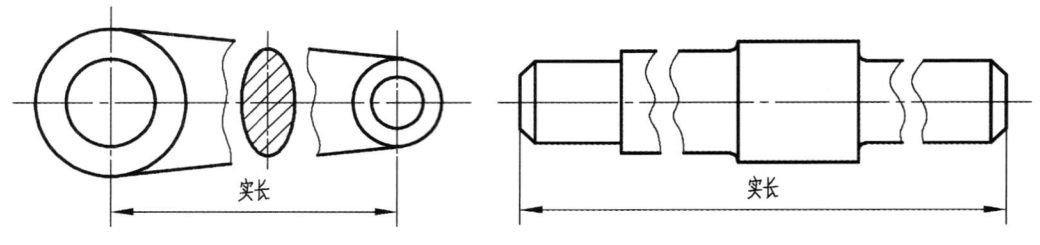

图 5.31 断开画法

## 2. 局部放大图

当机件的某些局部结构较小，在原定比例的图形中不易表达清楚或不便标注尺寸时，可将此局部结构用较大比例单独画出，这种图形称为局部放大图，如图 5.32 所示，此时，原视图中该部分结构可简化表示。

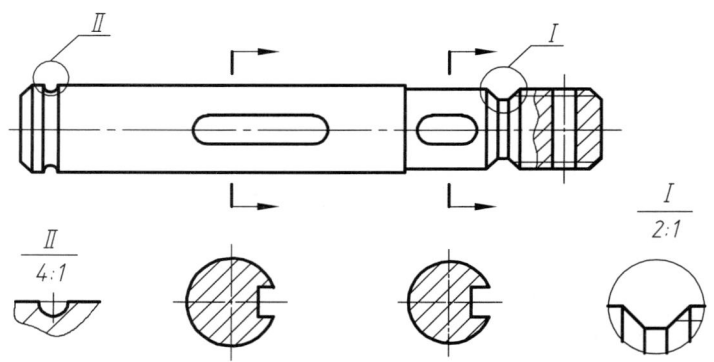

图 5.32 局部放大图

局部放大图可画成剖视、断面或视图，与被放大部分的表达方式无关。在画局部放大图时，在视图上用细实线圆圈出被放大部位，放大图本身可以用细实线圈住，也可用波浪线为界线。同一图上有多个局部放大图时，须用罗马数字依次表明被放大部位，并在局部放大图的上方标出相应的罗马数字和采用的比例，如图 5.32 所示。

## 3. 其他习惯画法和简化画法

（1）当机件具有若干相同结构（齿、槽等），并按一定规律分布时，只需要画出几个完整的结构，其余用细实线连接，在零件图中则必须注明该结构的总数，如图 5.33 所示。

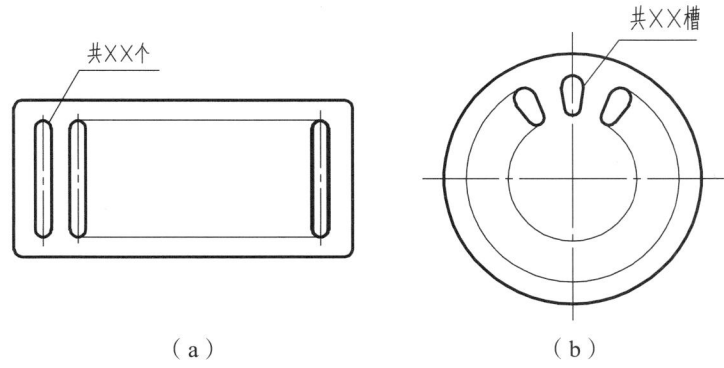

图 5.33　成规律分布的若干相同结构的简化画法

（2）若干直径相同且呈规律分布的孔（圆孔、螺孔、沉孔等），可以仅画出一个或几个。其余只需用细点画线表示其中心位置，在零件图中应注明孔的总数，如图 5.34 所示。

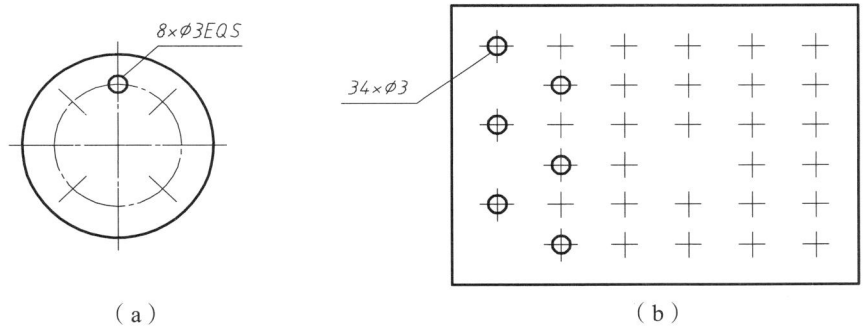

图 5.34　呈规律分布的相同孔的简化画法

（3）对于机件的肋、轮辐及薄壁等，如按纵向剖切，这些结构都不画剖面符号，而用粗实线将它与其邻接的部分分开，如图 5.35 所示。

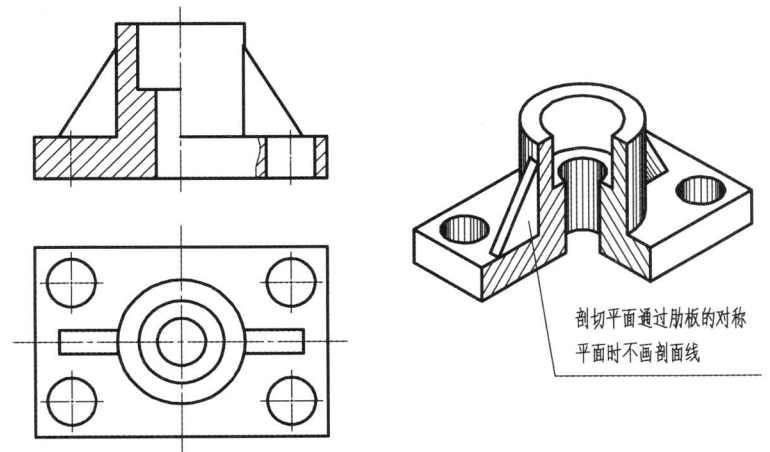

图 5.35　纵向剖切薄壁结构的剖视画法

当零件回转体上均匀分布的肋、轮辐、孔等结构不处于剖切平面上时,可将这些结构旋转到剖切平面上画出,如图 5.36 所示。

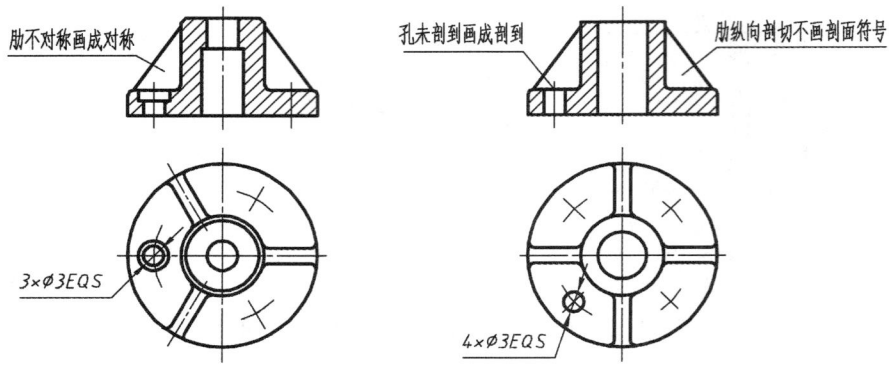

图 5.36　回转体上均匀分布的肋、孔的画法

(4)当某一图形对称时,可只画出略大于一半的图形,如图 5.37(a)所示。在不易引起误解时,对于对称机件的视图也可只画出一半或四分之一,此时必须在对称中心线的两端画出两条与其垂直的平行细实线,如图 5.37(b)所示。

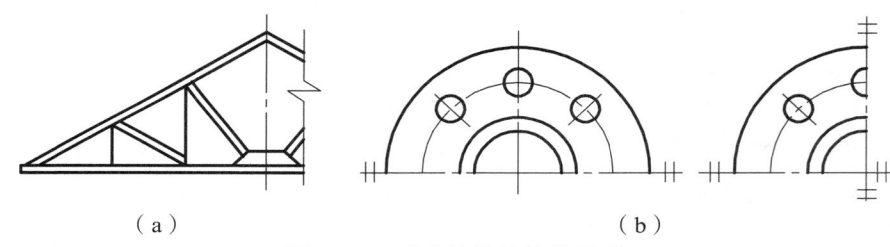

(a)　　　　　　　　　　　　　　(b)

图 5.37　对称结构的简化画法

(5)当图形不能充分表达平面结构时,可用平面符号(相交的两细实线)来表示,如图 5.38 所示。

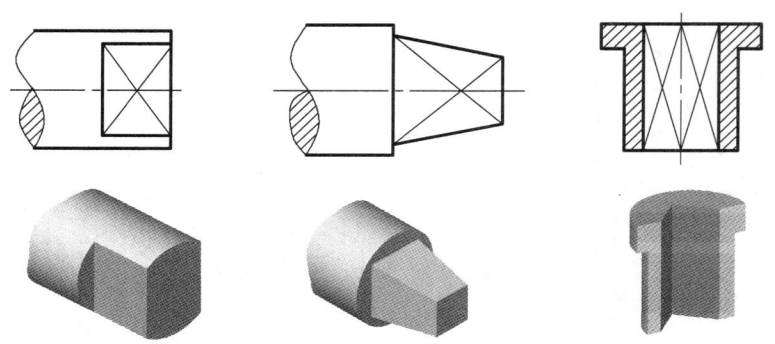

图 5.38　表示平面的简化画法

(6)机件上的一些较小结构,如在一个图形中已表达清楚时,其他图形可简化或省略,如图 5.39(a)所示。机件上斜度不大的结构,如在一个图形中已表达清楚时,其他图形可按小端画出,如图 5.39(b)所示。

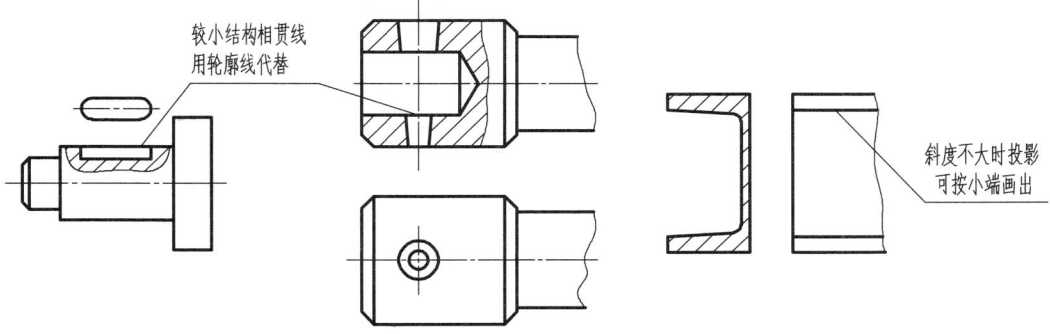

（a）机件上较小结构的简化画法　　　　　　（b）斜度不大结构的简化画法

图 5.39　较小结构和斜度不大结构的简化画法

（7）投影面倾斜角度小于或等于30°的斜面上的圆或圆弧，其投影可以用圆或圆弧代替，可按图5.40所示的俯视画法表示。

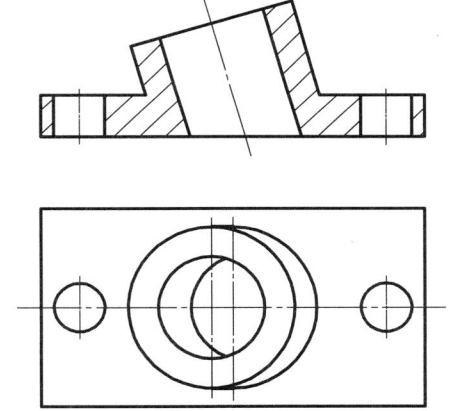

图 5.40　倾斜小角度圆或圆弧的简化画法

（8）按第三角投影配置的局部视图，画在所需表达的局部结构附近，用细点画线将两者相连，如图5.41（a）所示。

（9）圆盘上分布的对称重复孔的画法，如图5.41（b）所示。

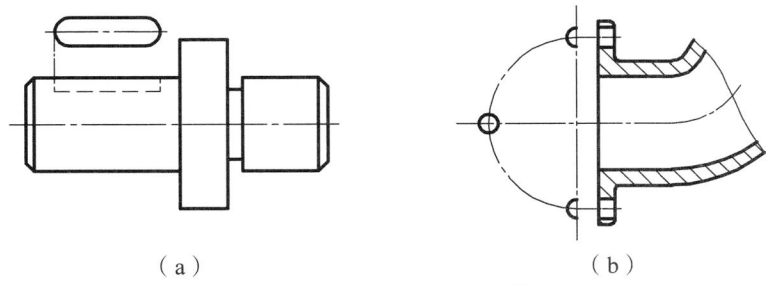

（a）　　　　　　　　　　　（b）

图 5.41　局部视图及圆盘孔的简化画法

（10）在需要表示位于剖切平面前的结构时这些结构按假想投影的轮廓线即细双点画线绘制，如图5.42所示。

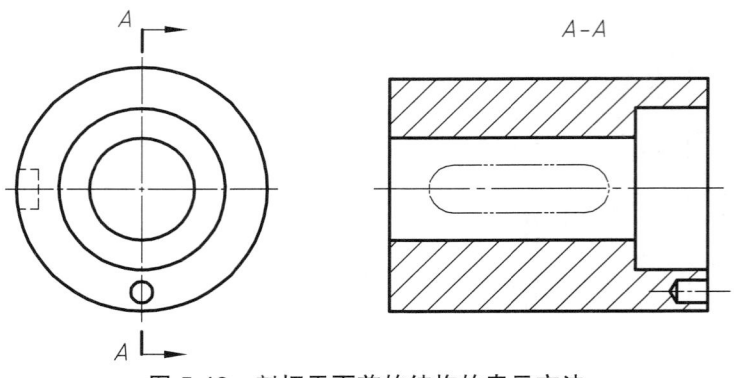

图 5.42 剖切平面前的结构的表示方法

## 5.5 表示机件的图样画法的应用举例

前面介绍了机件在图样上的各种表达方法，有以基本视图为主的各种视图，有以全剖、半剖、局部剖为主的各种剖视图和断面图，以及其他画法等。

在绘制图样时，首先要对机件进行形体分析，弄清机件的结构特点，再根据机件的结构特点选择表达方案。一个机件可能由几种不同的表达方案，较好的表达方案应该是用较少的图形，把零件结构完整地、清晰地表达出来，使得画图、看图都比较方便。

下面以轴承支架（见图 5.43）为例，说明表达方法的综合运用，如图 5.44 所示。

图 5.43 轴承支架

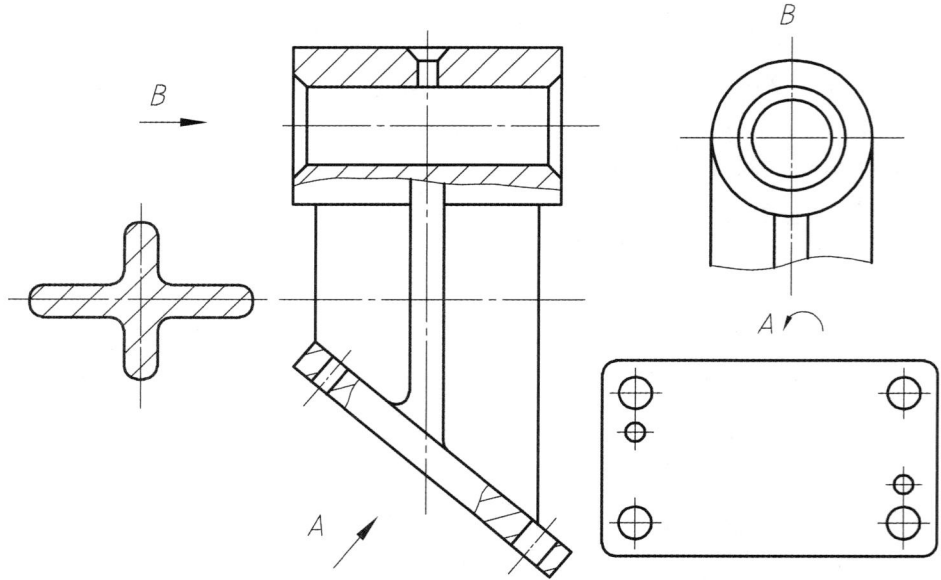

图 5.44 轴承支架的表达方案

(1) 形体分析。

分清内外形，该形体由三部分组成，即圆柱筒、底板、肋板，内形圆柱筒上的孔与底板上孔需要用剖视表达。

(2) 视图分析。

① 确定主视图：以圆柱筒轴线为侧垂放置形体，垂直于圆柱筒轴线方向作为主视图方向投影主视图，它反映出支架在机器中的安装位置，并采用了局部剖视，以表示轴承孔和加油孔；倾斜底板采用局部剖视，表示其通孔。考虑到形体倾斜，只选一个基本视图。

② 为了表示轴承圆柱与十字形肋板的连接关系和相对位置，在左视图方向，采用了局部视图 $B$。

③ 用移出断面图表示十字形肋板的断面实形。

④ 为了表示倾斜底板的实形以及其上孔和销孔的分布位置及数量，采用 $A$ 向斜视图。

这样，轴承支架仅用了四个视图：一个基本视图（局部剖视主视图）、一个左视方向的局部视图 $B$、一个移出断面图和一个斜视图（$A$ 向斜视图），达到视图清晰完整、作图简便的要求。

综上所述，在表达一个机件时，应根据零件的具体形状和结构，以完整、清晰为目的，以看图方便、绘图简便为原则，正确地选用适当的表达方法。

## 5.6 第三角投影

### 5.6.1 第三角投影的概念

世界上有许多国家采用第三角投影法。如图 5.45 所示，相互垂直的两个投影面 $V$ 和 $H$ 将空间分为四个分角，并按顺序分别称为第一分角、第二分角、第三分角和第四分角。第三角投影就是将物体置于第三分角内，并使投影面处于观察者与物体之间而得到的多面正投影。第三角投影亦称第三角画法。

### 5.6.2 第三角投影中的三视图

**1. 三视图的形成**

在空间仍取相互垂直的三个投影面 $V$，$H$ 及 $W$，但把三个投影面看作是透明的。机件放在 $V$ 面之后、$H$ 面之下、$W$ 面之左。然后进行正投影，在三个投影面 $V$，$H$ 及 $W$ 面上得三面投

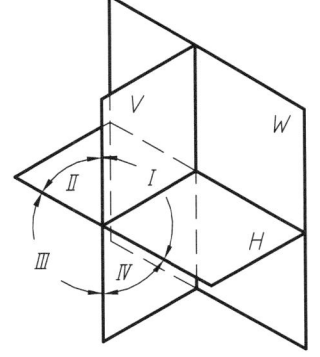

图 5.45　第三角投影的概念

影。$V$ 面投影称为主视图，$H$ 面投影称为俯视图，$W$ 面投影称为右视图，如图 5.46(a) 所示。

为了把空间的三面视图画在同一平面内，仍需把三投影面展开：$V$ 面不动，将 $H$ 面绕 $X$ 轴向上旋转使之与 $V$ 面重合；将 $W$ 面绕 $Z$ 轴向右旋转使之与 $V$ 面也重合。展开后的第三角法三视图如图 5.46(b) 所示。

**2. 三视图的特点**

与第一角投影比较，第三角投影有如下特点：

(1) 观察者、物、投影面的相对位置关系。

第一角投影为人-物-面的位置关系,即物体在观察者与投影面之间。第三角投影为人-面-物的位置关系,即投影面在物体与观察者之间。

(2) 展开时投影面翻转方向与观察者视线方向的关系。

第一角投影中,投影面展开时,$H$ 面和 $W$ 面均顺着观察者的视线方向翻转。而在第三角投影中,$H$ 面和 $W$ 面均逆着观察者视线方向翻转,即人从 $H$ 面上方向下观察物体,$H$ 面向上翻转;人从 $W$ 面右方向左观察物体,$W$ 面向右翻转。所以,在第三角投影中俯视图在主视图的上方,右视图在主视图的右方。

(3) 三视图之间的投影关系。

① 主视图与俯视图长对正。

② 主视图与右视图高平齐。

③ 俯视图与右视图宽相等。

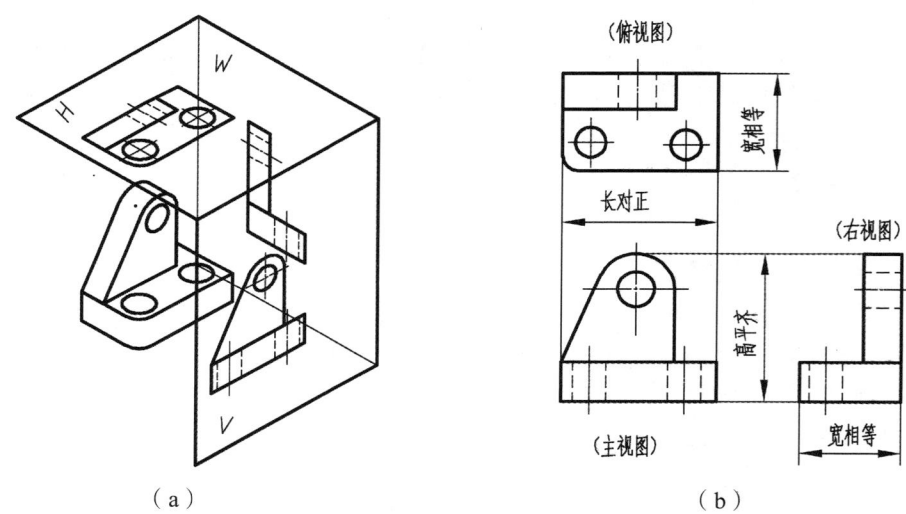

图 5.46 第三角投影法

### 5.6.3 第三角投影和第一角投影的识别符号

第一角画法又称 E 法,是国际标准化组织认定的首选表示法;第三角画法又称 A 法,必要时(如按合同规定等),才允许使用第三角画法。用第三角投影时,必须在图样中画出如图 5.47(a)所示的第三角投影的识别符号。另外,当采用第一角投影时,在图样中一般不画识别符号,但必要时可画出,如图 5.47(b)所示。

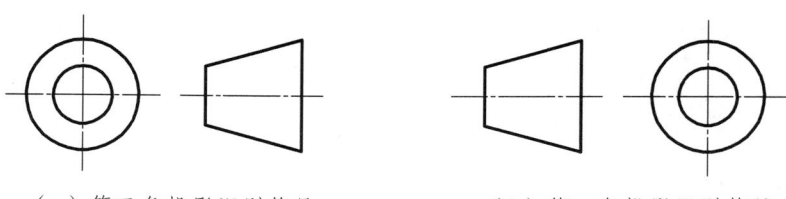

(a)第三角投影识别符号　　　　　　(b)第一角投影识别符号

图 5.47 第三角和第一角投影的识别符号

## 小 结

本章介绍了机件在图样上的各种表达方法，有以基本视图为主的各种视图，有以全剖、半剖、局部剖为主的各种剖视图和断面图以及其他画法等。

在表达一个零件时，应根据机件的具体形状和结构，以完整、清晰为目的，以看图方便、绘图简便为原则，正确地选用适当的表达方法。

本章要重点掌握如下内容：

（1）基本视图、局部视图、斜视图的画法和标注。

（2）剖视图的概念，由各种剖切平面形成的全剖、半剖、局部剖视图的画法和标注。

（3）断面的概念、种类、画法和标注以及肋的规定画法。

注意：对于各种视图、剖视图、断面图要搞清楚它们的应用，在绘图过程中，才能够正确、恰当地表达零件的结构形状。

## 习 题

5.1 基本视图和向视图的区别是什么？
5.2 剖视图的概念是什么？
5.3 剖视图完整标注包括什么？
5.4 剖视图标注什么情况下可以省略？
5.5 断面的概念是什么？
5.6 断面图完整标注包括什么？
5.7 断面图标注什么情况下可以省略？
5.8 如何绘制薄壁结构的剖视图？
5.9 表达机件应该注意哪些问题？

# 第 6 章

# 尺寸标注基础

图样中,零件的结构形状用视图表示,零件各部分的真实大小及准确的相对位置要靠标注尺寸来确定。

本章主要介绍尺寸标注的基本要求,定形尺寸、定位尺寸的概念和组合体尺寸标注的基本方法。掌握这些知识,可以基本做到标注尺寸的正确、齐全、清晰、合理。为零件图的尺寸标注打下基础。此外对轴测图的尺寸标注本章亦做简单介绍。

## 6.1 尺寸标注的基本规定

### 1. 尺寸标注的基本要求

正确:尺寸标注要符合国家标准的规定,相关内容见第 1 章。

齐全:尺寸标注不遗漏,不重复,必须注写齐全。

清晰:尺寸布置整齐清晰,便于看图。

合理:所注尺寸既能保证设计要求,又使加工、测量、装配方便。

### 2. 不需标注的尺寸

(1)图示尺寸。

由图形所表明的一些按理想状态绘制的几何关系,如表面的相互平行、轮廓的相切、几个圆柱的共轴线以及形状和位置的对称、相同要素的均匀分布等,如无特殊要求,均按图示的几何关系处理,不必标注。如图 6.1(a)所示薄板中底边与两侧面的垂直、两侧边的平行,$\phi15$ 的孔与 $R15$ 的半圆柱同轴线,两个小孔关于中轴线的对称等都不必标注或说明。由于下部方形的两边与上部的圆柱面相切,长方体的宽应为 30 mm,也不必标注。

(2)自明尺寸。

如图 6.1(a)所示薄板有 $t0.8$ 的标注方式,表明该零件的厚度为 0.8 mm,而不必画表示厚度方向的视图,而其上的三个圆柱孔均为通孔,如若是不通孔或凸台,则必须画另一个视图表示其深度或高低,并标注尺寸,如图 6.1(b)所示。

# 第 6 章 尺寸标注基础

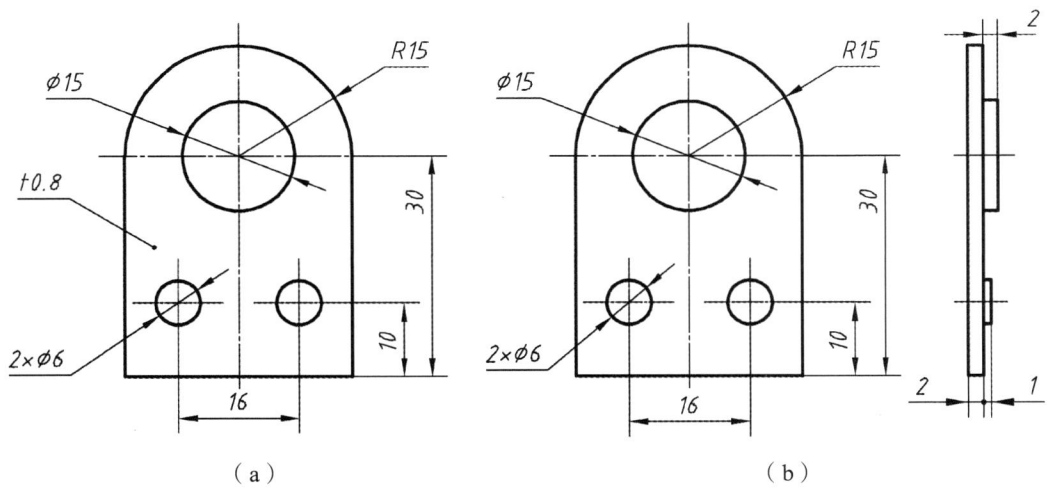

图 6.1 图示尺寸与自明尺寸

### 3. 简化标注

为了提高绘图效率，在不引起误解的情况下可以按照国家标准要求的简化形式标注尺寸，由于简化标注与零件的结构相关，故在第 8 章中介绍。

## 6.2 组合体的尺寸标注

组合体是由基本体叠加或切割而成，研究组合体的尺寸标注的基础是基本体的尺寸标注。

### 6.2.1 基本体的尺寸标注

对于基本体，一般应注出它的长、宽、高三个方向的尺寸，但不是每一个立体都需要在形式上注全这三个方向的尺寸。例如标注圆柱、圆锥的尺寸时，在其投影为非圆视图上注出直径方向尺寸，如图 6.2 所示的常见基本体的尺寸注法、如图 6.3 所示的常见基本体切割的标注法，可以了解基本体尺寸标注的一般规律和方法。

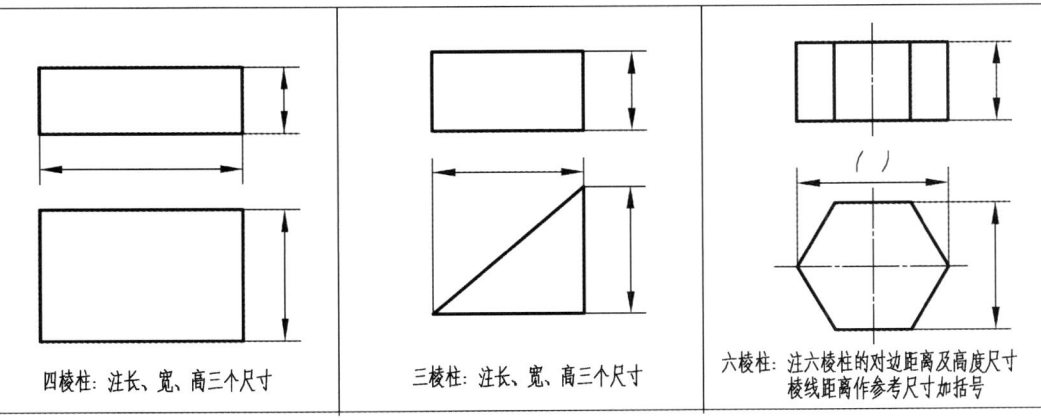

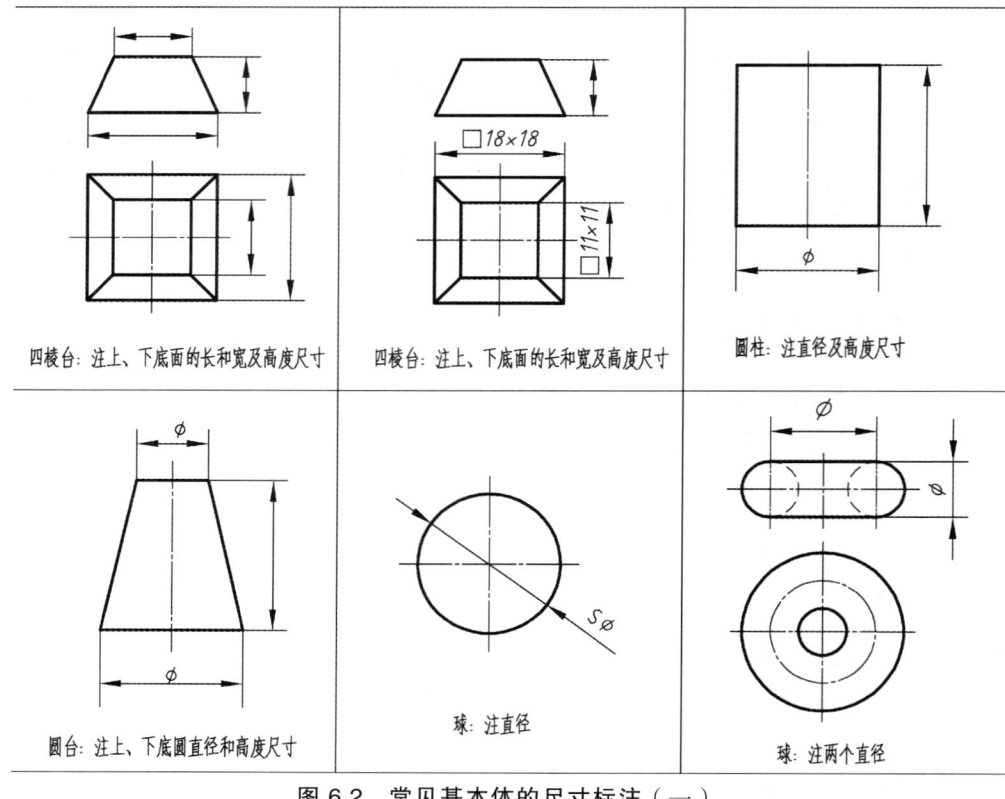

图 6.2　常见基本体的尺寸标注（一）

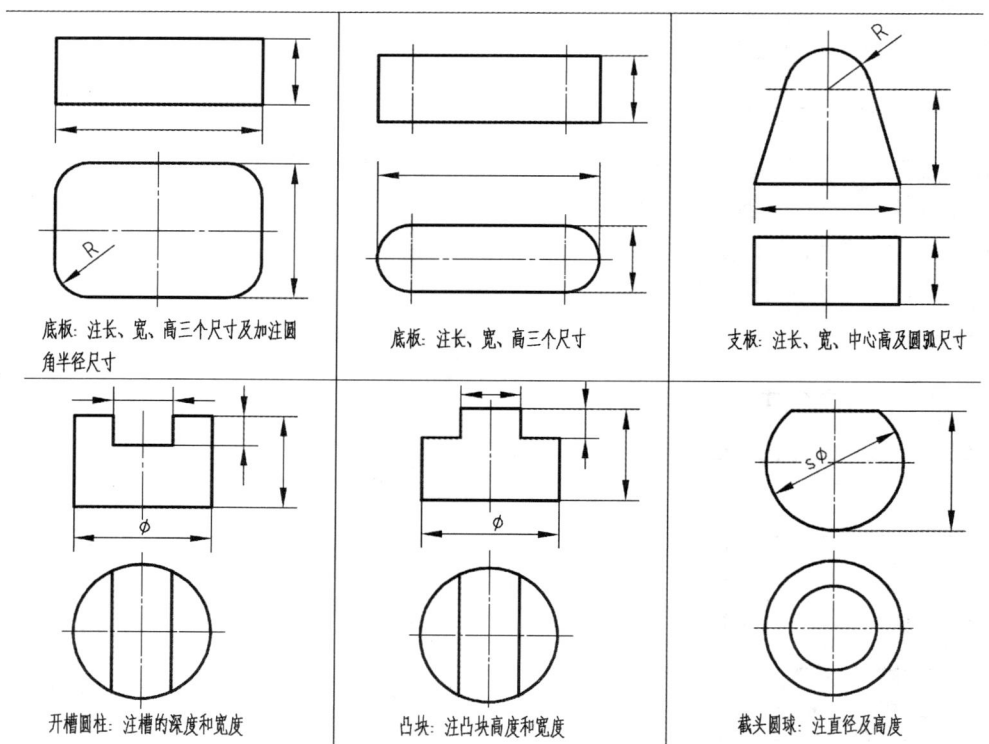

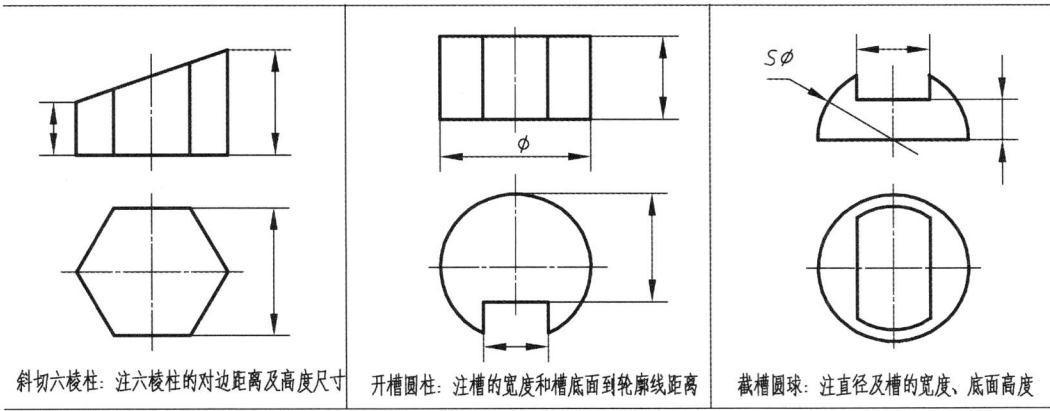

图 6.3 常见基本体的尺寸标注（二）

## 6.2.2 组合体的尺寸标注

组合体的尺寸标注就是在形体分析的基础上标注三类尺寸。

**1. 完整地标注尺寸**

组合体应标出下面三类尺寸。

如图 6.4 所示组合体，对于它的尺寸，可以根据其作用分成以下三类：

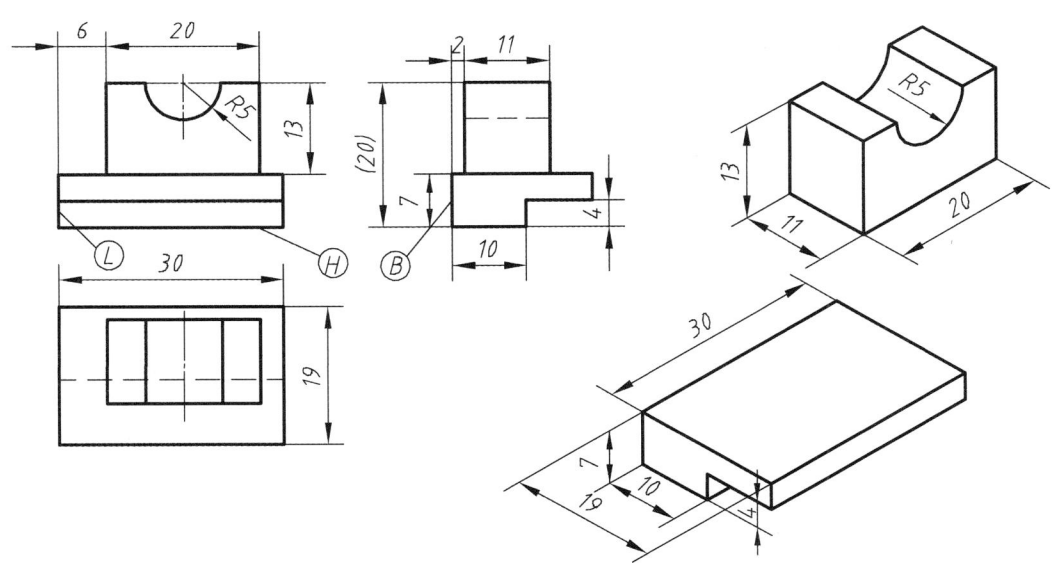

图 6.4 组合体的尺寸

（1）定形尺寸——确定组合体中各基本体大小的尺寸，如图 6.4 所示，水平底板的尺寸：长 30、宽 19 和厚度 7，以及切口尺寸 4，10；挖半圆槽的长方体的尺寸：长 20、宽 11、高 13 和半圆槽半径 5。

（2）定位尺寸——确定组合体中各基本体之间相对位置的尺寸，如图 6.4 所示，确定挖半圆槽的长方体 $X$ 方向与底板左端距离的尺寸 6；$Y$ 方向与底板后端距离 2。

原则上每个基本体在 $X$, $Y$, $Z$ 三个方向均需定位，但对于有些组合体定位关系已由图示表明，可以不标注。如挖半圆槽的长方体 $Z$ 方向的底面与底板的顶面重合。

（3）总体尺寸——确定组合体总长、总宽和总高的尺寸。

总长 30、总宽 19、总高 20。总体尺寸有时就是某基本体的定形尺寸，如图 6.4 所示，尺寸 30 和 19 既是底板的长和宽，又是组合体的总长和总宽。本例组合体的总高 20 在制造的过程中并不使用，与尺寸 7 和 13 相比较为次要，将其用括号括起来作为参考尺寸。

### 2. 尺寸基准

尺寸的起点称为尺寸基准。基准的起点有两种表现形式：一是自此位置起始，向单一方向计量，获得指定数字的尺寸，如图 6.4 所示的基准 $L$, $B$, $H$, 又如图 6.5（a）所示的基准 $L$；二是自此位置起始，向两相反方向对称计量，获得总数为指定数值的尺寸，如图 6.5（a）所示的基准 $B$。

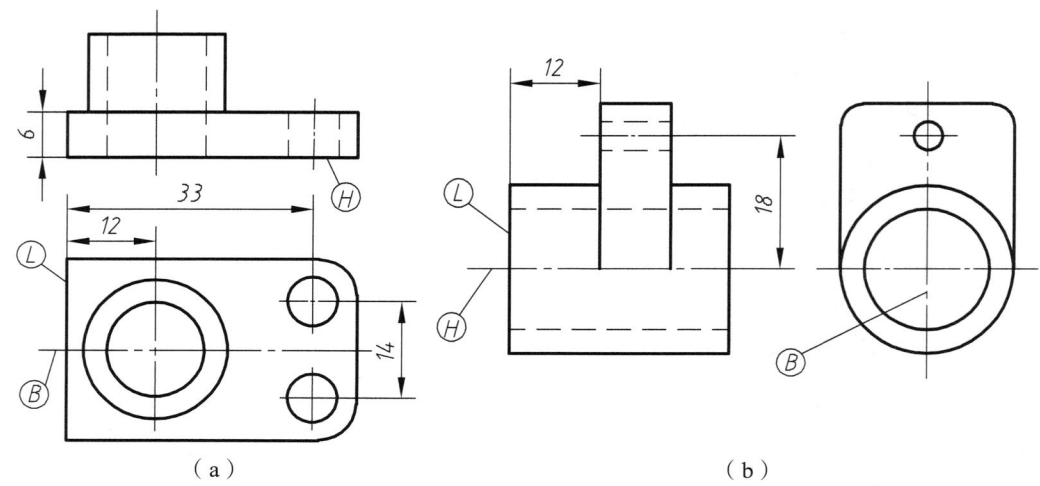

图 6.5　尺寸基准

标注组合体的定位尺寸时，必须在长、宽、高三个方向分别选出尺寸基准，每个方向至少有一个尺寸基准，以便确定各基本体在各方向上的相对位置。可以选作尺寸基准的常常是形体上某主要基本体的底面、端面、对称面以及回转体的轴线等，如图 6.5（a）所示，长方体底板的底面 $H$ 作为高方向基准，长方体底板的左侧面 $L$ 作为长方向的基准，长方体底板的前后对称面 $B$ 作为宽方向基准，其标注的定位尺寸为 12, 33, 6, 14，特别注意定位尺寸 14 的注法。如图 6.5（b）所示，圆柱筒的轴线 $H$ 作为高方向基准，圆柱筒的左侧面 $L$ 作为长方向的基准，圆柱筒的前后对称面 $B$ 作为宽方向基准，其标注的定位尺寸为 12, 18。

### 3. 组合体尺寸标注中应注意的几个问题

（1）截交线尺寸注法应注意的问题。

当组合体出现交线时，不可直接在截交线上标注尺寸，而应该标注产生交线的形体或截平面的定形、定位尺寸。如图 6.6 所示十字滑块，它由一圆柱截切而成。

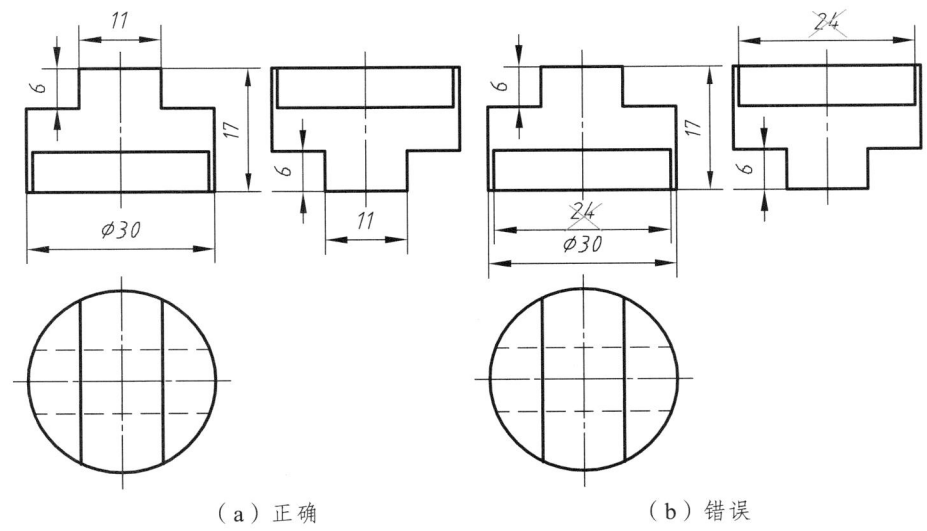

（a）正确　　　　　　　　　　　　（b）错误
图 6.6　截交线尺寸注法应注意的问题

（2）相贯线尺寸注法应注意的问题。

确定回转体的位置时，应确定其轴线，而不应确定其轮廓线。如图 6.7 所示以圆柱轮廓线高度 7 来确定横放圆柱的高低是错误的，在确定其左右位置时以竖放圆柱的右轮廓线为尺寸基准也是错误的。不可直接在相贯线上标注尺寸，R10 是错误的。

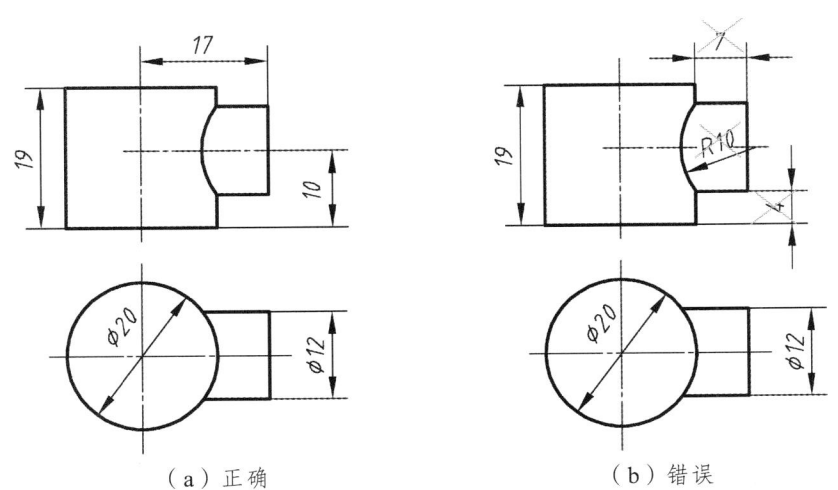

（a）正确　　　　　　　　　　　　（b）错误
图 6.7　相贯线尺寸注法应注意的问题

（3）不应出现"封闭尺寸"。

如图 6.8（a）所示，底板厚 10，立板高 10，总高 20，若在图 6.8（b）中将此三个尺寸同时标出，则形成封闭尺寸。一方面是不必要的，因为三个尺寸只要有两个确定后，第三个自然确定；另一方面，也是不合理。只标底板厚度 10 和总高 20，空出立板高度不标，则为合理标注。若同时将三个尺寸都标出，则必须选一个不重要的用括号括起，称为参考尺寸。如图 6.4 所示的总高 20。

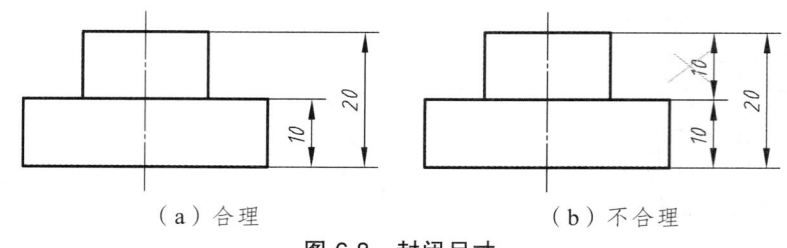

(a)合理　　　　　　　　　(b)不合理

图 6.8　封闭尺寸

### 4. 组合体尺寸标注的方法和步骤

组合体尺寸标注的核心内容，是用形体分析法保证尺寸标注的完全。现以如图 6.9（a）所示的组合体为例，说明如何完整标注组合体尺寸的问题。

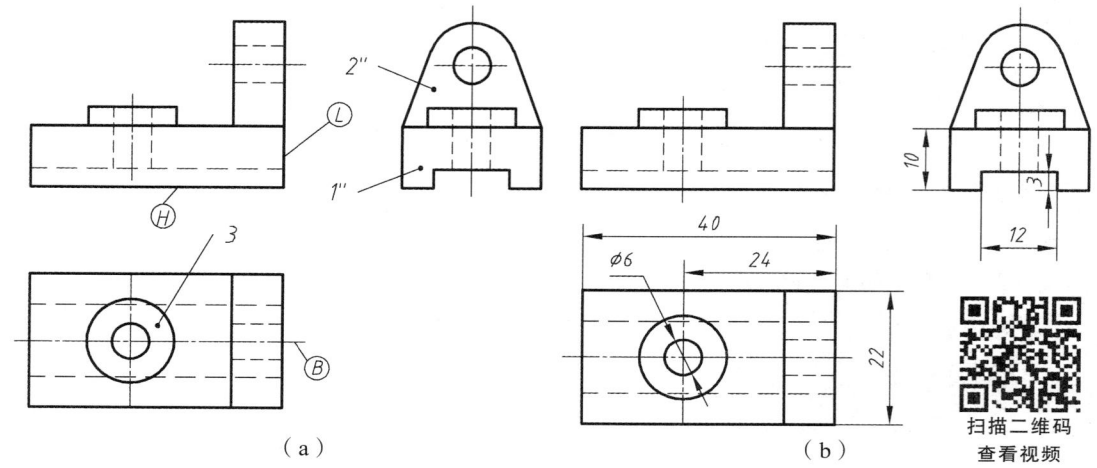

图 6.9　组合体尺寸标注举例

（1）分析形体。

如图 6.9（a）所示，经过形体分析知道组合体由底板Ⅰ、支板Ⅱ、圆柱凸台Ⅲ 3 部分组成。

（2）选尺寸基准。

选立体右端面为长度方向的基准，如图 6.9（a）所示的"L"；由于立体前后对称，所以选对称面为宽度方向的基准，如图 6.9（a）所示的"B"；底板的底面为高度方向的基准，如图 6.9（a）所示的"H"。

（3）逐个形体标注其定形尺寸、定位尺寸。

标注次序如下：

① 标注基础形体（底板Ⅰ）的尺寸，如图 6.10（a）所示。

a. 底板的整体尺寸。

定形尺寸：长度方向 40，宽度方向 22，高度方向 10。因为底板作为整个组合体的基础，所选尺寸基准都与其相应的面重合，所以没有定位尺寸。

b. 标注基础形体（底板）上的槽和孔的尺寸。

槽的定形尺寸：长度方向省略（等于底板的长度方向的定形尺寸），宽度方向 12，高度方向 3。

槽的定位尺寸：长度方向不标注（在底板开通槽）；宽度方向省略（槽的对称面与底板的对称面重合）；高度方向省略（等于槽高度方向的定形尺寸 3）。

孔的定形尺寸：直径为 $\phi 6$，高度方向不标注（孔为通孔）。

孔的定位尺寸：长度方向 24，宽度方向省略（孔在对称面上），高度方向不标注（孔为通孔）。

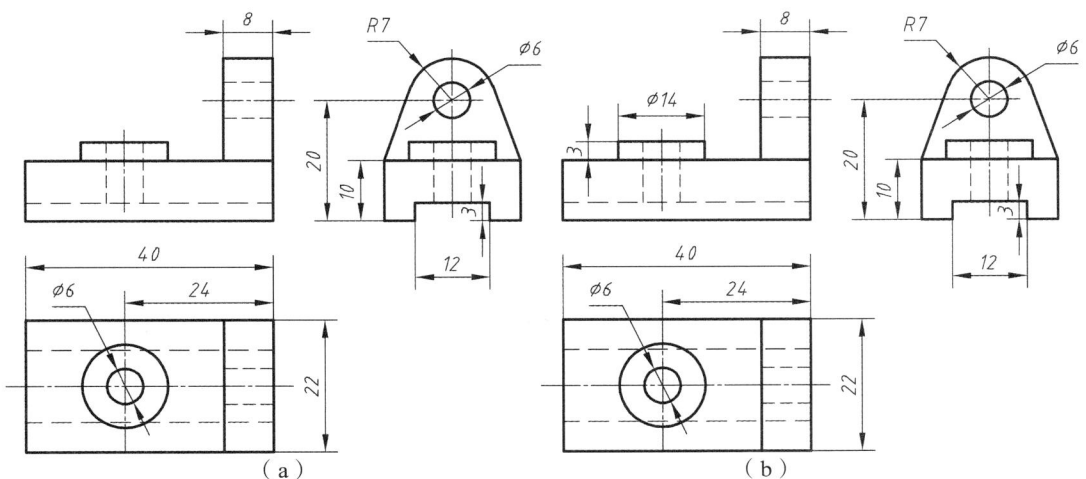

图 6.10 组合体尺寸标注

② 标注支板Ⅱ的尺寸，如图 6.10（a）所示。

定形尺寸：支板的长 8，宽和高度方向省略；圆柱的半径 $R7$；圆孔的直径 $\phi 6$。

定位尺寸：长和宽度方向省略；高度方向 20。

（3）标注圆柱凸台Ⅲ的尺寸，如图 6.10（a）所示。

定形尺寸：圆柱凸台直径 $\phi 14$，高为 3。定位尺寸：不标注（与底板上的圆孔位置重合）

（4）标注立体总体尺寸。

总长和总宽与底板的长和宽的定形尺寸一样，不必重标；高度方向的总高与支板高度方向的定位尺寸与定形尺寸之和，也不必重标。

必须指出，标注总体尺寸时，如遇回转体，一般不以轮廓线为界直接标注其总体尺寸。如图 6.18 中总体尺寸由 20 和 $R7$ 间接确定。

（5）检查、调整。

按形体逐个检查它们的定形、定位尺寸以及组合体的总体尺寸，补上遗漏，除去重复，并对标注和布置不恰当的尺寸进行修改和调整。

最后，必须强调指出：尺寸要注得完整，一定要对组合体进行形体分析，然后逐个形体标注其定形、定位尺寸。注完一个形体的尺寸再注另一个形体的尺寸，切记一个形体的尺寸还没注完，就进行另一个形体尺寸的标注。

【例 6.1】 轴承座的尺寸标注。

【解】（1）形体分析，如图 6.11 所示，该组合体由底板、圆柱筒、肋板、凸台四部分组成。

（2）确定尺寸基准：高度尺寸基准——轴承座底面，长度尺寸基准——对称面中心线，宽度尺寸基准——对称面中心线。

（3）逐个形体标注其定形尺寸、定位尺寸。

尺寸 23，46 为孔的定位尺寸。其余均为定形尺寸。

(4) 总体尺寸。

高度为 40，长度为 60（与底板长度重合），宽度为 21（与圆筒宽度重合）。

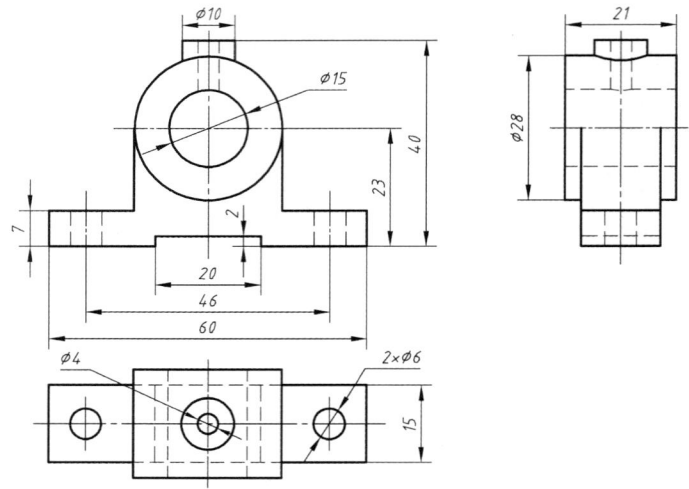

图 6.11　轴承座的尺寸标注

### 5. 常见结构的尺寸标注

有些简单的组合结构在机件中出现频繁，其尺寸标注方法已经固定，如图 6.12 所示列出了部分，可供参考。

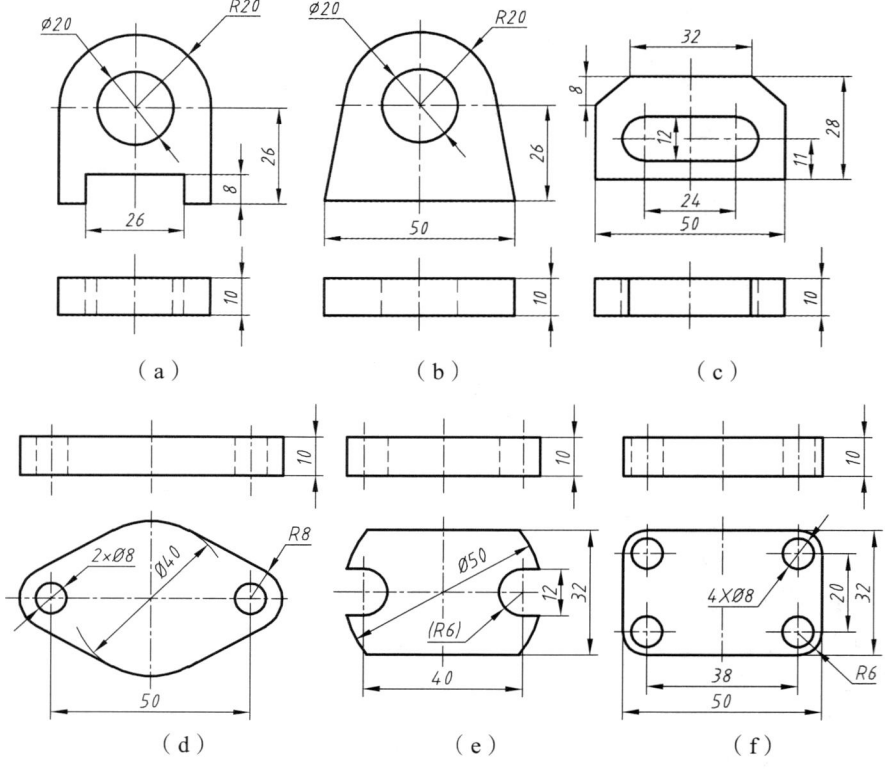

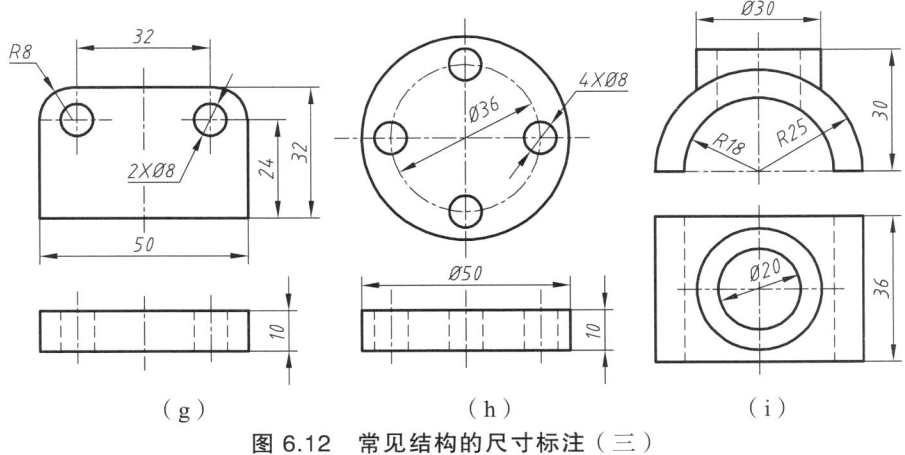

图 6.12 常见结构的尺寸标注（三）

## 6.3 尺寸的清晰布置

尺寸不仅要注得完整，而且要求注得清晰，使看图的人一目了然。因此，必须注意尺寸线、尺寸界线和尺寸数字在图上的排列和布置。下面主要介绍如何将尺寸标注得清晰。

### 1. 尺寸应尽量集中标注，尽可能标注特征视图

同一形体的尺寸应尽量集中标注，尺寸尽可能标注在表示形体特征最明显的视图上。如图 6.13 所示，底板的尺寸 30，7，17，6，4 应集中标注在俯视图上，垂直板的尺寸 15，14 应集中标注在左视图中，三角肋的尺寸应集中标注在主视图上，这样看图时查找方便。

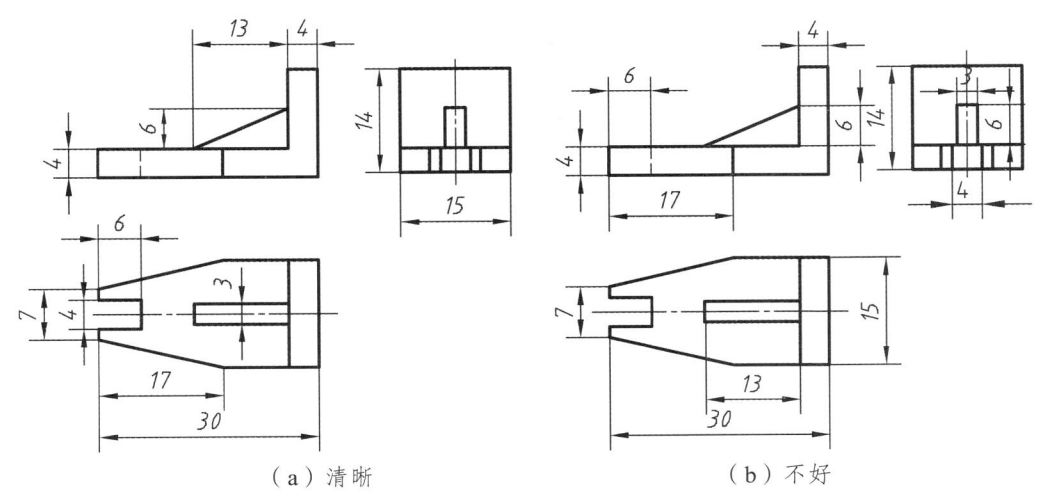

图 6.13 支架的尺寸

### 2. 尺寸应尽量注在视图外面，保持视图清晰

如图 6.14（b）所示的尺寸标注得不好。与两视图相关的尺寸应注在两视图之间，如图 6.14（a）中的尺寸 25。

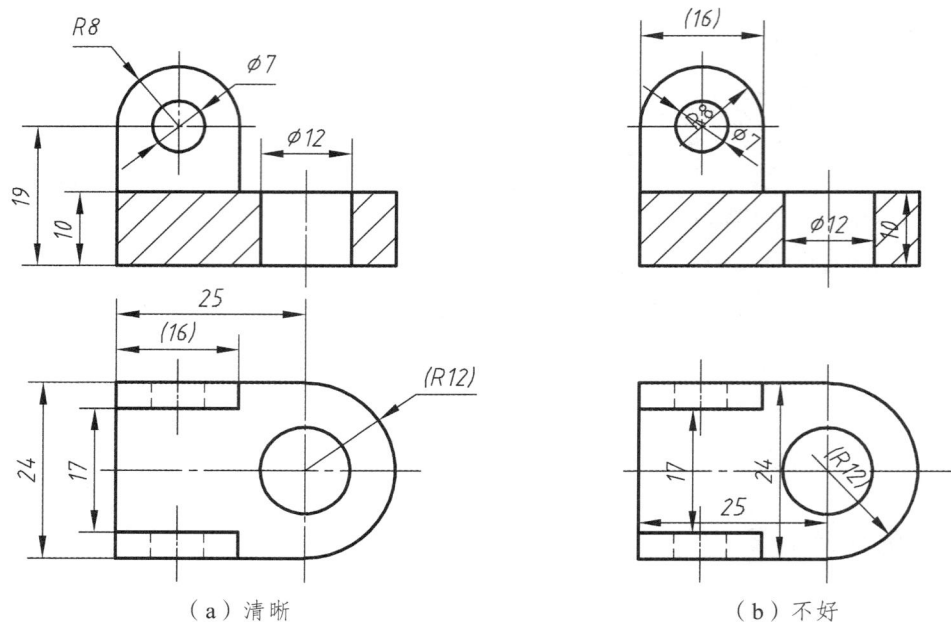

图 6.14　组合体的尺寸

### 3. 半径尺寸、直径尺寸的标注

半径尺寸一定要注在投影为圆弧的视图上，直径尺寸最好注在非圆视图上，小于等于半圆标半径，大于半圆标直径。特别是同心圆较多时，不宜集中标注在反映圆的视图上，避免注成辐射形式。图 6.15（a）中尺寸标注比较清晰，图 6.15（b）中尺寸标注得不好。

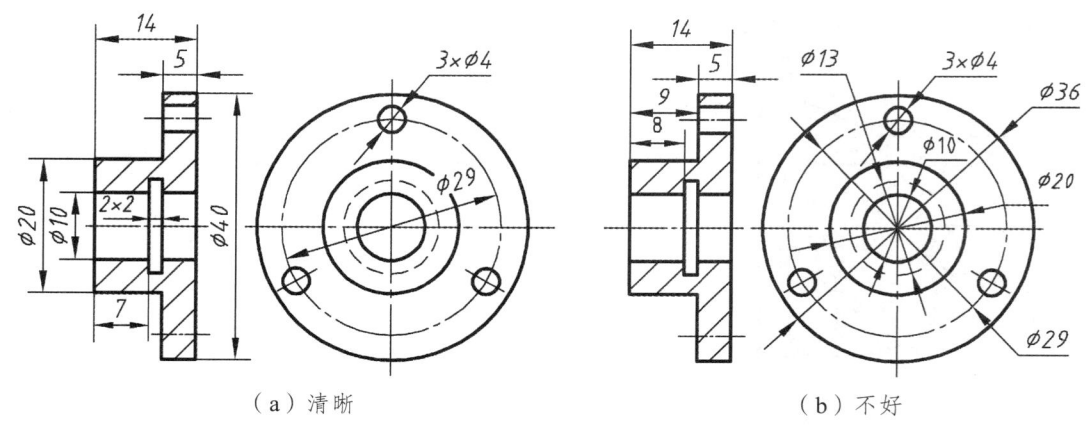

图 6.15　盘盖的尺寸

### 4. 截交线和相贯线上不应标注尺寸

在截交线和相贯线上标注尺寸是错误的，细虚线处尽量不要标注尺寸。如图 6.16（a）中尺寸标注比较清晰；图 6.16（b）中 R10，R17 的尺寸是截交线的尺寸，14，8 两尺寸标注在细虚线上。

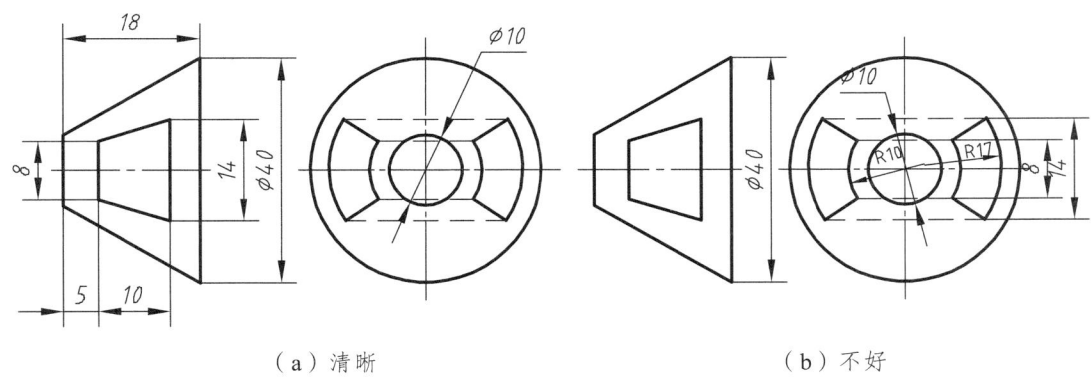

（a）清晰　　　　　　　　　　　　（b）不好

图 6.16　组合体的尺寸

### 5. 尺寸排列整齐，不应有混淆现象

尺寸线平行排列时，应使小尺寸在内，大尺寸在外，以避免尺寸线与尺寸界线相交，如图 6.17（a）中尺寸。图 6.17（b）中的尺寸标注得不好。

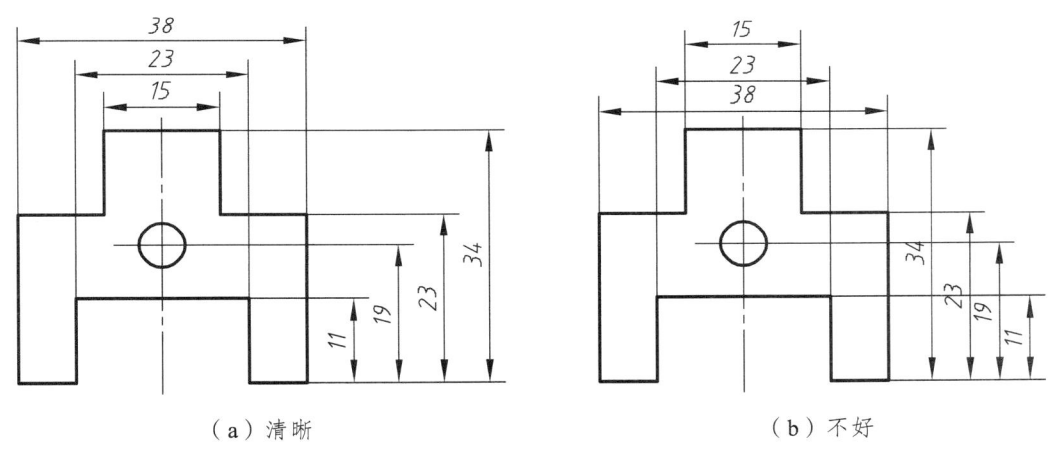

（a）清晰　　　　　　　　　　　　（b）不好

图 6.17　组合体的尺寸

以上各要求有时会出现不能完全兼顾的情况，应在保证尺寸正确、完整、清晰的前提下，合理布置。

## 6.4　轴测图尺寸标注

对于轴测图的尺寸标注，应做到以下三点：

（1）线性尺寸的尺寸线必须和所标注的线段平行，尺寸界线一般应平行于某一轴测轴。尺寸数字应按相应的轴测图形标注在尺寸线的上方或左方，数字最好给人以书写在由尺寸线和尺寸界线所确定的平面内之感。当在图形中出现字头向下时应引出标注，将数字按水平位置注写，如图 6.18 所示。

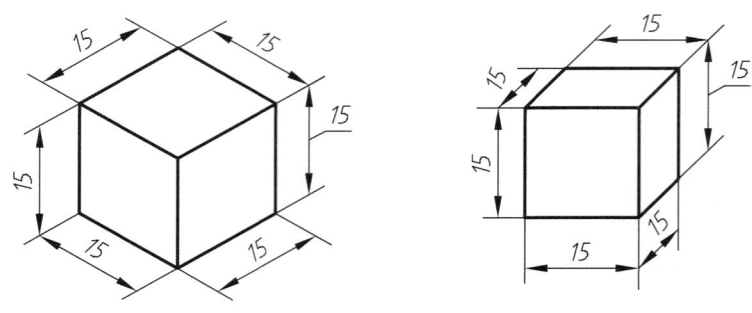

图 6.18 轴测图尺寸注法（一）

（2）标注圆的直径时，尺寸线和尺寸界线应分别平行于圆所在平面内的轴测轴；标注圆弧半径或小圆的直径时，尺寸线可从圆心引出标注，但注写数字的横线必须平行于轴测轴，如图 6.19 所示。

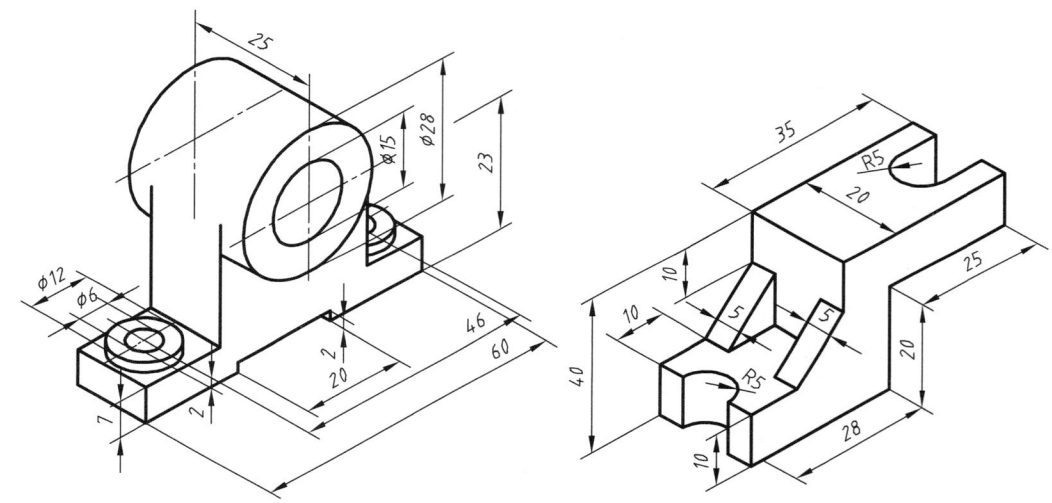

图 6.19 轴测图尺寸注法（二）

（3）标注角度的尺寸线，应画成与该角度所在平面内圆的轴测投影椭圆相应的椭圆弧，角度数字一般写在尺寸线的中断处，字头向上，如图 6.20 所示。

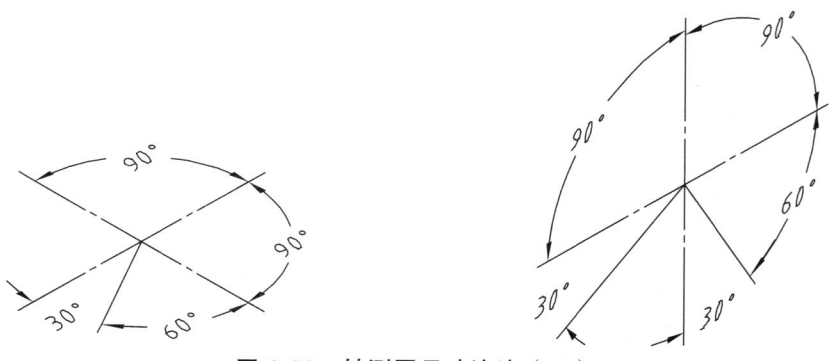

图 6.20 轴测图尺寸注法（三）

## 小 结

本章的重点内容是国家标准对尺寸标注的基本规定和组合体的尺寸标注。

（1）尺寸标注的规格、方式要正确。掌握这些基本规定的办法有三个：一是经常阅读、巩固、加强记忆；二是在使用中严格遵守、凡不熟记的一定先查阅后标注；三是模仿国标中的图例和其他规范标注图例。

（2）尺寸标注要完全。

（3）牢记交线不能直接标注尺寸，不出现封闭尺寸，回转体必须以其轴线定位这三条原则。

（4）标注定位尺寸要选择好尺寸基准。通常选择组合体或某主要基本体的底面、端面、对称面、回转轴线等作基准。

（5）常用基本体和简单组合体的尺寸标注已固定，理解后要熟记，用时照注。

（6）尺寸布置要正确、完全、清晰、合理。初学者应保证标注完全，正确清晰。

## 习 题

6.1 填空题。

（1）图样上尺寸标注的要求是（    ）、（    ）、（    ）、（    ）四项。

（2）尺寸由（    ）、（    ）、（    ）组成。

（3）角度数字一律（    ）书写。

（4）根据作用，可以把组合体的尺寸分为（    ）、（    ）、（    ）三类。

（5）截交线、相贯线（    ）标尺寸。

（6）确定回转体位置时，应以其（    ）定位。

（7）图样中的尺寸以（    ）为单位。

（8）同心圆柱的尺寸，最好注在（    ）视图上。

（9）可以选作尺寸基准的常是（    ）。

6.2 判断题。

（1）尺寸数字可以标注在尺寸线的下方。                                （    ）

（2）机件的真实大小与所绘图形大小及准确度无关。                      （    ）

（3）轮廓线、轴线或对称中心线可作尺寸线。                            （    ）

（4）标注组合体的尺寸时，保证尺寸标注完全的分析方法是形体分析法。    （    ）

（5）机件的每一个尺寸一般只标一次。                                  （    ）

（6）圆孔可以用其轮廓线定位。                                        （    ）

（7）标半径时应加符号"$R$"，标圆的直径和球的直径时应加"$S$"。         （    ）

（8）轴测图的尺寸标注，尺寸数字一律水平书写。                        （    ）

（9）尺寸界线可用其他图线代替。                                      （    ）

（10）定位尺寸的尺寸基准只能是形体的左右、前后、上下端面。           （    ）

# 第 7 章

# 标准件和常用件

一台机器或一个机械部件是由种类繁多、结构各异的零件装配而成。在这众多零件之中,有一些零件,如螺栓、螺钉、螺柱、螺母、垫圈、键、销、滚动轴承等,在机器或部件中经常会大量地使用,为了让科研、生产使用这类零件更加简单、快捷,我们将这些零件的结构和尺寸进行标准化,这些零件就被称为标准件。另外,还有一些经常使用的零件,如齿轮、弹簧等,这类零件的部分结构和参数也已标准化,这些零件就被称为常用件。由于进行了标准化,这些零件就可以组织专业化大批量生产,提高了生产效率,降低了生产成本。

本章将介绍螺栓、螺钉、螺柱、螺母、垫圈、齿轮、键、销、滚动轴承和弹簧的规定画法、代号(参数)和标记以及相关标准表格的查用,为下一阶段绘制和阅读机械图样打下基础。

## 7.1 螺纹及螺纹紧固件

螺纹紧固件是指用螺纹连接的方式将两个或两个以上的零件(或构件)紧固连接成为一个整体时所采用的一类机械零件,如螺栓、螺钉、螺柱、螺母、垫圈等。

### 7.1.1 螺纹的规定画法和标注

**1. 螺纹的形成、要素和结构**

(1)螺纹的形成。

螺纹是在圆柱或者圆锥母体表面上制出的螺旋线形的、具有特定截面的连续凸起部分。实际生产时,螺纹是根据螺旋线的形成原理加工而成的,当固定在车床卡盘上的工件做等速旋转时,刀具沿机件轴向做等速直线移动,其合成运动使切入工件的刀尖在机件表面加工成螺纹,由于刀尖的形状不同,加工出的螺纹形状也不同。在圆柱或圆锥外表面上加工的螺纹称为外螺纹,如图 7.1(a)所示。在圆柱或圆锥内表面加工的螺纹称为内螺纹,如图 7.1(b)所示。在箱体、底座等零件上制出的内螺纹(螺孔),一般先用钻头钻孔,再用丝锥攻出螺纹,如图 7.1(b)所示。图中加工的是不通孔,钻孔时钻头顶部形成一个锥坑,锥顶角应按 120°画出。

第 7 章 标准件和常用件 199

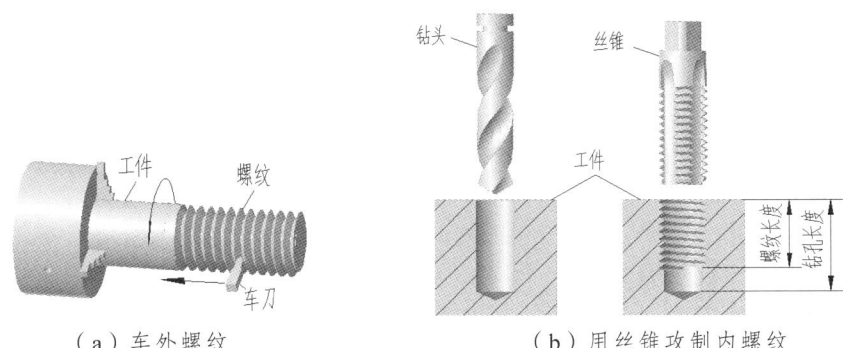

（a）车外螺纹　　　　　　　　（b）用丝锥攻制内螺纹

图 7.1　加工螺纹

（2）螺纹的五要素。

螺纹的基本要素主要是牙型、直径、螺距、线数和旋向。

① 牙型。沿螺纹轴线剖切的断面轮廓形状称为牙型。如图 7.2 所示为三角形牙型的内、外螺纹。此外，还有梯形、锯齿形和矩形等牙型。

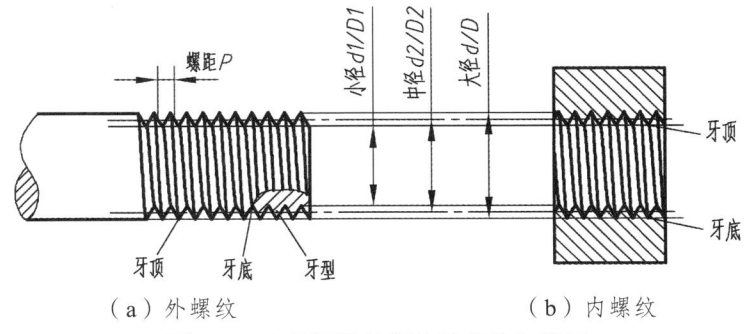

（a）外螺纹　　　　　　　　　　（b）内螺纹

图 7.2　内外螺纹各部分的名称和代号

② 直径。螺纹直径有大径、中径和小径之分，如图 7.3 所示。与外螺纹牙顶或内螺纹牙底相切的假想圆柱的直径称为大径，内、外螺纹的大径分别用 $D$ 和 $d$ 表示；与外螺纹牙底或内螺纹牙顶相切的假想圆柱的直径称为小径，内、外螺纹的小径分别用 $D_1$ 和 $d_1$ 表示；如果假想圆柱的母线通过螺纹牙型上沟槽和牙厚宽度相等的位置，此时圆柱的直径就称为螺纹中径，内、外螺纹的中径分别用 $D_2$ 和 $d_2$ 表示。外螺纹大径 $d$ 和内螺纹小径 $D_1$ 也称顶径。螺纹的公称直径一般为大径。

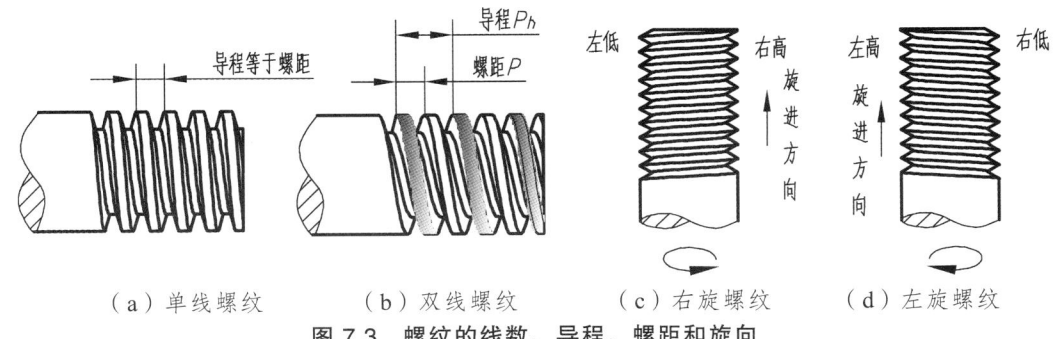

（a）单线螺纹　　（b）双线螺纹　　（c）右旋螺纹　　（d）左旋螺纹

图 7.3　螺纹的线数、导程、螺距和旋向

③ 线数。螺纹有单线和多线之分，沿一条螺旋线所形成的螺纹称为单线螺纹；沿轴向等距分布两条或两条以上螺旋线所形成的螺纹称为多线螺纹，如图 7.3（a）、（b）所示。螺纹的线数用 $n$ 表示。

④ 螺距与导程。螺距是指相邻两牙在中径线上对应两点间的轴向距离，用 $P$ 表示；导程是指在同一条螺旋线上，相邻两牙在中径线上对应两点的轴向距离，用 $P_h$ 表示，如图 7.3（a）、（b）所示。螺距、导程、线数三者之间的关系式：单线螺纹的导程等于螺距，即 $P_h = P$；多线螺纹的导程等于线数乘以螺距，即 $P_h = n \times P$。

⑤ 旋向。螺纹有右旋与左旋两种。顺时针旋转时旋入的螺纹，称右旋螺纹；逆时针旋转时旋入的螺纹，称左旋螺纹。旋向也可按如图 7.3（c）、（d）所示的方法判断：将外螺纹垂直放置，螺纹的可见部分是右高左低时为右旋螺纹，左高右低时为左旋螺纹。工程中一般使用右旋螺纹。

为了便于设计计算和加工制造，国家标准对有些螺纹（如普通螺纹、梯形螺纹等）的牙型、公称直径和螺距，都作了规定（见附录）。凡是这三项要求都符合标准的螺纹称为标准螺纹；牙型符合标准，而大径、螺距不符合标准的螺纹称为特殊螺纹。内、外螺纹总是成对地使用，只有 5 个要素相同时，内、外螺纹才能旋合在一起。

（3）螺纹的结构。

① 螺纹末端。

为了便于安装和防止螺纹起始圈损坏，通常将螺纹的末端做成规定的形状，如倒角、圆角等，如图 7.4 所示，可参阅 GB/T 2。

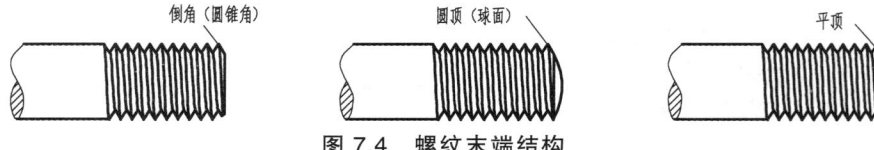

图 7.4　螺纹末端结构

② 螺纹的收尾和退刀槽。

车削螺纹时，刀具在接近螺纹末尾处时要逐渐离开工件，因此，螺纹收尾部分的牙型是不完整的，一般被称为螺尾。为避免产生螺尾，可以预先在螺纹末尾处加工退刀槽，如图 7.5 所示。螺尾、退刀槽和倒角都有相应的国家标准。退刀槽的尺寸可按"槽宽×直径"或"槽宽×槽深"的形式标注。45°倒角一般采用简化形式标注。螺纹长度应包括退刀槽和倒角在内，如图 7.6 所示。

图 7.5　螺纹的收尾和退刀槽

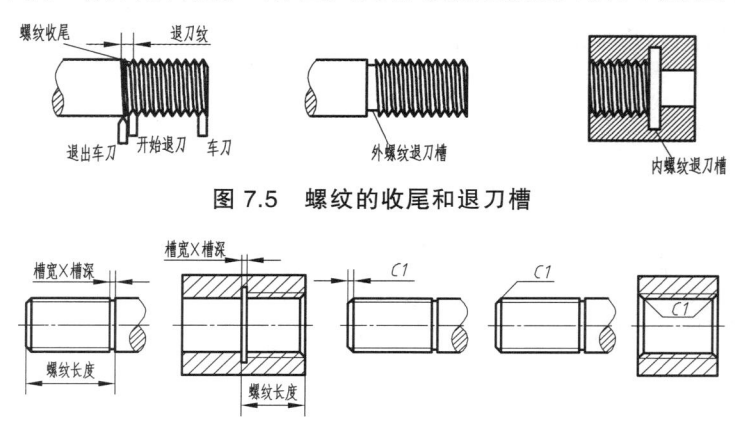

图 7.6　退刀槽、45°倒角和螺纹长度的尺寸注法

（4）螺纹的种类。

表 7.1 所示是常用螺纹的种类、牙型略图、标注示例和说明。

表 7.1　常用标准螺纹示例

| 螺纹类型 | | | 牙型略图 | 标注示例 | 说　明 |
|---|---|---|---|---|---|
| 联接螺纹 | 粗牙普通螺纹（M） | | 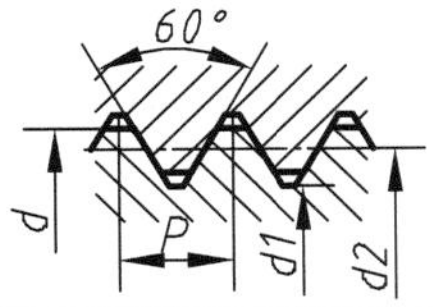 | 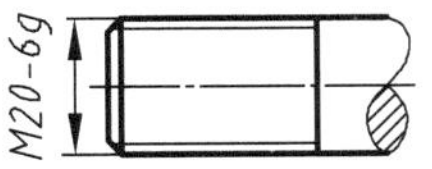 M20-6g | 粗牙普通螺纹，公称直径 20 mm，右旋。中径公差带和大径公差带均为 6g。中等旋合长度 |
| | 细牙普通螺纹（M） | | 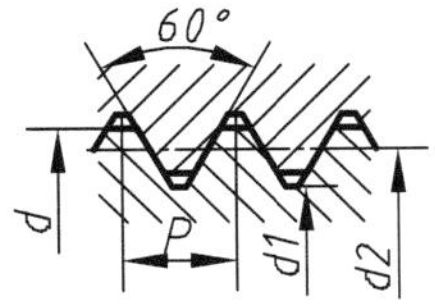 | 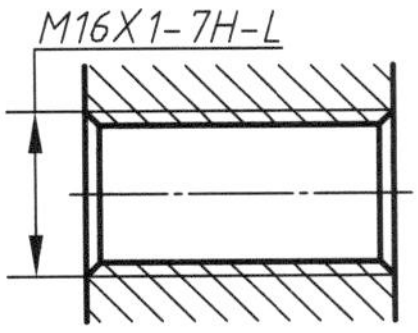 M16×1-7H-L | 细牙普通螺纹，公称直径 16 mm，螺距 1 mm，右旋。中径公差带和小径公差带均为 7H。长旋合长度 |
| | 55°非密封管螺纹（G） | | 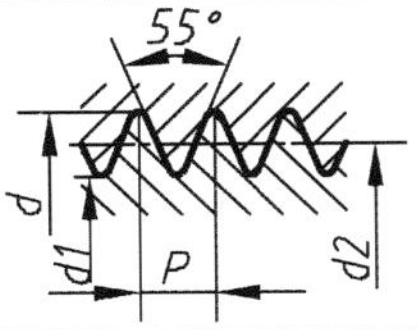 | 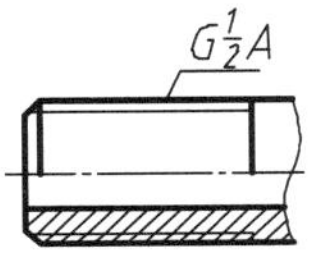 G$\frac{1}{2}$A | 55°非密封管螺纹 G—螺纹特征代号 $\frac{1}{2}$—尺寸代号 A—外螺纹公差带代号 |
| | 55°密封管螺纹 | 圆柱管螺纹 | $R_p$ | Rp$\frac{1}{2}$ | 55°密封管螺纹 $R_p$—螺纹特征代号 $R_c$—螺纹特征代号 R—螺纹特征代号 $\frac{1}{2}$—尺寸代号 |
| | | 圆锥管螺纹内螺纹 | $R_c$ | 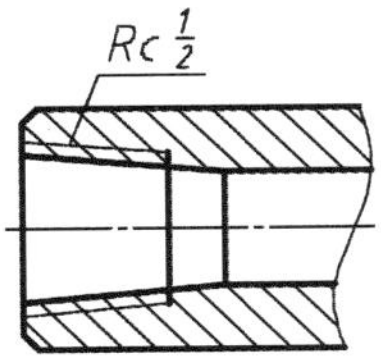 R$\frac{1}{2}$ | |
| | | 圆锥管螺纹外螺纹 | R | 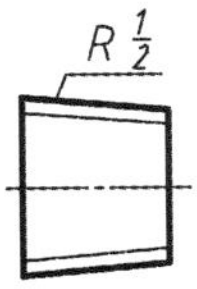 Rc$\frac{1}{2}$ | |
| 传动螺纹 | 锯齿形螺纹 | B | 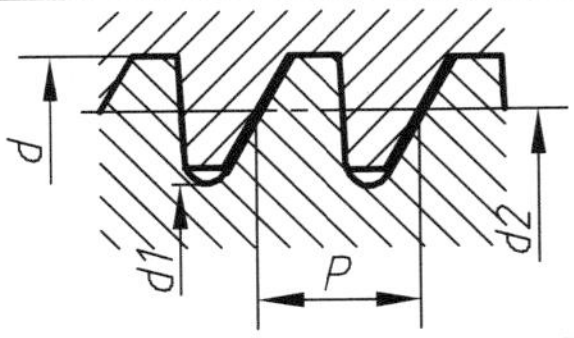 | 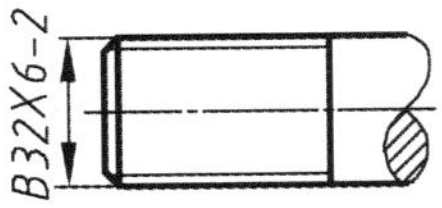 B32×6-2 | 锯齿形螺纹，公称直径 32 mm，单线螺纹，螺距 6 mm，右旋，2 级精度 |
| | 梯形螺纹 | Tr | 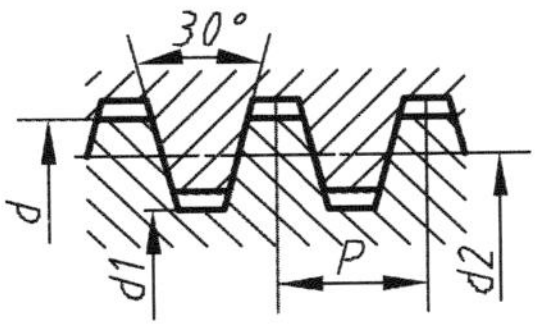 | 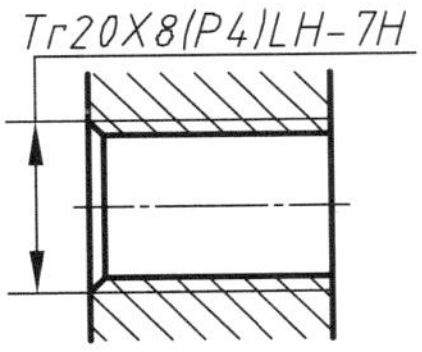 Tr20×8(P4)LH-7H | 梯形螺纹，公称直径 20 mm，双线螺纹，导程 8 mm，螺距 4 mm，左旋。中径公差带 7H 中等旋合长度 |

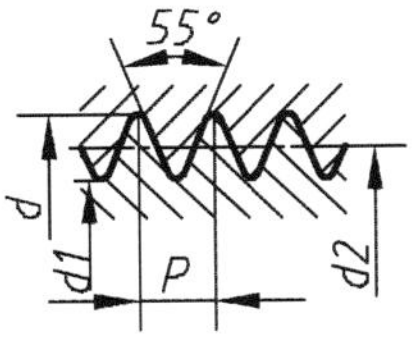

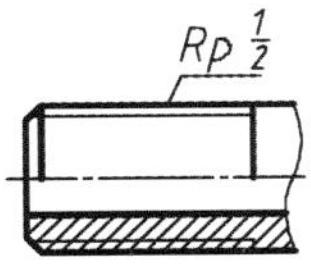

（5）螺纹的规定画法。

绘制螺纹的真实投影，工作将非常烦琐，而且也没有必要，所以国家标准《机械制图》（GB/T 4459.1—1995）规定了在机械图样中螺纹和螺纹紧固件的画法。

① 外螺纹的画法。

如图 7.7 所示，外螺纹不论其牙型如何，螺纹牙顶用粗实线表示，牙底用细实线表示，在螺杆的倒角或倒圆部分也应画出，在垂直于螺纹轴线的投影面的视图中，表示牙底的细实线只画 3/4 圈（空出约 1/4 圈的位置不作规定）。此时，螺杆倒角的投影不应画出。螺纹终止线在不剖的外形图中画成粗实线，如图 7.7（a）所示。在剖视图中的螺纹终止线按图 7.7（b）所示。剖面线必须画到表示牙顶的粗实线为止。螺纹小径采用比例画出，即 $d_1=0.85d$。

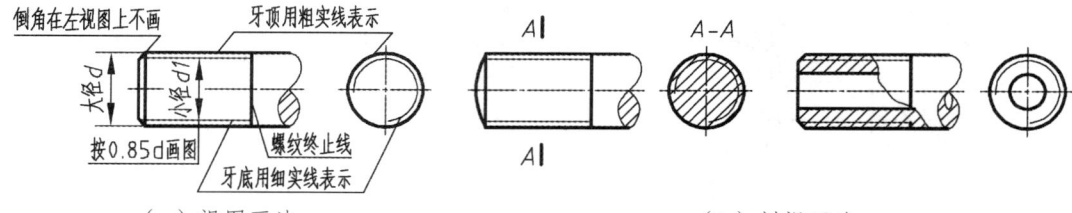

（a）视图画法　　　　　　　　（b）剖视画法

图 7.7　外螺纹的画法

② 内螺纹的画法。

如图 7.8 所示，内螺纹不论其牙型如何，在剖视图中，内螺纹牙顶用粗实线表示，牙底用细实线表示，螺纹终止线用粗实线表示，剖面线应画到表示牙顶（小径）的粗实线为止。在垂直于螺纹轴线的投影面的视图上，表示牙底（大径）的细实线只画约 3/4 圈，表示倒角的投影不应画出。绘制不穿通的螺孔时，应将钻孔深度和螺孔深度分别画出，钻孔深度一般应比螺纹深度大 0.5D，其中 D 为螺纹大径。另外，由于钻头端部有一圆锥，锥顶角为 118°，钻孔时，不穿通的孔（称为盲孔）底部会形成一锥面，如图 7.1（b）所示，在画图时钻孔底部锥面的顶角可简化为 120°，如图 7.8（a）所示。当螺纹为不可见时，螺纹的所有图线用细虚线画出，如图 7.8（b）所示。螺纹小径采用比例画出，即 $D_1=0.85D$。

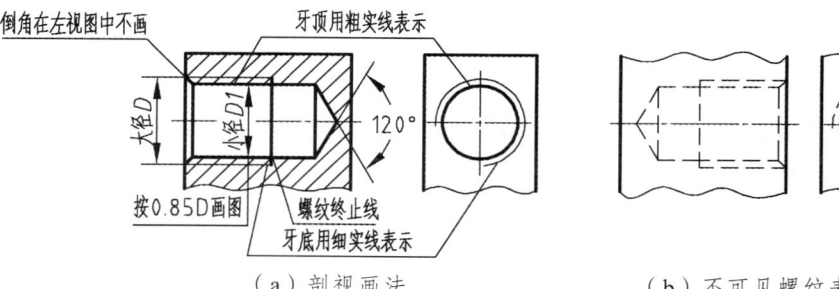

（a）剖视画法　　　　　　　　（b）不可见螺纹表示法

图 7.8　内螺纹的画法

③ 螺纹连接的画法。

当内外螺纹的螺纹五要素相同时，就可以进行连接。如图 7.9 所示是螺纹连接的画图方法。必须注意，表示内、外螺纹大径的细实线和粗实线，以及表示内、外螺纹小径的粗实线和细实线必须分别对齐。在剖视图中，内外螺纹旋合的部分应按外螺纹的画法绘制，其余部分仍按各自的画法画出。

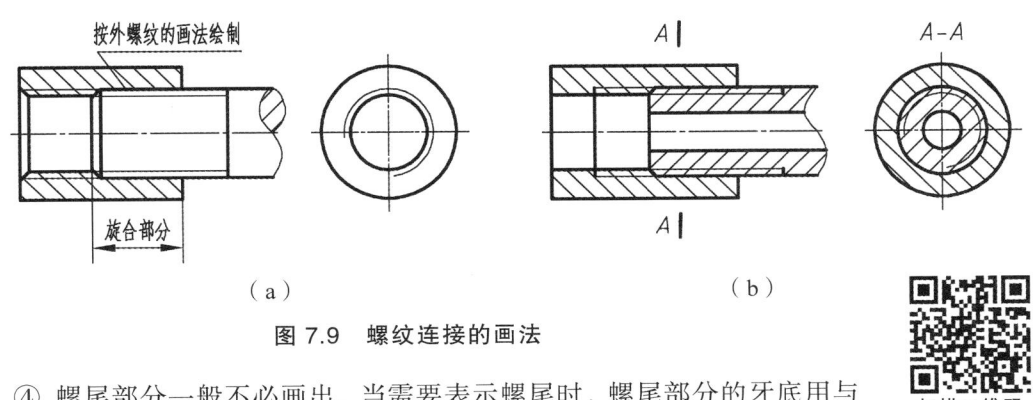

图 7.9　螺纹连接的画法

④ 螺尾部分一般不必画出，当需要表示螺尾时，螺尾部分的牙底用与轴线成 30°的细实线绘制，如图 7.10 所示。

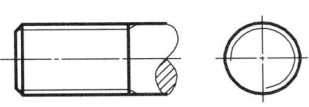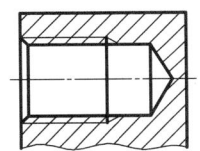

图 7.10　螺尾的表示方法

⑤ 螺纹孔相交时，只画出钻孔的交线（用粗实线表示），如图 7.11 所示。

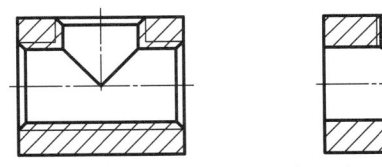

图 7.11　螺纹孔的相交画法

⑥ 螺纹牙型表示法。

当需要表示螺纹牙型时，可按如图 7.12 所示的形式绘制。

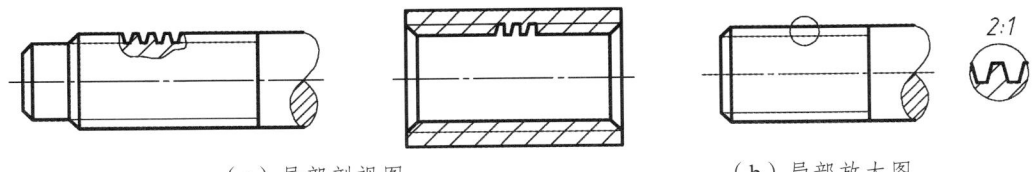

（a）局部剖视图　　　　　　　　　　　（b）局部放大图

图 7.12　螺纹牙型表示法

（6）螺纹的规定标记。

以下介绍国家标准中螺纹的规定标记，在工程图样中的标注形式参见表 7.1。

① 普通螺纹的规定标记格式。

特征代号　公称直径×导程（P 螺距）　旋向-公差带代号-旋合长度代号

特征代号：普通螺纹的牙型代号用 M 表示。

公称直径：公称直径为螺纹大径。

导程（P 螺距）：单线螺纹只标注螺距（即导程）；多线螺纹导程、螺距均要标注。普通螺纹螺距已经标准化，查表可得，粗牙普通螺纹螺不需标注；细牙普通螺纹应标注螺距。

旋向：左旋螺纹用"LH"表示，右旋螺纹不标注旋向。

公差带代号：螺纹公差带代号由表示其大小的公差等级数字和表示其位置的基本偏差的字母（内螺纹为大写，外螺纹为小写）组成，如 6H，6g。螺纹公差带代号标注时应顺序标注中径公差带代号和顶径公差带代号，如两组公差带代号相同，则只标注一项。

旋合长度代号：旋合长度有短（S）、中（N）、长（L）三种，一般多采用中等旋合长度，其代号 N 可省略不注，如采用短旋合长度或长旋合长度，则应标注 S 或 L。

【例 7.1】 粗牙普通外螺纹，大径为 20，右旋，中径公差带为 6g，顶径公差带为 7g，短旋合长度。应标记为 M20-6g7g-S。

② 管螺纹的规定标记格式。

（a）55°密封管螺纹：螺纹特征代号 尺寸代号 旋向代号（也适用于非螺纹密封的内管螺纹）。

（b）55°非密封管螺纹：螺纹特征代号 尺寸代号 公差等级代号-旋向代号（仅适用于非螺纹密封的外管螺纹）。

以上螺纹特征代号分两类：（a）55°密封管螺纹特征代号：$R_p$ 表示圆柱内螺纹，$R_1$ 表示与圆柱内螺纹相配合的圆锥外螺纹，$R_c$ 圆锥内螺纹，$R_2$ 表示与圆锥内螺纹相配合的圆锥外螺纹。（b）55°非密封管螺纹特征代号：G。

管螺纹的尺寸代号不表示螺纹直径，尺寸代号数值等于管子的内径，单位为英寸。

公差等级分为 A，B 两级，只用于 55°非密封的外管螺纹，对内螺纹不标记公差等级代号。

螺纹为右旋时，不标注旋向代号；为左旋时标注"LH"。

需要特别注意的是，管螺纹的尺寸不能像一般线性尺寸那样注在大径尺寸线上，而应用指引线自大径圆柱（或圆锥）最大素线上引出标注。如表 7.1 所示。

【例 7.2】 55°螺纹密封的圆柱内螺纹，尺寸代号为 2，左旋。应标记为 Rp2LH。

【例 7.3】 55°非螺纹密封的外管螺纹，尺寸代号为 3/4，公差等级为 B 级，右旋。应标记为 G3/4B。

③ 梯形螺纹的规定标记格式。

（a）单线梯形螺纹：

特征代号 公称直径 × 螺距 旋向代号-中径公差带代号-旋合长度代号

（b）多线梯形螺纹：

特征代号 公称直径×导程（P 螺距）旋向代号-中径公差带代号-旋合长度代号

梯形螺纹的牙型代号为"Tr"。右旋不标注，左旋螺纹的旋向代号为"LH"，需标注。梯形螺纹的公差带为中径公差带。梯形螺纹的旋合长度为中（N）和长（L）两组，采用中等旋合长度时，不标注代号（N），如采用长旋合长度，则应标注"L"。

【例 7.4】 梯形螺纹，公称直径 40，螺距为 7，右旋单线外螺纹，中径公差带代号为 6e，长旋合长度。应标记为 Tr40×7-6e-L。

【例 7.5】 梯形螺纹，公称直径 40，导程为 14，螺距为 7 的左旋双线内螺纹，中径公差带代号为 7E，中等旋合长度。应标记为 Tr40×14（P7）LH-7E。

锯齿形螺纹规定标记的具体格式与梯形螺纹完全相同，特征代号为 B。

④ 特殊螺纹与非标准螺纹的标注。

（a）牙型符合标准，直径或螺距不符合标准的螺纹，应在特征代号前加"特"字，并标注大径和螺距，如图 7.13（a）所示。

（b）牙型不符合标准的非标准螺纹的标注，应画出螺纹的牙型，并标注所需要的尺寸和相关要求，如图 7.13（b）所示。

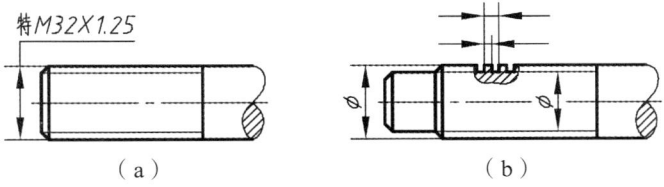

图 7.13 特殊螺纹与非标准螺纹的标注

## 7.1.2 常用螺纹紧固件的规定画法和标记

### 1. 螺纹紧固件的规定标记与简化画法

螺纹紧固件的种类很多，常见的有螺栓、双头螺柱、螺钉、螺母、垫圈等，其结构形状如图 7.14 所示。这类零件的结构形式和尺寸都已标准化，由标准件厂大量生产。在工程设计中，可以从相应的标准中查到所需的尺寸，一般不需绘制其零件图。

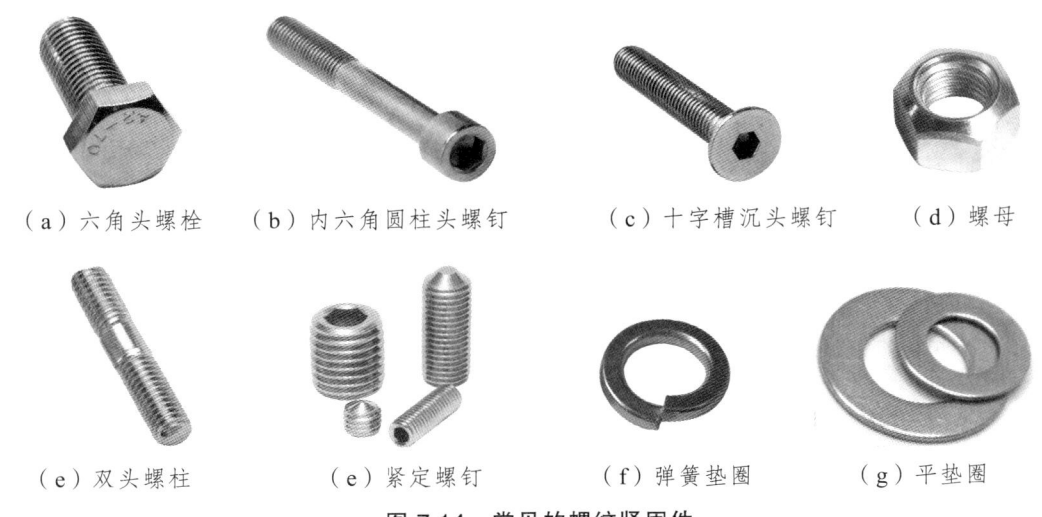

图 7.14 常见的螺纹紧固件

螺纹紧固件应按《紧固件标记方法》（GB/T 1237—2000）进行标记。该规定有完整标记与简化标记，通常可给出简化标记，只注出名称、标准号和规格尺寸。下面就给出螺纹紧固件的完整标记方式。

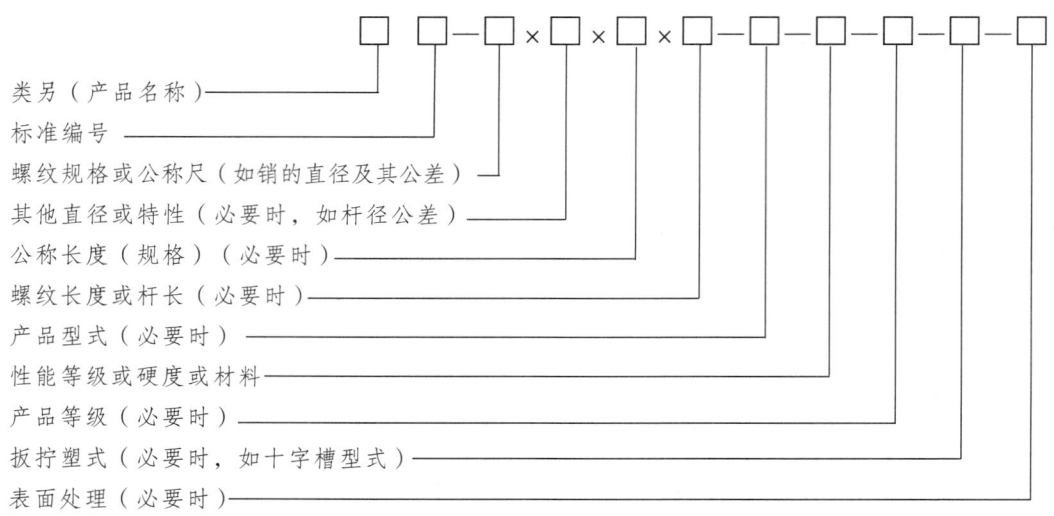

例如：螺纹规格 $d$ = M12，公称长度 $l$ = 80 mm，性能等级为10.9级，产品等级为A级表面氧化六角头螺栓的完整标记：

　　　　螺栓 GB/T 5782—2016—M12×80—10.9—A—O

例如：螺纹规格 $D$ = M12，性能等级为10级、产品等级为A级、表面氧化的1型六角螺母的完整标记：

　　　　螺母 GB/T 6170—2016—M12—10—A—O

例如：公称直径 $d$ = 6 mm，公差为m6，公称长度 $l$ = 30 mm，材料为Cl组马氏体不锈钢、表面简单处理的圆柱销的完整标记：

　　　　销 GB/T 119.2—2000—6m6×3 0Cl—简单处理

标记的简化原则：

① 类别（名称）、标准年代号及其前面的"—"，允许全部或部分省略；省略年代号的标准应以现行标准为准。

② 标记中的"—"允许全部或部分省略；标记中"其他直径或特性"前面的"×"允许省略。但省略后不应导致对标记的误解，一般以空格代替。

③ 当产品标准中只规定一种产品型式、性能等级或硬度或材料、产品等级、扳拧型式及表面处理时，允许全部或部分省略。

④ 当产品标准中规定两种及其以上的产品型式、性能等级或硬度或材料、产品等级、扳拧型式及表面处理时，应规定可以省略其中的一种，并在产品标准的标记示例中给出省略后的简化标记。

更多的螺纹紧固件完整标记请查看GB/T 1237—2000，下面主要介绍螺纹紧固件的简化标记。

（1）螺栓：由头部和杆部组成。常用头部形状为六棱柱的六角头螺栓，如图7.15所示。根据螺纹的作用和用途，六角头螺栓有"全螺纹""部分螺纹""粗牙"和"细牙"等多种规格。螺栓的规格尺寸指螺纹的大径 $d$ 和公称长度 $L$。

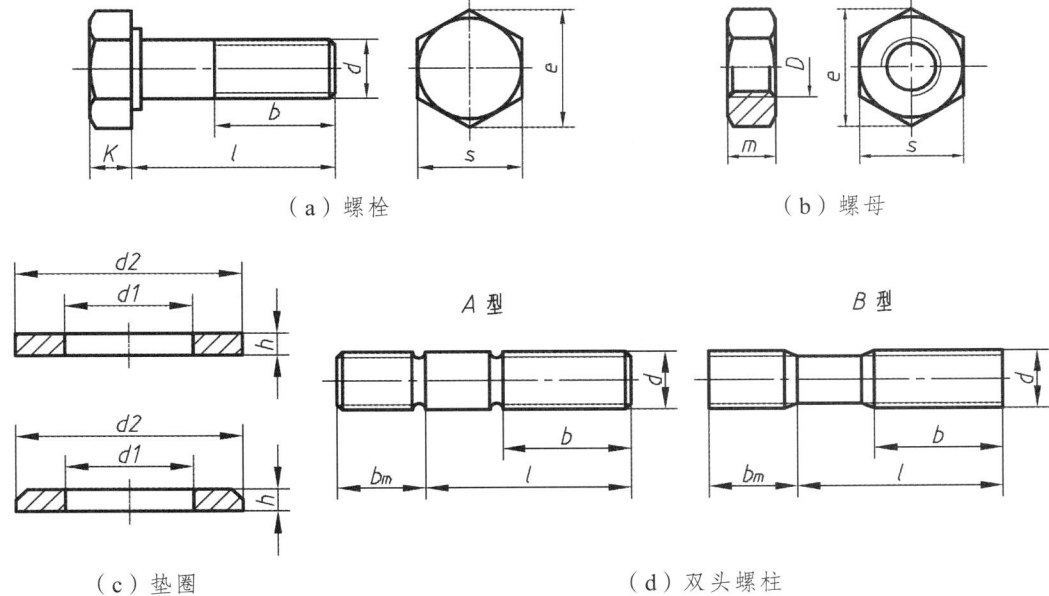

图 7.15　螺纹紧固件

螺栓规定的标记形式为：名称　标准编号　螺纹规格×公称长度

例如：螺栓　GB/T 5780—2016　M10×40

根据标记可知：螺栓为粗牙普通螺纹，螺纹规格 $d$ = M10，公称长度 $l$ = 40 mm，其他尺寸可从相应的标准中查得。详细尺寸如附表 2.1 所示。螺栓的比例画法如图 7.16（a）所示。

（2）螺母：螺母与螺栓等外螺纹零件配合使用，起连接作用，其中以六角螺母应用为最广泛，如图 7.15（b）所示。六角螺母根据高度 $m$ 不同，可分为薄型、1 型、2 型。根据螺距不同，可分为粗牙、细牙。根据产品等级，可分为 A、B、C 级。螺母的规格尺寸为螺纹大径 $D$。

螺母规定的标记形式为：名称　标准编号　螺纹规格

例如：螺母　GB/T 41—2016　M12

根据标记可知：螺母为粗牙普通螺纹，螺纹规格 $D$ = M12，其他尺寸可从相应的标准中查得。详细尺寸如附表 2.9 所示。螺母的比例画法如图 7.16（b）所示。

（3）垫圈：垫圈有平垫圈和弹簧垫圈之分。平垫圈一般放在螺母与被连接零件之间，用于保护被连接零件的表面，以免拧紧螺母时刮伤零件表面；同时又可增加螺母与被连接零件之间的接触面积。弹簧垫圈可以防止因振动而引起螺纹松动的现象发生。

平垫圈有 A 级和 C 级两个标准系列，在 A 级标准系列平垫圈中，又分为带倒角和不带倒角两种类型，如图 7.15（c）所示。垫圈的公称尺寸是用与其配合使用的螺纹紧固件的螺纹公称尺寸 $d$ 来表示。

垫圈规定的标记形式为：名称　标准编号　公称尺寸

例如：垫圈　GB/T 97.1—2002　10

根据标记可知：平垫圈为标准系列，公称尺寸 $d$ = 10 mm，其他尺寸可从相应的标准中查得。详细尺寸如附表 2.10 所示。垫圈的比例画法如图 7.16（c）所示。

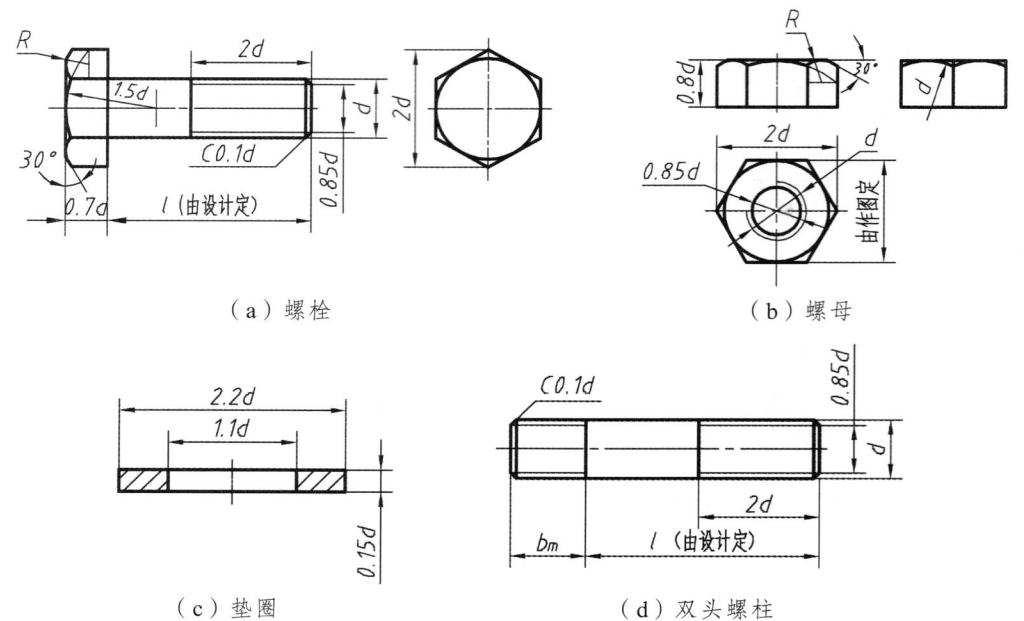

图 7.16 螺紧固件的比例画法

（4）双头螺柱：如图 7.15（d）所示为双头螺柱，它的两端都有螺纹。其中用来旋入被连接零件的一端，称为旋入端；用来旋紧螺母的一端，称为紧固端。根据双头螺柱的结构分为 A 型和 B 型两种。

根据螺孔零件的材料不同，其旋入端的长度有四种规格，每一种规格对应一个标准号，如表 7.2 所示。

表 7.2 双头螺柱旋入端长度

| 螺孔的材料 | 旋入端的长度 | 标准编号 |
| --- | --- | --- |
| 钢与青铜 | $b_m = d$ | GB/T 897—1988 |
| 铸　　铁 | $b_m = 1.25d$ | GB/T 898—1988 |
| 铸铁或铝合金 | $b_m = 1.5d$ | GB/T 899—1988 |
| 铝　合　金 | $b_m = 2d$ | GB/T 900—1988 |

双头螺柱的规格尺寸为螺纹规格 $d$ 和公称长度 $L$。

双头螺柱规定的标记形式为：名称　标准编号　螺纹规格×公称长度

例如：螺柱　GB/T 899—1988　M10×40

根据标记可知：双头螺柱的两端均为粗牙普通螺纹，$d$ = M10，$l$ = 40 mm，B 型（B 型可省略不标），$b_m = 1.5d$。详细尺寸如附表 2.2 所示。其比例画法如图 7.16（d）所示。

（5）螺钉：按照其用途可分为连接螺钉和紧定螺钉两种。

（a）连接螺钉：用来连接两个零件。它的一端为螺纹，用来旋入被连接零件的螺孔中；另一端为头部，用来压紧被连接零件。螺钉按其头部形状可分为：开槽圆柱头螺钉、十字槽圆柱头螺钉、开槽盘头螺钉、十字槽沉头螺钉、内六角圆柱头螺钉等，如图 7.17 所示。连接螺钉的规格尺寸为螺钉的直径 $d$ 和螺钉的长度 $l$。

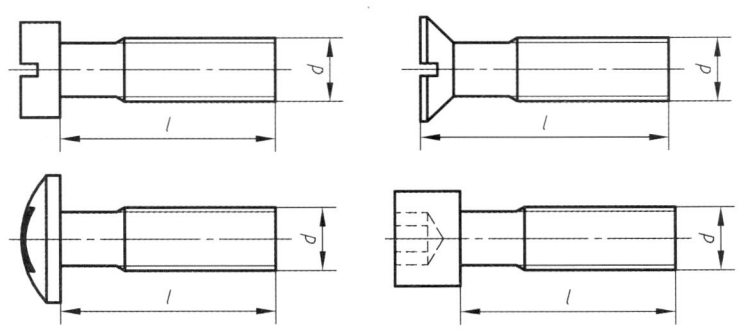

图 7.17 不同头部的连接螺钉

螺钉规定的标记形式为：名称　标准编号　螺纹规格×公称长度

例如：螺钉　GB/T 68—2016　M6×25

根据标记可知：螺纹规格为 $d$ = M6，公称长度 $l$ = 25 mm 的开槽沉头螺钉。

各种螺钉的详细尺寸如附表 2.3、2.4、2.5、2.6、2.7 所示，其比例画法如图 7.21 所示。

（b）紧定螺钉：用来防止或限制两个相配合零件间的相对转动。头部有开槽和内六角两种形式，端部有锥端、平端、圆柱端、凹端等，如图 7.18 所示。紧定螺钉的规格尺寸为螺钉的直径 $d$ 和螺钉长度 $l$。

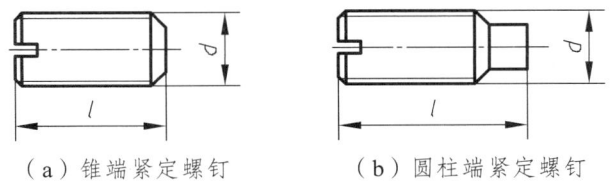

（a）锥端紧定螺钉　　　　（b）圆柱端紧定螺钉

图 7.18 不同端部的紧定螺钉

螺钉规定的标记形式为：名称　标准编号　螺纹规格×公称长度

例如：螺钉　GB/T 73—2017　M5×8

根据标记可知：螺纹规格 $d$ = M5，公称长度 $l$ = 8 mm 的开槽平端紧定螺钉。

紧定螺钉的详细尺寸如附表 2.8 所示。

### 2. 螺纹紧固件的连接画法

在画螺纹紧固件的装配图时，应遵守下列基本规定：

① 两零件的接触表面只画一条线。凡不接触的表面，不论其间隙大小（如螺杆与通孔之间），必须画两条轮廓线（间隙过小时可适当夸大画出）。

② 当剖切平面通过螺杆的轴线时，螺栓、螺柱、螺钉及螺母、垫圈等均按照未剖切绘制。

③ 在剖视图中，相接触的两个零件的剖面线形式不能相同；同一零件在各视图上的剖面线的方向和间隔必须一致。

（1）螺栓连接。

螺栓连接由螺栓、螺母、垫圈组成，一般适用于连接不太厚的并允许钻成通孔的零件，如图 7.19（a）所示。连接前，先在两个被连接的零件上钻出通孔，装上螺栓，套上垫圈，再用螺母拧紧。

在装配图中，螺栓连接常采用比例画法或简化画法画出，如图 7.19（b）、（c）所示。螺栓的公称长度 L 可按下式计算：$L = \delta_1 + \delta_2 + 0.15d$（垫圈厚）$+ 0.8d$（螺母厚）$+ 0.3d$。计算出 L 后，还需从螺栓的标准长度系列中选取与 L 相近的标准值。画图时，螺栓上的螺纹终止线应低于通孔的顶面，以显示拧紧螺母时有足够的螺纹长度。

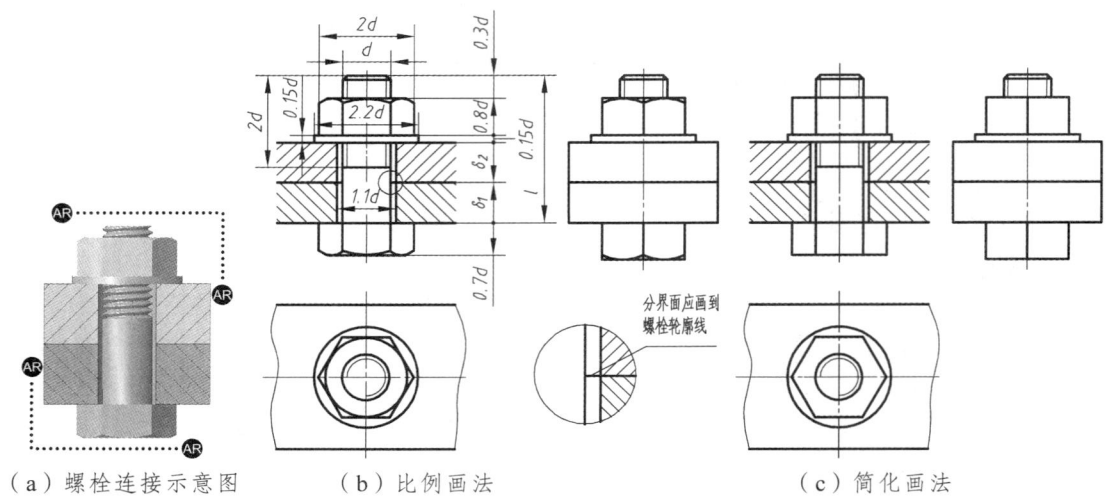

（a）螺栓连接示意图　　　（b）比例画法　　　（c）简化画法

图 7.19　螺栓连接的画法

（2）双头螺柱连接。

当被连接的零件之一较厚，或不允许钻成通孔而不易采用螺栓连接；或因拆装频繁，又不宜采用螺钉连接时，可采用双头螺柱连接。通常将较薄的零件制成通孔（孔径 ≈ 1.1d），较厚零件制成不通的螺孔，双头螺柱的两端都制有螺纹，装配时，先将螺纹较短的一端（旋入端）旋入较厚零件的螺孔，再将通孔零件穿过螺纹的另一端（紧固端），套上垫圈，用螺母拧紧，将两个零件连接起来，如图 7.20 所示。

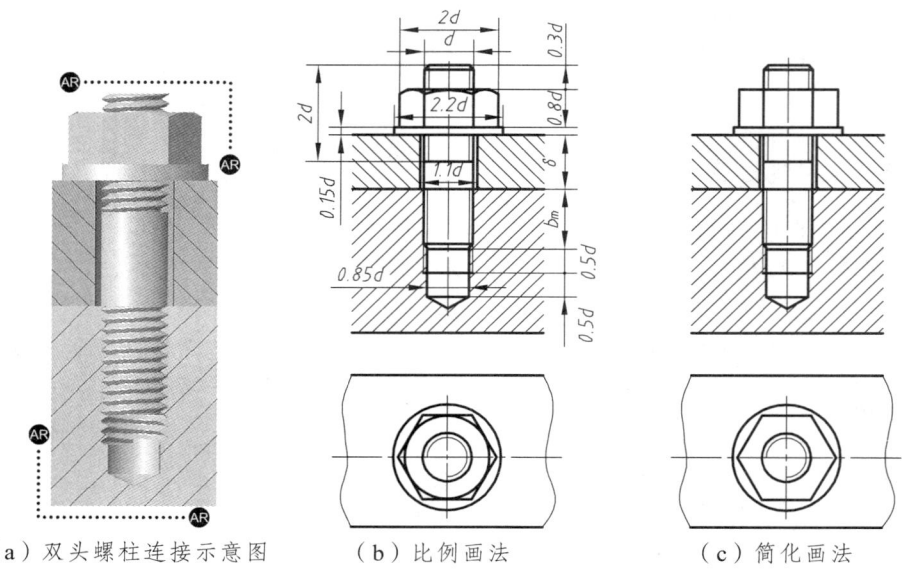

（a）双头螺柱连接示意图　　　（b）比例画法　　　（c）简化画法

图 7.20　双头螺柱连接的画法

在装配图中，双头螺柱连接常采用比例画法或简化画法画出，如图7.20所示。画图时，应按螺柱的大径和螺孔件的材料确定旋入端的长度 $b_m$（见表7.2）。螺柱的公称长度 $L$ 可按下式计算：$L = \delta + 0.15d$（垫圈厚）$+ 0.8d$（螺母厚）$+ 0.3d$。计算出 $L$ 后，还需从螺栓的标准长度系列中选取与 $L$ 相近的标准值。较厚零件上不通的螺孔深度应大于旋入端螺纹长度 $b_m$，一般取螺孔深度为 $b_m + 0.5d$，钻孔深度为 $b_m + d$。在连接图中，螺柱旋入端的螺纹终止线应与两零件的结合面平齐，表示旋入端已全部拧入，足够拧紧。

（3）螺钉连接。

螺钉按用途可分为连接螺钉和紧定螺钉两类。

① 连接螺钉：当被连接的零件之一较厚，而装配后连接件受轴向力又不大时，通常采用螺钉连接，即螺钉穿过薄零件的通孔而旋入厚零件的螺孔，螺钉头部压紧被连接件，如图7.21所示。

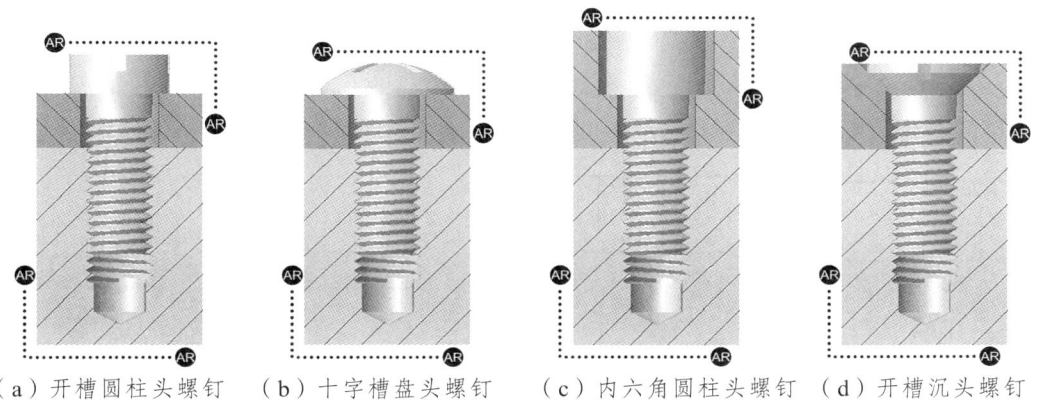

（a）开槽圆柱头螺钉　（b）十字槽盘头螺钉　（c）内六角圆柱头螺钉　（d）开槽沉头螺钉

图 7.21　螺钉连接

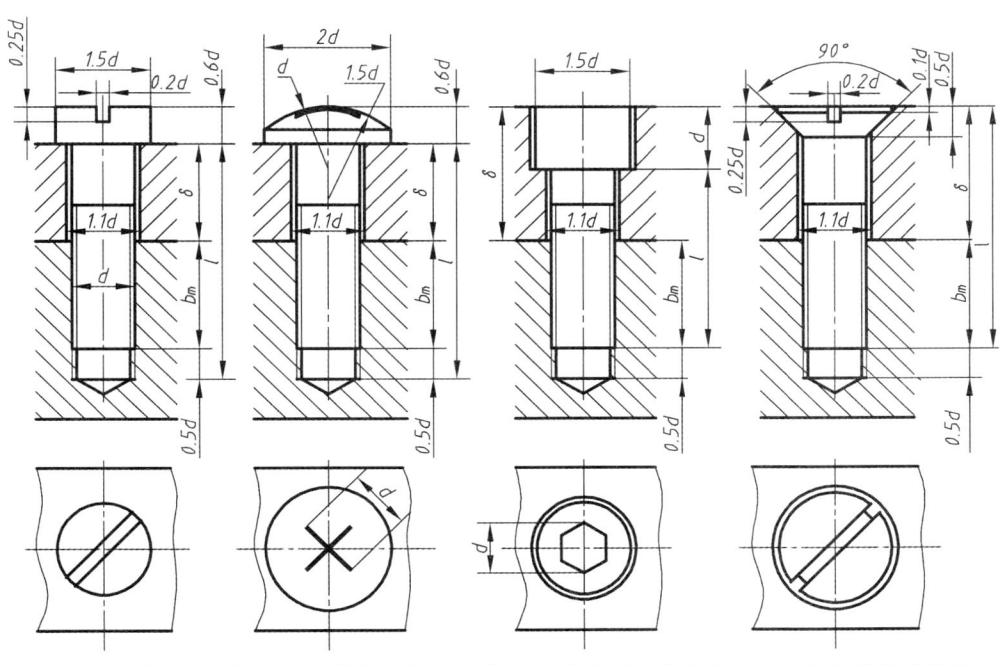

（a）开槽圆柱头螺钉　（b）十字槽盘头螺钉　（c）内六角圆柱头螺钉　（d）开槽沉头螺钉

图 7.22　螺钉连接的画法

螺钉各部分比例尺寸如图 7.22 所示；螺钉的旋入深度 $b_m$ 参照表 7.2 确定；螺钉长度 $L$ 可按下式计算：$L = \delta + b_m$，$\delta$ 为通孔零件的厚度。计算出 $L$ 后，还需从螺钉的标准长度系列中选取与 $L$ 相近的标准值。

在螺钉连接的装配图中，螺钉的头部可按图 7.23 所示简化画法画出。

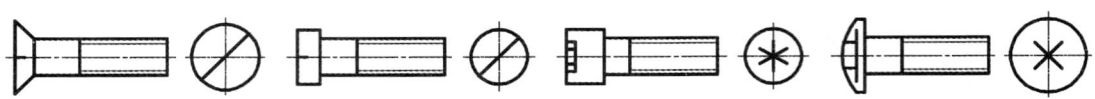

（a）开槽沉头螺钉　　（b）开槽圆柱头螺钉　　（c）内六角圆柱头螺钉　　（d）十字槽盘头螺钉

图 7.23　螺钉头部的简化画法

② 紧定螺钉：紧定螺钉是用来固定两零件的相对位置，使它们不产生相对转动，如图 7.24 所示。欲将轴、轮固定在一起，可先在轮毂的适当部位加工出螺孔，然后将轮、轴装配在一起，以螺孔导向，在轴上钻出锥坑，最后拧入螺钉，即可限定轮、轴的相对位置，使其不产生轴向相对移动和径向相对转动。

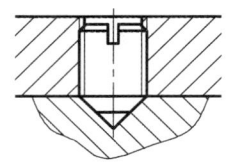 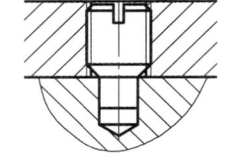  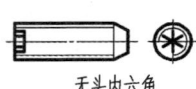

（a）开槽锥端紧定螺钉　　（b）开槽长圆柱端紧定螺钉　　（c）无头螺钉在装配图中的简化画法

图 7.24　紧定螺钉的连接画法

## 7.2　齿　轮

齿轮是机器或部件中的一种重要的传动零件。由于齿轮传动具有结构紧凑、效率高、寿命长等特点，所以齿轮在机器或部件中的运用非常广泛。

齿轮的种类很多，如图 7.25 所示，根据其传动形式可分为以下几类：

 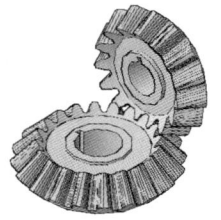 

（a）圆柱齿轮传动　　　　　　（b）锥齿轮传动　　　　　　（c）蜗杆传动

图 7.25　齿轮传动

（1）圆柱齿轮传动：用于平行轴间的传动，一般传动比单级可到 8，最大到 20。传递功率可到 10 万千瓦，转速可到 10 r/min，圆周速度可到 300 m/s，单级效率为 0.96～0.99。

（2）锥齿轮传动：用于相交轴间的传动。单级传动比可到 6，最大到 8，传动效率一般为 0.94～0.98。

（3）蜗杆传动：用于交错轴传动，轴线交错角一般为 90°。蜗杆传动可获得很大的传动比，通常单级为 8～80，传动效率低，通常为 0.45～0.97。

以上三种是最常用的齿轮传动方式，另外还有：双曲面齿轮传动、螺旋齿轮传动、圆弧齿轮传动、摆线齿轮传动、行星齿轮传动等传动形式。

国家标准《机械制图　齿轮表示法》（GB/T 4459.2—2003）规定了齿轮画法，现介绍如下。

## 7.2.1 圆柱齿轮

常见的圆柱齿轮按轮齿的形式可分为直齿、斜齿和人字齿等，如图 7.26 所示。这里主要介绍直齿圆柱齿轮的几何要素和规定画法。

（a）直齿圆柱齿轮　　　（b）斜齿圆柱齿轮　　　（c）人字齿圆柱齿轮

**图 7.26　圆柱齿轮**

### 1. 直齿圆柱齿轮各部分的名称、代号和尺寸关系

（1）直齿圆柱齿轮各部分的名称和代号，如图 7.27 所示。

① 齿顶圆：轮齿顶部的圆，直径用 $d_a$ 表示。

② 齿根圆：轮齿根部的圆，直径用 $d_f$ 表示。

③ 分度圆：齿轮加工时用以轮齿分度的圆，直径用 $d$ 表示。在一对标准齿轮互相啮合时，两齿轮的分度圆应相切，如图 7.27 所示。

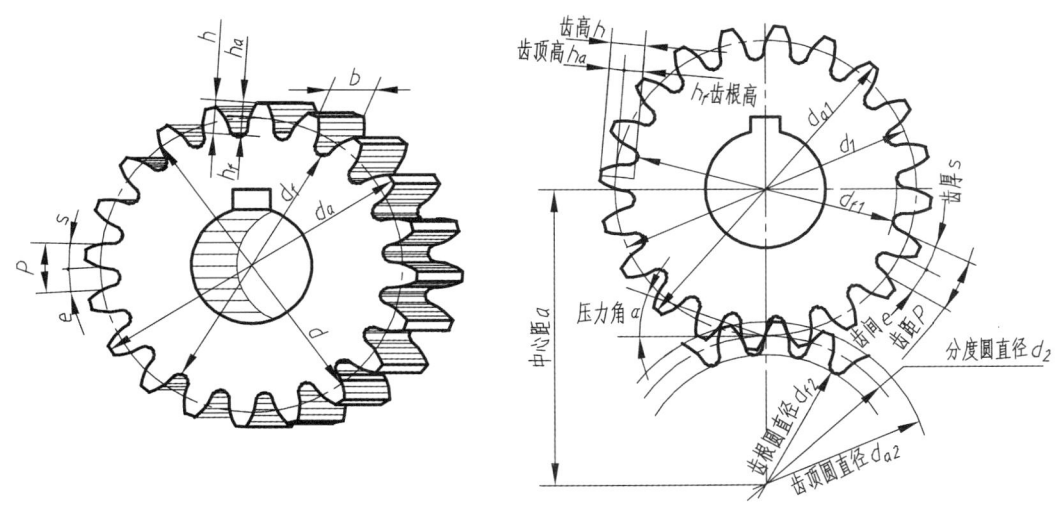

**图 7.27　直齿圆柱齿轮各部分的名称和代号**

④ 齿距：在分度圆上，相邻两齿同侧齿廓间的弧长，用 $P$ 表示。

⑤ 齿厚：一个轮齿在分度圆上的弧长，用 $s$ 表示。

⑥ 槽宽：一个齿槽在分度圆上的弧长，用 $e$ 表示。在标准齿轮中，齿厚与槽宽各为齿距的一半，即 $s = e = P/2$，$P = s + e$。
⑦ 齿顶高：分度圆至齿顶圆之间的径向距离，用 $h_a$ 表示。
⑧ 齿根高：分度圆至齿根圆之间的径向距离，用 $h_f$ 表示。
⑨ 全齿高：齿顶圆与齿根圆之间的径向距离，用 $h$ 表示，$h = h_a + h_f$。
⑩ 齿宽：沿齿轮轴线方向测量的轮齿宽度，用 $b$ 表示。
⑪ 压力角：轮齿在分度圆的啮合点上 $C$ 处的受力方向与该点瞬时运动方向线之间的夹角，用 $\alpha$ 表示。标准齿轮 $\alpha = 20°$。

（2）直齿圆柱齿轮的基本参数与齿轮各部分的尺寸关系。

① 模数：当齿轮的齿数为 $z$ 时，分度圆的周长 $= \pi d = zP$。令 $m = P/\pi$，则 $d = mz$，$m$ 即为齿轮的模数。因为一对啮合齿轮的齿距 $P$ 必须相等，所以它们的模数也必须相等。模数是设计、制造齿轮的重要参数。模数越大，则齿距 $P$ 也增大，随之齿厚 $s$ 也增大，齿轮的承载能力也增大。不同模数的齿轮要用不同模数的刀具来制造。为了便于设计和加工，模数已经标准化，我国规定的标准模数数值如表 7.3 所示。

表 7.3　标准模数（圆柱齿轮摘自 GB/T 1357—2008）

| 第一系列 | 1，1.25，1.5，2，2.5，3，4，5，6，8，10，12，16，20，25，32，40，50 |
|---|---|
| 第二系列 | 1.75，2.25，2.75，（3.25），3.5，（3.75），4.5，5.5，（6.5），7，9，（11），14，18，22，28，（30），36，45 |

注：选用时，优先采用第一系列，括号内的模数尽可能不用。

② 齿轮各部分的尺寸关系：当齿轮的模数 $m$ 确定后，按照与 $m$ 的比例关系，可计算出齿轮其他部分的基本尺寸，如表 7.4 所示。

表 7.4　标准直齿圆柱齿轮各部分尺寸关系　　　　单位：mm

| 名称及代号 | 公　式 | 名称及代号 | 公　式 |
|---|---|---|---|
| 模数 $m$ | $m = P/\pi = d/z$ | 齿根圆直径 $d_f$ | $d_f = m(z - 2.5)$ |
| 齿顶高 $h_a$ | $h_a = m$ | 齿形角 $\alpha$ | $\alpha = 20°$ |
| 齿根高 $h_f$ | $h_f = 1.25m$ | 齿距 $P$ | $P = \pi m$ |
| 全齿高 $h$ | $h = h_a + h_f$ | 齿厚 $s$ | $s = P/2 = \pi m/2$ |
| 分度圆直径 $d$ | $d = mz$ | 槽宽 $e$ | $e = P/2 = \pi m/2$ |
| 齿顶圆直径 $d_a$ | $d_a = m(z + 2)$ | 中心距 $a$ | $a = (d_1 + d_2)/2 = m(Z_1 + Z_2)/2$ |

## 2. 直齿圆柱齿轮的规定画法

（1）单个圆柱齿轮的画法。

如图 7.28 所示，在端面视图中，齿顶圆用粗实线画出，齿根圆用细实线画出或省略不画，分度圆用细点画线画出。另一视图一般画成全剖视图，而轮齿规定按不剖处理，用粗实线表示齿顶线和齿根线，细点画线表示分度线，如图 7.28（b）所示；若不画成剖视图，则齿根线用细实线绘制或省略不画。当需要表示轮齿为斜齿时（或人字齿）时，则在外形视图上画出三条与齿线方向一致的细实线，如图 7.28（c）所示。

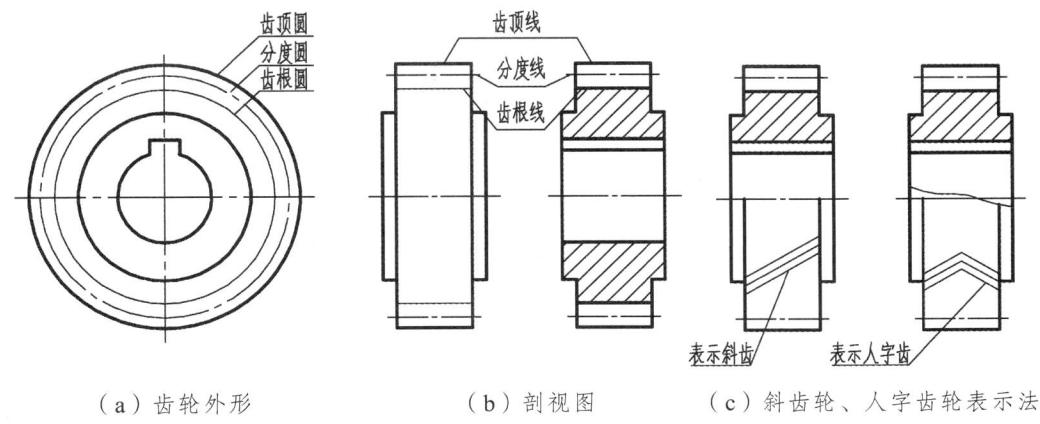

（a）齿轮外形　　　　　（b）剖视图　　　　（c）斜齿轮、人字齿轮表示法

图 7.28　单个直齿圆柱齿轮的画法

（2）圆柱齿轮的啮合画法。

两标准齿轮啮合时，它们的分度圆应该相切，啮合部分的规定画法如下：

① 与圆柱齿轮轴线垂直方向的视图，两齿轮分度圆相切，啮合区内的齿顶圆用粗实线绘制或省略不画，如图 7.29（a）、（b）所示。

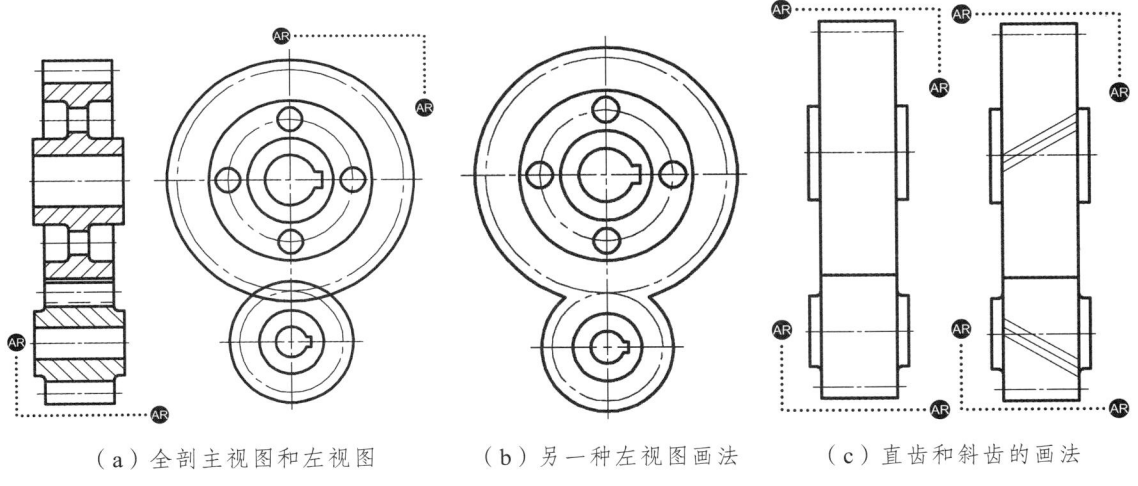

（a）全剖主视图和左视图　　　（b）另一种左视图画法　　　（c）直齿和斜齿的画法

图 7.29　圆柱齿轮的啮合画法

② 在表示齿轮端面的视图中，齿根圆可省略不画，啮合区的齿顶圆均用粗实线绘制。啮合区的齿顶圆也可省略不画，但相切的节圆必须用粗实线画出，如图 7.29（c）所示。

③ 在剖视图中，当剖切平面通过两啮合齿轮的轴线时，在啮合区内，一个齿轮（主动齿轮）的齿顶线用粗实线绘制，被遮挡齿轮（从动齿轮）的齿顶线用细虚线画出，也可省略不画。一个齿轮的齿顶线与另一个齿轮的齿根线之间有间隙，间隙值为 $h_a - h_f = 0.25m$。

④ 在剖视图中，当剖切平面不通过两啮合齿轮的轴线时，齿轮一律按不剖绘制。

图 7.30 所示为标准斜齿圆柱齿轮的零件图。

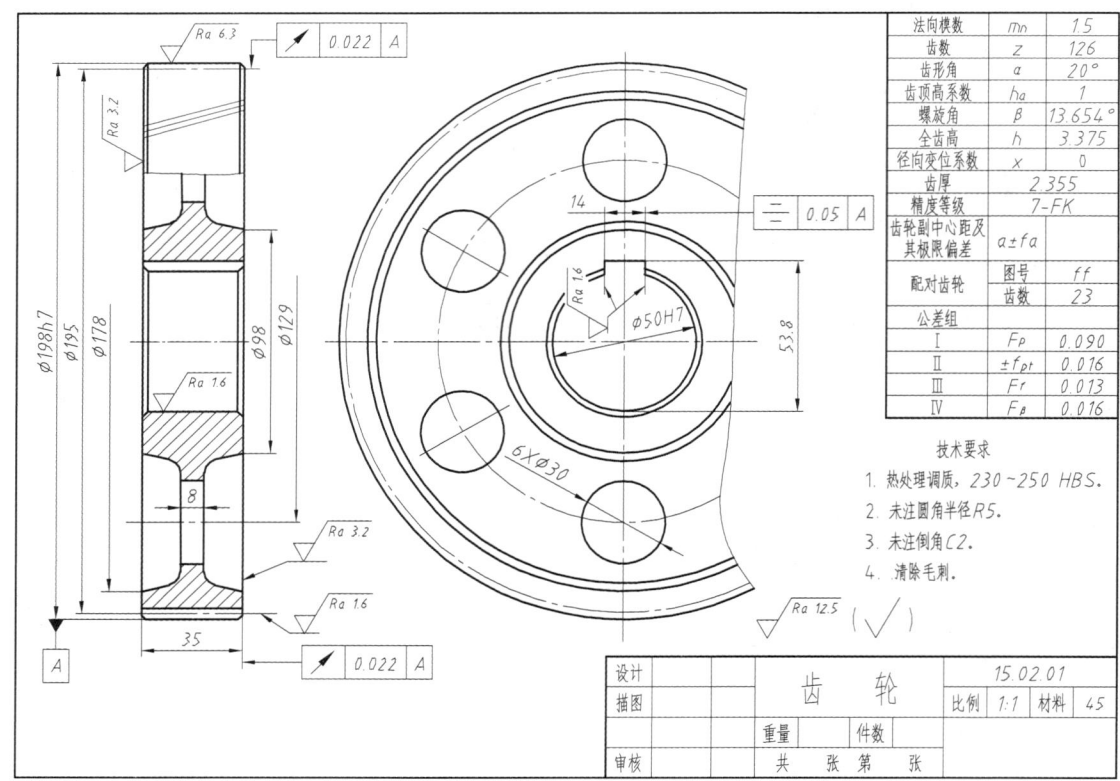

图 7.30　斜齿圆柱齿轮的零件图

**3. 齿轮齿条的规定画法**

当齿轮的模数一定，齿轮分度圆直径为无限大时，齿轮就变成齿条，如图 7.31（a）所示；此时，齿顶圆、分度圆、齿根圆、齿廓曲线都变成直线，它的画法与齿轮基本一致；齿顶圆、分度圆、齿根圆分别变成齿顶线、分度线、齿根线，齿轮齿条啮合时齿轮的分度圆与齿条的分度线相切，如图 7.31（b）所示。

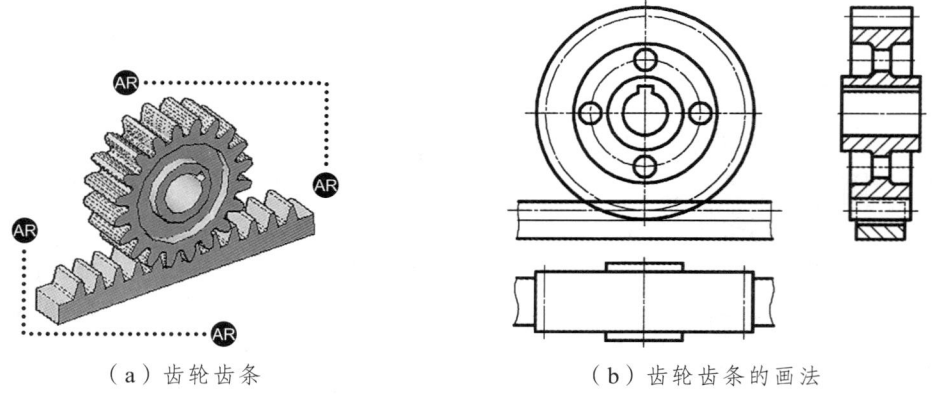

（a）齿轮齿条　　　　　　　　　　（b）齿轮齿条的画法

图 7.31　齿轮齿条的画法

## 7.2.2 锥齿轮简介

锥齿轮通常用于垂直相交轴之间的传动。锥齿轮又分为直齿锥齿轮和螺旋锥齿轮两种。这里只介绍直齿锥齿轮。锥齿轮的轮齿位于圆锥面上,因此它的轮齿一端大而另一端小,齿厚由大端到小端逐渐变小,模数和分度圆也随之变化。锥齿轮的画法及各部分名称如图7.32所示。为了设计和制造,规定以锥齿轮大端端面模数为准,用它决定齿轮的有关尺寸。锥齿轮各部分计算公式如表7.5所示。

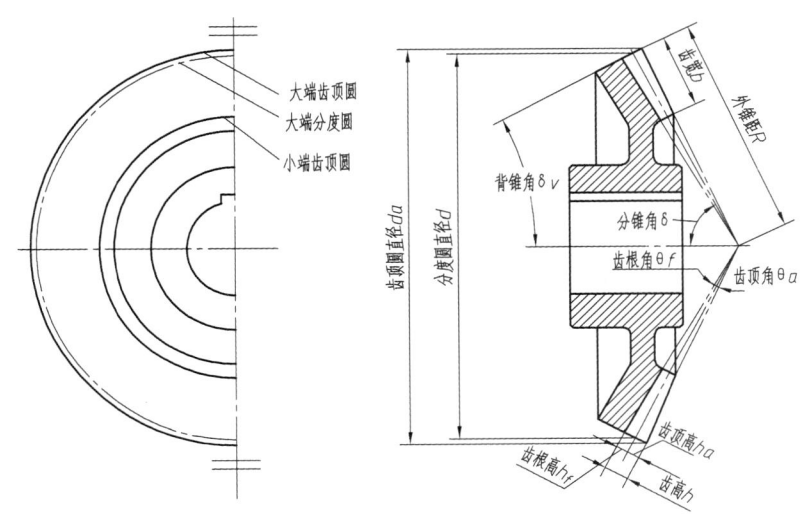

**图 7.32 锥齿轮的图形及各部分名称**

**表 7.5 直齿锥齿轮各部分尺寸关系**   单位:mm

| 名称及代号 | 公　　式 | 名称及代号 | 公　　式 |
| --- | --- | --- | --- |
| 分锥角 $\delta$ | $\tan\delta_1 = Z_1/Z_2$,$\tan\delta_2 = Z_2/Z_1$ | 齿顶角 $\theta_a$ | $\tan\theta_a = 2\sin\delta/z$ |
| 齿顶高 $h_a$ | $h_a = m$ | 齿根角 $\theta_f$ | $\tan\theta_f = 2.4\sin\delta/z$ |
| 齿根高 $h_f$ | $h_f = 1.2m$ | 顶锥角 $\delta_a$ | $\delta_a = \delta + \theta_a$ |
| 分度圆直径 $d$ | $d = mz$ | 根锥角 $\delta_f$ | $\delta_a = \delta - \theta_f$ |
| 齿顶圆直径 $d_a$ | $d_a = m(z + 2\cos\delta)$ | 外锥距 $R$ | $R = mz/2\sin\delta$ |
| 齿宽 $b$ | $b = (0.2 \sim 0.35)R$ | | |

图7.33所示为一锥齿轮的零件图。

锥齿轮的啮合画法,如图7.34所示。锥齿轮啮合时,两分度圆锥相切,它们的锥顶交于一点。画图时,一般主视图采用全剖表示,左视图画成外形视图。轴线垂直相交的两锥齿轮啮合时,两节圆锥角$\delta'_1$和$\delta'_2$之和为90°,于是有如下尺寸关系:

$$\tan\delta'_1 = Z_1/Z_2, \quad \tan\delta'_2 = Z_2/Z_1$$

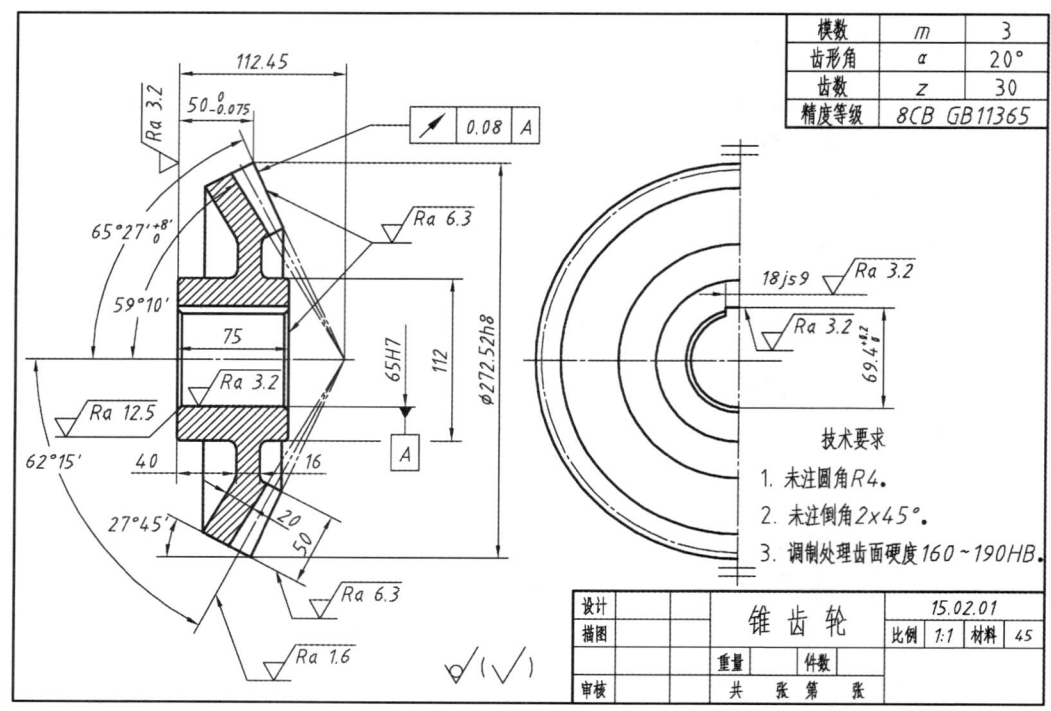

图 7.33 锥齿轮零件图

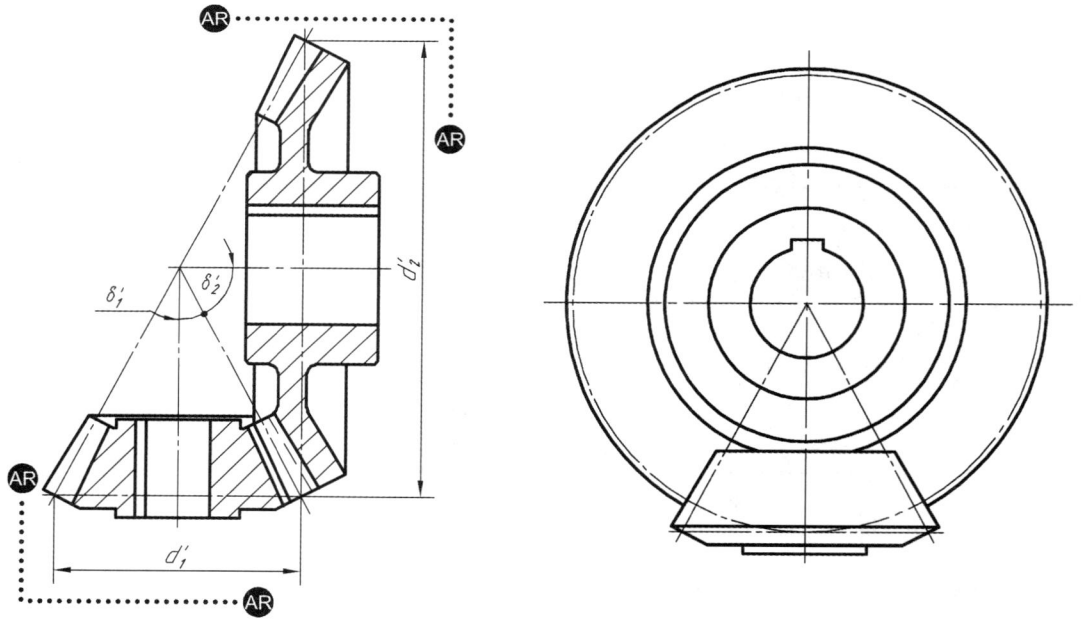

图 7.34 锥齿轮啮合图

### 7.2.3 蜗杆和蜗轮简介

蜗杆和蜗轮用于垂直交错两轴之间的传动，通常蜗杆是主动的，蜗轮是从动的。蜗杆、蜗轮的传动比大，结构紧凑，但效率低。蜗轮实际是一个斜齿圆柱齿轮。为了增加它和蜗杆啮合时的接触面积，提高它的工作寿命，分度圆柱面改为分度圆环面，蜗轮的齿顶和齿根也形成圆环面。蜗杆实际是螺旋角很大、分度圆较小，轴向长度较长的斜齿圆柱齿轮。这样，轮齿就会在圆柱表面形成完整的螺旋线。因此，蜗杆的外形和梯形螺纹相似。蜗杆和蜗轮各部分名称和画法，如图 7.35 所示。图 7.36 所示为蜗杆和蜗轮啮合传动时的表达方法。

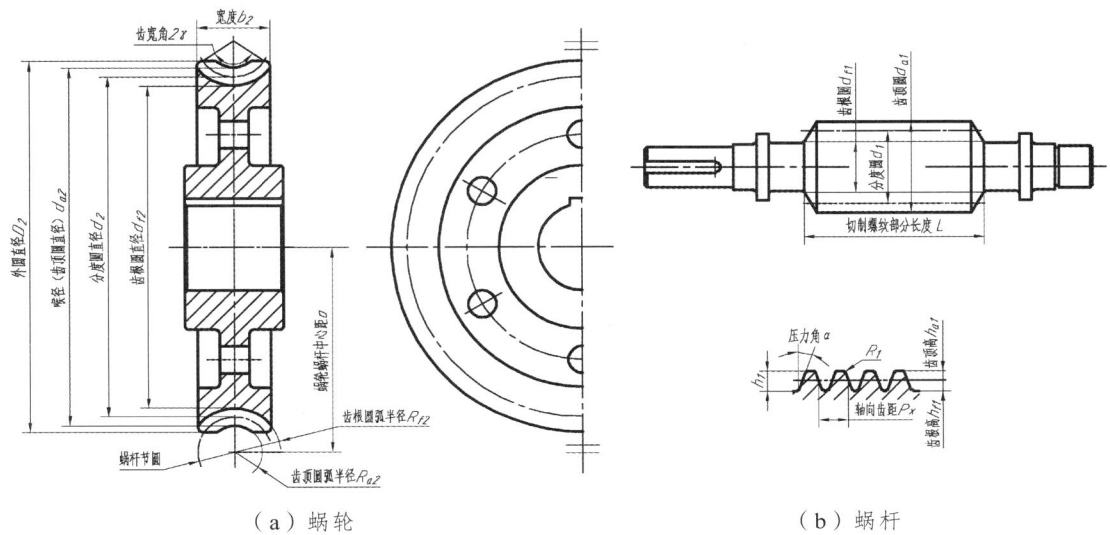

(a) 蜗轮　　　　　　　　　　　　(b) 蜗杆

图 7.35　蜗轮蜗杆各部分名称及画法

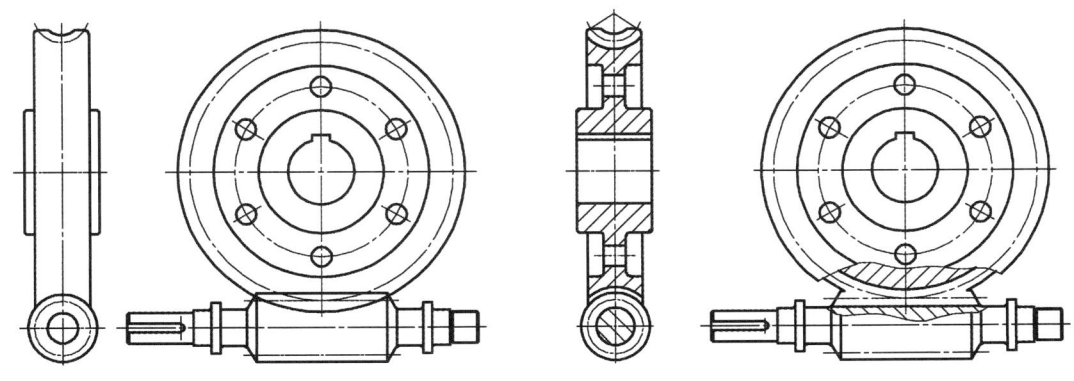

图 7.36　蜗杆、蜗轮啮合画法

## 7.3　键、花键及销

### 7.3.1　键联结

键通常用于联结轴和装在轴上的齿轮、带轮等传动零件，起传递转矩的作用，如图 7.37 所示。键是标准件，常用的键有普通平键、半圆键和钩头楔键等，如图 7.38 所示。

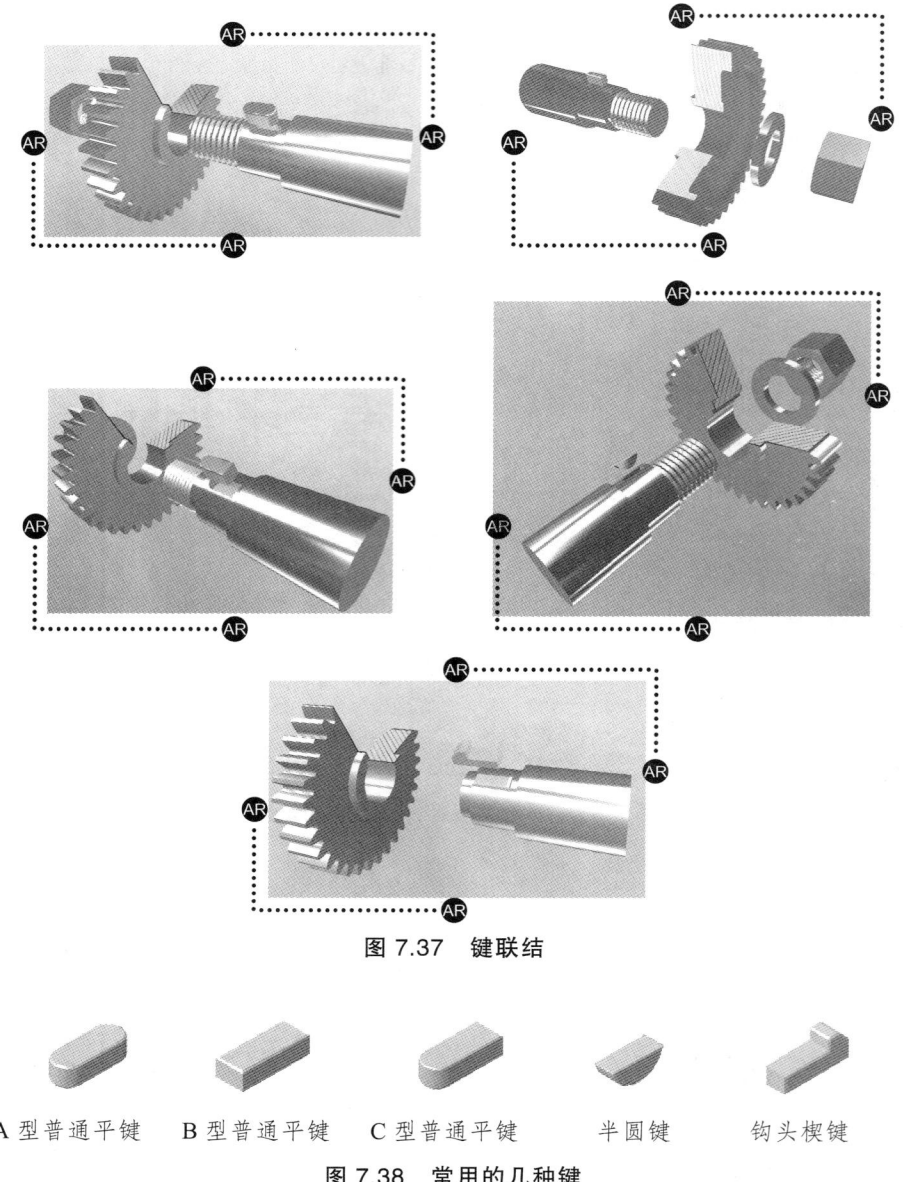

图 7.37 键联结

A 型普通平键　　B 型普通平键　　C 型普通平键　　半圆键　　钩头楔键

图 7.38 常用的几种键

普通平键的公称尺寸为 $b \times h$（键宽×键高），可根据轴的直径在相应的标准（见附表 3.2）中查得。普通平键的规定标记为键宽 $b$ ×键高 $h$ ×键长 $L$。例如，$b = 18$ mm，$h = 11$ mm，$L = 100$ mm 的圆头普通平键（A 型），应标记为键 18×11×100 GB/T 1096—2003（A 型可不标出 A）。如图 7.39（a）、（b）所示为轴和轮毂上键槽的表示法和尺寸注法（未注尺寸数字）。如图 7.39（c）、（d）、（e）所示为普通平键联结、半圆键联结、钩头楔键联结的装配图画法。

如图 7.39（c）所示的键联结图中，键的两侧面是工作面，接触面的投影处只画一条轮廓线；键的顶面与轮毂上键槽的顶面之间留有间隙，必须画两条轮廓线，在反映键长度方向的剖视图中，轴采用局部剖视，键按不剖视处理，其余两种键联结读者自行分析。在键联结图中，键的倒角或小圆角一般省略不画。

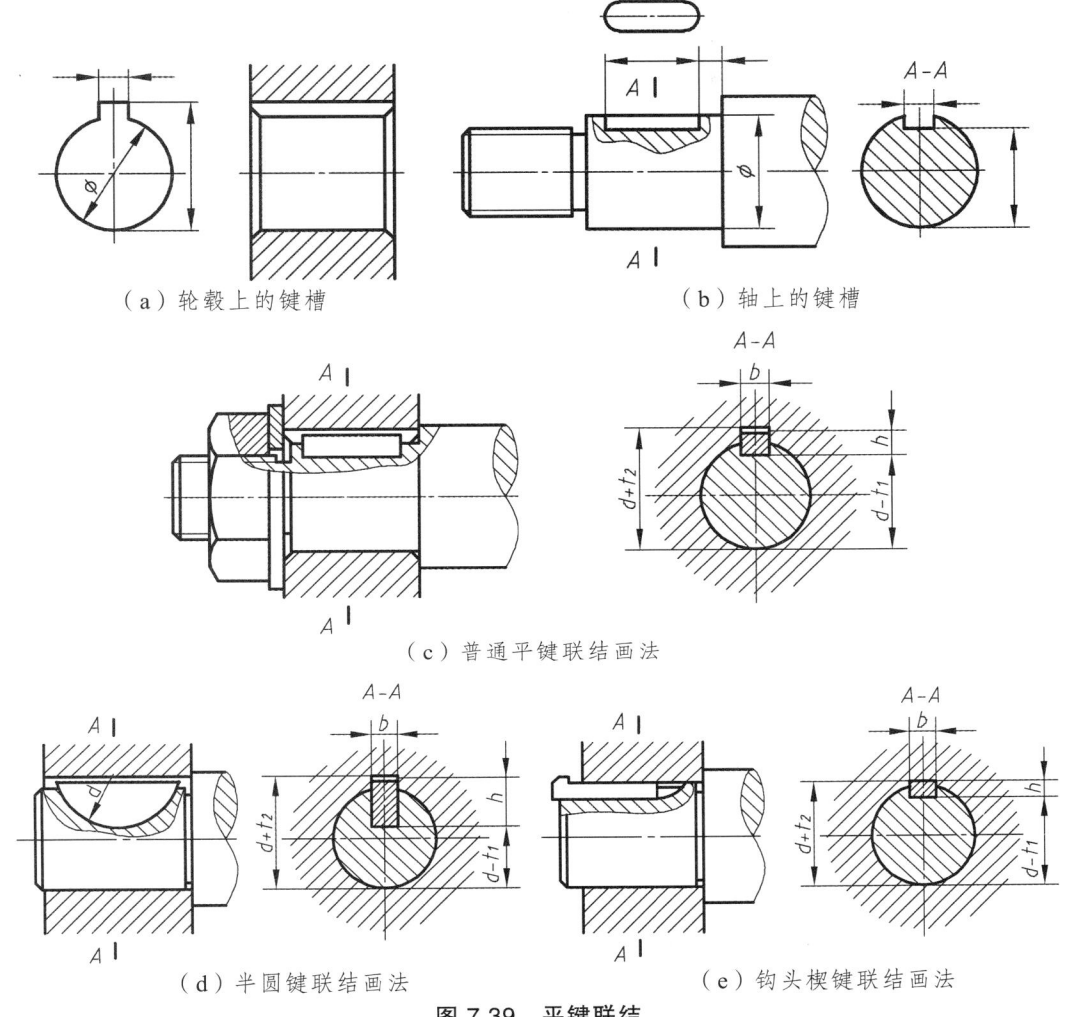

(a）轮毂上的键槽　　　　　　　　（b）轴上的键槽

(c）普通平键联结画法

(d）半圆键联结画法　　　　　　　（e）钩头楔键联结画法

图 7.39　平键联结

## 7.3.2　花　键

花键联结由内花键和外花键组成。内、外花键均为多齿零件，在内圆柱表面上的花键为内花键，在外圆柱表面上的花键为外花键。显然，花键联结是平键联结在数目上的发展。

由于结构形式和制造工艺的不同，与平键联结比较，花键联结在强度、工艺和使用方面有下列特点：受力较为均匀；轴与毂的强度削弱较少；可承受较大的载荷；轴上零件与轴的对中性好；导向性好；制造工艺较复杂，成本较高。花键联结一般用于定心精度要求高、传递转矩大或经常滑移的联结。

花键按齿形的不同，可分为矩形花键和渐开线花键两类。

（1）外花键的画法。

在平行轴线的投影面视图上，大径用粗实线绘制，小径用细实线绘制，花键工作长度终止端和尾部末端均用细实线画出，并与轴线垂直，尾部用与轴线成30°的细实线画出。

在垂直轴线的投影面视图上，用剖面画出全部齿形；或画出一部分齿形，但必须注明齿数，画部分齿形时，大径用粗实线，小径用细实线，如图7.40所示。

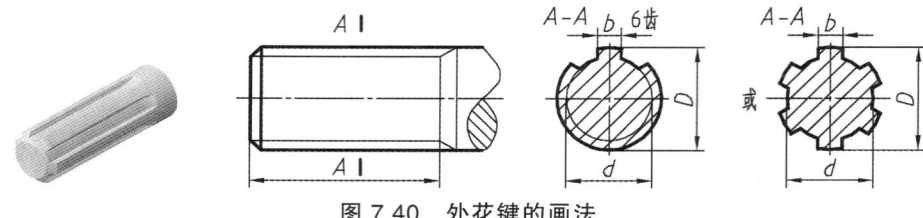

图 7.40　外花键的画法

（2）内花键的画法。

在平行轴线的投影面的剖视图上，大径和小径均为粗实线画出。在垂直轴线的投影面的视图上，用局部视图画出全部齿形；或画出一部分齿形，但必须注明齿数，在画部分齿形时，大径用细实线，小径用粗实线绘制，如图 7.41 所示。

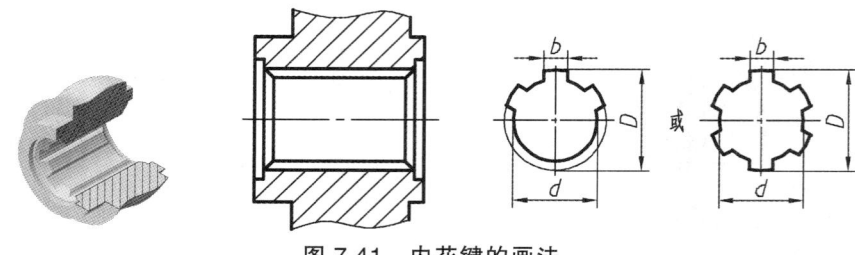

图 7.41　内花键的画法

（3）花键连接的画法。

连接部分用外花键（花键轴）的画法表示，其余按各自画法画出，如图 7.42 所示。

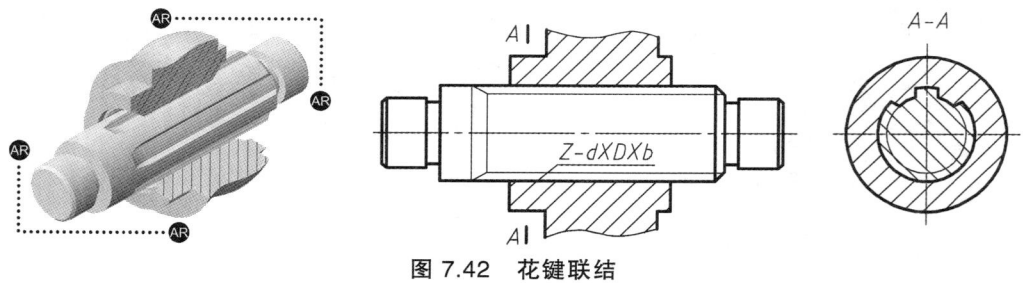

图 7.42　花键联结

（4）花键尺寸的标记标注法。

矩形花键标记规范：图形符号齿数×小径×大径×键宽及标准编号，用指引线注写，指引线指到大径上，如图 7.43 所示。

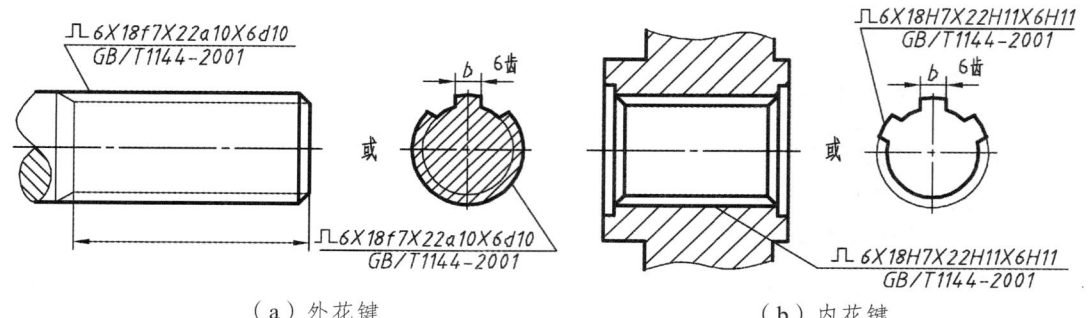

（a）外花键　　　（b）内花键

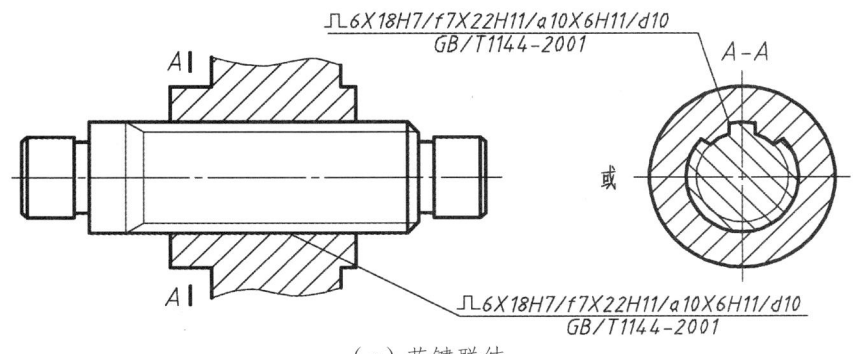

（c）花键联结

图 7.43 花键尺寸的标记标注

## 7.3.3 销连接

销通常用于零件之间的连接、定位和防松及传动，常见的有圆柱销、圆锥销和开口销等，它们都是标准件。圆柱销和圆锥销可以连接零件，也可以起定位作用（限定两零件间的相对位置），如图 7.44（a）、（b）所示。开口销常用在螺纹连接的装置中，以防止螺母的松动，如图 7.44（c）所示。表 7.6 为销的形式和标记示例及画法。

在销连接中，两零件上的孔是在零件装配时一起配钻的。因此，在零件图上标注销孔的尺寸时，应注明"配作"。

销的各部分结构和画法如图 7.44 所示，销的有关尺寸可以查阅附表 3.5，3.6，3.7。

销连接的画法如图如图 7.44 所示。在剖视图中，当剖切平面通过销的回转轴线时，按不剖处理，如图 7.44（a）、（b）所示。

表 7.6 销的形式、标记示例及画法

| 名称 | 标准号 | 图 例 | 标 记 示 例 |
|---|---|---|---|
| 圆锥销 | GB/T 117—2000 | （图示圆锥销，Ra 1.6，锥度1:50，$R_1 \approx d$，$R_2 \approx d + (l-2a)/50$） | 销 GB/T 117—2000 A8×70<br>直径 $d=8$ mm，长度 $l=70$ mm，材料 35 钢，热处理硬度 28~38 HRC，表面氧化处理的 A 型圆锥销。<br>圆锥销的公称尺寸是指小端直径 |
| 圆柱销 | GB/T 119.1—2000 | （图示圆柱销，≈15°） | 销 GB/T 119.1—2000 10m6×50<br>直径 $d=10$ mm，公差为 m6，长度 $l=50$ mm，材料为钢，不经表面处理 |
| 开口销 | GB/T 91—2000 | （图示开口销） | 销 GB/T 91—2000 4×18<br>公称直径 $d=4$ mm，（指销孔直径），$l=18$ mm，材料为低碳钢不经表面处理 |

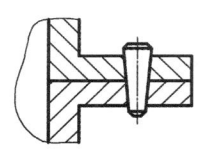 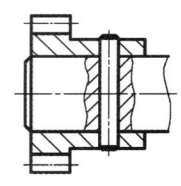 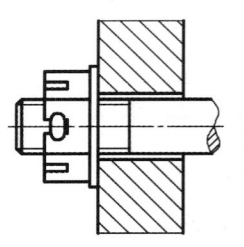 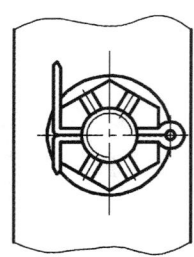

（a）圆锥销连接的画法　　　（b）圆柱销连接的画法　　　（c）开口销连接的画法

图 7.44　销连接的画法

## 7.4　弹　簧

弹簧是一种利用弹性来工作的机械零件。一般用弹簧钢制成，用以控制机件的运动、缓和冲击或震动、储蓄能量、测量力的大小等，广泛用于机器、仪表中。

弹簧的种类复杂多样，按受力性质，弹簧可分为拉伸弹簧、压缩弹簧、扭转弹簧和弯曲弹簧；按形状可分为碟形弹簧、环形弹簧、板弹簧、螺旋弹簧、截锥涡卷弹簧以及扭杆弹簧等。本节主要介绍如图 7.45 所示的圆柱螺旋压缩弹簧各部分的名称、尺寸关系及其画法。

### 1. 圆柱螺旋压缩弹簧各部分的名称及尺寸关系

（1）簧丝直径：制造弹簧用的金属丝直径，用 $d$ 表示。

（2）弹簧的最大直径称弹簧外径，用 $D_2$ 表示；弹簧的最小直径称弹簧内径，用 $D_1$ 表示；弹簧的平均直径称弹簧中径，用 $D$ 表示。

（3）节距：除支撑圈外，相邻两圈的轴向距离，用 $t$ 表示。

（4）弹簧端部用于支承或固定的圈数称支撑圈数，用 $n_2$ 表示，一般为 1.5 圈、2 圈、2.5 圈；保持节距相等参加工作的圈数（计算弹簧刚度时的圈数）称有效圈数，用 $n$ 表示；有效圈数与支撑圈数之和称总圈数；用 $n_1$ 表示，$n_1 = n + n_2$。

（4）自由高度：弹簧在不受外力作用时的自由高度，用 $H_0$ 表示，$H_0 = nt + (n_2 - 0.5)d$。

### 2. 圆柱螺旋压缩弹簧的规定画法

在机械制图中，弹簧的画法应按《机械制图　弹簧的表示法》（GB/T 4459.4—2003）。

（1）在平行于弹簧轴线的投影面上的视图中，弹簧各圈的轮廓线画成直线，如图 7.45 所示。

 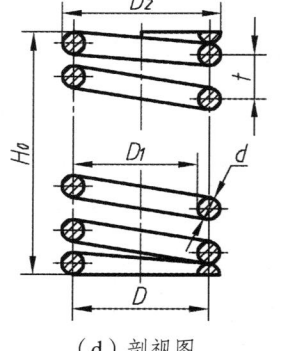 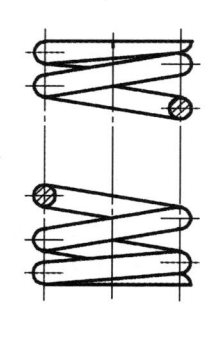

（a）压缩弹簧（b）拉力弹簧（c）扭力弹簧　　　（d）剖视图　　　（e）视图

图 7.45　圆柱螺旋弹簧

（2）圆柱螺旋弹簧一律画成右旋，左旋弹簧允许画成右旋后，但要加注"左"字。

（3）有效圈数四圈以上的弹簧，中间各圈可省略不画，而用通过中径线的点画线连接起来，弹簧两端的支撑圈不论多少，都按图 7.45（d）、(e) 形式画出，图示为 2.5 圈支撑圈数。

（4）在装配图中，弹簧后面被遮挡住的零件轮廓不必画出，可见轮廓线只画到弹簧钢丝的断面轮廓或中心线上，如图 7.46（a）所示。

（5）在装配图中，当弹簧的簧丝直径小于或等于 2 mm 时，端面可以涂黑表示，如图 7.46（b）所示。也可采用示意画法画出，如图 7.46（c）所示。

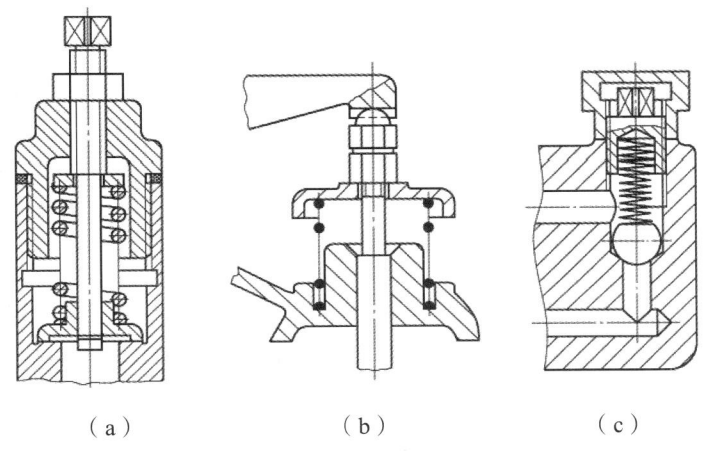

图 7.46　圆柱螺旋压缩弹簧在装配图中的画法

### 3. 圆柱螺旋压缩弹簧的画法举例

圆柱螺旋压缩弹簧的画图方法和步骤，如图 7.47 所示。

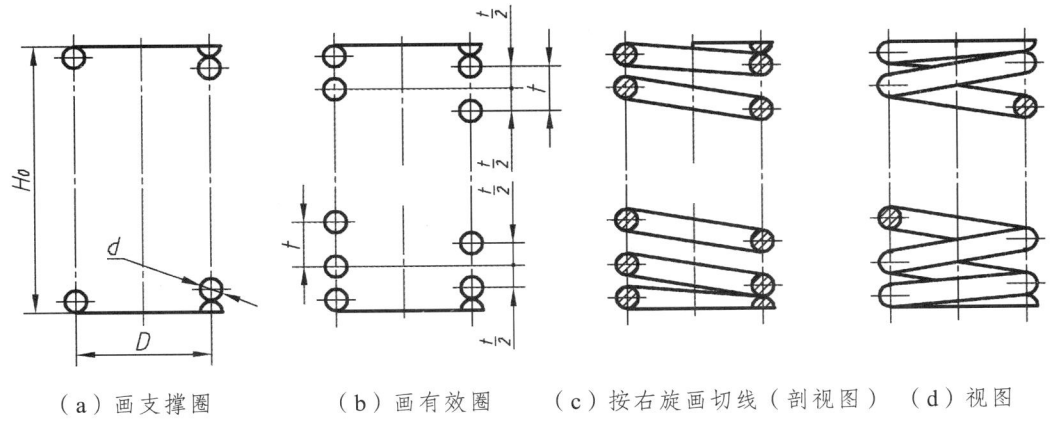

(a) 画支撑圈　　(b) 画有效圈　　(c) 按右旋画切线（剖视图）　　(d) 视图

图 7.47　圆柱螺旋压缩弹簧的画图步骤

如图 7.48 所示为圆柱螺旋压缩弹簧的零件图。

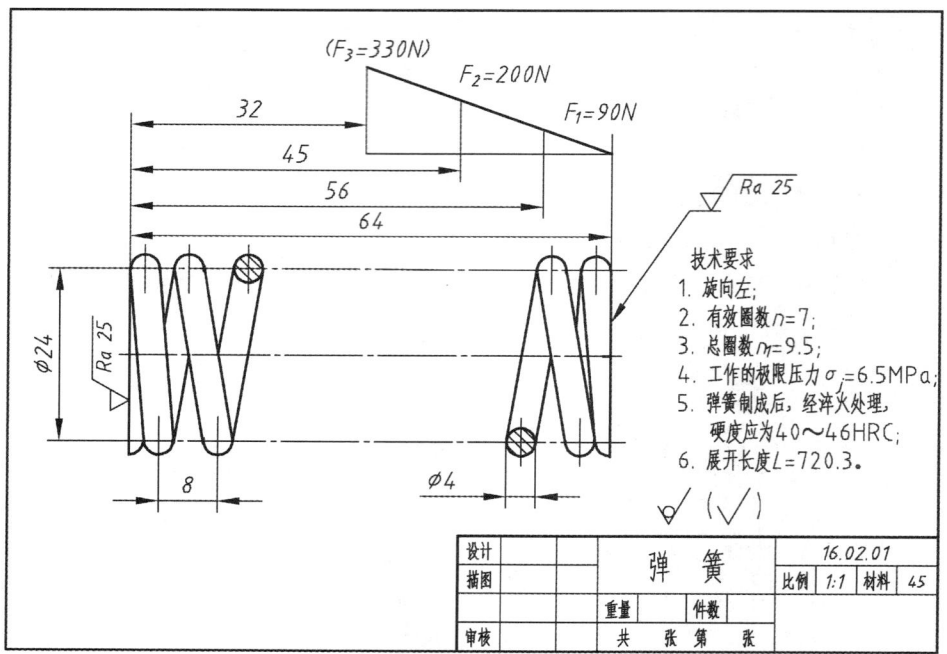

图 7.48　圆柱螺旋压缩弹簧的零件图

### 4. 圆柱螺旋压缩弹簧的规定标记

普通圆柱螺旋压缩弹簧分冷卷两端圈并紧磨平型和热卷两端圈并紧制扁型，分别用 YA 和 YB 表示。用户选用标准弹簧时，应按《普通圆柱螺旋压缩弹簧尺寸与参数（两端圈并紧磨平或制扁）》（GB/T 2089—2009）规定的方法进行标记与选用。

（1）标记方法。

弹簧规定标记为　类型代号　规格—精度代号　旋向代号　标准号

其中：

类型代号：YA（两端圈并紧磨平的冷卷压缩弹簧）或 YB（两端圈并紧制扁型热卷压缩弹簧）；

规格：$d \times D \times H_0$（材料直径×弹簧中径×自由高度）；

精度代号：2 级精度制造的不表示，3 级应注明"3"；

旋向代号：左旋的应标注"左"，右旋的不表示。

（2）标记示例。

YA 型弹簧，材料直径为 1.2 mm，弹簧中径为 8 mm，自由高度为 40 mm，精度等级为 2 级，左旋的两端圈并紧磨平的冷卷压缩弹簧，规定标记为

　　　　YA 1.2×8×40 左 GB/T 2089

YB 型弹簧，材料直径为 30 mm，弹簧中径为 160 mm，自由高度为 200 mm，精度等级为 3 级，右旋的两端圈并紧磨平的热卷压缩弹簧，规定标记为

　　　　YB 30×160×2003 GB/T 2089

## 7.5 滚动轴承

滚动轴承是用来支承轴的组件，由于它具有摩擦阻力小、结构紧凑等优点，在机器中被广泛应用。滚动轴承的结构形式、尺寸均已标准化，由专门的工厂生产，使用时可根据设计要求进行选择。

### 1. 滚动轴承的构造与种类

滚动轴承一般由外圈、内圈、滚动体和保持架组成，如图 7.49 所示。

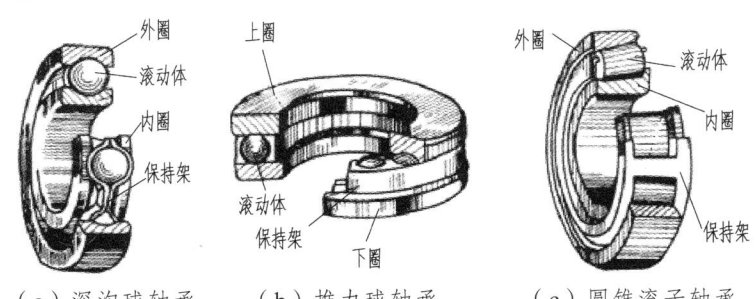

（a）深沟球轴承　　（b）推力球轴承　　（c）圆锥滚子轴承

图 7.49　常用滚动轴承的结构

按承受载荷的方向，滚动轴承可分为三类：

（1）主要承受径向载荷，如图 7.49（a）所示的深沟球轴承。

（2）主要承受轴向载荷，如图 7.49（b）所示的推力球轴承。

（3）同时承受径向载荷和轴向载荷，如图 7.49（c）所示的圆锥滚子轴承。

### 2. 滚动轴承的代号

滚动轴承常用基本代号表示，基本代号由轴承类型代号、尺寸系列代号、内径代号构成。

（1）轴承类型代号：用数字或字母表示，如表 7.7 所示。

表 7.7　轴承类型代号（摘自 GB/T 272—2017）

| 代号 | 0 | 1 | 2 | 3 | 4 | 5 | 6 | 7 | 8 | N | U | QJ |
|---|---|---|---|---|---|---|---|---|---|---|---|---|
| 轴承类型 | 双列角接触球轴承 | 调心球轴承 | 调心滚子轴承 | 推力调心滚子轴承 | 圆锥滚子轴承 | 双列深沟球轴承 | 推力球轴承 | 深沟球轴承 | 角接触球轴承 | 推力圆柱滚子轴承 | 圆柱滚子轴承 | 外球面球轴承 | 四点接触球轴承 |

（2）尺寸系列代号：由轴承宽（高）度系列代号和直径系列代号组合而成，一般用两位数字表示（有时省略其中一位）。它的主要作用是区别内径（$d$）相同而宽度和外径不同的轴承，具体代号需查阅相关标准。

（3）内径代号：表示轴承的公称内径，一般用两位数字表示。

① 代号数字为 00，01，02，03 时，分别表示内径 $d$ = 10 mm，12 mm，15 mm，17 mm。

② 代号数字为 04~96 时，代号数字乘以 5，即得轴承内径。

③ 轴承公称内径为 1~9 mm，22 mm，28 mm，32 mm，500 mm 或大于 500 mm 时，用公称内径毫米数值直接表示，但与尺寸系列代号之间用"/"隔开，如"深沟球轴承 62/22，$d$ = 22 mm"。

轴承基本代号举例：

6209　09 为内径代号，$d$ = 45 mm；2 为尺寸系列代号（02），其中宽度系列代号 0 省略，直径系列代号为 2；6 为轴承类型代号，表示深沟球轴承。

规定标记：滚动轴承　6209　GB/T 276—2013

512/22　22 为为内径代号，$d$ = 22 mm（用公称内径毫米数值直接表示）；12 为尺寸系列代号；5 为为轴承类型代号，表示推力球轴承。规定标记：滚动轴承　512/22　GB/T 301—2015。

30314　14 为内径代号，$d$ = 70 mm；03 为尺寸系列代号，其中宽度系列代号为 0，直径系列代号为 3；3 为为轴承类型代号，表示圆锥滚子轴承。

规定标记：滚动轴承　30314　GB/T 297—2015

### 3. 滚动轴承的画法

在装配图中，滚动轴承的画法采用通用画法、特征画法或规定画法绘制，按给定轴承代号，通过查附表 4.1、4.2、4.3，确定轮廓尺寸外径 $D$、内径 $d$、宽度 $B$，然后采用按比例画出滚动轴承各部分，如表 7.8 所示。

表 7.8　常用滚动轴承的画法（摘自 GB/T 4459.7—2017）

| 名称、标准号和代号 | 主要尺寸数据 | 通用画法 | 特征画法 | 规定画法 |
|---|---|---|---|---|
| 深沟球轴承 60000 | $D$<br>$d$<br>$B$ | 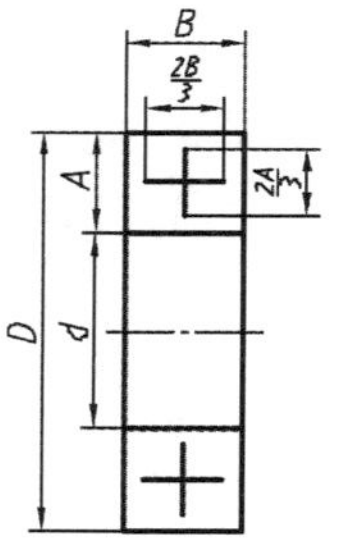 | 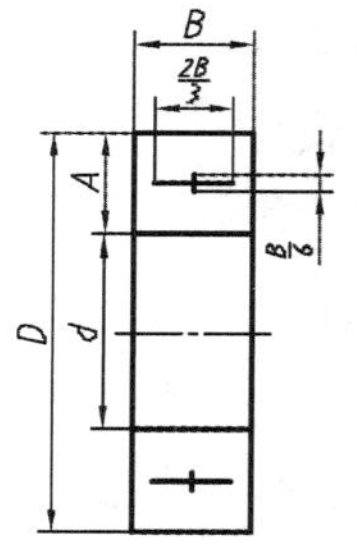 | 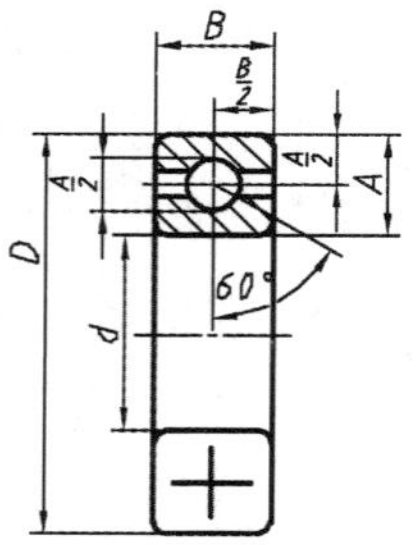 |
| 圆锥滚子轴承 30000 | $D$<br>$d$<br>$B$<br>$T$<br>$C$ | 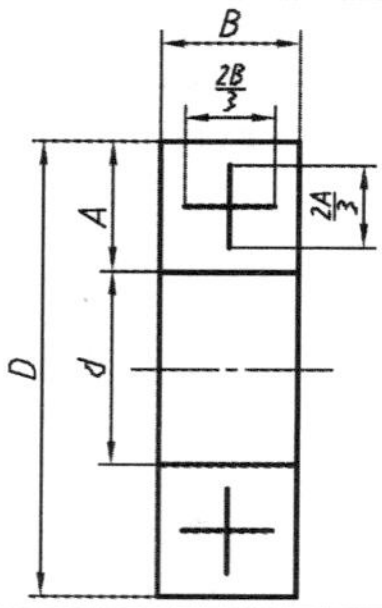 | 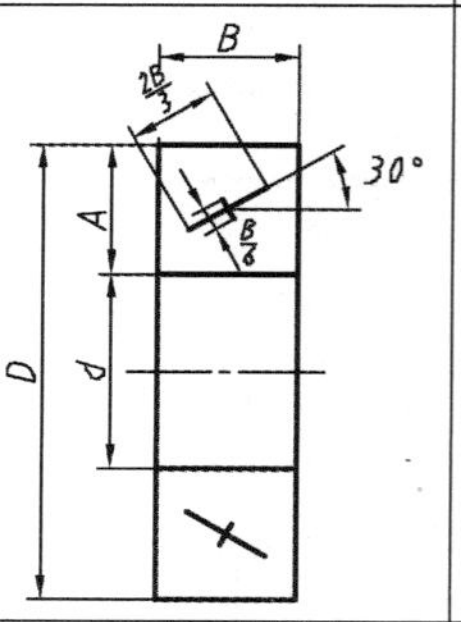 | 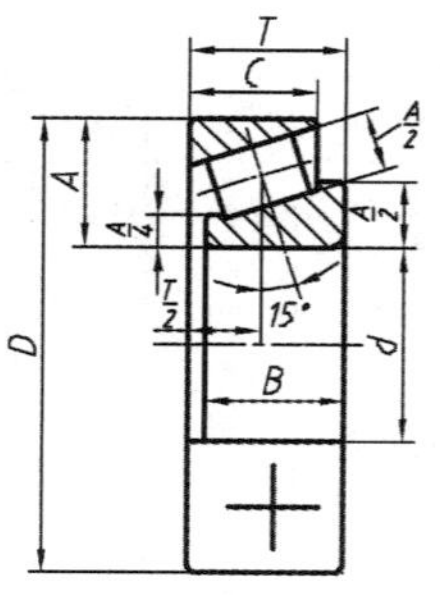 |
| 推力球轴承 50000 | $D$<br>$d$<br>$T$ | 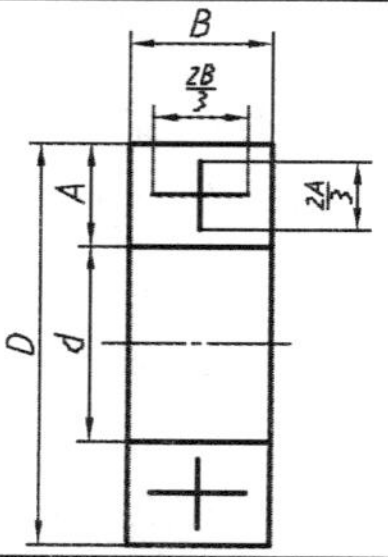 | 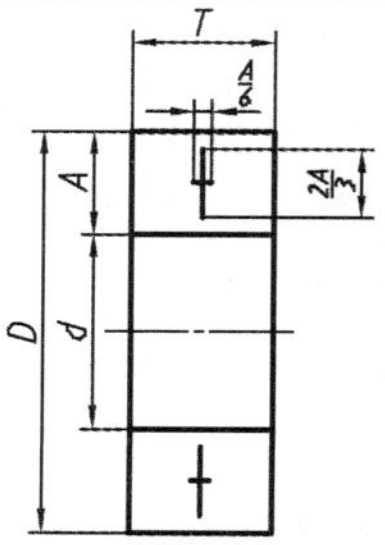 | 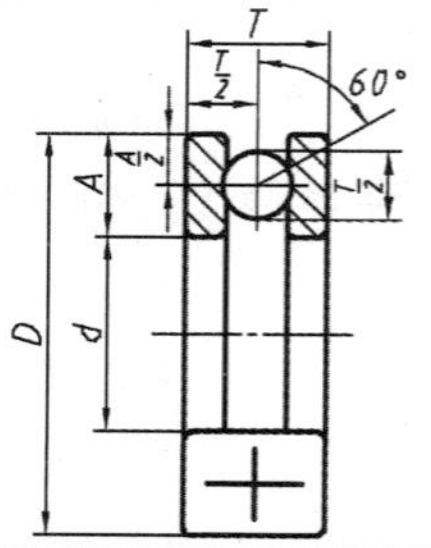 |

在同一图样中,只采用其中一种画法,一般采用规定画法。如图 7.50 所示为滚动轴承轴线垂直于投影面的特征画法。

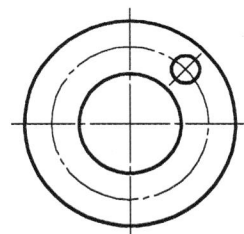

图 7.50　滚动轴承轴线垂直于投影面的特征画法

## 小　结

(1)在螺纹的规定画法中,要抓住三条线。
① 牙顶用粗实线表示(用手摸得着的直径)。
② 牙底用细实线表示(用手摸不着的直径)。
③ 螺纹终止线用粗实线表示。
④ 注意剖视图中剖面线的画法。
(2)螺纹标注的目的,主要是把螺纹的类型和参数体现出来。尺寸界线要从大径引出。
(3)螺栓、螺钉、螺柱、螺母、垫圈都是标准件,掌握其连接装配图的简化画法,注意比较它们的相同点和区别。掌握其标记内容。
(4)会查阅螺纹及螺纹连接件的标准手册。
(5)掌握齿轮、键联结、销连接、滚动轴承与弹簧的画法。
(6)理解键、销的标记;滚动轴承代号的意义。
(7)自学齿轮几何尺寸的计算方法。

## 习　题

7.1　什么是标准件?
7.2　简述螺纹的形成方式。
7.3　简述螺纹的五要素。
7.4　简述螺纹的种类。
7.5　简述内、外螺纹及螺纹连接的画法。
7.6　简述常见螺纹的标注方法。
7.7　简述常用螺纹连接件的画法及标注方法。
7.8　简述齿轮传动的特点及常用齿轮传动方式。
7.9　简述单个圆柱齿轮各部分的名称、代号、尺寸关系及画法。
7.10　简述圆柱齿轮的啮合画法。
7.11　简述锥齿轮、蜗杆和蜗轮的画法。
7.12　简述键、花键和销的画法及标注方法。
7.13　简述弹簧的种类及画法。
7.14　简述轴承的构造、种类、代号及画法。

# 第 8 章

# 零 件 图

零件是组成机械产品(通常称为"机器")的不可分拆的最小单元。在机械产品的生产过程中,总是先制造出零件再装配成部件和整机,因此,零件也是制造机器时的基本制造单元。

零件图是用来指导和组织零件生产的图样,即零件图是表示零件结构、大小及技术要求的图样。零件结构是指零件的各组成部分及其相互关系,而技术要求是指为保证零件在制造过程中应达到的质量要求。如图 8.1 所示为端盖零件图。

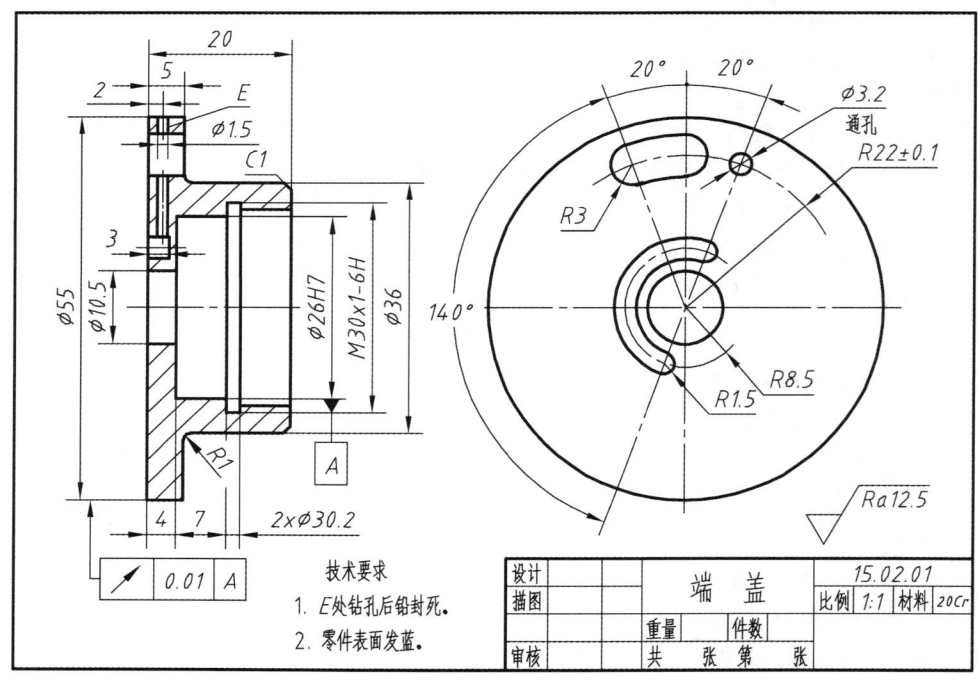

图 8.1 端 盖

## 8.1 零件图的基本知识

零件工作图(简称零件图)是表达机器零件结构形状、尺寸大小和技术要求的图样。零件图是设计部门提供给生产部门的重要技术文件,是生产准备、加工制造、质量检查及测量的依据。一张完整的零件图应包括如下内容(以图 8.1 气动扳手中的端盖为例进行说明):

### 1. 零件图的内容

(1)一组视图。

选用适当的表达方法,完全、清楚地表达出零件的结构形状。如图 8.1 中主视图选用全剖视图表示出气道及内部形状,左视图表示出端面气道形状及相对位置。

(2)全部尺寸。

应正确、完整、清晰、合理地标注出零件的全部形状尺寸和相对位置尺寸。如图 8.1 中 $\phi 26H7$ 为装滚动轴承外圈直径的定形尺寸,$R22 \pm 0.1$ 和 $20°$ 为确定气道孔位置的定位尺寸。

(3)技术要求。

标注为保证零件质量在加工、检验中应达到的技术要求,以代(符)号形式标注在视图上,或以文字"技术要求"的形式注写在图纸上。如图中的尺寸公差,$R22 \pm 0.1$ 中的 $\pm 0.1$;几何公差,如 ∕ 0.01 A ,表面粗糙度,如 $\sqrt{Ra12.5}$ ,热处理及表面处理等要求。

(4)标题栏。

填写零件名称、绘图比例、材料、设计、审核、批准等。

### 2. 零件图的画法

在实际工作中绘制零件图,可分为测绘和拆画两种方法。

测绘的一般步骤如下:

(1)了解零件名称并鉴别材料。

(2)对零件进行结构分析和形体分析,零件的每一结构都有一定的功用。所以必须弄清它们的工作部分与连接部分及其功用。这项工作对于破旧、磨损和带有某些缺陷的零件测绘尤为重要。

(3)确定主视图,拟定零件的表达方案。

(4)选择主要基准,合理标注尺寸。

(5)确定各项技术要求。根据装配体的实际情况及零件在装配体的使用要求,用类比法参照同类产品的有关资料以及已有的生产经验综合确定。

拆画指根据装配图拆画零件图,是将装配图中的非标准零件从装配图中分离出来画成零件图的过程。

拆画的一般步骤如下:

(1)对零件表达方案进行处理。

根据所拆画零件的内外形状及复杂程度来选择表达方案,对于装配图中没有表达完全的零件结构,在拆画零件图时,应根据零件的功用及零件结构知识加以补充和完善,并在零件图上完整清晰地表达出来,对于装配图中省略的工艺结构,如倒角、退刀槽等,也应根据工艺需要在零件图上表示清楚。

(2)对零件尺寸进行处理。

装配图中已标注出的尺寸,往往是较重要的尺寸,是装配体设计的依据,自然也是零件设计的依据。在拆画零件图时，这些尺寸不能随意改动，要完全照抄。对于配合尺寸，应根据其配合代号，查出偏差数值，标注在零件图上。按标准规定的倒角、圆角、退刀槽等结构的尺寸，应查阅相应的标准来确定。在装配图上没有标注出的其他尺寸，可从装配图中用比例尺量得。量取时，一般取整数。标注尺寸时应注意，有装配关系的尺寸应相互协调。如配合部分的轴、孔，其公称尺寸应相同。其他尺寸，也应相互适应，避免在零件装配或运动时产生矛盾或干涉、咬卡现象。还要注意尺寸基准的正确选择。

（3）对零件技术要求进行处理。

零件的几何公差、表面粗糙度及其他技术要求，可根据装配体的实际情况及零件在装配体的使用要求，用类比法参照同类产品的有关资料以及已有的生产经验综合确定。

## 8.2 零件的基本知识

任何机器或部件都是由零件装配而成的，如图 8.2 所示为铣刀头，是专用铣床上的一个部件，供装铣刀盘用。它由座体、转轴、带轮、端盖、滚动轴承、键、螺钉、毡圈等组成，工作原理是电机通过 V 形带带动带轮，带轮通过键把运动传给转轴，转轴将运动通过键传递给刀盘，从而进行铣削加工。

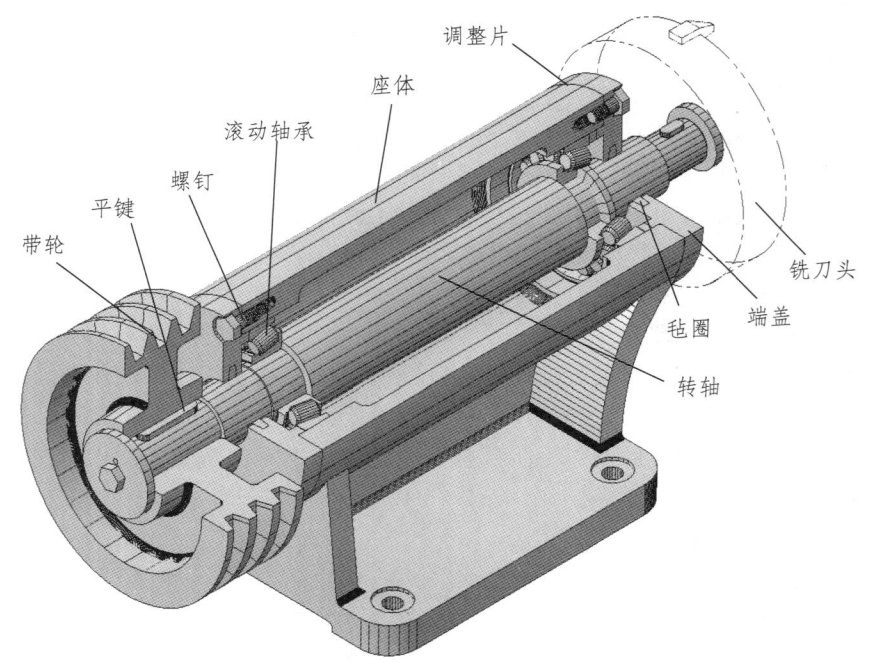

图 8.2 铣刀头轴测图

一般情况下，机械零件可按两种方法进行分类。

（1）按结构特点分类。

根据零件在机器或部件上的功用和功能结构特点、加工方法和视图特点综合考虑，可将零件分为轴套类、轮盘类、叉架类、箱壳类、钣金类、镶合件六大类。

（2）按标准化程度分类，一般可将零件分为以下三种类型：

按照标准化程度可将零件分为标准件、常用件和非标准件。为适应科学发展和合理组织生产的需要，在产品质量、品种规格、零件部件通用等方面规定统一的技术标准，叫作标准化。经过优选、简化、统一，并给予标准代号的通用零、部件称为标准件。标准件结构、形状、尺寸、规格都已按国家标准统一固定、有专业厂家生产，在各种机器中广泛、大量使用。常见的螺钉、螺母、垫圈和轴承都是标准件。在设计机器时不必画出它们的零件图，一般也不需自行制造，只需按规格选用即可。除标准件以外的零件为非标准件，都是为某类（或某台）机器或部件特定设计和制造的。绘制零件图主要是绘制非标准件图样。

① 标准件，它是结构、尺寸和加工要求、画法等均标准化、系列化了的零件，如螺栓、螺母、垫圈、键、销、滚动轴承等。

② 常用件，它是部分结构、尺寸和参数标准化、系列化的零件，如齿轮、带轮、弹簧等。

③ 一般零件（专用件），它通常可分为轴套类、轮盘类、叉架类、箱壳类等。这类零件必须画出零件图以供加工制造零件。

## 8.3 零件的视图选择

根据技术制图标准 GB/T 17451—1998，视图选择原则为：

（1）表示物体信息量最多的那个视图应作为主视图，通常是以物体的工作位置、加工位置或安装位置放置。

（2）当需要其他视图包括剖视图和断面图时应按下述原则选取：在明确表示物体的前提下使视图包括剖视图和断面图的数量为最少，尽量避免使用细虚线表达物体的轮廓及棱线。

（3）避免不必要的细节重复。

零件的视图选择是指在了解零件构型的基础上，利用第 5 章所学的"表示机件的图样画法"，选用一组图形将零件全部结构形状正确、完全、清晰、简捷地表达出来，正确是指表达视图的各种画法符合 GB 要求；完全是指零件的所有结构表达完全；清晰是指视图及尺寸的布置合理。并在保证基本要求的前提下，力求考虑看图方便、制图简便。

### 8.3.1 零件的视图选择方法

#### 1. 主视图的选择

主视图选择考虑两个问题，即零件的放置位置与投射方向。

（1）零件的放置位置。

零件的放置位置主要考虑以下两个位置：

① 符合零件的加工位置。

轴套、轮盘等以回转体构型为主的零件，主要是车床或外圆磨床加工，如图 8.3（a）所示，应尽量符合加工位置要求，即轴线水平放置，这样便于工人加工时看图操作，如图 8.3（b）所示。

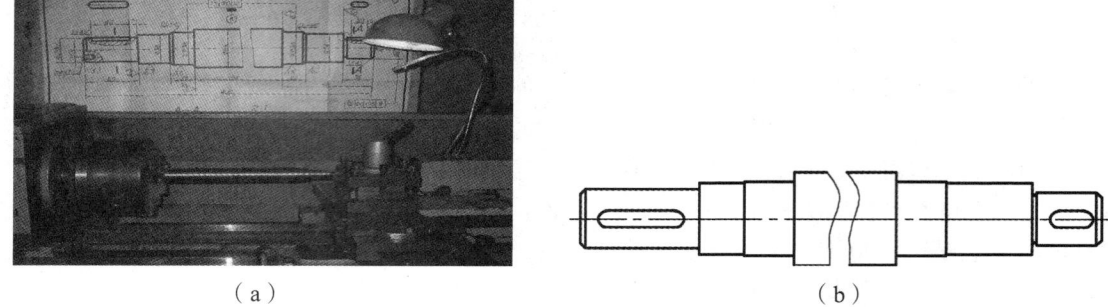

图 8.3　轴在车床上的加工位置

② 符合零件的工作位置。

箱壳、叉架类零件加工工序较多，加工位置经常变化，因此，这类零件应按其在机器中的工作位置摆放，这样图形和实际位置直接对应，便于看图和指导安装。如图 8.4 所示底座零件，其放置位置为工作位置。

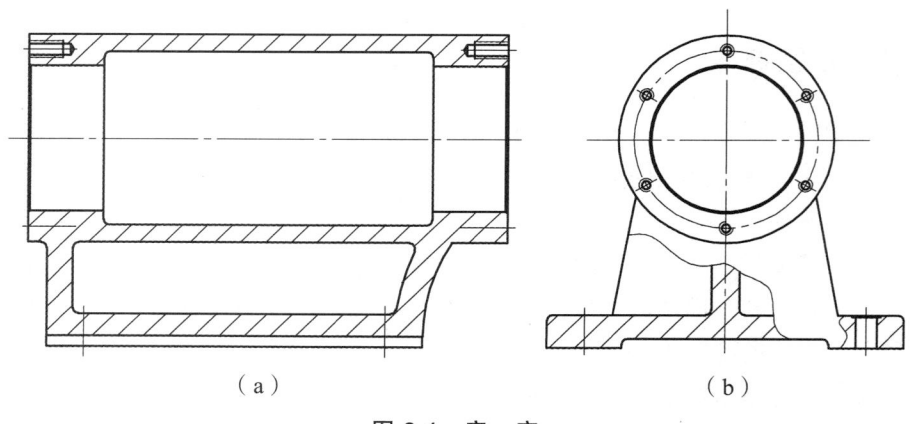

图 8.4　底　座

（2）主视图的投射方向。

主视图的投射方向应遵循形体特征原则，即零件主视图的投射方向应该是最能反映零件特征，即较多地反映出零件各部分结构形状和相对位置的方向。如图 8.4 所示（参照图 8.2 所示铣刀头轴测图），图（a）的投射方向表达的形体与位置特征好，把底座的主要部分都在主视图上得到表达。而图（b）相对来说不清楚。

### 2. 其他视图的选择

当主视图确定之后，检查零件上还有哪些结构尚未表达清楚，然后补充适当的图形将其表达完整。

在选择其他视图时应注意以下几个方面的问题：

（1）尽量选用基本视图，并运用恰当的剖视来表达零件的内部结构。

（2）零件上的倾斜部分，用斜视图、斜剖视，在不影响尺寸标注的前提下尽可能按投射方向配置在相关视图附近，便于看图。

（3）零件中尺寸小的结构要素，采用局部放大图表示，便于标注尺寸。

（4）合理运用标准中规定的简化画法，使表达重点突出，简化绘图，又有利于看图。

（5）零件内部结构应尽可能采用剖视图表达，图中应尽量减少细虚线。当有助于看图和简化绘图时，可以适当运用细虚线。

（6）利用零件图上的尺寸标注，可以简化绘图。

## 8.3.2 零件的构型及表达分析

### 1. 零件结构分析

在考虑零件的表达方法之前，必须先了解零件上各结构的作用和特点，才能选择一组合适的表达方案将其全部结构表达清楚。一般来讲，零件的结构可以分成以下三部分。

（1）主体结构。

从几何角度来看，对实现零件功能影响较大的主要形体和相对位置关系，如图8.5所示的轴，其主体结构为不同直径圆柱同轴叠加，在设计零件时首先设计主体结构，在读零件图时可以用组合体的读图与画图方法，以及尺寸标注方法。

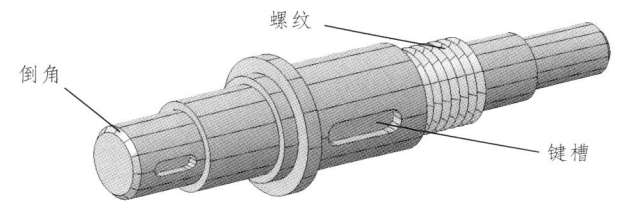

图 8.5 轴的结构

（2）局部功能结构。

零件为实现连接、传动、安装固定等局部功能而做出的结构，如图8.5所示的轴，在上做出的键槽是为了装键，用来传动，在轴上做出的螺纹是为了固定装在轴上的零件，如齿轮。

（3）局部工艺结构。

局部工艺结构是为了确保加工与装配而在零件上设计出的较小结构。

常见的局部工艺结构如：铸造加工方法而产生的铸造圆角、起模斜度（铸造斜度），由切削加工方法与装配而产生的退刀槽、越程槽、倒角等。

① 铸造圆角：在铸件的转角处应当作成圆角，否则，砂型在尖角处容易落砂，同时由于金属在冷却时要发生收缩，在尖角处容易产生裂纹与缩孔，如图8.6所示。

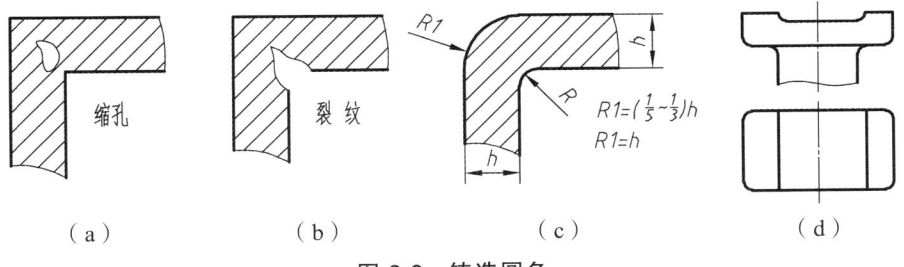

图 8.6 铸造圆角

② 起模斜度：为了起模方便，铸件的内外壁沿起模应有一定的斜度，一般为1°左右，由于较小，在图中可以不必画出，如设计成较大斜度，才应画出，如图8.7所示。

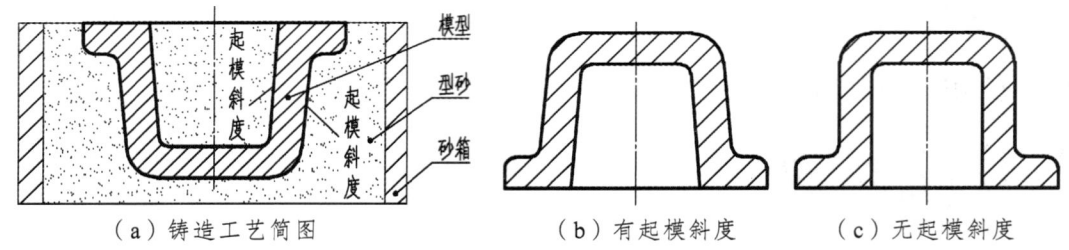

（a）铸造工艺简图　　　　（b）有起模斜度　　　（c）无起模斜度

图8.7　起模斜度

③ 倒角：它是在轴端做小、把孔口扩大，一般做成与轴、孔同轴线并与轴线成45°角的圆锥面，如图8.8所示，特殊情况下可以做成30°或60°。其标注方法如8.4节所述。

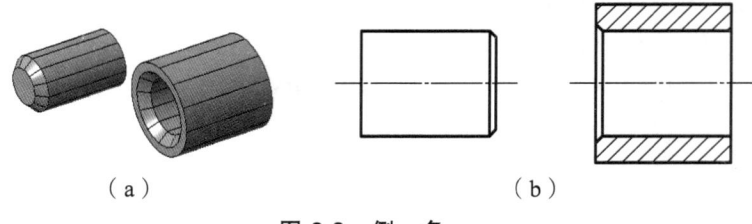

（a）　　　　　　　　　（b）

图8.8　倒　角

④ 退刀槽与砂轮越程槽：它是在轴的根部和孔的底部做出环形沟槽。其作用是保证加工到位，达到设计要求，同时在装配时保证相接触表面靠紧，如图8.9所示。

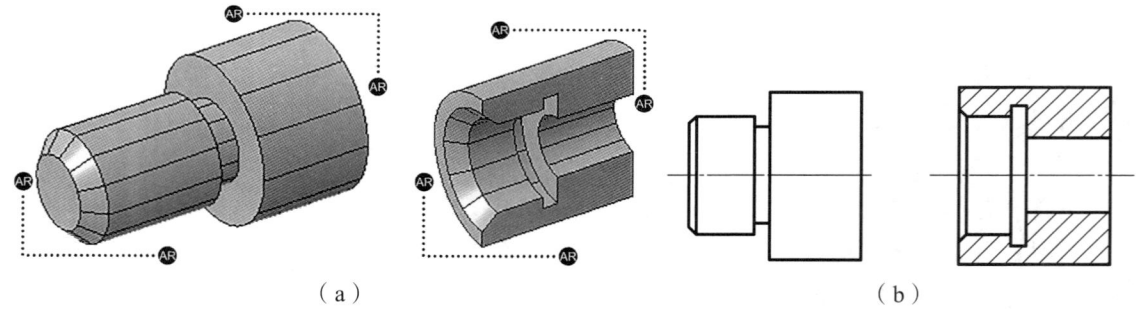

（a）　　　　　　　　　　　　　　　　（b）

图8.9　退刀槽与砂轮越程槽

零件与组合体的区别就在于有局部功能结构、工艺结构，所以组合体可以看成零件的几何抽象。组合体的基本知识、局部功能结构、工艺结构知识是零件设计不可缺少的。

（4）零件工艺结构——铸造圆角对零件图画法的影响：

由铸造（锻造、冲压有圆角的零件）方法产生的零件，由于有铸造圆角的存在，在绘制零件图时产生以下影响：

① 在零件图中，在铸件的转角处应画圆角，零件上切削加工的表面与铸件表面相交，或零件上两切削加工的表面相交，应画成尖角。如图8.10所示，应特别注意箭头指示的位置。

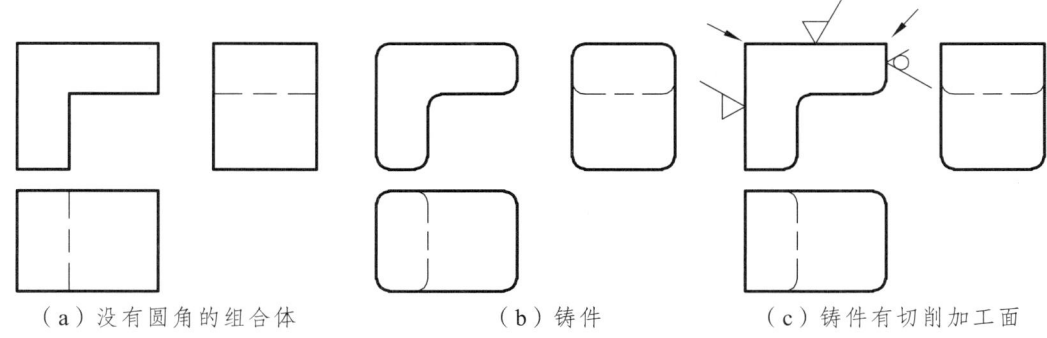

(a) 没有圆角的组合体　　　　(b) 铸件　　　　(c) 铸件有切削加工面

图 8.10　有圆角时零件的画法

② 两铸件表面产生的交线，由于铸造圆角的存在，按组合体的画法不应画交线，但为了便于看图时区分不同表面，想象零件的空间形状，在图中应画出交线，为了与组合体的画法不矛盾，称为过渡线。过渡线用细实线绘制，不宜与轮廓线相交。如图 8.11 所示，应特别注意箭头指示的位置。

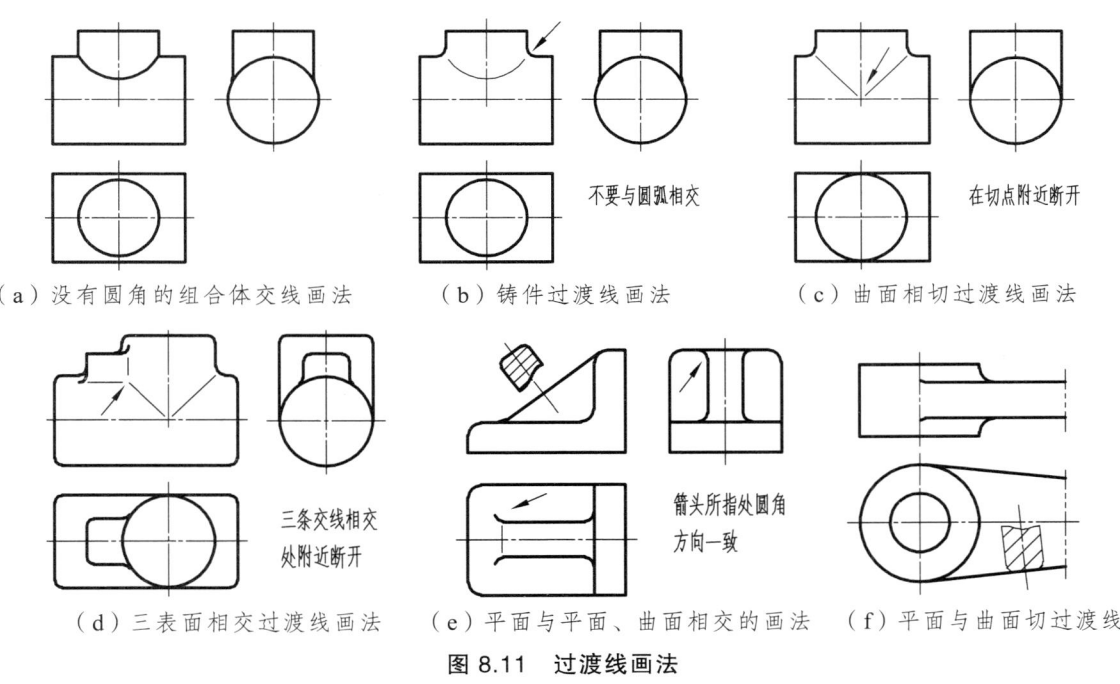

图 8.11　过渡线画法

## 2. 典型零件的构型及表达分析

（1）轴套类零件表达分析。

① 结构特点：

这类零件的主体结构多为回转体同轴叠加；轴向尺寸长，径向尺寸短。从总体上看为细长的回转体。

根据设计和工艺要求，这类零件常带有局部功能结构键槽、螺纹、轴肩、孔等；局部工艺结构如倒角、退刀槽、中心孔等（见图 8.5）。

② 常用表达方案：

（a）主视图。放置位置：这类零件主要在车床上加工，零件按加工位置即轴线水平放置，便于工人加工零件时看图（见图 8.3）。主视图的投射方向：采用垂直轴线的方向为投射方向。绘图时直径小的一端朝向右，平键槽朝前，半圆键槽朝上。

（b）其他视图。常用断面图、局部放大图、局部剖视图、局部视图等来表达键槽、退刀槽和其他槽孔等的结构。

所以，轴套类零件一般需要一个基本视图（可取剖视）表达主体结构，用断面图、局部放大图等表达局部工艺结构与局部功能结构。

③ 表达方案举例：

（a）结构分析。铣刀头中的轴（见图 8.2）在铣刀头中主要起支承零件、传递动力的作用。轴的两端装有带轮和铣刀盘，并通过平键与轴联结传递动力，还装有一对滚动轴承作为轴的支承。带轮、铣刀盘、滚动轴承等往轴上装配时，需要轴向定位，则有轴肩。因此轴的结构为直径不等的圆柱（轴段）同轴叠加的主体结构。另外为满足装配、定位、联接、加工等设计和工艺要求，该轴上还有一些局部功能、工艺结构，如键槽、轴肩、中心孔、退刀槽、倒角、圆角等。

（b）表达方案。根据对该轴结构分析，确定的表达方案主视图中轴线水平放置，符合加工位置。垂直轴线方向为投射方向，该图重点表达了各轴段的直径和长度，键槽的形状和位置，轴端倒角的大小。由于 $\phi44$ 轴段较长，采用了断开画法。此外采用两个断面图和一个局部放大图表达清楚了键槽的宽度和越程槽的详细结构。

当表达方案确定后，布图时各图形之间除保证投影关系外、应留适当的间隔，以便于标注尺寸，使整个图面均匀大方，富于美感（见图 8.12）。

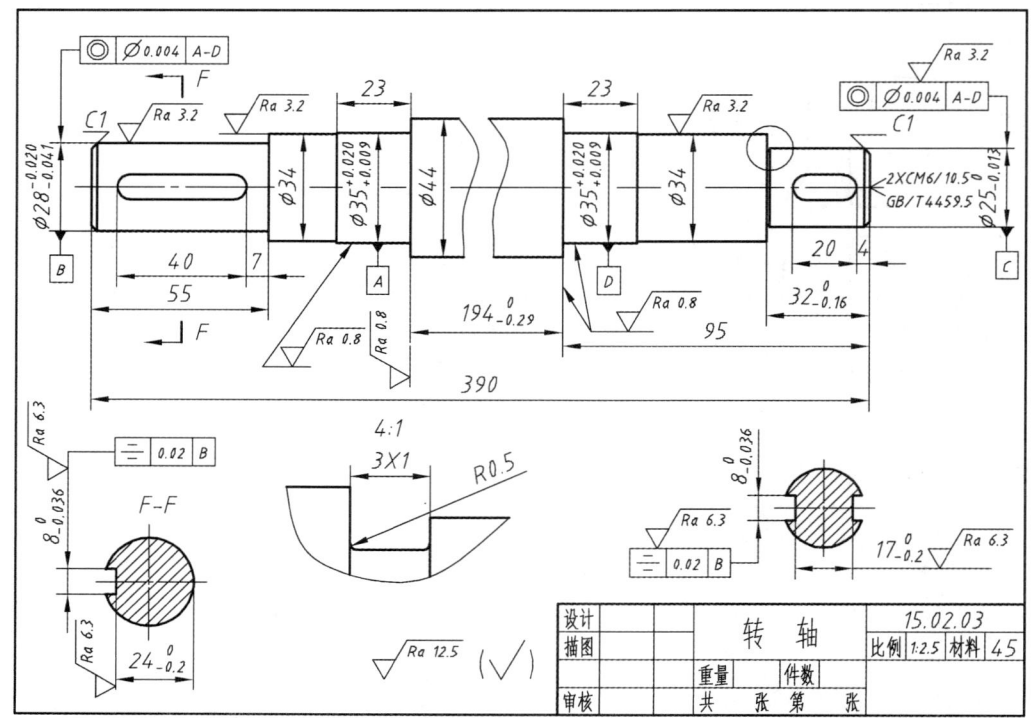

图 8.12　轴的零件图

套类零件的主视图选择与轴类零件相同。如图 8.13 所示为柱塞套的零件图，它是一个空心的圆柱体，主视图按加工位置轴线水平放置，并采用全剖视主要表达套的内部结构，其他视图采用 D-D 断面图和一个局部放大图，就可以将该零件表达完整。

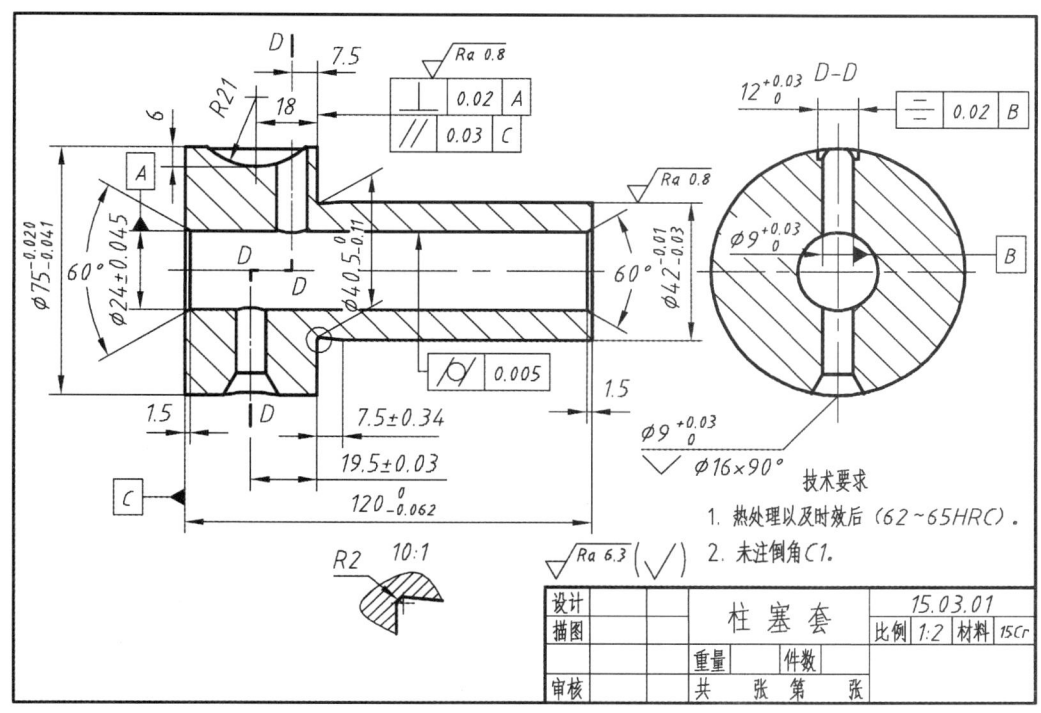

图 8.13 柱塞套零件图

（2）轮盘类零件表达分析。

① 结构特点。如图 8.14 所示，这类零件主体结构常由回转体同轴叠加组成，轴向尺寸小，径向尺寸大，一般有一个端面是与其他零件连接的重要接触面。根据用途不同，轮的结构也不同，轮一般是由轮毂、轮缘、轮辐三部分组成，用途不同，轮缘的结构也不同，在轮缘圆柱面上制有带槽、轮齿等；轮毂与轴联结的部分为空心锥台，轴孔有键槽；连接轮缘与轮毂的轮辐可制成辐板式，为减轻重量和便于装夹，在辐板上常制有通孔，轮辐也可制成辐条式，辐条的断面有椭圆形、丁字形、十字形、工字形等（见图 8.14）。端盖上制有光孔、止口、凸台等结构。

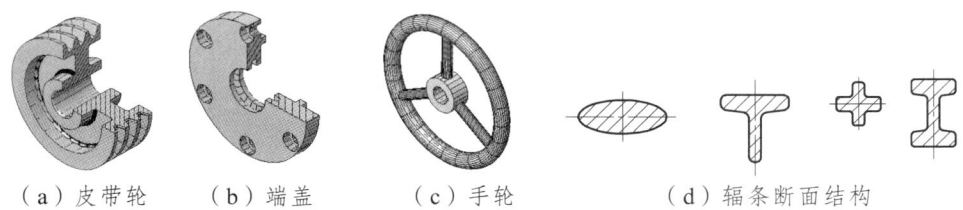

（a）皮带轮　　（b）端盖　　（c）手轮　　　　（d）辐条断面结构

图 8.14 轮盘零件

② 常用表达方案：

（a）主视图。放置位置：这类零件主要在车床上加工，主视图按加工位置，轴线水平放置,便于工人加工零件时看图。主视图的投射方向:采用垂直轴线方向为主视图的投射方向。

(b)其他视图。用左视图、或右视图来确定轮廓和孔及轮辐等结构的数量及相对位置。常用断面图、局部放大图、局部剖视图、局部视图等来表达键槽、退刀槽和其他槽孔等的结构。有时根据需要还可以选择其他表达方法。

所以,轮盘类零件一般需要两个基本视图表达主体结构,用断面图、局部放大图等表达局部工艺结构与局部功能结构。

③ 表达方案举例:

(a)结构分析。铣刀头中的带轮,由于带传动的工作特点决定轮缘由装V形带的带槽构成。轮毂为空心锥台,轴孔开有键槽,轮辐为辐板式结构。这三部分构成了带轮的主体结构,其特点是由同一轴线的多个回转体同轴叠加组成。

(b)表达方案。如图8.15所示,主视图表达轮毂键槽、轮缘带槽及轮辐的结构。

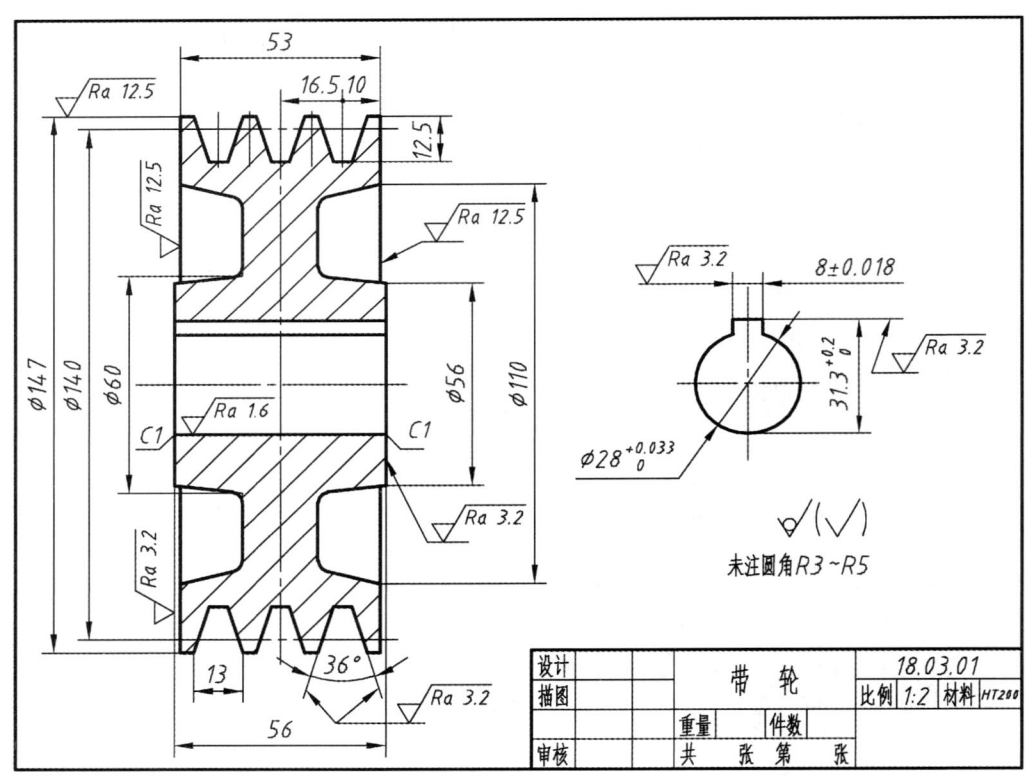

图 8.15 带轮零件图

由于主要结构为回转体,辐板结构简单,没有开孔,所以左视图只需要表示轮毂上键槽的形状,故采用局部视图。

端盖的结构和表达方案如图8.16所示。

由于装配、密封的要求,端盖的结构为短圆柱体,一端有止口,保证密封和配合的要求。另外加工有分布均匀的螺钉孔、中间有输出轴孔,孔内有装配毡圈的沟槽结构。

表达方案:主视图按加工位置、轴线水平放置,并采用全剖视图,主要表达内部结构。左视图主要表达螺钉孔的位置和数量。用局部放大图表达孔内沟槽的结构和尺寸标注。

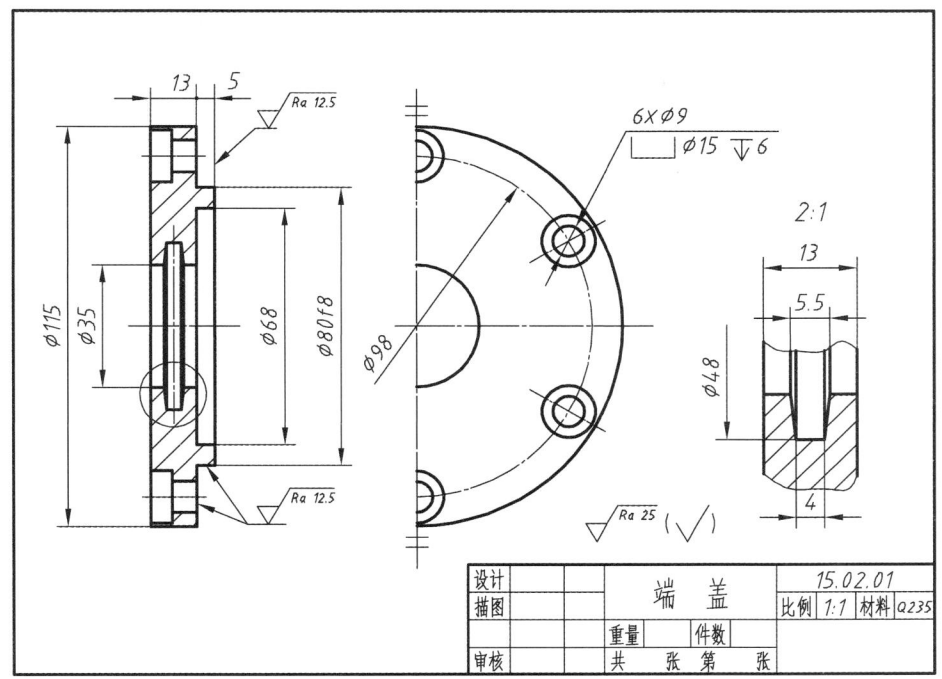

图 8.16 端盖零件图

（3）箱壳类零件的表达分析。

箱壳类零件一般用来支承、包容其他零件，因此结构较复杂。

① 结构特点。

箱壳类零件通常有较大的内腔、轴承孔、凸台和肋；为了将箱体安装在机座上，通常有安装底板、安装孔、螺孔、销孔；为了防尘，通常要使箱体密封，如果箱体内运动件需要润滑，就需要注入润滑油，所以需要放油装置结构。因此，箱壁部分有安装箱盖、轴承盖、油标、放油螺塞等件的凸台、凹坑、螺孔等结构。即：主体结构为箱壳内外形、安装板形状，局部功能结构为轴承孔、安装孔、凸台等，局部工艺结构为铸造斜度、圆角等。如图 8.17 所示为行程开关的外壳，其结构为壳体及壳体上的连接上盖，左端凸台与按钮孔，前端凸台与接线进、出孔，后端凸台与接线进、出孔，底板及固定外壳的安装孔、底部螺钉孔。

② 常用表达方案。

（a）主视图。按工作位置放置，选择最能反映形状特征、主要结构与各组成部分相互关系的方向作为主视图投射方向。如图 8.17（a）所示，选择从前往后的方向作为主视图的投射方向，并沿按钮孔轴线（行程开关外壳对称平面）取全剖为主视图，如图 8.18 所示。

（b）其他视图。箱体类零件一般都较为复杂，通常需要三个以上的基本视图，对内部结构形状采用剖视图表示，如果内、外结构形状都要表达，且具有对称平面时，可采用半剖视；如不对称则用局部剖视；如内、外结构都较复杂，且投影重叠时，外部结构形状和内部结构形状应分别表达，对局部的内、外结构形状可采用局部视图和断面图表示。每一个视图都应有一定的表达重点，在表达完整的前提下视图数量适当（不能单纯强调视图数量的多少，要考虑看图方便）。

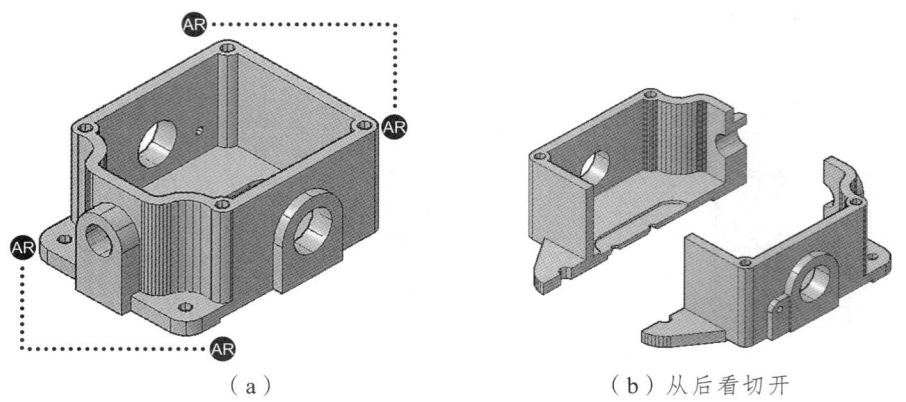

(a) （b）从后看切开

图 8.17 行程开关外壳

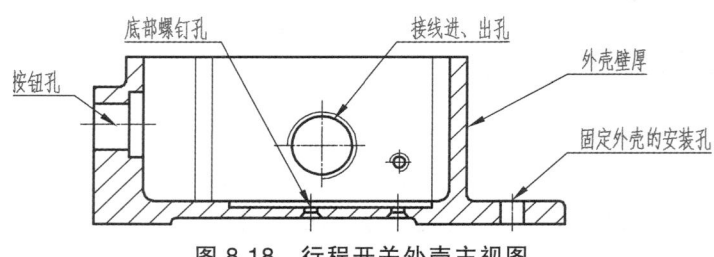

图 8.18 行程开关外壳主视图

以行程开关的外壳为例，在选择主视图后，分析外壳形状、底板形状没有表达清楚，综合考虑选择一个俯视图，后接线进、出口螺孔在俯视图上作局部剖视，如图 8.19 所示；左侧形状，选择一个左视图，连接上盖螺孔作局部剖视，前接线进、出口螺孔在左视图上作局部剖视，如图 8.19 所示；前后凸台的特征形状没有表达清楚，分别作两个局部视图，如图 8.19 所示。

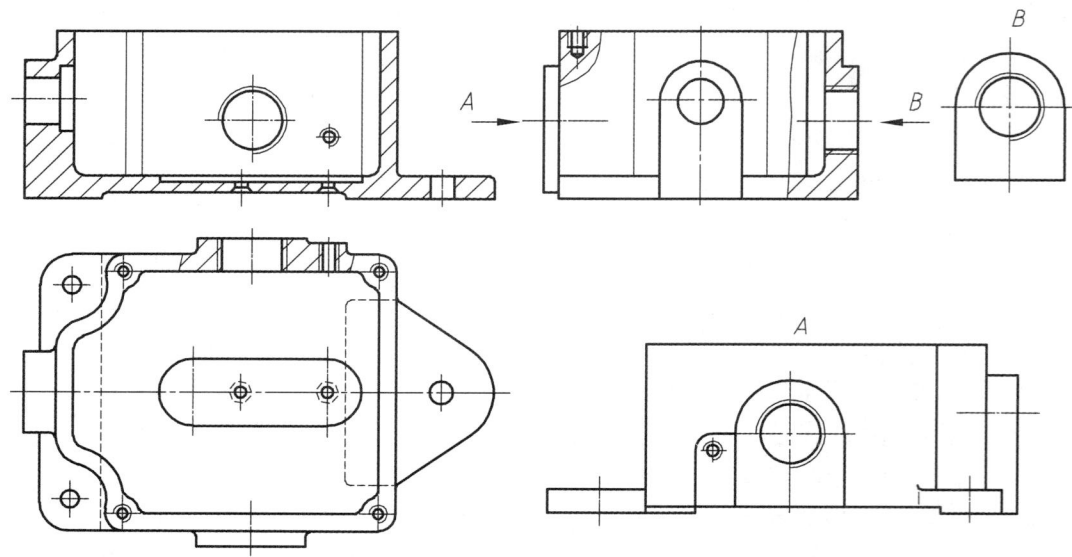

图 8.19 行程开关的外壳表达方案（一）

需要说明的是，形体的表达不是唯一的，在实际工作中可以做几个方案进行比较，确定一个最优的表达方案。以行程开关的外壳为例，如图8.20所示是行程开关的外壳的又一个表达方案，与前一个方案比较，主视图采用局部剖视图，而增加一个向视图表达底板底部形状。由于增加B向视图，使底板底部形状表达更直接，便于看图与标注尺寸，因此，在表达时不能图省事或单纯强调视图数量少。主视图采用局部剖视图既表达清楚壳体外形，又表达清楚主要的内部结构，而A向视图的使用避免了重复表达壳体外形，在实际工作中局部与整体是一个对立的统一，过多地使用局部视图和局部剖视会显得支离破碎，但合理使用局部视图和局部剖视会使表达简洁、清楚。

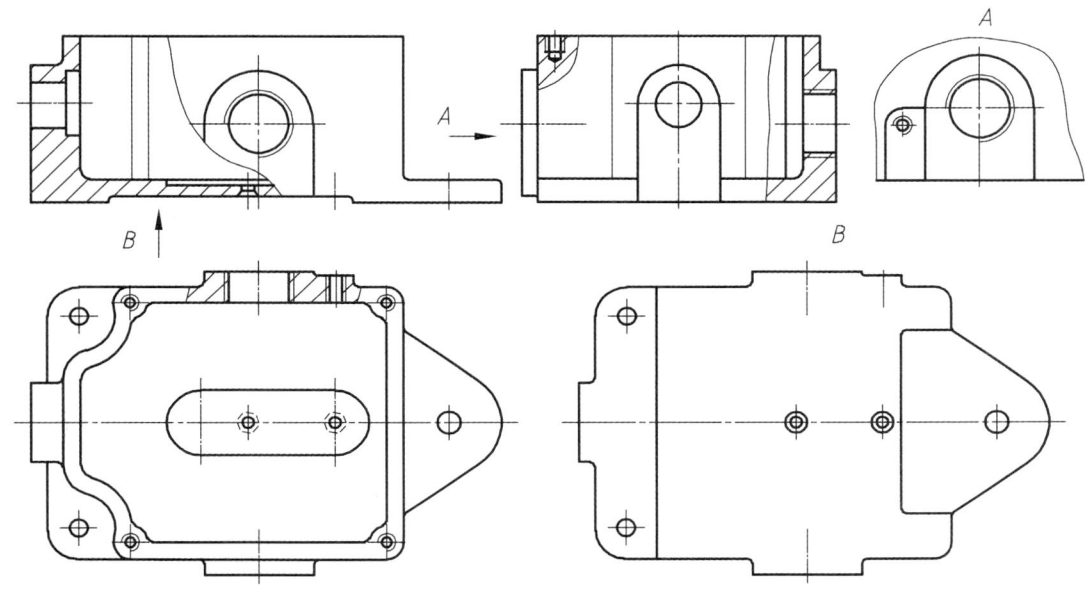

图 8.20　行程开关的外壳表达方案（二）

③ 表达方案举例。

（a）结构分析。铣刀头中的座体（见图8.2），其主体结构是由它的功用（包容、支承、安装）所决定的，套筒部分用以安装滚动轴承，底板用以将座体安装固定在机器上，用左、右支承板和中间肋板将套筒与底板连接起来，这就构成了座体的总体结构。为了减少加工面（支承滚动轴承的柱面），将内腔设计成阶梯孔，两端直径小，中间直径大。为了便于装夹工件需要较大的空间，使受力点保持在轴承下方的前提下，右侧支承板设计成弧状，这样既保证了座体的结构强度好，又能最大限度地满足工作的要求。为了轴承密封，需安装轴承端盖，所以在套筒两端面设计有凸台，凸台上加工有螺纹孔，为保证接触质量和减少加工面，底板的底部设计成凹槽。

（b）表达方案。根据以上结构分析，选择的表达方案如图8.21所示。主视图按工作位置放置，垂直套筒轴线方向为主视图投射方向。主视图采用全剖视，主要表达套筒的内部结构以及套筒与底板、支承板的相对位置。

在主视图表达的基础上，利用左视图（作局部剖视）表达螺纹孔的分布情况及左右支承板的形状和中间肋板厚度。俯视的局部视图，主要表达底板的结构。

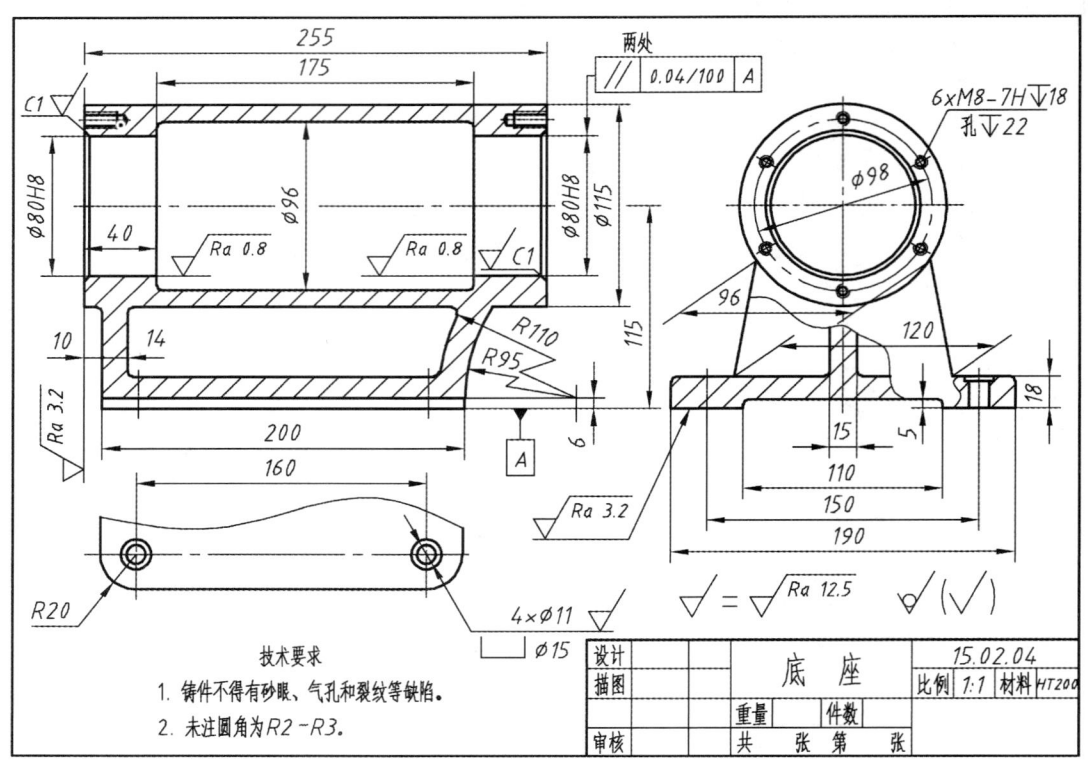

图 8.21 座体零件图

（4）叉架类零件的表达分析。

① 结构特点。

叉架类零件主要起支承和连接作用，结构形状千差万别，但按其功能可分为工作部分、安装固定部分、连接部分三种结构。

② 常用表达方案。

（a）主视图。放置位置：这类零件加工时各工序位置不同，所以一般按工作位置放置，有时工作位置是倾斜的，就要把零件摆正。如果工作时有几个位置，将其中一个位置摆正后确定主视图。主视图的投射方向：选择反映形状特征或位置特征的方向作为主视图的投射方向。

（b）其他视图。叉架类零件的一个主视图不能表达完整，通常需要增加一个基本视图，表达主要结构。其余的细节部分还应采用局部视图、局部剖视图、斜视图、断面图、局部放大图表示。

所以，叉架类零件一般需要两个或两个以上基本视图表达主体结构，用局部视图、斜视图、断面图、局部放大图等表达局部工艺结构与局部功能结构。

③ 表达方案举例。

（a）结构分析。如图 8.22 所示的车床制动杠杆是由上、下臂和套筒三部分组成的。上臂与制动带连接，下臂与齿条轴的曲面接触，若齿条轴作轴向移动，其曲面驱使杠杆绕轴心转动，再通过制动带实现制动。

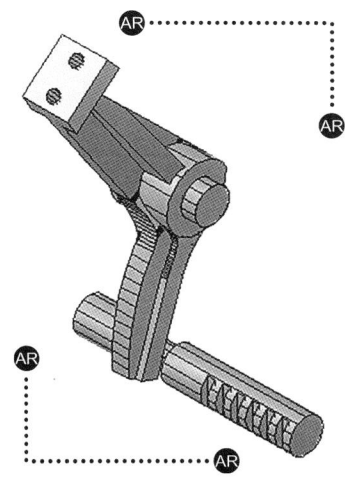

图 8.22 制动杠杆

（b）表达方案。由于制动杠杆工作时是经常运动的，无固定工作位置，可以把臂摆正，主视图如图 8.23（a）所示，该投射方向能反映出上、下臂之间的角度关系，以及两臂与套筒的位置关系和两臂的形状特征。

当主视图确定后，两臂的断面形状、臂与套筒之间的轴向位置关系，以及其余细节部分的形状尚未表达清楚，就需要采用其他视图表示。首先需要完整的左视图，集中表示上下臂加强肋的形状和臂与套筒之间的轴向位置关系。A，B 两个斜视图分别表示固定制动带的平面和下臂端面的形状。臂和肋的断面形状用移出断面和重合断面表示。综上分析，制动杠杆的表达方案如图 8.23（b）所示。

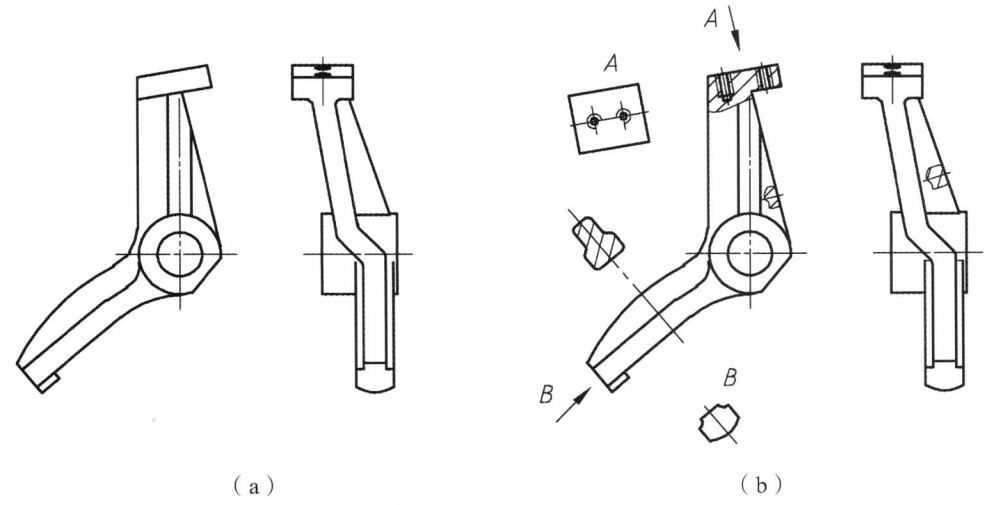

（a） （b）

图 8.23 杠杆主视图的选择及制动杠杆的视图选择

又如图 8.24 所示为拨叉的零件图，读者自行分析。

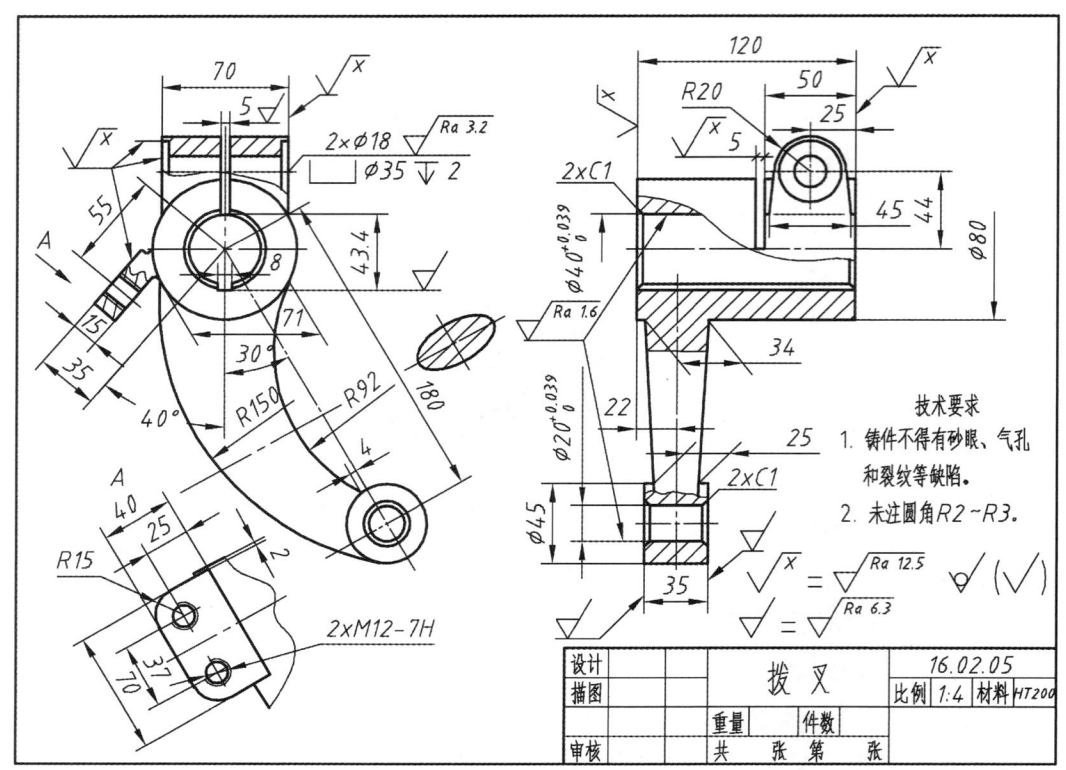

图 8.24 拨叉零件图

## 8.4 零件的尺寸标注

在零件图上标注尺寸应满足正确（符合国家标准的规定）、完整（尺寸齐全，不多不少）、清晰（尺寸布置合理，便于看图）、合理（满足设计和制造要求）四项要求。正确、完整、清晰三项要求在组合体尺寸标注一节中已作介绍。本节重点介绍零件图中尺寸的合理标注。

合理标注尺寸，也就是所标注的尺寸既要满足零件在机器中使用的设计要求，以保证其工作性能，又要满足加工、测量、检验等制造方面的工艺要求。要真正做到这一点，需要具备一定的设计和制造方面的专业知识及实际经验。在这里仅对尺寸合理标注作初步介绍。

### 1. 尺寸基准

尺寸基准是指图样中确定尺寸位置的那些面、线、点。每个零件都有长、宽、高三个方向，在每个方向上都要有一个尺寸基准。

基准按用途可分为设计基准和工艺基准。

（1）设计基准。

设计基准是根据零件在机器中的位置、作用，在设计中为保证其性能要求而确定的基准。常用的设计基准要素有安装面、支承面、端面、零件的对称面、回转体轴线等。

（2）工艺基准。

工艺基准是根据零件在加工过程中便于装夹定位、测量而确定的基准，它是零件上安装面、支承面、端面、零件的对称面、回转体轴线、素线等，如图8.25所示。

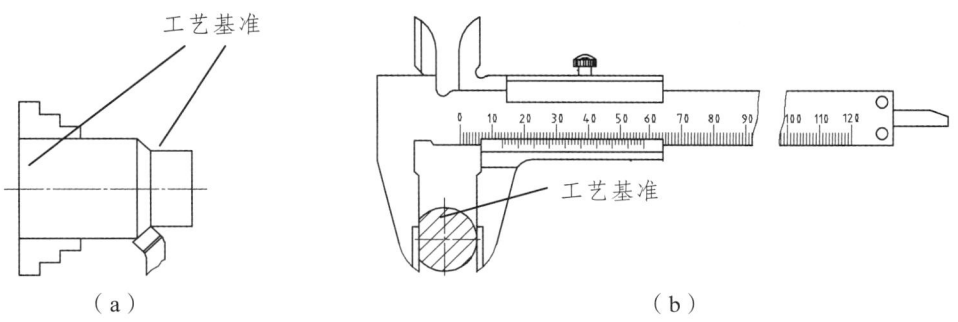

图 8.25 工艺基准

在标注尺寸时，最好是设计基准与工艺基准重合，以满足设计与工艺的要求。当基准不重合时，在保证设计要求的前提下满足工艺要求。因此，把尺寸分成主要尺寸和次要尺寸，主要尺寸从设计基准出发标注，次要尺寸从工艺基准出发标注。

在同一方向上可以有几个基准，其中有一个基准为主要基准，其余为辅助基准。主要基准一般为设计基准，辅助基准一般为工艺基准，两者之间应有尺寸联系。

### 2. 尺寸标注形式

根据零件的结构特点和零件间的连接关系，决定了尺寸标注的三种形式。

（1）链状式。

零件的同一方向尺寸依次首尾相接注写成链状，如图 8.26 所示的挺杆导管体的各导管孔中心距的尺寸标注。这样的尺寸标注，每个孔中心距的加工误差只影响该尺寸的精度，并不影响其他尺寸的精度，这是链状式标注尺寸的优点；但对于 A 孔与 F 孔的中心距，误差是各孔中心距的尺寸误差之和，造成误差积累，这是该注法的缺点。因此，当零件中各孔中心距的尺寸要求较高或轴类零件对总长精度要求不高但对各轴段长度尺寸精度要求较高时，均可采用这种方法。

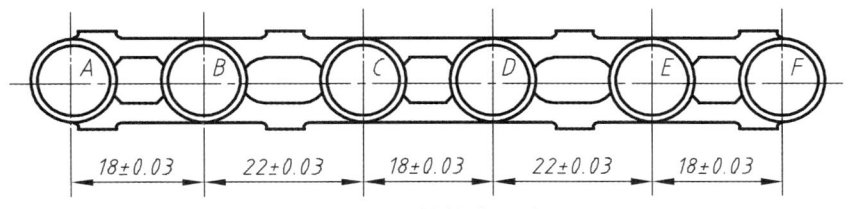

图 8.26 链状式尺寸

（2）坐标式。

零件同一方向的尺寸都以一个选定的尺寸基准注起，如图 8.27 所示的发动机凸轮轴各轴颈和各凸轮的定位尺寸，均从第一轴颈 A 面为尺寸基准注起。这样标注对其中任一尺寸精度只取决于该段加工误差，不受其他尺寸的影响，是该注法的优点。而某段尺寸（如尺寸 109±1 和 137±1 之间的尺寸）的精度，取决于该两段尺寸误差之间。

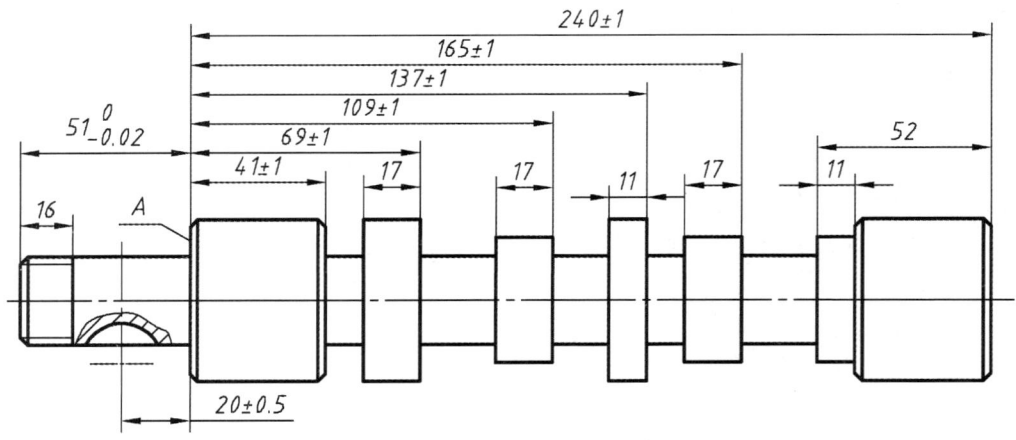

图 8.27　坐标式尺寸

（3）综合式。

这种尺寸注法根据零件的作用取前两种标注形式的优点，将尺寸误差积累到次要的尺寸段上，保证主要尺寸精度和设计要求，其他尺寸按工艺要求标注，便于制造，如图 8.28 所示。

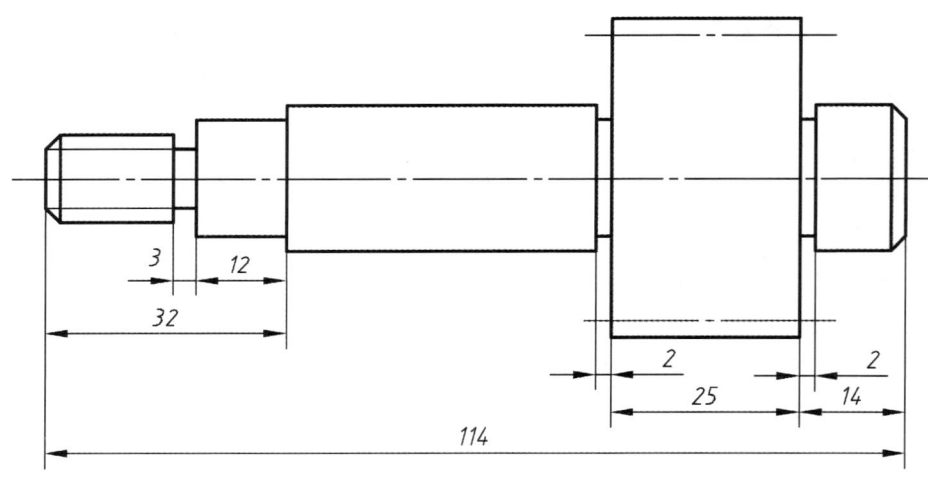

图 8.28　综合式尺寸

### 3. 合理标注尺寸时应注意的事项

（1）注意认真贯彻标准。

认真贯彻标准，有利于提高产品质量和劳动生产率，降低产品制造成本。在标注尺寸时，除了要认真贯彻制图国标中尺寸注法的有关规定外，还要贯彻其他方面的有关标准。

① 对于零件长度、直径、角度、锥度以及尺寸极限偏差值等，应尽量按有关标准选取。

② 零件的结构要素，如中心孔、砂轮越程槽、螺纹、倒角、紧固件的通孔沉孔等。有标准的，都应该按标准规定标注尺寸及数值，如表 8.1～8.3 以及图 8.29～8.34 所示。

**表 8.1　光孔的尺寸注法**

| | |
|---|---|
| 光　孔 |  |
| 精加工孔 |  |
| 锥销孔 |  |

**表 8.2　沉孔的尺寸注法**

| | |
|---|---|
| 埋头孔 |  |
| 沉　孔 |  |
| 锪平面 |  |

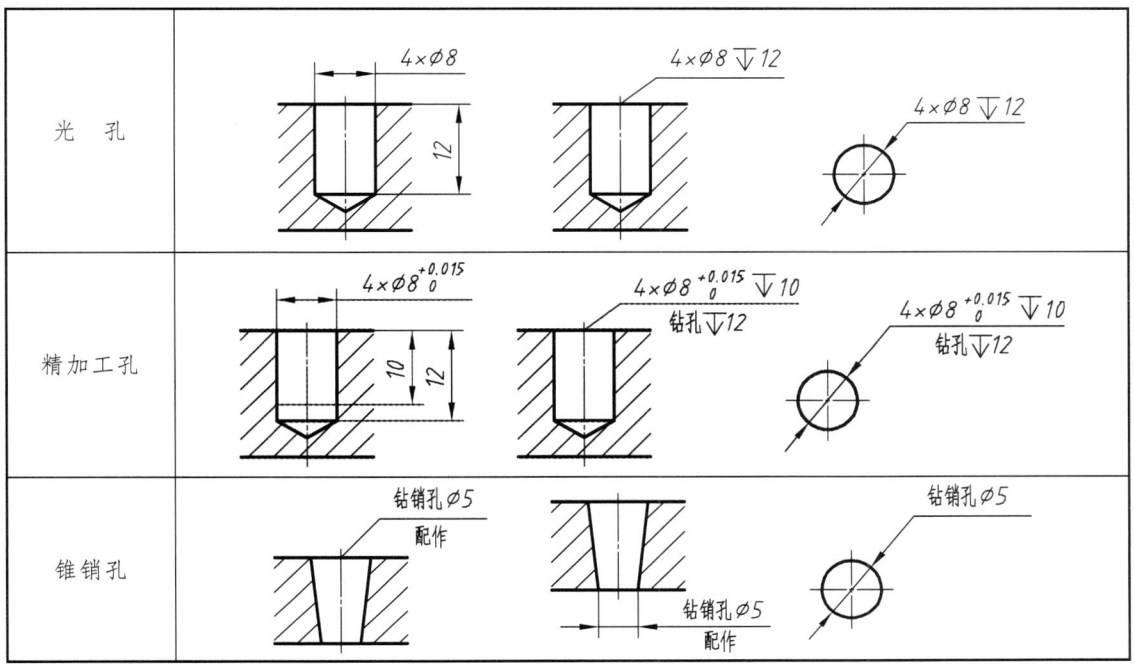

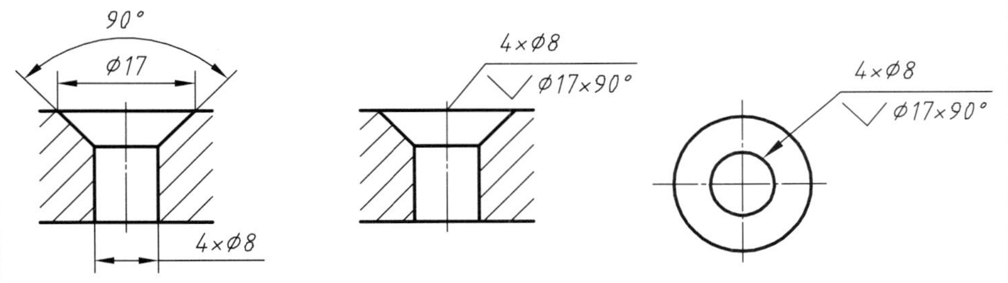

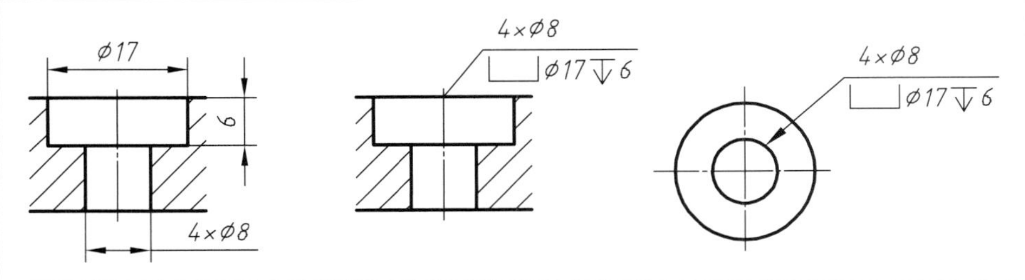

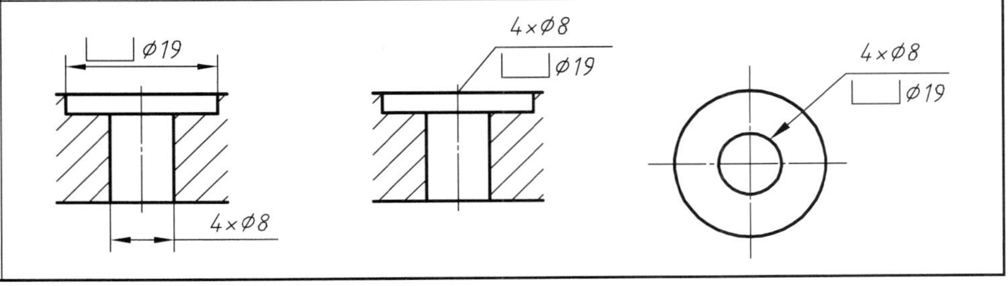

表 8.3 螺孔的尺寸注法

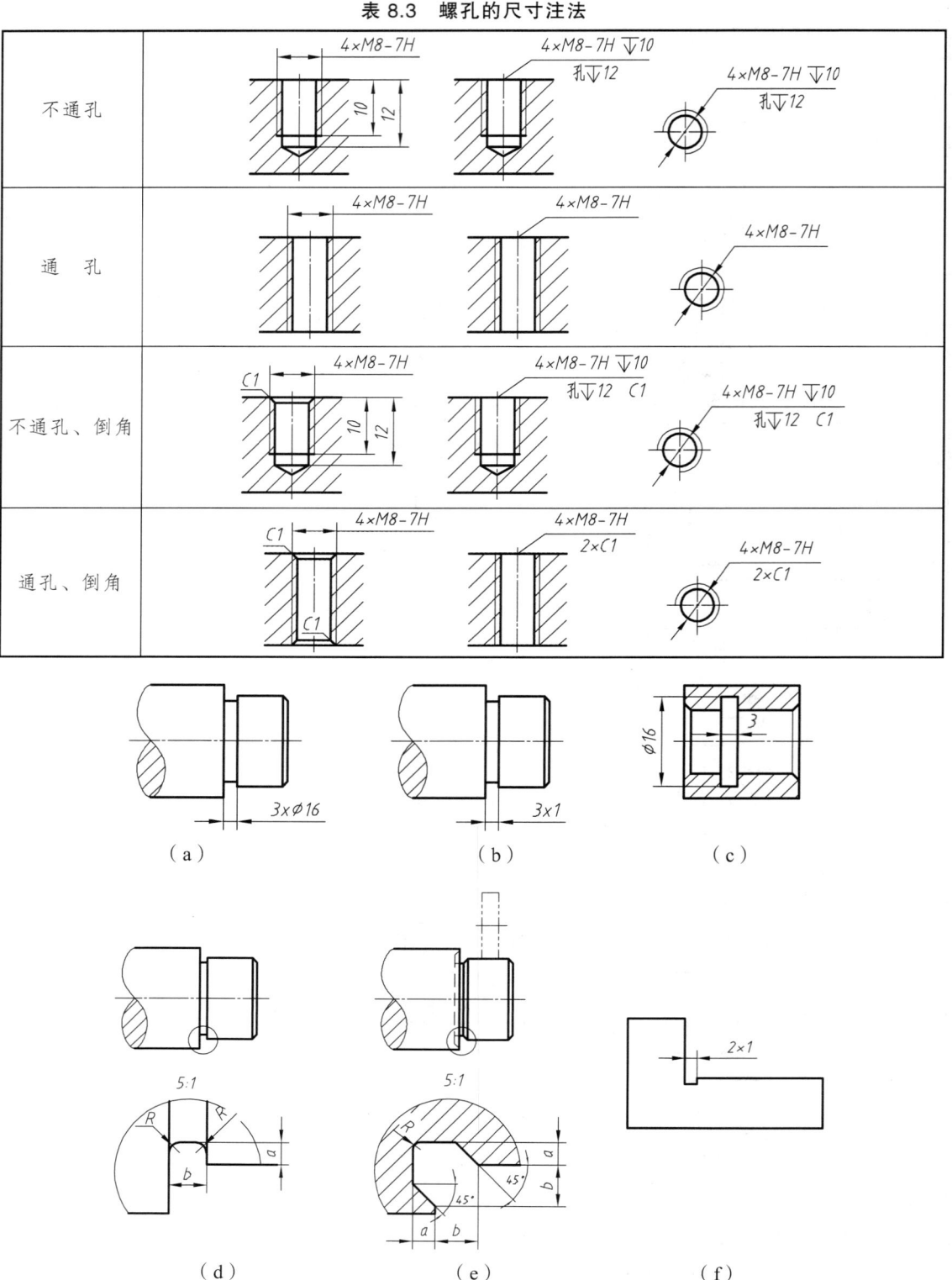

图 8.29 退刀槽及砂轮越程槽的标注

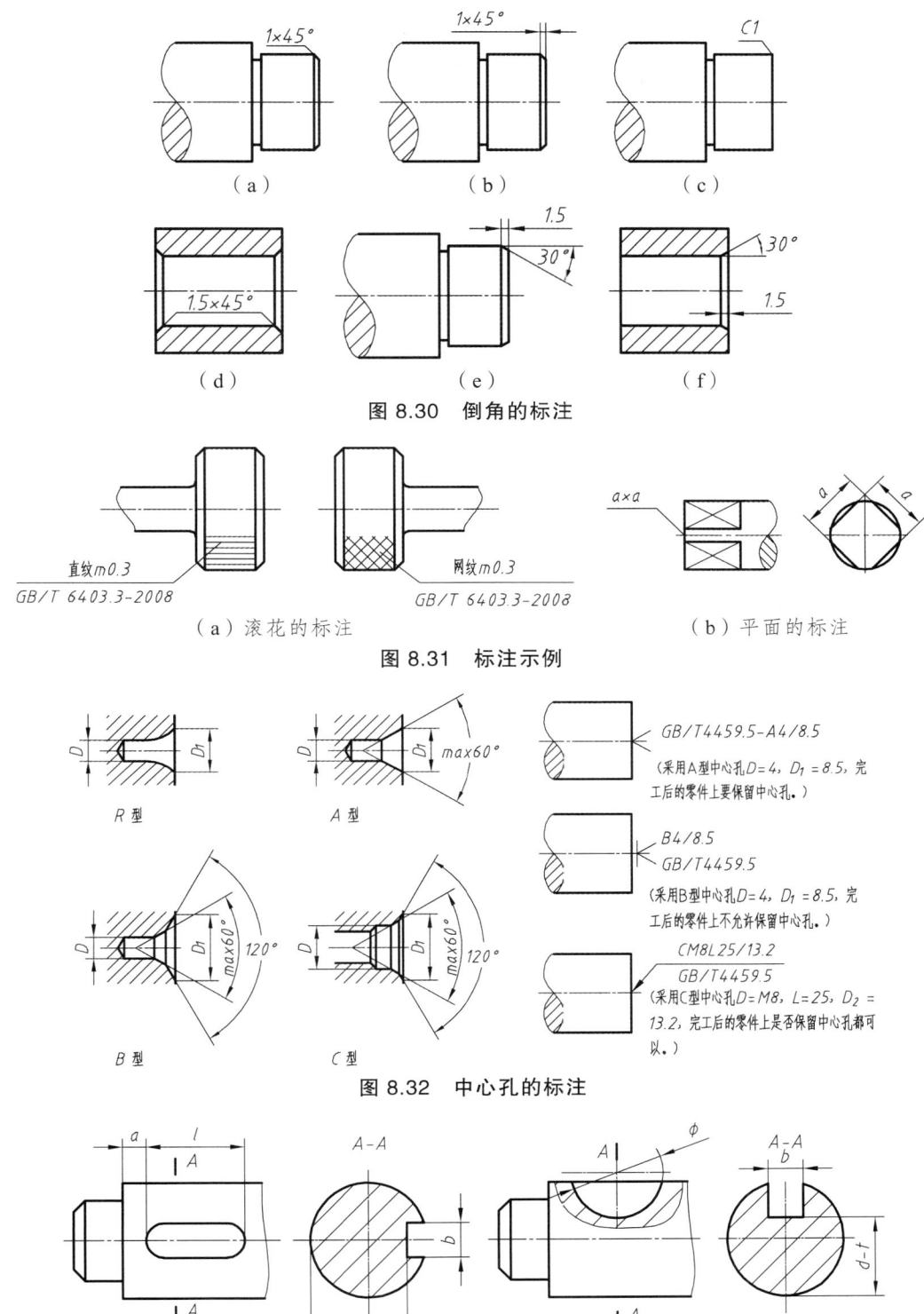

图 8.30 倒角的标注

图 8.31 标注示例

图 8.32 中心孔的标注

图 8.33 键槽的标注

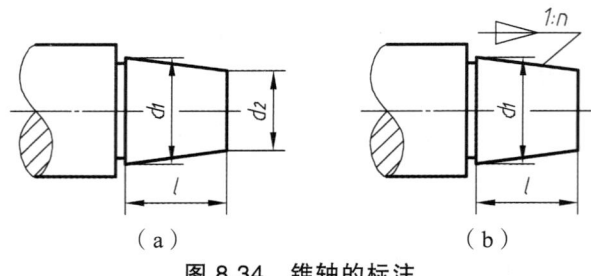

图 8.34 锥轴的标注

（2）满足设计要求。

① 主要尺寸应以设计基准直接注出。在零件图的尺寸中，那些具有影响产品机械性能、工作精度及互换性的尺寸，称为主要尺寸。如配合表面的尺寸、零件之间连接尺寸、规格性能尺寸、安装尺寸、影响零件在部件中准确位置的尺寸等。要将这些主要尺寸直接标注出来，以保证设计要求，并有利于尺寸公差和几何公差的标注。

② 有联系的尺寸应协调一致。部件中各零件之间有配合、连接、传动等联系。标注零件有联系的尺寸，应尽可能做到尺寸基准、标注形式及内容等协调一致。图 8.35 中一对齿轮传动中心距为 $40_0^{+0.025}$，泵体齿轮室中心距。这两个零件的尺寸基准、尺寸数值、偏差等都应协调一致。

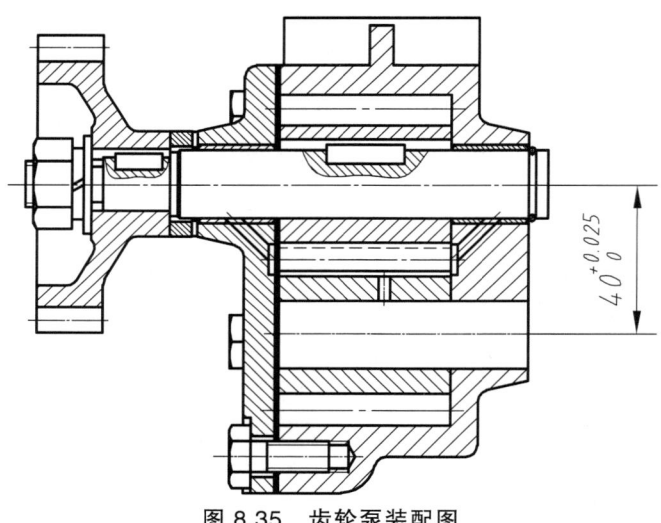

图 8.35 齿轮泵装配图

③ 不要注成封闭尺寸链。零件尺寸链为互相联系且按一定顺序排列的尺寸组合，其中每个尺寸称为尺寸链中一个组成环，如图 8.36（b）所示的阶梯轴上长度方向的三个尺寸。

在加工零件时，要使尺寸做得绝对准确是不可能的。所以对零件上一些主要尺寸，都要给出允许的误差范围。如图 8.36（b）所示轴的总长为 50±0.1，小端长度为 30±0.1，根据这两个尺寸加工此零件时，大端长度最大可能做成 $50^{+0.1} - 30_{-0.1} = 20.2$，最小可能做成 $50_{-0.1} - 30^{+0.1} = 19.8$，其尺寸应在 20±0.2 范围内变动。由此可见，大端长度尺寸的误差为总长与小端尺寸误差之和，这就是误差积累。这个由各组成环推算出来的尺寸 20±0.2，叫作尺寸链的封闭环。由此可知，封闭环尺寸的误差等于各组成环尺寸误差之和。因此，零件尺寸链中的封闭尺寸不应注出。如果注出，依据误差积累原则，根据 50±0.1，20±0.2 来加工，则小端尺寸可能做成 30±0.3，超出允许误差范围，使零件不符合设计要求造成废品。

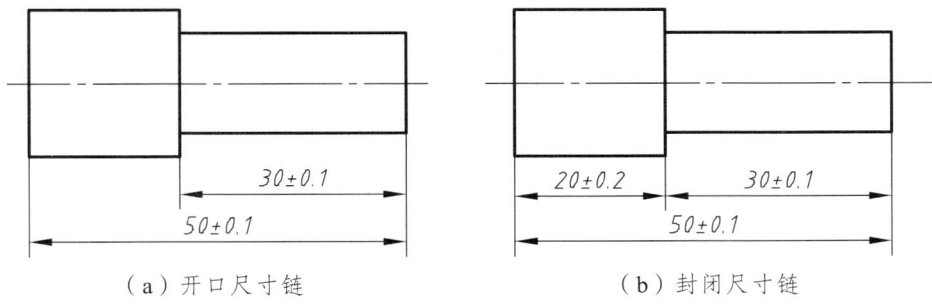

图 8.36 尺寸标注

零件图上不注出封闭环的尺寸链，称为开口尺寸链；不注出尺寸的封闭环，称为开口环，如图 8.36（a）所示，开口环一般选在不重要的那段尺寸上。

（3）满足工艺要求。

① 按加工顺序标注尺寸。轴套类零件或阶梯孔按加工顺序标注尺寸，便于加工测量，如图 8.37 所示为减速器输出轴的尺寸标注。

② 同一种加工方法的尺寸应尽量集中标注。如图 8.37 所示，轴上的键槽尺寸在铣床上加工，长度尺寸标注在主视图上，而槽宽和槽深的尺寸集中标注在断面图上。

③ 标注尺寸应尽量考虑测量方便，如图 8.38 所示。

④ 铸件尺寸按形体分析法标注。铸件制造过程是先要做木模，木模由基本形体拼合而成，因此，对铸件尺寸按形体分析法标注，既反映出设计意图，又接近制作木模的需要。图 8.39（b）是木模分解图，按图 8.39（a）标注尺寸，直接给出了各基本形体的定形尺寸和定位尺寸，符合制作木模工艺的要求。

⑤ 对铸件、锻件的加工表面与不加工表面尺寸按两组分别标注，而用一个尺寸将两表面联系起来。一般只能有一个联系尺寸，因为在加工过程中，粗加工使用的毛基准面一般只允许使用一次。如图 8.40（a）所示，加工表面与不加工表面只有一个尺寸（数值为 A）相联系。这样不仅联系尺寸的精度要求容易保证，而且不加工表面的尺寸精度也能保证设计要求。如图 8.40（b）所示标注同一加工表面与多个不加工表面相联系，则不可能同时保证各尺寸的精度要求，不便于加工制造。

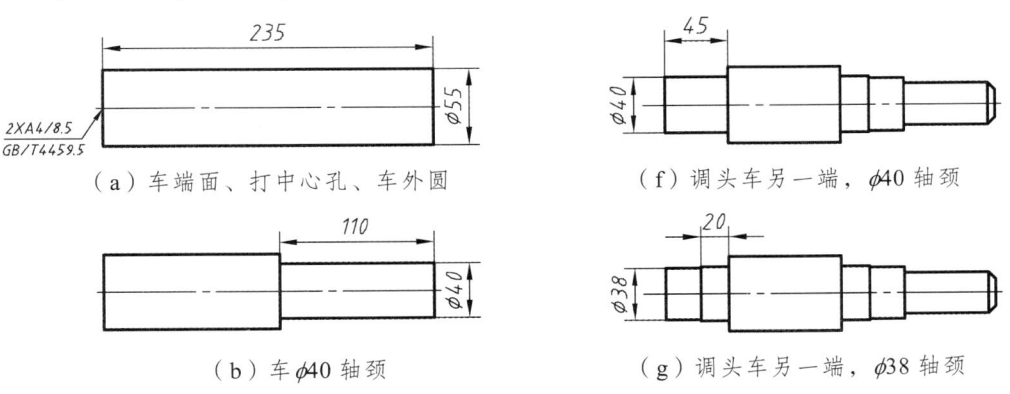

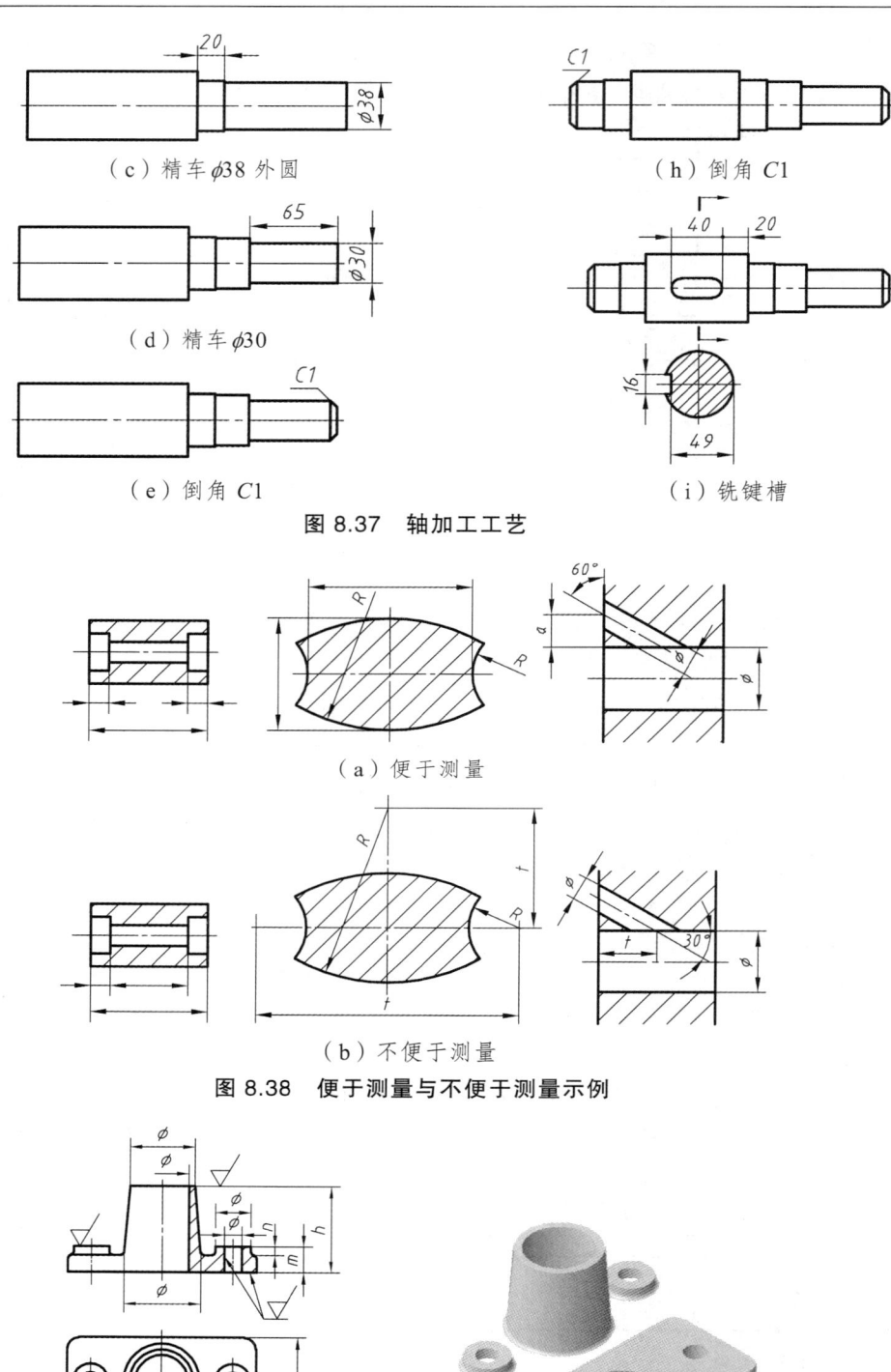

(c) 精车 $\phi38$ 外圆

(h) 倒角 C1

(d) 精车 $\phi30$

(e) 倒角 C1

(i) 铣键槽

图 8.37 轴加工工艺

(a) 便于测量

(b) 不便于测量

图 8.38 便于测量与不便于测量示例

(a)      (b)

图 8.39 铸件按形体分析法标注尺寸

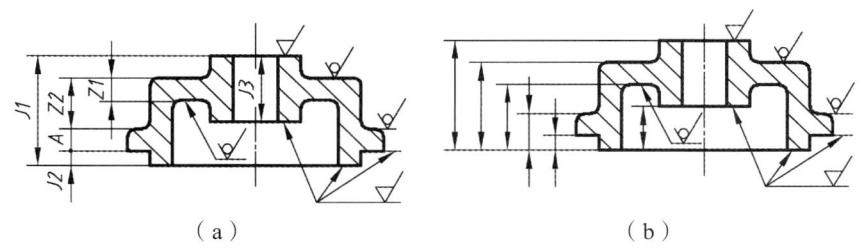

（a）　　　　（b）

**图 8.40　加工面与不加工面的尺寸联系**

### 4. 零件尺寸标注举例

**【例 8.1】**　试标注图 8.41（a）所示装配图中主动齿轮轴的尺寸。

**【解】**　尺寸标注步骤如下：

（1）分析零件的结构形状以及与其他零件之间的联系和加工方法，分清主要尺寸和次要尺寸。

（2）选取尺寸基准，如图 8.41（a）所示，设计基准、工艺基准，其中 *A* 处为设计基准，*B* 处为工艺基准。

（a）　　　　（b）

（c）　　　　（d）

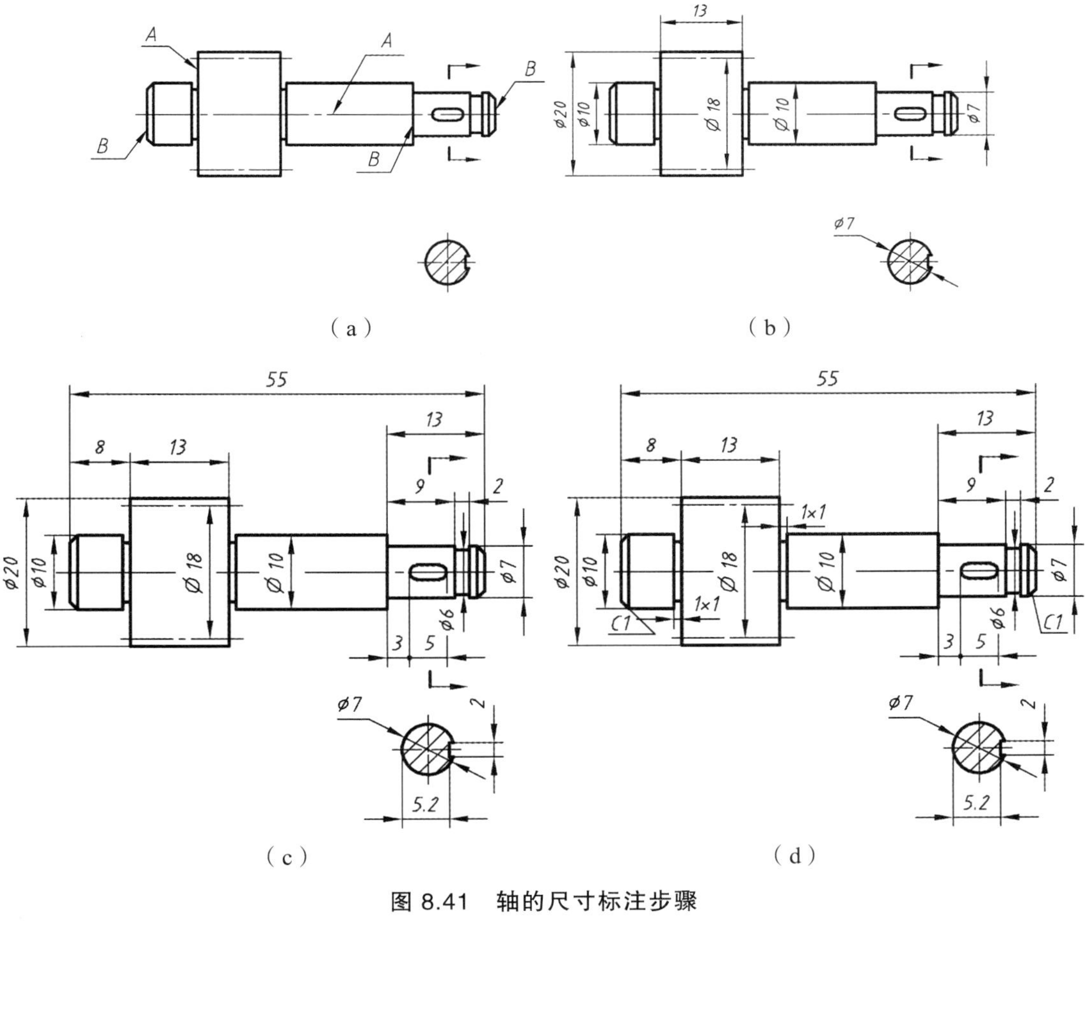

**图 8.41　轴的尺寸标注步骤**

(3)从设计基准出发标注主要尺寸,如图 8.41(b)所示。
(4)从工艺基准出发标注主要尺寸,注局部功能结构尺寸,如图 8.41(c)所示。
(5)注局部工艺结构尺寸与其余尺寸,如图 8.41(d)所示。
(6)检查有无错误、漏掉尺寸等。

【例 8.2】 标注双级减速器箱体的尺寸。

【解】 图 8.42 中零件是减速器中的主要零件,其组成部分以及与其他相联系的零件较多,因而尺寸数量也较多。对这样复杂的铸件标注尺寸时,通常是根据制造特点及其功用,采用形体分析的方法,按各个组成部分标注定形尺寸和定位尺寸,其步骤如下:

(1)选取尺寸基准。如图 8.42 所示,长度方向主要基准是箱体的中心平面,辅助基准是蜗杆轴线及左端面;宽度方向基准是过蜗轮轴线的正平面;高度方向主要基准是底平面,辅助基准是蜗杆轴线。

(2)标注主要尺寸。根据结构特点分析确定主要尺寸,并进行标注。

(3)标注其余尺寸。根据铸件的结构特点,按形体分析法标注。

(4)检查有无遗漏。

完成尺寸标注如图 8.42 所示。

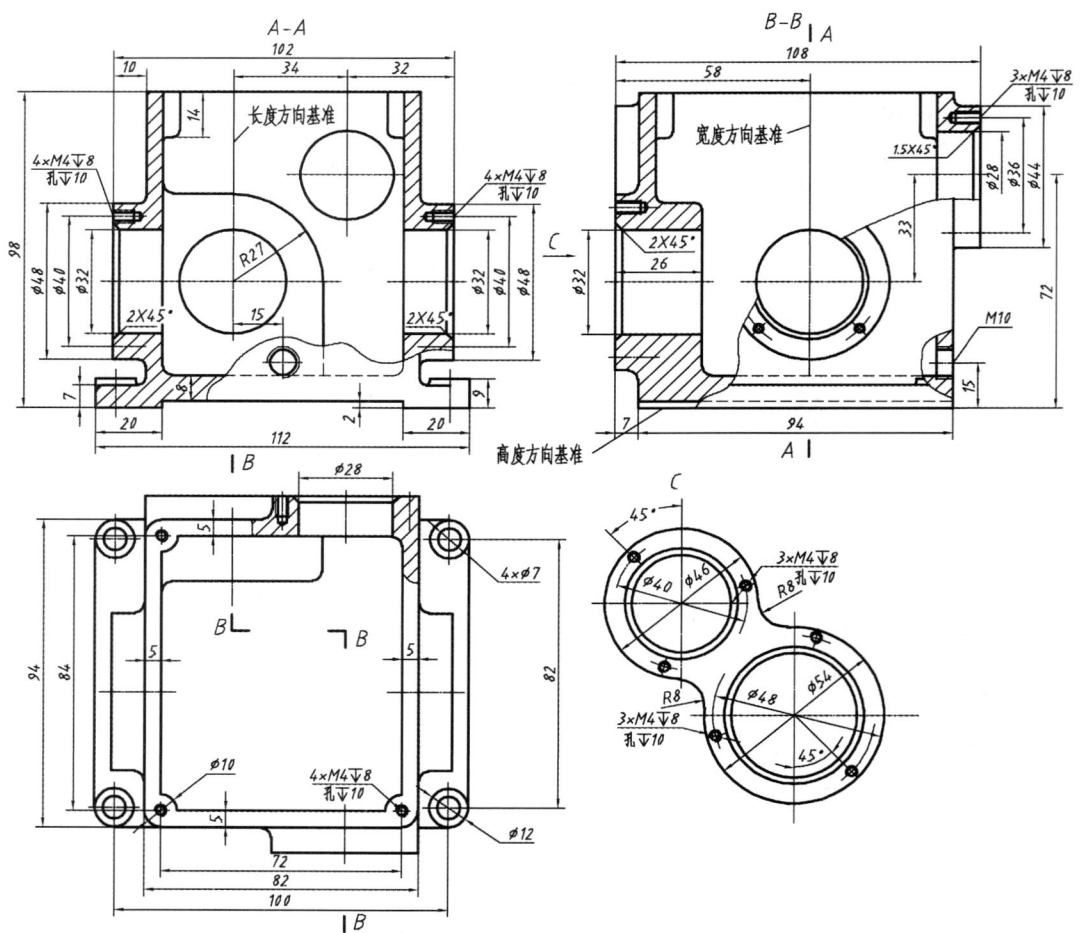

图 8.42 箱体尺寸标注步骤

## 8.5 零件的技术要求与在图样上的标注

零件图是指导生产机器零件的重要文件。因此，它除了有图形和尺寸以外，还应有制造零件时应达到的质量要求，一般称为技术要求，用以保证零件的加工制造精度，满足其使用性能。

零件图中的技术要求主要包括：表面粗糙度、极限与配合、几何公差、热处理以及其他有关制造的要求。上述要求应按照有关国家标准规定的代（符）号或用文字正确地注写出来。

### 8.5.1 表面粗糙度

**1. 表面粗糙度的概念**（GB/T 3505—2009）

表面结构是表面粗糙度、表面波纹度、表面缺陷、表面纹理、表面几何形状的总称。表面结构的各项要求在图样上的表示方法请查阅《产品几何技术规范（GPS）技术产品文件中表面结构的表示法》（GB/T 131—2006）。

（1）基本概念与术语。

实际表面：工件上实际存在的一个表面，它是按所定特征由加工形成的。实际表面是由粗糙度、波纹度和形状叠加而成的一个表面。

实际表面的轮廓（实际轮廓）：由一个平面与实际表面相交所得的轮廓。它由粗糙度轮廓、波纹度轮廓和形状轮廓构成，如图 8.43 所示。

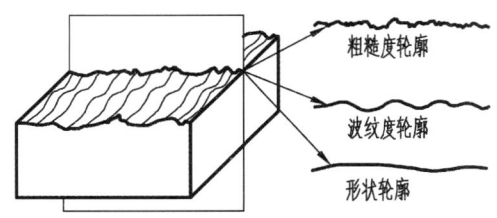

图 8.43 实际表面的轮廓

通过预定的信息转换，对实际表面轮廓的成分进行分离的一种处理过程，称为分离实际表面轮廓成分的求值系统或称为滤波器。

轮廓滤波器：把轮廓分成长波和短波成分的滤波器。在测量粗糙度、波纹度和原始轮廓的仪器中使用三种滤波器，它们的传输特性相同但截止波长不同。$\lambda_s$ 滤波器：确定存在于表面上的粗糙度与比它更短的波的成分之间相交界限的滤波器；$\lambda_c$ 滤波器：确定粗糙度与波纹度成分之间相交界限的滤波器；$\lambda_f$ 滤波器：确定存在于表面上的波纹度与比它更长的波的成分之间相交界限的滤波器。

原始轮廓：在应用短波长滤波器 $\lambda_s$ 之后的总的轮廓。原始轮廓是评定原始轮廓参数的基础。

粗糙度轮廓：它是对原始轮廓采用滤波器 $\lambda_c$ 抑制长波成分以后形成的轮廓，这是故意修正的轮廓。粗糙度轮廓的传输频带是由 $\lambda_s$ 和 $\lambda_c$ 轮廓滤波器来限定的，粗糙度轮廓是评定粗糙度轮廓参数的基础。

波纹度轮廓：它是对原始轮廓连续应用 $\lambda_f$ 和 $\lambda_c$ 两个滤波器以后形成的轮廓。采用 $\lambda_f$ 滤波器抑制长波成分，而采用 $\lambda_c$ 滤波器抑制短波成分。这是故意修正的轮廓。波纹度轮廓的传输频带是由和轮廓滤波器 $\lambda_f$ 和 $\lambda_c$ 来限定的，波纹度轮廓是评定波纹度轮廓参数的基础。

（2）表面结构参数的术语。

对于表面结构的情况，可以用三种参数评定：轮廓参数（参阅 GB/T 3505—2009）；图形参数（参阅 GB/T 18618—2009）；支承率曲线参数（参阅 GB/T 18778.2—2003 和 GB/T 18778.3—2006）。工程图样中常用的轮廓参数：

$P$ 参数：从原始轮廓上计算所得的参数。

$R$ 参数：从粗糙度轮廓上计算所得的参数。

$W$ 参数：从波纹度轮廓上计算所得的参数。

下面介绍轮廓参数中的粗糙度轮廓（$R$ 轮廓）的 $Ra$、$Rz$ 参数。

表面粗糙度一般是由所采用的加工方法和其他因素所形成的，例如加工过程中刀具与零件表面间的摩擦、切屑分离时表面层金属的塑性变形以及工艺系统中的高频振动等。由于加工方法和工件材料的不同，被加工表面留下痕迹的深浅、疏密、形状和纹理都有差别。这种加工表面上具有较小间距的峰谷所组成的微观几何形状特征，称为表面粗糙度。

表面粗糙度对零件的配合性质、耐磨性、抗腐蚀性、密封性、振动和噪声、抗疲劳的能力都有影响。表面粗糙度是评定零件表面质量的重要指标，通常由 $Ra$，$Rz$ 两个参数描述，其值越小，加工成本越高。因此，为保证产品质量，提高机械产品的使用寿命和降低生产成本，在设计零件时必须对其表面粗糙度提出合理的要求。

① 轮廓最大高度 $Rz$。

如图 8.44 所示，轮廓最大高度是在取样长度内[取样长度（$lr$）指在 $X$ 轴方向判别被评定轮廓不规则特征的长度]，最大轮廓峰高和最大轮廓谷深之和。

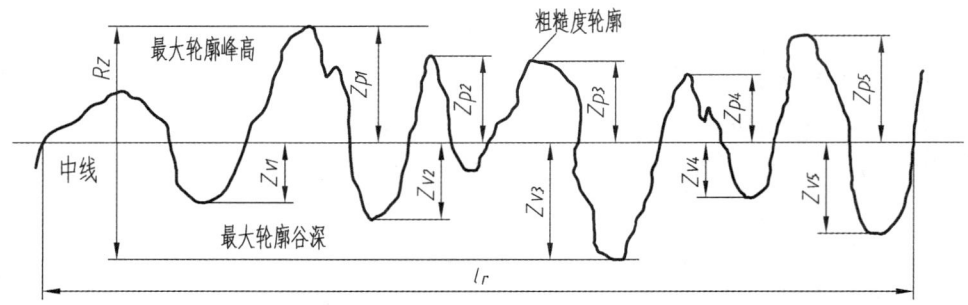

图 8.44　粗糙度轮廓的最大高度

② 轮廓算术平均偏差 $Ra$。

如图 8.45 所示，轮廓算术平均偏差是在取样长度内，沿测量方向（$z$ 方向）的轮廓线上的点与基准线之间距离绝对值的算术平均值。

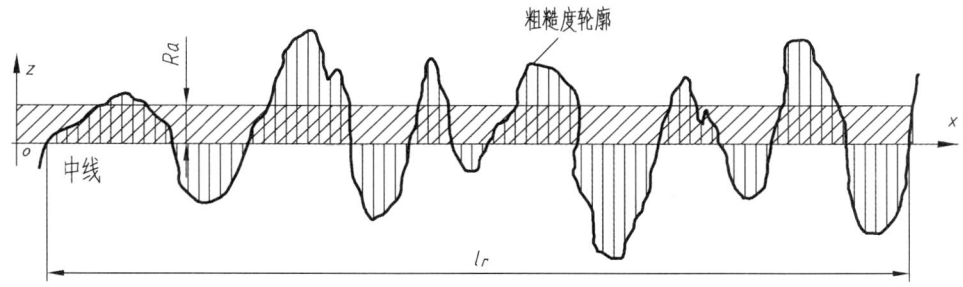

图 8.45 粗糙度轮廓的算术平均偏差

目前，一般机械制造工业中主要选用 $Ra$。$Ra$ 值按下列公式表示：

$$Ra = \frac{1}{l}\int_0^l |Z(x)| dx$$

式中　$l$——取样长度（即一段基准线长度）；
　　　$Z$——轮廓偏距（表面轮廓上点至基准线的距离）。

$Ra$ 也可近似表示为

$$Ra = \frac{1}{n}\sum_{i=1}^n |Z_i|$$

在 GB/T 1031—2009 中规定了 $Ra$ 参数值（见表 8.4），表中第一系列为优先选用。

表 8.4　**$Ra$ 的数值**　　　　　　　　　　　　　　　单位：μm

| | |
|---|---|
| 第一系列 | 0.012，0.025，0.05，0.10，0.20，0.4，0.8，1.6，3.2，6.3，12.5，25，50，100 |
| 第二系列 | 0.008，0.01，0.016，0.02，0.032，0.04，0.065，0.16，0.25，0.32，0.5，0.63，1，1.25，2，2.5，4，5，8，10，16，20，32，40，63，80 |

③ 取样长度（$lr$）与评定长度（$ln$）标注。

评定长度（$ln$）用于评定被评定轮廓的 $X$ 轴方向上的长度，它可以包含一个或几个取样长度。

当取 5 个（标准个数）取样长度测定粗糙度轮廓参数时，不需要在参数符号后面作出标记；如果是在不等于 5 个取样长度上测得的参数值，则必须在参数符号后面附注取样长度的个数，如 $Ra1$，$Rz1$，$Rz3$。如参数符号没有个数标记，默认为评定长度；如没有默认的评定长度，参数代号中应有取样长度的个数。

④ 极限值判断规则的标注。

如标注参数代号后无"max"，表明给定极限的默认定义或默认解释（16% 规则，即对于按一个参数的上限值（GB/T 131）规定要求时，如果在所选参数都用同一评定长度上的全部实测值中，大于图样或技术文件中规定值的个数不超过总数的 16%，则该表面是合格的。对于给定表面参数下限值的场合，如果在同一评定长度上的全部测得值中，小于图样或技术文件中规定值的个数不超过总数的 16%，该表面也是合格的。为了指明参数的上、下限值，所用参数符号没有"max"标记。),否则应用最大规则解释其给定极限。检验时,若规定了参数的最大值要求(见 GB/T 131—2006),则在被检的整个表面上测得的参数值一个也不应超过图样或技术文件中的规定值。为了指明参数的最大值,应在参数符号后面增加一个"max"的标记,如 $Ra$1max。

⑤ 传输带和取样长度的标注。

传输带:是两个定义的滤波器之间的波长范围(见 GB/T 6062,GB/T 18777)。当参数代号中没有标注传输带时,采用默认的传输带。否则应指定传输带即短波滤波器或长波滤波器。传输带应标注在参数代号的前面,并用斜线"/"隔开。传输带标注包括滤波器截止波长(mm),短波滤波器在前,长波滤波器在后,并用连字号"-"隔开。标注一个滤波器时应保留连字号"-",以区分短波滤波器和长波滤波器。

⑥ 单向极限与双向极限的标注。

当只标注参数代号、参数值和传输带时,应默认为参数的上限值;当只有参数代号、参数值和传输带作为参数的单向下限值标注时,参数代号前加"L"。

在完整符号中表示双向极限时应标注极限代号,上限值在上方,用"U"表示,下限值在下方,用"L"表示,如同一参数具有双向极限要求,在不引起误解的情况下,可以不加"U,L"。

### 2. 表面粗糙度的选用

零件表面粗糙度数值的选用,应该既要满足零件表面的功用要求,又要考虑经济合理性。具体选用时,可参照生产中的实例,用类比法确定,同时注意下列问题:

① 在满足功能要求的前提下,尽量选用较大的 $Ra$ 值,以降低生产成本。

② 在同一零件上,工作面比非工作面 $Ra$ 值要小。

③ 摩擦面比非摩擦面的 $Ra$ 值要小。

④ 相互配合的零件,孔的表面 $Ra$ 值比轴的表面 $Ra$ 值要大;同一公差等级的同类零件,小尺寸比大尺寸的表面 $Ra$ 值要小。

⑤ 受循环载荷作用的表面及容易产生应力集中的表面(如圆角、沟槽)的 $Ra$ 值要小。

⑥ 运动速度高、单位面积压力大的摩擦表面,比运动速度低、单位面积压力小的摩擦表面 $Ra$ 值小。

⑦ 零件表面的 $Ra$ 值应与该零件的尺寸公差和几何公差相协调。

### 3. 表面粗糙度代号

零件表面粗糙度代(符)号及其在图样上的注法应符合 GB/T 131—2006 的规定。图样上所标注的表面粗糙度代(符)号,是对该表面完工后的要求。

(1)表面粗糙度的图形符号。

表面粗糙度符号的画法及意义如表 8.5 所示。

表 8.5 表面粗糙度符号的画法及意义

| 符号 | 画法及意义 | | | 备注 |
|---|---|---|---|---|
| 基本图形符号 | 表面粗糙度的基本图形符号，未指定工艺方法的表面，没有补充说明不能单独使用。$H_1$ 为比所写数字或字母大一号字体的高度，$H_2$ 取决于标注内容，一般为两倍 $H_1$ 稍大一点，例如采用 2.5 号字，$H_1$ 为 3.5，$H_2$ 为 7.5；采用 3.5 号字，$H_1$ 为 5，$H_2$ 为 10.5；采用 5 号字，$H_1$ 为 7，$H_2$ 为 15；使用更大的字体，请参阅 GB/T 131—2006，字母、符号线宽为十分之一字高 | | | 位置 $a$：注写表面粗糙度的单一要求<br>位置 $a$ 和 $b$：注写两个或多个表面粗糙度的要求<br>位置 $c$：注写加工方法<br>位置 $d$：注写加工纹理方向符号<br>位置 $e$：注写加工余量 |
| 扩展图形符号 | 用去除材料的方法获得的表面，当含义是"被加工表面"时可单独使用 | 用不去除材料的方法获得的表面或保持原供应状况，不管是去除材料还是不去除材料形成的 | | |
| 完整图形符号 | 允许任何加工方法 | 去除材料 | 不去除材料 | |

（2）表面粗糙度代号。

表面粗糙度的图形符号注写各种参数值要求后称为表面粗糙度代号。表 8.6 举例说明表面粗糙度代号的意义。

表 8.6 表面粗糙度符号的画法及意义

| 代号 | 含义 |
|---|---|
| $\sqrt{Ra\ 0.4}$ | 表示去除材料，单向上限值，默认传输带，$R$ 轮廓，算术平均偏差 0.4 μm，评定长度为 5 个取样长度（默认），"16% 规则"（默认）。取样长度在 GB/T 10610，GB/T 6062 中查取 |
| $\sqrt{Ra\ 0.4}$ | 表示不允许去除材料，单向上限值，默认传输带，$R$ 轮廓，算术平均偏差 0.4 μm，评定长度为 5 个取样长度（默认），"16% 规则"（默认）。取样长度在 GB/T 10610，GB/T 6062 中查取 |
| $\sqrt{Rzmax\ 0.2}$ | 表示去除材料，单向上限值，默认传输带，$R$ 轮廓，粗糙度的最大高度 0.2 μm，评定长度为 5 个取样长度（默认），最大规则 |

续表 8.6

| 代 号 | 含 义 |
|---|---|
| ∨ 0.008-0.8/Ra 3.2 | 表示去除材料，单向上限值，传输带 0.008～0.8 mm，$R$ 轮廓，算术平均偏差 3.2 μm，评定长度为 5 个取样长度（默认），"16% 规则"（默认）。取样长度等于 $λ_c$，即 $l = 0.8$ mm |
| ∨ -0.8/Ra3 3.2 | 表示去除材料，单向上限值，传输带：根据 GB/T 6062，取样长度为 0.8 mm（$λ_s$ 默认 0.002 5 mm），$R$ 轮廓，算术平均偏差 3.2 μm，评定长度包含 3 个取样长度，"16% 规则"（默认） |
| ∨ U Ramax 3.2<br>L Ra 0.8 | 表示不允许去除材料，双向极限值，两极限值均使用默认传输带，$R$ 轮廓，上限值：算术平均偏差 3.2 μm，评定长度为 5 个取样长度（默认），最大规则。下限值：算术平均偏差 0.8 μm，评定长度为 5 个取样长度（默认），"16% 规则"（默认） |

**4. 表面粗糙度在图样中的标注**

当图样中某个视图上构成封闭轮廓的各个表面有相同的表面粗糙度要求时，在完整图形符号上加一个圆圈，标注在封闭的轮廓上，如图 8.46 所示，图中的表面粗糙度符号是指对图形中封闭轮廓的 1～6 个面的共同要求，不包括前、后面。

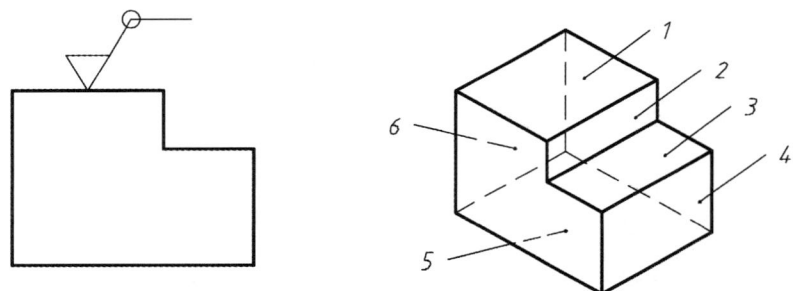

图 8.46 表面粗糙度在图样中的标注（一）

（1）表面度要求同一张图样上，每个表面一般标注一次，并尽可能注在相应尺寸及其公差的同一视图上，除非另有说明，所标注的粗糙度要求是对完工零件表面的要求。

（2）表面粗糙度符号的注写与读取方向与尺寸注写与读取方向一致，如图 8.47（a）所示。

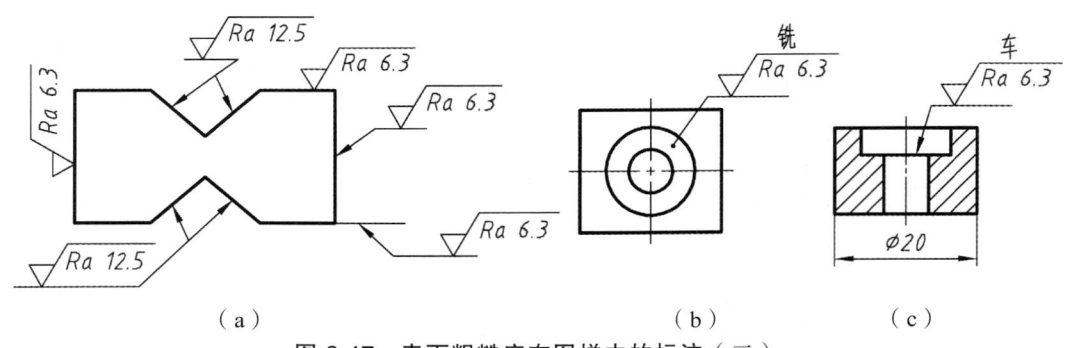

图 8.47 表面粗糙度在图样中的标注（二）

（3）表面粗糙度符号可标注在轮廓线（或其延长线）上或指引上，其符号应从材料外指向材料内并接触表面，必要时，表面粗糙度符号也可用带箭头或黑点的指引线引出标注，如图 8.47 所示。

（4）表面粗糙度符号在不引起误解的情况下，可标注在给定尺寸的尺寸线上。表面粗糙度符号可标注在几何公差的方格上，如图 8.48 所示。

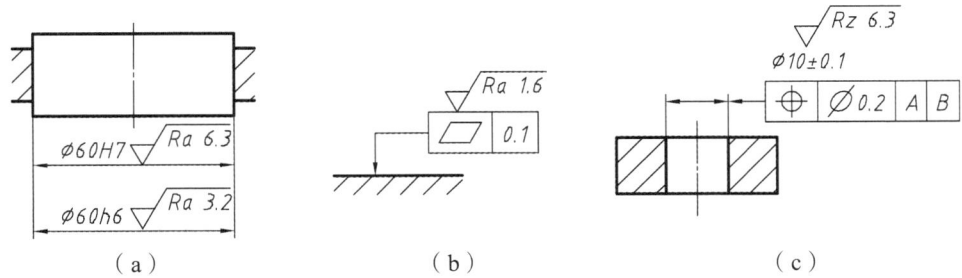

图 8.48　表面粗糙度在图样中的标注（三）

（5）圆柱与棱柱的表面粗糙度要求只标注一次，如果每个棱柱的表面粗糙度有不同的要求，则应分别单独标注，如图 8.49 所示。

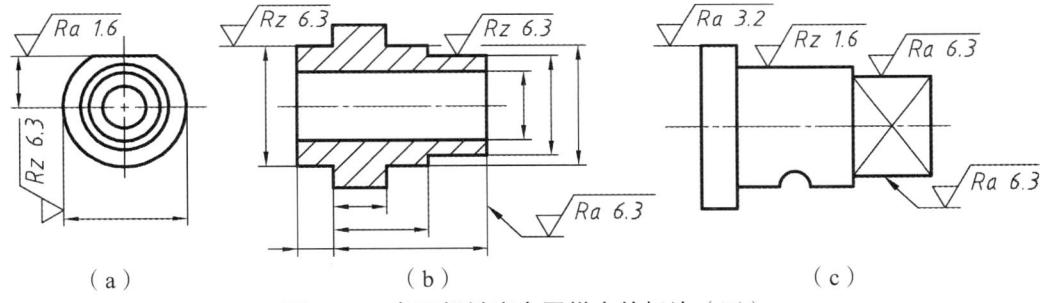

图 8.49　表面粗糙度在图样中的标注（四）

（6）表面粗糙度的简化标注。

如果在工件的多数（包括全部）表面有相同的表面粗糙度要求时，其表面粗糙度的要求可以统一标注在图样的标题栏附近。此时（除全部表面有相同要求的情况外），表面粗糙度要求的符号后应有：在圆括号内给出无任何其他标注的基本符号；在圆括号内给出不同的表面粗糙度的要求。不同的表面粗糙度的要求应直接标注在图形中，如图 8.50 所示。

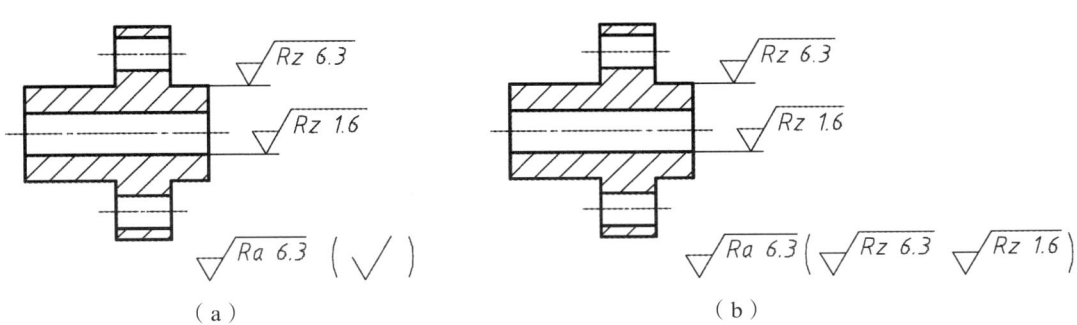

图 8.50　表面粗糙度的简化标注（一）

多个表面具有共同要求的注法：可用带字母的完整符号，以等式的形式，在图形或标题栏附近，对有相同表面粗糙度要求的表面进行简化标注，如图 8.51 所示。

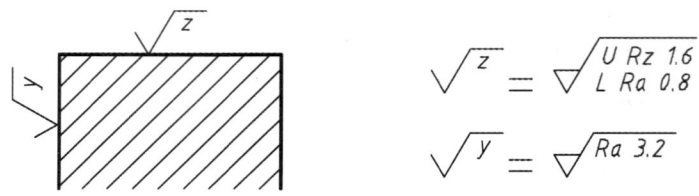

图 8.51　表面粗糙度的简化标注（二）

对只有表面粗糙度符号要求的表面进行简化标注，如图 8.52 所示。

图 8.52　表面粗糙度的简化标注（三）

两种或多种工艺获得同一表面的标注方法，如图 8.53 所示。

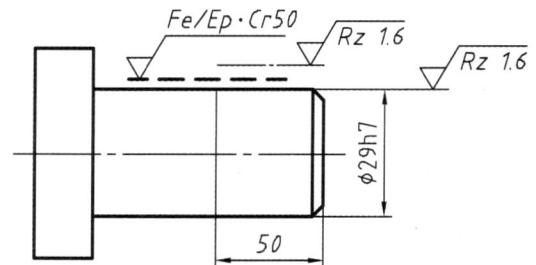

图 8.53　两种或多种工艺获得同一表面的标注方法

### 8.5.2　极限与配合的概念及标注

配合的概念与标注主要用在装配图中，为便于学习，关于极限与配合的基本内容均在此介绍。

（1）极限与配合的概念。

① 零件互换性。

在成批或大量生产中，规格大小相同的零件或部件，不经选择地任取一个零件（或部件）可以不需任何加工就能装配到产品上去，并能达到设计的性能要求，零件的这种性质称为互换性。互换性原则在机器制造中的应用，大大地简化了零件、部件的制造和装配过程，给机器的装配、维修带来方便，更重要的是为机器的现代化大量生产提供可能性。

要满足互换性的要求，就必须控制零件的尺寸。由于加工、测量的误差，零件的尺寸不可能制造得绝对准确。为此，在满足工作要求的条件下，允许尺寸有一个适当的变动范围，这一允许的变动量就称为尺寸公差。从使用要求来看，把与孔公称尺寸相同轴装在孔里，两个零件相互结合时要求有一定的松紧程度，称之为配合。为了保证互换性，要规定两个零件表面的配合性质，建立公差与配合制度。

② 公差的有关术语（GB/T 1800.1—2009，见图 8.54）。

公称尺寸：设计给定的尺寸，是确定偏差的起始尺寸，其数值应优先选用标准直径或标准长度。

提取要素的局部尺寸：实际测量得到的尺寸。

极限尺寸：允许零件提取要素的局部尺寸变化的两个界限值，其中最大的一个称为上极限尺寸，最小的一个称为下极限尺寸。

尺寸偏差（简称偏差）：某一尺寸减去公称尺寸所得的代数差。

上极限偏差 = 上极限尺寸 – 公称尺寸；

下极限偏差 = 下极限尺寸 – 公称尺寸；

实际偏差 = 提取要素的局部尺寸 – 公称尺寸。

上、下极限偏差统称为极限偏差；上、下极限偏差可以是正值、负值或零。偏差值除零外，其前面必须冠以正号或负号。

国标中规定，孔的上、下极限偏差分别用 ES、EI 表示，轴的上、下极限偏差分别用 es、ei 表示。

尺寸公差（简称公差）：允许尺寸的变动量。

尺寸公差 = 上极限尺寸 – 下极限尺寸 = 上极限偏差 – 下极限偏差。

由于上极限尺寸总是大于下极限尺寸，因此尺寸公差值一定为正值。

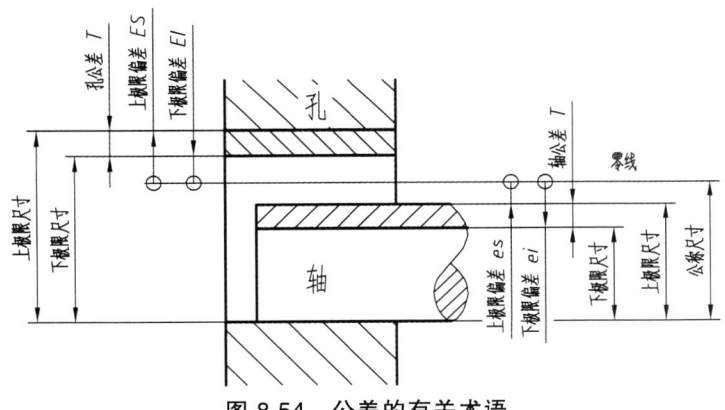

**图 8.54　公差的有关术语**

根据上述参数的定义，可以得到公差、极限偏差、极限尺寸之间的计算关系。例如给出一对有装配关系的孔与轴的有关尺寸如下：

孔
公称尺寸 = $\phi$50
上极限尺寸 = $\phi$50.039
下极限尺寸 = $\phi$50

轴
公称尺寸 = $\phi$50
上极限尺寸 = $\phi$49.975
下极限尺寸 = $\phi$49.950

则

ES = 上极限尺寸 – 公称尺寸
　　= 50.039 – 50 = + 0.039
EI = 下极限尺寸 – 公称尺寸
　　= 50 – 50 = 0
公差 = 上极限尺寸 – 下极限尺寸
　　　= 50.039 – 50 = 0.039
　　　= ES – EI = + 0.039 – 0 = 0.039

es = 上极限尺寸 – 公称尺寸
　　= 49.975 – 50 = – 0.025
ei = 下极限尺寸 – 公称尺寸
　　= 49.950 – 50 = – 0.050
公差 = 上极限尺寸 – 下极限尺寸
　　　= 49.975 – 49.950 = 0.025
　　　= es – ei = – 0.025 –（– 0.050）= 0.025

通过以上计算可知：孔的尺寸变动量为 0.039，只要孔的提取要素的局部尺寸在 $\phi$50.039 与 $\phi$50 之间，即为合格；而轴的尺寸变动量为 0.025，轴的提取要素的局部尺寸在 $\phi$49.975 与 $\phi$49.950 之间，即为合格。

零线、公差带和公差带图：零线是确定偏差的一条基准线，通常以零线表示公称尺寸。公差带表示公差大小和相对零线位置的一个区域。为了便于分析，一般将尺寸公差与公称尺寸的关系，按放大比例画成简图，称公差带图。在公差带图中，上、下极限偏差的距离应成比例，方框内用 45°细实线，用不同的方向与间隔分别表示轴、孔的公差带，公差带在零线垂直方向上的宽度代表公差值，单位为μm。沿零线方向的长度可适当选取。根据以上计算绘制的公差带图如图 8.55 所示。

标准公差：国家标准规定的公差。它的数值取决于孔或轴的标准公差等级和公称尺寸，其代号由 IT 和阿拉伯数字组成，它有 20 个等级，即 IT01、IT0、IT1～IT18。公差等级表示尺寸精确程度；数字大表示公差大、精度低；数字小表示公差小、精度高。同一公称尺寸，公差等级愈大，公差值愈大；同一公差等级，公称尺寸愈大，公差值愈大，如附表 5.1 所示为标准公差数值。

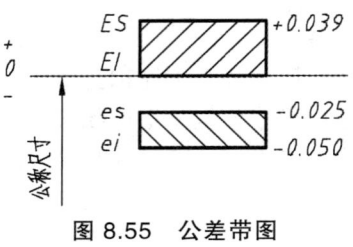

图 8.55 公差带图

基本偏差：距离零线较近的那个极限偏差，其代号用拉丁字母表示，孔、轴各有 28 个基本偏差代号，孔用大写字母表示，轴用小写字母表示，如图 8.56 所示。

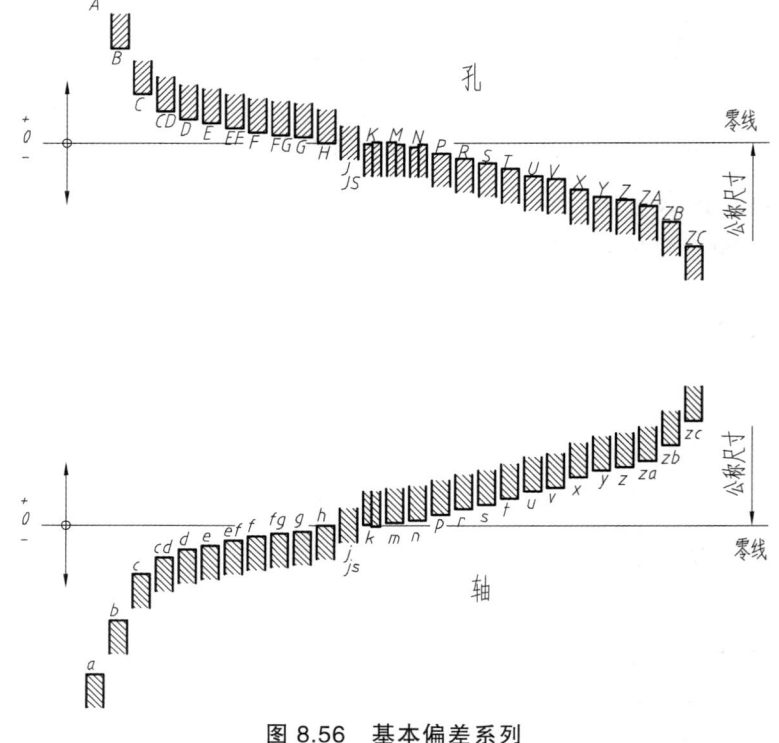

图 8.56 基本偏差系列

从图中可以看出：凡位于零线之上的公差带，下极限偏差是基本偏差，凡位于零线之下的公差带，上极限偏差是基本偏差。

JS（js）的公差带相对于零线对称分布，基本偏差为上极限偏差（+）或下极限偏差（-）。

只要知道了孔、轴的基本偏差和标准公差，就可以根据下列代数式计算出孔、轴的另一个极限偏差。

孔的另一极限偏差（上极限偏差或下极限偏差）：ES = EI + IT，EI = ES - IT；

轴的另一极限偏差（上极限偏差或下极限偏差）：es = ei + IT，ei = es - IT。

孔、轴公差带代号—由基本偏差代号和公差等级数字组成并用同一字体书写。

例如$\phi$60H8，公称尺寸为 60 mm，H8 为孔的公差带代号，H 为基本偏差代号，公差等级为 8 级。又如，$\phi$60f7，公称尺寸为 60 mm，f7 为轴的公差带代号，f 为基本偏差代号，公差等级为 7 级。

当公称尺寸确定后，根据零件配合的性质和精度要求选定基本偏差代号和公差等级，然后根据孔或轴的公称尺寸、基本偏差和公差等级，查表得到孔和轴的上、下极限偏差值。

【例 8.3】 查表确定$\phi$50f6 的上、下极限偏差。

【解】 （1）利用附表 5.1，根据公称尺寸 50 和公差等级 6 级，查得 IT = 16 μm。

（2）根据公称尺寸 50 和基本偏差代号 f、公差等级 6 级，查表得上极限偏差 es = -25 μm。本教材没有编入基本偏差数字表，可参照附表 5.4。

（3）根据 ei = es - IT，得到下极限偏差 ei = -25 - 16 = -41（μm）。

优先配合的极限偏差可利用附表 5.4、附表 5.5，直接查出轴或孔的上、下极限偏差。

③ 配合的有关术语。

在机器装配中，将公称尺寸相同的、相互结合的孔和轴公差带之间的关系，称为配合。由于孔和轴的提取要素的局部尺寸不同，装配后可能产生"间隙"或"过盈"。

（a）配合种类。

根据机器的设计要求、工艺要求和生产实际的需要，国家标准中将配合分为三大类。

间隙配合：具有间隙（包括最小间隙为零）的配合。孔的公差带完全在轴的公差带上方，如图 8.57 所示。

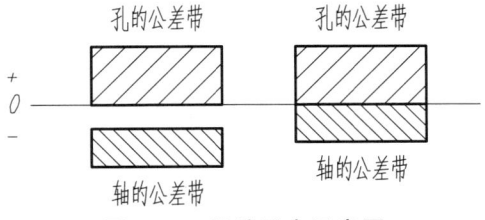

图 8.57　间隙配合示意图

过盈配合：具有过盈（包括最小过盈为零）的配合。孔的公差带完全在轴的公差带下方，如图 8.58 所示。

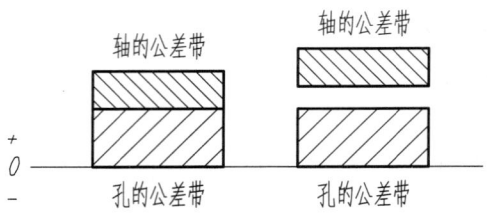

图 8.58 过盈配合示意图

过渡配合：可能具有间隙，也可能具有过盈的配合。孔和轴的公差带相互交叠，如图 8.59 所示。

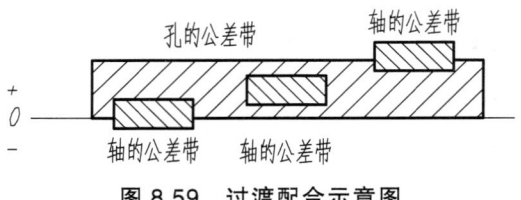

图 8.59 过渡配合示意图

（b）配合制。

在机械产品中，有各种不同的配合要求，孔和轴的公差带位置可有各种不同的方案。为了获得最佳的技术经济效益，把其中孔公差带（或轴公差带）的位置固定，而改变轴公差带（或孔公差带）来实现所需要的各种配合。

用标准化的孔、轴公差带组成各种配合的制度称为配合制。它分为基孔制和基轴制两种。

基孔制——基本偏差为一定的孔的公差带，与不同基本偏差的轴的公差带形成各种配合的一种制度。基孔制配合的孔称为基准孔，其基本偏差代号为 H。基本偏差为下极限偏差，EI = 0，所以公差带在零线上方，如图 8.60（a）所示。

基轴制——基本偏差为一定的轴的公差带，与不同基本偏差的孔的公差带形成各种配合的一种制度。基轴制配合的轴称为基准轴，其基本偏差代号为 h，基本偏差为上极限偏差，es = 0，所以公差带在零线下方，如图 8.60（b）所示。

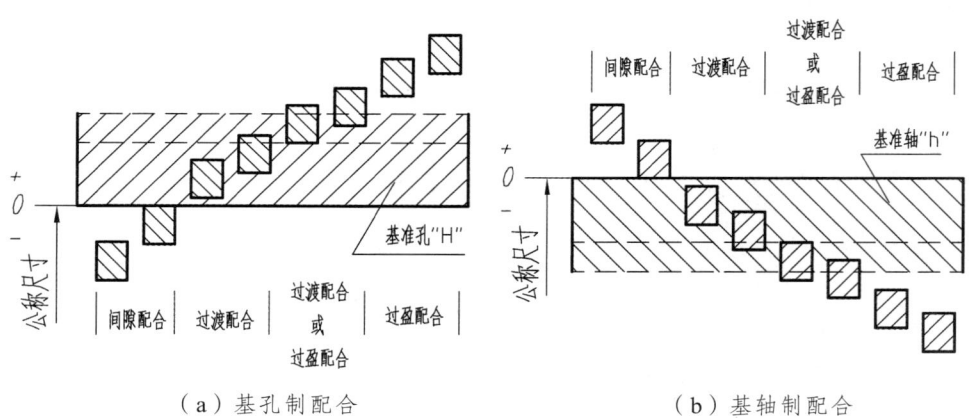

（a）基孔制配合　　　　　　　　（b）基轴制配合

图 8.60 配合制

④ 极限与配合的选用。

正确地选择极限与配合，不但能提高机器的质量，而且能减少机械加工工作量，获得最佳的经济效益。但极限与配合的选择是一项技术性较强的工作，需要有较丰富的生产技术经验，极限配合的选择应包括配合制、公差等级和配合类别三项的选择。

（a）配合制的选择。

一般情况下，应优先选用基孔制配合。因为孔通常用定值刀具（如钻头、铰刀、拉刀等）加工，用极限量规检验。所以选用基孔制配合可以减少孔的公差带数量，因而是经济合理的。基轴制配合通常用于结构设计要求不适宜采用基孔制的情况，如一根冷拔的圆钢作轴与几个具有不同公差带的孔的配合，此时轴可不另行加工，显然比较经济合理。一些标准滚动轴承的外环与孔的配合，也采用基轴制配合。

（b）公差等级的选择。

保证零件使用要求的条件下，应尽量选择比较低的公差等级，以减少零件的加工制造成本。由于孔的加工比较困难，当公差等级高于 8 级在公称尺寸至 500 mm 的配合中，选择孔应比轴低一级。公差等级越高，加工越困难。公差等级低时，轴孔配合公差等级可选择相同的公差等级。

（c）配合的选择。

标准公差有 20 个等级，基本偏差有 28 种，可组成大量公差带和配合。过多的公差带和配合，既不能发挥标准的作用，又不利于生产。因此，国家标准根据机械工业产品生产及使用的实际需要，避免定值刀具、量规以及工艺装备的品种和规格不必要的繁杂，规定了优先选用、常用和一般用途的孔、轴公差带。构成了基孔制优先配合 13 种，常用配合 59 种；基轴制优先配合 13 种，常用配合 47 种。选择配合时，应尽量选用优先和常用配合。

当零件间具有相对转动和移动时，必须选用间隙配合。当零件间无键、销或螺钉等辅助紧固件，只依靠结合面之间的过盈来实现传动时，必须选择过盈配合；当零件之间不要求相对运动，同轴度要求较高，且不依靠配合传递动力时，通常选用过渡配合。表 8.7 列举了国标规定的优先选用配合的特性及应用。

表 8.7 优先配合的特性及应用

| 基孔制配合 | 基轴制配合 | 配合特性及应用 |
|---|---|---|
| $\dfrac{H11}{c11}$ | $\dfrac{C11}{h11}$ | 间隙非常大。用于很松的、转动很慢的间隙配合要求大公差与大间隙的外露组件；要求装配方便的、很松的配合 |
| $\dfrac{H9}{d9}$ | $\dfrac{D9}{h9}$ | 间隙很大的自由转动配合。用于精度非主要要求时，适用于有大的温度变动、高转速或大的轴颈压力时的配合 |
| $\dfrac{H8}{f7}$ | $\dfrac{F8}{h7}$ | 间隙不大的转动配合。用于中等转速与中等轴颈压力的精确转动，也用于装配较易的中等精度定位配合 |
| $\dfrac{H7}{g6}$ | $\dfrac{G7}{h6}$ | 间隙很小的滑动配合。用于轻载精密装置中的转动配合，也可用于要求明确的定位配合 |
| $\dfrac{H7}{h6}\ \dfrac{H8}{h7}$ $\dfrac{H9}{h9}\ \dfrac{H11}{h11}$ | $\dfrac{H7}{h6}\ \dfrac{H8}{h7}$ $\dfrac{H9}{h9}\ \dfrac{H11}{h11}$ | 均为定位间隙的配合，广泛用于无相对转动的配合，零件可自由装卸，而工作时一般相对静止不动，最小间隙为零 |

续表 8.7

| 基孔制配合 | 基轴制配合 | 配合特性及应用 |
|---|---|---|
| $\dfrac{H7}{k6}$ | $\dfrac{K7}{h6}$ | 过渡配合，用于精密定位，也常用于滚动轴承的内、外圈与轴颈、外壳孔的配合，用木槌装配 |
| $\dfrac{H7}{n6}$ | $\dfrac{N7}{h6}$ | 过渡配合，要求有较大过盈的更精确的定位配合之用 |
| $\dfrac{H7}{p6}$ | $\dfrac{P7}{h6}$ | 过盈定位配合，属于小过盈配合。用于定位精度特别重要，能以最好的定位精度达到部件的刚性及对中性要求，而对内孔承受压力无特殊要求。不依靠配合的紧固性来传递摩擦负荷 |
| $\dfrac{H7}{s6}$ | $\dfrac{S7}{h6}$ | 中等压入的过盈配合，适用于一般钢件或用于薄壁件的冷缩的配合；用于铸铁件可获得紧的配合 |
| $\dfrac{H7}{u6}$ | $\dfrac{U7}{h6}$ | 压入的过盈配合，适用于承受大压入力的零件或不宜承受大压入力的冷缩的配合 |

（2）极限与配合在图样上的标注。

① 在装配图中的标注。

在公称尺寸后面标注配合代号，配合代号由两个相互配合的孔和轴的公差带的代号组成，用分式形式表示。分子为孔的公差带代号，分母为轴的公差带代号，标注通用形式为

$$\text{公称尺寸} \quad \dfrac{\text{孔的公差带代号}}{\text{轴的公差带代号}}$$

必要时为　　　　公称尺寸　孔的公差带代号/轴的公差带代号

具体标注如图 8.61 所示。

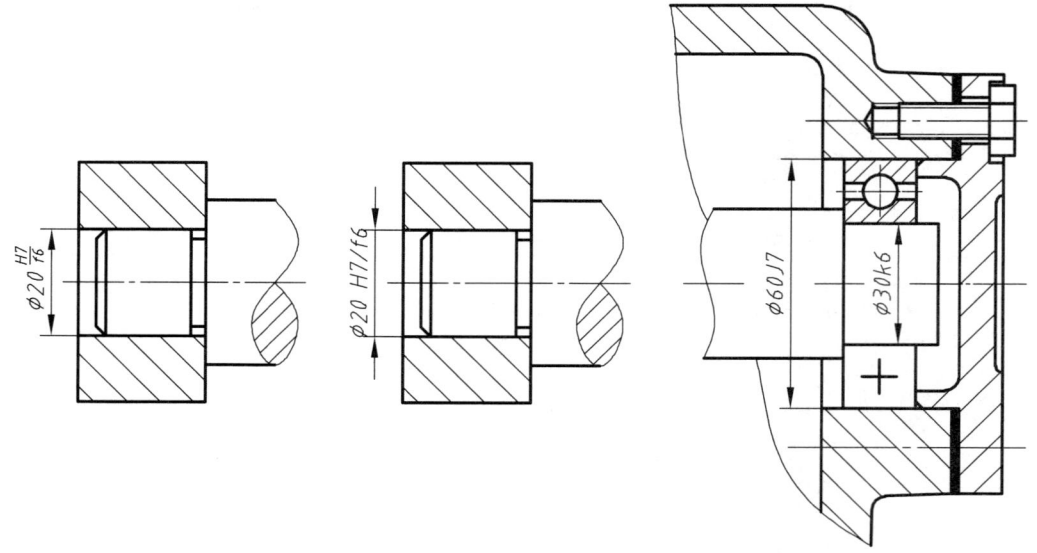

（a）装配图中标注　　　　（b）滚动轴承与孔、轴的配合代号注法

图 8.61　配合在装配图中的标注

标注标准件、外购件与零件（孔或轴）的配合代号时，可以仅标注相配零件的公差带代号，如图 8.61（b）所示为与滚动轴承相配合时的配合代号注法。滚动轴承为标准部件，内圈直径与轴配合，按基孔制配合，只标轴的公差带代号。轴承外圈与零件孔的配合按基轴制配合，而只标注零件孔的公差带代号。

孔轴主要是指圆柱形的内、外表面，也包括其他内、外表面中由单一尺寸决定的部分，其装配图上的注法如图 8.62 所示。

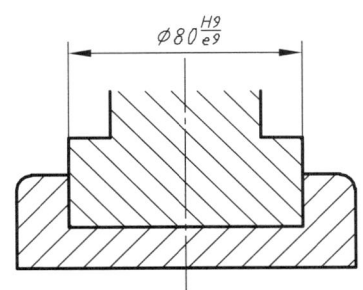

图 8.62　内、外表面的配合代号注法

② 零件图中的标注。

在零件图中标注线性尺寸公差有三种形式，如图 8.63 所示。

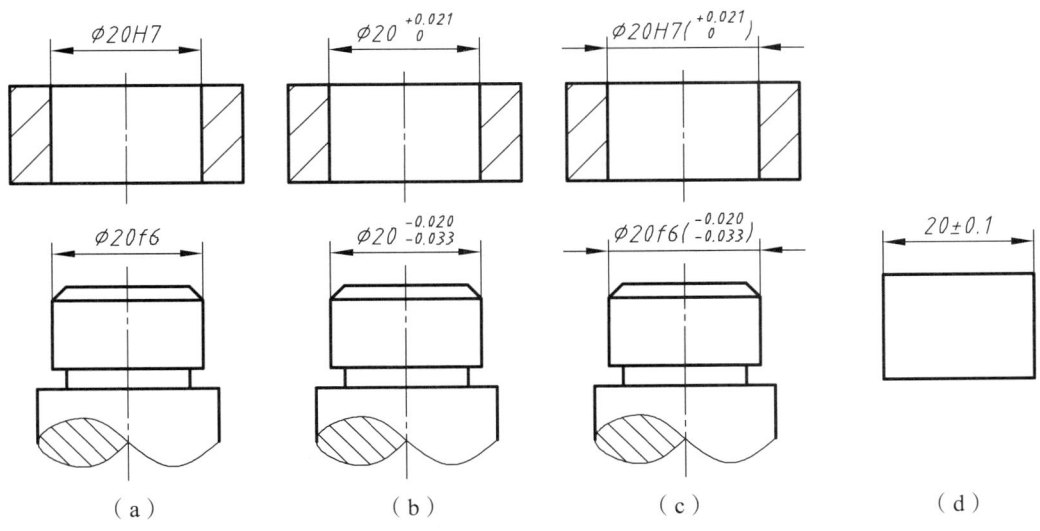

图 8.63　零件图中尺寸公差的标注

（a）标注公差带代号，如图 8.63（a）所示。这种标注法与采用专用量具检验零件统一起来，以适应大批量生产的需要，因此，不需要标注偏差数值，只标注公差带代号。

（b）标注极限偏差数值，如图 8.63（b）所示。标注时，上极限偏差注在公称尺寸的右上角，下极限偏差注在公称尺寸右下方，并与公称尺寸注在同一条底线上，字号比公称尺寸小一号。上、下极限偏差数值前的正负号、0、小数点及后边的小数位相同，并且都应对齐。如果上或下极限偏差数值为零时，只注"0"，其余都不注。如上、下极限偏差数值相同而符号相反时，则在公称尺寸后加注"±"符号，再填写偏差数值，且字高与公称尺寸相同，如图 8.63（d）所示。这种形式标注常用于单件、小批量生产，以便加工、检验时对照。

（c）标注公差带代号和偏差数值。如图 8.63（c）所示，偏差数值应用括号括起来。偏差数值标注形式同上。

### 8.5.2　几何公差（GB/T 1182—2018）

（1）几何公差的概念。

① 几何公差的定义。

几何公差又称形位公差。它是针对构成零件几何特征的点、线、面的形状和位置误差所规定的公差。形状误差是指线和面的实际形状相对其拟合形状的变动量。位置（即定向、定位等）误差是指点、线、面的实际方向和位置相对其拟合方向和位置的变动量。

零件在加工时所产生的形状和位置误差超出规定范围就会造成装配困难，影响产品的性能和质量。因此，在零件图上必须对重要表面提出适当的几何公差要求，以控制其误差的变化范围。

图 8.64 中加工后的销轴变得弯曲，其形状产生误差。图 8.65 中的阶梯轴加工后，两段圆柱轴线不在同一直线上，其位置产生误差。

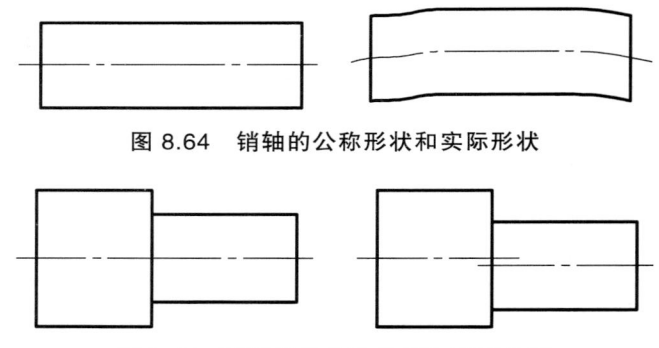

**图 8.64　销轴的公称形状和实际形状**

**图 8.65　两段轴的公称位置和实际位置**

② 要素的分类。

几何要素（简称要素）是指构成零件几何特征的点、线、面，可分为组成要素（轮廓要素）、导出要素（中心要素）、被测要素、基准要素、单一要素和关联要素。

组成要素：构成零件外形，能被人们看得见、触摸到的点、线、面。如图 8.66 中零件上的锥顶点、回转体的轮廓线，以及球面、圆锥面、端面、圆柱面。

导出要素：依附于组成要素而存在的点、线、面，这些要素看不见也触摸不到。如图 8.66 中圆球面的球心、圆锥和圆柱面的回转轴线，以及对称结构的对称平面。

被测要素：图样上给出了几何公差要求的要素，是检测的对象。

基准要素：图样上规定用来确定被测要素几何位置关系的要素。

单一要素：按本身功能要求而给出形状公差的被测要素。

关联要素：相对基准要素有功能关系而给出定位、定向等几何公差的被测要素。

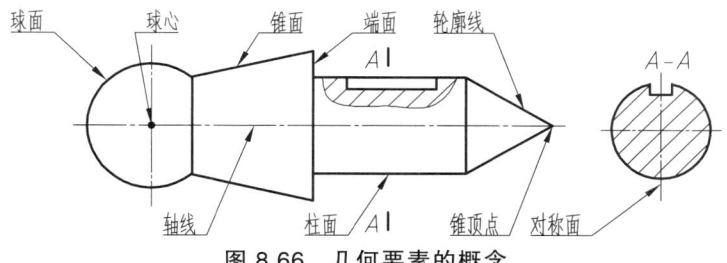

**图 8.66　几何要素的概念**

国家标准规定了 19 项几何公差特征项目，各特征项目的名称及符号如表 8.8 所示。

**表 8.8　几何公差项目的符号**

| 公差 | 特征项目 | 符号 | 公差 | 特征项目 | 符号 |
|---|---|---|---|---|---|
| 形状 | 直线度 | — | 定向 | 线轮廓度 | ⌒ |
|  | 平面度 | ▱ |  | 面轮廓度 | ⌓ |
|  | 圆　度 | ○ | 定位 | 同轴度 | ◎ |
|  | 圆柱度 | ⌭ |  | 同心度 | ◎ |
|  | 线轮廓度 | ⌒ |  | 对称度 | ≡ |
|  | 面轮廓度 | ⌓ |  | 位置度 | ⊕ |
| 定向 | 平行度 | ∥ | 跳动 | 线轮廓度 | ⌒ |
|  |  |  |  | 面轮廓度 | ⌓ |
|  | 垂直度 | ⊥ |  | 圆跳动 | ↗ |
|  | 倾斜度 | ∠ |  | 全跳动 | ⤢ |

（2）几何公差的标注方法（GB/T 1182—2018）。

在技术图样中标注几何公差时，按国标规定采用代号标注。代号是由公差项目符号、框格、指引线、公差数值和其他有关符号及基准符号组成。

① 几何公差框格和基准符号。

几何公差框格用细实线画出，框格只能水平放置，框格的高度是图中尺寸数字的 2 倍。框格的格数根据需要而定，可为两格或多格。框格中的数字、字母和符号与图样中的数字同高。框格的宽度根据标注的符号或数值的不同适当调整，但不得小于框格的高度。从框格左端或右端引出一条带箭头的指引线指向被测要素。与被测要素相关的基准在图样上用英文大写字母表示，字母标在基准方格内，与一个涂黑实心三角形或空心三角形相连表示基准。

图 8.67（a）中给出了框格，图 8.67（b）给出了基准符号（GB/T 1182—1996）的形式，图 8.67（c）中基准标注是 GB/T 1182—2018 产品几何技术规范（GPS）几何公差形状、方向、位置和跳动公差标注要求的基准符号。

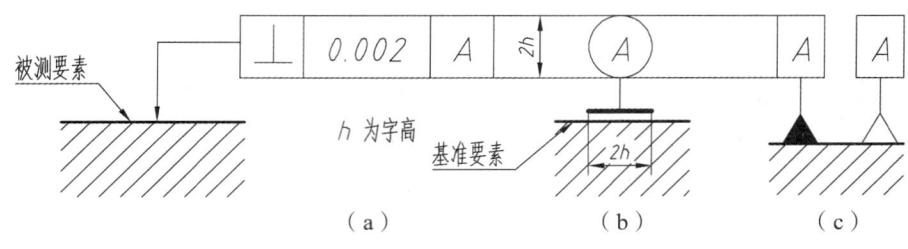

图 8.67 公差框格与基准符号

② 被测要素的标注。

当被测要素为组成要素时，指引线的箭头应置于该要素的轮廓线上或它的延长线上，并且箭头指引线必须明显地与尺寸线错开，指示箭头的方向与几何公差值的测量方向一致，如图 8.68（a）、（b）所示。当指向实际表面时，箭头可置于带点的参考线上，该点指向实际表面上，如图 8.68（c）所示。

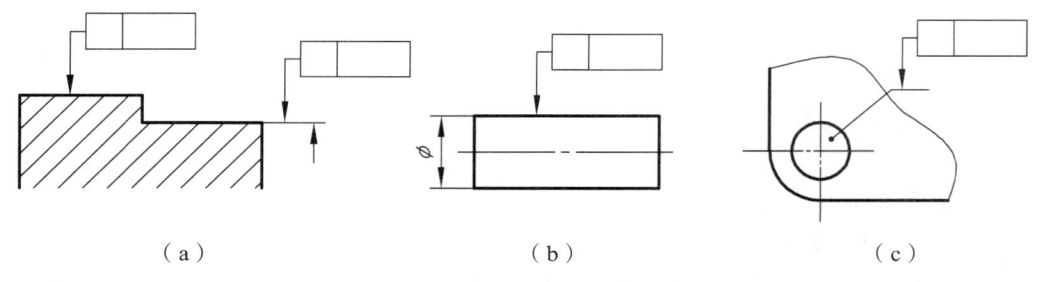

图 8.68 被测要素为组成要素

当被测要素为导出要素时，指引线的箭头应与该要素所对应尺寸要素（轮廓要素）的尺寸线的延长线重合，如图 8.69 所示。

图 8.69 被测要素为导出要素

③ 基准要素的标注。

基准代号中的字母一律水平书写，如图 8.70（a）所示。

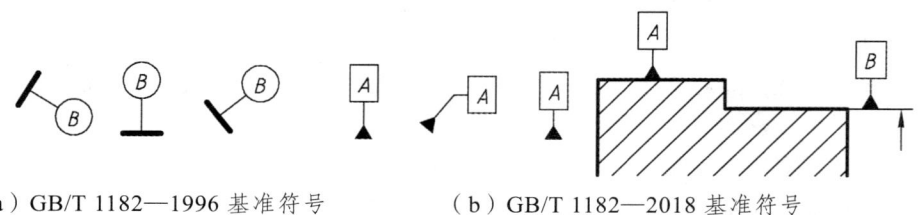

（a）GB/T 1182—1996 基准符号　　（b）GB/T 1182—2018 基准符号

图 8.70 基准要素为组成要素

当基准要素为组成要素时,基准符号的三角形应置于该要素的轮廓线或轮廓面上或置于该要素轮廓的延长线上,且基准代号中的连线应与尺寸线明显错开,如图8.70(b)所示。

当基准要素是导出要素(轴线或中心平面)时,则基准符号的三角形应置于基准要素对应的尺寸要素(轮廓要素)的尺寸线的一个箭头,且基准代号中的连线应与该尺寸线对齐,如图8.71所示。如尺寸线处无法画出两个箭头时,则一个箭头可不画,如图8.71所示。

由于受图形的限制,基准符号注在某个面上,可在面上画一小黑点,由黑点处引出参考线,基准符号可置于参考线上,如图8.72(a)所示。当基准要素为圆锥轴线时,三角形应置于圆锥轮廓线而细线与尺寸线对齐,如图8.72(b)所示。

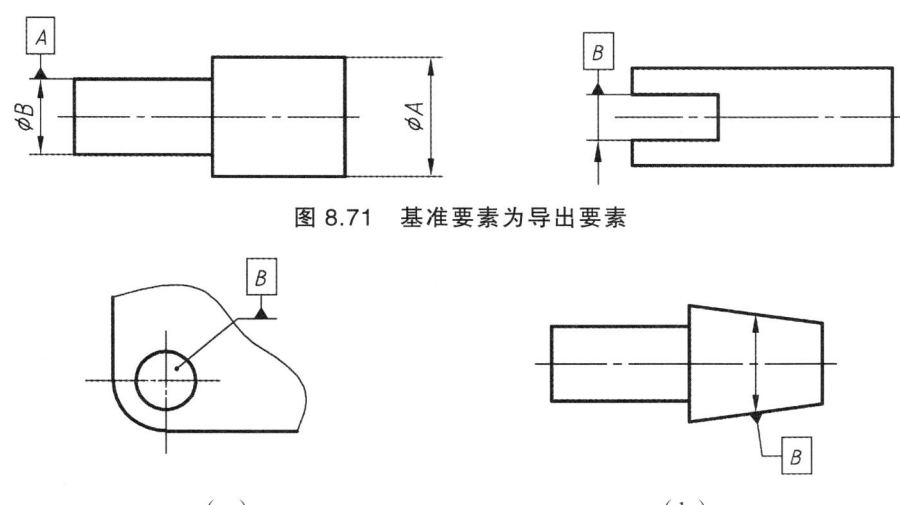

图 8.71 基准要素为导出要素

(a)          (b)

图 8.72 基准要素的标注

④ 有关标注的说明。

如对同一个被测要素有两个或两个以上的公差项目要求时,可将多个框格上下排在一起,引出一条公共指引线指向被测要素,如图8.73(a)所示。

多项被测要素有相同的几何公差要求时,可绘制一个几何公差框格,引出一条指引线并分出多个箭头分别指向不同的被测要素,如图8.73(b)所示。

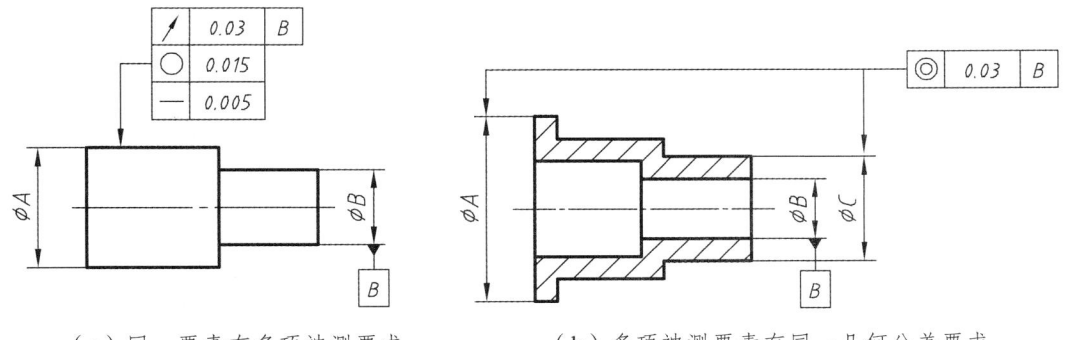

(a)同一要素有多项被测要求      (b)多项被测要素有同一几何公差要求

图 8.73 被测要素有两个或两个以上的公差项目要求的标注

当两个要素组成了公共基准，在框格中用横线将表示基准的两个大写字母隔开，如图 8.74（a）所示。由两个或三个要素组成的基准体系，如多基准组合，表示基准的大写字母应按基准的重要程度从左至右分别置于各格中，如图 8.74（b）所示。

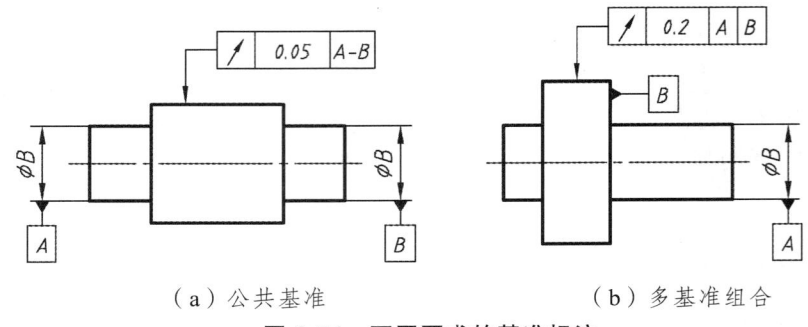

（a）公共基准　　　　　　　　（b）多基准组合

图 8.74　不同要求的基准标注

⑤ 几何公差在零件图上的标注与识读。

如图 8.75 所示为减速器的输出轴，根据对该轴的功能要求，给出了有关几何公差。轴颈 $\phi56$ 与齿轮孔配合，为了满足给出的配合性质要求，故对轴头和两个轴颈都按包容要求给定公差。与滚动轴承配合的轴颈，按规定应对形状精度提出进一步的要求，因该轴与滚动轴承孔配合，故取圆柱度公差 0.005 mm；为保证齿轮运动精度，$\phi62$ 处的两轴肩都是止推面，起一定的定位作用，故按规定给出它们相对于基准轴线 A—B 的端面圆跳动公差 0.015 mm。键槽对称度通常取 7～9 级对称度公差，图中两处键槽的对称度都按 8 级给出公差，故公差值为 0.02 mm。

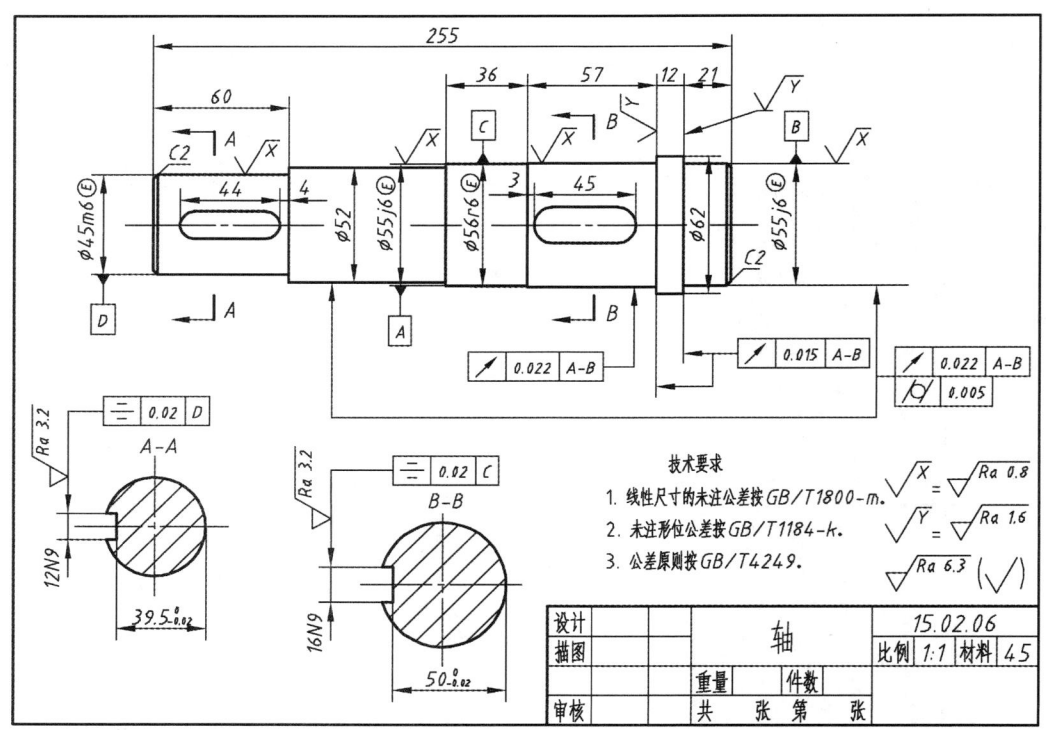

图 8.75　输出轴上几何公差应用示例

（3）几何公差带（GB/T 1182—2018）。

几何公差是指实际被测要素对图样上给定的公称形状、公称位置的允许变动量。

几何公差带是用来限制实际被测要素变动的区域。这个区域可以是平面区域或空间区域。只要实际被测要素能全部落在给定的公差带内，就表明该实际被测要素合格。

几何公差带具有形状、大小和方位等特性。几何公差带的形状取决于被测要素的几何形状、给定的几何公差特征项目和标注形式。如表8.9所示列出了几何公差带的9种主要形状，它们都是几何图形。几何公差带的大小用它们的宽度或直径来表示，由给定的公差值决定。几何公差带的方位则由给定的几何公差特征项目和标注形式确定。

表 8.9　几何公差的九种主要形状

| 形　状 | 说　明 | 形　状 | 说　明 |
| --- | --- | --- | --- |
|  | 两平行直线之间的区域 | 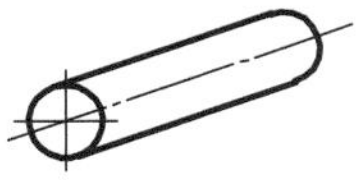  | 圆柱的区域 |
|   | 两等距曲线之间的区域 | 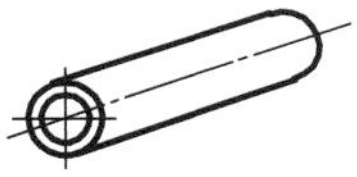  | 两同轴线圆柱面之间的区域 |
| 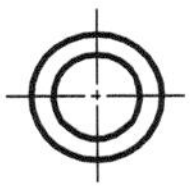  | 两同心圆之间的区域 |  | 两平行平面之间的区域 |
|   | 圆内的区域 |   | 两等距曲面之间的区域 |
|   | 球内的区域 |  |  |

形状公差不涉及基准，形状公差带只有形状和大小的要求，没有方向和位置的要求。部分典型形状公差带、位置公差带的定义和标注示例如表8.10所示。

表 8.10　部分典型形状公差带的定义和标注示例

| 特征项目 | 公差带定义 | 标注示例和解释 |
| --- | --- | --- |
| 直线度公差 | 在给定平面内，公差带是距离为公差值 $t$ 的两平面之间的区域 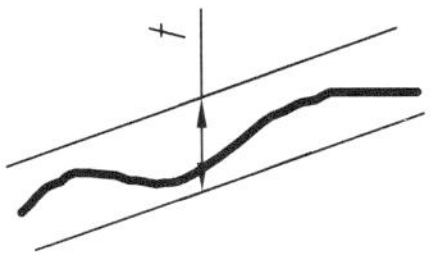 | 被测表面的素线必须位于平面图样所示投影面上且距离为公差值 0.1 mm 的两平行直线内 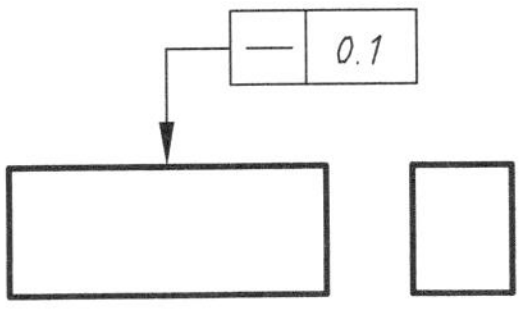 |

续表 8.10

| 特征项目 | 公差带定义 | 标注示例和解释 |
|---|---|---|
| 直线度公差 | 在给定方向上，公差带是距离为公差值 t 的两平面之间的区域 | 被测棱线必须位于箭头所示方向且距离为公差值 0.02 mm 的两平行平面内 |
| | 在任意方向上，公差带是直径为公差值 t 的两平面之间的区域 | 被测圆柱面的轴线必须位于直径 $\phi$0.08 mm 的圆柱面内 |
| 平面度公差 | 公差带是距离为公差值 t 的两平面之间的区域 | 被测表面必须位于公差值 0.08 mm 的两平行平面内 |
| 圆度公差 | 公差带是在同一正截面上，半径差为公差值 t 的两同心圆之间的区域 | 被测圆柱面任一正截面上的圆周必须位于半径差为公差值 0.03 mm 的两同心圆之间 |
| 圆柱度公差 | 公差带是半径差为公差值 t 的两同轴线圆柱面之间的区域 | 被测圆柱面必须位于半径差为公差值 0.1 mm 的两同轴线圆柱面之间 |

## 8.6 读零件图的步骤与方法

在设计和制造机器的实际工作中，经常要参考同类型的零件图，研究分析零件的结构特点，使自己所设计的零件结构更先进合理。对设计的零件进行校对、审核时，要读懂零件图；生产制造零件时，为制定合适的加工方法和检测手段，保证产品质量，更要看懂零件图，因此读零件图是一项非常重要的工作。

下面通过蜗杆蜗轮减速器箱体为例（见图 8.76），说明读零件图的一般要求和方法步骤。

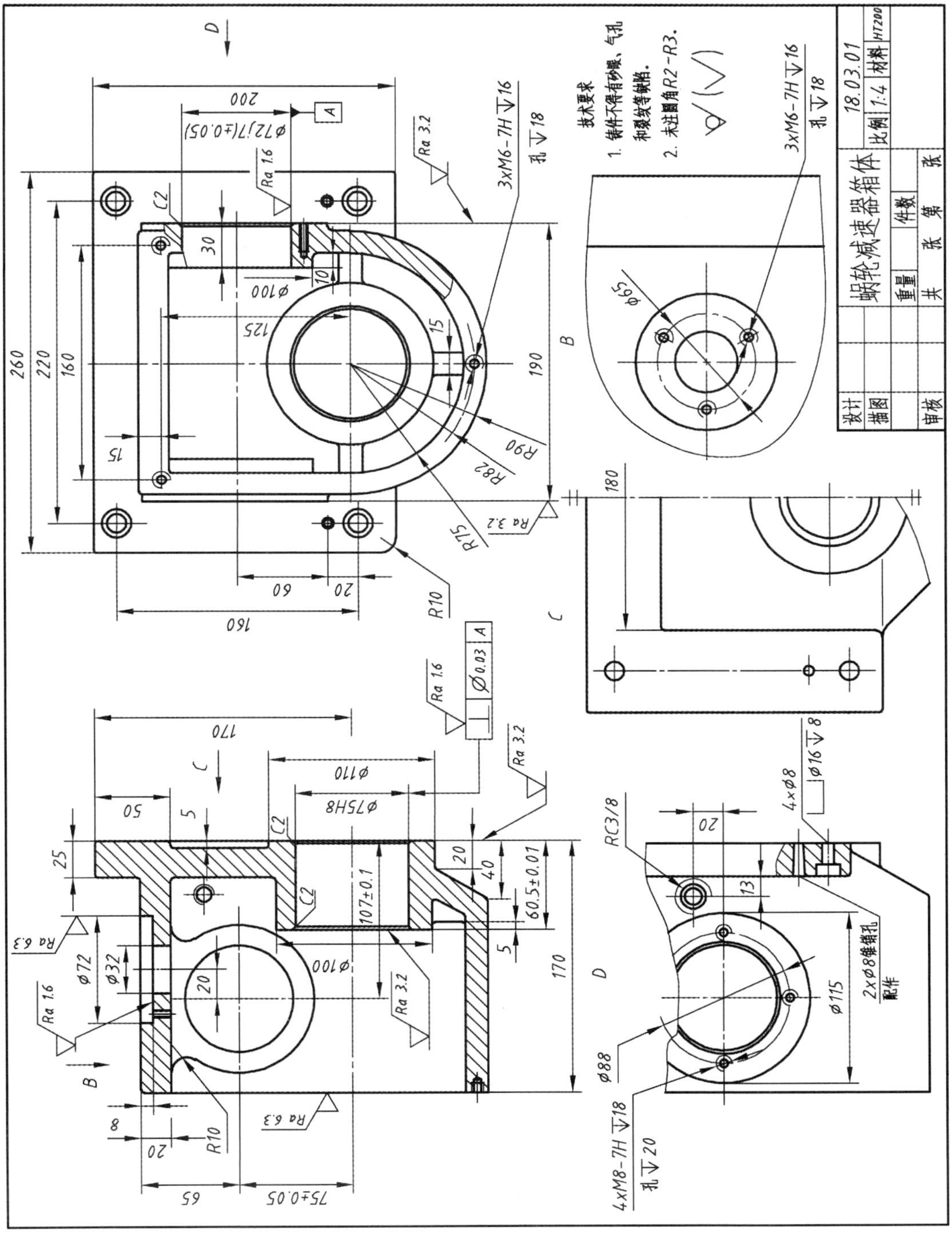

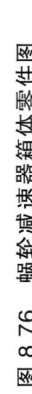

图 8.76 蜗轮减速器箱体零件图

### 1. 读零件图的要求

（1）了解零件的名称、用途、材料等。
（2）了解组成零件各部分的结构形状、特点和功用及它们之间的相对位置。
（3）了解零件的大小、制造方法和提出的技术要求。

### 2. 读图的方法步骤

（1）概括了解。

从标题栏了解零件的名称、材料、比例等。从名称了解零件的类型，从蜗轮减速器箱体就知道是比较复杂的箱体类零件，是蜗轮减速器中的主要零件，主要起支承、包容蜗轮蜗杆等作用。从材料可知，该零件毛坯的制造方法为铸造，因此应具有铸造工艺结构。

（2）分析视图，想象形体。

① 视图分析。首先找出主视图及其他视图、局部视图等，了解各视图之间的关系及表达方法和内容，选用表达方法是否恰当。

该零件有五个视图。主视图采用了全剖视，主要表达内部结构；左视图采用局部剖视；俯视图为 B 局部视图；用 D 局部视图表示主视图的外形，并对定位销孔，连接螺钉沉孔作了局部剖视；右视图为 C 局部视图。

② 根据投影关系，进行形体分析，想象出零件的整体结构形状。

以结构分析为线索，利用形体分析法逐个看懂各部分形状和相对位置。先看简单容易部分，后看复杂较难部分，先看大致轮廓定初形后看细节定真形，先外后内。注意用回转体转向线定形体与尺寸符号 $\phi$, $s$, $R$ 等的意义，结合零件的结构特点，逐个分析，最后综合起来想出零件的整体结构形状，由蜗轮减速器箱体主视图分析，大致分为四个组成部分。

（a）箱体。由主、左视图可以确定箱体为 U 形体，下边是由 $R75$，$R95$ 确定的壁厚为 15 mm 的半圆柱筒，上边为与之相切的顶部厚度为 20 mm 的长方箱体所构成的 U 形体，前后两壁有蜗杆轴孔。由于装滚动轴承需要有一定宽度的支承面，壁的内外均有凸台；上顶板有装视孔盖和透气塞的阶梯孔与螺纹孔，为表明螺纹孔的数量和位置，用了 B 局部视图。再用线面分析法来研究主视图右下角倾斜部分是圆锥面的转向线还是正垂面。如果是圆锥面，则 D 局部视图在圆锥面与圆柱面相交处应有过渡线，现在图上没有，而且在轴线上方的正平面与圆锥面在轴线处不好衔接，故圆锥面的可能性不大；如果是正垂面，则和安装板的内外表面有交线，找投影关系，在左视图同一高度有两段直线是两平面的交线，同样局部视图也有，这就证明是正垂面而不是锥面。为了使用方便，在箱体的前后壁上有用螺纹密封的管螺纹孔，由于上置蜗杆润滑和散热不良，由此孔供油进行喷油润滑与散热。箱体左端面与箱盖连接的螺纹孔由左视图确定。

（b）安装板。由主、左视图可确定安装板为 260 mm × 200 mm × 25 mm 的矩形板，安装面（主视图右端面）的形状由 C 局部视图可以看出。为减少加工面，中间挖槽，安装板上四个螺钉连接沉孔、两个定位销孔的位置，结构由左视图、D 局部视图上的局部剖视表示。

（c）蜗轮轴支承的圆筒，由主、左视图完全可以确定其为有一定壁厚的圆柱筒。由于内孔装滚动轴承，支承面加宽，相对箱体内外都要凸起，右端面与安装板安装面平齐，左端面凸起比较大，为增加强度加上三个肋板。

d. 加强肋板，形状位置由主、左视图确定。

综上所确定的各部分形体的形状结构及相对位置，便可以确定蜗杆蜗轮减速器箱体的整体结构形状，如图 8.77 所示。

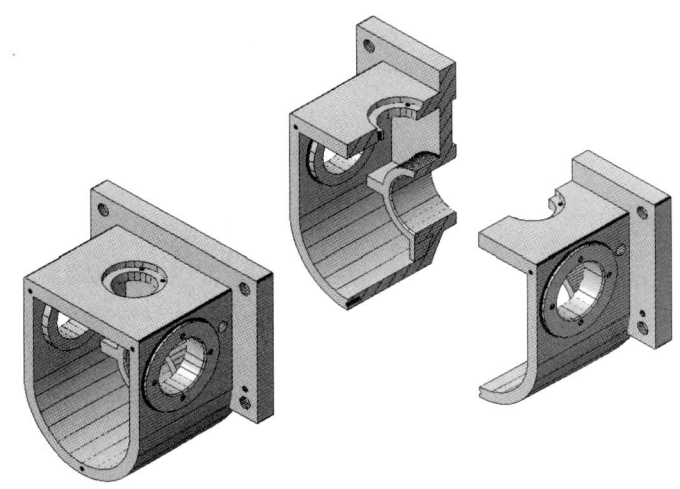

图 8.77　蜗轮减速器箱体

（3）分析尺寸，找出尺寸基准。

分析零件的尺寸，主要是根据零件的结构特点找出尺寸基准，分析影响性能的主要尺寸是否标注合理，标准要素标注是否符合规定，其余尺寸是否满足工艺要求，校核尺寸标注是否完整。

从图 8.76 可以看出，箱体右端面为长度尺寸主要基准、宽度尺寸主要基准为零件的前后对称中心平面。高度方向尺寸主要基准是蜗杆轴线，直接影响传动性能的主要尺寸 107±0.1，60.5±0.1，75±0.05 等都是从尺寸主要基准直接注出的。对外安装螺钉孔的位置尺寸，高度由 60，25，160 来定位，宽度由 220 来定位，也是从尺寸主要基准注出，这是保证部件间传动链的安装和定位。再分析配合尺寸及标准要素尺寸是否符合标准，不加工面的尺寸是否按形体分析法标注尺寸，尺寸是否完整，要逐项进行分析。

（4）了解技术要求。

零件图中提出的技术要求是零件的质量指标，在制造过程中应采取必要的工艺措施保证其要求。看图时就是根据零件在机器中的作用，分析零件的技术要求，是否在低成本的前提下，能保证产品质量。

主要分析零件的表面粗糙度、尺寸公差、几何公差以及制造、装配、表面处理等要求。

图 8.76 中的表面粗糙度：配合面 $Ra=1.6~\mu m$，接触面 $Ra=3.2~\mu m$，非接触加工面 $Ra=12.5~\mu m$ 等，选择是合理的。配合尺寸和影响传动链精度的定位尺寸均给了适当的尺寸公差，并给出了必要的几何公差。对零件的毛坯也提出了质量要求，这是合理的。

（5）综合考虑。

通过上述步骤，分析视图投影、尺寸、技术要求，对零件的结构形状、功用和特点有了全面的了解。在此基础上，再全面综合考虑零件的结构和工艺是否合理，表达方案和表达方法选择是否恰当，以及检查有无看错或漏看等。

## 8.7 零件测绘

零件测绘，就是依据实际零件选定表达方案，画出它的图形，测量并标注尺寸，制订必要的技术要求。测绘时，通常先画出零件的徒手图（草图），然后对徒手图进行必要的审核，再画出零件工作图。一般在机器测绘、新产品设计的准备阶段或零件的修配、准备配件等工作中，常进行零件测绘。本节只对一般零件的测绘作简要的介绍。

### 1. 绘制徒手图的要求

徒手图通常是不使用绘图工具，目测其形状和大小，徒手绘制零件图。徒手图的要求：线形应正确，图线应清晰，字体应工整，目测尺寸误差要尽量小，使得机件的各部分形状和比例匀称；绘图速度要快，标注尺寸应完整、准确；绝不能认为草图就可以潦草，必须认真仔细。

### 2. 画零件徒手图的步骤

以 B650 刨床的机油泵体为例说明如何绘制零件草图，如图 8.78 所示。

零件草图的内容和工作图完全一样，区别在于徒手绘制。

（1）了解零件名称——齿轮泵体；鉴别材料——灰铸铁（HT200）。

（2）对零件进行结构分析和形体分析，零件的每一结构都有一定的功用。所以必须弄清它们的工作部分与连接部分及其功用。这项工作对于破旧、磨损和带有某些缺陷的零件测绘尤为重要。该零件主体部分有齿轮室、进出油室、带螺纹的进出油孔、主动与从动轴孔、填料涵及螺孔等；另外有安装板及连接螺孔；主体与安装板之间由肋板连接。

（3）拟定零件的表达方案，确定主视图，主视图按工作位置放置，选垂直齿轮轴线方向为主视图投射方向，这样零件的各部分相对位置比较清楚，并采用全剖视表达内部结构。选左视图、俯视图来表达主视图没有表达清楚的结构。

（4）选择主要基准，长度方向选左端面，宽度方向选前后的对称平面，高度方向为底板安装面。

### 3. 零件尺寸数值的测量方法

零件结构形状不同，尺寸数值的测量方法也不同，这里介绍几种常用的测量方法。

（1）测量直线尺寸。一般可用钢板尺或游标卡尺直接测量得到尺寸数值的大小，如图 8.79（a）所示。

（2）测量回转面内外直径尺寸。通常用内外卡钳和游标卡尺直接测得尺寸数值，如图 8.79（b）所示。

（3）测量壁厚。用钢板尺、卡钳或游标卡尺直接测量，也可间接测量经计算得到尺寸数值，如图 8.80（a）所示。

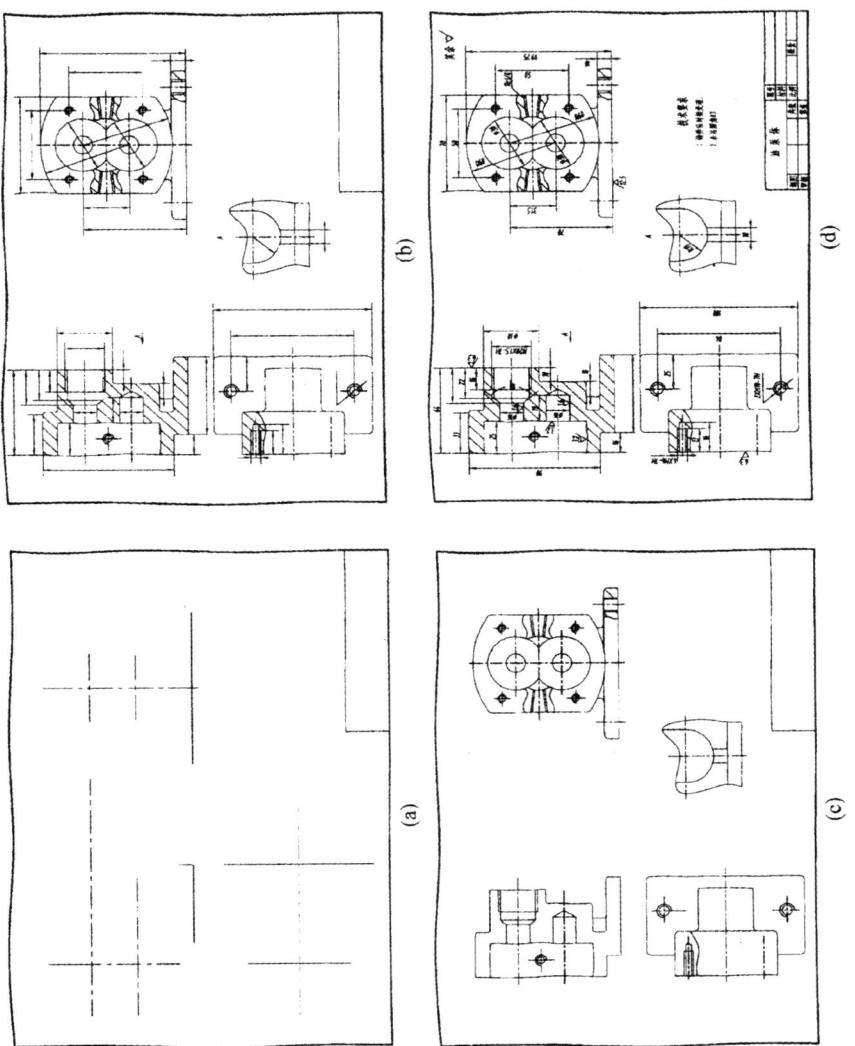

图 8.78 绘制零件草图

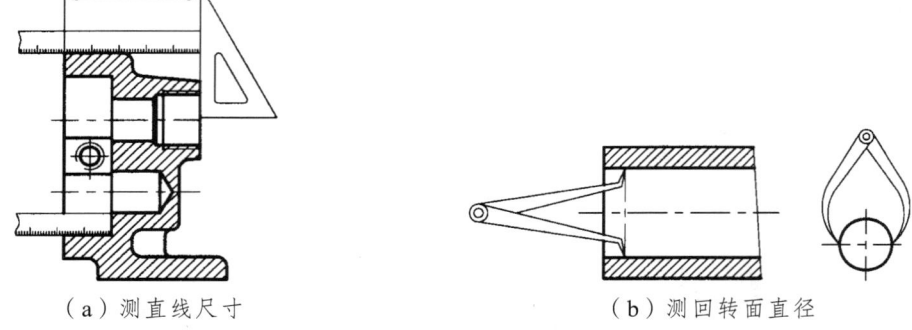

(a) 测直线尺寸　　　　　　　　　(b) 测回转面直径

图 8.79　零件尺寸数值的测量方法（一）

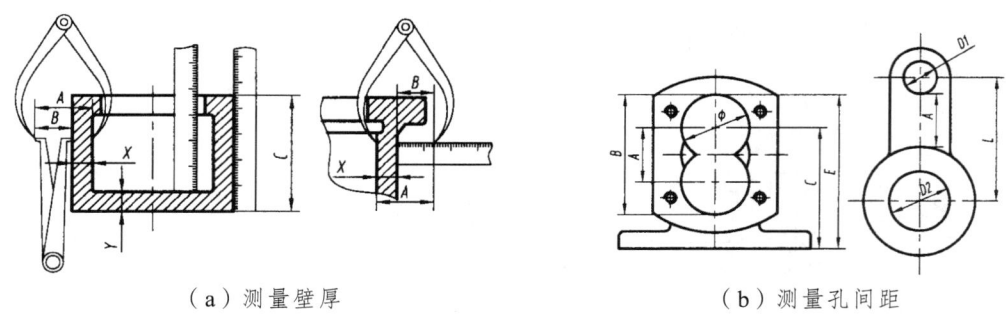

(a) 测量壁厚　　　　　　　　　(b) 测量孔间距

图 8.80　零件尺寸数值的测量方法（二）

（4）测量孔间距。根据零件上孔间距的情况不同，用钢板尺、卡钳或游标卡尺测量，如图 8.80（b）及图 8.81（a）所示。

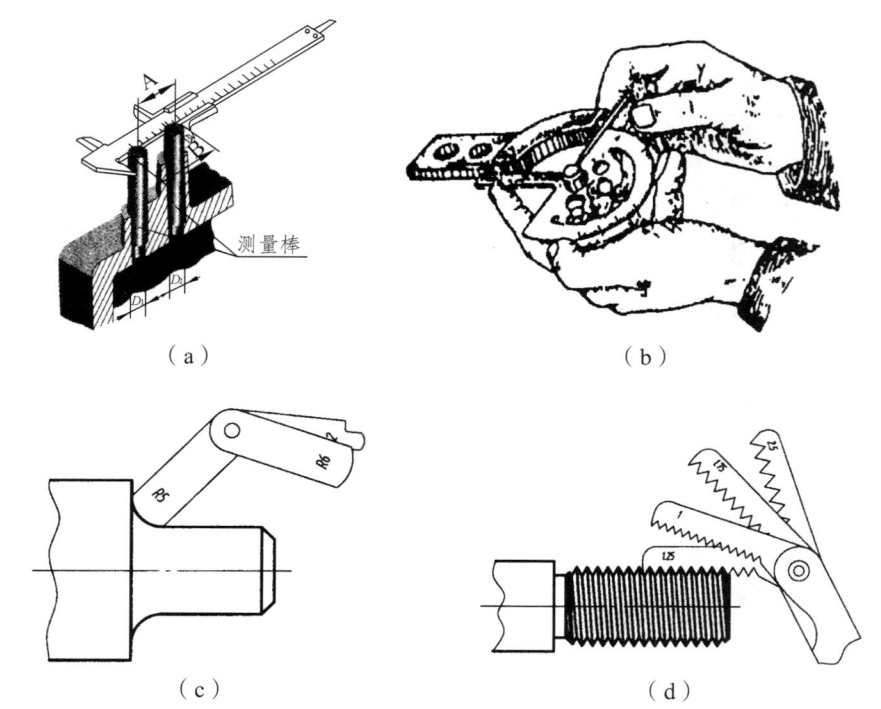

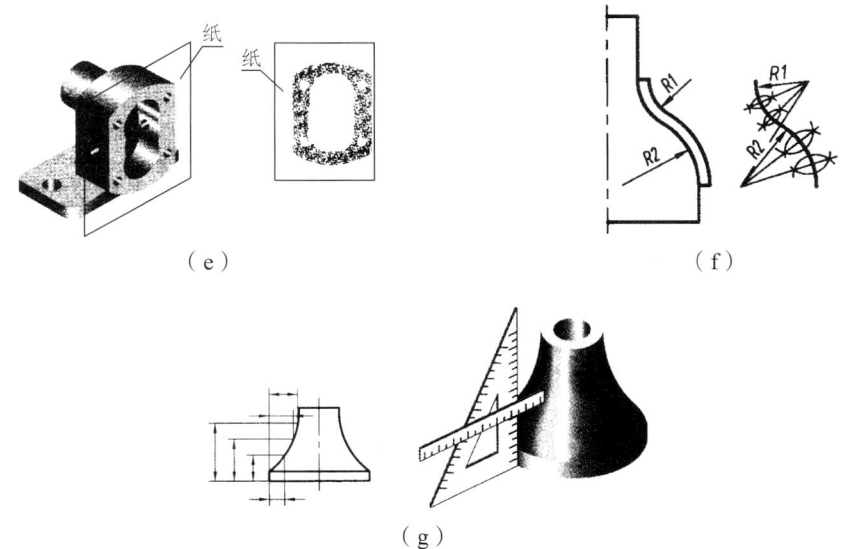

图 8.81 零件尺寸数值的测量方法（三）

（5）测量角度。一般用量角规测量，如图 8.81（b）所示。

（6）测量圆角、螺纹。通常用圆角规、螺纹规进行测量。圆角规每套有两组：一组测量外圆角，一组测量内圆角。每片刻有圆角半径的数值。测量时从中找出一片与圆角相吻合的，并直接读出上面刻的数值，如图 8.81（c）、（d）所示。

（7）测量曲线或曲面。测量曲线或曲面的方法有：① 拓印法，用纸在零件表面进行拓印，得到真实形状后再确定尺寸，如图 8.81（e）所示；② 铅丝法，用软铅丝密合回转面轮廓线得到平面曲线再测量半径及连接情况，如图 8.81（f）所示；③ 坐标法，用直尺和三角板定出曲面上各点的坐标画出曲线，求出曲率半径，如图 8.81（g）所示。

以上各种方法通常是测量非工作面的曲线曲面，而较高精度的工作表面要用精密量具进行，如发动机的配气凸轮的工作面，要在恒温条件下用光学分度头和光学测长仪来测量。

## 小 结

本章介绍了零件及零件图的基本知识以及绘制和阅读零件图的方法和步骤。本章要重点掌握的内容如下：

（1）掌握零件的视图选择，并注意以下问题：
① 了解零件的作用和各组成部分的作用，以便在选择主视图时从表达主要形体入手。
② 确定主视图时要正确选择零件的安放位置和投射方向。
③ 零件的结构形状要表达完全，并且要唯一确定。
（2）掌握绘制和阅读零件图的方法和步骤。
（3）掌握零件图上标注尺寸的方法。
（4）掌握零件图上技术要求的标注和识读。

## 习 题

8.1 零件图的作用和内容有哪些?
8.2 选择零件的主视图应考虑哪些原则?
8.3 何谓主要尺寸基准和辅助尺寸基准?二者之间是否应有尺寸联系?
8.4 标注零件图的尺寸时应注意哪些问题?
8.5 试述尺寸公差与配合的概念。
8.6 举例说明标准公差和基本偏差的含义。
8.7 举例说明孔和轴的公差带代号的注写方法。
8.8 尺寸 $\phi 42^{+0.025}_{0}$ 和 $\phi 42$ 比较哪个精度高些?为什么?
8.9 何为几何公差?几何公差的标注应注意什么问题?
8.10 零件的铸造和机械加工分别对零件有哪些工艺结构要求?
8.11 如何阅读零件图?
8.12 简述零件测绘的步骤。

# 第 9 章

# 装 配 图

装配图是生产中的主要技术文件之一,是了解机器或部件结构,分析工作原理和功能的技术文件,也是制订装配工艺规程,进行机器或部件装配、检验、安装和维修的技术依据。装配图分总装图和部件装配图。

总装图也叫装配总图,主要表示达机器的全貌,即机器与设备的各组成部分、工作原理,各组成部分之间的相互位置、运动方式、连接结构、装配关系以及机器的技术性能等的图样。表示部件的工作性能、零件及零件之间的相互位置、运动方式、连接结构、装配关系主要零件的结构以及部件装配时的技术要求等的图样称为部件装配图(简称部装图)。

设计时,一般先绘制装配图草图,再根据装配图草图设计零件并绘制零件图,最后再拼画出装配图。总装图、部装图、零件图之间的关系如图 9.1 所示。

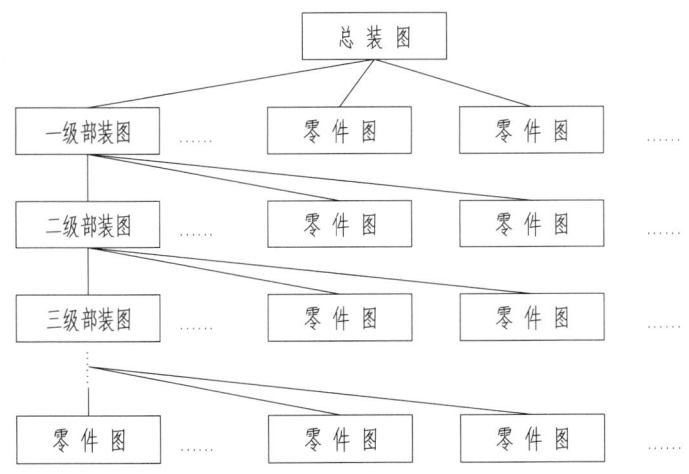

图 9.1　总装图、部装图、零件图之间的关系

绘制与阅读装配图是本课程学习的重点内容之一,本章以部件装配图为重点进行介绍。

## 9.1 装配图的基本知识

### 9.1.1 装配图的内容

图 9.2 所示为机床润滑系统中使用的柱塞式油泵的结构，图 9.3 所示为其装配图。

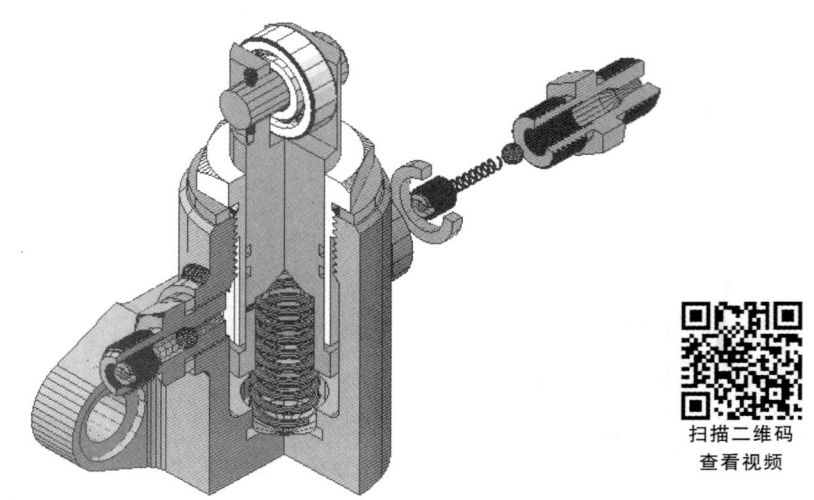

图 9.2 柱塞式油泵

柱塞式油泵的工作原理为：由于受外力的作用（见图 9.3 A 向局部视图，双点画线画出的凸轮提供外力），滑柱 8 克服弹簧力作上下往复运动，油泵开始工作。当滑柱 8 下移时，油腔体积变小，油通过左阀体 3 上小孔 $\phi 3$ 顶开钢球流入机床润滑系统。与此同时，由于右阀体 12 内钢球 11 受力向外，堵死进油孔。当滑柱 8 上移时，腔体容积增大，压力变小，润滑油在大气压的作用下顶开右阀体钢球 11 进入泵体，同时左阀体通过弹簧 4 的弹力作用于钢珠 11 堵死出油口小孔 $\phi 3$。如此循环往复，油液连续进入润滑系统，起到供油的作用。

从图 9.3 中可以看出，装配图包含以下内容：

**1. 一组视图**

用国家标准各种表示方法（如视图、剖视、断面、局部放大图、装配图的规定与特殊画法等），完全、正确、清晰地表达机器或部件的：

（1）组成机器或部件的零（组）件。
（2）工作原理。
（3）组成机器或部件的零（组）件之间的相互位置关系、连接与固定、装配关系。
（4）本部件与机器或其他部件的连接、安装关系。
（5）与工作原理有直接关系的零件的重要结构形状。

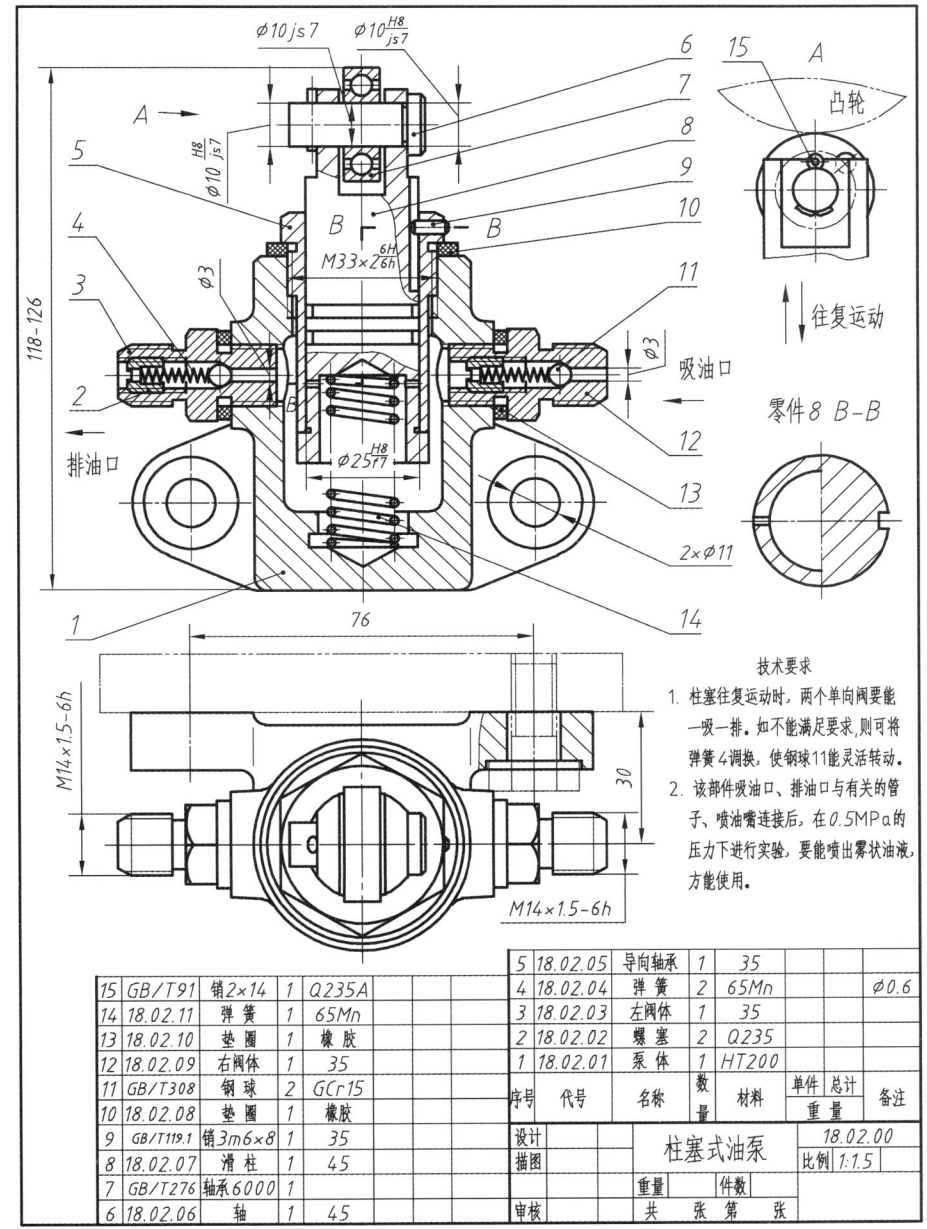

图 9.3 柱塞式油泵装配图

## 2. 必要的尺寸

装配图中需标注反映机器或部件的工作性能、规格的尺寸，零件间的配合尺寸，部件安装、装配尺寸，重要零（组）件的定形、定位尺寸，总体尺寸以及检验等有关尺寸。

## 3. 技术要求

在装配图上要用文字或符号说明机器或部件的装配、试验、安装、使用和维修都需要有的相应的技术要求，以保证质量。

### 4. 标题栏零、部件序号和明细栏

标题栏用来表示对部件的名称、数量以及填写设计和生产管理的有关内容。标题栏内填写本机器或部件的名称、比例、图号以及设计、审核者的签名。

为了便于生产的组织管理工作，在装配图上须对零、部件进行编号，并将各零件的序号、名称、材料、重量等有关内容填写在明细栏内。

应注意的是，部件和零件的表达，它们的共同点是都要表达出内外结构。因此，关于零件的各种表达方法和选用原则，在表达部件时也适用。但也有它们的不同点，装配图需要表达的是部件的总体情况而不是每个零件的细节，而零件图必须完全表达零件的结构形状。

## 9.1.2 装配图的画法

在绘制装配图时，除采用第 5 章的各种表示法外，针对装配图自身的一些特点，还应采用以下的规定画法、特殊画法与简化画法。

### 1. 规定画法

（1）相邻两零件的接触表面和配合表面只画一条轮廓线，不接触表面和非配合表面应画两条轮廓线即画出各自的轮廓线。如果两条线距离太近，可不按比例夸大画出两条线，如图 9.4①、②、④所示。

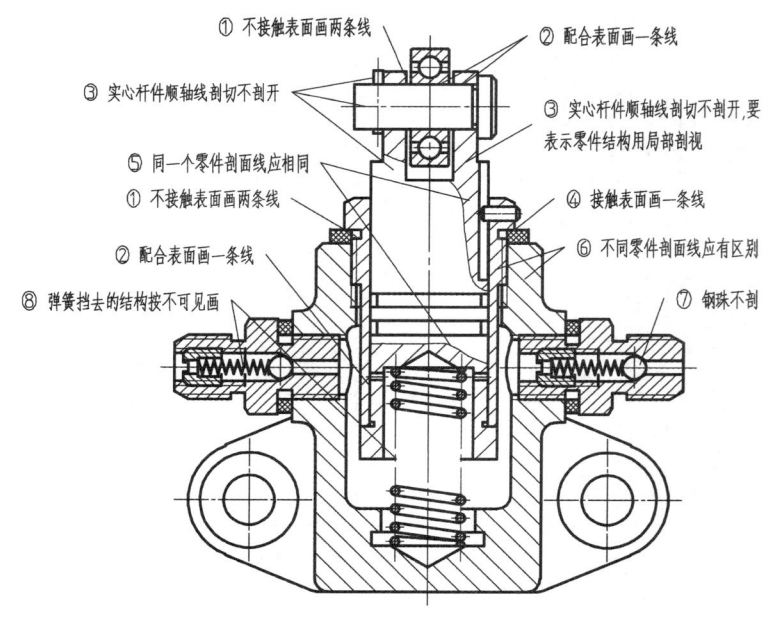

图 9.4　装配图的画法

（2）在同一装配图中，同一零件各个视图的剖面线方向与间隔必须一致，即方向相同、间隔相等，如图 9.6 所示装配图中轴的主视图、右视图。

（3）相邻两个零件的剖面线，倾斜方向应尽量相反。当不能使其方向相反时（如三个零件互为相邻），剖面线的间隔应不相等，如图 9.4⑤、⑥所示。

（4）当图形中零件的厚度小于 2 mm 时，允许将涂黑代替剖面符号，对于玻璃等不宜涂

黑的材料可不画剖面符号，如图9.6中垫片5。

（5）在装配图中，对一些实心零件（如轴、杆、手柄、球等）和一些标准件（如螺母、螺栓、垫圈、键、销等），按纵向剖切，且剖切平面通过其轴线或对称面时，这些零件均按不剖切绘制，只画出零件的外形，若要特别表示这些零件上的某些结构如凹槽、键槽、销孔等，可采用局部剖视，如图9.4③、⑦所示。

（6）被弹簧挡去的结构按不剖视绘制，可见部分应从弹簧的外轮廓线或从弹簧钢丝的中心线画起，如图9.4⑧所示。

### 2. 特殊画法

（1）拆卸画法。

在装配图的表达中，为了表达被遮盖（挡）住零件或某零件无需在其他视图上重复表达时，可假想将其拆去，只画出所要表达部分的视图。采用拆卸画法时该视图上方需注明："拆去×"等字样。如图9.5所示的滑动轴承俯视图，就是拆去油杯、轴承盖等零件后绘制的。

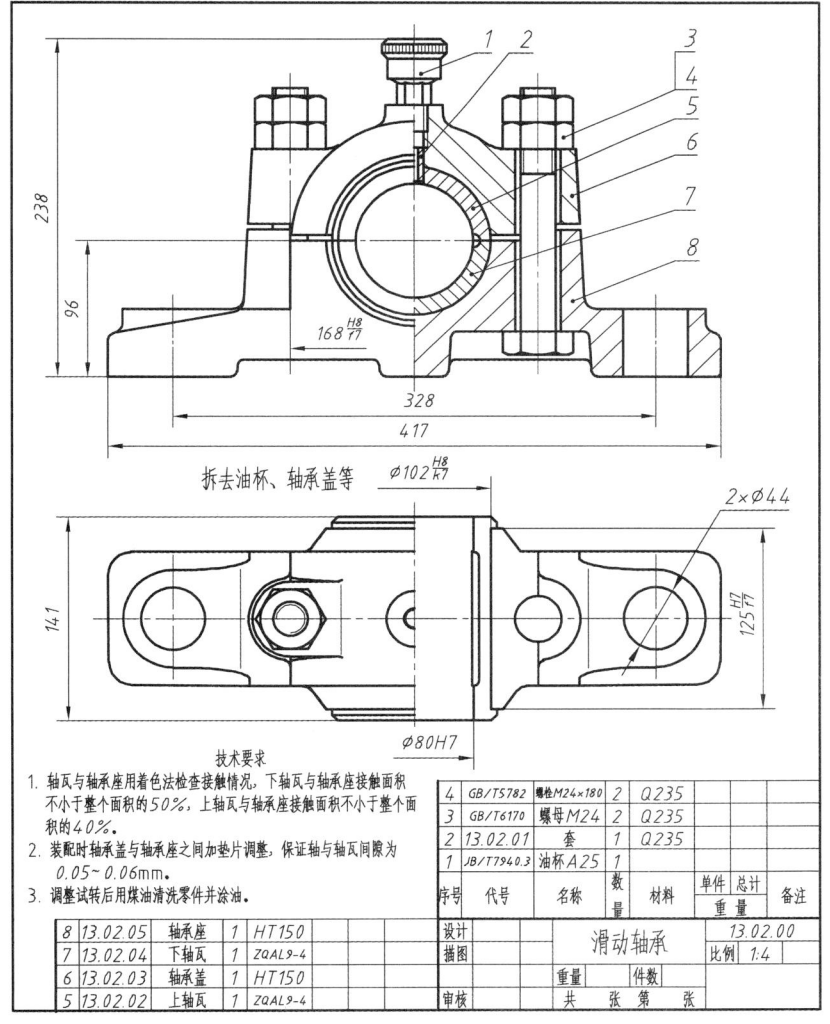

图 9.5　滑动轴承装配图

（2）沿结合面剖切画法。

如图 9.6 所示，转子泵的装配图中 A-A 剖视图，为了表达转子泵内部结构，采用沿转子泵的泵体与泵盖结合面剖切，然后画出剖视图。注意：零件的结合面不画剖面线，这样画出的图形清晰，重点突出。

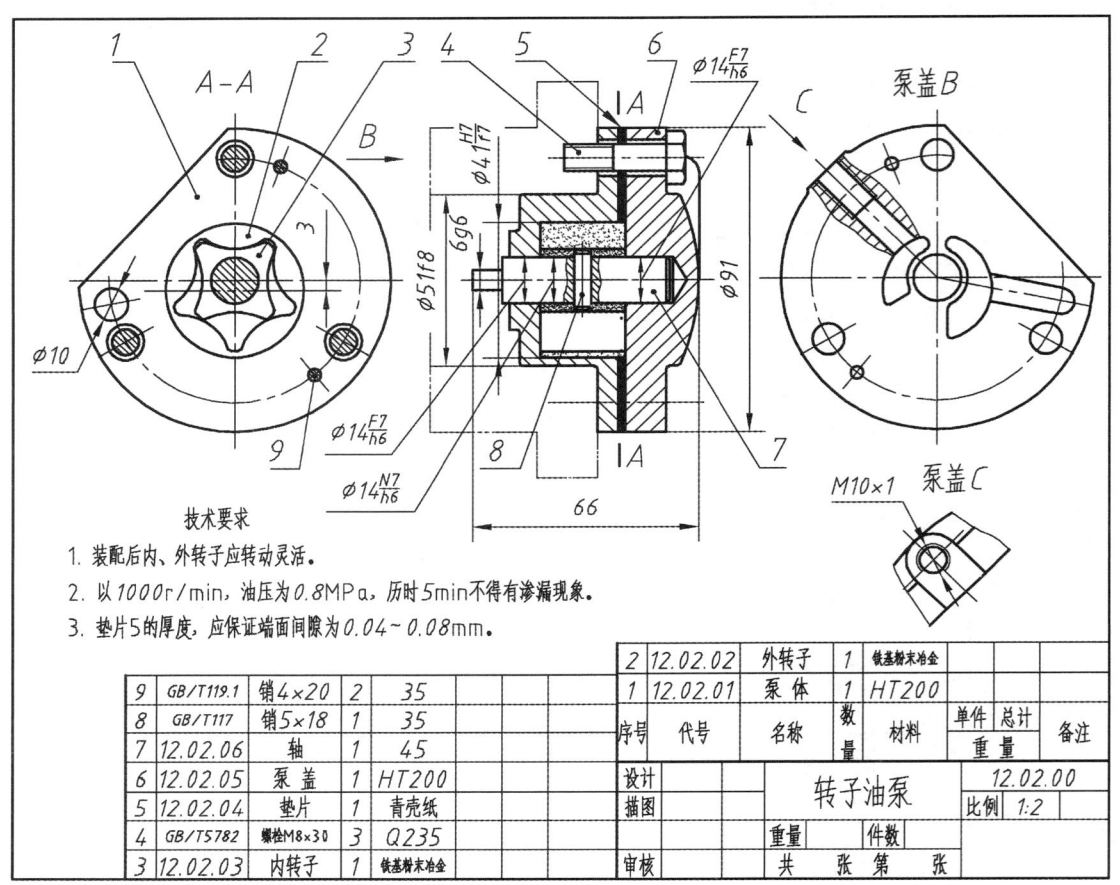

图 9.6　转子泵装配图

（3）夸大画法。

在画装配图时，常遇到一些薄片零件、细丝弹簧、小锥度、微小间隙等，若无法用全图绘制比例绘制图形的提取要素的局部尺寸，或正常绘不能清晰表达结构或造成图线密集难以区分时，可以将零件或间隙作适当夸大画出。如图 9.6 所示的垫片的厚度与螺钉、泵盖孔的间隙，都采用了夸大画法。

（4）假想画法。

为了表示与本部件有装配关系但又不属于本部件的其他相邻零件(部件)，可用细双点画线假想将相关部分画出，以表示连接关系。如图 9.3 所示，在 A 向视图上用细双点画线画出凸轮，帮助说明工作原理，在俯视图上用细双点画线画出了安装板和螺钉帮助了解安装情况。又如图 9.6 中的主视图，用细双点画线画出了转子泵的安装状态。

为了表示部件中零件的运动范围或极限位置时，也可用细双点画线画出相关部分，如图

9.7 所示,用细双点画线假想画出摇杆的另一个极限位置。如图 9.8 所示,用细双点画线假想画出操作手柄的另两个极限位置。

(5)单独画出某个零件。

在装配图中可以单独表示某一个零件的视图,但必须在所画视图的上方标注出该零件的视图名称,在相应的视图的附近注出投射方向,并注上相同字母。如图 9.6 所示,泵盖的 B 向视图。

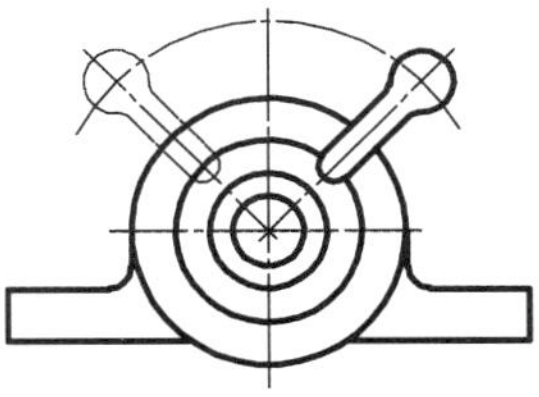

(6)展开画法。

图 9.7 假想画法

在画传动系统的装配图时,为了在表示装配关系同时能表达出传动关系,常按传动顺序,采用通过每个轴线的组合剖切平面剖切,并采用展开画法,注意:采用此画法必须在展开图上方标注"×-×展开",如图 9.8 所示的 A-A 展开图。

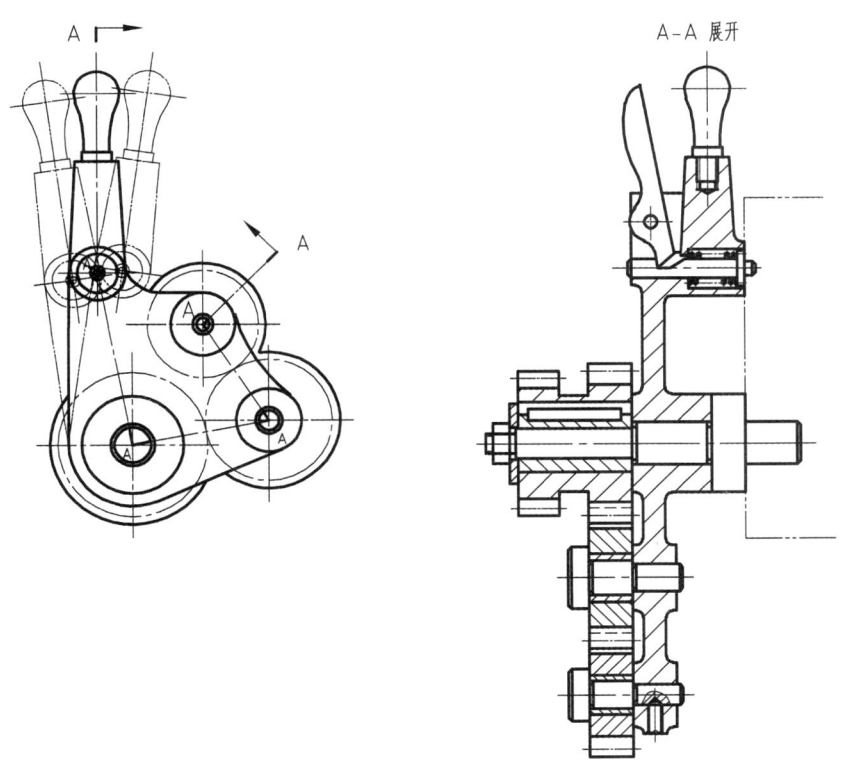

图 9.8 展开画法

### 3. 简化画法

(1)在装配图中零件的某些工艺结构。

在装配图中,零件的某些工艺结构,如小圆角、倒角、退刀槽等允许省略不画。装配图中螺母和螺栓头上的圆弧可省略不画,如图 9.9(a)①所示。

(2)装配图中相同的零件组。

装配图中,对于若干相同的零件组,如几组规格相同的螺纹连接,在不影响理解的前提下,可详细地画出一组或几组,其余用点画线表示其中心装配位置即可,如图 9.9(a)③所示。如图 9.9(b)所示为相同的零件组简化的画法。

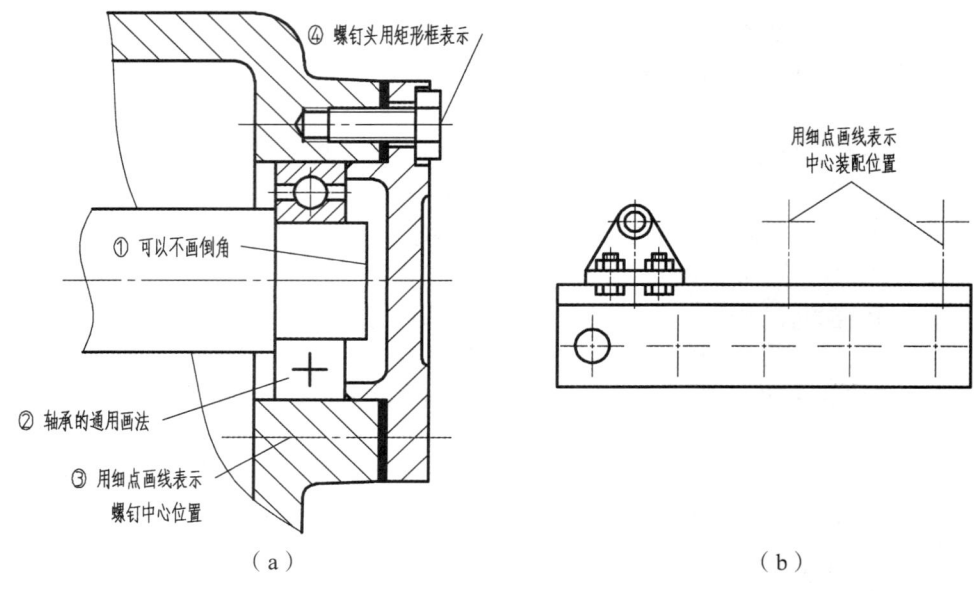

图 9.9 简化画法（一）

（3）在装配图中标准件产品组件的画法。

在装配图中，对一些标准件产品组件，或该组件在其他视图已表达清楚，可以只画外形，如图 9.5 所示的油杯。装配图中的滚动轴承需表示结构时，可以一半用规定画法画剖视，另一半用通用画法简化表示，如图 9.9（a）②所示。

（4）装配图中带与链。

装配图中可用粗实线表示带传动中的带，用细点画线表示链传动中的链。必要时，可用粗实线或细点画线上绘制出表示带或链类型的符号，如图 9.10 所示。

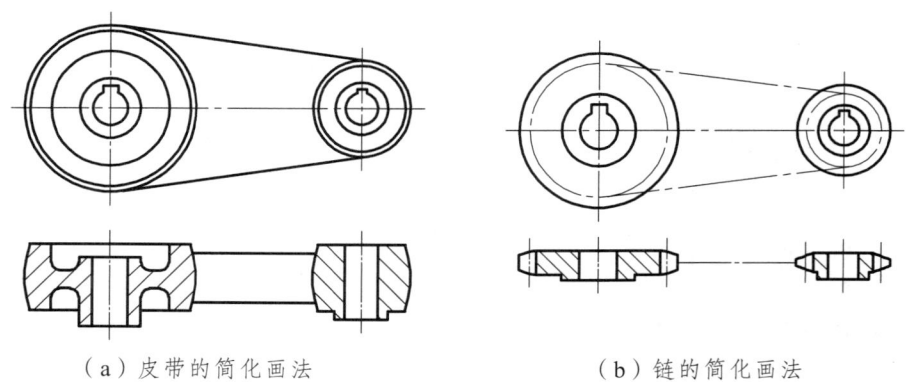

（a）皮带的简化画法　　　　　（b）链的简化画法

图 9.10 简化画法（二）

## 9.2 常见装配工艺结构

了解机器上一些常见的装配工艺结构和装置，在画装配图时，可使图样中的装配结构画得更为合理；在读装配图时，有助于理解部件的工作原理、装配关系和零件的结构形状。

## 9.2.1 装配工艺结构上的结合面与配合面

为保证机器或部件的性能要求和零件加工与装拆的方便，在设计时必须考虑装配结构的合理性。

### 1. 倒角与切槽

轴与孔的端面结合时，为保证轴肩与孔端面接触，应将孔边倒角或在轴上加工槽，或两者都做，如图 9.11 所示。

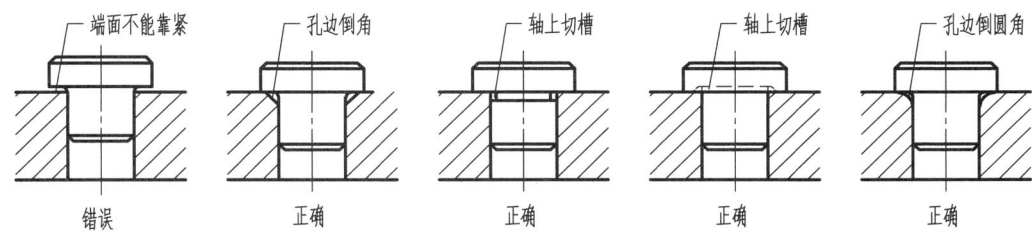

图 9.11　轴与孔的端面结合

### 2. 要避免两零件在同一方向上两对面同时接触或配合

要避免两零件在同一方向上两对面同时接触或配合，否则会增加接触面的制造精度，增加成本，如图 9.12 所示。

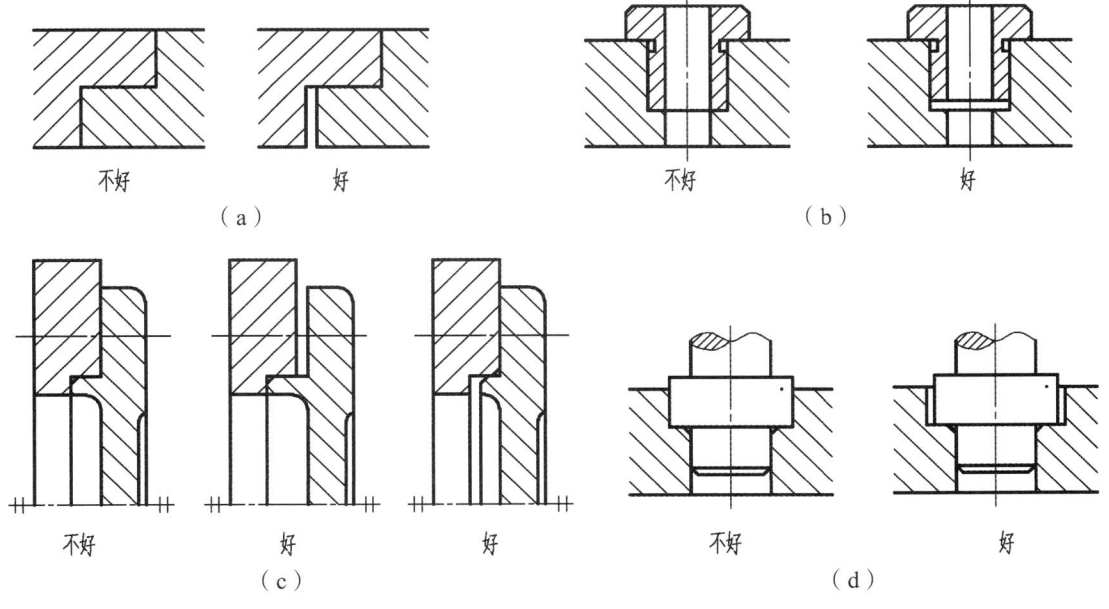

图 9.12　同一方向上两对面不能同时接触或配合

### 3. 锥面配合时，锥体顶部与锥孔底部都必须留有间隙

锥面配合时，锥体顶部与锥孔底部都必须留有间隙，否则在装配时不能达到图纸要求或不能安装到指定位置，孔的下部增加一小孔是为了排除被压缩的空气，如图 9.13 所示。

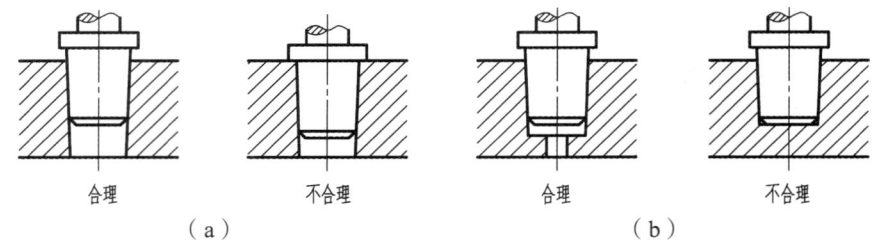

图 9.13 锥面配合时的画法

### 4. 螺栓、螺钉等螺纹连接的接触面

为了使螺栓、螺钉连接可靠，可以有凸台、沉孔或锪平面，如图 9.14 所示。

图 9.14

### 5. 大接触面

较长接触平面或圆柱面应制出凹槽，以便减少加工面，如图 9.15 所示。

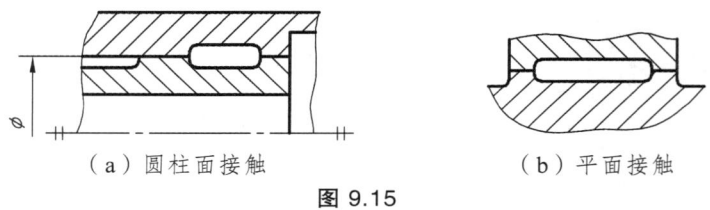

图 9.15

## 9.2.2 零件的结构形状考虑安装与拆卸

零件的结构形状考虑维修时拆卸方便，在绘制螺纹紧固件时，应注意以下问题：应留有螺钉、螺栓装拆空间，如图 9.16、9.17 所示。应留有扳手空间，同时应注意螺纹紧固件至外壁的距离，如图 9.18 所示。

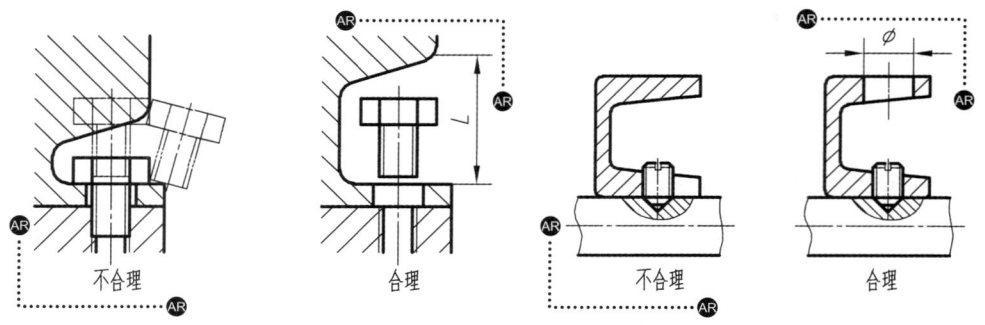

图 9.16 应留有螺纹紧固件装拆空间（一）

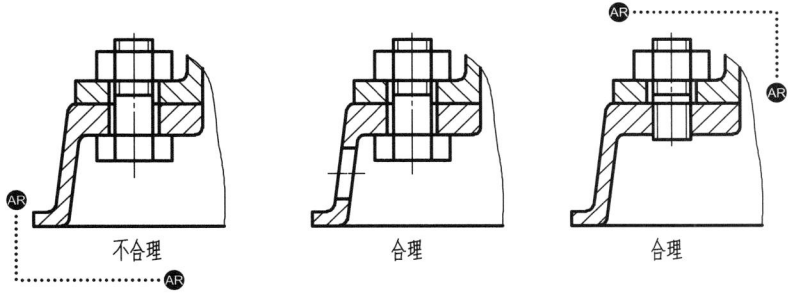

图 9.17　应留有螺纹紧固件装拆空间（二）

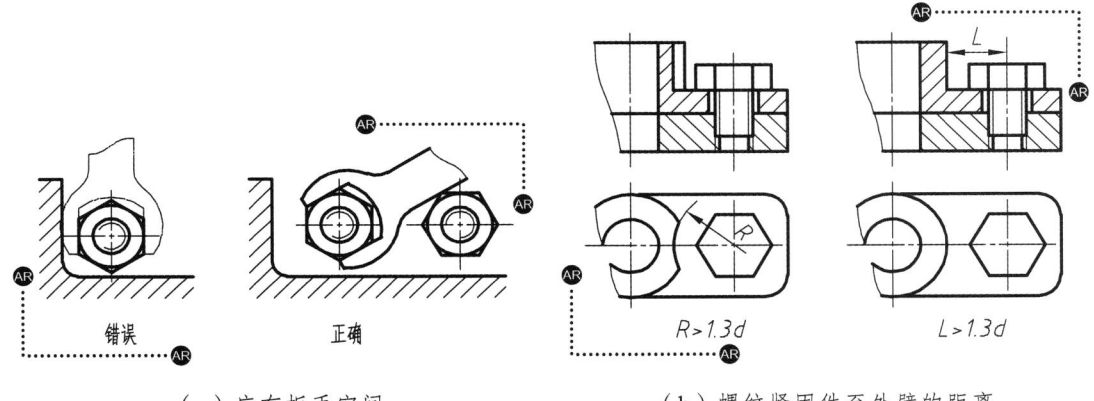

（a）应有扳手空间　　　　　　　　（b）螺纹紧固件至外壁的距离

图 9.18　螺纹的安装与拆卸应注意的问题

箱体孔径过小，轴的轴肩过高，均无法合理地拆卸滚动轴承，在绘制装配图时，轴的轴肩高度小于轴承内圈的大径，箱体上孔径大于轴承外圈的小径，如图 9.19 所示。

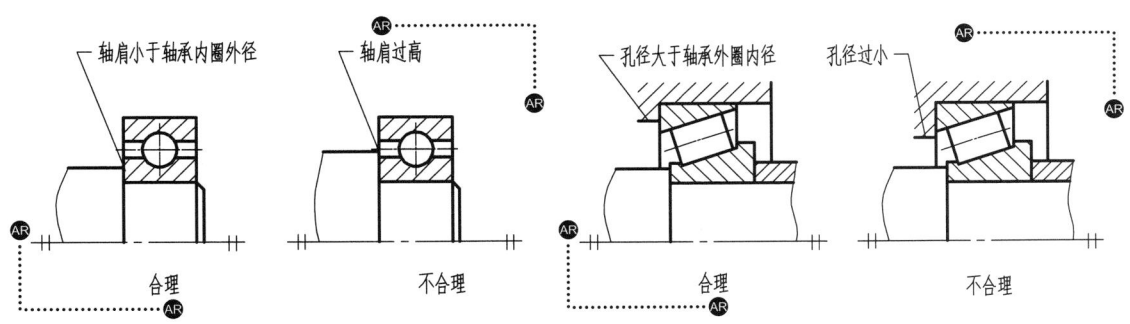

图 9.19　滚动轴承拆卸应注意的问题

套筒装入孔后，无法取出，所以应在箱壁上预先加工孔或螺孔，拆卸时就可用适当的工具或螺钉顶出套筒，如图 9.20（a）所示。为了便于拆卸销钉，销钉孔尽量做成通孔或选用带螺孔的销钉。

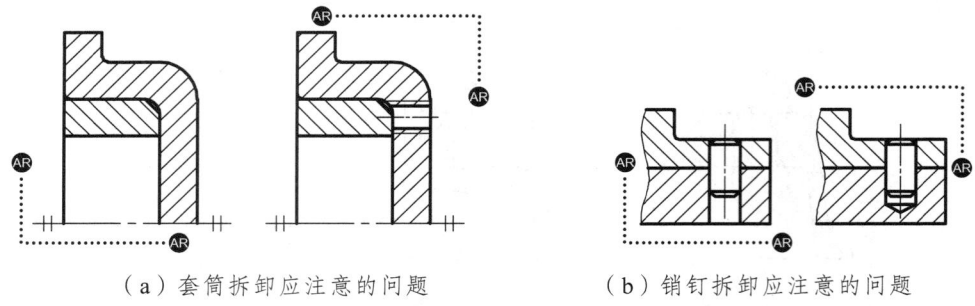

(a)套筒拆卸应注意的问题　　　　（b)销钉拆卸应注意的问题

图 9.20　套筒、销钉拆卸应注意的问题

## 9.2.3　常见的密封装置

为防止灰尘、杂屑飞入或润滑油外溢，常采用如图 9.21（a）所示粘圈式密封。为防止阀中或管路中的液体泄漏，常采用如图 9.21（b）所示的填料密封装置，请读者注意其画法。

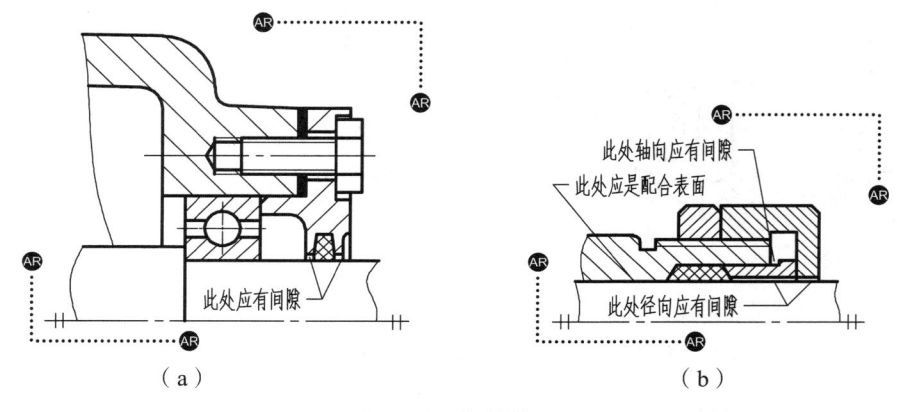

（a）　　　　　　　　　　　　　　（b）

图 9.21　密封装置

## 9.3　装配图的视图选择

装配图的视图必须清楚地表达机器（或部件）的工作原理、各零件之间的相对位置和装配关系，以及尽可能表达出主要零件的主要形状。因此，在确定视图表达方案之前，要详细了解该机器或部件的工作情况和结构特征。

### 9.3.1　装配图视图选择要求与选择原则

**1. 装配图视图选择要求**

装配图视图选择的基本要求是完全、正确、清晰。

完全指的是：组成机器或部件的零（组）件工作原理、零（组）件之间的相互位置关系、零（组）件之间的连接、零（组）件之间的装配关系、本部件与机器或其他部件的连接安装关系、与工作原理有直接关系的零件的重要结构形状要表达完全、确定。但应注意的是不是把每个零件的结构形状表达完全。

正确指的是：投影关系正确，图样画法、图样上的各种标注符合国家标准的相关规定。

清晰指的是：图形绘制、各种标注应清晰、易懂，便于看图。在许可的情况下，应尽量采用 1∶1 的比例。

**2. 装配图视图选择原则**

参照《技术制图 图样画法 视图》（GB/T 17451—1998），装配图视图选择原则如下：

（1）表示机器或部件信息量最多的那个视图应作为主视图，通常是按机器或部件的工作位置或安装位置放置。

（2）当需要其他视图包括剖视图和断面图时应按下述原则选取，在明确表示机器或部件的前提下使视图包括剖视图和断面图的数量为最少，但不能片面追求视图数量最少。

（3）尽量避免使用细虚线表达机器或部件的轮廓。

（4）避免不必要的细节重复。

## 9.3.2 装配图视图选择一般步骤

装配图视图选择一般步骤为，分析部件，确定主视图，然后选择其他视图，表达方案的检查、比较、调整，确定最终方案。以图 9.2 中的柱塞式油泵为例进行分析。

**1. 部件分析**

分析组成部件功能与工作原理，零（组）件之间的相互位置关系、连接、装配关系，各个零件的作用、运动情况，本部件与机器或其他部件的连接、安装关系，分析部件的工作状态与工作位置。为了便于分析，通常以装配线、零散装配点来表示上述关系。

装配线指为实现局部功能或动作装配在一起的一串零件，实现主要局部功能和主要动作的；或含有较多零件的装配线为主要装配线，反之为次要装配线。零散装配点，是以单一装配关系安装在一起的极少数零件。

参看 9.1 节，分析可以确定该部件有四条装配线：

第一条装配线：完成滑柱上下移动装配线，即沿泵体轴线的一串零件，它们是泵体 1、滑柱 8、弹簧 14、导向轴承 5、密封垫圈 10。

第二条装配线：完成与凸轮连接的轴承装配线，即滑柱上端一串零件，它们是滑柱 8、轴 6、轴承 7、销 15。

第三条装配线：完成吸油功能进油口单向阀，它们是右阀体 12、螺塞 2、弹簧 4、钢球 11。

第四条装配线：完成出油功能出油口单向阀，它们是左阀体 3、螺塞 2、弹簧 4、钢球 11。

零散装配点滑柱 8 导向销连接，它们是滑柱 8、导向轴承 5、销 9。

柱塞式油泵共有四条装配线、一个零散装配点，第一条装配线既实现油泵的主运动，又有较多的零件和装配关系，所以它是一条主要装配线，应是表达的重点。

**2. 确定主视图**

主视图的选择一般应满足下列要求：

部件或组件的放置位置：按机器（或部件）的工作位置放置。当工作位置倾斜时，可将它摆正，使主要装配轴线、主要安装面处于特殊位置（投影面平行面或垂直线）。

部件或组件的主视图投射方向：能较好地表达机器（或部件）的工作原理和整体形状特征，同时表达主要装配线零件的相对位置和装配关系以及表达较多零件的相对位置和装配关系。如果机器或部件不能同时满足以上条件，以表达工作状态、装配关系和整体形状特征为主。

柱塞式油泵的主视图选择：

如图 9.2 所示，柱塞式油泵按工作位置放置，即泵体、滑柱、导向轴承共同轴线铅垂放置，投射方向为垂直泵体轴线方向从前往后，主视图表达了柱塞式油泵的工作状态、工作原理，又反映了其整体形状。主视图用全剖视图表示主装配线中全部零件的装配关系，同时又表达了第三条、第四条装配线的装配关系，通过局部剖视图把第二条装配线以及零散装配点导向销连接在主视图中表达清楚，所以主视图应把整个油泵的零件的装配关系、工作原理表达清楚。

### 3. 其他视图的选择

主视图确定后，选用基本视图或剖视图、断面，把剩余内容即其他装配线、零散装配点、工作原理、对外安装关系及必要的零件结构、形状等表示出来，并保证每个视图都有明确的表达内容。

柱塞式油泵的其他视图选择：对于柱塞式油泵有四条装配线和一个零散装配点，在主视图中确定后可以看出：

第一条装配线：滑柱上下移动装配线，主视图已表达清楚。

第二条装配线：轴承装配线，已表达清楚。

第三条装配线：进油口单向阀，已表达清楚。

第四条装配线：出油口单向阀，已表达清楚。

零散装配点已表达清楚。

### 4. 表达方案的检查、比较、调整

表达方案一般不是唯一的，应对不同的方案进行检查、比较和调整，形成既能满足上述要求又便于绘图和看图的最终表达方案。一般按以下几点进行检查与调整。

（1）组成部件的零（组）件是否表达完全，每个零（组）件必须在图样中出现过一次，对省略投影的螺栓、螺母紧固件等必须有表示位置轴线。

（2）检查每条装配线和零散装配点的零件位置和装配关系是否表达完全。

（3）部件工作原理是否表达清楚。

（4）与工作原理有直接关系的各个零件重要结构、形状是否表示。

（5）与其他部件和机座的连接、安装关系是否明确。

（6）投影关系是否正确，画法和标注是否符合国家标准。

必要时可以对同一个部件做出不同的几个方案进行比较，而选择最优方案。

通过以上几点检查柱塞式油泵的装配图，滑柱上下移动的动力来源不清楚，增加一个 $A$ 向局部视图，双点画线画出的凸轮表明外力来源。滑柱是与工作原理直接相关的重要零件，

而它的导向槽、润滑油孔、安装弹簧孔是重要结构，为了说明三者的关系采用几个平行剖切面剖切 B-B 剖视图，表明滑柱 8 的断面结构。

柱塞式油泵与机座的安装情况不清楚，再增加一个俯视图，同时用双点画线画出机座以及螺钉，以表达油泵在机座上的安装状态。

最终形成如图 9.3 所示的方案。

## 9.4 装配图的尺寸标注和技术要求注写

### 9.4.1 尺寸标注

当装配图尺寸标注与零件图完全不同时，零件图中必须注出零件的全部尺寸，以确定零件的形状、大小，而装配图一般只需注出以下五类尺寸。

**1. 性能（规格）尺寸**

性能尺寸是说明机器（或部件）的规格或性能的尺寸。它是设计和用户选用产品的主要依据。如图 9.3 中柱塞式油泵的进、出油口尺寸 $\phi 3$ 决定油的流量；又如图 9.5 中孔径 $\phi 80H7$，决定轴承支承的轴的直径；运动件的活动范围尺寸应标注出来。再如图 9.3 中尺寸 118～126。

**2. 装配尺寸**

（1）零件间的配合尺寸。

它表示零件间的配合性质和相对运动情况，这种尺寸影响到部件的工作性能和装配方法。如图 9.3 所示，柱塞式油泵中的滑柱与导向轴承之间的配合 $\phi 25H8/f7$。

（2）重要的相对位置尺寸。

它表示装配时需要保证的零件间之间相对位置尺寸，或零件与机座之间的相对位置尺寸。此类尺寸可以依靠制造某个零件时保证，也可以通过装配时靠调整得到。如图 9.27 中，齿轮油泵中 44.5d11 表示安装面到主动轴之间的距离靠加工泵体得到。

**3. 安装尺寸**

安装尺寸是将部件安装到其他零、部件或基座上所需的尺寸。如图 9.3 中柱塞式油泵的进、出油口安装油管用螺纹尺寸 $M14 \times 1.5\text{-}6h$，以及泵体与机座的安装尺寸 $2 \times \phi 11$，76。

**4. 外形尺寸**

外形尺寸表示部件或机器总长、总宽、总高的尺寸，它是说明安装部件或机器时部件或机器的工作空间，以表示部件或机器在包装、运输时所需空间。如图 9.5 中的尺寸 238，141，417。

**5. 零件的重要结构、形状尺寸**

标注此类尺寸的目的是零件上与部件（机器）功能有直接关系的重要结构的形状和大小在设计零件时不会被改变。如图 9.6 中内转子与外转子之间的偏心距 3。

应注意的是，不是每一张装配图都完整标注上述尺寸，应根据设计部件（机器）的意图正确标注，有时某些尺寸兼有几种意义。如图 9.27 中齿轮油泵尺寸 40H9 既表示两个齿轮啮合轴线中心距的重要位置尺寸，同时也是泵体上两个孔之间的重要结构尺寸中心距。

## 9.4.2 装配图的技术要求

在图纸下方空白处，用文字注写机器或部件装配时所必须遵守的技术要求，在拟定机器或部件技术要求时可以从三个方面考虑：装配过程中的注意事项，装配后应达到的要求；对机器或部件整体性能的检验、试验、验收等方法的说明；对机器或部件的性能、维护、保养、使用注意事项的说明，如图 9.3、9.5、9.6 所示。

## 9.5 装配图的零件、组（部）件序号的编排和明细栏

根据国家标准 GB/T 4458.2—2003 要求，装配图上所有的零、部件都必须编注序号或代号，并填写明细栏，以便统计零件数量，进行生产的准备工作。同时，在看装配图时，也是根据序号查阅明细栏了解零件的名称、材料和数量等，它有助于看图和图样管理。

### 9.5.1 装配图的零件、组（部）件序号的编排

**1. 基本要求**

为了读图方便，装配图中所有的零、部件均应编号，且一个部件只编写一个序号；同一装配图中相同的零、部件用一个序号，一般只标注一次；多处出现的相同的零、部件，必要时也可重复标注。

装配图中零、部件的序号，应与明细栏（表）中的序号一致。装配图中所用的指引线和基准线应按 GB/T 4457.2—2003 的规定绘制；装配图中字体的写法应符合 GB/T 14691 的规定。

**2. 序号的编排方法**

装配图中编写零、部件序号的表示方法有以下三种。

（1）在指引线的水平的基准（细实线）上注写序号，序号字号比该装配图中所注尺寸数字的字号大一号或两号，如图 9.22（a）所示。

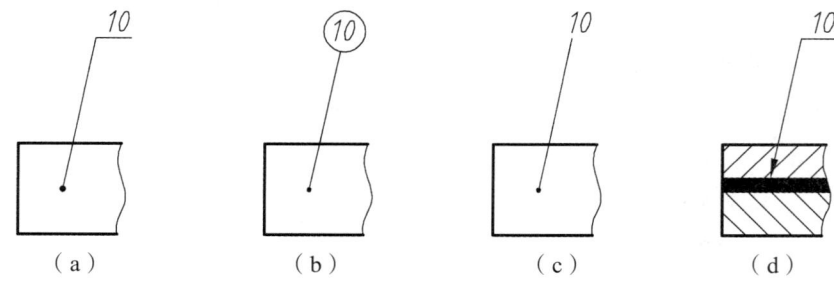

图 9.22 装配图中编注序号的方法

（2）在指引线端部的圆（细实线）内注写序号，序号字号比该装配图中所注尺寸数字的字号大一号或两号，如图 9.22（b）所示。

（3）在指引线的非零件端的附近注写序号，序号字号比该装配图中所注尺寸数字的字号大一号或两号，如图 9.22（c）所示。

无论采用哪一种编号方式都可以，但同一装配图中编排序号的形式应一致。

指引线应自所指部分的可见轮廓内引出,并在末端画一圆点,如图 9.22(a)、(b)、(c)所示。若所指部分(很薄的零件或涂黑的剖面)内不便画圆点时,可在指引线的末端画出箭头,并指向该部分的轮廓,如图 9.22(d)所示。

指引线可以画成折线,但只可曲折一次,指引线不能相交。当指引线通过有剖面线的区域时,它不应与剖面线平行。

一组紧固件以及装配关系清楚的零件组,可以采用公共指引线,如图 9.23 所示。

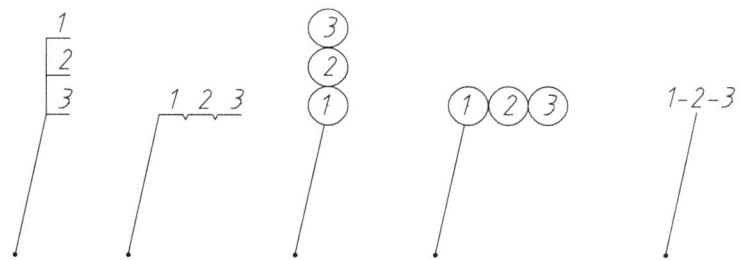

**图 9.23 公共指引线的编注形式**

如图 9.24(a)所示的是螺栓连接的简化标注方法,当一组紧固件以及装配关系清楚的零件组可以不画紧固件,但在标注时可以按图 9.24(b)、(c)处理。

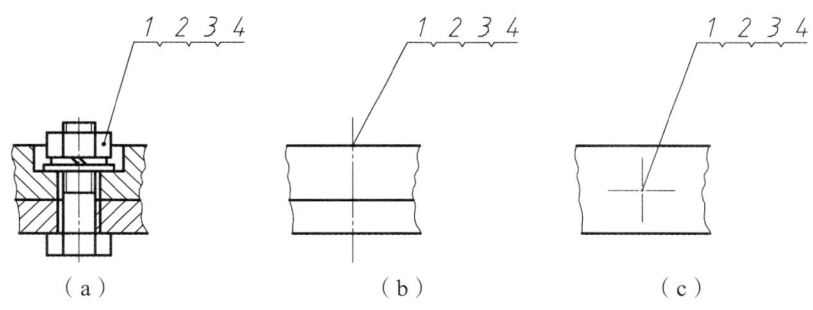

**图 9.24 螺栓连接的简化标注**

装配图中序号应按水平或竖直方向排列整齐,可按下列两种方法编排。按顺时针或逆时针方向顺次排列,在整个图上无法连续时,可只在每个水平或竖直方向顺次排列,也可按装配图明细栏(表)中的序号排列、采用此种方法时,应尽量在每个水平或竖直方向顺次排列。

为了保证无遗漏的顺序排列,可先画出指引线和末端的水平线或圆,检查无误,再统一编写序号,最后填写明细栏。

## 9.5.2 明细栏

明细栏是说明图中各零件的序号、代号、名称、材料、数量、重量、备注等内容的表格。明细栏的格式国家标准 GB/T 10609.2—2009 中有统一规定,但企业可以根据产品也自行确定适合本企业的明细栏。

装配图一般有明细栏,并配置在标题栏的上方,序号在明细栏中应自下而上按顺序填写,如位置不够,可将明细栏紧接标题栏左侧画出,仍自下而上按顺序填写。明细栏中所填序号应和图中所编零件的序号一致,如图 9.3 所示。当有两张或两张以上同一图样代号的装配图时,明细栏应放在第一张装配图上。

当装配图中不能在标题栏的上方配置明细栏时，可作为装配图的续页按 A4 幅面单独给出，其顺序应是由上而下延伸。还可连续加页，但应在明细栏的下方配置标题栏，并在标题栏中填写与装配图相一致的名称和代号。

## 9.6 画装配图的步骤与方法

画装配图一般应根据机器或部件所有装配线的复杂、重要程度，由主到次逐条绘制。

### 9.6.1 画装配图的方法

从画装配图的顺序上来分，装配图可以分为两种画法：

**1. "由内向外"逐个扩展**

从所画装配线的最重要的零件开始，按装配关系逐层扩展画出各个零件，最后画壳体、箱体等支承、包容件。这种方法的画图过程与大多数设计过程相一致。注意，画图过程也就是结构设计的过程。在设计新机器绘制装配草图时多采用，因为此时没有零件图，所以应先画装配图，同时这种方法画装配图可以有效避免"先画后擦"零件上那些被遮挡的轮廓线，提高绘图效率和清洁图面。

**2. "由外向内"逐个添加**

从支承、包容作用的壳体、箱体或支架等画出。首先从装配线最重要的零件开始画起，再按装配线和装配关系逐次画出其他零件。这种方法多用于根据已有的零件图"拼画"装配图。一般用于对机器（部件）进行测绘或整理新设计机器（部件）的技术文件。此种方法的画图过程与具体的部件装配过程一致，利于空间想象。当首先要设计出起支承和包容作用的箱体、支架零件时，也可以使用此种方法进行设计绘图。

应注意：装配线上零件较多，互相关联、影响，往往会出现"一错都错"的连锁反应。在画装配图时，要随画随检查在装配关系、投影关系和图样画法等方面有无错误，及时发现问题，并立即改正。

### 9.6.2 画装配图的步骤

以"由内向外"逐个扩展方法画如图 9.2 所示柱塞式油泵的装配图为例介绍。

**1. 进行部件分析和确定视图表达方案**

参阅 9.3.2 节，进行部件分析和确定视图表达方案。

**2. 画图过程**

（1）确定图幅。

根据部件的大小及复杂程度、已确定的表达方案，选择合适的绘图比例和图幅，注意要把标注尺寸、零件、组（部）件序号的编注和明细栏所用位置考虑在内。

（2）固定图纸、布置图面，用作图基线确定各视图的位置。

将图纸固定，画图框、标题栏和明细栏边界线，并画各个视图的主要基准线，如主要的中心线、对称线或主要端面的轮廓线，如图 9.25（a）所示。

图 9.25 装配图画法(一)

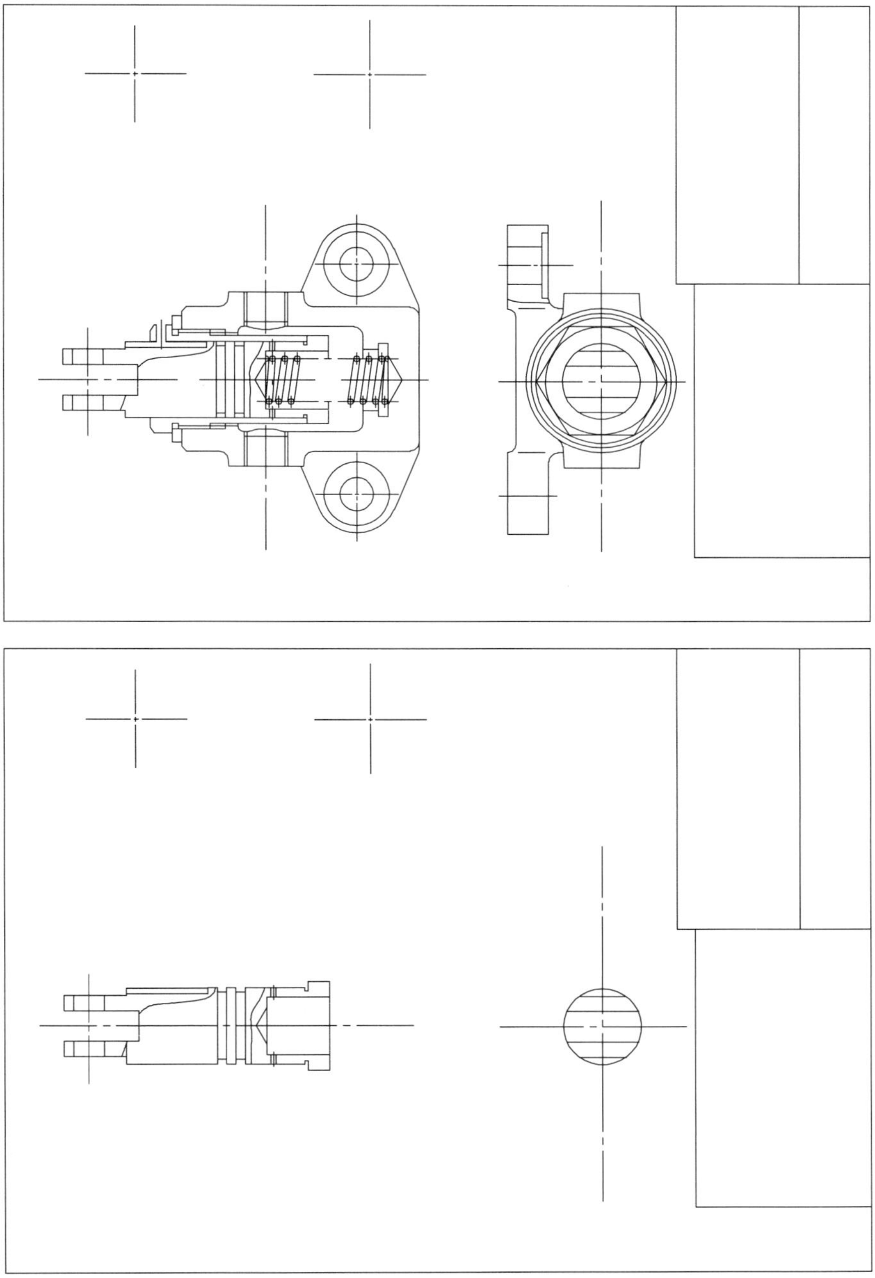

（3）画主要装配线底稿。

画图时一般先从主视图入手（特殊情况也可先画其他视图），尽量做到按投影关系将几个视图配合起来画，但应注意当各个视图所表达的装配关系相互关系不大时，不一定要按投影关系将几个视图配合起来画，可以采用集中精力画完一个视图，再画下一个视图的方法。

当部件中某些零件的位置可变，具有不同状态时，在装配图中应画成工作状态或有调整余地的中间状态，或与其他视图的表达综合起来考虑。例如：柱塞式油泵的进、出单向阀应画成关闭截流状态，弹簧应画成受力压缩（或拉伸）状态，如图9.3所示。

对于柱塞式油泵来说，第一条装配线即滑柱上下移动装配线为主要装配线。以滑柱8为基础，按装配关系顺序画出导向轴承5，弹簧14，密封垫圈10，泵体1，如图9.25（a）、（b）所示。

（4）依次画出其他装配线底稿。

顺序画出垫圈13，右阀体12，螺塞2，弹簧4，钢球11进油口单向阀装配线；垫圈13，左阀体3，螺塞2，弹簧4，钢球11出油口单向阀装配线；采用局部剖视画出轴承装配线轴6，轴承7，销15，零散装配点销9，如图9.26（a）、（b）所示。

（5）画重要零件以及其他结构视图底稿。

画出其他视图以及重要零件的视图，注意视图投影正确，标注要齐全。必要时画出倒角、退刀槽、圆角等结构。如图9.26（a）*A*向视图、图9.26（b）*B-B*断面图所示。

（6）经检查底稿以后，描深、画剖面线、注尺寸及公差配合。

画剖面线时应注意同个零件的各个视图以及不同剖切位置的剖面线应相同，不同零件的剖面线应有明显的区别。注尺寸时应按9.4.1节的要求注写五类尺寸。

（7）编注零件、组（部）件序号和填写明细栏，注写技术要求，经审核后，在标题栏中设计绘图栏内签署姓名和日期。

完成绘图工作，如图9.3所示。

## 9.7 读装配图和由装配图拆画零件图

在工业生产中，无论是机器或部件的设计、制造还是进行技术交流，或是使用、维修，都要用到装配图。因此，从事工程技术工作的人员都必须具备熟练读装配图的能力。

### 9.7.1 读装配图的要求

通过阅读装配图，必须明确以下内容：

明确机器或部件的结构（包括部件由哪些零件组成，各零件的定位和固定方式，零件间的装配关系）；明确各零件的作用，机器或部件的功用、性能和工作原理；明确机器或部件的使用、调整方法；明确各零件的结构、形状和装、拆顺序及方法。

需要注意：要想达到以上要求，有时只阅读装配图就可以了，但有时还需要阅读零件图和其他技术文件。

### 9.7.2 读装配图的方法与步骤

以阅读如图9.27所示的齿轮油泵装配图为例来说明读装配图的方法和步骤。

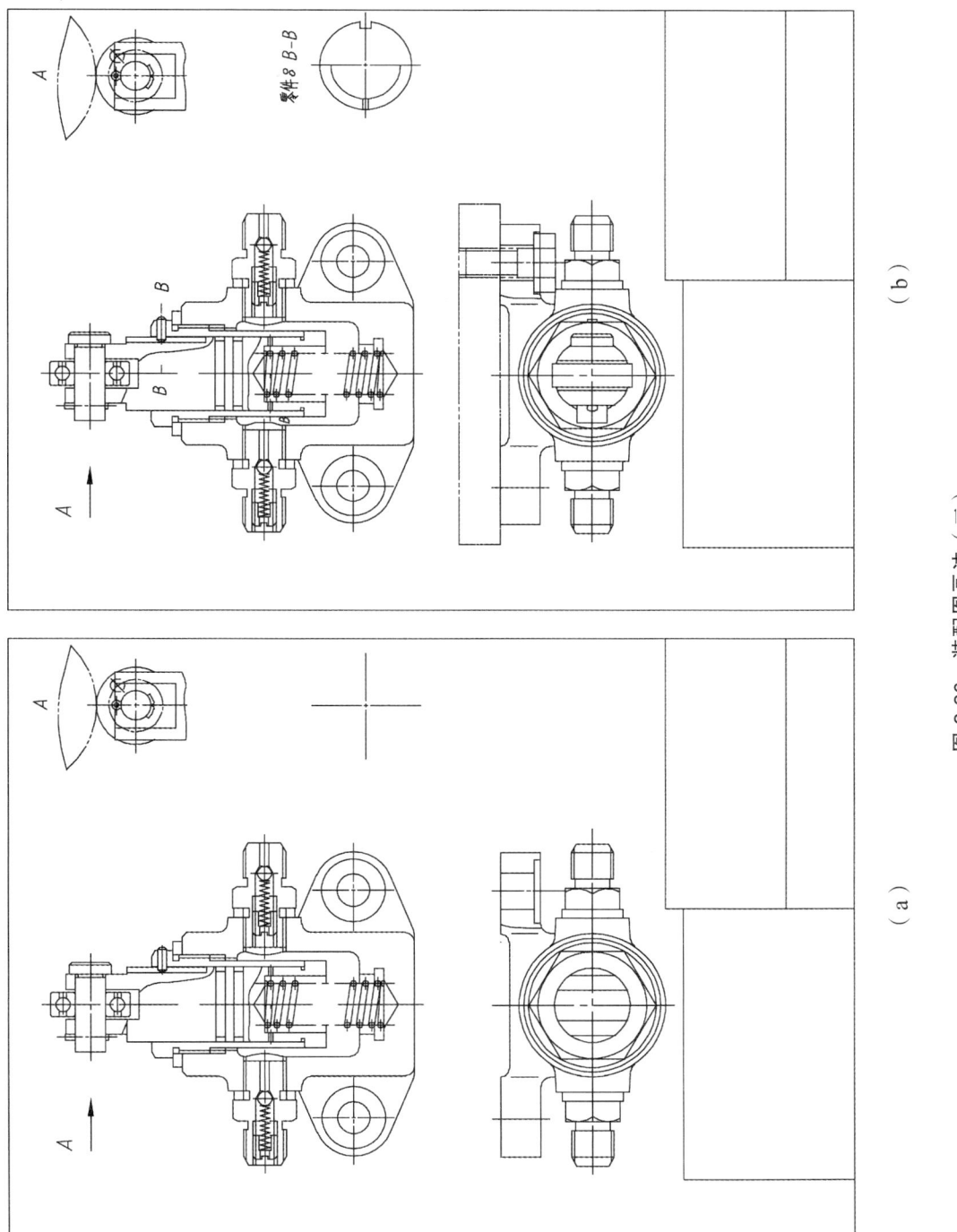

图 9.26 装配图画法（二）

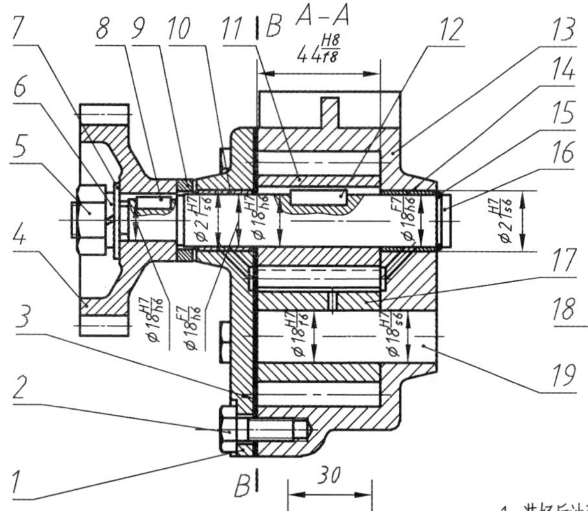


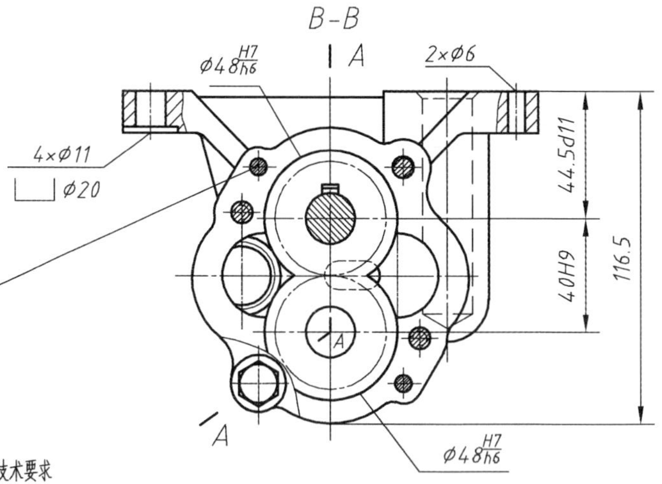


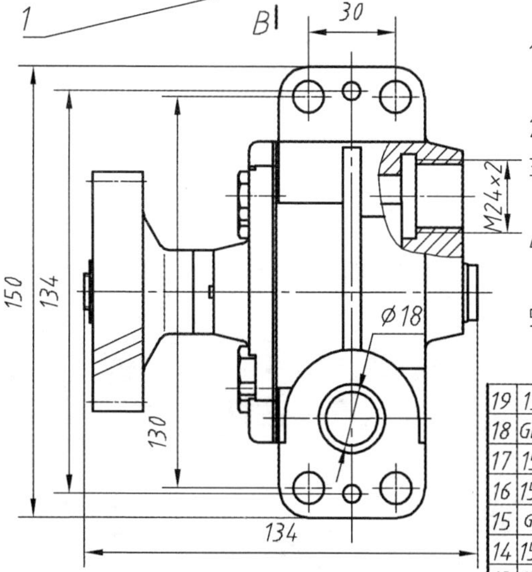


技术要求

1. 装好后油泵对齿轮牙齿啮合面应占齿长的四分之三以上，可根据试验后的压痕来检查。
2. 齿轮装好后，用手转动主动轴时应能灵活转动。
3. 当机温达90°C±3°C、油压为16kgf/cm²时，油泵转速应为1875r/min、流量不得小于3290L/h。
4. 装配时调整垫片厚度保证齿轮端面与泵盖间的间隙为0.05~0.117mm。
5. 齿轮顶圆与泵体内圆柱表面间的间隙，不得小于0.02~0.06mm。

| 序号 | 代号 | 名称 | 数量 | 材料 | 单件重量 | 总计重量 | 备注 |
|---|---|---|---|---|---|---|---|
| 19 | 15.02.11 | 从动轴 | 1 | 45 | | | |
| 18 | GB/T119.1 | 销3m6×22 | 2 | 35 | | | |
| 17 | 15.02.10 | 从动齿轮 | 1 | ZG270-500 | | | m=4,z=9 |
| 16 | 15.02.09 | 主动轴 | 1 | 20Cr | | | |
| 15 | GB/T895.2 | 挡圈 18 | 1 | ZG270-500 | | | |
| 14 | 15.02.08 | 轴套 | 1 | ZQSn5-5-5 | | | |
| 13 | 15.02.07 | 泵体 | 1 | HT200 | | | |
| 12 | GB/T1097 | 键5×5×18 | 1 | 35 | | | |
| 11 | 15.02.06 | 主动齿轮 | 1 | ZG270-500 | | | m=4,z=9 |
| 10 | 15.02.05 | 轴套 | 1 | ZQSn5-5-5 | | | |
| 9 | 15.02.04 | 止推轴套 | 1 | ZQSn5-5-5 | | | |
| 8 | GB/T1096 | 键6×6×20 | 1 | 35 | | | |
| 7 | GB/T97.1 | 垫圈 12 | 1 | Q235 | | | |
| 6 | GB/T93 | 弹簧垫圈12 | 1 | 65Mn | | | |
| 5 | GB/T6170 | 螺母M12 | 1 | 35 | | | |
| 4 | 15.02.03 | 传动齿轮 | 1 | ZG270-500 | | | m=3.25,z=21 β=21°47′21″ |
| 3 | 15.02.02 | 垫片 | 1 | 压纸板 | | | |
| 2 | GB/T5782 | 螺栓M8×20 | 4 | Q235 | | | |
| 1 | 15.02.01 | 泵盖 | 1 | HT200 | | | |

| | | | |
|---|---|---|---|
| 设计 | 齿轮油泵 | | 15.02.00 |
| 描图 | | | 比例 1:2.5 |
| | 重量 | 件数 | |
| 审核 | 共 张 第 张 | | |

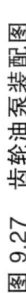

图 9.27 齿轮油泵装配图

**1. 概括了解全貌**

从标题栏了解部件名称，顾名思义可反映部件功能，有一定机械基础知识的读者就可以初步判定其大致结构。

齿轮油泵是容积式泵，是依靠容积的变化将低压油变为高压油进行工作的。通常由泵体、泵盖、运动组件（齿轮、轴、轴承套）、传动组件（传动齿轮等）、密封装置五部分组成。

从标题栏了解画图比例，与图形对照，可定性想象部件大小。查外形尺寸可定量明确部件大小。

齿轮油泵外形为 $134\times150\times116.5$，因此，该油泵的体积不大。

从明细栏了解部件由多少零件组成，有多少个标准件，有多少个专用件。以判断部件的复杂程度。齿轮油泵由 19 种 23 个零件组成，其中有 8 种 12 个标准件，其余为专用件，结构简单。

了解视图数目，找出主视图，确定其他视图投射方向，明确各视图所用图样画法和各视图的表达内容，了解全图共表达了几条装配线和零散装配点。此时往往可再一次判断部件的复杂程度（图少，装配线少，则部件简单；图多，装配线多，则部件复杂）。

齿轮油泵共用了三个基本视图，$A$-$A$ 为主视图。主视图画成全剖视图，从序号的密集程度和较多的配合尺寸来看它应该是一个主要的视图，反映了组成齿轮油泵的各个零件间的装配关系，即主动轴装配线、从动轴装配线，一处螺钉连接。其中主动装配线为主要装配线。

俯视图以画外形为主，取了一处局部剖视，主要表示齿轮油泵的整体形状与进、出油口位置状态。

$B$-$B$ 为左视图，采用沿泵盖 1 和泵体 13 的结合面剖切画法，画成局部剖视图，它反映了齿轮油泵外部形状，齿轮的啮合情况，以及吸、压油的工作原理。

因此，该齿轮油泵有两条装配线，另有螺钉与定位销零散装配点。

**2. 详细阅读视图，弄清各零件间装配关系**

在读图时，应该把所给的几个视图对照起来阅读，必要时需使用尺规度量，定量地读图和徒手作草图将零件主要结构进行记录。根据已分析出的装配线和零散装配点，进一步弄清每一条装配线的以下问题：

（1）该装配线有多少个零件，各零件主要结构形状，各零件如何定位、固定。

（2）零件间有无配合，配合基准制、种类以及尺寸精度。

（3）各零件的运动情况，哪些零件动、哪些零件不动，动与不动的零件是如何防止摩擦或干涉的；运动是怎样传递和调节的。

（4）各零件的作用。

（5）零件间有无间隙，间隙是如何调整的。

（6）各零件的拆、装和调整顺序、方法。

在读装配图时，不是对上述问题的逐一回答，而是相互穿插，综合分析。区分与分析时尽可能地与部件功能（在概括了解中做出的判断）和已分析出的零件功能、作用联系；根据相邻或相关零件功能，分析本零件功能，功能分析与投影分析相结合。

在读图过程中，区分零件是重要的环节，常利用以下方法区分零件：

（1）利用序号和指引线。

如图 9.27 所示，零件 19，指引线指示的矩形区域为从动轴。在主视图上按序号 13 指示的区域，利用装配上同一视图的剖面线画法一致，可以知道 13 所指泵体的范围。

（2）利用装配图的画法规定。

如图 9.27 所示，零件 3 垫片采用涂黑的表述方法，那么整个涂黑区域都表示垫片。又如，根据实心轴不剖视的画法规定，主动轴 16 的零件范围就非常好区分。利用装配图上各视图的剖面线一致的画法，可以判断 M24×2 螺孔在泵体 13 上。

（3）利用标准件与常用件的规定画法（如螺纹、齿轮等画法）。

如图 9.27 所示，根据螺纹连接的规定画法，泵体 13 上的螺钉孔的形状就非常清楚。又如零件 4 传动齿轮，指引线指示的有剖面线的区域，但整个零件应包含有剖面线区域两边的矩形区域，因为矩形区域是齿轮的轮齿的规定画法。

（4）利用已具备的机械常识。

当看到零件 18，再看明细栏所列名称是销以及标准件号，那么，对这个地方在泵体 13、泵盖 1 上的零件结构为通孔。根据前面所讲的关于装配工艺对结构的要求和零件的加工工艺对结构要求的画法，如图 9.27 所示，泵盖 1 上安装螺钉处，应有锪平面，又如盲孔螺纹，孔端部必有钻尖孔，再如泵体 13 盲孔端部必有钻尖孔，轴套类零件上一般应有退刀槽、倒角等，铸件有铸造圆角、斜度等，都可以辅助判断部件上零件结构，正确区分零件。

对齿轮油泵的部件结构分析如下：

以主视图为主，经对主动轴装配线阅读可知它包含的零件为：螺母 5、弹簧垫圈 6、垫圈 7、传动齿轮 4、键 8、止推轴套 9、泵盖 1、轴套 10、主动齿轮 11、键 12、主动轴 16、泵体 13、轴套 14、挡圈 15 等 13 个零件。该装配线上核心零件之一的主动轴 16，是一根三段轴，从左开始的第一段加工了螺纹，用于螺母 5、弹簧垫圈 6（用于防松）、垫圈 7 把传动齿轮 4（它的右面靠在泵盖凸台上）固定在轴上，由于传动齿轮是斜齿轮，啮合运动时会产生较大的轴向分力，故在传动齿轮轮毂端面与泵盖 1 凸台端面之间加一个止推轴套 9，以减少磨损。在第二段上加工了键槽用于安装键 8，把传动齿轮 4 运动传到主动轴 16 上，它们之间的配合为 $\phi 18H7/h6$，属于基孔制间隙配合，用于孔轴之间的定位；第三段轴左、右两边由于安装轴套 10，14 以减少磨损，它们与轴之间的配合为 $\phi 18F7/h6$ 属于基孔制间隙配合，以保证轴在轴套中运转自如。同时，轴套安装在泵体 13、泵盖 1 的孔中，采用 $\phi 21H7/s6$，它属于基孔制过盈配合以保证轴套在孔中定位与固定；在中间加工了一个键槽，用于安装键 12，把主动轴 16 上的运动传到主齿轮 11 上，它们之间的配合为 $\phi 18H7/h6$ 属于基孔制间隙配合，用于孔轴之间的定位；最后在轴上加工一个挡圈槽，用于安装挡圈 15，用于轴的轴向定位与固定，防止轴向传动窜动。所以，轴上的所有零件通过一件紧靠一件来固定与定位的。

通过从从动轴装配线阅读可知它包含的零件为：从动齿轮 17、从动轴 19、泵体 13，从动轴装在泵体 13 孔中，采用 $\phi 18H7/s6$，它属于基孔制过盈配合以保证轴在孔中定位与固定；从动齿轮装在轴上，它们之间的配合为 $\phi 18H7/h6$ 属于基孔制间隙配合，从动齿轮与轴有相对转动，齿轮上的小孔把压力油引入孔与轴之间而进行润滑。

从上面分析可知，齿轮油泵的传动路线为：传动齿轮 4→键 8→主动轴 16→键 12→主动齿轮 11→从动齿轮 17。有相对运动的零件为：传动齿轮 4 与泵体，通过止推轴套 9 减少摩擦与磨损。主动轴 16 与泵体上的孔，通过轴套 10，14 减少摩擦与磨损。从动齿轮与从动轴之间有相对运动,通过润滑以减少摩擦。

泵体 13 是齿轮油泵中主要的零件之一,它的内腔容纳一对吸油和压油的齿轮。将主动轴 16、从动轴 17 装入泵体后,左端有泵盖 1、右端泵体 13 支撑这一对齿轮轴的旋转运动,啮合区靠自油润滑。由销 18 将泵盖 1 与泵体 13 定位后,再用螺钉 2 将泵盖与泵体连接成整体。用垫片 3 调整主、从动齿轮与泵盖的端面间隙以防止泵体与泵盖结合面处漏油。泵体与泵盖的斜孔与油室的高压区相通,引入高压油到主动轴与轴套之间进行润滑。泵体内腔设计了卸荷槽结构,长圆形凹槽,以消除困油现象,改善齿轮的工作条件。泵体与泵盖上的做成凸台是为了有足够的位置加工销孔与螺孔、出油口有足够的螺纹旋合长度,主动轴有足够支承长度。泵体顶板的形状是根据齿轮油泵的安装情况而定的,它上面的 $\phi 6$ 销孔用于定位,$\phi 11$ 孔用于连接,$\phi 18$ 孔是进油孔。

装拆顺序不再赘述,请读者自己分析确定。

### 3. 综合想象部件整体结构

这一步骤是把上面分析的各装配线、点的相互位置、连接及传动关系等综合起来考虑,以想象部件的整体结构。

对于齿轮油泵,两条装配线相互平行,是通过齿轮传动来传递运动与动力的。它的整体结构如图 9.28 所示。

(a) (b)

图 9.28 齿轮油泵轴测图

### 4. 确认部件的原理与功用

通过部件的综合动作与运动情况、工作过程及原理的分析,来确认部件的功能。对于齿轮油泵,可以看出:当传动齿轮 4 按逆时针方向(从左视图观察)转动时,通过键 8,将扭矩传递给主动轴 16,再通过键 12 传递给主动齿轮 11,经过齿轮啮合带动从动齿轮 17,从而使后者作顺时针方向转动。如图 9.27 所示,当一对齿轮在泵体内做啮合传动时,啮合区内进油口(视图中前边)的压力降低而产生局部真空,油池内的油在大气压力作用下进入油泵低压区内的吸油口,随着齿轮的转动,齿槽中的油不断沿被带至压油口把油压出,送至机器中需要润滑的部分,从密封情况来看,该泵传递的油压不大。

### 9.7.3 根据装配图拆画零件图

在设计新产品、改进原产品时都必须先绘制装配图,再根据装配图确定零件的主要结构,再画出零件图将零件的结构、形状、大小完全确定。根据装配图画零件图的过程叫"拆图",拆图的过程往往也是完成设计零件的过程。

下面以图 9.27 所示的齿轮油泵的泵盖 1 为例,说明拆图的方法与步骤。

**1. 拆画零件的视图**

(1)在读懂装配图的基础上,将要拆画的零件的结构、形状完全确定。

先是将根据装配图能确定的部分想象清楚,确定下来,再对未确定部分通过"构形设计"确定下来,构形设计的基本原则是保证功能并便于制作,适当注意美观。

先将装配图各视图中属于该零件的线框和剖面区域全部拆出,如图 9.29(a)所示,补上原被遮挡的图线,如图 9.29(b)所示。从拆出的零件的视图来看,泵盖的端面的形状没有确定,泵盖与泵体连接。根据装配图左视图提供的泵体端面形状,为了使泵体与泵盖支撑、结合牢固,过渡自然,根据构型设计原则,一般相连接部分外形相同,所以泵体左视图的端面形状就是泵盖的端面形状;泵盖的左端凸台,从主、俯视图上未确定其形状(圆柱或正方棱柱),分析知道左端凸台是保证主动轴有足够的接触长度和接触强度,根据构型设计原则,外形与内形的基本形状相同便于制作,故设计成圆柱。泵盖卸荷槽结构应与泵体上的结构完全一样,从左视图中可以看出是长圆形凹槽。泵盖的斜孔的方向在卸荷槽确定后,自然确定。

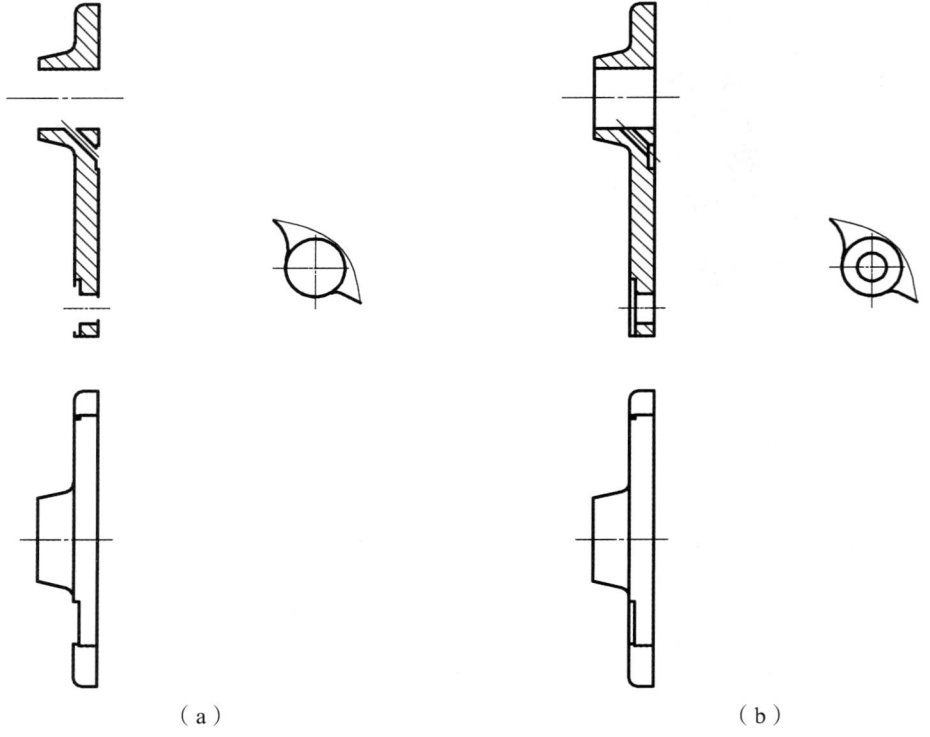

(a)        (b)

图 9.29 泵盖拆画过程

（2）确定零件图的视图方案。

根据零件类型，按第8章所述原则和方法选择视图方案。零件在装配图上的视图方案是服从于"装配图表示装配关系和工作原理"产生的。零件在零件图上的视图方案需按零件图要求重新考虑，二者可能相同也可能不相同，但决不能简单照抄装配图视图方案。

拆下零件为盘盖类零件，一般采用主视图、右视图或主视图与左视图的表达方案。我们采用主视图与左视图的表达方案。

（3）按零件图绘图步骤和方法画视图。

补全零件的局部结构形状，在装配图中，被省略和被遮挡住的设计和工艺结构，如倒角、圆角、退刀槽，在零件图中需全部画出并统一标注，符合国标规定，可简化不画的，要做正确标注，如图9.30所示。

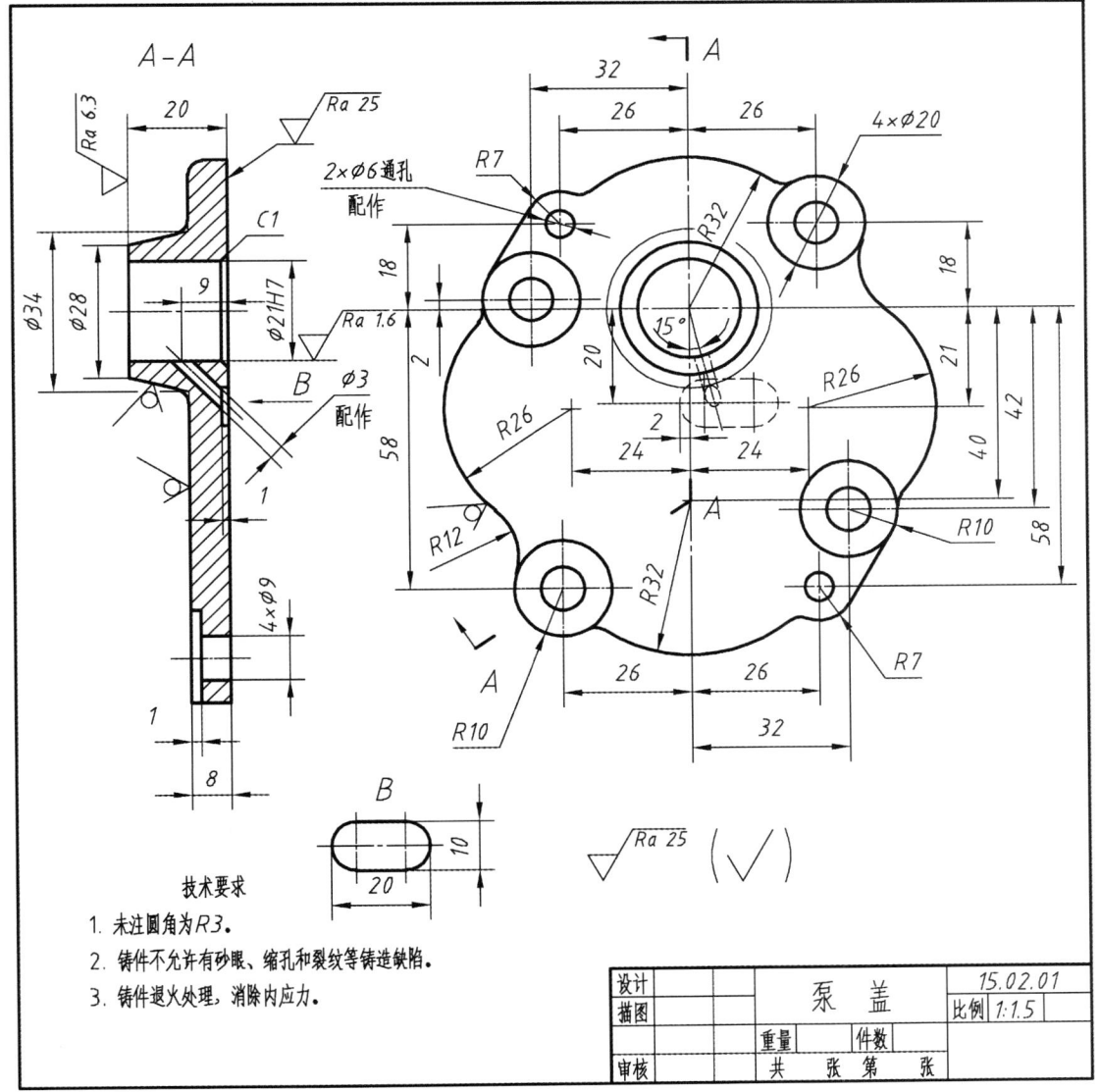

图9.30　泵盖零件图

## 2. 标注尺寸

应按第 8 章零件图尺寸标注方法标注尺寸，即应先选定合理的尺寸基准，在注尺寸时需要考虑便于加工和测量。其尺寸数值应按以下规则处理：

（1）从装配图中拆下来。

凡在装配图上已注明的有关零件的尺寸，都是重要尺寸，应该按装配图上所注的尺寸数值标注。有配合要求的尺寸，应注出偏差代号或偏差值。如图 9.30 所示的 $\phi21H7$。

（2）根据明细栏或相关标准查出来。

凡与螺纹紧固件、键、销和滚动轴承等装配之处的尺寸均需如此。对于常见局部功能结构如 T 形槽、燕尾槽、三角带槽等和局部工艺结构如退刀槽、圆角等，标准亦有规定值或推荐值，应查阅确定后标注。如图 9.30 所示的 $2\times\phi6$ 销孔的尺寸就是通过查明细栏销的尺寸确定的。

（3）根据公式计算出来。

若拆画齿轮等零件图时，其分度圆、齿顶圆均应根据模数、齿数等基本参数计算出来（参阅 7.2 节）。

（4）从装配图中按比例量出来。

在装配图上未注明的尺寸，直接从图上按比例量取整数或化为标准值，标注在零件图上，此时应注意装配图的绘图比例。如图 9.30 所示的 $\phi28$，20 等。

（5）按功能需要定下来。

对于那些装配图中未给定的结构形状，在设定形状结构后将其尺寸定下来，如泵盖端面尺寸的确定。对于某些量出来的尺寸，也尚需根据功能与相关标准准确确定数值。

## 3. 技术要求

（1）标注表面粗糙度。

零件各表面的作用不同，对各表面粗糙度的要求也不同，在零件图上要注写粗糙度代号和数值。一般情况下，有相对运动或配合要求的表面，粗糙度数值应小些；对有密封、耐蚀、装饰要求的表面，粗糙度数值也应小些；静止的表面或自由表面的粗糙度数值应大些。

（2）标注尺寸公差。

按装配图上的公差带代号查表标注尺寸公差或仅标注公差带代号。

（3）标注几何公差。

按零件在装配图中的位置与作用确定几何公差，并在图中正确标注出来。

（4）注写其他技术要求。

技术要求是零件图的重要内容，拟定的技术要求是否正确，将直接影响零件的加工质量和工作性能，在制订技术要求时，应根据零件在部件中的作用，参考有关技术资料或类似产品的图纸，用类比法选择确定。

## 4. 根据装配图明细栏，在该零件相应内容填写零件图标题栏

结果如图 9.30 所示。

## 小 结

绘制和阅读机械图样（核心是零件图和装配图）是本课程的最终学习目标之一，因此，装配图是本课程的重点内容之一。装配图的作用、内容、画法和尺寸标注是相互联系的，其中作用是中心，其余各项都是围绕这个中心存在的。

一张完整的装配图应具有的内容是一组视图、尺寸标注、技术要求、明细栏、零件编号和标题栏，在形式上和零件图一致，但其内涵是不一样的。

在画装配图时，除了使用第 5 章表示机件的图样画法外，针对装配图还有一些规定画法、特殊画法，其目的是更简洁表达部件或机器。应注意配合表面与非配合表面、拆卸画法与沿结合面剖开画法的要点，掌握夸大画法在装配图中的应用。

要注意视图的选择，要正确分析部件，确定装配线、点，围绕装配线确定部件视图。主视图应表达主要装配线或尽量多地表达装配结构，一般按部件的工作位置放置，必要时主要装配线主要轴线或平面水平。画装配图时，原则上按每一条装配线的装配顺序，先主后次、先内后外、先定位置后画结构形状。标注尺寸时应在分析的基础上标注五类尺寸，注意有些尺寸有两个以上的作用。

读装配图的关键是区分零件。拆画零件图时要把该零件从装配图的各视图中分离出来，补上装配图中被挡住的线和结构，以及装配图中没有表达清楚的结构，分清零件类型，按零件图的表达方法准确地确定表达方案。尺寸处理按五个类型进行。

## 习 题

9.1 装配图在生产中起什么作用？它和零件图有什么不同？它包含哪些内容？

9.2 装配图除采用以前学习的表达方法外，有什么规定画法？

9.3 装配图视图选择有哪些要求，如何选择主视图和其他视图？

9.4 在装配图中，一般应标注哪些尺寸？

9.5 编注装配图中的零、部件序号应遵守哪些规定？填写明细栏应注意哪些问题？

9.6 试述绘制装配图的方法、步骤。

9.7 试述读装配图的方法、步骤。

9.8 试述拆画零件图的方法、步骤，对视图的处理从操作上分为哪几步？确定零件的各个尺寸用哪五种方法？

# 第10章

# 焊接装配图

焊接装配图是指实际生产中的产品零部件或组件的工作图，供焊接加工所用的图样。焊接是一种不可拆卸的装配，在工业上被广泛使用。小型的钢制家具也多采用这种装配方法。用焊接方式连接的两个零件称为焊接结构件。焊接技术就是在高温或高压条件下，使用焊接材料（焊条或焊丝）将两块或两块以上的母材（待焊接的工件）连接成一个整体的操作方法。焊接具有连接可靠、节省材料、工艺简单、结构重量轻、易于现场操作等优点。

焊接装配图在零件编号、明细栏及视图表达方法等方面与一般的装配图相同，不同之处在于，图中应清楚表示焊接件的结构及和焊接有关的问题，如坡口与接头形式、焊接方法、焊接材料型号、焊接及验收技术要求等。国家标准中规定了焊缝的种类、画法、符号、尺寸标注方法及焊缝标注方法。

## 10.1 焊接基本知识

金属焊接方法的种类很多，通常按焊接过程的特点分为熔化焊、压力焊和钎焊三大类。

零件在焊接时，常见的接头形式有对接接头、搭接接头、角接接头和T形接头等。

对接接头：两焊件端面相对平行的接头，如图10.1（a）所示。这种接头能承受较大的载荷，是焊接结构中最常用的接头。

搭接接头：两焊件重叠放置或两焊件表面之间的夹角不大于30°构成的端部接头，如图10.1（b）所示。搭接接头的应力分布不均匀，接头的承载能力低，在结构设计中应尽量避免采用。

角接接头：两焊件端面间构成大于30°、小于135°夹角的接头，如图10.1（c）所示。角接接头多用于箱形构件，其焊缝的承载能力不高，所以一般用于不重要的焊接结构中。

T形接头：一焊件端面与另一焊件表面构成直角或近似直角的接头，如图10.1（d）所示。这种接头在焊接结构中是较常用的，整个接头承受载荷，特别是承受动载荷的能力较强。

焊接后，两焊接件接头缝隙的熔接处称为焊缝。常见的焊缝形式有对接焊缝、点焊缝和角焊缝等。

第 10 章 焊接配图　　　　　　　　　　　　　　　　　　　　317

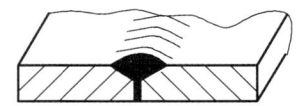

（a）对接接头（对接焊缝）　　　　（b）搭接接头（点焊缝）

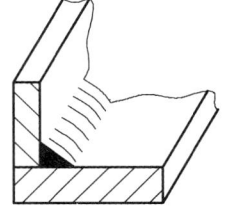
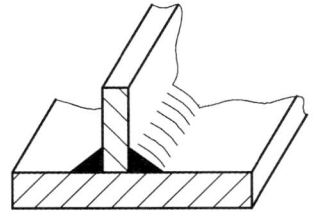

（c）角接接头（角焊缝）　　　　（d）T形接头（角焊缝）

图 10.1　常见的焊接接头和焊缝形式

在工程图样中要表达焊接零件时，必须按国家标准中的有关规定，将零件焊接处形成的焊缝形式和尺寸表达清楚，必要时还要说明焊接方法和焊缝要求。

## 10.2　焊缝符号

在工程图样中绘制焊接结构件时，要对焊缝进行图示或标注。为了使图样简化，一般用焊缝符号来标注焊缝。必要时也可以用图示法或轴测示意图表示。

GB/T 12212—2012 和 GB/T 324—2008 给出了焊缝符号的有关规定。

完整的焊缝符号包括基本符号、指引线、补充符号、尺寸符号及数据等。为了简化，在图样上标注焊缝时通常只采用基本符号和指引线，其他内容一般在有关的文件中明确。

标注双面焊焊缝或接头时，基本符号可以组合使用，具体内容请参考 GB/T 324—2008。

### 10.2.1　基本符号（GB/T 324—2008）

基本符号表示焊缝横截面的基本形式或特征，如表 10.1 所示。

表 10.1　基本符号

| 序号 | 名　称 | 示意图 | 符　号 |
|---|---|---|---|
| 1 | 卷边焊缝（卷边完全熔化） |  | 八 |
| 2 | I 形焊缝 |  | ‖ |

续表 10.1

| 序号 | 名称 | 示意图 | 符号 |
|---|---|---|---|
| 3 | V 形焊缝 | 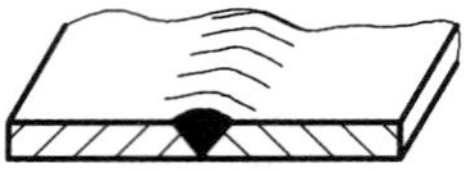 |  V |
| 4 | 单边 V 形焊缝 |  |  V |
| 5 | 带钝边 V 形焊缝 | 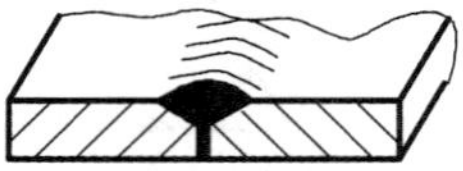 |  Y |
| 6 | 带钝边单边 V 形焊缝 | 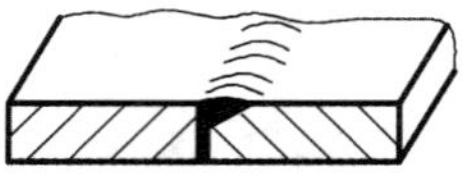 |  Y |
| 7 | 带钝边 U 形焊缝 | 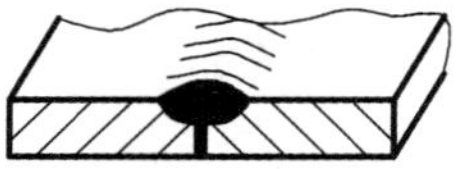 |  Y |
| 8 | 带钝边 J 形焊缝 |  |  Y |
| 9 | 封底焊缝 | 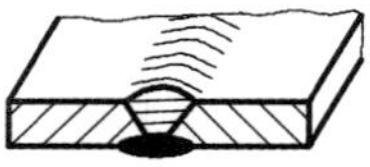 |  ⌒ |
| 10 | 角焊缝 | 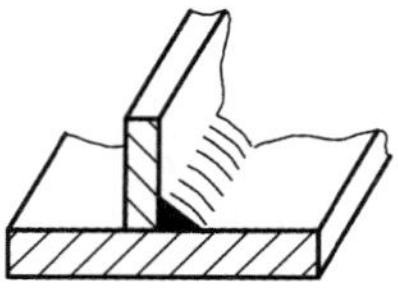 |  △ |
| 11 | 塞焊缝或槽焊缝 | 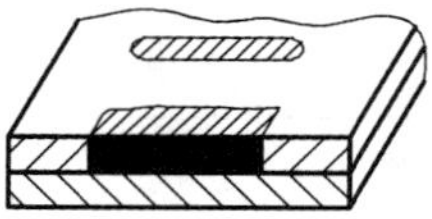 | ⊓ |
| 12 | 点焊缝 | 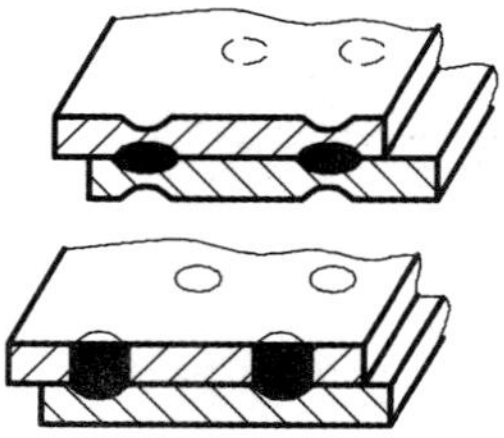 |  ○ |

续表 10.1

| 序号 | 名　称 | 示意图 | 符　号 |
|---|---|---|---|
| 13 | 缝焊缝 | 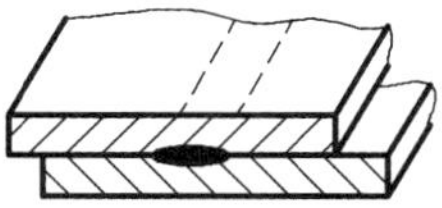 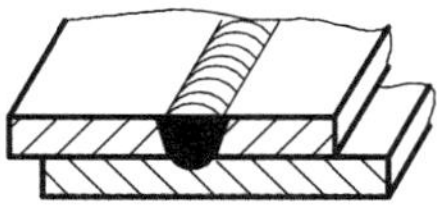 | 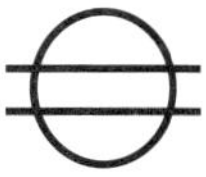 |
| 14 | 陡边 V 形焊缝 | 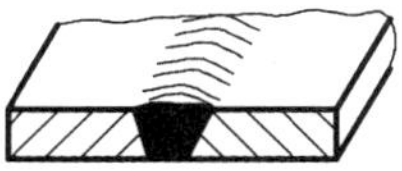 |  |
| 15 | 陡边单 V 形焊缝 |  |  |
| 16 | 端焊缝 |  |  |
| 17 | 堆焊缝 |  |  |
| 18 | 平面连接（钎焊） | 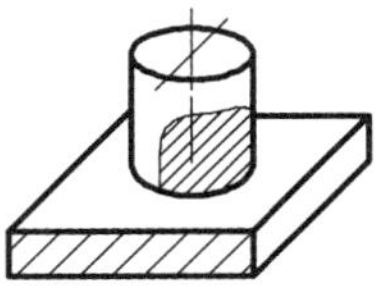 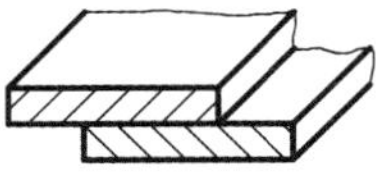 |  |
| 19 | 斜面连接（钎焊） | 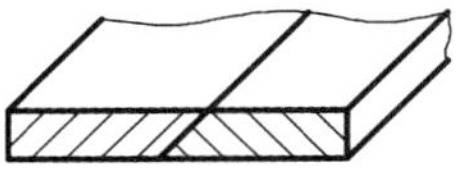 |  |
| 20 | 折叠连接（钎焊） | 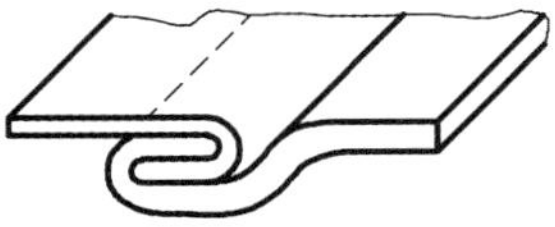 |  |

## 10.2.2 补充符号

补充符号是用来补充说明有关焊缝或接头的某些特征（如表面形状、衬垫、焊缝分布、施焊地点等）而采用的符号，其应用示例见表10.2。

表 10.2 补充符号

| 序号 | 名 称 | 符 号 | 说 明 |
|---|---|---|---|
| 1 | 平面 | — | 焊缝表面通常经过加工后平整 |
| 2 | 凹面 | ⌣ | 焊缝表面凹陷 |
| 3 | 凸面 | ⌢ | 焊缝表面凸起 |
| 4 | 圆滑过渡 | ⌣ | 焊脚处过渡圆滑 |
| 5 | 永久衬垫 | M | 衬垫永久保留 |
| 6 | 临时衬垫 | MR | 衬垫在焊接完成后拆除 |
| 7 | 三面焊缝 | ⊐ | 三面带有焊缝 |
| 8 | 周围焊缝 | ○ | 沿着工件周边施焊的焊缝 标注位置为基准线与箭头线的交点处 |
| 9 | 现场焊接 | ▸ | 在现场焊接的焊缝 |
| 10 | 尾部 | < | 表示所需的信息 |

## 10.2.3 指引线

指引线由箭头线和两条基准线组成，如图10.2所示。

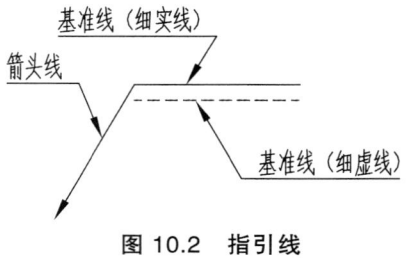

图 10.2 指引线

### 1. 箭头线

箭头线用细实线绘制，箭头直接指向的接头侧为"接头的箭头侧"，与之相对的则为"接头的非箭头侧"，如图10.3所示。

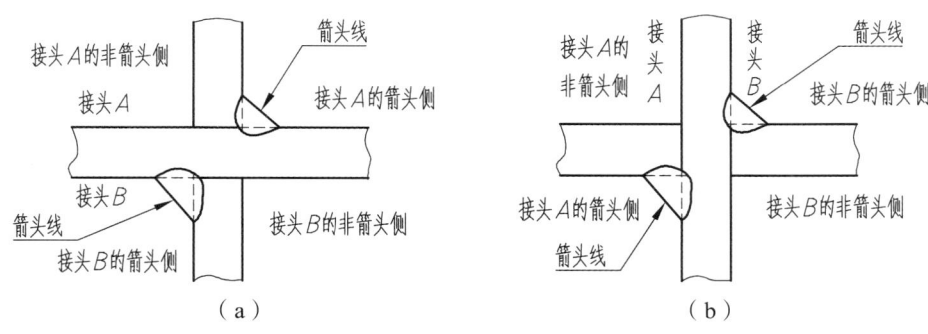

图 10.3 接头的"箭头侧"及"非箭头侧"

## 2. 基准线

基准线中一条为细实线，另一条为细虚线，细虚线可画在实线的上侧或下侧。基准线一般应与图样的底边平行，必要时也可与底边垂直。

## 10.3 焊缝标注的有关规定

### 10.3.1 基本符号相对基准线的位置

标注时注意焊缝符号与基准线的相对位置。
（1）基本符号在实线一侧时，表示焊缝在箭头侧，如图 10.4（a）所示。
（2）基本符号在细虚线一侧时，表示焊缝在非箭头侧，如图 10.4（b）所示。
（3）对称焊缝或双面焊缝允许省略细虚线，如图 10.4（c）、（d）所示。

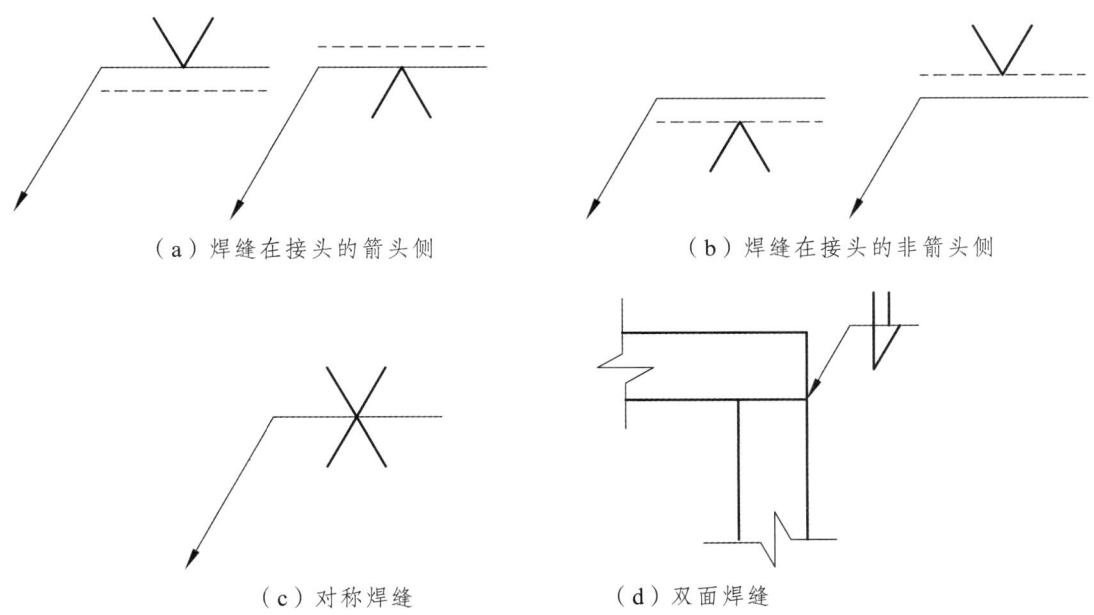

图 10.4 基本符号与基准线的相对位置

## 10.3.2 焊缝尺寸的标注

### 1. 焊缝尺寸符号

焊缝尺寸指的是工件厚度、坡口角度、根部间隙等数据的数值。必要时，可以在焊缝符号中标注尺寸。尺寸符号参见表 10.3。

表 10.3 焊缝尺寸符号

| 符号 | 名称 | 示意图 | 符号 | 名称 | 示意图 |
|---|---|---|---|---|---|
| $\delta$ | 工件厚度 | 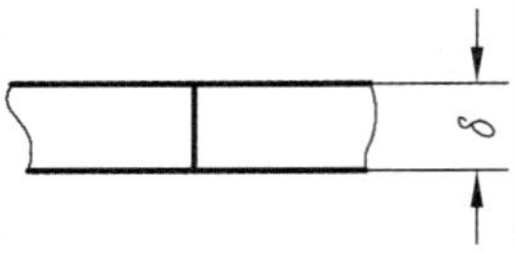 | $e$ | 焊缝间距 | 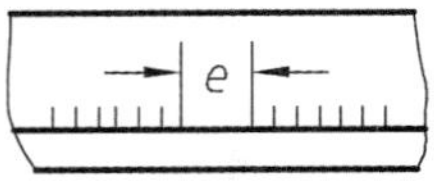 |
| $\alpha$ | 坡口角度 | 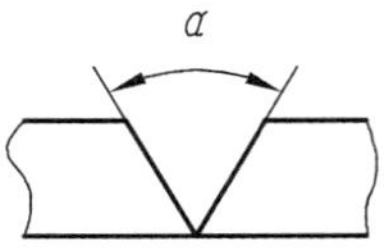 | $K$ | 焊脚尺寸 | 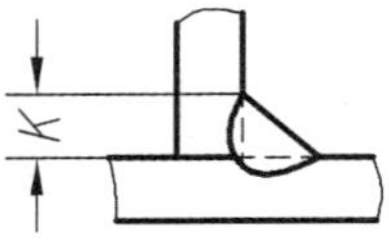 |
| $\beta$ | 坡口面角度 | 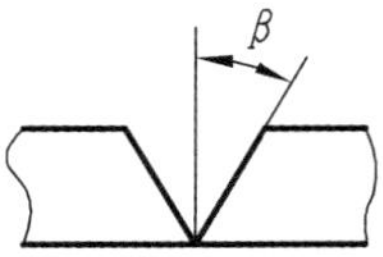 | $d$ | 点焊：熔核直径<br>塞焊：孔径 | 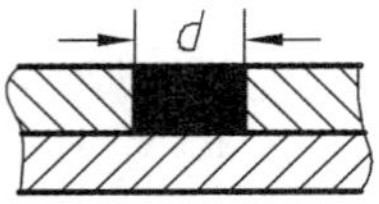 |
| $b$ | 根部间隙 | 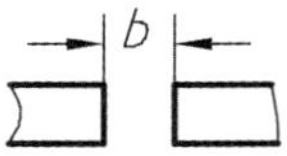 | $n$ | 焊缝段数 | 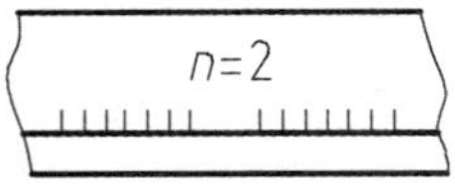 |
| $p$ | 钝边 | 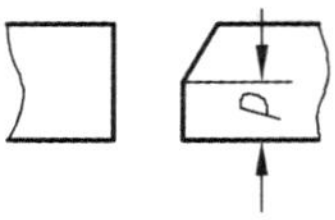 | $l$ | 焊缝长度 | 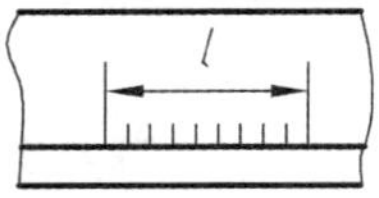 |
| $R$ | 根部半径 | 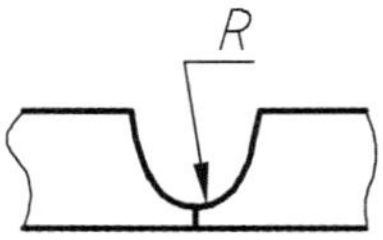 | $c$ | 焊缝宽度 | 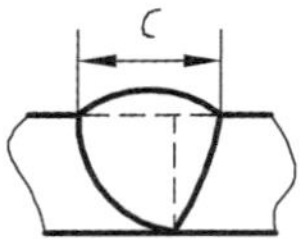 |
| $H$ | 坡口深度 | 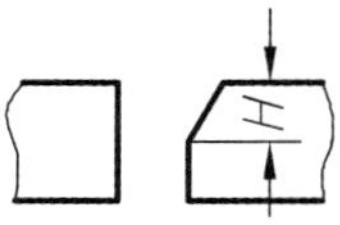 | $N$ | 相同焊缝数量 | 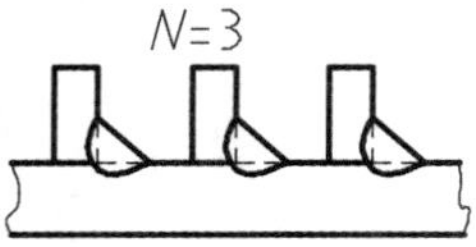 |
| $S$ | 焊缝有效厚度 | 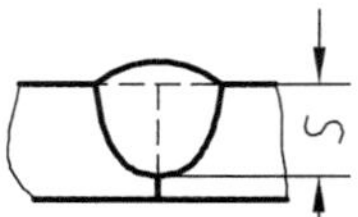 | $h$ | 余高 | 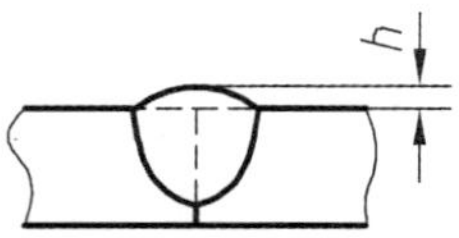 |

### 2. 焊缝尺寸符号及数据的标注原则

焊缝尺寸符号及数据的标注原则如下：

（1）横向尺寸标注在基本符号的左侧，如钝边（$p$）、坡口深度（$H$）、焊脚尺寸（$K$）、余高（$h$）、焊缝有效厚度（$S$）、根部半径（$R$）、焊缝宽度（$c$）、熔核直径（$d$）等。

（2）纵向尺寸标注在基本符号的右侧，如焊缝段数（$n$）、焊缝长度（$l$）、焊缝间距（$e$）等。

（3）坡口角度、坡口面角度、根部间隙标注在基本符号的上侧或下侧。

（4）相同焊缝数量标注在尾部。

（5）当尺寸较多不易分辨时，可在尺寸数据前标注相应的尺寸符号。

（6）在基本符号的右侧无任何标注且又无其他说明时，意味着焊缝在工件的整个长度上是连续的。

（7）在基本符号的左侧无任何标注且又无其他说明时，表示对接焊缝要完全焊透。

当箭头线改变方向时，上述规则不变。该标注原则如图 10.5 所示。

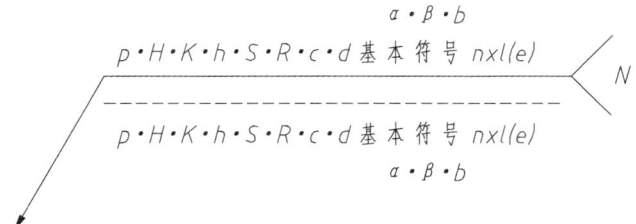

图 10.5　焊缝尺寸符号的标注原则

### 3. 常见焊缝标注方法示例（见表 10.4）

表 10.4　常见焊缝标注示例

| 接头形式 | 示意图 | 标注示例 | 说　明 |
|---|---|---|---|
| 对接接头 | | | V 形焊缝，坡口角度为 $\alpha$，根部间隙为 $b$，有 $n$ 条焊缝，焊缝长度为 $l$，焊缝间距为 $e$ |
| | | | 带钝边的 X 形焊缝，钝边高度为 $P$，坡口角度为 $\alpha$，根部间隙为 $b$，焊缝表面平齐 |
| T 形接头 | | | 在现场装配时焊接 |
| | | | 有对角的双面角焊缝，焊脚的高度为 $K$ 和 $K_1$ |

续表 10.4

| 接头形式 | 示意图 | 标注示例 | 说　明 |
|---|---|---|---|
| 角接接头 | 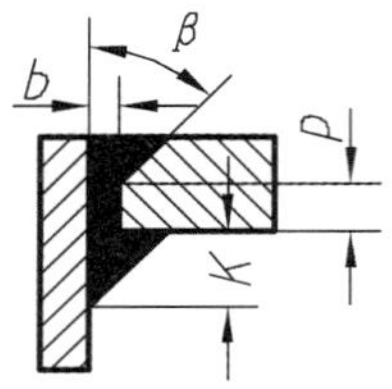 | 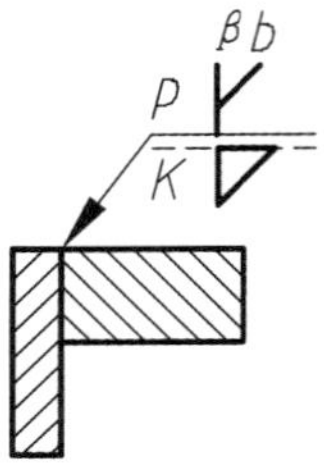 | 双面焊缝，上面为单边 V 形焊缝，下面为角焊缝 |
| 搭接接头 | 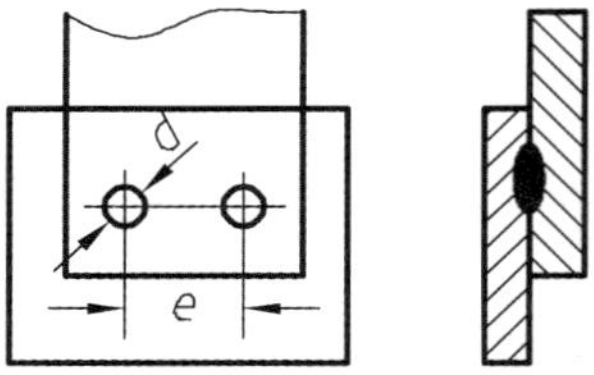 | 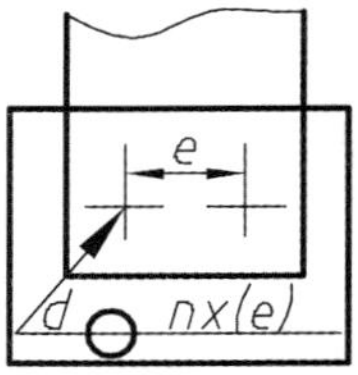 | 点焊，熔核直径为 $d$，共 $n$ 个焊点，焊点间距为 $e$ |

## 10.4　阅读焊接装配图

焊接装配图与一般的装配图在零件编号、明细表、视图表达方法等方面相同，不同的是有些简单的焊接装配图直接标注所有装配件的详细尺寸，不再设计每一个组成构件的零件结构，装配图充当了零件图的功能。这种表达方法适用于单件小批量生产或修配场合。如果焊接件较复杂，则焊接图按装配图的画法表达，并标注焊缝，另外还应画出各组成构件的零件图。这种表达方法适用于大批量生产或分工较细的加工场合。

### 10.4.1　阅读焊接装配图的方法和步骤

焊接装配图与一般装配图的内容基本一致，因此，读焊接装配图可以按照一般装配图的方法步骤进行，此外，还要重点了解与焊接有关的内容：

（1）看标题栏和明细栏，了解焊接结构件的名称、材质、焊接件的板厚、焊缝长度、结构件的数量等。

（2）看焊接结构视图，了解焊缝符号标注内容，包括坡口形式、坡口深度、焊缝有效厚度、焊脚尺寸、焊接方法和焊缝数量等。

（3）分析各部件间的关系，以及焊接变形趋势，分析确定合理的组装和焊接顺序。

（4）通过想象分析焊缝空间位置，判断焊缝能否施焊，以便为焊接确定较为适宜的焊接位置。

（5）分析焊缝的受力状况，明确焊缝质量要求，包括焊外观质量、内部无损检测质量等级和对焊缝力学性能的要求。

（6）选择适宜的焊接方法和焊接材料，确定合理的焊接工艺。

（7）了解对焊缝的其他技术要求，如焊缝打磨、焊后热处理和锤击要求等。

## 10.4.2 阅读焊接装配图举例

**【例 10.1】** 读轴承座的焊接装配图。

轴承座为简单的箱体类零件，进行单件或小批量生产时，可以采用焊接的方法制造毛坯。

轴承座由底板 1、支撑板 2、肋板 3 和轴承孔 4 组成，各零件之间相互焊接而成。

主视图上用焊缝符号表示支撑板与轴承孔、肋板与支撑板之间的焊接关系。支撑板与轴承孔之间的焊缝是一条围绕圆筒周围焊接的环形角焊缝，其焊脚高度为 4 mm。肋板与支撑板之间的焊缝是两条相同的角焊缝，其焊脚高度为 4 mm。

左视图上用焊缝符号表示肋板与轴承孔、肋板与底板、支撑板与底板之间的焊接关系。肋板与轴承孔、肋板与底板之间的焊缝均为双面连续角焊缝，其焊脚高度为 4 mm。肋板与底板之间的焊缝为角焊缝，其焊脚高度为 4 mm。

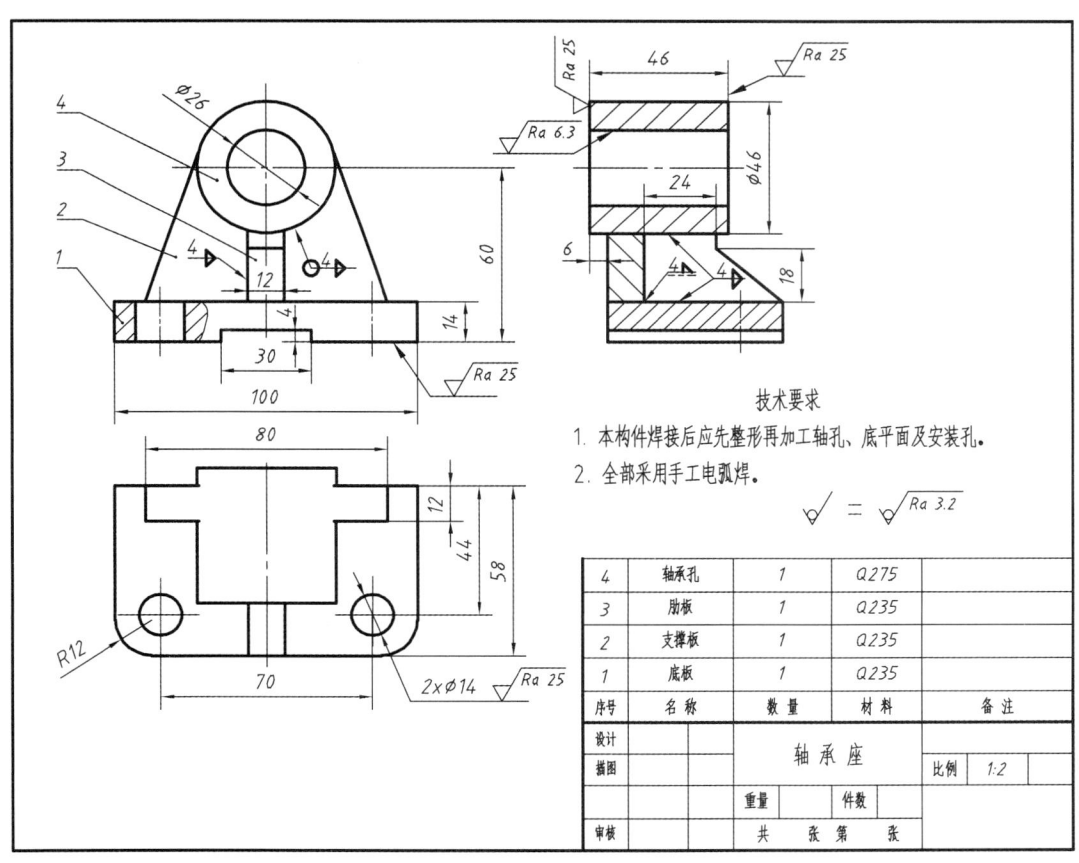

图 10.6 轴承座焊接图

**【例 10.2】** 读支架的焊接装配图。

图 10.7 所示为支架的焊接组合件（简称焊合件）。主视图中的焊接符号说明竖板（件 2）与底板（件 1）之间采用对称角焊缝焊接，其焊脚尺寸为 10 mm，这样的焊缝共有两处（竖板有 2 件，与底板的左右各有 2 条焊缝）。焊缝的右侧无任何标注和其他说明，这意味着焊缝在竖板（件 2）的整个长度上是连续的。

左视图中的焊接符号说明扁钢（件3）与支架左侧竖板之间的连接采用焊接方式，且在现场装配时进行焊接，选用焊脚尺寸为 6 mm 的单面角焊缝，进行三面焊接，三面焊缝的开口方向与焊缝的实际方向一致，这表明扁钢（件3）与销轴（件4）之间没有焊缝。

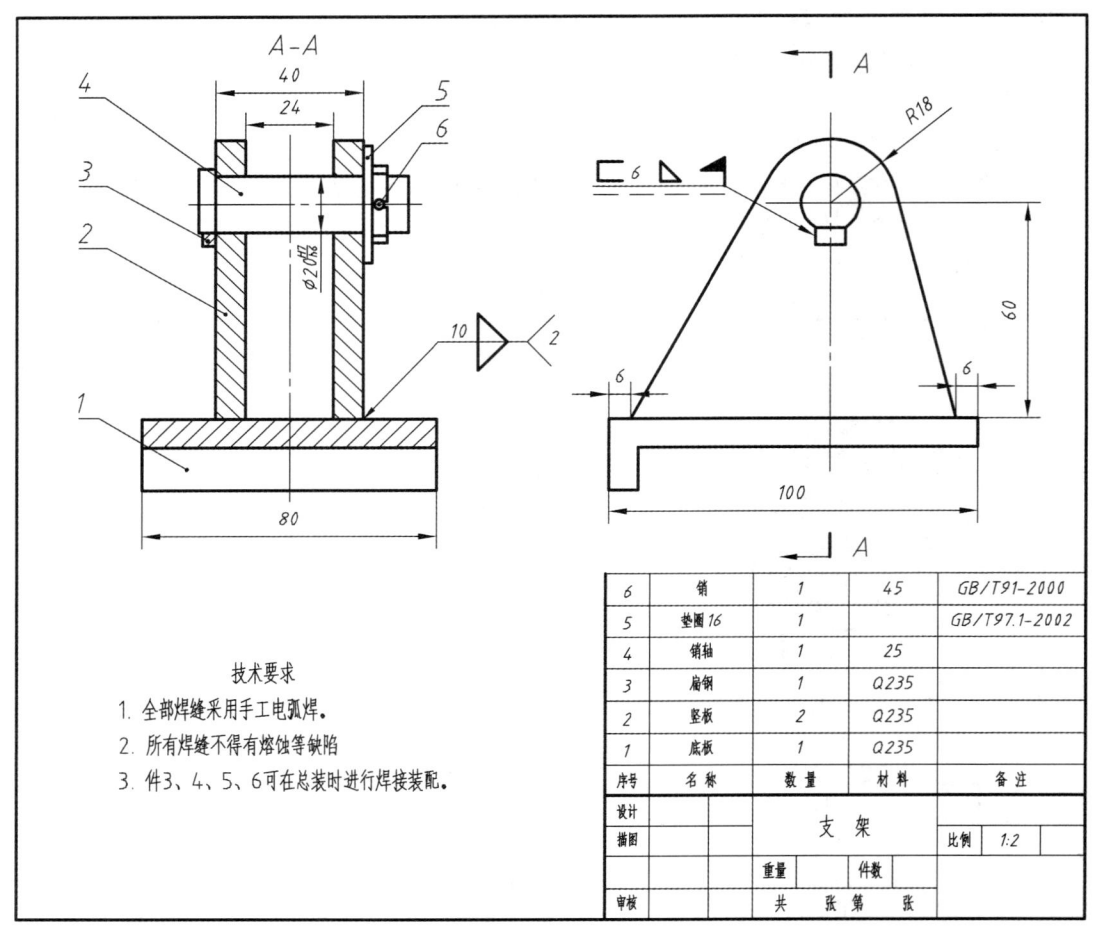

图 10.7　焊合件

## 小　结

从形式上看焊接图类似装配图，但各自表达的内容有区别：装配图表达的是部件或机器，而焊接图表达的是一个零件（焊接件）。因此，可以说焊接图具有装配图的形式、零件图的内容。

焊接图是供焊接加工所用的图样，除了将焊接件的结构表达清楚以外，还应将焊缝的位置、接头形式及尺寸等有关焊接的内容表达清楚。因此，学习本章除了按照学习零件图、装配图的方法进行外，还要重点学习以下内容。

（1）了解国家标准关于焊接接头形式和焊缝符号的基本规定（GB/T 324—2008，GB/T 985.1—2008 和 GB/T 12212—2012）。

（2）掌握常见焊缝符号的标注形式和方法，并能够在图样上进行正确标注。
（3）掌握焊接图的两种表达形式，并能够正确使用。
（4）能够正确识读焊接图中的焊接符号，并理解其含义。

## 习　题

10.1　常见的焊接接头形式有哪些？其特点各是什么？
10.2　国家标准规定完整的焊缝符号包括什么？一般在图样上标注哪些内容？
10.3　试叙述标注焊缝符号时，其相对于基准线的位置的规定。
10.4　试叙述焊缝尺寸符号及数据的标注原则。
10.5　基本符号是否可以进行组合使用？试举例进行说明。
10.6　焊接图的特点是什么？
10.7　焊接图与零件图和装配图相比有什么异同点？

# 附 录

## 附录 1 常用螺纹

### 1. 普通螺纹（摘自 GB/T 193—2003，GB/T 196—2003）

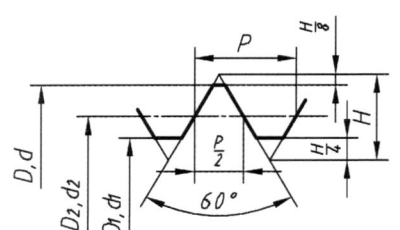

$H=\dfrac{\sqrt{3}}{2}P \qquad H=0.866\,025\,404\,P$

公称直径20，螺距为2.5，右旋普通粗牙螺纹的规定标记：M20

公称直径20，螺距为1.5，右旋普通细牙螺纹的规定标记：M20×1.5

附表 1.1　普通螺纹直径与螺距系列、基本尺寸　　　　　单位：mm

| 公称直径 $D,d$ | | 螺距 $P$ | | 粗牙小径 $D_1,d_1$ | 公称直径 $D,d$ | | 螺距 $P$ | | 粗牙小径 $D_1,d_1$ |
|---|---|---|---|---|---|---|---|---|---|
| 第一系列 | 第二系列 | 粗牙 | 细牙 | | 第一系列 | 第二系列 | 粗牙 | 细牙 | |
| 3 | | 0.5 | 0.35 | 2.459 | | 22 | 2.5 | 2, 1.5, 1 | 19.294 |
| | 3.5 | 0.6 | | 2.850 | 24 | | 3 | 2, 1.5, 1 | 20.752 |
| 4 | | 0.7 | 0.5 | 3.242 | | 27 | 3 | 2, 1.5, 1 | 23.752 |
| | 4.5 | 0.75 | | 3.688 | | | | | |
| 5 | | 0.8 | | 4.134 | 30 | | 3.5 | （3），2, 1.5, 1 | 26.211 |
| 6 | | 1 | 0.75 | 4.917 | | 33 | 3.5 | （3），2, 1.5 | 29.211 |
| 8 | | 1.25 | 1, 0.75 | 6.647 | 36 | | 4 | 3, 2, 1.5 | 31.670 |
| 10 | | 1.5 | 1.25, 1, 0.75 | 8.376 | | 39 | 4 | | 34.670 |
| 12 | | 1.75 | 1.5, 1.25, 1 | 10.106 | 42 | | 4.5 | 4, 3, 2, 1.5 | 37.129 |
| | 14 | 2 | 1.5,（1.25）*, 1 | 11.835 | | 45 | 4.5 | 4, 3, 2, 1.5 | 40.129 |
| 16 | | 2 | 1.5, 1 | 13.835 | 48 | | 5 | 4, 3, 2, 1.5 | 42.587 |
| | 18 | 2.5 | 2, 1.5, 1 | 15.294 | | 52 | 5 | | 46.587 |
| 20 | | 2.5 | | 17.294 | 56 | | 5.5 | 4, 3, 2, 1.5 | 50.046 |

注：① 优先选择第一系列，其次选择第二系列，第三系列未列入，括号内尺寸尽可能不用。
② 公称直径 $D$、$d$ 为 1~2.5 和 58~300 的部分未列入，中径 $D_2$、$d_2$ 未列入。
③ M14×1.25* 仅用于发动机的火花塞。

附表1.2 普通螺纹螺距与中径、小径的关系

| 中径 $D_2$, $d_2$ | 小径 $D_1$, $d_1$ |
|---|---|
| $D_2 = D - 0.6495P$ | $D_1 = D - 1.0825P$ |
| $d_2 = d - 0.6495P$ | $d_1 = d - 1.0825P$ |

注：螺纹中径和小径值是按上表公式计算的，计算数值需圆整到小数点后的第三位。

## 2. 梯形螺纹（摘自 GB/T 5796.2—2005、GB/T 5796.3—2005）

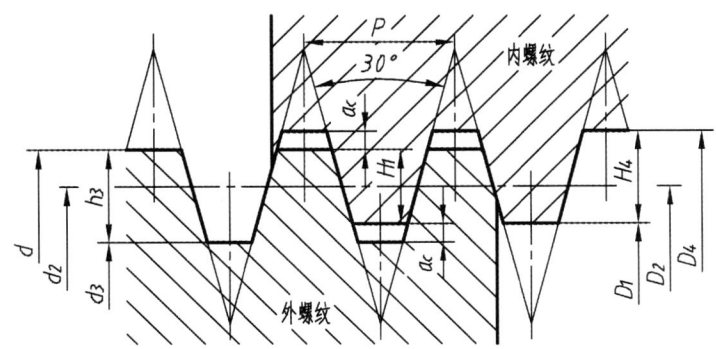

1、公称直径为40mm、导程和螺距为7mm的右旋单线梯形螺纹标记为：Tr40×7
2、公称直径为40mm、导程为14mm，螺距为7mm的左旋双线梯形螺纹标记为：Tr40×14(P7)LH

附表1.3 梯形螺纹直径与螺距系列、基本尺寸  单位：mm

| 公称直径 d 第一系列 | 公称直径 d 第二系列 | 螺距 P | 中径 $d_2 = D_2$ | 大径 $D_4$ | 小径 $d_3$ | 小径 $D_1$ | 公称直径 d 第一系列 | 公称直径 d 第二系列 | 螺距 P | 中径 $d_2 = D_2$ | 大径 $D_4$ | 小径 $d_3$ | 小径 $D_1$ |
|---|---|---|---|---|---|---|---|---|---|---|---|---|---|
| 8 | | 1.5 | 7.25 | 8.30 | 6.20 | 6.50 | | 26 | 3 | 24.50 | 26.50 | 22.50 | 23.00 |
| | 9 | 1.5 | 8.25 | 9.30 | 7.20 | 7.50 | | | 5 | 23.50 | 26.50 | 20.50 | 21.00 |
| | | 2 | 8.00 | 9.50 | 6.50 | 7.00 | | | 8 | 22.00 | 27.00 | 17.00 | 18.00 |
| 10 | | 1.5 | 9.25 | 10.30 | 8.20 | 8.50 | 28 | | 3 | 26.50 | 28.50 | 24.50 | 25.00 |
| | | 2 | 9.00 | 10.50 | 7.50 | 8.00 | | | 5 | 25.50 | 28.50 | 22.50 | 23.00 |
| | 11 | 2 | 10.00 | 11.50 | 8.50 | 9.00 | | | 8 | 24.00 | 29.00 | 19.00 | 20.00 |
| | | 3 | 9.50 | 11.50 | 7.50 | 8.00 | 30 | | 3 | 28.50 | 30.50 | 26.50 | 29.00 |
| 12 | | 2 | 11.00 | 12.50 | 9.50 | 10.00 | | | 6 | 27.00 | 31.00 | 23.00 | 24.00 |
| | | 3 | 10.50 | 12.50 | 8.50 | 9.00 | | | 10 | 25.00 | 31.00 | 19.00 | 20.00 |
| | 14 | 2 | 13.00 | 14.50 | 11.50 | 12.00 | 32 | | 3 | 30.50 | 32.50 | 28.50 | 29.00 |
| | | 3 | 12.50 | 14.50 | 10.50 | 11.00 | | | 6 | 29.00 | 33.00 | 25.00 | 26.00 |
| 16 | | 2 | 15.00 | 16.50 | 13.50 | 14.00 | | | 10 | 27.00 | 33.00 | 21.00 | 22.00 |
| | | 4 | 14.00 | 16.50 | 11.50 | 12.00 | | 34 | 3 | 32.50 | 34.50 | 30.50 | 31.00 |
| | 18 | 2 | 17.00 | 18.50 | 15.50 | 16.00 | | | 6 | 31.00 | 35.00 | 27.00 | 28.00 |
| | | 4 | 16.00 | 18.50 | 13.50 | 14.00 | | | 10 | 29.00 | 35.00 | 23.00 | 24.00 |
| 20 | | 2 | 19.00 | 20.50 | 17.50 | 18.00 | 36 | | 3 | 34.50 | 36.50 | 32.50 | 33.00 |
| | | 4 | 18.00 | 20.50 | 15.50 | 16.00 | | | 6 | 33.00 | 37.00 | 29.00 | 30.00 |
| | 22 | 3 | 20.50 | 22.50 | 18.50 | 19.00 | | | 10 | 31.00 | 37.00 | 25.00 | 26.00 |
| | | 5 | 19.50 | 22.50 | 16.50 | 17.00 | | 38 | 3 | 36.50 | 38.50 | 34.50 | 35.00 |
| | | 8 | 18.00 | 23.00 | 13.00 | 14.00 | | | 7 | 34.50 | 39.00 | 30.00 | 31.00 |
| 24 | | 3 | 22.50 | 24.50 | 20.50 | 21.00 | | | 10 | 33.00 | 39.00 | 27.00 | 28.00 |
| | | 5 | 21.50 | 24.50 | 18.50 | 19.00 | 40 | | 3 | 38.50 | 40.50 | 36.50 | 37.00 |
| | | 8 | 20.00 | 25.00 | 15.00 | 16.00 | | | 7 | 36.50 | 41.00 | 32.00 | 33.00 |
| | | | | | | | | | 10 | 35.00 | 41.00 | 29.00 | 30.00 |

## 3. 非螺纹密封的管螺纹（摘自 GB/T 7307—2001）

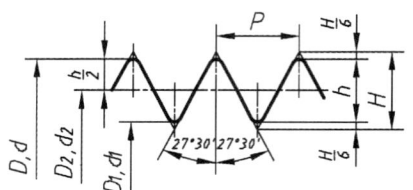

尺寸代号为2的右旋圆柱内螺纹的规定标记为：G2
尺寸代号为3的A级左旋圆柱外螺纹的规定标记为：G3A-LH

附表 1.4　管螺纹的尺寸代号与螺距、基本尺寸　　　　　单位：mm

| 尺寸代号 | 每 25.4 mm 内的牙数 $n$ | 螺距 $P$ | 基本直径 大径 $D$, $d$ | 基本直径 小径 $D_1$, $d_1$ |
|---|---|---|---|---|
| $\frac{1}{8}$ | 28 | 0.907 | 9.728 | 8.566 |
| $\frac{1}{4}$ | 19 | 1.337 | 13.157 | 11.445 |
| $\frac{3}{8}$ | 19 | 1.337 | 16.662 | 14.950 |
| $\frac{1}{2}$ | 14 | 1.814 | 20.955 | 18.631 |
| $\frac{5}{8}$ | 14 | 1.814 | 22.911 | 20.587 |
| $\frac{3}{4}$ | 14 | 1.814 | 26.441 | 24.117 |
| $\frac{7}{8}$ | 14 | 1.814 | 30.201 | 27.877 |
| 1 | 11 | 2.309 | 33.249 | 30.291 |
| $1\frac{1}{8}$ | 11 | 2.309 | 37.897 | 34.939 |
| $1\frac{1}{4}$ | 11 | 2.309 | 41.910 | 38.952 |
| $1\frac{1}{2}$ | 11 | 2.309 | 47.803 | 44.845 |
| $1\frac{3}{4}$ | 11 | 2.309 | 53.746 | 50.788 |
| 2 | 11 | 2.309 | 59.614 | 56.656 |
| $2\frac{1}{4}$ | 11 | 2.309 | 65.710 | 62.752 |
| $2\frac{1}{2}$ | 11 | 2.309 | 75.184 | 72.226 |
| $2\frac{3}{4}$ | 11 | 2.309 | 81.534 | 78.576 |
| 3 | 11 | 2.309 | 87.884 | 86.405 |

## 附录2 常用螺纹紧固件

### 1. 螺栓

六角头螺栓—C级（GB/T 5780—2016）、六角头螺栓—A级和B级（GB/T 5782—2016）

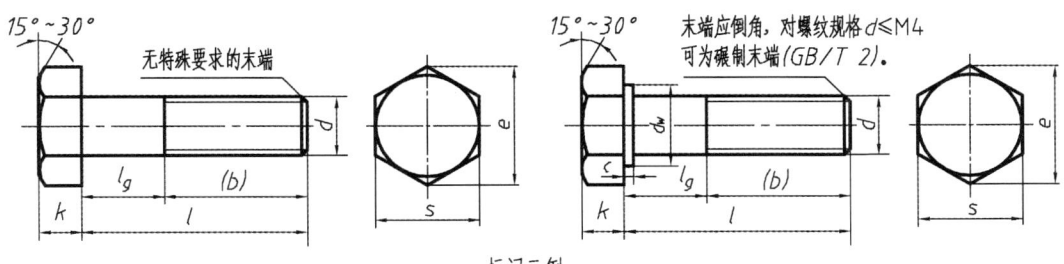

标记示例

螺纹规格$d$=M12、公称长度$l$=80mm、性能等级为4.8级、不经表面处理、产品等级为C级的六角头螺栓的标记：螺栓 GB/T 5780 M12×80

附表2.1 六角头螺栓相关参数　　　　　　　　　单位：mm

| 螺纹规格 $d$ | | | M3 | M4 | M5 | M6 | M8 | M10 | M12 | M16 | M20 | M24 | M30 | M36 | M42 |
|---|---|---|---|---|---|---|---|---|---|---|---|---|---|---|---|
| $b$ 参考 | $l$≤125 | | 12 | 14 | 16 | 18 | 22 | 26 | 30 | 38 | 46 | 54 | 66 | — | — |
| | 125<$l$≤200 | | 18 | 20 | 22 | 24 | 28 | 32 | 36 | 44 | 52 | 60 | 72 | 84 | 96 |
| | $l$>200 | | 31 | 33 | 35 | 37 | 41 | 45 | 49 | 57 | 65 | 73 | 85 | 97 | 109 |
| $c$ | | | 0.4 | 0.4 | 0.5 | 0.5 | 0.6 | 0.6 | 0.6 | 0.8 | 0.8 | 0.8 | 0.8 | 0.8 | 1 |
| $d_w$ | 产品等级 | A | 4.57 | 5.88 | 6.88 | 8.88 | 11.63 | 14.63 | 16.63 | 22.49 | 28.19 | 33.61 | — | — | — |
| | | B、C | 4.45 | 5.74 | 6.74 | 8.74 | 11.47 | 14.47 | 16.47 | 22 | 27.7 | 33.25 | 42.75 | 51.11 | 59.95 |
| $e$ | 产品等级 | A | 6.01 | 7.66 | 8.79 | 11.05 | 14.38 | 17.77 | 20.03 | 26.75 | 33.53 | 39.98 | — | — | — |
| | | B、C | 5.88 | 7.50 | 8.633 | 10.89 | 14.20 | 17.59 | 19.85 | 26.17 | 32.95 | 39.55 | 50.85 | 60.79 | 72.02 |
| $k$ 公称 | | | 2 | 2.8 | 3.5 | 4 | 5.3 | 6.4 | 7.5 | 10 | 12.5 | 15 | 18.7 | 22.5 | 26 |
| $r$ | | | 0.1 | 0.2 | 0.2 | 0.25 | 0.4 | 0.4 | 0.6 | 0.6 | 0.8 | 0.8 | 1 | 1 | 1.2 |
| $s$ 公称 | | | 5.5 | 7 | 8 | 10 | 13 | 16 | 18 | 24 | 30 | 36 | 46 | 55 | 65 |
| $l$（商品规格范围） | | | 20~30 | 25~40 | 25~50 | 30~60 | 40~80 | 45~100 | 50~120 | 65~160 | 80~200 | 90~240 | 110~300 | 140~360 | 160~440 |
| $l$ 系列 | | | 12, 16, 20, 25, 30, 35, 40, 45, 50, 55, 60, 65, 70, 80, 90, 100, 110, 120, 130, 140, 150, 160, 180, 200, 220, 240, 260, 280, 300, 320, 340, 360, 380, 400, 420, 440, 460, 480, 500 | | | | | | | | | | | | |

注：① A级用于$d$≤24和$l$≤10$d$或≤150的螺栓；
　　B级用于$d$>24和$l$>10$d$或>150的螺栓。
②螺纹规格$d$范围：GB/T 5780 为 M5~M64；GB/T 5782 为 M1.6~M64。
③公称长度范围：GB/T 5780 为 25~500；GB/T 5782 为 12~500。

### 2. 双头螺柱

双头螺柱—$b_m$ = $d$（GB/T 897—1988）　　　　双头螺柱—$b_m$ = 1.25$d$（GB/T 898—1988）
双头螺柱—$b_m$ = 1.5$d$（GB/T 899—1988）　　　双头螺柱—$b_m$ = 2$d$（GB/T 900—1988）

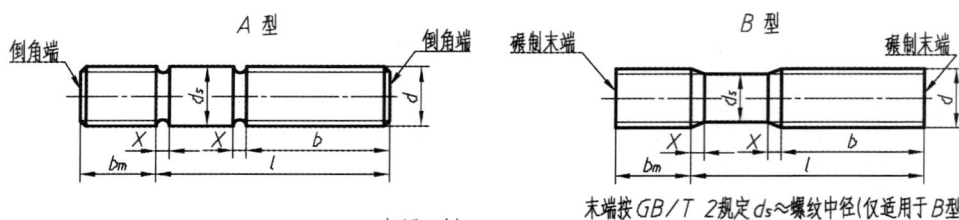

标记示例

两端均为粗牙普通螺纹，$d=10mm$、$l=50mm$、性能等级为4.8级、不经表面处理、B型、$b_m=1d$ 双头螺栓的标记：螺柱 GB/T 897 M10×50

旋入机体一端为粗牙普通螺纹，旋螺母一端为螺距$P=1mm$细牙普通螺纹，$d=10mm$、$l=50mm$、性能等级为4.8级、不经表面处理、A型、$b_m=2d$ 双头螺柱的标记：
螺柱 GB/T 900 AM10-M10×1×50

附表2.2 双头螺柱及其参数　　　　　　　　　单位：mm

| 螺纹规格 | | M5 | M6 | M8 | M10 | M12 | M16 | M20 | M24 | M30 | M36 | M42 |
|---|---|---|---|---|---|---|---|---|---|---|---|---|
| $b_m$（公称） | GB/T 897 | 5 | 6 | 8 | 10 | 12 | 16 | 20 | 24 | 30 | 36 | 42 |
| | GB/T 898 | 6 | 8 | 10 | 12 | 15 | 20 | 25 | 30 | 38 | 45 | 52 |
| | GB/T 899 | 8 | 10 | 12 | 15 | 18 | 24 | 30 | 36 | 45 | 54 | 65 |
| | GB/T 900 | 10 | 12 | 16 | 20 | 24 | 32 | 40 | 48 | 60 | 72 | 84 |
| $d_s$（max） | | 5 | 6 | 8 | 10 | 12 | 16 | 20 | 24 | 30 | 36 | 42 |
| x（max） | | \multicolumn{11}{c}{2.5P} |
| $\dfrac{l}{b}$ | | $\dfrac{16\sim22}{10}$ $\dfrac{25\sim50}{16}$ $\dfrac{32\sim75}{18}$ | $\dfrac{20\sim22}{10}$ $\dfrac{25\sim30}{14}$ $\dfrac{32\sim90}{22}$ | $\dfrac{20\sim22}{12}$ $\dfrac{25\sim30}{16}$ $\dfrac{40\sim120}{26}$ $\dfrac{130}{32}$ | $\dfrac{25\sim28}{14}$ $\dfrac{30\sim38}{16}$ $\dfrac{45\sim120}{30}$ $\dfrac{130\sim180}{36}$ | $\dfrac{25\sim30}{16}$ $\dfrac{32\sim40}{20}$ $\dfrac{60\sim120}{38}$ $\dfrac{130\sim200}{44}$ | $\dfrac{30\sim38}{20}$ $\dfrac{40\sim55}{30}$ $\dfrac{70\sim120}{46}$ $\dfrac{130\sim200}{52}$ | $\dfrac{35\sim40}{25}$ $\dfrac{45\sim65}{35}$ $\dfrac{80\sim120}{54}$ $\dfrac{130\sim200}{60}$ | $\dfrac{45\sim50}{30}$ $\dfrac{55\sim75}{45}$ $\dfrac{95\sim120}{60}$ $\dfrac{130\sim200}{72}$ | $\dfrac{60\sim65}{40}$ $\dfrac{70\sim90}{50}$ $\dfrac{120}{78}$ $\dfrac{130\sim200}{84}$ $\dfrac{210\sim250}{85}$ | $\dfrac{65\sim75}{45}$ $\dfrac{80\sim110}{60}$ $\dfrac{120}{90}$ $\dfrac{130\sim200}{96}$ $\dfrac{210\sim300}{91}$ | $\dfrac{65\sim80}{50}$ $\dfrac{80\sim110}{70}$ $\dfrac{120}{90}$ $\dfrac{130\sim200}{96}$ $\dfrac{210\sim300}{109}$ |
| l系列 | | \multicolumn{11}{l}{16,（18）,20,（22）,25,（28）,30,（32）,35,（38）,40,45,50,（55）,60,（65）,70,（75）,80,（85）,90,（95）,100,110,120,130,140,150,160,170,180,200,210,220,230,240,250,260,280,300} |

注：P是粗牙螺纹的螺距。

### 3. 螺 钉

开槽圆柱头螺钉（摘自 GB/T 65—2016）

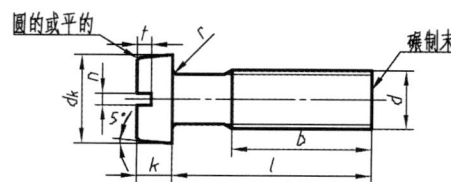

标记示例

螺纹规格$d=M5$、公称长度$l=20mm$、性能等级为4.8级、不经表面处理的A级的开槽圆柱头螺钉的标记：螺钉 GB/T 65 M5×20

附表2.3 开槽圆头螺钉及其参数　　　　　　　　　　　　单位：mm

| 螺纹规格 $d$ | M4 | M5 | M6 | M8 | M10 |
|---|---|---|---|---|---|
| $P$（螺距） | 0.7 | 0.8 | 1 | 1.25 | 1.5 |
| $b$ | 38 | 38 | 38 | 38 | 38 |
| $d_k$ | 7 | 8.5 | 10 | 13 | 16 |
| $k$ | 2.6 | 3.3 | 3.9 | 5 | 6 |
| $n$ | 1.2 | 1.2 | 1.6 | 2 | 2.5 |
| $r$ | 0.2 | 0.2 | 0.25 | 0.4 | 0.4 |
| $t$ | 1.1 | 1.3 | 1.6 | 2 | 2.4 |
| 公称长度 $l$ | 5～40 | 6～50 | 8～60 | 10～80 | 12～80 |
| $l$ 系列 | 5，6，8，10，12，(14)，16，20，25，30，35，40，45，50，(55)，60，(65)，70，(75)，80 | | | | |

注：① 公称长度 $l≤40$ 的螺钉，制出全螺纹。
② 括号中的规格尽可能不采用。
③ 螺纹规格 $d$ =M1.6～10；公称长度 $l$ =2～80。

## 开槽盘头螺钉（摘自 GB/T 67—2016）

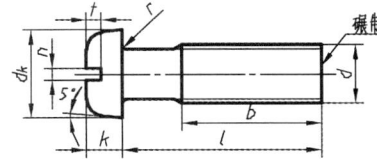

标记示例
螺纹规格 $d$=M5、公称长度 $l$=20mm、性能等级为4.8级、不经表面处理的A级的开槽盘头螺钉的标记：螺钉 GB/T 67 M5×20

附表2.4 开槽盘头螺钉及其参数　　　　　　　　　　　　单位：mm

| 螺纹规格 $d$ | M1.6 | M2 | M2.5 | M3 | M4 | M5 | M6 | M8 | M10 |
|---|---|---|---|---|---|---|---|---|---|
| $P$（螺距） | 0.35 | 0.4 | 0.45 | 0.5 | 0.7 | 0.8 | 1 | 1.25 | 1.5 |
| $b$ | 25 | 25 | 25 | 25 | 38 | 38 | 38 | 38 | 38 |
| $d_k$ | 3.2 | 4 | 5 | 5.6 | 8 | 9.5 | 12 | 16 | 20 |
| $k$ | 1 | 1.3 | 1.5 | 1.8 | 2.4 | 3 | 3.6 | 4.8 | 6 |
| $n$ | 0.4 | 0.5 | 0.6 | 0.8 | 1.2 | 1.2 | 1.6 | 2 | 2.5 |
| $r$ | 0.1 | 0.1 | 0.1 | 0.1 | 0.2 | 0.2 | 0.25 | 0.4 | 0.4 |
| $t$ | 0.35 | 0.5 | 0.6 | 0.7 | 1 | 1.2 | 1.4 | 1.9 | 2.4 |
| 公称长度 $l$ | 2～16 | 2.5～20 | 3～25 | 4～30 | 5～40 | 6～50 | 8～60 | 10～80 | 12～80 |
| $l$ 系列 | 2，5，3，4，5，6，8，10，12，(14)，16，20，25，30，35，40，45，50，(55)，60，(65)，70，(75)，80 | | | | | | | | |

注：① 括号内的规格尽可能不采用。
② M1.6～M3 的螺钉，公称长度 $l≤30$ 的，制出全螺纹；
　 M4～M10 的螺钉，公称长度 $l≤40$ 的，制出全螺纹。

## 开槽沉头螺钉（摘自 GB/T 68—2016）

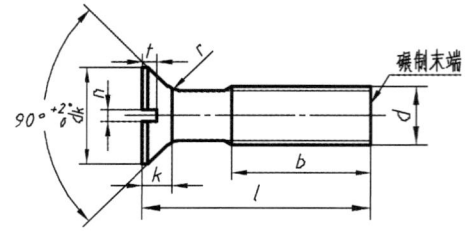

标记示例

螺纹规格d=M5、公称长度l=20mm、性能等级为4.8级、不经表面处理的A级的开槽沉头螺钉的标记：螺钉 GB/T 68 M5×20

附表 2.5　开槽沉头螺钉及其参数　　　　　　　　　　　单位：mm

| 螺纹规格d | M1.6 | M2 | M2.5 | M3 | M4 | M5 | M6 | M8 | M10 |
|---|---|---|---|---|---|---|---|---|---|
| $P$（螺距） | 0.35 | 0.4 | 0.45 | 0.5 | 0.7 | 0.8 | 1 | 1.25 | 1.5 |
| $b$ | 25 | 25 | 25 | 25 | 38 | 38 | 38 | 38 | 38 |
| $d_k$ | 3.6 | 4.4 | 5.5 | 6.3 | 9.4 | 10.4 | 12.6 | 17.3 | 20 |
| $k$ | 1 | 1.2 | 1.5 | 1.65 | 2.7 | 2.7 | 3.3 | 4.65 | 5 |
| $n$ | 0.4 | 0.5 | 0.6 | 0.8 | 1.2 | 1.2 | 1.6 | 2 | 2.5 |
| $r$ | 0.4 | 0.5 | 0.6 | 0.8 | 1 | 1.3 | 1.5 | 2 | 2.5 |
| $t$ | 0.5 | 0.6 | 0.75 | 0.85 | 1.3 | 1.4 | 1.6 | 2.3 | 2.6 |
| 公称长度$l$ | 2.5~16 | 3~20 | 4~25 | 5~30 | 6~40 | 8~50 | 8~60 | 10~80 | 12~80 |
| $l$系列 | 2、5、3、4、5、6、8、10、12、（14）、16、20、25、30、35、40、45、50、（55）、60、（65）、70、（75）、80 | | | | | | | | |

注：① 括号内的规格尽可能不采用。
　　② M1.6~M3 的螺钉，公称长度$l \leqslant 30$的，制出全螺纹；
　　　M4~M10 的螺钉，公称长度$l \leqslant 45$的，制出全螺纹。

## 内六角圆柱头螺钉（摘自 GB/T 70.1—2008）

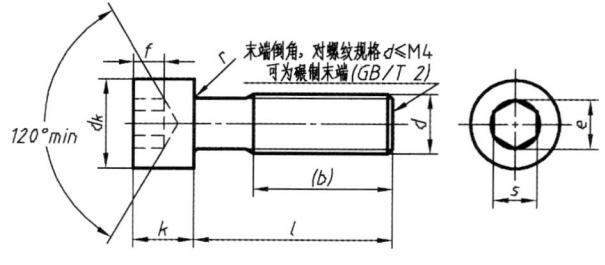

标记示例

螺纹规格d=M5、公称长度l=20mm、性能等级为8.8级、表面氧化的A级内六角圆柱头螺钉的标记：螺钉 GB/T 70.1 M5×20

附表 2.6　内六角圆柱头螺钉及其参数　　　　　　　　　　　单位：mm

| 螺纹规格d | M3 | M4 | M5 | M6 | M8 | M10 | M12 | M14 | M16 | M20 |
|---|---|---|---|---|---|---|---|---|---|---|
| $P$（螺距） | 0.5 | 0.7 | 0.8 | 1 | 1.25 | 1.5 | 1.75 | 2 | 2 | 2.5 |
| $b$ 参考 | 18 | 20 | 22 | 24 | 28 | 32 | 36 | 40 | 44 | 52 |
| $d_k$ | 5.5 | 7 | 8.5 | 10 | 13 | 16 | 18 | 21 | 24 | 30 |
| $k$ | 3 | 4 | 5 | 6 | 8 | 10 | 12 | 14 | 16 | 20 |

续附表 2.6

| 螺纹规格 d | M3 | M4 | M5 | M6 | M8 | M10 | M12 | M14 | M16 | M20 |
|---|---|---|---|---|---|---|---|---|---|---|
| t | 1.3 | 2 | 2.5 | 3 | 4 | 5 | 6 | 7 | 8 | 10 |
| s | 2.5 | 3 | 4 | 5 | 6 | 8 | 10 | 12 | 14 | 17 |
| e | 2.87 | 3.44 | 4.58 | 5.72 | 6.86 | 9.15 | 11.43 | 13.72 | 16.00 | 19.44 |
| t | 0.1 | 0.2 | 0.2 | 0.25 | 0.4 | 0.4 | 0.6 | 0.6 | 0.6 | 0.8 |
| 公称长度 l | 5~30 | 6~40 | 8~50 | 10~60 | 12~80 | 16~100 | 20~120 | 25~140 | 25~160 | 30~200 |
| l≤表中数值时，制出全螺纹 | 20 | 25 | 25 | 30 | 35 | 40 | 45 | 55 | 55 | 65 |
| l 系列 | 2，5，3，4，5，6，8，10，12，16，20，25，30，35，40，45，50，55，60，65，7，80，90，100，110，120，130，140，150，160，180，200，220，240，260，80，300 | | | | | | | | | |

注：螺纹规格 d=M1.6~M64。

## 十字槽沉头螺钉（摘自 GB/T 819.1—2016）

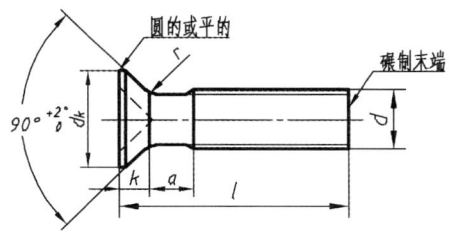

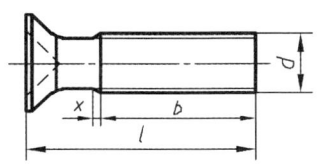

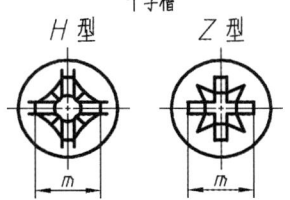

标记示例

螺纹规格 d=M5、公称长度 l=20mm、性能等级为 4.8 级、不经表面处理的 A 级的十字槽沉头螺钉的标记：螺钉 GB/T 819.1 M5×20

附表 2.7 十字槽沉头螺钉及其参数　　　　　　　　单位：mm

| 螺纹规格 d | | | M1.6 | M2 | M2.5 | M3 | M4 | M5 | M6 | M8 | M10 |
|---|---|---|---|---|---|---|---|---|---|---|---|
| P | | | 0.35 | 0.4 | 0.45 | 0.5 | 0.7 | 0.8 | 1 | 1.25 | 1.5 |
| a | | max | 0.7 | 0.8 | 0.9 | 1 | 1.4 | 1.6 | 2 | 2.5 | 3 |
| b | | min | 25 | 25 | 25 | 25 | 38 | 38 | 38 | 38 | 38 |
| $d_k$ | 理论值 | max | 3.6 | 4.4 | 5.5 | 6.3 | 9.4 | 10.4 | 12.6 | 17.3 | 20 |
| | 实际值 | max | 3 | 3.8 | 4.7 | 5.5 | 8.4 | 9.3 | 11.3 | 15.8 | 18.3 |
| | | min | 2.7 | 3.5 | 4.4 | 5.2 | 8 | 8.9 | 10.9 | 15.4 | 17.8 |
| k | | max | 1 | 1.2 | 1.5 | 1.65 | 2.7 | 2.7 | 3.3 | 4.65 | 5 |
| r | | max | 0.4 | 0.5 | 0.6 | 0.8 | 1 | 1.3 | 1.5 | 2 | 2.5 |
| x | | min | 0.9 | 1 | 1.1 | 1.25 | 1.75 | 2 | 2.5 | 3.2 | 3.8 |

续附表 2.7

| 螺纹规格 $d$ | | | | M1.6 | M2 | M2.5 | M3 | M4 | M5 | M6 | M8 | M10 |
|---|---|---|---|---|---|---|---|---|---|---|---|---|
| 十字槽 | | 槽号 No. | | 0 | | 1 | | 2 | | 3 | | 4 |
| | H 型 | $m$ 参考 | | 1.6 | 1.9 | .9 | 3.2 | 4.6 | 5.2 | 6.8 | 8.9 | 10 |
| | | 插入深度 | min | 0.6 | 0.9 | 1.4 | 1.7 | 2.1 | 2.7 | 3 | 4 | 5.1 |
| | | | max | 0.9 | 1.2 | 1.8 | 2.1 | 2.6 | 3.2 | 3.5 | 4.6 | 5.7 |
| | Z 型 | $m$ 参考 | | 1.6 | 1.9 | 2.8 | 3 | 4.4 | 4.9 | 6.6 | 8.8 | 9.8 |
| | | 插入深度 | min | 0.7 | 0.95 | 1.45 | 1.6 | 2.05 | .26 | 3 | 4.15 | 5.2 |
| | | | max | 0.95 | 1.2 | 1.75 | 2 | 2.5 | 3.05 | 3.45 | 4.6 | 5.65 |

| $l$ | | | | | | | | | | | | |
|---|---|---|---|---|---|---|---|---|---|---|---|---|
| 公称 | min | max | | | | | | | | | | |
| 3 | 2.8 | 3.2 | | | | | | | | | | |
| 4 | 3.7 | 4.3 | | | | | | | | | | |
| 5 | 4.7 | 5.3 | | | | | | | | | | |
| 6 | 5.7 | 6.3 | | | | | | | | | | |
| 8 | 7.7 | 8.3 | | | | | | | | | | |
| 10 | 9.7 | 10.3 | | | | | | | | | | |
| 12 | 11.6 | 12.4 | | | | | | | | | | |
| (14) | 13.6 | 14.4 | | | | | | | | | | |
| 16 | 15.6 | 16.4 | | | | | | | 规格 | | | | |
| 20 | 19.6 | 20.4 | | | | | | | | | | |
| 25 | 24.6 | 25.4 | | | | | | | | | | |
| 30 | 29.6 | 30.4 | | | | | | | 范围 | | | | |
| 35 | 34.5 | 35.5 | | | | | | | | | | |
| 40 | 39.5 | 40.5 | | | | | | | | | | |
| 45 | 44.5 | 45.5 | | | | | | | | | | |
| 50 | 49.5 | 50.5 | | | | | | | | | | |
| (55) | 54.4 | 55.6 | | | | | | | | | | |
| 60 | 59.4 | 60.6 | | | | | | | | | | |

注：① 尽可能不采用括号内的规格。
② $P$——螺距。
③ $d_k$ 的理论值按 GB/T 5279—1985 规定。
④ 公称长度在细虚线以上的螺钉，制出全螺纹$[b = l - (k + a)]$。

**紧定螺钉（摘自 GB/T 71—2018，GB/T 73—2017，GB/T 75—2018）**

开槽锥端紧定螺钉　　　　　　开槽平端紧定螺钉　　　　　　开槽长圆柱端紧定螺钉
GB/T 71—2018　　　　　　　GB/T 73—2017　　　　　　　GB/T 75—2018

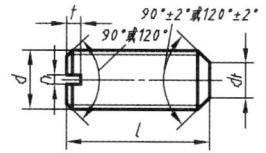 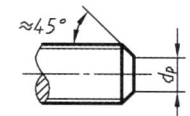 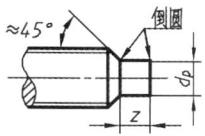

标记示例

螺纹规格d=M5、公称长度l=12mm、性能等级为14H级、表面氧化的开槽锥端紧定螺钉的标记：螺钉 GB/T 71 M5×12

附表2.8 紧定螺钉及其参数  单位：mm

| 螺纹规格 d | | M1.6 | M2 | M2.5 | M3 | M4 | M5 | M6 | M8 | M10 | M12 |
|---|---|---|---|---|---|---|---|---|---|---|---|
| P（螺距） | | 0.35 | 0.4 | 0.45 | 0.5 | 0.7 | 0.8 | 1 | 1.25 | 1.5 | 1.75 |
| n | | 0.25 | 0.25 | 0.4 | 0.4 | 0.6 | 0.8 | 1 | 1.2 | 1.6 | 2 |
| t | | 0.74 | 0.84 | 0.95 | 1.05 | 1.42 | 1.63 | 2 | 2.5 | 3 | 3.6 |
| $d_k$ | | 0.16 | 0.2 | 0.25 | 0.3 | 0.4 | 0.5 | 1.5 | 2 | 2.5 | 3 |
| $d_p$ | | 0.8 | 1 | 1.5 | 2 | 2.5 | 3.5 | 4 | 5.5 | 7 | 8.5 |
| z | | 1.05 | 1.25 | 1.5 | 1.75 | 2.25 | 2.75 | 3.25 | 4.3 | 5.3 | 6.3 |
| l | GB/T 71—1985 | 2～8 | 3～10 | 3～12 | 4～16 | 6～20 | 8～25 | 8～30 | 10～40 | 12～50 | 14～60 |
| | GB/T 73—1985 | 2～8 | 2～10 | 2.5～12 | 3～16 | 4～20 | 5～25 | 6～30 | 8～40 | 10～50 | 12～60 |
| | GB/T 75—1985 | 2.5～8 | 3～10 | 4～12 | 5～16 | 6～20 | 8～25 | 10～30 | 10～40 | 12～50 | 14～60 |
| l 系列 | | 2，2.5，3，4，5，6，8，10，12，(14)，6，20，25，30，35，40，45，50，(55)，60 | | | | | | | | | |

注：① l 为公称长度。
② 括号内的规格尽可能不采用。

## 4. 螺 母

六角头螺母—C级（摘自GB/T 41—2016） 1型六角头螺母—A和B级（摘自GB/T 6170—2015）
六角头薄螺母（摘自GB/T 6172.1—2016）

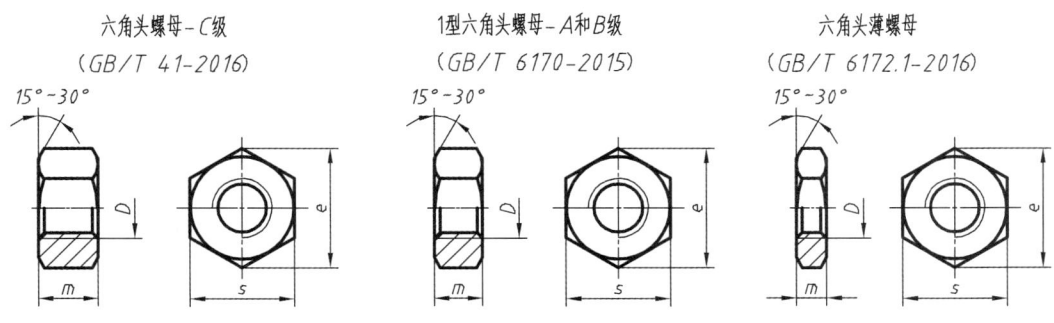

标记示例

螺纹规格d=M12、性能等级为5级、不经表面处理的
C级的六角头螺母标记：螺母 GB/T 41 M12

附表2.9 螺母及其参数　　　　　　　　　　单位：mm

| 螺纹规格 $d$ | | M3 | M4 | M5 | M6 | M8 | M10 | M12 | M16 | M20 | M24 | M30 | M36 | M42 |
|---|---|---|---|---|---|---|---|---|---|---|---|---|---|---|
| $e$ | GB/T 41 | | | 8.63 | 10.89 | 14.20 | 17.59 | 19.85 | 26.17 | 32.95 | 39.55 | 50.85 | 60.79 | 72.02 |
| | GB/T 6170 | 6.01 | 7.66 | 8.79 | 11.05 | 14.38 | 17.77 | 20.03 | 26.75 | 32.95 | 39.55 | 50.85 | 60.79 | 72.02 |
| | GB/T 6172.1 | 6.01 | 7.66 | 8.79 | 11.05 | 14.38 | 17.77 | 20.03 | 26.75 | 32.95 | 39.55 | 50.85 | 60.79 | 72.02 |
| $s$ | GB/T 41 | | | 8 | 10 | 13 | 16 | 18 | 24 | 30 | 36 | 46 | 55 | 65 |
| | GB/T 6170 | 5.5 | 7 | 8 | 10 | 13 | 16 | 18 | 24 | 30 | 36 | 46 | 55 | 65 |
| | GB/T 6172.1 | 5.5 | 7 | 8 | 10 | 13 | 16 | 18 | 24 | 30 | 36 | 46 | 55 | 65 |
| $m$ | GB/T 41 | | | 5.6 | 6.1 | 7.9 | 9.5 | 12.2 | 15.9 | 18.7 | 22.3 | 23.4 | 31.5 | 34.9 |
| | GB/T 6170 | 2.4 | 3.2 | 4.7 | 5.2 | 6.8 | 8.4 | 10.8 | 14.8 | 18 | 21.5 | 25.6 | 31 | 34 |
| | GB/T 6172.1 | 1.8 | 2.2 | 2.7 | 3.2 | 4 | 5 | 6 | 8 | 10 | 12 | 15 | 18 | 21 |

注：A级用 $D \leq 16$；B级用于 $D > 16$。

### 5. 垫　圈

（1）平垫圈。

小垫圈—A级（摘自GB/T 848—2002）；平垫圈—A级（摘自GB/T 97.1—2002）；
平垫圈　倒角型—A级（摘自GB/T 97.2—2002）

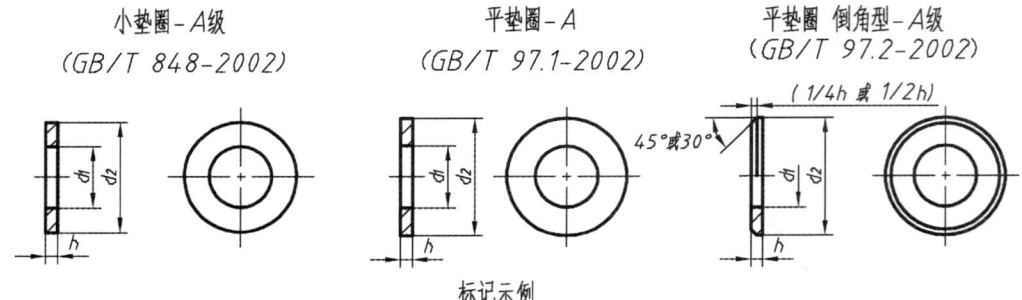

标记示例

标准系列、公称规格8mm、由钢制造的硬度等级为200HV级、不经表面处理、产品等级为A级的平垫圈的标记：垫圈 GB/T 97.1 8

标准系列、公称规格8mm、由A2组不锈钢制造的硬度等级为200HV级、不经表面处理、产品等级为A级的平垫圈的标记：垫圈 GB/T 97.1 8 A2

附表2.10 平垫圈及其参数　　　　　　　　　　单位：mm

| 公称尺寸螺纹规格 $d$ | | 1.6 | 2 | 2.5 | 3 | 4 | 5 | 6 | 8 | 10 | 12 | 14 | 16 | 20 | 24 | 30 | 36 |
|---|---|---|---|---|---|---|---|---|---|---|---|---|---|---|---|---|---|
| $d_1$ | GB/T 848 | 1.7 | 2.2 | 2.7 | 3.2 | 4.3 | 5.3 | 6.4 | 8.4 | 10.5 | 13 | 15 | 17 | 21 | 25 | 31 | 37 |
| | GB/T 97.1 | 1.7 | 2.2 | 2.7 | 3.2 | 4.3 | 5.3 | 6.4 | 8.4 | 10.5 | 13 | 15 | 17 | 21 | 25 | 31 | 37 |
| | GB/T 97.2 | — | — | — | — | — | 5.3 | 6.4 | 8.4 | 10.5 | 13 | 15 | 17 | 21 | 25 | 31 | 37 |

续附表2.10

| 公称尺寸螺纹规格 $d$ | | 1.6 | 2 | 2.5 | 3 | 4 | 5 | 6 | 8 | 10 | 12 | 14 | 16 | 20 | 24 | 30 | 36 |
|---|---|---|---|---|---|---|---|---|---|---|---|---|---|---|---|---|---|
| $d_2$ | GB/T 848 | 3.5 | 4.5 | 5 | 6 | 8 | 9 | 11 | 15 | 18 | 20 | 24 | 28 | 34 | 39 | 50 | 60 |
| | GB/T 97.1 | 4 | 5 | 6 | 7 | 9 | 10 | 12 | 16 | 20 | 24 | 28 | 30 | 37 | 44 | 56 | 66 |
| | GB/T 97.2 | — | — | — | — | — | 10 | 12 | 16 | 20 | 24 | 28 | 30 | 37 | 44 | 56 | 66 |
| $h$ | GB/T 848 | 0.3 | 0.3 | 0.5 | 0.5 | 0.5 | 1 | 1.6 | 1.6 | 1.6 | 2 | 2.5 | 2.5 | 3 | 4 | 4 | 5 |
| | GB/T 97.1 | 0.3 | 0.3 | 0.5 | 0.5 | 0.5 | 1 | 1.6 | 1.6 | 2 | 2.5 | 2.5 | 2.5 | 3 | 4 | 4 | 5 |
| | GB/T 97.2 | — | — | — | — | — | 1 | 1.6 | 1.6 | 2 | 2.5 | 2.5 | 2.5 | 3 | 4 | 4 | 5 |

（2）弹簧垫圈。

标准型弹簧垫圈（摘自 GB/T 93—1987）

轻型弹簧垫圈（摘自 GB/T 859—1987）

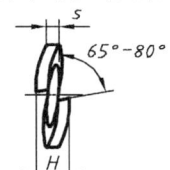
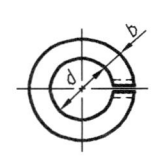
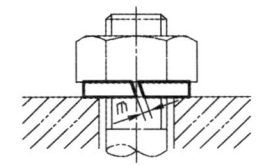

标记示例

规格16、材料为65Mn表面氧化的标准型弹簧垫圈的标记：垫圈 GB/T 93 16

附表2.11 弹簧垫圈及其参数　　　　　　单位：mm

| 规格（螺纹大径） | | 3 | 4 | 5 | 6 | 8 | 10 | 12 | (14) | 16 | (18) | 20 | (22) | 24 | (27) | 30 |
|---|---|---|---|---|---|---|---|---|---|---|---|---|---|---|---|---|
| $d$ | | 3.1 | 4.1 | 5.1 | 6.1 | 8.1 | 10.1 | 12.2 | 14.2 | 16.2 | 18.2 | 20.2 | 22.5 | 24.5 | 27.5 | 30.5 |
| $H$ | GB/T 93 | 1.6 | 2.2 | 2.6 | 3.2 | 4.2 | 5.2 | 6.2 | 7.2 | 8.2 | 9 | 10 | 11 | 12 | 13.6 | 15 |
| | GB/T 859 | 1.2 | 1.6 | 2.2 | 2.6 | 3.2 | 4 | 5 | 6.4 | 7.2 | 8 | 9 | 10 | 11 | 10 | 12 |
| $S(b)$ | GB/T 93 | 0.8 | 1.1 | 1.3 | 1.6 | 2.1 | 2.6 | 3.1 | 3.6 | 4.1 | 4.5 | 5 | 5.5 | 6 | 6.8 | 7.5 |
| $S$ | GB/T 859 | 0.6 | 0.8 | 1.1 | 1.3 | 1.6 | 2 | 2.5 | 3 | 3.2 | 3.6 | 4 | 4.5 | 5 | 5.5 | 6 |
| $m\leqslant$ | GB/T 93 | 0.4 | 0.55 | 0.65 | 0.8 | 1.05 | 1.3 | 1.55 | 1.8 | 2.05 | 2.25 | 2.5 | 2.75 | 3 | 3.4 | 3.75 |
| | GB/T 859 | 0.3 | 0.4 | 0.55 | 0.65 | 0.8 | 1 | 1.25 | 1.5 | 1.6 | 1.8 | 2 | 2.25 | 2.5 | 2.75 | 3 |
| $b$ | GB/T 859 | 1 | 1.2 | 1.5 | 2 | 2.5 | 3 | 3.5 | 4 | 4.5 | 5 | 5.5 | 6 | 7 | 8 | 9 |

注：① 括号内的规格尽可能不采用。
　　② $m$ 应大于零。

## 附录3　常用键与销

### 1. 键

（1）平键与键槽的剖面尺寸（摘自 GB/T 1095—2003）。

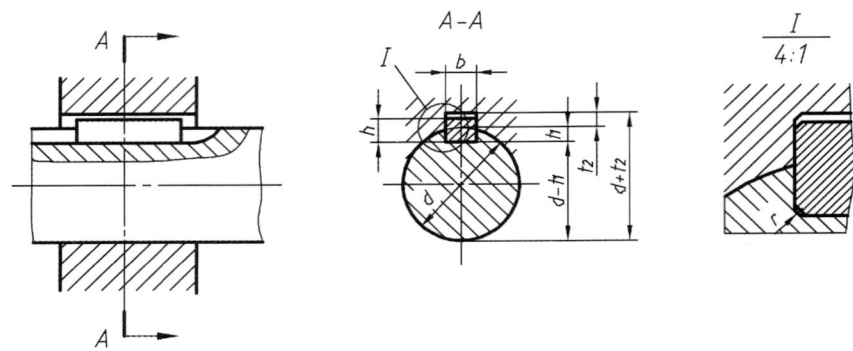

**附表 3.1　平键与键槽的剖面尺寸**　　　　　单位：mm

| 键尺寸 $b \times h$ | 键槽 | | | | | | | | | | |
|---|---|---|---|---|---|---|---|---|---|---|---|
| | 宽度 $b$ | | | | | 深  度 | | | | 半径 $r$ | |
| | 公称尺寸 | 极 限 偏 差 | | | | 轴 $t_1$ | | 毂 $t_2$ | | | |
| | | 正常联结 | | 紧密联结 | 松联结 | | | | | | |
| | | 轴 N9 | 毂 JS9 | 轴和毂 P9 | 轴 H9 | 毂 D10 | 基本尺寸 | 极限偏差 | 基本尺寸 | 极限偏差 | min | max |
| 2×2 | 2 | −0.004 −0.029 | ±0.012 | −0.006 −0.031 | +0.025 0 | +0.060 +0.020 | 1.2 | +0.1 0 | 1.0 | +0.1 0 | 0.08 | 0.16 |
| 3×3 | 3 | | | | | | 1.8 | | 1.4 | | | |
| 4×4 | 4 | 0 −0.030 | ±0.015 | −0.012 −0.042 | +0.030 0 | +0.078 +0.030 | 2.5 | | 1.8 | | | |
| 5×5 | 5 | | | | | | 3.0 | | 2.3 | | | |
| 6×6 | 6 | | | | | | 3.5 | | 2.8 | | 0.16 | 0.25 |
| 8×7 | 8 | 0 −0.036 | ±0.018 | −0.015 −0.051 | +0.036 0 | +0.098 +0.040 | 4.0 | | 3.3 | | | |
| 10×8 | 10 | | | | | | 5.0 | | 3.3 | | | |
| 12×8 | 12 | 0 −0.043 | ±0.021 5 | −0.018 −0.061 | +0.043 0 | +0.120 +0.050 | 5.0 | +0.2 0 | 3.3 | +0.2 0 | 0.25 | 0.40 |
| 14×9 | 14 | | | | | | 5.5 | | 3.8 | | | |
| 16×10 | 16 | | | | | | 6.0 | | 4.3 | | | |
| 18×11 | 18 | | | | | | 7.0 | | 4.4 | | | |
| 20×12 | 20 | 0 −0.052 | ±0.026 | −0.022 −0.074 | +0.052 0 | +0.149 +0.065 | 7.5 | +0.2 0 | 4.9 | +0.2 0 | 0.40 | 0.60 |
| 22×14 | 22 | | | | | | 9.0 | | 5.4 | | | |
| 25×14 | 25 | | | | | | 9.0 | | 5.4 | | | |
| 28×16 | 28 | | | | | | 10.0 | | 6.4 | | | |
| 32×18 | 32 | 0 −0.062 | ±0.031 | −0.026 −0.088 | +0.062 0 | +0.180 +0.080 | 11.0 | | 7.4 | | | |
| 36×20 | 36 | | | | | | 12.0 | | 8.4 | | | |
| 40×22 | 40 | | | | | | 13.0 | | 9.4 | | 0.70 | 1.00 |
| 45×25 | 45 | | | | | | 15.0 | | 10.4 | | | |
| 50×28 | 50 | | | | | | 17.0 | | 11.4 | | | |
| 56×32 | 56 | 0 −0.074 | ±0.037 | −0.032 −0.106 | +0.074 0 | +0.220 +0.100 | 20.0 | +0.3 0 | 12.4 | +0.3 0 | 1.20 | 1.60 |
| 63×32 | 63 | | | | | | 20.0 | | 12.4 | | | |
| 70×36 | 70 | | | | | | 22.0 | | 14.4 | | | |
| 80×40 | 80 | | | | | | 25.0 | | 15.4 | | | |
| 90×45 | 90 | 0 −0.087 | ±0.043 5 | −0.037 −0.124 | +0.087 0 | +0.260 +0.120 | 28.0 | | 17.4 | | 2.00 | 2.50 |
| 100×50 | 100 | | | | | | 31.0 | | 19.5 | | | |

（2）普通平键的型式尺寸（摘自 GB/T 1096—2003）。

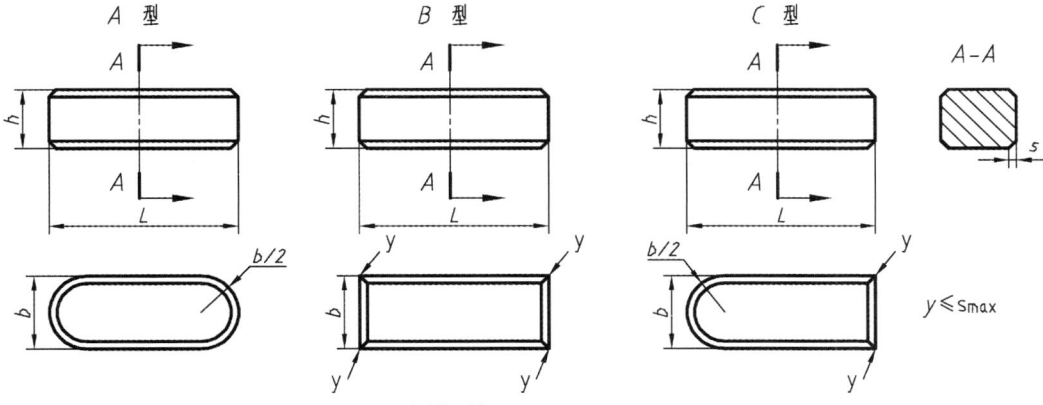

标记示例

宽度$b$=16mm、高度$h$=10mm、长度$L$=100mm普通A型平键的标记为：GB/T 1096 键16×10×100
宽度$b$=16mm、高度$h$=10mm、长度$L$=100mm普通B型平键的标记为：GB/T 1096 键B16×10×100
宽度$b$=16mm、高度$h$=10mm、长度$L$=100mm普通C型平键的标记为：GB/T 1096 键C16×10×100

附表 3.2　普通平键的型式尺寸　　　　　　　　　　　　单位：mm

| 宽度 $b$ | 基本尺寸 | 2 | 3 | 4 | 5 | 6 | 8 | 10 | 12 | 14 | 16 | 18 | 20 | 22 |
|---|---|---|---|---|---|---|---|---|---|---|---|---|---|---|
| | 极限偏差（h8） | 0<br>−0.007 | | 0<br>−0.018 | | | 0<br>−0.022 | | 0<br>−0.027 | | | | 0<br>−0.033 | |
| 高度 $h$ | 基本尺寸 | 2 | 3 | 4 | 5 | 6 | 7 | 8 | 8 | 9 | 10 | 11 | 12 | 14 |
| | 极限偏差 矩形（h11） | — | | | — | | | 0<br>−0.090 | | | | | 0<br>−0.110 | |
| | 极限偏差 方形（h8） | 0<br>−0.014 | | 0<br>−0.018 | | | — | | | | | | | |
| 倒角或倒圆 $s$ | | 0.16~0.25 | | | 0.25~0.40 | | | | 0.40~0.60 | | | | 0.60~0.80 | |

| 长度 $L$ | | | | | | | | | | | | | | |
|---|---|---|---|---|---|---|---|---|---|---|---|---|---|---|
| 基本尺寸 | 极限偏差（h14） | | | | | | | | | | | | | |
| 6 | 0<br>−0.36 | | | — | — | — | — | — | — | — | — | — | — | — |
| 8 | | | | | — | — | — | — | — | — | — | — | — | — |
| 10 | | | | | | — | — | — | — | — | — | — | — | — |
| 12 | 0<br>−0.43 | | | | | | — | — | — | — | — | — | — | — |
| 14 | | | | | | | | — | — | — | — | — | — | — |
| 16 | | | | | | | | — | — | — | — | — | — | — |
| 18 | | | | | | | | | — | — | — | — | — | — |
| 20 | | | | | | | | | — | — | — | — | — | — |
| 22 | 0<br>−0.52 | — | | | 标准 | | | | | — | — | — | — | — |
| 25 | | — | | | | | | | | | — | — | — | — |
| 28 | | | | | | | | | | | | — | — | — |
| 32 | 0<br>−0.62 | — | | | | | | | | | | | — | — |
| 36 | | — | — | | | | | | | | | | | — |
| 40 | | | — | — | | | | | | | | | | |

续附表 3.2

| 宽度 b | 基本尺寸 | 2 | 3 | 4 | 5 | 6 | 8 | 10 | 12 | 14 | 16 | 18 | 20 | 22 |
|---|---|---|---|---|---|---|---|---|---|---|---|---|---|---|
| | 极限偏差（h8） | 0<br>−0.007 | | 0<br>−0.018 | | | 0<br>−0.022 | | 0<br>−0.027 | | | 0<br>−0.033 | | |
| 45 | | | | — | | | | 长度 | | | | — | | |
| 50 | | | | — | — | | | | | | | — | — | |
| 56 | | | | — | — | — | | | | | | | — | — |
| 63 | 0<br>−0.74 | | | — | — | — | | | | | | | | — |
| 70 | | | | — | — | — | — | | | | | | | |
| 80 | | | | — | — | — | — | — | | | | | | |
| 90 | | | | | — | — | — | — | — | 范围 | | | | |
| 100 | 0<br>−0.87 | | | | | — | — | — | — | — | | | | |
| 110 | | | | | | — | — | — | — | — | — | | | |

（3）半圆键和键槽的剖面尺寸（摘自 GB/T 1098—2003）。

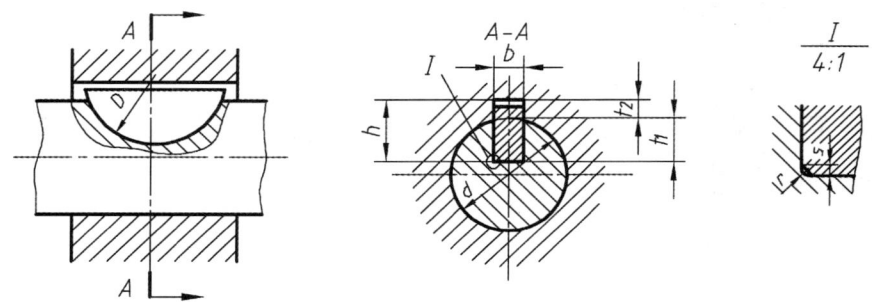

附表 3.3　半圆键和键槽的剖面尺寸　　　　　　　　单位：mm

| 键尺寸 b×h×D | 键槽 | | | | | | | | | | |
|---|---|---|---|---|---|---|---|---|---|---|---|
| | 宽度 b | | | | | 深 度 | | | | 半径 R | |
| | 基本尺寸 | 极 限 偏 差 | | | | 轴 $t_1$ | | 毂 $t_2$ | | | |
| | | 正常联结 | | 紧密联结 | 松联结 | 基本尺寸 | 极限偏差 | 基本尺寸 | 极限偏差 | min | max |
| | | 轴 N9 | 毂 JS9 | 轴和毂 P9 | 轴 H9　毂 D10 | | | | | | |
| 1×1.4×4<br>1×1.1×4 | 1 | | | | | 1.0 | | 0.6 | | | |
| 1.5×2.6×7<br>1.5×2.1×7 | 1.5 | | | | | 2.0 | +0.1<br>0 | 0.8 | | | |
| 2×2.6×7<br>2×2.1×7 | 2 | | | | | 1.8 | | 1.0 | | | |
| 2×3.7×10<br>2×3×10 | 2 | −0.004<br>−0.029 | ±0.012 5 | −0.006<br>−0.031 | +0.025<br>0　+0.060<br>+0.020 | 2.9 | | 1.0 | +0.1<br>0 | 0.16 | 0.08 |
| 2.5×3.7×10<br>2.5×3×10 | 2.5 | | | | | 2.7 | | 1.2 | | | |
| 3×5×12<br>3×4×12 | 3 | | | | | 3.8 | +0.2<br>0 | 1.4 | | | |
| 3×6.5×16<br>3×5.2×16 | 3 | | | | | 5.3 | | 1.4 | | 0.25 | 0.16 |

续附表 3.3

| 键尺寸 $b \times h \times D$ | 键槽 宽度 b 基本尺寸 | 极限偏差 正常联结 轴 N9 | 极限偏差 正常联结 毂 JS9 | 极限偏差 紧密联结 轴和毂 P9 | 极限偏差 松联结 轴 H9 | 极限偏差 松联结 毂 D10 | 深度 轴 $t_1$ 基本尺寸 | 深度 轴 $t_1$ 极限偏差 | 深度 毂 $t_2$ 基本尺寸 | 深度 毂 $t_2$ 极限偏差 | 半径 R min | 半径 R max |
|---|---|---|---|---|---|---|---|---|---|---|---|---|
| 4×6.5×16<br>4×5.2×16 | 4 | 0<br>−0.030 | ±0.015 | −0.012<br>−0.042 | +0.030<br>0 | +0.078<br>+0.030 | 5.0 | +0.1<br>0 | 1.8 | +0.1<br>0 | | |
| 4×7.5×19<br>4×6×19 | 4 | | | | | | 6.0 | | 1.8 | | | |
| 5×6.5×16<br>5×5.2×16 | 5 | | | | | | 4.5 | | 2.3 | | | |
| 5×7.5×19<br>5×6×19 | 5 | | | | | | 5.5 | | 2.3 | | | |
| 5×9×22<br>5×7.2×22 | 5 | | | | | | 7.0 | | 2.3 | | | |
| 6×9×22<br>6×7.2×22 | 6 | | | | | | 6.5 | +0.3<br>0 | 2.8 | | | |
| 6×10×28<br>6×8×28 | 6 | | | | | | 7.5 | | 2.8 | | | |
| 8×11×28<br>8×8.8×28 | 8 | 0<br>−0.036 | ±0.018 | −0.015<br>−0.051 | +0.036<br>0 | +0.098<br>+0.040 | 8.0 | | 3.3 | +0.2<br>0 | 0.40 | 0.25 |
| 10×13×32<br>10×10.4×32 | 10 | | | | | | 10 | | 3.3 | | | |

注：键尺寸中的公称直径 D 即为键槽直径最小值。

（4）半圆键的型式尺寸（摘自 GB/T 1099.1—2003）。

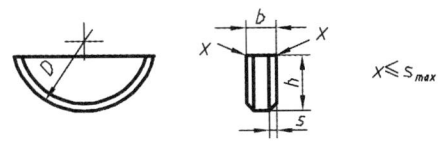

标记示例

宽度 b=6mm、高度 h=10mm、直径 D=25mm 普通型半圆键的标记为：GB/T 1099.1 键 6×10×25

附表 3.4　半圆键的型式尺寸　　　　　　　　　　　　单位：mm

| 键尺寸 $b \times h \times D$ | 宽度 b 基本尺寸 | 宽度 b 极限偏差 | 高度 h 基本尺寸 | 高度 h 极限偏差（h12） | 直径 D 基本尺寸 | 直径 D 极限偏差（h12） | 倒角或倒圆 s min | 倒角或倒圆 s max |
|---|---|---|---|---|---|---|---|---|
| 1×1.4×4 | 1 | 0<br>−0.025 | 1.4 | 0<br>−0.010 | 4 | 0<br>−0.120 | 0.16 | 0.25 |
| 1.5×2.6×7 | 1.5 | | 2.6 | | 7 | 0<br>−0.150 | | |
| 2×2.6×7 | 2 | | 2.6 | | 7 | | | |
| 2×3.7×10 | 2 | | 3.7 | 0<br>−0.012 | 10 | | | |

续附表 3.4

| 键尺寸 $b \times h \times D$ | 宽度 $b$ 基本尺寸 | 极限偏差 | 高度 $h$ 基本尺寸 | 极限偏差（h12） | 直径 $D$ 基本尺寸 | 极限偏差（h12） | 倒角或倒圆 $s$ min | max |
|---|---|---|---|---|---|---|---|---|
| 2.5×3.7×10 | 2.5 | | 3.7 | $0 \atop -0.012$ | 10 | $0 \atop -0.150$ | 0.16 | 0.25 |
| 3×5×13 | 3 | | 5 | | 13 | $0 \atop -0.180$ | | |
| 3×6.5×16 | 3 | | 6.5 | | 16 | | | |
| 4×6.5×16 | 4 | | 6.5 | | 16 | | | |
| 4×7.5×19 | 4 | | 7.5 | | 19 | $0 \atop -0.210$ | | |
| 5×6.5×16 | 5 | $0 \atop -0.025$ | 6.5 | $0 \atop -0.015$ | 16 | $0 \atop -0.180$ | | |
| 5×7.5×19 | 5 | | 7.5 | | 19 | | | |
| 5×9×22 | 5 | | 9 | | 22 | | | |
| 6×9×22 | 6 | | 9 | | 22 | $0 \atop -0.210$ | | |
| 6×10×25 | 6 | | 10 | | 25 | | | |
| 8×11×28 | 8 | | 11 | $0 \atop -0.018$ | 28 | | 0.40 | 0.60 |
| 10×13×32 | 10 | | 13 | | 32 | $0 \atop -0.250$ | | |

**2. 销**

（1）圆柱销（摘自 GB/T 119.1—2000）——不淬火钢和奥氏体不锈钢。

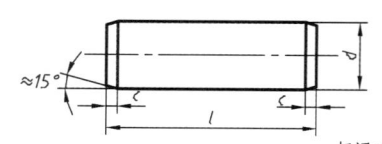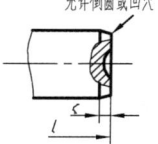

标记示例

公称直径 $d = 6$mm、公差为 m6、公称长度 $l = 30$mm、材料为钢、不经淬火、不经表面处理的圆柱销的标记：
销 GB/T 119.1 6m6×30

公称直径 $d = 6$mm、公差为 m6、公称长度 $l = 30$mm、材料为 A1 组奥氏体不锈钢、表面简单处理的圆柱销的标记：
销 GB/T119.1 6m6×30-A1

附表 3.5 圆柱销相关参数　　　　　　　　单位：mm

| 公称直径 $d$（m6/h8） | 0.6 | 0.8 | 1 | 1.2 | 1.5 | 2 | 2.5 | 3 | 4 | 5 |
|---|---|---|---|---|---|---|---|---|---|---|
| $a \approx$ | 0.12 | 0.16 | 0.20 | 0.25 | 0.30 | 0.35 | 0.40 | 0.50 | 0.63 | 0.80 |
| $l$（商品规格范围公称长度） | 2~6 | 2~8 | 4~10 | 4~12 | 4~16 | 6~20 | 6~24 | 8~30 | 8~40 | 10~50 |
| 公称直径 $d$（m6/h8） | 6 | 8 | 10 | 12 | 16 | 20 | 25 | 30 | 40 | 50 |
| $a \approx$ | 1.2 | 1.6 | 2.0 | 2.5 | 3.0 | 3.5 | 4.0 | 5.0 | 6.3 | 8.0 |
| $l$（商品规格范围公称长度） | 12~60 | 14~80 | 18~95 | 22~140 | 26~180 | 35~200 | 50~200 | 60~200 | 80~200 | 95~200 |
| $l$ 系列 | 2, 3, 4, 5, 6, 8, 10, 12, 14, 16, 18, 20, 22, 24, 26, 28, 30, 32, 35, 40, 45, 50, 55, 60, 65, 70, 75, 80, 85, 90, 95, 100, 120, 140, 160, 180, 200 | | | | | | | | | |

（2）圆锥销（摘自 GB/T 117—2000）。

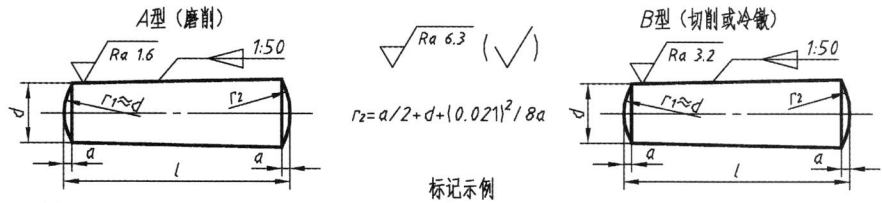

标记示例

公称直径$d=6$mm、公称长度$l=30$mm、材料为35钢、热处理硬度28～38HRC、表面氧化处理的A型圆锥销的标记：销 GB/T 117 6X30

附表 3.6　圆锥销相关参数　　　　　　　　　　　　　　　　　单位：mm

| $d$（公称直径） | 0.6 | 0.8 | 1 | 1.2 | 1.5 | 2 | 2.5 | 3 | 4 | 5 |
|---|---|---|---|---|---|---|---|---|---|---|
| $a\approx$ | 0.08 | 0.1 | 0.12 | 0.16 | 0.2 | 0.25 | 0.3 | 0.4 | 0.5 | 0.63 |
| $l$（商品规格范围公称长度） | 4～8 | 5～12 | 6～16 | 6～20 | 8～24 | 10～35 | 10～35 | 12～45 | 14～55 | 18～60 |
| $d$（公称） | 6 | 8 | 10 | 12 | 16 | 20 | 25 | 30 | 40 | 50 |
| $a\approx$ | 0.8 | 1 | 1.2 | 1.6 | 2 | 2.5 | 3 | 4 | 5 | 6.3 |
| $l$（商品规格范围公称长度） | 22～90 | 22～120 | 26～160 | 32～180 | 40～200 | 45～200 | 50～200 | 55～200 | 60～200 | 65～200 |
| $l$系列 | 2，3，4，5，6，8，10，12，14，16，18，20，22，24，26，28，30，32，35，40，45，50，55，60，65，70，75，80，85，90，95，100，120，140，160，180，200 ||||||||||

（3）开口销（摘自 GB/T 91—2000）。

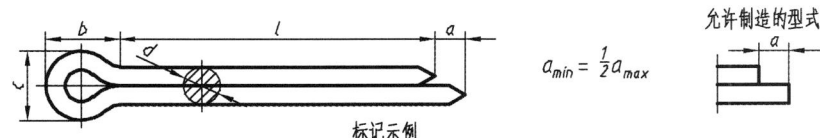

标记示例

公称规格为5mm、公称长度$l=50$mm、材料为Q215或Q235、不经表面处理的开口销的标记：销 GB/T 91 5X50

附表 3.7　开口销相关参数　　　　　　　　　　　　　　　　　单位：mm

| 公称规格 || 0.6 | 0.8 | 1 | 1.2 | 1.6 | 2 | 2.5 | 3.2 | 4 | 5 | 6.3 | 8 | 10 | 13 |
|---|---|---|---|---|---|---|---|---|---|---|---|---|---|---|
| $d$ | max | 0.5 | 0.7 | 0.9 | 1.0 | 1.4 | 1.8 | 2.3 | 2.9 | 3.7 | 4.6 | 5.9 | 7.5 | 9.5 | 12.4 |
| | min | 0.4 | 0.6 | 0.8 | 0.9 | 1.3 | 1.7 | 2.1 | 2.7 | 3.5 | 4.4 | 5.7 | 7.3 | 9.3 | 12.1 |
| $c$ | max | 1 | 1.4 | 1.8 | 2 | 2.8 | 3.6 | 4.6 | 5.8 | 7.4 | 9.2 | 11.8 | 15 | 19 | 24.8 |
| | min | 0.9 | 1.2 | 1.6 | 1.7 | 2.4 | 3.2 | 4 | 5.1 | 6.5 | 8 | 10.3 | 13.1 | 16.6 | 21.7 |
| $b\approx$ || 2 | 2.4 | 3 | 3 | 3.2 | 4 | 5 | 6.4 | 8 | 10 | 12.6 | 16 | 20 | 26 |
| $a_{max}$ || 1.6 | 1.6 | 1.6 | 2.5 | 2.5 | 2.5 | 2.5 | 3.2 | 4 | 4 | 4 | 4 | 6.3 | 6.3 |
| $l$（商品规格范围公称长度） || 4～12 | 5～16 | 6～20 | 8～26 | 8～32 | 10～40 | 12～50 | 14～65 | 18～80 | 30～120 | 30～120 | 40～160 | 45～200 | 70～200 |
| $l$系列 || 4，5，6，8，10，12，14，16，18，20，22，24，26，28，30，32，36，40，45，50，55，60，65，70，75，80，85，90，95，100，120，140，160，180，200 ||||||||||||||

注：公称规格等与开口销孔直径推荐的公差为
　　　公称规格≤1.2：H13；
　　　公称规格＞1.2：H14。

## 附录4  常用滚动轴承

### 1. 深沟球轴承（摘自 GB/T 276—2013）—60000型

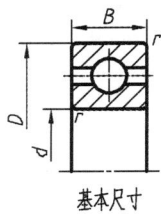
基本尺寸

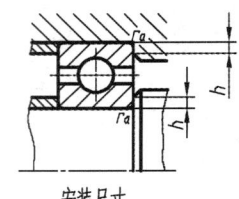
安装尺寸

标记示例

内径 $d=20$ 的60000型深沟球轴承，尺寸系列为（0）2，组合代号为62的标记：

滚动轴承 6204 GB/T 276-2013

附表4.1  深沟球轴承相关参数　　　　　　单位：mm

| 轴承代号 | 基本尺寸 | | | | 安装尺寸 | |
|---|---|---|---|---|---|---|
| | $d$ | $D$ | $B$ | $r_{smin}$ | $h$ min | $r_{asmax}$ |
| (0) 尺寸系列 | | | | | | |
| 6000 | 10 | 26 | 8 | 0.3 | 1.2 | 0.3 |
| 6001 | 12 | 28 | 8 | 0.3 | 1.2 | 0.3 |
| 6002 | 15 | 32 | 9 | 0.3 | 1.2 | 0.3 |
| 6003 | 17 | 35 | 10 | 0.3 | 1.2 | 0.3 |
| 6004 | 20 | 42 | 12 | 0.6 | 2.5 | 0.6 |
| 6005 | 25 | 47 | 12 | 0.6 | 2.5 | 0.6 |
| 6006 | 30 | 55 | 13 | 1 | 3 | 1 |
| 6007 | 35 | 62 | 14 | 1 | 3 | 1 |
| 6008 | 40 | 68 | 15 | 1 | 3 | 1 |
| 6009 | 45 | 75 | 16 | 1 | 3 | 1 |
| 6010 | 50 | 80 | 16 | 1 | 3 | 1 |
| 6011 | 55 | 90 | 18 | 1.1 | 3.5 | 1 |
| 6012 | 60 | 95 | 18 | 1.1 | 3.5 | 1 |
| 6013 | 65 | 100 | 18 | 1.1 | 3.5 | 1 |
| 6014 | 70 | 110 | 20 | 1.1 | 3.5 | 1 |
| 6015 | 75 | 115 | 20 | 1.1 | 3.5 | 1 |
| 6016 | 80 | 125 | 22 | 1.1 | 3.5 | 1 |
| 6017 | 85 | 130 | 22 | 1.1 | 3.5 | 1 |
| 6018 | 90 | 140 | 24 | 1.5 | 4.5 | 1.5 |
| 6019 | 95 | 145 | 24 | 1.5 | 4.5 | 1.5 |
| 6020 | 100 | 150 | 24 | 1.5 | 4.5 | 1.6 |
| (0) 2 尺寸系列 | | | | | | |
| 6200 | 10 | 30 | 9 | 0.6 | 2.5 | 0.6 |
| 6201 | 12 | 32 | 10 | 0.6 | 2.5 | 0.6 |
| 6202 | 15 | 35 | 11 | 0.6 | 2.5 | 0.6 |
| 6203 | 17 | 40 | 13 | 0.6 | 2.5 | 0.6 |
| 6204 | 20 | 47 | 14 | 1 | 3 | 1 |
| 6205 | 25 | 52 | 15 | 1 | 3 | 1 |
| 6206 | 30 | 62 | 16 | 1 | 3 | 1 |
| 6207 | 35 | 72 | 17 | 1.1 | 3.5 | 1 |
| 6208 | 40 | 80 | 18 | 1.1 | 3.5 | 1 |
| 6209 | 45 | 85 | 19 | 1.1 | 3.5 | 1 |
| 6210 | 50 | 90 | 20 | 1.1 | 3.5 | 1 |
| 6211 | 55 | 100 | 21 | 1.5 | 4.5 | 1.5 |
| 6212 | 60 | 110 | 22 | 1.5 | 4.5 | 1.5 |
| 6213 | 65 | 120 | 23 | 1.5 | 4.5 | 1.5 |
| 6214 | 70 | 125 | 24 | 1.5 | 4.5 | 1.5 |
| 6215 | 75 | 130 | 25 | 1.5 | 4.5 | 1.5 |

续附表 4.1

| 轴承代号 | 基本尺寸 | | | | 安装尺寸 | |
|---|---|---|---|---|---|---|
| | $d$ | $D$ | $B$ | $r_{smin}$ | $h$ min | $r_{asmax}$ |
| (0)2 尺寸系列 | | | | | | |
| 6216 | 80 | 140 | 26 | 2 | 5 | 2 |
| 6217 | 85 | 150 | 28 | 2 | 5 | 2 |
| 6218 | 90 | 160 | 30 | 2 | 5 | 2 |
| 6219 | 95 | 170 | 32 | 2.1 | 6 | 2.1 |
| 6220 | 100 | 180 | 34 | 2.1 | 6 | 2.1 |
| (0)3 尺寸系列 | | | | | | |
| 6300 | 10 | 35 | 11 | 0.6 | 2.5 | 0.6 |
| 6301 | 12 | 37 | 12 | 1 | 3.5 | 1 |
| 6302 | 15 | 42 | 13 | 1 | 3.5 | 1 |
| 6303 | 17 | 47 | 14 | 1 | 3.5 | 1 |
| 6304 | 20 | 52 | 15 | 1.1 | 3.5 | 1 |
| 6305 | 25 | 62 | 17 | 1.1 | 3.5 | 1 |
| 6306 | 30 | 72 | 19 | 1.1 | 3.5 | 1 |
| 6307 | 35 | 80 | 21 | 1.5 | 4.5 | 1.5 |
| 6308 | 40 | 90 | 23 | 1.5 | 4.5 | 1.5 |
| 6309 | 45 | 100 | 25 | 1.5 | 4.5 | 1.5 |
| 6310 | 50 | 110 | 27 | 2 | 5 | 2 |
| 6311 | 55 | 120 | 29 | 2 | 5 | 2 |
| 6312 | 60 | 130 | 31 | 2.1 | 6 | 2.1 |
| 6313 | 65 | 140 | 33 | 2.1 | 6 | 2.1 |
| 6314 | 70 | 150 | 35 | 2.1 | 6 | 2.1 |
| 6315 | 75 | 160 | 37 | 2.1 | 6 | 2.1 |
| 6316 | 80 | 170 | 39 | 2.1 | 6 | 2.1 |
| 6317 | 85 | 180 | 41 | 3 | 7 | 2.5 |
| 6318 | 90 | 190 | 43 | 3 | 7 | 2.5 |
| 6319 | 95 | 200 | 45 | 3 | 7 | 2.5 |
| 6320 | 100 | 215 | 47 | 3 | 7 | 2.5 |
| (0)4 尺寸系列 | | | | | | |
| 6403 | 17 | 62 | 17 | 1.1 | 3.5 | 1 |
| 6404 | 20 | 72 | 19 | 1.1 | 3.5 | 1 |
| 6405 | 25 | 80 | 21 | 1.5 | 4.5 | 1.5 |
| 6406 | 30 | 90 | 23 | 1.5 | 4.5 | 1.5 |
| 6407 | 35 | 100 | 25 | 1.5 | 4.5 | 1.5 |
| 6408 | 40 | 110 | 27 | 2 | 50 | 2 |
| 6409 | 45 | 120 | 29 | 2 | 5 | 2 |
| 6410 | 50 | 130 | 31 | 2.1 | 6 | 2.1 |
| 6411 | 55 | 140 | 33 | 2.1 | 6 | 2.1 |
| 6412 | 60 | 150 | 35 | 2.1 | 6 | 2.1 |
| 6413 | 65 | 160 | 37 | 2.1 | 6 | 2.1 |
| 6414 | 70 | 180 | 42 | 3 | 7 | 2.5 |
| 6415 | 75 | 190 | 45 | 3 | 7 | 2.5 |
| 6416 | 80 | 200 | 48 | 3 | 7 | 2.5 |
| 6417 | 85 | 210 | 52 | 4 | 9 | 3 |
| 6418 | 90 | 225 | 54 | 4 | 9 | 3 |
| 6420 | 100 | 250 | 58 | 4 | 9 | 3 |

注：$r_{smin}$ 为 $r$ 的单向最小倒角尺寸；$r_{asmax}$ 为 $r_a$ 的单向最大倒角尺寸。$h_{min}$ 为挡肩一般情况下的最小高度。

## 2. 圆锥滚子轴承（摘自 GB/T 297—2015）—30000 型

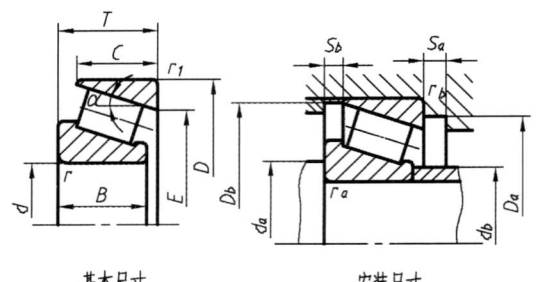

基本尺寸　　　　　　安装尺寸

标记示例

内径$d=20$，尺寸系列为02的30000型圆锥滚子轴承的标记：

滚动轴承 30204 GB/T 297-2015

附表 4.2　圆锥滚子轴承　　　　　　单位：mm

| 轴承代号 | 基本尺寸 | | | | | | | 安装尺寸 | | | | | | | | |
|---|---|---|---|---|---|---|---|---|---|---|---|---|---|---|---|---|
| | $d$ | $D$ | $T$ | $B$ | $C$ | $r_{smin}$ | $r_{1smin}$ | $d_a$ min | $d_b$ max | $D_a$ min | $D_a$ max | $D_b$ min | $S_a$ min | $S_b$ min | $r_{asmax}$ | $r_{bsmax}$ |
| 02 尺寸系列 | | | | | | | | | | | | | | | | |
| 30203 | 17 | 40 | 13.25 | 12 | 11 | 1 | 1 | 23 | 23 | 34 | 34 | 37 | 2 | 2.5 | 1 | 1 |
| 30204 | 20 | 47 | 15.25 | 14 | 12 | 1 | 1 | 26 | 27 | 40 | 41 | 43 | 2 | 3.5 | 1 | 1 |
| 30205 | 25 | 52 | 16.25 | 15 | 13 | 1 | 1 | 31 | 31 | 44 | 46 | 48 | 2 | 3.5 | 1 | 1 |
| 30206 | 30 | 62 | 17.25 | 16 | 14 | 1 | 1 | 36 | 37 | 53 | 56 | 58 | 2 | 3.5 | 1 | 1 |
| 30207 | 35 | 72 | 18.25 | 17 | 15 | 1.5 | 1.5 | 42 | 44 | 62 | 65 | 67 | 3 | 3.5 | 1.5 | 1.5 |
| 30208 | 40 | 80 | 19.75 | 18 | 16 | 1.5 | 1.5 | 47 | 49 | 69 | 73 | 75 | 3 | 4 | 1.5 | 1.5 |
| 30209 | 45 | 85 | 20.75 | 19 | 16 | 1.5 | 1.5 | 52 | 53 | 74 | 78 | 80 | 3 | 5 | 1.5 | 1.5 |
| 30210 | 50 | 90 | 21.75 | 20 | 17 | 1.5 | 1.5 | 57 | 58 | 79 | 83 | 86 | 3 | 5 | 1.5 | 1.5 |
| 30211 | 55 | 100 | 22.75 | 21 | 18 | 2 | 1.5 | 64 | 64 | 88 | 91 | 95 | 4 | 5 | 2 | 1.5 |
| 30212 | 60 | 110 | 23.75 | 22 | 19 | 2 | 1.5 | 69 | 69 | 96 | 101 | 103 | 4 | 5 | 2 | 1.5 |
| 30213 | 65 | 120 | 24.75 | 23 | 20 | 2 | 1.5 | 74 | 77 | 106 | 111 | 114 | 4 | 5 | 2 | 1.5 |
| 30214 | 70 | 125 | 26.25 | 24 | 21 | 2 | 1.5 | 79 | 81 | 110 | 116 | 119 | 4 | 5.5 | 2 | 1.5 |
| 30215 | 75 | 130 | 27.25 | 25 | 22 | 2 | 1.5 | 84 | 85 | 115 | 121 | 125 | 4 | 5.5 | 2 | 1.5 |
| 30216 | 80 | 140 | 28.25 | 26 | 22 | 2.5 | 2 | 90 | 90 | 124 | 130 | 133 | 4 | 6 | 2.1 | 2 |
| 30217 | 85 | 150 | 30.5 | 28 | 24 | 2.5 | 2 | 95 | 96 | 132 | 140 | 142 | 5 | 6.5 | 2.1 | 2 |
| 30218 | 90 | 160 | 32.5 | 30 | 26 | 2.5 | 2 | 100 | 102 | 140 | 150 | 151 | 5 | 6.5 | 2.1 | 2 |
| 30219 | 95 | 170 | 34.5 | 32 | 27 | 3 | 2.5 | 107 | 108 | 149 | 158 | 160 | 5 | 7.5 | 2.5 | 2.1 |
| 30220 | 100 | 180 | 37 | 34 | 29 | 3 | 2.5 | 112 | 114 | 157 | 168 | 169 | 5 | 8 | 2.5 | 2.1 |
| 03 尺寸系列 | | | | | | | | | | | | | | | | |
| 30302 | 15 | 42 | 14.25 | 13 | 11 | 1 | 1 | 21 | 22 | 36 | 36 | 38 | 2 | 3.5 | 1 | 1 |
| 30303 | 17 | 47 | 15.25 | 14 | 12 | 1 | 1 | 23 | 25 | 40 | 41 | 43 | 3 | 3.5 | 1 | 1 |
| 30304 | 20 | 52 | 16.25 | 15 | 13 | 1.5 | 1.5 | 27 | 28 | 44 | 45 | 48 | 3 | 3.5 | 1.5 | 1.5 |
| 30305 | 25 | 62 | 18.25 | 17 | 15 | 1.5 | 1.5 | 32 | 34 | 54 | 55 | 58 | 3 | 3.5 | 1.5 | 1.5 |
| 30306 | 30 | 72 | 20.75 | 19 | 16 | 1.5 | 1.5 | 37 | 40 | 62 | 65 | 66 | 3 | 5 | 1.5 | 1.5 |
| 30307 | 35 | 80 | 22.75 | 21 | 18 | 2 | 1.5 | 44 | 45 | 70 | 71 | 74 | 3 | 5 | 2 | 1.5 |
| 30308 | 40 | 90 | 25.25 | 23 | 20 | 2 | 1.5 | 49 | 52 | 77 | 81 | 84 | 3 | 5.5 | 2 | 1.5 |
| 30309 | 45 | 100 | 27.25 | 25 | 22 | 2 | 1.5 | 54 | 59 | 86 | 91 | 94 | 3 | 5.5 | 2 | 1.5 |
| 30310 | 50 | 110 | 29.25 | 27 | 23 | 2.5 | 2 | 60 | 65 | 95 | 100 | 103 | 4 | 6.5 | 2 | 2 |
| 30311 | 55 | 120 | 31.5 | 29 | 25 | 2.5 | 2 | 65 | 70 | 104 | 110 | 112 | 4 | 6.5 | 2.5 | 2 |

续附表 4.2

| 轴承代号 | 基本尺寸 | | | | | | | 安装尺寸 | | | | | | | | |
|---|---|---|---|---|---|---|---|---|---|---|---|---|---|---|---|---|
| | $d$ | $D$ | $T$ | $B$ | $C$ | $r_{smin}$ | $r_{1smin}$ | $d_a$ min | $d_b$ max | $D_a$ min | $D_a$ max | $D_b$ min | $S_a$ min | $S_b$ min | $r_{asmax}$ | $r_{bsmax}$ |
| 03 尺寸系列 | | | | | | | | | | | | | | | | |
| 30312 | 60 | 130 | 33.5 | 31 | 26 | 3 | 2.5 | 72 | 76 | 112 | 118 | 121 | 5 | 7.5 | 2.5 | 2.1 |
| 30313 | 65 | 140 | 36 | 33 | 28 | 3 | 2.5 | 77 | 83 | 122 | 128 | 131 | 5 | 8 | 2.5 | 2.1 |
| 30314 | 70 | 150 | 38 | 35 | 30 | 3 | 2.5 | 82 | 89 | 130 | 38 | 141 | 5 | 8 | 2.5 | 2.1 |
| 30315 | 75 | 160 | 40 | 37 | 31 | 3 | 2.5 | 87 | 95 | 139 | 148 | 150 | 5 | 9 | 2.5 | 2.1 |
| 30316 | 80 | 170 | 42.5 | 39 | 33 | 3 | 2.5 | 92 | 102 | 148 | 158 | 160 | 5 | 9.5 | 2.5 | 2.1 |
| 30317 | 85 | 180 | 44.5 | 41 | 34 | 4 | 3 | 99 | 107 | 156 | 166 | 168 | 6 | 10.5 | 3 | 2.5 |
| 30318 | 90 | 190 | 46.5 | 43 | 36 | 4 | 3 | 104 | 113 | 165 | 176 | 178 | 6 | 10.5 | 3 | 2.5 |
| 30319 | 95 | 200 | 49.5 | 45 | 38 | 4 | 3 | 109 | 118 | 172 | 186 | 185 | 6 | 11.5 | 3 | 2.5 |
| 30320 | 100 | 215 | 51.5 | 47 | 39 | 4 | 3 | 114 | 127 | 184 | 201 | 199 | 6 | 12.5 | 3 | 2.5 |
| 22 尺寸系列 | | | | | | | | | | | | | | | | |
| 32206 | 30 | 62 | 21.25 | 20 | 17 | 1 | 1 | 36 | 36 | 52 | 56 | 58 | 3 | 4.5 | 1 | 1 |
| 32207 | 35 | 72 | 24.25 | 23 | 19 | 1.5 | 1.5 | 42 | 42 | 61 | 65 | 68 | 3 | 5.5 | 1.5 | 1.5 |
| 32208 | 40 | 80 | 24.75 | 23 | 19 | 1.5 | 1.5 | 47 | 48 | 68 | 73 | 75 | 3 | 6 | 1.5 | 1.5 |
| 32209 | 45 | 85 | 24.75 | 23 | 19 | 1.5 | 1.5 | 52 | 53 | 73 | 78 | 81 | 3 | 6 | 1.5 | 1.5 |
| 32210 | 50 | 90 | 24.75 | 23 | 19 | 1.5 | 1.5 | 57 | 57 | 78 | 83 | 86 | 3 | 6 | 1.5 | 1.5 |
| 32211 | 55 | 100 | 26.75 | 25 | 21 | 2 | 1.5 | 64 | 62 | 87 | 91 | 96 | 4 | 6 | 2 | 1.5 |
| 32212 | 60 | 110 | 29.75 | 28 | 24 | 2 | 1.5 | 69 | 68 | 95 | 101 | 105 | 4 | 6 | 2 | 1.5 |
| 32213 | 65 | 120 | 32.75 | 31 | 27 | 2 | 1.5 | 74 | 75 | 104 | 111 | 115 | 4 | 6 | 2 | 1.5 |
| 32214 | 70 | 125 | 33.25 | 31 | 27 | 2 | 1.5 | 79 | 79 | 108 | 116 | 120 | 4 | 6.5 | 2 | 1.5 |
| 32215 | 75 | 130 | 33.25 | 31 | 27 | 2 | 1.5 | 84 | 84 | 115 | 121 | 126 | 4 | 6.5 | 2 | 1.5 |
| 32216 | 80 | 140 | 35.25 | 33 | 28 | 2.5 | 2 | 90 | 89 | 122 | 130 | 135 | 5 | 7.5 | 2.1 | 2 |
| 32217 | 85 | 150 | 38.5 | 36 | 30 | 2.5 | 2 | 95 | 95 | 130 | 140 | 143 | 5 | 8.5 | 2.1 | 2 |
| 32218 | 90 | 160 | 42.5 | 40 | 34 | 2.5 | 2 | 100 | 101 | 138 | 150 | 153 | 5 | 8.5 | 2.1 | 2 |
| 32219 | 95 | 170 | 45.5 | 43 | 37 | 3 | 2.5 | 107 | 106 | 145 | 158 | 163 | 5 | 8.5 | 2.5 | 2.1 |
| 32220 | 100 | 180 | 49 | 46 | 39 | 3 | 2.5 | 112 | 113 | 154 | 168 | 172 | 5 | 10 | 2.5 | 2.1 |
| 23 尺寸系列 | | | | | | | | | | | | | | | | |
| 32303 | 17 | 47 | 20.25 | 19 | 16 | 1 | 1 | 23 | 24 | 39 | 41 | 43 | 3 | 4.5 | 1 | 1 |
| 32304 | 20 | 52 | 22.25 | 21 | 18 | 1.5 | 1.5 | 27 | 26 | 43 | 45 | 48 | 3 | 4.5 | 1.5 | 1.5 |
| 32305 | 25 | 62 | 25.25 | 24 | 20 | 1.5 | 1.5 | 32 | 32 | 52 | 55 | 58 | 3 | 5.5 | 1.5 | 1.5 |
| 32306 | 30 | 72 | 28.75 | 27 | 23 | 1.5 | 1.5 | 37 | 38 | 59 | 65 | 66 | 4 | 6 | 1.5 | 1.5 |
| 32307 | 35 | 80 | 32.75 | 31 | 25 | 2 | 1.5 | 44 | 43 | 66 | 71 | 74 | 4 | 8.5 | 2 | 1.5 |
| 32308 | 40 | 90 | 35.25 | 33 | 27 | 2 | 1.5 | 49 | 49 | 73 | 81 | 83 | 4 | 8.5 | 2 | 1.5 |
| 32309 | 45 | 100 | 38.25 | 36 | 30 | 2 | 1.5 | 54 | 56 | 82 | 91 | 93 | 4 | 8.5 | 2 | 1.5 |
| 32310 | 50 | 110 | 42.25 | 40 | 33 | 2.5 | 2 | 60 | 61 | 90 | 100 | 102 | 5 | 9.5 | 2 | 2 |
| 32311 | 55 | 120 | 45.5 | 43 | 35 | 2.5 | 2 | 65 | 66 | 99 | 110 | 111 | 5 | 10 | 2.5 | 2 |
| 32312 | 60 | 310 | 48.5 | 46 | 37 | 3 | 2.5 | 72 | 72 | 107 | 118 | 122 | 6 | 11.5 | 2.5 | 2.1 |
| 32313 | 65 | 140 | 51 | 48 | 39 | 3 | 2.5 | 77 | 79 | 117 | 128 | 131 | 6 | 12 | 2.5 | 2.1 |
| 32314 | 70 | 150 | 54 | 51 | 42 | 3 | 2.5 | 82 | 84 | 125 | 138 | 141 | 6 | 12 | 2.5 | 2.1 |
| 32315 | 75 | 160 | 58 | 55 | 45 | 3 | 2.5 | 87 | 91 | 133 | 148 | 150 | 7 | 13 | 2.5 | 2.1 |
| 32316 | 80 | 170 | 61.5 | 58 | 48 | 3 | 2.5 | 92 | 97 | 142 | 158 | 160 | 7 | 13.5 | 2.5 | 2.1 |
| 32317 | 85 | 180 | 63.5 | 60 | 49 | 4 | 3 | 99 | 102 | 150 | 166 | 168 | 8 | 14.5 | 3 | 2.5 |
| 32318 | 90 | 190 | 67.5 | 64 | 53 | 4 | 3 | 104 | 107 | 157 | 176 | 178 | 8 | 14.5 | 3 | 2.5 |
| 32319 | 95 | 200 | 71.5 | 67 | 55 | 4 | 3 | 109 | 114 | 166 | 186 | 187 | 8 | 16.5 | 3 | 2.5 |
| 32320 | 100 | 215 | 77.5 | 73 | 60 | 4 | 3 | 114 | 122 | 177 | 201 | 201 | 8 | 17.5 | 3 | 2.5 |

注：$r_{smin}$、$r_{asmax}$ 等含义同上表。由于篇幅问题没有摘录参数 E、α 参数。

## 3. 推力球轴承（摘自 GB/T 301—2015）—50000 型

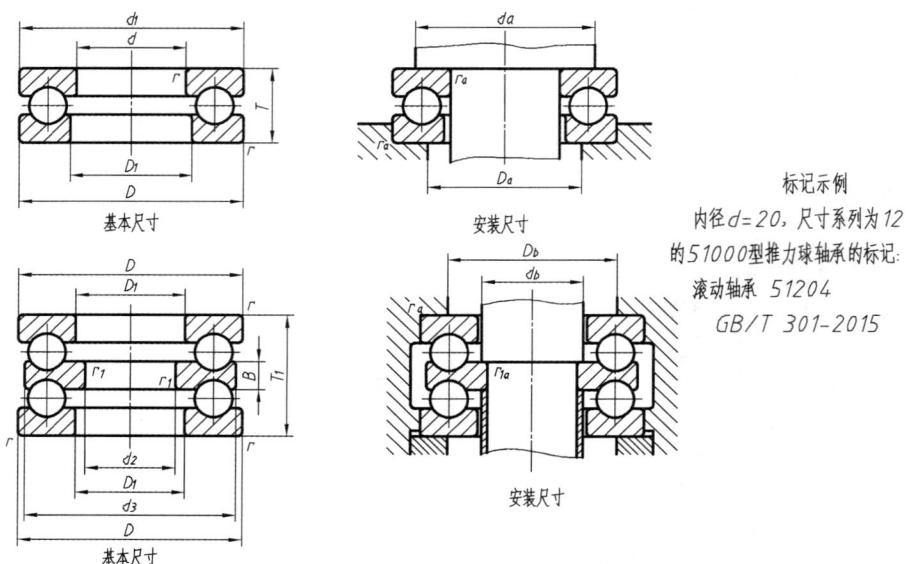

标记示例
内径 $d=20$，尺寸系列为12 的51000型推力球轴承的标记:
滚动轴承 51204
GB/T 301-2015

附表 4.3 推力球轴承相关参数                单位：mm

| 轴承代号 | | 基本尺寸 | | | | | | | | | | 安装尺寸 | | | | | |
|---|---|---|---|---|---|---|---|---|---|---|---|---|---|---|---|---|---|
| | | $d$ | $d_2$ | $D$ | $T$ | $T_1$ | $D_{1\text{min}}$ | $d_{1\text{smax}}$ | $d_{3\text{smax}}$ | $B$ | $r_{\text{smin}}$ | $r_{1\text{smin}}$ | $d_a$ min | $D_a$ max | $D_b$ min | $d_b$ max | $r_{a\text{smax}}$ | $r_{1a\text{smax}}$ |
| 12（51000型），22（52000型）尺寸系列 | | | | | | | | | | | | | | | | | |
| 51200 | — | 10 | — | 26 | 11 | — | 12 | 26 | — | — | 0.6 | — | 20 | 16 | — | 0.6 | — |
| 51201 | — | 12 | — | 28 | 11 | — | 14 | 28 | — | — | 0.6 | — | 22 | 18 | — | 0.6 | — |
| 51202 | 52202 | 15 | 10 | 32 | 12 | 22 | 17 | 32 | 32 | 5 | 0.6 | 0.3 | 25 | 22 | 15 | 0.6 | 0.3 |
| 51203 | — | 17 | — | 35 | 12 | — | 19 | 35 | — | — | 0.6 | — | 28 | 24 | — | 0.6 | — |
| 51204 | 52204 | 20 | 15 | 40 | 14 | 26 | 22 | 40 | 40 | 6 | 0.6 | 0.3 | 32 | 28 | 20 | 0.6 | 0.3 |
| 51205 | 52205 | 25 | 20 | 47 | 15 | 28 | 27 | 47 | 47 | 7 | 0.6 | 0.3 | 38 | 34 | 25 | 0.6 | 0.3 |
| 51206 | 52206 | 30 | 25 | 52 | 16 | 29 | 32 | 52 | 52 | 7 | 0.6 | 0.3 | 43 | 39 | 30 | 0.6 | 0.3 |
| 51207 | 52207 | 35 | 30 | 62 | 18 | 34 | 37 | 62 | 62 | 8 | 1 | 0.3 | 51 | 46 | 35 | 1 | 0.3 |
| 51208 | 52208 | 40 | 30 | 68 | 19 | 36 | 42 | 68 | 68 | 9 | 1 | 0.6 | 57 | 51 | 40 | 1 | 0.6 |
| 51209 | 52209 | 45 | 35 | 73 | 20 | 37 | 47 | 73 | 73 | 9 | 1 | 0.6 | 62 | 56 | 45 | 1 | 0.6 |
| 51210 | 52210 | 50 | 40 | 78 | 22 | 39 | 52 | 78 | 78 | 9 | 1 | 0.6 | 67 | 61 | 50 | 1 | 0.6 |
| 51211 | 52211 | 55 | 45 | 90 | 25 | 45 | 57 | 90 | 90 | 10 | 1 | 0.6 | 76 | 69 | 55 | 1 | 0.6 |
| 51212 | 52212 | 60 | 50 | 95 | 26 | 46 | 62 | 95 | 95 | 10 | 1 | 0.6 | 81 | 74 | 60 | 1 | 0.6 |
| 51213 | 52213 | 65 | 55 | 100 | 27 | 47 | 67 | 100 | 100 | 10 | 1 | 0.6 | 86 | 79 | 79 | 65 | 1 | 0.6 |
| 51214 | 52214 | 70 | 55 | 105 | 27 | 47 | 72 | 105 | 105 | 10 | 1 | 1 | 91 | 84 | 84 | 70 | 1 | 1 |
| 51215 | 52215 | 75 | 60 | 110 | 27 | 47 | 77 | 110 | 110 | 10 | 1 | 1 | 96 | 89 | 89 | 75 | 1 | 1 |
| 51216 | 52216 | 80 | 65 | 115 | 28 | 48 | 82 | 115 | 115 | 10 | 1 | 1 | 101 | 94 | 94 | 80 | 1 | 1 |
| 51217 | 52217 | 85 | 70 | 125 | 31 | 55 | 88 | 125 | 125 | 12 | 1 | 1 | 109 | 101 | 109 | 85 | 1 | 1 |
| 51218 | 52218 | 90 | 75 | 135 | 35 | 62 | 93 | 135 | 135 | 14 | 1.1 | 1 | 117 | 108 | 108 | 90 | 1 | 1 |
| 51220 | 52220 | 100 | 85 | 150 | 38 | 67 | 103 | 150 | 150 | 15 | 1.1 | 1 | 130 | 120 | 120 | 100 | 1 | 1 |

续附表 4.3

| 轴承代号 | | 基本尺寸 | | | | | | | | | | 安装尺寸 | | | | | |
|---|---|---|---|---|---|---|---|---|---|---|---|---|---|---|---|---|---|
| | | $d$ | $d_2$ | $D$ | $T$ | $T_1$ | $D_{1smin}$ | $d_{1smax}$ | $d_{3smax}$ | $B$ | $r_{smin}$ | $r_{1smin}$ | $d_a$ min | $D_a$ max | $D_b$ min | $d_b$ max | $r_{asmax}$ | $r_{1asmax}$ |
| 13（51000型），23（52000型）尺寸系列 ||||||||||||||||||
| 51304 | — | 20 | — | 47 | 18 | — | 22 | | 47 | — | 1 | — | 36 | 31 | — | — | 1 | — |
| 51305 | 52305 | 25 | 20 | 52 | 18 | 34 | 27 | | 52 | 8 | 1 | 0.3 | 41 | 36 | 36 | 25 | 1 | 0.3 |
| 51306 | 52306 | 30 | 25 | 60 | 21 | 38 | 32 | | 60 | 9 | 1 | 0.3 | 48 | 42 | 42 | 30 | 1 | 0.3 |
| 51307 | 52307 | 35 | 30 | 68 | 24 | 44 | 37 | | 68 | 10 | 1 | 0.3 | 55 | 48 | 48 | 35 | 1 | 0.3 |
| 51308 | 52308 | 40 | 30 | 78 | 26 | 49 | 42 | | 78 | 12 | 1 | 0.6 | 63 | 55 | 55 | 40 | 1 | 0.6 |
| 51309 | 52309 | 45 | 35 | 85 | 28 | 52 | 47 | | 85 | 12 | 1 | 0.6 | 69 | 61 | 61 | 45 | 1 | 0.6 |
| 51310 | 52310 | 50 | 40 | 95 | 31 | 58 | 52 | | 95 | 14 | 1.1 | 0.6 | 77 | 68 | 68 | 50 | 1 | 0.6 |
| 51311 | 52311 | 55 | 45 | 105 | 35 | 64 | 57 | | 105 | 15 | 1.1 | 0.6 | 85 | 75 | 75 | 55 | 1 | 0.6 |
| 51312 | 52312 | 60 | 50 | 110 | 35 | 64 | 62 | | 110 | 15 | 1.1 | 0.6 | 90 | 80 | 80 | 60 | 1 | 0.6 |
| 51313 | 52313 | 65 | 55 | 115 | 36 | 65 | 67 | | 115 | 15 | 1.1 | 0.6 | 95 | 85 | 85 | 65 | 1 | 0.6 |
| 51314 | 52314 | 70 | 55 | 125 | 40 | 72 | 72 | | 125 | 16 | 1.1 | 1 | 103 | 92 | 92 | 70 | 1 | 1 |
| 51315 | 52315 | 75 | 60 | 135 | 44 | 79 | 77 | | 135 | 18 | 1.5 | 1 | 111 | 99 | 99 | 75 | 1.5 | 1 |
| 51316 | 52316 | 80 | 65 | 140 | 44 | 79 | 82 | | 140 | 18 | 1.5 | 1 | 116 | 104 | 104 | 80 | 1.5 | 1 |
| 51317 | 52317 | 85 | 70 | 150 | 49 | 87 | 88 | | 150 | 19 | 1.5 | 1 | 124 | 111 | 114 | 85 | 1.5 | 1 |
| 51318 | 52318 | 90 | 75 | 155 | 50 | 88 | 93 | | 155 | 19 | 1.5 | 1 | 129 | 116 | 116 | 90 | 1.5 | 1 |
| 51320 | 52320 | 100 | 85 | 170 | 55 | 97 | 103 | | 170 | 21 | 1.5 | 1 | 142 | 128 | 128 | 100 | 1.5 | 1 |
| 14（51000型），24（52000型）尺寸系列 ||||||||||||||||||
| 51405 | 52405 | 25 | 15 | 60 | 24 | 45 | 27 | | 60 | 11 | 1 | 0.6 | 46 | 39 | | 25 | 1 | 0.6 |
| 51406 | 52406 | 30 | 20 | 70 | 28 | 52 | 32 | | 70 | 12 | 1 | 0.6 | 54 | 46 | | 30 | 1 | 0.6 |
| 51407 | 52407 | 35 | 25 | 80 | 32 | 59 | 37 | | 80 | 14 | 1.1 | 0.6 | 62 | 53 | | 35 | 1 | 0.6 |
| 51408 | 52408 | 40 | 30 | 90 | 36 | 65 | 42 | | 90 | 15 | 1.1 | 0.6 | 70 | 60 | | 40 | 1 | 0.6 |
| 51409 | 52409 | 45 | 35 | 100 | 39 | 72 | 47 | | 100 | 17 | 1.1 | 0.6 | 78 | 67 | | 45 | 1 | 0.6 |
| 51410 | 52410 | 50 | 40 | 110 | 43 | 78 | 52 | | 110 | 18 | 1.5 | 0.6 | 86 | 74 | | 50 | 1.5 | 0.6 |
| 51411 | 52411 | 55 | 45 | 120 | 48 | 87 | 57 | | 120 | 20 | 1.5 | 0.6 | 94 | 81 | | 55 | 1.5 | 0.6 |
| 51412 | 52412 | 60 | 50 | 130 | 51 | 93 | 62 | | 130 | 21 | 1.5 | 0.6 | 102 | 88 | | 60 | 1.5 | 0.6 |
| 51413 | 52413 | 65 | 50 | 140 | 56 | 101 | 68 | | 140 | 23 | 2 | 1 | 110 | 95 | | 65 | 2.0 | 1 |
| 51414 | 52414 | 70 | 55 | 150 | 60 | 107 | 73 | | 150 | 24 | 2 | 1 | 118 | 102 | | 70 | 2.0 | 1 |
| 51415 | 52415 | 75 | 60 | 160 | 65 | 115 | 78 | 160 | 160 | 26 | 2 | 1 | 125 | 110 | | 75 | 2.0 | 1 |
| 51416 | — | 80 | — | 170 | 68 | — | 83 | 170 | | — | 2.1 | — | 133 | 117 | | — | 2.1 | — |
| 51417 | 52417 | 85 | 65 | 180 | 72 | 128 | 88 | 177 | 179.5 | 29 | 2.1 | 1.1 | 141 | 124 | | 85 | 2.1 | 1 |
| 51418 | 52418 | 90 | 70 | 190 | 77 | 135 | 93 | 187 | 189.5 | 30 | 2.1 | 1.1 | 149 | 131 | | 90 | 2.1 | 1 |
| 51420 | 52420 | 100 | 80 | 210 | 85 | 150 | 103 | 205 | 209.5 | 33 | 3 | 1.1 | 165 | 145 | | 100 | 2.5 | 1 |

注：$r_{smin}$、$r_{asmax}$ 等含义同上表。

# 附录 5 　极限与配合

## 1. 标准公差数值（摘自 GB/T 1800.1—2009）

附表 5.1　标准公差数值

| 公称尺寸/mm | | 标准公差等级 | | | | | | | | | | | | | | | | | |
|---|---|---|---|---|---|---|---|---|---|---|---|---|---|---|---|---|---|---|---|
| | | IT1 | IT2 | IT3 | IT4 | IT5 | IT6 | IT7 | IT8 | IT9 | IT10 | IT11 | IT12 | IT13 | IT14 | IT15 | IT16 | IT17 | IT18 |
| 大于 | 至 | μm | | | | | | | | | | | mm | | | | | | |
| — | 3 | 0.8 | 1.2 | 2 | 3 | 4 | 6 | 10 | 14 | 25 | 40 | 60 | 0.1 | 0.14 | 0.25 | 0.4 | 0.6 | 1 | 1.4 |
| 3 | 6 | 1 | 1.5 | 2.5 | 4 | 5 | 8 | 12 | 18 | 30 | 48 | 75 | 0.12 | 0.18 | 0.3 | 0.48 | 0.75 | 1.2 | 1.8 |
| 6 | 10 | 1 | 1.5 | 2.5 | 4 | 6 | 9 | 15 | 22 | 36 | 58 | 90 | 0.15 | 0.22 | 0.36 | 0.58 | 0.9 | 1.5 | 2.2 |
| 10 | 18 | 1.1 | 2 | 3 | 5 | 8 | 11 | 18 | 27 | 43 | 70 | 110 | 0.18 | 0.27 | 0.43 | 0.7 | 1.1 | 1.8 | 2.7 |
| 18 | 30 | 1.5 | 2.5 | 4 | 6 | 9 | 13 | 21 | 33 | 52 | 84 | 130 | 0.21 | 0.33 | 0.52 | 0.84 | 1.3 | 2.1 | 3.3 |
| 30 | 50 | 1.5 | 2.5 | 4 | 7 | 11 | 16 | 25 | 39 | 62 | 100 | 160 | 0.25 | 0.39 | 0.62 | 1 | 1.6 | 2.5 | 3.9 |
| 50 | 80 | 2 | 3 | 5 | 8 | 13 | 19 | 30 | 46 | 74 | 120 | 190 | 0.3 | 0.46 | 0.74 | 1.2 | 1.9 | 3 | 4.6 |
| 80 | 120 | 2.5 | 4 | 6 | 10 | 15 | 22 | 35 | 54 | 87 | 140 | 220 | 0.35 | 0.54 | 0.87 | 1.4 | 2.2 | 3.5 | 5.4 |
| 120 | 180 | 3.5 | 5 | 8 | 12 | 18 | 25 | 40 | 63 | 100 | 160 | 250 | 0.4 | 0.63 | 1 | 1.6 | 2.5 | 4 | 6.3 |
| 180 | 250 | 4.5 | 7 | 10 | 14 | 20 | 29 | 46 | 72 | 115 | 185 | 290 | 0.46 | 0.72 | 1.15 | 1.85 | 2.9 | 4.6 | 7.2 |
| 250 | 315 | 6 | 8 | 12 | 16 | 23 | 32 | 52 | 81 | 130 | 210 | 320 | 0.52 | 0.81 | 1.3 | 2.1 | 3.2 | 5.2 | 8.1 |
| 315 | 400 | 7 | 9 | 13 | 18 | 25 | 36 | 57 | 89 | 140 | 230 | 360 | 0.57 | 0.89 | 1.4 | 2.3 | 3.6 | 5.7 | 8.9 |
| 400 | 500 | 8 | 10 | 15 | 20 | 27 | 40 | 63 | 97 | 155 | 250 | 400 | 0.63 | 0.97 | 1.55 | 2.5 | 4 | 6.3 | 9.7 |
| 500 | 630 | 9 | 11 | 16 | 22 | 32 | 44 | 70 | 110 | 175 | 280 | 440 | 0.7 | 1.1 | 1.75 | 2.8 | 4.4 | 7 | 11 |
| 630 | 800 | 10 | 13 | 18 | 25 | 36 | 50 | 80 | 125 | 200 | 320 | 500 | 0.8 | 1.25 | 2 | 3.2 | 5 | 8 | 12.5 |
| 800 | 1 000 | 11 | 15 | 21 | 28 | 40 | 56 | 90 | 140 | 230 | 360 | 560 | 0.9 | 1.4 | 2.3 | 3.6 | 5.6 | 9 | 14 |
| 1 000 | 1 250 | 13 | 18 | 24 | 33 | 47 | 66 | 105 | 165 | 260 | 420 | 660 | 1.05 | 1.65 | 2.6 | 4.2 | 6.6 | 10.5 | 16.5 |
| 1 250 | 1 600 | 15 | 21 | 29 | 39 | 55 | 78 | 125 | 195 | 310 | 500 | 780 | 1.25 | 1.95 | 3.1 | 5 | 7.8 | 12.5 | 19.5 |
| 1 600 | 2 000 | 18 | 25 | 35 | 46 | 65 | 92 | 150 | 230 | 370 | 600 | 920 | 1.5 | 2.3 | 3.7 | 6 | 9.2 | 15 | 23 |
| 2 000 | 2 500 | 22 | 30 | 41 | 55 | 78 | 110 | 175 | 280 | 440 | 700 | 1 100 | 1.75 | 2.8 | 4.4 | 7 | 11 | 17.5 | 28 |
| 2 500 | 3 150 | 26 | 36 | 50 | 68 | 96 | 135 | 210 | 330 | 540 | 860 | 1 350 | 2.1 | 3.3 | 5.4 | 8.6 | 13.5 | 21 | 33 |

注：① 公称尺寸大于 500 m 的 IT1~IT5 的标准公差数值为试行的。
　　② 公称尺寸小于或等于 1 mm 时，无 IT14~IT18。

标准公差等级 IT01 和 IT0 在工业中很少用到，所以在标准正文中没有给出此两公差等级的标准公差数值，但为满足使用者需要在附表 5.2 中给出了这些数值。

附表 5.2　IT01 和 IT0 的标准公差数值

| 公称尺寸/mm | | 标准公差等级 | |
|---|---|---|---|
| | | IT01 | IT0 |
| 大于 | 至 | 公差/μm | |
| — | 3 | 0.3 | 0.5 |
| 3 | 6 | 0.4 | 0.6 |
| 6 | 10 | 0.4 | 0.6 |
| 10 | 18 | 0.5 | 0.8 |
| 18 | 30 | 0.6 | 1 |
| 30 | 50 | 0.6 | 1 |
| 50 | 80 | 0.8 | 1.2 |
| 80 | 120 | 1 | 1.5 |
| 120 | 180 | 1.25 | 2 |
| 180 | 250 | 2 | 3 |
| 250 | 315 | 2.5 | 4 |
| 315 | 400 | 3 | 5 |
| 400 | 500 | 4 | 6 |

## 2. 基本尺寸至 500 mm 的轴、孔公差带（摘自 GB/T 1801—2009）

附表 5.3　基本尺寸至 500 mm 的轴、孔公差带

基本尺寸至 500 mm 的轴公差带规定如下，选择时，应优先选用圆圈中的公差带，其次选用方框中的公差带，最后选用其他的公差带。

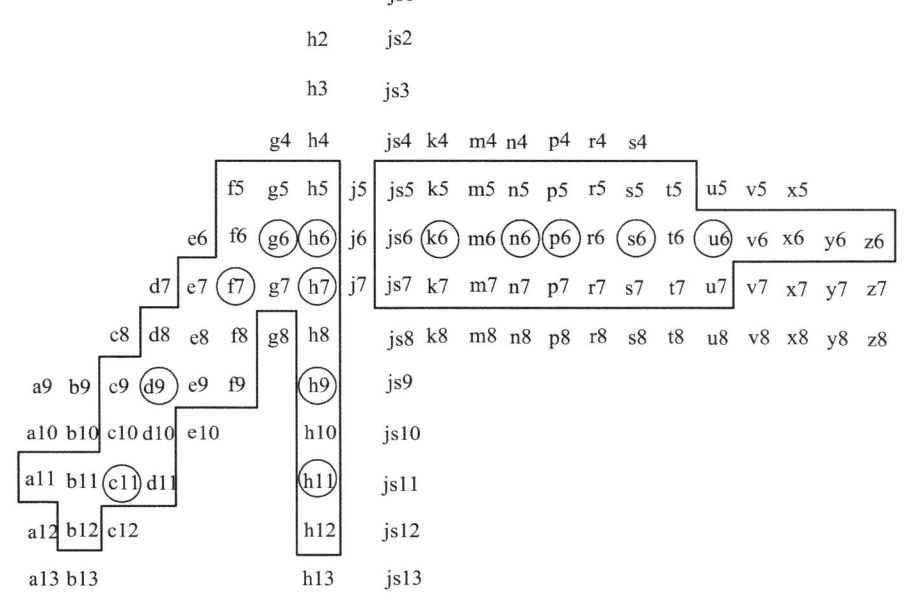

基本尺寸至 500 mm 的孔公差带规定如下，选择时，应优先选用圆圈中的公差带，其次选用方框中的公差带，最后选用其他的公差带。

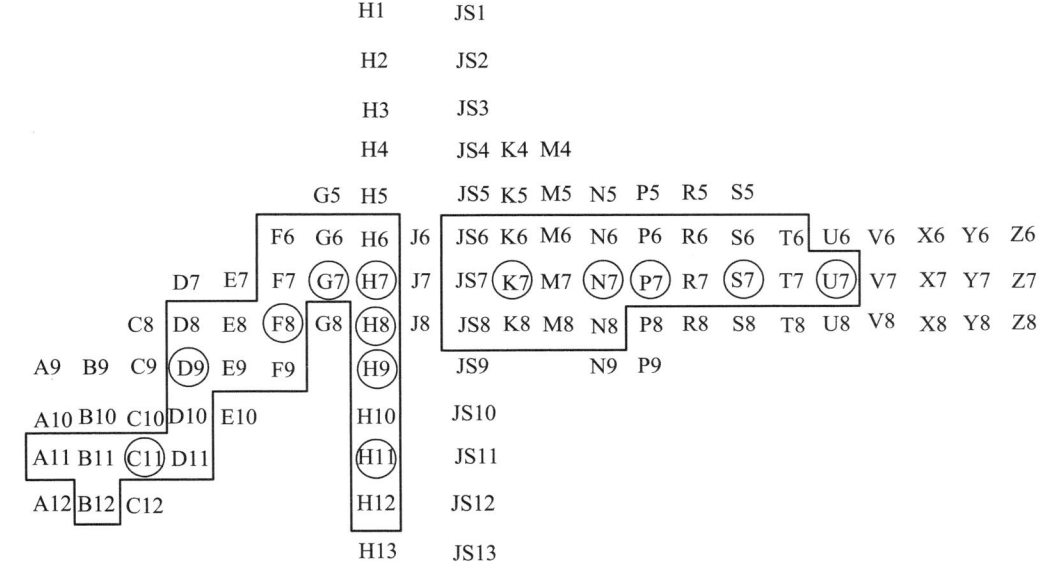

## 3. 优先选用及其次选用（常用）公差带极限偏差数值表（摘自 GB/T 1800.2—2009）

（1）轴。

附表 5.4　常用及优先轴公差带极限偏差　　　　　单位：μm

| 公称尺寸/mm | | 常用及优先公差带（带*者为优先公差带） | | | | | | | | | | | | |
|---|---|---|---|---|---|---|---|---|---|---|---|---|---|---|
| | | a | b | | c | | | d | | | | e | | |
| 大于 | 至 | 11 | 11 | 12 | 9 | 10 | 11* | 8 | 9* | 10 | 11 | 7 | 8 | 9 |
| — | 3 | -270<br>-330 | -140<br>-2.00 | -140<br>-240 | -60<br>-85 | -60<br>-100 | -60<br>-120 | -20<br>-34 | -20<br>-45 | -20<br>-60 | -20<br>-80 | -14<br>-24 | -14<br>-28 | -14<br>-39 |
| 3 | 6 | -270<br>-345 | -140<br>-215 | -140<br>-260 | -70<br>-100 | -70<br>-118 | -70<br>-145 | -30<br>-48 | -30<br>-60 | -30<br>-78 | -30<br>-105 | -20<br>-32 | -20<br>-38 | -20<br>-50 |
| 6 | 10 | -280<br>-370 | -150<br>-240 | -150<br>-300 | -80<br>-116 | -80<br>-138 | -80<br>-170 | -40<br>-62 | -40<br>-76 | -40<br>-98 | -40<br>-130 | -25<br>-40 | -25<br>-47 | -25<br>-61 |
| 10 | 14 | -290<br>-400 | -150<br>-260 | -150<br>-330 | -95<br>-138 | -95<br>-165 | -95<br>-205 | -50<br>-77 | -50<br>-93 | -50<br>-120 | -50<br>-160 | -32<br>-50 | -32<br>-59 | -32<br>-75 |
| 14 | 18 | | | | | | | | | | | | | |
| 18 | 24 | -300<br>-430 | -160<br>-290 | -160<br>-370 | -110<br>-162 | -110<br>-194 | -110<br>-240 | -65<br>-98 | -65<br>-117 | -65<br>-149 | -65<br>-195 | -40<br>-61 | -40<br>-73 | -40<br>-92 |
| 24 | 30 | | | | | | | | | | | | | |
| 30 | 40 | -310<br>-470 | -170<br>-330 | -170<br>-420 | -120<br>-182 | -120<br>-220 | -120<br>-280 | -80<br>-119 | -80<br>-142 | -80<br>-180 | -80<br>-240 | -50<br>-75 | -50<br>-89 | -50<br>-112 |
| 40 | 50 | -320<br>-480 | -180<br>-340 | -180<br>-430 | -130<br>-192 | -130<br>-230 | -130<br>-290 | | | | | | | |
| 50 | 65 | -340<br>-530 | -190<br>-380 | -190<br>-490 | -140<br>-214 | -140<br>-260 | -140<br>-330 | -100<br>-146 | -100<br>-174 | -100<br>-220 | -100<br>-290 | -60<br>-90 | -60<br>-106 | -60<br>-134 |
| 65 | 80 | -360<br>-550 | -200<br>-390 | -200<br>-500 | -150<br>-224 | -150<br>-270 | -150<br>-340 | | | | | | | |
| 80 | 100 | -380<br>-600 | -230<br>-448 | -220<br>-570 | -170<br>-257 | -170<br>-310 | -170<br>-390 | -120<br>-174 | -120<br>-207 | -120<br>-260 | -120<br>-340 | -72<br>-107 | -72<br>-126 | -72<br>-159 |
| 100 | 120 | -410<br>-630 | -240<br>-460 | -240<br>-580 | -180<br>-267 | -180<br>-320 | -180<br>-400 | | | | | | | |
| 120 | 140 | -460<br>-710 | -260<br>-510 | -260<br>-660 | -200<br>-300 | -200<br>-360 | -200<br>-450 | -145<br>-208 | -145<br>-245 | -145<br>-305 | -145<br>-395 | -85<br>-125 | -85<br>-148 | -85<br>-185 |
| 140 | 160 | -520<br>-770 | -280<br>-530 | -280<br>-680 | -210<br>-310 | -210<br>-370 | -210<br>-460 | | | | | | | |
| 160 | 180 | -580<br>-830 | -310<br>-560 | -310<br>-710 | -230<br>-330 | -230<br>-390 | -230<br>-480 | | | | | | | |
| 180 | 200 | -660<br>-950 | -340<br>-630 | -340<br>-800 | -240<br>-355 | -240<br>-425 | -240<br>-530 | -170<br>-242 | -170<br>-285 | -170<br>-355 | -170<br>-460 | -100<br>-146 | -100<br>-172 | -100<br>-215 |
| 200 | 225 | -740<br>-1 030 | -380<br>-670 | -380<br>-840 | -260<br>-375 | -260<br>-445 | -260<br>-550 | | | | | | | |
| 225 | 250 | -820<br>-1 110 | -420<br>-710 | -420<br>-880 | -280<br>-395 | -280<br>-465 | -280<br>-570 | | | | | | | |
| 250 | 280 | -920<br>-1 240 | -480<br>-800 | -480<br>-1000 | -300<br>-430 | -300<br>-510 | -300<br>-620 | -190<br>-271 | -190<br>-320 | -190<br>-400 | -190<br>-510 | -110<br>-162 | -110<br>-191 | -110<br>-240 |
| 280 | 315 | -1 050<br>-1 370 | -540<br>-860 | -540<br>-1060 | -330<br>-460 | -330<br>-540 | -330<br>-650 | | | | | | | |
| 315 | 355 | -1 200<br>-1 560 | -600<br>-960 | -600<br>-1170 | -360<br>-500 | -360<br>-590 | -360<br>-720 | -210<br>-299 | -210<br>-350 | -210<br>-440 | -210<br>-570 | -125<br>-182 | -125<br>-214 | -125<br>-265 |
| 355 | 400 | -1 350<br>-1 710 | -680<br>-1 040 | -680<br>-1 250 | -400<br>-540 | -400<br>-630 | -400<br>-760 | | | | | | | |
| 400 | 450 | -1 500<br>-1 900 | -760<br>-1 160 | -760<br>-1 390 | -440<br>-595 | -440<br>-690 | -440<br>-840 | -230<br>-327 | -230<br>-385 | -230<br>-480 | -230<br>-630 | -135<br>-198 | -135<br>-232 | -135<br>-290 |
| 450 | 500 | -1 650<br>-2 050 | -840<br>-1240 | -840<br>-1470 | -480<br>-635 | -480<br>-730 | -480<br>-880 | | | | | | | |

附 录

续附表 5.4

| 公称尺寸/mm | | 常用及优先公差带（带*者为优先公差带） | | | | | | | | | | | | | |
|---|---|---|---|---|---|---|---|---|---|---|---|---|---|---|---|
| | | f | | | | | g | | | h | | | | | | |
| 大于 | 至 | 5 | 6 | 7* | 8 | 9 | 5 | 6* | 7 | 5 | 6* | 7* | 8 | 9* | 10 | 11* | 12 |
| — | 3 | -6<br>-10 | -6<br>-12 | -6<br>-16 | -6<br>-20 | -6<br>-31 | -2<br>-6 | -2<br>-8 | -2<br>-12 | 0<br>-4 | 0<br>-6 | 0<br>-10 | 0<br>-14 | 0<br>-25 | 0<br>-40 | 0<br>-60 | 0<br>-100 |
| 3 | 6 | -10<br>-15 | -10<br>-18 | -10<br>-22 | -10<br>-28 | -10<br>-40 | -4<br>-9 | -4<br>-12 | -4<br>-16 | 0<br>-5 | 0<br>-8 | 0<br>-12 | 0<br>-18 | 0<br>-30 | 0<br>-48 | 0<br>-75 | 0<br>-120 |
| 6 | 10 | -13<br>-19 | -13<br>-22 | -13<br>-28 | -13<br>-35 | -13<br>-49 | -5<br>-11 | -5<br>-14 | -5<br>-20 | 0<br>-6 | 0<br>-9 | 0<br>-15 | 0<br>-22 | 0<br>-36 | 0<br>-58 | 0<br>-90 | 0<br>-150 |
| 10 | 14 | -16<br>-24 | -16<br>-27 | -16<br>-34 | -16<br>-43 | -16<br>-59 | -6<br>-14 | -6<br>-17 | -6<br>-24 | 0<br>-8 | 0<br>-11 | 0<br>-18 | 0<br>-27 | 0<br>-43 | 0<br>-70 | 0<br>-110 | 0<br>-180 |
| 14 | 18 | | | | | | | | | | | | | | | | |
| 18 | 24 | -20<br>-29 | -20<br>-33 | -20<br>-41 | -20<br>-53 | -20<br>-72 | -7<br>-16 | -7<br>-20 | -7<br>-28 | 0<br>-9 | 0<br>-13 | 0<br>-24 | 0<br>-38 | 0<br>-52 | 0<br>-84 | 0<br>-130 | 0<br>-210 |
| 24 | 30 | | | | | | | | | | | | | | | | |
| 30 | 40 | -25<br>-36 | -25<br>-41 | -25<br>-50 | -25<br>-64 | -25<br>-87 | -9<br>-20 | -9<br>-25 | -9<br>-34 | 0<br>-11 | 0<br>-16 | 0<br>-25 | 0<br>-39 | 0<br>-62 | 0<br>-100 | 0<br>-160 | 0<br>-250 |
| 40 | 50 | | | | | | | | | | | | | | | | |
| 50 | 65 | -30<br>-43 | -30<br>-49 | -30<br>-60 | -30<br>-76 | -30<br>-104 | -10<br>-23 | -10<br>-29 | -10<br>-40 | 0<br>-13 | 0<br>-19 | 0<br>-30 | 0<br>-46 | 0<br>-74 | 0<br>-120 | 0<br>-190 | 0<br>-300 |
| 65 | 80 | | | | | | | | | | | | | | | | |
| 80 | 100 | -36<br>-51 | -36<br>-58 | -36<br>-71 | -36<br>-90 | -36<br>-123 | -12<br>-27 | -12<br>-34 | -12<br>-47 | 0<br>-15 | 0<br>-22 | 0<br>-35 | 0<br>-54 | 0<br>-87 | 0<br>-140 | 0<br>-220 | 0<br>-350 |
| 100 | 120 | | | | | | | | | | | | | | | | |
| 120 | 140 | -43<br>-61 | -43<br>-68 | -43<br>-83 | -43<br>-106 | -43<br>-143 | -14<br>-32 | -14<br>-39 | -14<br>-54 | 0<br>-18 | 0<br>-25 | 0<br>-40 | 0<br>-63 | 0<br>-100 | 0<br>-160 | 0<br>-250 | 0<br>-400 |
| 140 | 160 | | | | | | | | | | | | | | | | |
| 160 | 180 | | | | | | | | | | | | | | | | |
| 180 | 200 | -50<br>-70 | -50<br>-79 | -50<br>-96 | -50<br>-122 | -50<br>-165 | -15<br>-35 | -15<br>-44 | -15<br>-61 | 0<br>-20 | 0<br>-29 | 0<br>-46 | 0<br>-72 | 0<br>-115 | 0<br>-185 | 0<br>-290 | 0<br>-460 |
| 200 | 225 | | | | | | | | | | | | | | | | |
| 225 | 250 | | | | | | | | | | | | | | | | |
| 250 | 280 | -56<br>-79 | -56<br>-88 | -56<br>-108 | -56<br>-137 | -56<br>-186 | -17<br>-40 | -17<br>-49 | -17<br>-69 | 0<br>-23 | 0<br>-32 | 0<br>-52 | 0<br>-81 | 0<br>-130 | 0<br>-210 | 0<br>-320 | 0<br>-520 |
| 280 | 315 | | | | | | | | | | | | | | | | |
| 315 | 355 | -62<br>-87 | -62<br>-98 | -62<br>-119 | -62<br>-151 | -62<br>-202 | -18<br>-43 | -18<br>-54 | -18<br>-75 | 0<br>-25 | 0<br>-36 | 0<br>-57 | 0<br>-89 | 0<br>-140 | 0<br>-230 | 0<br>-360 | 0<br>-570 |
| 355 | 400 | | | | | | | | | | | | | | | | |
| 400 | 450 | -68<br>-95 | -68<br>-108 | -68<br>-131 | -68<br>-165 | -68<br>-223 | -20<br>-47 | -20<br>-60 | -20<br>-83 | 0<br>-27 | 0<br>-40 | 0<br>-63 | 0<br>-97 | 0<br>-155 | 0<br>-250 | 0<br>-400 | 0<br>-630 |
| 450 | 500 | | | | | | | | | | | | | | | | |

续附表 5.4

| 公称尺寸/mm | | 常用及优先公差带（带*者为优先公差带） | | | | | | | | | | | | |
|---|---|---|---|---|---|---|---|---|---|---|---|---|---|---|
| | | js | | | k | | | m | | | n | | | p | | |
| 大于 | 至 | 5 | 6 | 7 | 5 | 6* | 7 | 5 | 6 | 7 | 5 | 6* | 7 | 5 | 6* | 7 |
| — | 3 | ±2 | ±3 | ±5 | +4<br>0 | +6<br>0 | +10<br>0 | +6<br>+2 | +8<br>+2 | +12<br>+2 | +8<br>+4 | +10<br>+4 | +14<br>+4 | +10<br>+6 | +12<br>+6 | +16<br>+6 |
| 3 | 6 | ±2.5 | ±4 | ±6 | +6<br>+1 | +9<br>+1 | +13<br>+1 | +9<br>+4 | +12<br>+4 | +16<br>+4 | +13<br>+8 | +16<br>+8 | +20<br>+8 | +17<br>+12 | +20<br>+12 | +24<br>+12 |
| 6 | 10 | ±3 | ±4.5 | ±7 | +7<br>+1 | +10<br>+1 | +16<br>+1 | +12<br>+6 | +15<br>+6 | +21<br>+6 | +16<br>+10 | +19<br>+10 | +25<br>+10 | +21<br>+15 | +24<br>+15 | +30<br>+15 |
| 10 | 14 | ±4 | ±5.5 | ±9 | +9<br>+1 | +12<br>+1 | +19<br>+1 | +15<br>+7 | +18<br>+7 | +25<br>+7 | +20<br>+12 | +23<br>+12 | +30<br>+12 | +26<br>+18 | +29<br>+18 | +36<br>+18 |
| 14 | 18 | | | | | | | | | | | | | | | |
| 18 | 24 | ±4.5 | ±6.5 | ±10 | +11<br>+2 | +15<br>+2 | +23<br>+2 | +17<br>+8 | +21<br>+8 | +29<br>+8 | +24<br>+15 | +28<br>+15 | +36<br>+15 | +31<br>+22 | +35<br>+22 | +43<br>+22 |
| 24 | 30 | | | | | | | | | | | | | | | |
| 30 | 40 | ±5.5 | ±8 | ±12 | +13<br>+2 | +18<br>+2 | +27<br>+2 | +20<br>+9 | +25<br>+9 | +34<br>+9 | +28<br>+17 | +33<br>+17 | +42<br>+17 | +37<br>+26 | +42<br>+26 | +51<br>+26 |
| 40 | 50 | | | | | | | | | | | | | | | |
| 50 | 65 | ±6.5 | ±9.5 | ±15 | +15<br>+2 | +21<br>+2 | +32<br>+2 | +24<br>+11 | +30<br>+11 | +41<br>+11 | +33<br>+20 | +39<br>+20 | +50<br>+20 | +45<br>+32 | +51<br>+32 | +62<br>+32 |
| 65 | 80 | | | | | | | | | | | | | | | |
| 80 | 100 | ±7.5 | ±11 | ±17 | +18<br>+3 | +25<br>+3 | +38<br>+3 | +28<br>+13 | +35<br>+13 | +48<br>+13 | +38<br>+23 | +45<br>+23 | +58<br>+23 | +52<br>+37 | +59<br>+37 | +72<br>+37 |
| 100 | 120 | | | | | | | | | | | | | | | |
| 120 | 140 | ±9 | ±12.5 | ±0 | +21<br>+3 | +28<br>+3 | +43<br>+3 | +33<br>+15 | +40<br>+15 | +55<br>+15 | +45<br>+27 | +52<br>+27 | +67<br>+27 | +61<br>+43 | +68<br>+43 | +83<br>+43 |
| 140 | 160 | | | | | | | | | | | | | | | |
| 160 | 180 | | | | | | | | | | | | | | | |
| 180 | 200 | ±10 | ±14.5 | ±23 | +24<br>+4 | +33<br>+4 | +50<br>+4 | +37<br>+17 | +46<br>+17 | +68<br>+17 | +51<br>+31 | +60<br>+31 | +77<br>+31 | +70<br>+50 | +79<br>+50 | +96<br>+50 |
| 200 | 225 | | | | | | | | | | | | | | | |
| 225 | 250 | | | | | | | | | | | | | | | |
| 250 | 280 | +11.5 | +16 | ±26 | +27<br>+4 | +36<br>+4 | +56<br>+4 | +43<br>+20 | +52<br>+20 | +72<br>+20 | +57<br>+34 | +66<br>+34 | +86<br>+34 | +79<br>+56 | +88<br>+56 | +108<br>+56 |
| 280 | 315 | | | | | | | | | | | | | | | |
| 315 | 355 | ±12.5 | ±18 | ±28 | +29<br>+4 | +40<br>+4 | +61<br>+4 | +46<br>+21 | +57<br>+21 | +78<br>+21 | +62<br>+37 | +73<br>+37 | +94<br>+37 | +87<br>+62 | +98<br>+62 | +119<br>+62 |
| 355 | 400 | | | | | | | | | | | | | | | |
| 400 | 450 | ±13.5 | ±20 | ±31 | +32<br>+5 | +45<br>+5 | +68<br>+5 | +50<br>+23 | +63<br>+23 | +86<br>+23 | +67<br>+40 | +80<br>+40 | +103<br>+40 | +95<br>+68 | +108<br>+68 | +131<br>+68 |
| 450 | 500 | | | | | | | | | | | | | | | |

续附表 5.4

| 公称尺寸/mm | | 常用及优先公差带（带*者为优先公差带） | | | | | | | | | | | | |
|---|---|---|---|---|---|---|---|---|---|---|---|---|---|---|
| | | r | | | s | | | t | | | u | | v | x | y | z |
| 大于 | 至 | 5 | 6 | 7 | 5 | 6* | 7 | 5 | 6 | 7 | 6* | 7 | 6 | 6 | 6 | 6 |
| — | 3 | +14<br>+10 | +16<br>+10 | +20<br>+10 | +18<br>+14 | +20<br>+14 | +24<br>+14 | — | — | — | +24<br>+18 | +28<br>+18 | — | +26<br>+20 | — | +32<br>+26 |
| 3 | 6 | +20<br>+15 | +23<br>+15 | +27<br>+15 | +24<br>+19 | +27<br>+19 | +31<br>+19 | — | — | — | +31<br>+23 | +35<br>+23 | — | +36<br>+28 | — | +43<br>+35 |
| 6 | 10 | +25<br>+19 | +28<br>+19 | +34<br>+19 | +29<br>+23 | +32<br>+23 | +38<br>+23 | — | — | — | +37<br>+28 | +43<br>+28 | — | +43<br>+34 | — | +51<br>+42 |
| 10 | 14 | +31<br>+23 | +34<br>+23 | +41<br>+23 | +36<br>+28 | +39<br>+28 | +46<br>+28 | — | — | — | +44<br>+33 | +51<br>+33 | — | +51<br>+40 | — | +61<br>+50 |
| 14 | 18 | +31<br>+23 | +34<br>+23 | +41<br>+23 | +36<br>+28 | +39<br>+28 | +46<br>+28 | — | — | — | +44<br>+33 | +51<br>+33 | +50<br>+39 | +56<br>+45 | — | +71<br>+60 |
| 18 | 24 | +37<br>+28 | +41<br>+28 | +49<br>+28 | +44<br>+35 | +48<br>+35 | +56<br>+35 | — | — | — | +54<br>+41 | +62<br>+41 | +60<br>+41 | +67<br>+54 | +76<br>+63 | +86<br>+73 |
| 24 | 30 | +37<br>+28 | +41<br>+28 | +49<br>+28 | +44<br>+35 | +48<br>+35 | +56<br>+35 | +50<br>+41 | +54<br>+41 | +62<br>+41 | +61<br>+48 | +69<br>+48 | +68<br>+55 | +77<br>+64 | +88<br>+75 | +101<br>+88 |
| 30 | 40 | +45<br>+34 | +50<br>+34 | +59<br>+34 | +54<br>+43 | +59<br>+43 | +68<br>+43 | +59<br>+48 | +64<br>+48 | +73<br>+48 | +76<br>+60 | +85<br>+60 | +84<br>+68 | +96<br>+80 | +110<br>+94 | +128<br>+112 |
| 40 | 50 | +45<br>+34 | +50<br>+34 | +59<br>+34 | +54<br>+43 | +59<br>+43 | +68<br>+43 | +65<br>+54 | +70<br>+54 | +79<br>+54 | +86<br>+70 | +95<br>+70 | +97<br>+81 | +113<br>+97 | +130<br>+114 | +152<br>+136 |
| 50 | 65 | +54<br>+41 | +60<br>+41 | +71<br>+41 | +66<br>+53 | +72<br>+53 | +83<br>+53 | +79<br>+66 | +85<br>+66 | +96<br>+66 | +106<br>+87 | +117<br>+87 | +121<br>+102 | +141<br>+122 | +163<br>+144 | +191<br>+172 |
| 65 | 80 | +56<br>+43 | +62<br>+43 | +73<br>+43 | +72<br>+59 | +78<br>+59 | +89<br>+59 | +88<br>+75 | +94<br>+75 | +105<br>+75 | +121<br>+102 | +132<br>+102 | +139<br>+120 | +165<br>+146 | +193<br>+174 | +229<br>+210 |
| 80 | 100 | +66<br>+51 | +73<br>+51 | +86<br>+51 | +86<br>+71 | +93<br>+71 | +106<br>+71 | +106<br>+91 | +113<br>+91 | +126<br>+91 | +146<br>+124 | +159<br>+124 | +168<br>+146 | +200<br>+178 | +236<br>+214 | +280<br>+258 |
| 100 | 120 | +69<br>+54 | +76<br>+54 | +89<br>+54 | +94<br>+79 | +101<br>+79 | +114<br>+79 | +119<br>+104 | +126<br>+104 | +139<br>+104 | +166<br>+144 | +179<br>+144 | +194<br>+172 | +232<br>+210 | +276<br>+254 | +332<br>+310 |
| 120 | 140 | +81<br>+63 | +88<br>+63 | +103<br>+63 | +110<br>+92 | +117<br>+92 | +132<br>+92 | +140<br>+122 | +147<br>+122 | +162<br>+122 | +195<br>+170 | +210<br>+170 | +227<br>+202 | +273<br>+248 | +325<br>+300 | +390<br>+365 |
| 140 | 160 | +83<br>+65 | +90<br>+65 | +105<br>+65 | +118<br>+100 | +125<br>+100 | +140<br>+100 | +152<br>+134 | +159<br>+134 | +174<br>+134 | +215<br>+190 | +230<br>+190 | +253<br>+228 | +305<br>+280 | +365<br>+340 | +440<br>+415 |
| 160 | 180 | +86<br>+68 | +93<br>+68 | +108<br>+68 | +126<br>+108 | +133<br>+108 | +148<br>+108 | +164<br>+146 | +171<br>+146 | +186<br>+146 | +235<br>+210 | +250<br>+210 | +277<br>+252 | +335<br>+310 | +405<br>+380 | +490<br>+465 |
| 180 | 200 | +97<br>+77 | +106<br>+77 | +123<br>+77 | +142<br>+122 | +151<br>+122 | +168<br>+122 | +186<br>+166 | +195<br>+166 | +212<br>+166 | +265<br>+236 | +282<br>+236 | +313<br>+284 | +379<br>+350 | +454<>425 | +549<br>+520 |
| 200 | 225 | +100<br>+80 | +109<br>+80 | +126<br>+80 | +150<br>+130 | +159<br>+130 | +176<br>+130 | +200<br>+180 | +209<br>+180 | +226<br>+180 | +287<br>+258 | +304<br>+258 | +339<br>+310 | +414<br>+385 | +499<br>+470 | +604<br>+575 |
| 225 | 250 | +104<br>+84 | +113<br>+84 | +130<br>+84 | +160<br>+140 | +169<br>+140 | +186<br>+140 | +216<br>+196 | +225<br>+196 | +242<br>+196 | +313<br>+284 | +330<br>+284 | +369<br>+340 | +454<br>+425 | +549<br>+520 | +669<br>+640 |
| 250 | 280 | +117<br>+94 | +129<br>+94 | +146<br>+94 | +181<br>+158 | +190<br>+158 | +210<br>+158 | +241<br>+218 | +250<br>+218 | +270<br>+218 | +347<br>+315 | +367<br>+315 | +417<br>+385 | +507<br>+475 | +612<br>+580 | +742<br>+710 |
| 280 | 315 | +121<br>+98 | +130<br>+98 | +150<br>+98 | +193<br>+170 | +202<br>+170 | +222<br>+170 | +263<br>+240 | +272<br>+240 | +292<br>+240 | +382<br>+350 | +402<br>+350 | +457<br>+425 | +557<br>+525 | +682<br>+650 | +822<br>+790 |
| 315 | 355 | +133<br>+108 | +144<br>+108 | +165<br>+108 | +215<br>+190 | +226<br>+190 | +247<br>+190 | +293<br>+268 | +304<br>+268 | +325<br>+268 | +426<br>+390 | +447<br>+390 | +511<br>+475 | +626<br>+590 | +766<br>+730 | +936<br>+900 |
| 355 | 400 | +139<br>+114 | +150<br>+114 | +171<>114 | +233<br>+208 | +244<br>+208 | +265<br>+208 | +319<br>+294 | +330<br>+294 | +351<>294 | +471<br>+435 | +492<br>+435 | +566<br>+530 | +696<br>+660 | +850<br>+820 | +1 036<br>+1 000 |
| 400 | 450 | +153<br>+126 | +166<>126 | +189<br>+126 | +259<br>+232 | +272<>232 | +295<br>+232 | +357<br>+330 | +370<br>+330 | +393<br>+330 | +530<br>+490 | +553<>490 | +635<br>+595 | +780<br>+740 | +960<>920 | +1 140<br>+1 100 |
| 450 | 500 | +159<br>+132 | +172<br>+132 | +195<br>+132 | +279<br>+252 | +292<br>+252 | +315<br>+252 | +387<br>+360 | +400<br>+360 | +423<br>+360 | +580<br>+540 | +603<br>+540 | +T00<br>+660 | +860<br>+820 | +1 040<br>+1 000 | +1 290<br>+1 250 |

注：基本尺寸小于 1 mm 时，各级的 a 和 b 均不采用。

（2）孔。

附表 5.5　常用及优先孔公差带极限偏差　　　　　单位：μm

| 公称尺寸/mm | | 常用及优先公差带（带*者为优先公差带） | | | | | | | | | | | | | |
|---|---|---|---|---|---|---|---|---|---|---|---|---|---|---|---|
| | | A | B | C | D | | | | E | | F | | | G | |
| 大于 | 至 | 11 | 11 | 12 | 11* | 8 | 9* | 10 | 11 | 8 | 9 | 6 | 7 | 8* | 9 | 6 | 7* |
| — | 3 | +330<br>+270 | +200<br>+140 | +240<br>+140 | +120<br>+60 | +34<br>+20 | +45<br>+20 | +60<br>+20 | +80<br>+20 | +28<br>+14 | +39<br>+14 | +12<br>+6 | +16<br>+6 | +20<br>+6 | +31<br>+6 | +8<br>+2 | +12<br>+2 |
| 3 | 6 | +345<br>+270 | +215<br>+140 | +260<br>+140 | +145<br>+70 | +48<br>+30 | +60<br>+30 | +78<br>+30 | +105<br>+30 | +38<br>+20 | +50<br>+20 | +18<br>+10 | +22<br>+10 | +28<br>+10 | +40<br>+10 | +12<br>+4 | +16<br>+4 |
| 6 | 10 | +370<br>+280 | +240<br>+150 | +300<br>+150 | +170<br>+80 | +62<br>+40 | +76<br>+40 | +98<br>+40 | +130<br>+40 | +47<br>+25 | +61<br>+25 | +22<br>+13 | +28<br>+13 | +35<br>+13 | +49<br>+13 | +14<br>+5 | +20<br>+5 |
| 10 | 14 | +400<br>+290 | +260<br>+150 | +320<br>+150 | +205<br>+95 | +77<br>+50 | +93<br>+50 | +120<br>+50 | +160<br>+50 | +59<br>+32 | +75<br>+32 | +27<br>+16 | +34<br>+16 | +43<br>+16 | +59<br>+16 | +17<br>+6 | +24<br>+6 |
| 14 | 18 | | | | | | | | | | | | | | | | |
| 18 | 24 | +430<br>+300 | +290<br>+160 | +370<br>+160 | +240<br>+110 | +98<br>+65 | +117<br>+65 | +149<br>+65 | +195<br>+65 | +73<br>+40 | +92<br>+40 | +33<br>+20 | +41<br>+20 | +53<br>+20 | +72<br>+20 | +20<br>+7 | +28<br>+7 |
| 24 | 30 | | | | | | | | | | | | | | | | |
| 30 | 40 | +470<br>+310 | +330<br>+170 | +420<br>+170 | +280<br>+120 | +119<br>+80 | +142<br>+80 | +180<br>+80 | +240<br>+80 | +89<br>+50 | +112<br>+50 | +41<br>+25 | +50<br>+25 | +64<br>+25 | +87<br>+25 | +25<br>+9 | +34<br>+9 |
| 40 | 50 | +480<br>+320 | +340<br>+180 | +480<br>+180 | +290<br>+130 | | | | | | | | | | | | |
| 50 | 65 | +530<br>+340 | +380<br>+190 | +490<br>+190 | +330<br>+140 | +146<br>+100 | +170<br>+100 | +220<br>+100 | +290<br>+100 | +106<br>+60 | +134<br>+60 | +49<br>+30 | +60<br>+30 | +76<br>+30 | +104<br>+30 | +29<br>+10 | +40<br>+10 |
| 65 | 80 | +550<br>+360 | +390<br>+200 | +500<br>+200 | +340<br>+150 | | | | | | | | | | | | |
| 80 | 100 | +600<br>+380 | +440<br>+220 | +570<br>+220 | +390<br>+170 | +174<br>+120 | +207<br>+120 | +260<br>+120 | +340<br>+120 | +126<br>+72 | +159<br>+72 | +58<br>+36 | +71<br>+36 | +90<br>+36 | +123<br>+36 | +34<br>+12 | +47<br>+12 |
| 100 | 120 | +630<br>+410 | +460<br>+240 | +590<br>+240 | +400<br>+180 | | | | | | | | | | | | |
| 120 | 140 | +710<br>+460 | +510<br>+260 | +660<br>+260 | +450<br>+200 | +208<br>+145 | +245<br>+145 | +305<br>+145 | +395<br>+145 | +148<br>+85 | +185<br>+85 | +68<>+43 | +83<br>+43 | +106<br>+43 | +143<br>+43 | +39<br>+14 | +54<br>+14 |
| 140 | 160 | +770<br>+520 | +530<br>+280 | +680<br>+280 | +460<br>+210 | | | | | | | | | | | | |
| 160 | 180 | +830<br>+580 | +560<br>+310 | +710<br>+310 | +480<br>+230 | | | | | | | | | | | | |
| 180 | 200 | +950<br>+660 | +630<br>+340 | +800<br>+340 | +530<br>+240 | +242<br>+170 | +285<br>+170 | +355<br>+170 | +460<br>+170 | +172<br>+100 | +215<br>+100 | +79<br>+50 | +96<br>+50 | +122<br>+50 | +165<br>+50 | +44<br>+15 | +61<br>+15 |
| 200 | 225 | +1030<br>+740 | +670<br>+330 | +840<br>+380 | +550<br>+260 | | | | | | | | | | | | |
| 225 | 250 | +1110<br>+820 | +710<br>+420 | +880<br>+420 | +570<br>+380 | | | | | | | | | | | | |
| 250 | 280 | +1240<br>+920 | +800<br>+480 | +1000<br>+480 | +620<br>+300 | +271<br>+190 | +320<br>+190 | +400<br>+190 | +510<br>+190 | +191<br>+110 | +240<br>+110 | +88<br>+56 | +108<br>+56 | +137<br>+56 | +186<br>+56 | +49<br>+17 | +69<br>+17 |
| 280 | 315 | +1370<br>+1050 | +860<br>+540 | +1060<br>+540 | +650<br>+330 | | | | | | | | | | | | |
| 315 | 355 | +1560<br>+1200 | +960<br>+600 | +1170<br>+600 | +720<br>+360 | +299<br>+210 | +350<br>+210 | +440<br>+210 | +570<br>+210 | +214<br>+125 | +265<br>+125 | +98<br>+62 | +119<br>+62 | +151<br>+62 | +292<br>+62 | +54<br>+18 | +75<br>+18 |
| 355 | 400 | +1710<br>+1350 | +1040<br>+680 | +1250<br>+630 | +760<br>+400 | | | | | | | | | | | | |
| 400 | 450 | +1900<br>+1500 | +1160<br>+760 | +1390<br>+760 | +840<br>+440 | +327<br>+230 | +385<br>+230 | +480<br>+230 | +630<br>+230 | +232<br>+135 | +290<br>+165 | +108<br>+68 | +131<>+68 | +165<br>+68 | +223<br>+68 | +60<br>+20 | +83<br>+20 |
| 450 | 500 | +2050<br>+1650 | +1240<br>+840 | +1470<br>+840 | +880<br>+480 | | | | | | | | | | | | |

续附表 5.5

| 公称尺寸/mm | | 常用及优先公差带（带*者为优先公差带） | | | | | | | | | | | | | | |
|---|---|---|---|---|---|---|---|---|---|---|---|---|---|---|---|---|
| | | H | | | | | | | Js | | | K | | | M | | |
| 大于 | 至 | 6 | 7* | 8* | 9* | 10 | 11* | 12 | 6 | 7 | 8 | 6 | 7* | 8 | 6 | 7 | 8 |
| — | 3 | +6<br>0 | +10<br>0 | +14<br>0 | +25<br>0 | +40<br>0 | +60<br>0 | +100<br>0 | ±3 | ±5 | ±7 | 0<br>−6 | 0<br>−10 | 0<br>−14 | −2<br>−8 | −2<br>−12 | −2<br>−16 |
| 3 | 6 | +8<br>0 | +12<br>0 | +18<br>0 | +30<br>0 | +48<br>0 | +75<br>0 | +120<br>0 | ±4 | ±6 | +9 | +2<br>−6 | +3<br>−9 | +5<br>−13 | −1<br>−9 | 0<br>−12 | +2<br>−16 |
| 6 | 10 | +9<br>0 | +15<br>0 | +22<br>0 | +36<br>0 | +58<br>0 | +90<br>0 | +150<br>0 | ±4.5 | ±7 | ±11 | +2<br>−7 | +5<br>−10 | +6<br>−16 | −3<br>−12 | 0<br>−15 | +1<br>−21 |
| 10 | 14 | +11<br>0 | +18<br>0 | +27<br>0 | +43<br>0 | +70<br>0 | +110<br>0 | +180<br>0 | ±5.5 | ±9 | ±13 | +2<br>−9 | +6<br>−12 | +8<br>−19 | −4<br>−15 | 0<br>−18 | +2<br>−25 |
| 14 | 18 | | | | | | | | | | | | | | | | |
| 18 | 24 | +13<br>0 | +21<br>0 | +33<br>0 | +52<br>0 | +84<br>0 | +130<br>0 | +210<br>0 | ±6.5 | ±10 | ±16 | +2<br>−11 | +6<br>−15 | +10<br>−23 | −4<br>−17 | 0<br>−21 | +4<br>−29 |
| 24 | 30 | | | | | | | | | | | | | | | | |
| 30 | 40 | +16<br>0 | +25<br>0 | +39<br>0 | +62<br>0 | +100<br>0 | +160<br>0 | +250<br>0 | ±8 | ±12 | ±19 | +3<br>−13 | +7<br>−18 | +12<br>−27 | −4<br>−20 | 0<br>−25 | +5<br>−34 |
| 40 | 50 | | | | | | | | | | | | | | | | |
| 50 | 65 | +19<br>0 | +30<br>0 | +46<br>0 | +74<br>0 | +120<br>0 | +190<br>0 | +300<br>0 | ±9.5 | ±15 | ±23 | +4<br>−15 | +9<br>−21 | +14<br>−32 | −5<br>−24 | 0<br>−30 | +5<br>−41 |
| 65 | 80 | | | | | | | | | | | | | | | | |
| 80 | 100 | +22<br>0 | +35<br>0 | +54<br>0 | +87<br>0 | +140<br>0 | +220<br>0 | +350<br>0 | ±11 | ±17 | ±27 | +4<br>−18 | +10<br>−25 | +16<br>−38 | −6<br>−28 | 0<br>−35 | +6<br>−48 |
| 100 | 120 | | | | | | | | | | | | | | | | |
| 120 | 140 | +25<br>0 | +40<br>0 | +63<br>0 | +100<br>0 | +160<br>0 | +250<br>0 | +400<br>0 | ±12.5 | ±20 | ±31 | +4<br>−21 | +12<br>−28 | +20<br>−43 | −8<br>−33 | 0<br>−40 | +8<br>−55 |
| 140 | 160 | | | | | | | | | | | | | | | | |
| 160 | 180 | | | | | | | | | | | | | | | | |
| 180 | 200 | +29<br>0 | +46<br>0 | +72<br>0 | +115<br>0 | +185<br>0 | +290<br>0 | +460<br>0 | ±14.5 | ±23 | ±36 | +5<br>−24 | +13<br>−33 | +22<br>−50 | −8<br>−37 | 0<br>−46 | +9<br>−63 |
| 200 | 225 | | | | | | | | | | | | | | | | |
| 225 | 250 | | | | | | | | | | | | | | | | |
| 250 | 280 | +32<br>0 | +52<br>0 | +81<br>0 | +130<br>0 | +210<br>0 | +320<br>0 | +520<br>0 | ±16 | ±26 | ±40 | +5<br>−27 | +16<br>−36 | +25<br>−56 | −9<br>−41 | 0<br>−52 | +9<br>−72 |
| 280 | 315 | | | | | | | | | | | | | | | | |
| 315 | 355 | +36<br>0 | +57<br>0 | +89<br>0 | +140<br>0 | +230<br>0 | +360<br>0 | +570<br>0 | ±18 | ±28 | ±44 | +7<br>−29 | +17<br>−40 | +28<br>−61 | −10<br>−46 | 0<br>−57 | +11<br>−78 |
| 355 | 400 | | | | | | | | | | | | | | | | |
| 400 | 450 | +40<br>0 | +63<br>0 | +97<br>0 | +155<br>0 | +250<br>0 | +400<br>0 | +630<br>0 | ±20 | ±31 | ±48 | +8<br>−32 | +18<br>−45 | +29<br>−68 | −10<br>−50 | 0<br>−63 | +11<br>−86 |
| 450 | 500 | | | | | | | | | | | | | | | | |

续附表 5.5

| 公称尺寸/mm | | 常用及优先公差带（带*者为优先公差带） | | | | | | | | | | |
|---|---|---|---|---|---|---|---|---|---|---|---|---|
| | | N | | | P | | R | | S | | T | | U |
| 大于 | 至 | 6 | 7* | 8 | 6 | 7* | 6 | 7 | 6 | 7* | 6 | 7 | 7* |
| — | 3 | -4<br>-10 | -4<br>-14 | -4<br>-18 | -6<br>-12 | -6<br>-16 | -10<br>-16 | -10<br>-20 | -14<br>-20 | -14<br>-24 | — | — | -18<br>-28 |
| 3 | 6 | -5<br>-13 | -4<br>-16 | -2<br>-20 | -9<br>-17 | -8<br>-20 | -12<br>-20 | -11<br>-23 | -16<br>-24 | -15<br>-27 | — | — | -19<br>-31 |
| 6 | 10 | -7<br>-16 | -4<br>-19 | -3<br>-25 | -12<br>-21 | -9<br>-24 | -16<br>-25 | -13<br>-28 | -20<br>-29 | -17<br>-32 | — | — | -22<br>-37 |
| 10 | 14 | -9<br>-20 | -5<br>-23 | -3<br>-30 | -15<br>-26 | -11<br>-29 | -20<br>-31 | -16<br>-34 | -25<br>-36 | -21<br>-39 | — | — | -26<br>-44 |
| 14 | 18 | | | | | | | | | | | | |
| 18 | 24 | -11<br>-24 | -7<br>-28 | -3<br>-36 | -18<br>-31 | -14<br>-35 | -24<br>-37 | -20<br>-41 | -31<br>-44 | -27<br>-48 | — | — | -33<br>-54 |
| 24 | 30 | | | | | | | | | | -37<br>-50 | -33<br>-54 | -40<br>-61 |
| 30 | 40 | -12<br>-28 | -8<br>-32 | -3<br>-42 | -21<br>-37 | -17<br>-42 | -29<br>-45 | -25<br>-50 | -38<br>-54 | -34<br>-59 | -43<br>-59 | -39<br>-64 | -51<br>-76 |
| 40 | 50 | | | | | | | | | | -49<br>-65 | -45<br>-70 | -61<br>-86 |
| 50 | 65 | -14<br>-33 | -9<br>-39 | -4<br>-50 | -26<br>-45 | -21<br>-51 | -35<br>-54 | -30<br>-60 | -47<br>-66 | -42<br>-72 | -60<br>-79 | -55<br>-85 | -76<br>-106 |
| 65 | 80 | | | | | | -37<br>-56 | -32<br>-62 | -53<br>-72 | -48<br>-78 | -69<br>-88 | -64<br>-94 | -91<br>-121 |
| 80 | 100 | -16<br>-38 | -10<br>-45 | -4<br>-58 | -30<br>-52 | -24<br>-59 | -44<br>-66 | -38<br>-73 | -34<br>-86 | -58<br>-93 | -84<br>-106 | -78<br>-113 | -111<br>-146 |
| 100 | 120 | | | | | | -47<br>-69 | -41<br>-76 | -72<br>-94 | -66<br>-101 | -97<br>-119 | -91<br>-126 | -131<br>-166 |
| 120 | 140 | -20<br>-45 | -12<br>-52 | -4<br>-67 | -36<br>-61 | -28<br>-68 | -56<br>-81 | -48<br>-88 | -85<br>-110 | -77<br>-117 | -115<br>-140 | -107<br>-147 | -155<br>-195 |
| 140 | 160 | | | | | | -58<br>-83 | ~-50<br>-90 | -93<br>-118 | -85<br>-125 | -127<br>-152 | -119<br>-159 | -175<br>-215 |
| 160 | 180 | | | | | | -61<br>-86 | -53<br>-93 | -101<br>-126 | -93<br>-133 | -139<br>-164 | -131<br>-171 | -195<br>-235 |
| 180 | 200 | -22<br>-51 | -14<br>-60 | -5<br>-77 | -41<br>-70 | -33<br>-79 | -68<br>-97 | -60<br>-106 | -113<br>-142 | -105<br>-151 | -157<br>-186 | -149<br>-195 | -219<br>-265 |
| 200 | 225 | | | | | | -71<br>-100 | -t53<br>-109 | -121<br>-150 | -113<br>-159 | -171<br>-200 | -163<br>-209 | -241<br>-287 |
| 225 | 250 | | | | | | -75<br>-104 | -67<br>-113 | -131<br>-160 | -123<br>-169 | -187<br>-216 | -179<br>-225 | -267<br>-313 |
| 250 | 280 | -25<br>-57 | -14<br>-66 | -5<br>-86 | -47<br>-79 | -36<br>-88 | -85<br>117 | -74<br>-126 | -149<br>-181 | -138<br>-190 | -209<br>-241 | -198<br>-250 | -295<br>-347 |
| 280 | 315 | | | | | | -89<br>-121 | -78<br>-130 | -161<br>-193 | -150<br>-202 | -231<br>-263 | -220<br>-272 | -330<br>-382 |
| 315 | 355 | -26<br>-62 | -16<br>-73 | -5<br>-94 | -51<br>-87 | -41<br>-98 | -97<br>-133 | -87<br>-144 | -179<br>-215 | -169<br>-226 | -257<br>-293 | -247<br>-304 | -369<br>-426 |
| 355 | 400 | | | | | | -103<br>-139 | -93<br>-150 | -197<br>-233 | -187<br>-244 | -283<br>-319 | -273<br>-330 | -414<br>-471 |
| 400 | 450 | -27<br>-67 | -17<br>-80 | -6<br>-103 | -55<br>-95 | -45<br>-108 | -113<br>-153 | -103<br>-166 | -219<br>-259 | -209<br>-272 | -347<br>-357 | -307<br>-370 | -467<br>-530 |
| 450 | 500 | | | | | | -119<br>-159 | -109<br>-172 | -239<br>-279 | -229<br>-292 | -347<br>-387 | -337<br>-400 | -517<br>-580 |

注：基本尺寸小于 1 mm 时，各级的 A 和 B 均不采用。

## 4. 优先和常用配合（摘自 GB/T 1801—2009）

（1）基本尺寸至 500 mm 的基孔制优先和常用配合。

附表 5.6　基孔制优先和常用配合

| 基准孔 | 轴 | | | | | | | | | | | | | | | | | | | | |
|---|---|---|---|---|---|---|---|---|---|---|---|---|---|---|---|---|---|---|---|---|---|
| | a | b | c | d | e | f | g | h | js | k | m | n | p | r | s | t | u | v | x | y | z |
| | 间 隙 配 合 | | | | | | | | 过渡配合 | | | 过 盈 配 合 | | | | | | | | | |
| H6 | | | | | $\frac{H6}{f5}$ | | $\frac{H6}{g5}$ | $\frac{H6}{h5}$ | $\frac{H6}{js5}$ | $\frac{H6}{k5}$ | $\frac{H6}{m5}$ | $\frac{H6}{n5}$ | $\frac{H6}{p5}$ | $\frac{H6}{r5}$ | $\frac{H6}{s5}$ | $\frac{H6}{t5}$ | | | | | |
| H7 | | | | | | $\frac{H7}{f6}$ | $\frac{H7}{g6}$ | $\frac{H7}{h6}$ | $\frac{H7}{js6}$ | $\frac{H7}{k6}$ | $\frac{H7}{m6}$ | $\frac{H7}{n6}$ | $\frac{H7}{p6}$ | $\frac{H7}{r6}$ | $\frac{H7}{s6}$ | $\frac{H7}{t6}$ | $\frac{H7}{u6}$ | $\frac{H7}{v6}$ | $\frac{H7}{x6}$ | $\frac{H7}{y6}$ | $\frac{H7}{z6}$ |
| H8 | | | | | $\frac{H8}{e7}$ | $\frac{H8}{f7}$ | $\frac{H8}{g7}$ | $\frac{H8}{h7}$ | $\frac{H8}{js7}$ | $\frac{H8}{k7}$ | $\frac{H8}{m7}$ | $\frac{H8}{n7}$ | $\frac{H8}{p7}$ | $\frac{H8}{r7}$ | $\frac{H8}{s7}$ | $\frac{H8}{t7}$ | $\frac{H8}{u7}$ | | | | |
| | | | | $\frac{H8}{d8}$ | $\frac{H8}{e8}$ | $\frac{H8}{f8}$ | | $\frac{H8}{h8}$ | | | | | | | | | | | | | |
| H9 | | | $\frac{H9}{c9}$ | $\frac{H9}{d9}$ | $\frac{H9}{e9}$ | $\frac{H9}{f9}$ | | $\frac{H9}{h9}$ | | | | | | | | | | | | | |
| H10 | | | $\frac{H10}{c10}$ | $\frac{H10}{d10}$ | | | | $\frac{H10}{h10}$ | | | | | | | | | | | | | |
| H11 | $\frac{H11}{a11}$ | $\frac{H11}{b11}$ | $\frac{H11}{c11}$ | $\frac{H11}{d11}$ | | | | $\frac{H11}{h11}$ | | | | | | | | | | | | | |
| H12 | | $\frac{H12}{b11}$ | | | | | | $\frac{H12}{h12}$ | | | | | | | | | | | | | |

注：① $\frac{H6}{n5}$、$\frac{H7}{p6}$ 在公称尺寸小于或等于 3 mm 和 $\frac{H8}{r7}$ 在小于或等于 100 mm 时，为过渡配合。

② 标注 ▼ 的配合为优先配合。

（2）基本尺寸至 500 mm 的基轴制优先和常用配合。

附表 5.7　基轴制优先和常用配合

| 基准轴 | 孔 ||||||||||||||||||||
|---|---|---|---|---|---|---|---|---|---|---|---|---|---|---|---|---|---|---|---|---|
|  | A | B | C | D | E | F | G | H | JS | K | M | N | P | R | S | T | U | V | X | Y | Z |
|  | 间 隙 配 合 |||||||| 过渡配合 |||| 过 盈 配 合 ||||||||
| h5 |  |  |  |  |  | $\frac{F6}{h5}$ | $\frac{G6}{h5}$ | $\frac{H6}{h5}$ | $\frac{JS6}{h5}$ | $\frac{K6}{h5}$ | $\frac{M6}{h5}$ | $\frac{N6}{h5}$ | $\frac{P6}{h5}$ | $\frac{R6}{h5}$ | $\frac{S6}{h5}$ | $\frac{T6}{h5}$ |  |  |  |  |  |
| h6 |  |  |  |  |  | $\frac{F7}{h6}$ | $\frac{G7}{h6}$ | $\frac{H7}{h6}$ | $\frac{JS7}{h6}$ | $\frac{K7}{h6}$ | $\frac{M7}{h6}$ | $\frac{N7}{h6}$ | $\frac{P7}{h6}$ | $\frac{R7}{h6}$ | $\frac{S7}{h6}$ | $\frac{T7}{h6}$ | $\frac{U7}{h6}$ |  |  |  |  |
| h7 |  |  |  |  | $\frac{E8}{h7}$ | $\frac{F8}{h7}$ |  | $\frac{H8}{h7}$ | $\frac{JS8}{h7}$ | $\frac{K8}{h7}$ | $\frac{M8}{h7}$ | $\frac{N8}{h7}$ |  |  |  |  |  |  |  |  |  |
| h8 |  |  |  | $\frac{D8}{h8}$ | $\frac{E8}{h8}$ | $\frac{F8}{h8}$ |  | $\frac{H8}{h8}$ |  |  |  |  |  |  |  |  |  |  |  |  |  |
| h9 |  |  |  | $\frac{D9}{h9}$ | $\frac{E9}{h9}$ | $\frac{F9}{h9}$ |  | $\frac{H9}{h9}$ |  |  |  |  |  |  |  |  |  |  |  |  |  |
| h10 |  |  |  | $\frac{D10}{h10}$ |  |  |  | $\frac{H10}{h10}$ |  |  |  |  |  |  |  |  |  |  |  |  |  |
| h11 | $\frac{A11}{h11}$ | $\frac{B11}{h11}$ | $\frac{C11}{h11}$ | $\frac{D11}{h11}$ |  |  |  | $\frac{H11}{h11}$ |  |  |  |  |  |  |  |  |  |  |  |  |  |
| h12 |  | $\frac{B12}{h12}$ |  |  |  |  |  | $\frac{H12}{h12}$ |  |  |  |  |  |  |  |  |  |  |  |  |  |

注：标注"▼"的配合为优先配合。

## 5. 公差等级与加工方法的关系

**附表 5.8　公差等级与加工方法的关系**

| 加工方法 | 公差等级（IT） | | | | | | | | | | | | | | | | | |
|---|---|---|---|---|---|---|---|---|---|---|---|---|---|---|---|---|---|---|
| | 01 | 0 | 1 | 2 | 3 | 4 | 5 | 6 | 7 | 8 | 9 | 10 | 11 | 12 | 13 | 14 | 15 | 16 |
| 研　磨 | ─ | ─ | ─ | ─ | ─ | ─ | ─ | | | | | | | | | | | |
| 珩 | | | | | | ─ | ─ | ─ | ─ | | | | | | | | | |
| 圆磨、平磨 | | | | | | | ─ | ─ | ─ | ─ | | | | | | | | |
| 金刚石车、金刚石镗 | | | | | | | ─ | ─ | ─ | | | | | | | | | |
| 拉削 | | | | | | | ─ | ─ | ─ | ─ | | | | | | | | |
| 铰孔 | | | | | | | | ─ | ─ | ─ | ─ | ─ | | | | | | |
| 车、镗 | | | | | | | | | ─ | ─ | ─ | ─ | ─ | | | | | |
| 铣 | | | | | | | | | | ─ | ─ | ─ | ─ | | | | | |
| 刨、插 | | | | | | | | | | | | ─ | ─ | | | | | |
| 钻孔 | | | | | | | | | | | | ─ | ─ | ─ | ─ | | | |
| 滚压、挤压 | | | | | | | | | | | | ─ | ─ | | | | | |
| 冲压 | | | | | | | | | | | | ─ | ─ | ─ | ─ | | | |
| 压铸 | | | | | | | | | | | | | ─ | ─ | ─ | ─ | | |
| 粉末冶金成型 | | | | | | | | ─ | ─ | ─ | | | | | | | | |
| 粉末冶金烧结 | | | | | | | | | ─ | ─ | ─ | | | | | | | |
| 砂型铸造、气割 | | | | | | | | | | | | | | | | | | ─ |
| 锻造 | | | | | | | | | | | | | | | | | ─ | |

## 附录6  常用材料

附表6.1  金属材料

| 标准 | 名称 | 牌号 | 应用举例 | 说明 |
|---|---|---|---|---|
| GB/T 700—2006 | 碳素结构钢 | Q215-A<br>Q215-B | 金属结构件、拉杆、套圈、铆钉、螺栓、短轴、心轴、凸轮（载荷不大的）、吊钩、垫圈、渗碳零件及焊接件 | Q表示屈服点，数字表示屈服点的数值。如其后面的字母为质量等级符号（A、B、C、D） |
| | | Q235-A | 金属结构件，心部强度要求不高的渗碳或氰化零件，吊钩、拉杆、车钩、套圈、气缸、齿轮、螺栓、螺母、连杆、轮轴、楔、盖及焊接件 | |
| | | Q275 | 转轴、心轴、轴销、链轮、刹车杆、螺母、螺栓、垫圈、连杆、吊钩、楔、齿轮、键以及其他强度较高的零件。这种钢焊接性尚可 | |
| GB/T 699—2015 | 优质碳素结构钢 | 10 | 这种钢的屈服点和抗拉强度比值较低，塑性和韧性均高，在冷状态下，容易模压成形。一般用于拉杆、卡头、钢管垫片、垫圈、铆钉。这种钢焊接性甚好 | 牌号的两位数字表示平均含碳量。45钢即表示平均含碳量为0.45%<br>含锰量较高的钢，须加注化学元素符合"Mn"<br>含碳量≤0.25%的碳钢是低碳钢（渗碳钢）<br>含碳量在0.25%~0.60%的碳钢是中碳钢（调质钢）<br>含碳量大于0.60%的碳钢是高碳钢 |
| | | 15 | 塑性、韧性、焊接性和冷冲性均良好，但强度较低。用于制造受力不大、韧性要求较高的零件、紧固件、冲模锻件及不要热处理的低载荷零件，如螺栓、螺钉、拉条、蒸汽锅炉等 | |
| | | 20 | 用于不受很大应力而要求很大韧性的各种机械零件，如杠杆、轴套、螺钉、拉杆、起重钩等。也用于制造压力<6.08 MPa，温度<450 ℃的非腐蚀介质中使用的零件，如管子、导管等 | |
| | | 25 | 性能与20钢相似，用于制造焊接设备，以及轴、辊子、连接器、垫圈、螺栓、螺钉、螺母等。焊接性及冷应变塑性均好 | |
| | | 35 | 用于制造曲轴、转轴、轴销、杠杆、连杆、横梁、星轮、圆盘、套筒、钩环、垫圈、螺钉、螺母等。一般不作焊接用 | |
| | | 40 | 用于制造辊子、轴、曲柄销、活塞杆、圆盘等 | |
| | | 45 | 用于强度要求较高的零件，如汽轮机的叶轮、压缩机、泵的零件等 | |
| | | 60 | 这种钢的强度和弹性相当高，用于制造轧辊、轴、弹簧圈、弹簧、离合器、凸轮、钢绳等 | |
| | | 65Mn | 适于制造弹簧、弹簧垫圈、弹簧环和片以及冷拔钢丝（直径≤7 mm）和发条 | |

续附表 6.1

| 标 准 | 名 称 | 牌 号 | 应 用 举 例 | 说 明 |
|---|---|---|---|---|
| GB/T 3077—2015 | 合金结构钢 | 20Mn2 | 对于截面较小的零件,相当于10Cr钢,可作渗碳小齿轮、小轴、活塞销、柴油机套筒、气门推杆、钢套等 | 钢中加入一定量的合金元素,提高了钢的力学性能和耐磨性,也提高了钢的淬透性,保证金属在较大截面上获得高力学性能 |
| | | 45Mn2 | 用于制造在较高应力与磨损条件下的零件。在直径≤60 mm 时,与40Cr 相当。可作万向接轴、齿轮、蜗杆、曲轴等 | |
| | | 15Cr | 船舶主机用螺栓、活塞销、凸轮、凸轮轴、汽轮机套环,以及机车用小零件等,用于心部韧性较高的渗碳零件 | |
| | | 40Cr | 用于较重要的调质零件,如洗车转向节、连杆、螺栓、进气阀、重要齿轮、轴等 | |
| | | 35SiMn | 除要求低温(-20 ℃)、冲击韧度很高时,可全面代替 40Cr 钢作调质零件,亦可部分代替 40CrNi 钢。此钢耐磨、耐疲劳性均佳,适用于作轴、齿轮及在 430 ℃ 以下的重要紧固件 | |
| | | 20CrMnTi | 工艺性能特优,用于汽车、拖拉机上的重要齿轮和一般强度、韧性均高的减速器齿轮,供渗碳处理 | |
| GB/T 11352—2009 | 铸钢 | ZG230-450(ZG25) | 铸造平坦的零件,如机座、机盖、箱体,工作温度在 450 ℃ 以下的管路附件等。焊接性良好 | "ZG"为铸钢二字汉语拼音的首位字母,后面第一组数字表示屈服点强度,第二组数字表示抗拉强度 |
| | | ZG310-570(ZG45) | 各种形状的机件,如联轴器、轮、气缸、齿轮、齿轮圈及重载荷机架等 | |
| GB/T 9439—2010 | 灰铸铁 | HT150 | 用于制造端盖、汽轮泵体、轴承座、阀壳、管子及管路附件、手轮;一般机床底座、床身、滑座、工作台等 | "HT"为灰铁二字的汉语拼音的第一个字母,后面的数字表示抗拉强度 |
| | | HT200 | 用制造气缸、齿轮、底架、机体、飞轮、齿条、衬筒;一般机床铸有导轨的床身及中等压力(8 MPa 以下)的液压筒、液压泵和阀体等 | |
| | | HT250 | 用于制造阀壳、液压缸、气缸、取轴器、机体、齿轮、齿轮箱外壳、飞轮、衬筒、凸轮、轴承座等 | |
| | | HT300 HT350 HT400 | 用于制造齿轮、凸轮、车床卡盘、剪床、压力机的机身;导板、六角自动车床及其他重载荷机床铸有导轨的床身;高压液压筒、液压泵和滑阀的壳体等 | |
| GB/T 1348—2009 | 球墨铸铁 | QT500-7 QT450-10 QT400-18 | 具有较高的强度和塑性。广泛用于受磨损和受冲击的零件,如曲轴(一般用 QT600-3)、齿轮(一般用 QT400-18)、气缸套、活塞环、摩擦片、中低压阀门、千斤顶座、轴承座等 | "QT"是球墨铸铁代号,后面的数字分别是为抗拉强度和伸长率的大小 |

续附表 6.1

| 标 准 | 名 称 | 牌 号 | 应 用 举 例 | 说 明 |
|---|---|---|---|---|
| GB/T 1176—2013 | 38黄铜 | ZCuZn38 | 铜铸件应用于一般结构件和耐蚀零件,如法兰、阀座、支架、手柄和螺母等 | ZCuZn38"Z"表示铸造,含铜60%~63%、其余为锌的含量 |
| | 5-5-5锡青铜 | ZCuSn5 Pb5Zn5 | 用于受中等冲击载荷和在液体或半液体润滑及耐蚀条件下工作的零件,如轴承、轴瓦、蜗轮、螺母,以及承受 $1.01×10^3$ kPa以下的蒸汽和水的配件 | "Z"表示铸造代号、ZCuSn5Pb5Zn5表示含锡4%~6%、锌4%~4%、铅4%~6%的铸锡青铜,其余为铜含量 |
| | 25-6-3-3铝黄铜 | ZCuZn5Al6Fe3Mn3 | 强度高、减磨性、耐蚀性、受压、铸造性均良好。用于在蒸汽和海水条件下工作的零件及受摩擦和腐蚀的零件,如蜗轮衬套等 | |
| GB/T 1173—2013 | 铸造铝合金 | ZAlSi12(合金代号为ZL102) | 耐磨性中上等,用于制造载荷不大的薄壁零件 | "Z"表示铸造,硅含量10%~13%,余量为铝的含量 |
| GB/T 3190—2008 | 硬铝 | 2A11<br>2A12 | 适于制作中等强度的零件,焊接性能好 | |
| GB/T 1299—2014 | 工模具钢 | T7<br>T7A | 能承受振动和冲击的工具,硬度适中时有较大的韧性。用作凿子、钻软岩石的钻头、冲击式打眼机钻头、大锤等 | 用"碳"或"T"后附以平均含碳量的千分数表示,有T7~T13。高级优质碳素工具钢须在牌号后加注"A"<br>平均含碳量为0.7%~1.3% |
| | | T8<br>T8A | 有足够的韧性和较高的硬度,用于制造能承受振动的工具,如钻中等硬度岩石的钻头、简单模子、冲头等 | |

附表 6.2 非金属材料

| 标 准 | 名 称 | 牌 号 | 应 用 举 例 | 说 明 |
|---|---|---|---|---|
| GB/T 539—2008 | 耐油石棉橡胶板 | NY250<br>HNY300 | 供航空发动机用的煤油、润滑油及冷气系统结合处的密封衬垫材料 | 有0.4~3.0 mm的十种厚度规格 |
| GB/T 5574—2008 | 耐酸碱橡胶板 | 2707<br>2807<br>2709 | 具有耐酸碱性能,在温度-30~+60 ℃的20%浓度的酸碱液体中工作,用于冲刺密封性能较好的垫圈 | 较高硬度<br>中等硬度 |
| | 耐油橡胶板 | 3707<br>3807<br>3709<br>3809 | 可在一定温度的全损耗系统用油、变压器油、汽油等介质中工作,适用于冲刺各种形状的垫圈 | 较高硬度 |
| | 耐热橡胶板 | 4708<br>4808<br>4710 | 可在-30~+100 ℃且压力不大的条件下,于热空气、蒸汽介质中工作,用于冲刺各种垫圈及隔热垫板 | 较高硬度<br>中等硬度 |
| FZ/T 25001—2012 | 毛毡 | T112<br>T122<br>T132 | 用于密封、防漏油、防振、缓冲衬垫等 | 厚度1.5~25 mm |
| QB/T 2200—1996 | 软钢纸板 | | 用于密封连接处垫片 | 厚度0.5~3 mm |
| GB/T 7134—2008 | 有机玻璃 | PMMA | 用于耐腐蚀需要透明的零件 | 耐盐酸、硫酸、草酸、烧碱和纯碱等一般酸碱以及二氧化硫、臭氧等气体腐蚀 |

# 参考文献

[1] 刘朝儒,吴志军. 机械制图[M]. 5版. 北京:高等教育出版社,2006.

[2] 大连理工大学工程图学教研室. 机械制图[M]. 6版. 北京:高等教育出版社,2013.

[3] 西安交通大学. 画法几何及工程制图[M]. 5版. 北京:高等教育出版社,2017.

[4] 田怀文,王伟. 机械工程图学[M]. 成都:西南交通大学出版社,2006.

[5] 谭建荣,等. 图学基础教程[M]. 北京:高等教育出版社,2006.

[6] 陆国栋,张树有,等. 图学应用教程[M]. 北京:高等教育出版社,2010.

[7] 王成刚,张佑林,赵齐平. 工程图学简明教程[M]. 5版. 武汉:武汉理工大学出版社,2017.

[8] 侯洪生. 机械工程图学[M]. 4版. 北京:科学出版社,2017.

[9] 董耀国. 机械制图[M]. 北京:北京理工大学出版社,1998.

[10] 全国技术产品文件标准化技术委员会. 技术产品文件标准汇编 机械制图卷[S]. 北京:中国标准出版社,2009.

[11] 丁一. 机械制图[M]. 重庆:重庆大学出版社,2016.

[12] 袁理丁,王建. 机械制图实验教程[M]. 北京:高等教育出版社,2013.

[13] 陈锦昌,刘林. 机械制图[M]. 2版. 北京:高等教育出版社,2016.

[14] 管巧娟. 构形基础与机械制图[M]. 2版. 北京:机械工业出版社,2016.